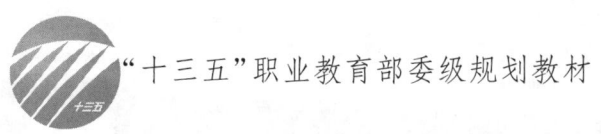"十三五"职业教育部委级规划教材

服装通用制图技术(第2版)

吕学海 吴 燕 编著

中国纺织出版社有限公司 | 国家一级出版社
全国百佳图书出版单位

内 容 提 要

本书概述了服装制图的基础知识，系统介绍了各类服装的构成原理、计算公式及基本结构图，并列举大量图示对常用服装的制图方法与步骤进行了详细说明。具体内容包括裙装、裤装、上装、四开身服装、三开身服装和连身服装的构成原理与制图。

本书为"十三五"职业教育部委级规划教材，适合服装专业的学生学习，也可供服装技术人员阅读和参考。

图书在版编目(CIP)数据

服装通用制图技术/吕学海,吴燕编著.--2版
.--北京:中国纺织出版社有限公司,2019.10
"十三五"职业教育部委级规划教材
ISBN 978-7-5180-6602-5

Ⅰ.①服… Ⅱ.①吕… ②吴… Ⅲ.①服装—制图—中等专业学校—教材 Ⅳ.①TS941.2

中国版本图书馆CIP数据核字(2019)第191280号

策划编辑：张晓芳　　责任编辑：郭　沫
责任校对：王蕙莹　　责任印制：何　建

中国纺织出版社有限公司出版发行
地址：北京市朝阳区百子湾东里 A407号楼　邮政编码：100124
销售电话：010—67004422　传真：010—87155801
http://www.c-textilep.com
官方微博 http://weibo.com/2119887771
北京云浩印刷有限责任公司印刷　各地新华书店经销
2009年10月第1版　2019年10月第2版　2019年10月第5次印刷
开本：787×1092　1/16　印张：25.5
字数：435千字　定价：58.00元

凡购本书，如有缺页、倒页、脱页，由本社图书营销中心调换

第2版前言

服装设计是款式、结构、工艺相互关联的、涉及艺术与技术的一门综合性学科。就一般工作过程而言,可以分为三个阶段:首先,运用艺术思维构想出符合现代人生活方式和审美特征的服装造型,业内称之谓款式设计,具体表现为一种综合反映服装功能形态与视觉形态的绘画形式即设计图或款式图;其二,运用技术手段将款式由三维形态转化成二维形态的生产模板,这一阶段称之谓结构设计包括制图和纸样两项内容;其三,运用工艺手段将依据纸样裁剪出的衣片进行缝合,最终形成体现设计意图的服装产品。在这一过程中,结构制图起着承上启下的作用,它是设计构想转化为现实产品的关键环节,也是构成服装技术、技能体系的重要内容。

《服装通用制图技术》一书,自2009年由中国纺织出版社出版以来,受到服装教育界和服装行业技术机构的广泛认可,先后多次加印。但随着服装流行的变化以及行业发展的需要,特别是服装职业教育教学实践的需求,故对原书内容修订再版。此版综合多年实践应用中的反馈意见,在保持原有编写思路及知识框架的基础上,对部分章节作了修改与补充。针对教学实践中发现的问题进行修正并重新绘制示范图。在进一步完善经典款式的基础上,结合现代人的穿衣习惯,新增部分有代表性的流行款式制图,使本书所涵盖内容更加全面。

全书知识框架比较严谨,内容由浅入深,层层递进。操作步骤的描述简明详尽,图文对应,实用性强。可作为院校服装专业用教材,也适用于广大服装行业从业人员和爱好者自学。

由于编者水平有限,书中难免有疏漏或不妥之处,敬请批评指正。

编　者

2019年9月

第1版前言

服装结构制图是在研究人体表面展开技术的基础上,形成艺术与科学相结合的综合学科,涉及生理学、心理学、美学、工艺学、材料学等知识领域。同时,服装结构制图作为服装教育中的核心内容之一,又是一门实践性与技术性很强的课程。随着时代的变迁,服装设计已经发展成为一种复杂的系统工程,在宏观上可以整合为款式设计、结构设计、工艺设计三大模块。其中,款式设计是指设计师运用美学法则,创造出具有审美价值并适应人体特征的"立体造型";结构设计是通过分解"立体造型",生成满足服装生产技术需求的"平面模板",即工业样板;工艺设计是依据工业样板裁制出的衣片,按照一定的工艺方式组合成"新的立体造型",即将设计构思最终物化成服装。在这一系统工程中,结构设计起着承上启下的作用,结构制图是结构设计的表现形式,是实现设计意图的关键环节。因此,掌握服装结构制图的相关理论与操作技术,是服装设计人员综合能力中不可缺少的重要组成部分。

服装结构制图是对感性形象作理性分析后形成的技术模板,是一种能够准确表达服装的款式造型、部件形态、成品规格、工艺特点等制造所必需的技术条件的图样。在服装设计工程中是表达和交流技术思想的一个重要工具。设计部门通过结构制图准确表达设计思想,技术部门通过结构制图传达设计所包含的技术要素,生产部门则根据结构制图所生成的工业样板来加工服装。所以,人们通常将服装结构制图比喻为服装系统工程中的"技术语言"。

随着计算机技术的普及与发展,利用计算机图形学原理研究开发出的服装CAD系统,使服装结构制图技术发生了根本性的变化。用计算机制图代替手工制图,大大提高了制图的质量与速度,适应现代化服装企业快速反应的要求。但是,从目前国内外各种版本的服装CAD性能来看,手工制图技术仍然是解决服装结构制图的根本技术,服装CAD系统只能起到工具的作用,不可能从根本上取代人的智力和手头技艺。由此看来,在未来很长一个时期内,对于服装结构制图技术的训练,仍然是一项重要的教学内容。

服装结构制图是利用几何学原理,图解人体立体形态的理论和方法。课程的内容主要是研究人体立体平面分解技术与制图技法,根据服装工业的技术规定和相关标准绘制服装结构制图,在服装结构制图的基础上制作出服装工业样板。它既有系统的理论,又有较强的实践性。对于初学服装的学生而言,面对抽象的几何图形和复杂的计算公式,初始阶段的茫然是难免的。尤其对于习惯了感性思维的艺术学科的学生来说,制图理论中所涉及的逻辑性,制图技法中所遵循的规范性,都是前所未遇的课题。但这并非说制图课程是难以逾越的障碍。服装结构制图既然能够成为一种应用技术,自然有其规律可循,抓住了规律也就掌握了科学的学习方法。在教学中要重点注意以下几个方面:

首先,要从思想上认识服装结构制图课程的重要性。长期以来,由于对服装设计内涵理解上的偏颇，人为地割裂了设计艺术与工艺技术的内在联系，片面夸大了艺术在设计中的作用和地位，而对于服装工艺技术类的课程缺乏应有的重视。其实，在服装设计系统中，外观设计、结构设计、工艺设计三位一体，不可偏废。从服装设计的过程分析，艺术思维对视觉形象的创造无疑会起到积极的作用，但从服装物化的过程来看，基于理性思维的技术研究同样不可缺少。因此，在教学中应当贯穿形象思维与逻辑思维相统一的教学思想，坚持理论学习与实践技能并重的教学原则。

其次，要建立形象思维与逻辑思维相贯通的思维方式。服装结构制图是对服装立体形态作理性分析的结果，制图中的每一条线及其形状，都是人体立体形态的平面反映。因此，要建立以图思物、以物思人的制图观念，将抽象的计算数据或几何形状与服装的实物形态相联系，将服装的立体形态与人体的结构特征相联系。制图中的计算公式及参数，仅仅是规定制图尺度与形状的手段，并非是一成不变的定律，因为服装造型最终是以"形"诉诸人的感官，而不是"数"。因此，在制图中应得形而忘数，切不可凑数而弃形。

最后，要养成严谨、科学的制图程序和规范的操作方法。服装结构制图是服装工业样板的依据，在服装设计及生产过程中属于规范性的"技术语言"，既关系到服装设计的成败，也关系到服装品质的优劣，来不得半点夸张或疏忽。因此，在学习服装结构制图的过程中，应树立严格遵守制图标准的观念，养成精益求精、一丝不苟的学习和工作作风。

本书是在《服装制图》（中级版）的基础上编写，《服装制图》（中级版）自出版以来，得到了服装院校师生及业内同仁的厚爱，在此深表谢意！同时经过多年的使用也暴露出了一些问题，在这次编写过程中，一方面做了认真的校对，另一方面根据现代服装的特点，对款式作了补充与修改。期望本书能够为服装界的同仁们提供更加实用、便捷的技术参考，也希望继续得到大家的批评指正。

作者
2009年9月于山东工艺美术学院

目 录

第一章 概论 ·· 1
第一节 制图的概念、原理及作用 ··· 1
    一、制图的概念 ··· 1
    二、制图的原理 ··· 2
    三、制图的种类 ··· 4
    四、制图的作用 ··· 6
第二节 制图基础知识 ··· 8
    一、制图工具 ·· 8
    二、服装部位代号 ··· 8
    三、制图符号 ·· 9
    四、服装术语 ·· 11
    五、制图方法 ·· 14
    六、制图步骤 ·· 15
第三节 人体观察与测量 ·· 15
    一、人体观察的目的 ·· 15
    二、人体观察的方法 ·· 16
    三、人体测量的目的 ·· 16
    四、人体测量的方法 ·· 16
    五、人体测量的部位与基点 ·· 17
第四节 制图与服装规格 ·· 19
    一、服装规格的概念 ·· 19
    二、服装的松量与内空间 ··· 20
    三、服装号型的概念与应用 ·· 22
    四、服装号型标准(表 1-7～表 1-14) ································ 24
第五节 模拟制图 ·· 27
    一、立方体的平面展开 ·· 27
    二、梯形体的平面制图 ·· 28
    三、圆柱体的平面制图 ·· 28

四、圆台体的平面制图 …………………………………………………………… 29
　　五、双圆台体的平面制图 ………………………………………………………… 30
　　六、球体的平面制图 ……………………………………………………………… 33
　　七、半球体的平面制图 …………………………………………………………… 34
　　八、人体模拟形的平面制图 ……………………………………………………… 36

第二章　裙装的构成原理与制图 ……………………………………………………… 38
　第一节　裙装的构成原理 …………………………………………………………… 38
　第二节　裙装的基本制图 …………………………………………………………… 43
　　一、制图规格 ……………………………………………………………………… 43
　　二、前片制图 ……………………………………………………………………… 43
　　三、后片制图 ……………………………………………………………………… 44
　　四、整体制图 ……………………………………………………………………… 45
　第三节　裙装的结构变化 …………………………………………………………… 48
　　一、连腰筒裙制图 ………………………………………………………………… 48
　　二、A型裙制图 …………………………………………………………………… 51
　　三、牛仔裙制图 …………………………………………………………………… 55
　　四、四片斜裙制图 ………………………………………………………………… 59
　　五、褶裥斜裙制图 ………………………………………………………………… 63
　　六、圆摆短裙制图 ………………………………………………………………… 67
　　七、两片鱼尾裙制图 ……………………………………………………………… 71
　　八、育克分割裙制图 ……………………………………………………………… 75
　　九、六片喇叭裙制图 ……………………………………………………………… 80
　　十、塔裙制图 ……………………………………………………………………… 84
　　十一、180°、90°斜裙制图 ………………………………………………………… 86

第三章　裤装的构成原理与制图 ……………………………………………………… 87
　第一节　裤装的构成原理 …………………………………………………………… 88
　第二节　裤装的计算公式 …………………………………………………………… 89
　　一、关于上裆的测量与计算 ……………………………………………………… 89
　　二、关于前、后裆宽度的计算 …………………………………………………… 91
　第三节　女西裤制图 ………………………………………………………………… 93
　　一、造型概述 ……………………………………………………………………… 93
　　二、制图规格 ……………………………………………………………………… 93

  三、前片制图 …………………………………………………………… 93

  四、后片制图 …………………………………………………………… 95

  五、重叠制图 …………………………………………………………… 97

  六、部件制图 …………………………………………………………… 98

第四节 男西裤制图 ………………………………………………………… 99

  一、造型概述 …………………………………………………………… 99

  二、制图规格 …………………………………………………………… 100

  三、前片制图 …………………………………………………………… 100

  四、后片制图 …………………………………………………………… 101

  五、重叠制图 …………………………………………………………… 103

  六、部件制图 …………………………………………………………… 104

第五节 裤装的变化 ………………………………………………………… 105

  一、女连腰直筒裤制图 ………………………………………………… 105

  二、女牛仔裤制图 ……………………………………………………… 110

  三、紧身喇叭裤制图 …………………………………………………… 115

  四、女阔腿裤制图 ……………………………………………………… 119

  五、普通女短裤制图 …………………………………………………… 124

  六、低腰女短裤制图 …………………………………………………… 128

  七、普通男短裤制图 …………………………………………………… 133

  八、休闲男短裤制图 …………………………………………………… 138

  九、裙裤制图 …………………………………………………………… 144

第四章 上装构成原理与计算

第一节 上装的结构原理 …………………………………………………… 149

第二节 上装的结构类型 …………………………………………………… 151

  一、三开身服装结构的造型特点 ……………………………………… 151

  二、四开身服装结构的造型特点 ……………………………………… 151

第三节 领圈的构成原理与计算 …………………………………………… 153

  一、领圈的概念与形态 ………………………………………………… 153

  二、领圈的计算方法 …………………………………………………… 153

第四节 领子的构成原理与计算 …………………………………………… 154

  一、领子的概念与类型 ………………………………………………… 154

  二、领子的构成原理 …………………………………………………… 155

  三、翻领松量的原理与计算 …………………………………………… 157

第五节　袖窿的构成原理与计算 …………………………………………………………… 162
第六节　袖子的构成原理与计算 …………………………………………………………… 166
　　一、袖子的构成原理 …………………………………………………………………… 166
　　二、袖子的计算公式 …………………………………………………………………… 169
第七节　衣身的构成原理与计算 …………………………………………………………… 171
　　一、女装结构原理与计算 ……………………………………………………………… 171
　　二、男装结构原理与计算 ……………………………………………………………… 182
第八节　省褶概念及构成原理 ……………………………………………………………… 190
　　一、省褶的概念及作用 ………………………………………………………………… 190
　　二、省的作用及变化范围 ……………………………………………………………… 191
　　三、省位的变化方法 …………………………………………………………………… 191
第九节　省位变化及应用 …………………………………………………………………… 195
　　一、省在前中线上的变形与展开 ……………………………………………………… 195
　　二、省在领圈线上的变形与展开 ……………………………………………………… 195

第五章　四开身服装结构制图 …………………………………………………………… 198
第一节　四开身女装基本结构制图 ………………………………………………………… 198
　　一、四开身女装基本结构(基础型)制图 ……………………………………………… 198
　　二、四开身女装基本结构(应用Ⅰ型)制图 …………………………………………… 201
　　三、四开身女装基本结构(应用Ⅱ型)制图 …………………………………………… 203
第二节　四开身男装基本结构制图 ………………………………………………………… 206
　　一、四开身男装基本结构(应用Ⅰ型)制图 …………………………………………… 206
　　二、四开身男装基本结构(应用Ⅱ型)制图 …………………………………………… 209
第三节　普通女衬衫制图 …………………………………………………………………… 211
　　一、造型概述 …………………………………………………………………………… 211
　　二、制图规格 …………………………………………………………………………… 212
　　三、衣身制图 …………………………………………………………………………… 212
　　四、袖子制图 …………………………………………………………………………… 215
　　五、领子制图 …………………………………………………………………………… 216
第四节　荷叶底摆女衬衫制图 ……………………………………………………………… 217
　　一、造型概述 …………………………………………………………………………… 217
　　二、制图规格 …………………………………………………………………………… 217
　　三、衣身制图 …………………………………………………………………………… 217
　　四、袖子制图 …………………………………………………………………………… 221

第五节　泡泡袖女衬衫制图 222
一、造型概述 222
二、制图规格 222
三、衣身制图 222
四、袖子制图 224
五、领子制图 227

第六节　短袖立领女衬衫制图 228
一、造型概述 228
二、制图规格 228
三、衣身制图 228
四、袖子制图 232
五、领子制图 233

第七节　普通男衬衫制图 234
一、造型概述 234
二、制图规格 234
三、衣身制图 234
四、过肩制图 237
五、袖子制图 237
六、领子制图 238

第八节　短袖男衬衫制图 240
一、造型概述 240
二、制图规格 240
三、衣身制图 240
四、过肩制图 243
五、驳领制图 243
六、袖子制图 244

第九节　插肩袖女夹克制图 245
一、造型概述 245
二、制图规格 246
三、前片制图 246
四、后片制图 247
五、领子制图 249
六、部件制图 251

第十节　牛仔女夹克制图 252

一、造型概述 252
二、制图规格 252
三、衣身制图 252
四、袖子制图 254

第十一节 男夹克衫制图 256
一、造型概述 256
二、制图规格 257
三、衣身制图 257
四、部件制图 260
五、驳领制图 261
六、袖子制图 261

第六章 三开身服装结构制图 263
第一节 三开身女装基本结构制图 263
一、制图规格 263
二、制图步骤 263

第二节 三开身男装基本结构制图 266
一、制图规格 266
二、制图步骤 267

第三节 单排扣女西装制图 270
一、造型概述 270
二、制图规格 270
三、衣身制图 270
四、袖子制图 274
五、驳领制图 275
六、部件制图 276

第四节 双排扣女西装制图 277
一、造型概述 277
二、制图规格 277
三、衣身制图 277
四、袖子制图 279
五、驳领制图 281
六、部件制图 283

第五节 休闲女西装制图 283

一、造型概述 ··· 283
　　二、制图规格 ··· 283
　　三、衣身制图 ··· 284
　　四、袖子制图 ··· 287
　　五、部件制图 ··· 288
　第六节　男青年装制图 ··· 289
　　一、造型概述 ··· 289
　　二、制图规格 ··· 289
　　三、衣身制图 ··· 289
　　四、袖子制图 ··· 291
　　五、领子制图 ··· 293
　第七节　单排扣男西装制图 ··· 295
　　一、造型概述 ··· 295
　　二、制图规格 ··· 295
　　三、衣身制图 ··· 295
　　四、袖子制图 ··· 299
　　五、领子制图 ··· 300
　　六、部件制图 ··· 301
　第八节　双排扣男西装制图 ··· 302
　　一、造型概述 ··· 302
　　二、制图规格 ··· 302
　　三、衣身制图 ··· 302
　　四、袖子制图 ··· 306
　　五、领子制图 ··· 307
　　六、部件制图 ··· 308
　第九节　四粒扣男西装制图 ··· 309
　　一、造型概述 ··· 309
　　二、制图规格 ··· 309
　　三、衣身制图 ··· 309
　　四、袖子制图 ··· 313
　　五、领子制图 ··· 314
　　六、部件制图 ··· 315

第七章　连身服装结构制图 ··· 317

第一节　分腰式连衣裙制图 ·· 317
一、造型概述 ··· 317
二、制图规格 ··· 317
三、衣身制图 ··· 318
四、裙子制图 ··· 320

第二节　连腰式连衣裙制图 ·· 323
一、造型概述 ··· 323
二、制图规格 ··· 323
三、前片制图 ··· 323
四、后片制图 ··· 325
五、袖子制图 ··· 328

第三节　旗袍制图 ··· 329
一、造型概述 ··· 329
二、制图规格 ··· 329
三、前片制图 ··· 329
四、后片制图 ··· 332
五、袖子制图 ··· 334
六、领子制图 ··· 334

第四节　插肩袖女大衣制图 ·· 336
一、造型概述 ··· 336
二、制图规格 ··· 336
三、前片制图 ··· 336
四、后片制图 ··· 338
五、领子制图 ··· 341
六、部件制图 ··· 342

第五节　宽松型女大衣制图 ·· 342
一、造型概述 ··· 342
二、制图规格 ··· 343
三、前片制图 ··· 343
四、后片制图 ··· 344
五、领子制图 ··· 348
六、部件制图 ··· 348

第六节　连帽女大衣制图 ··· 349
一、造型概述 ··· 349

二、制图规格 ………………………………………………………… 349
　　三、衣身制图 ………………………………………………………… 350
　　四、袖子制图 ………………………………………………………… 351
　　五、帽子制图 ………………………………………………………… 353
　　六、部件制图 ………………………………………………………… 353
第七节　收腰女大衣制图 ………………………………………………… 354
　　一、造型概述 ………………………………………………………… 354
　　二、制图规格 ………………………………………………………… 355
　　三、前片制图 ………………………………………………………… 355
　　四、后片制图 ………………………………………………………… 356
　　五、袖子制图 ………………………………………………………… 358
　　六、领子制图 ………………………………………………………… 360
第八节　戗驳领女大衣制图 ……………………………………………… 362
　　一、造型概述 ………………………………………………………… 362
　　二、制图规格 ………………………………………………………… 362
　　三、衣身制图 ………………………………………………………… 362
　　四、袖子制图 ………………………………………………………… 366
　　五、领子制图 ………………………………………………………… 368
　　六、部件制图 ………………………………………………………… 368
第九节　双排扣男大衣制图 ……………………………………………… 369
　　一、造型概述 ………………………………………………………… 369
　　二、制图规格 ………………………………………………………… 370
　　三、衣身制图 ………………………………………………………… 370
　　四、袖子制图 ………………………………………………………… 374
　　五、领子制图 ………………………………………………………… 374
　　六、部件制图 ………………………………………………………… 376
第十节　连帽男大衣制图 ………………………………………………… 377
　　一、造型概述 ………………………………………………………… 377
　　二、制图规格 ………………………………………………………… 377
　　三、衣身制图 ………………………………………………………… 377
　　四、袖子制图 ………………………………………………………… 379
　　五、帽子制图 ………………………………………………………… 381
　　六、部件制图 ………………………………………………………… 381
第十一节　男式长大衣制图 ……………………………………………… 382

一、造型概述 ……………………………………………………………………………… 382
二、制图规格 ……………………………………………………………………………… 383
三、衣身制图 ……………………………………………………………………………… 383
四、袖子制图 ……………………………………………………………………………… 385
五、领子制图 ……………………………………………………………………………… 388
六、部件制图 ……………………………………………………………………………… 389

参考文献 ………………………………………………………………………………… 390

第一章 概论

服装设计在我国是20世纪末兴起的年轻学科。随着我国国民经济的蓬勃发展，社会生产力和人们的物质文化生活水平逐年提高，特别是科学技术的进步，大大推进了服装设计与服装生产工艺的进程，使服装由低层次的防寒蔽体跨进当代艺术和科技的行列。服装生产也由量体裁衣的"手工作坊"生产模式发展成为大规模的工业化、成衣化的生产模式。时至今日，服装设计已成为涵盖文学、艺术、美学、材料学、人体工程学、心理学、市场学的综合性学科。由于服装文化含量的提高，对于服装企业的要求也越来越高。无论是对生产技术、管理水平，还是对人员素质等方面，都提出了更高的要求。

服装制图水平的高低，是衡量服装设计和技术人员的标准之一。服装设计是一项系统工程，它包括外观设计、结构设计、工艺设计三部分内容。其中，结构设计是连接外观设计与工艺设计的中间纽带，在整体工程中占有重要的地位。本书所要研究的服装制图，则是结构设计的基础。

第一节 制图的概念、原理及作用

一、制图的概念

服装制图在我国产生于20世纪末，是服装由"作坊式"手工生产向成衣化、规模化、现代化生产转型后形成的新概念。我国服装界最初称制图为"裁剪"，是根据人体规格和款式特点直接在面料上画出相应的轮廓线，然后沿轮廓线剪切成大小不等、形状不同的衣片，这种方法行业内习惯称为"毛粉裁剪"。"毛"是指"毛边"，"粉"是指用划粉绘制出的轮廓线，"毛粉"即轮廓线内包含了缝份。"毛粉裁剪"在我国沿用了若干年，它适用于"量体裁衣"的作坊式生产，尤其是对于简单款式的裁剪非常简便。但是，随着服装成衣化、规模化生产模式的建立，毛粉裁剪已经不能适应服装设计与生产的需要，于是产生了一种可以反复使用且变化灵活的工业用技术模板，行业内称为服装工业样板。制作服装工业样板的基础图形是"净粉制图"。

所谓净粉制图是指衣片轮廓线内不包含缝份。这样做的目的是为了便于在衣片内作进一步的结构处理，如分割、加省、打褶、移位等。当完成结构设计之后，再在衣片的轮廓线外加放缝份，使之成为纸样或生产用样板。净粉制图的特点是造型严谨，变化灵活，部件之间对位准确，服装的规格及形态能够比较直观地反映在制图上，是现代服装企业中普遍采用的制图方法。

无论是"毛粉制图"还是"净粉制图",其基本的理论依据是几何学原理,主要的研究对象是人体平面展开技术以及服装与人体的对应关系,其核心内容是将设计所创造的立体造型准确无误地转化成平面图形。由此可见,服装结构制图是根据人体的立体形态,结合服装款式特点,运用几何学原理,将立体分解成平面的系统理论与操作技术。

二、制图的原理

自然界中的一切物体都是由点、线、面构成的。其中,点是构成物体的基本元素,点的移动构成线,线的移动构成面,面的移动构成体。一个立方体至少由六个面组成,一个球体可以由无数个面构成。构成球体的面的数量越多,单位面积越小,它所构成的球体表面就越圆顺。根据这种原理,我们可以将复杂的人体立体形态分解成若干个平面图形,并依据这些平面图形进一步生成服装衣片。从理论上讲,构成服装的衣片数量越多,塑造出的服装形态就越圆顺适体,但限于材料、工艺和审美等因素,应当尽可能使服装的外观简洁和完整。因此,服装制图必须在对人体作归纳与整合的基础上,提炼出最小数量的裁片。我们研究制图的首要任务就是将人体最大限度地概括成少量的平面图,然后根据几何学原理绘制出这些平面的图形,从而产生不同面积及形状的服装制图。

人体是由许多不规则曲面构成的立体形态,要将这一复杂的立体形态分解成简单的平面制图,关键在于选择人体中主要的起伏点和转折线作为平面分解的参照。人体中主要的纵向起伏点有胸围、腰围、臀围、乳点、肩胛点等,主要的横向转折线有前中线、后中线、侧缝线、公主线、腋下线等,如图1-1所示。其中,起伏点的位置与起伏量的大小,在服装制图中决定省位与省量;转折线的位置与形态,决定制图的轮廓和结构类型。对于常规服装而言,裁片的数量一般为三

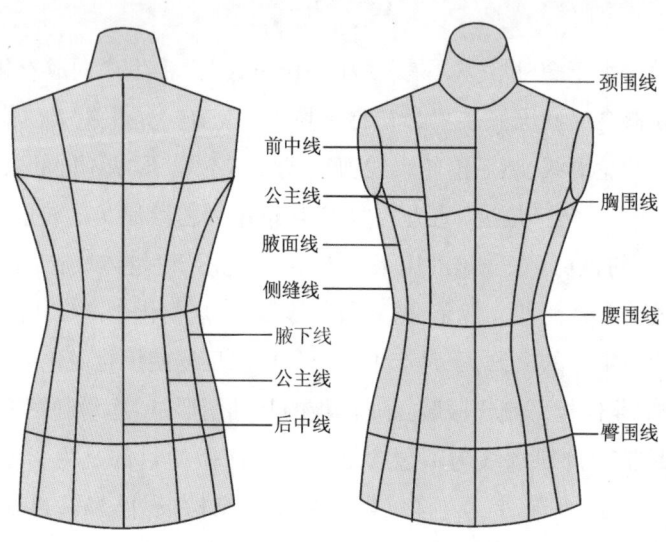

图1-1

片或四片,分别称为"三开身结构"和"四开身结构"。"三开身结构"和"四开身结构"是两种最基本的服装结构形式,其他结构形式都是在这两种基本结构的基础上派生出来的。因此,熟练掌握这两种基本结构的制图原理和制图方法,是学习服装制图的基础。有关这两种基本结构形式的原理,可以通过下面的图示进行说明。

如图1-2(a)所示,假设人体胸部截面形状为一正圆。将圆周分为四等份,产生A、B、C、D四个点。分别将A、B、C、D四个点作为裁片纵向分割线上的点,可以产生如图1-2(b)所示的服装平面制图。按照业内习惯将这种制图称为"四开身结构"。

如图1-2(c)所示,将人体胸部截面分为三等份,产生A、B、C三个点。分别将A、B、C三个点作为裁片纵向分割线上的点,可以产生如图1-2(d)所示的服装平面制图。按照业内习惯将这种制图称为"三开身结构"。

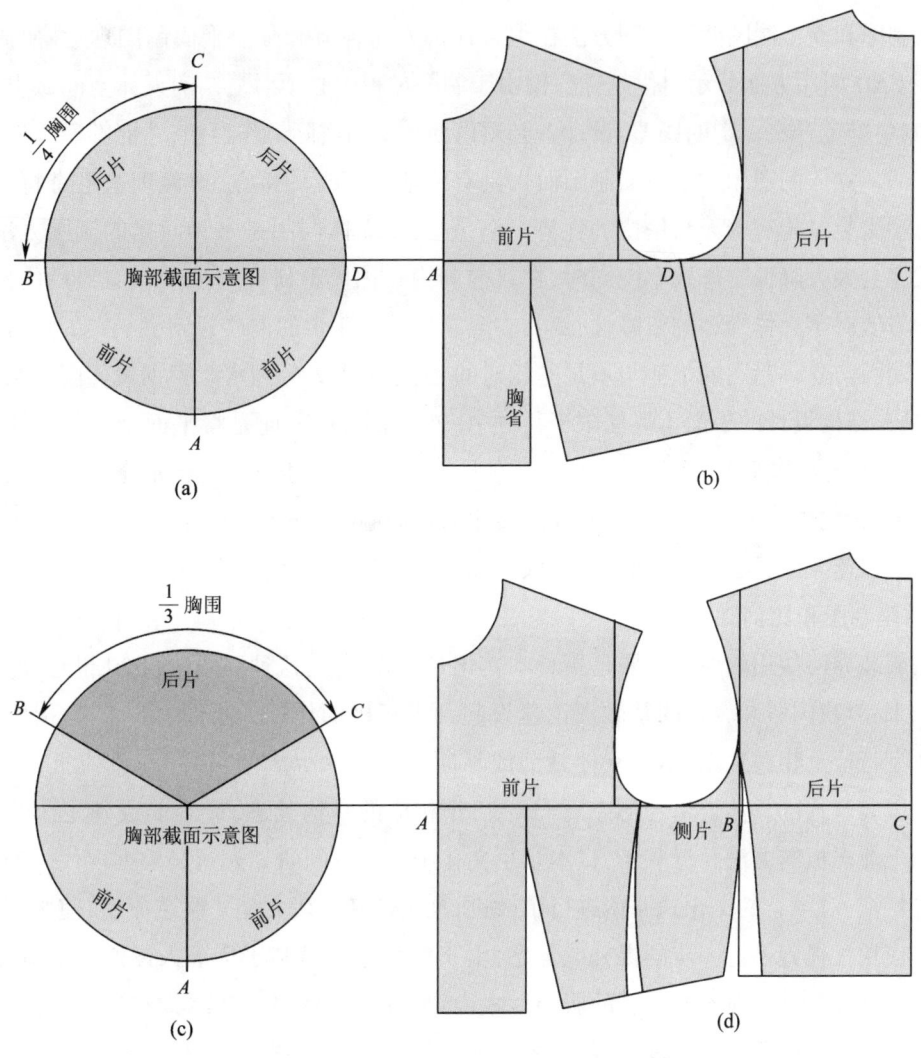

图1-2

三、制图的种类

因受制图观念、文化背景、行业习惯的影响,服装结构制图也形成了不同的类型。按制图方式不同,分为平面(直接)制图和立体(间接)制图;按制图方法不同,分为原型制图和比例制图;按制图手段不同,分为手工制图和服装 CAD 制图等。

1. 平面制图和立体制图

平面制图是根据服装设计与生产的需要,测量人体相关部位并获取有效数据,利用立体平面展开技术绘制成服装平面图的理论与方法。立体制图是根据服装的设计形态,先在人体模型上用坯布塑造出相应的服装造型,然后依据坯布在立体造型中所剪切出的平面形状绘制出服装制图的过程与方法。平面制图和立体制图是两种制图观念截然不同的方法,前者是建立在理性的基础上,侧重于结构理论与制图技法的探讨,后者是建立在感性的基础上,侧重于操作技术及工艺程序的研究。

平面制图和立体制图两种制图方法在综合评价方面各有利弊。平面制图理性、便捷,尤其是在服装 CAD 应用方面显示出优越性。但由于制图过程中必须对复杂的人体空间做出平面几何解析,其中难免存在一定的误差,设计者必须借助一定的实际工作经验,才能够熟练地掌握这种制图方法。立体制图相对于平面制图而言具有感性而直观的特点,对处理造型奇特、工艺复杂的创意型服装结构有着无与伦比的优势。但是,由于立体制图是一种间接的制图方法,复杂的操作程序会大大降低工作效率。同时,在目前国内人体模型研究与生产相对滞后的情况下,这种制图方法对于人体模型的依赖性,使其在成衣生产企业中的推广遇到了一定的阻力。

平面制图与立体制图的优势与不足是相对的,关键在于人的因素。根据现代服装结构理论的发展趋势,结构设计的手段不再局限于某种单一的制图方法,而是将平面制图与立体制图交叉运用。通过对立体制图与平面制图所产生的图形作比较,准确把握立体形态与平面图形之间的转化规律,将立体造型中获得的感性经验转化为平面制图中理性的计算法则。这样才能适应服装工业的飞速发展,设计出不同风格的服装,满足不同层次人们的审美需求。

2. 原型制图和比例制图

我国服装界所使用的原型主要是指日本文化式服装原型,这种制图法自 20 世纪 80 年代传入我国以来,对我国服装教育的基础理论建设起到了积极的作用。所谓"原型"是指依据标准人体的体型特征及相关数据,运用立体裁剪或平面展开技术生成的服装"基础模板"。原型制图是根据服装款式的具体规格与形态对"原型"作相应的结构处理,最终形成满足服装生产技术需要的工业样板的方法。近些年,日本东京文化服装学院的研究人员又根据现代人的体形变化及着装特征,对原有的文化式原型进行了改进,推出了新一代文化式服装原型,使原型制图的科学性与应用性得到了进一步的提升。但是,由于服装原型是基于标准人体产生的制图模板,而服装工业样板则是针对不同造型的服装款式而设计的,两者之间在结构与形态上的差异,需要设计者做出准确的判断与处理。因此,要想熟练运用原型制图,除了对原型的原理与技法有充分的理解和把握之外,还必须具备一定的实践经验。

比例制图在我国历史悠久,流派众多,因适应服装行业的应用习惯,至今仍是一种主流的制图方法。比例制图是在人体测量数据的基础上,根据造型需要加放松量后形成成衣规格,再以成衣规格为计算基数,按照一定的比例(1∶3、1∶4、1∶5、1∶6、1∶10等)计算出制图所需的各个控制点的位置及尺寸,最后用不同的线条连接各控制点形成平面制图。这种制图方法具有理性强、效率高、简单易学的优点。但由于制图中所采用的计算公式都是近似比值,所以存在一定的计算误差,在实际应用中要根据具体情况做出必要的修正。

原型制图和比例制图是平面制图两种不同的方法。原型制图是根据标准人体生成的基础"模板",运用相似形变化原理产生服装制图的一种方法;比例制图是基于"人体数学模型",运用几何学原理和立体平面展开技术而产生的一种制图方法。从制图理念来分析,原型制图是将复杂的人体归纳成标准模板,进而根据服装形态与标准人体形态之间的差异计算出模板与实际制图之间的变化值,从而将模板转化成服装制图。比例制图是用"人体数学模型"来描述复杂的人体立体形态,通过公式计算直接生成服装制图。从应用的角度分析,原型制图直观、灵活,比例制图理性、便捷。在实际应用中,可将两种制图方法相融汇并充分发挥各自的优势。

3. 手工制图和服装 CAD 制图

手工制图是服装行业设计及技术人员必备的职业技能,也是服装教育中的骨干课程之一。手工制图不仅需要掌握相关的服装结构理论,而且需要练就娴熟的操作技艺。这是因为服装制图是由许多直线或不规则曲线构成的,尤其是曲线在制图中的作用重大,它是人体立体形态的平面反应,人体形态的复杂性必然带来制图曲线的不规则变化,并且制图中曲线绘制的准确与否,直接关系到服装的立体造型。在手工制图中,对于直线,无论是计算还是手工绘制都比较简单,但是对于不规则曲线,不仅难以用准确的数据来描述,而且难以用制图仪器一次性绘制成形。这就需要设计者凭借对人体立体形态的理解,根据立体平面展开技术的相关原理,在充分发挥形象思维和逻辑思维的基础上,徒手绘制出相应的曲线。因此,长期以来对于手工制图的技能训练,在服装教育中既是重点又是难点。之所以是重点,在于手工制图是一切制图的基础;之所以是难点,在于手工制图是一门非长期训练而不能掌握的技术。

服装 CAD 制图是一项集计算机图形学、数据库、网络通信等计算机及其他领域知识于一体的高新技术。它利用人机交互手段充分发挥人和计算机两方面的优势,能够大大提高服装制图的质量和效率。服装 CAD 制图方式通常分为三种:一是通过数字化仪将手工制图按 1∶1 输入计算机后进行修改;二是直接在计算机上利用直线与曲线进行制图和修改;三是根据输入的服装参数(如衣长、背长、袖长、肩宽、领围、胸围、腰围、臀围等)自动生成衣片,再根据款式要求进行修改得到所需的制图。目前,服装 CAD 技术已经发展到智能化制图系统,极大地提高了工作效率和制板质量,提高了服装 CAD 系统的灵活性。另外,随着人工智能研究的不断发展,模拟三维(3D)立体裁剪技术的衣片自动生成系统,也已进入人们的研究视野。由此可见,服装 CAD 技术在服装设计与产品研发领域有着无限广阔的发展前景。

手工制图与服装 CAD 制图是服装技术发展不同历史阶段的产物,在"量体裁衣"的年代,手工制图曾经是一种不可替代的专业技术,并作为一种谋生的技艺而传承了若干年。随着服装工业化、现代化的实现,手工制图已经不能适应现代服装产业快速反应的需要。服装 CAD 制图以其精确、高效、灵活、可储存等优势,成为现代服装企业核心竞争力的重要标志之一,对提高企业的产品质量、增强市场竞争的能力起着不可估量的作用。但是,通过对企业服装 CAD 应用情况的调查发现,在制图、放码、排料三个基本模块中,唯有制图模块的使用率最低。其主要原因是操作人员缺少手工制图的经验,面对计算机屏幕上被缩小后的制图,难以做出准确的修正。由此可见,服装 CAD 仅是一种先进的制图工具,只有借助手工制图的原理与经验才能充分发挥其先进的性能。

四、制图的作用

服装设计与生产是一种立体形态的创造过程,要将平面的面料加工成立体的服装,首先要将款式的立体形态转化成平面制图,进而依据制图制作出工业样板。工业样板是服装工业生产中使用的模板,从排料、裁剪、缝制到熨烫、整型,工业样板始终起着严格规范作用。服装制图是制作工业样板的蓝图,关系到服装产品的质量,因而其成为服装生产企业的核心技术。由服装制图到工业样板的生成,通常要经过结构制图、基础纸样、标准样板、系列样板四个程序。

1. 绘制结构图

在着手制图之前,首先要分析服装的立体形态、结构类型、穿着方式、面料性能、工艺特点等,在充分把握服装款式特征的基础上,确定相应的结构形式;再根据国家服装号型标准或客户提供的服装规格确定中间号型的相关数据;然后根据这些数据计算出相关控制点的精确位置;最后用直线或曲线连接各个控制点,绘制完成符合款式造型特点及规格要求的平面制图。

2. 生成基础纸样

为了制图方便,通常将前后衣片及部件绘制在同一幅制图上面,各衣片及部件的轮廓线之间相互重叠,因而生成基础纸样的过程也就是将整体制图分解成局部样片的过程。手工制图分解纸样的方法如图 1-3(a) 所示,在制图的下面衬一层样板纸,用重物压牢,避免在操作过程中因制图移动而造成错位。用压线器分别将各片衣片,压印在样板纸上。然后,按照图 1-3(b) 所示的方法,在衣片轮廓线的周边加放缝份或折边量,最后剪切成纸样。由于初始制图尚未经过实物缝合验证,难免存在某些误差,所以此纸样称为"基础纸样"。

3. 产生标准样板

为了检验基础纸样的精确性,需要将基础纸样在面料或坯布上面进行排料、裁剪并制作出样衣。再将成型后的样衣套在人体模型上进行全面检验。检验内容:首先要观察服装的整体造型是否与设计要求相符合,其次是测量相关部位是否与技术指标相一致,最后是检验构成服装

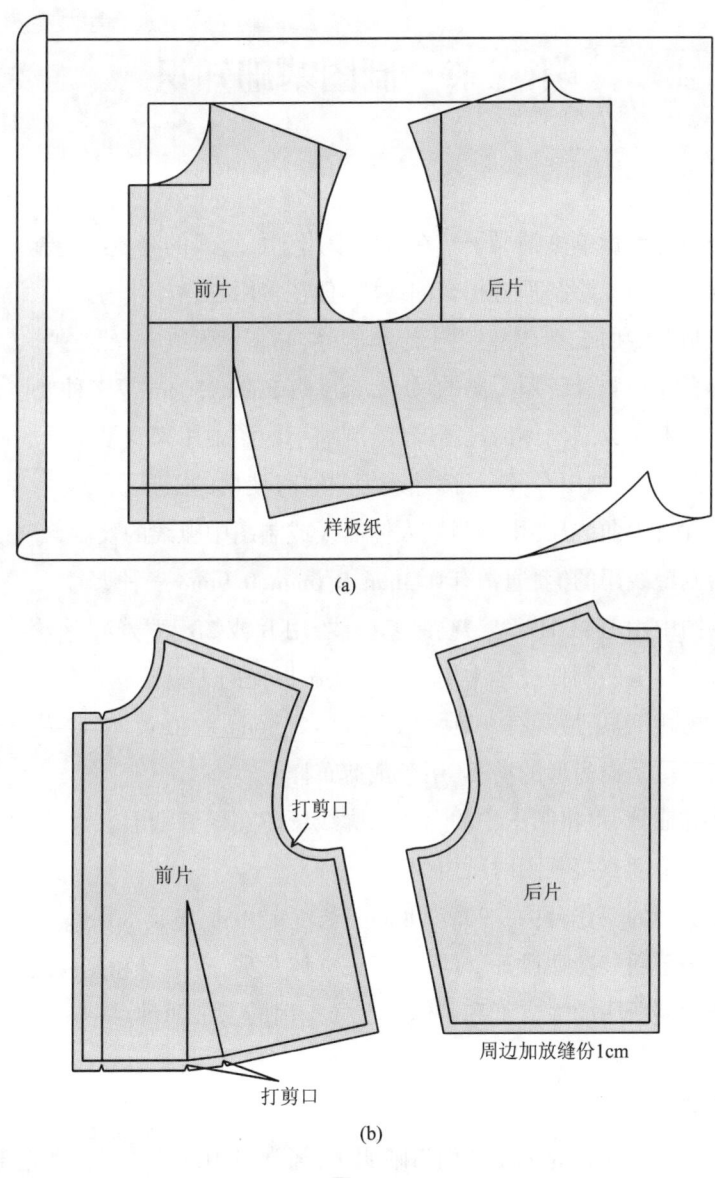

图 1-3

的各部件之间的配合关系是否符合要求。根据检验过程中发现的问题,对基础纸样进行修正。经修正后的基础纸样将作为制作系列样板的标准模板,称为"标准样板"。

4. 制作系列样板

标准样板只提供了一种规格的服装模板,服装生产需要满足不同体型消费群体的需求,所以必须根据目标消费群体的体型特征进行归类与分档,制订出产品的规格系列及号型配置,并根据规格系列制作出相应的系列样板。所谓系列样板是通过对标准样板进行相似形缩放,产生满足生产所需的多种规格的服装模板。每个系列样板的数量因款式而不同,但每套样板一般应包括面板、里板、衬板、部件样板、裁剪用毛板和工艺净板等。

第二节 制图基础知识

一、制图工具

①米尺：以公制为计量单位的尺子。在制图中用于长直线的测量与绘制。

②角尺：在制图中用于绘制垂直相交的线段，现在多用三角板代替。

③弯尺：服装制图专用工具，主要用于绘制侧缝、袖窿等弧线。

④直尺：绘制直线和测量较短距离的尺子，长度有30cm、50cm等多种规格。

⑤比例尺：具有不同放缩比例的尺子，在绘制缩小的图中用来测量不同的尺寸。

⑥曲线板：绘制袖窿、袖山、领圈及裤裆线等曲线时使用的工具。

⑦蛇形尺：又称自由曲线尺，用于测量人体曲线或制图中弧线的长度。

⑧直线笔：绘制墨线用的笔，通常有0.3mm、0.6mm、0.9mm三种型号。

⑨铅笔：在制图中用H或HB型号绘制基础线，用B或2B型号绘制结构线。

⑩锥子：在服装样板的制作过程中用于钻眼或做标记的工具。

⑪裁剪剪刀：剪切工具，型号有9英寸（1英寸＝2.54cm）、10英寸、11英寸、12英寸等数种。

⑫花齿剪刀：刀口呈锯齿形的剪刀，用于裁剪布样。

⑬压线器：又称擂盘，可将制图中的衣片轮廓线压印在样板纸上。

⑭划粉：在衣料上面直接制图时所用的工具。

⑮工作台：裁剪用的工作台，一般高度80cm、长度150cm、宽度80cm。

⑯人体模型：用于服装造型设计、样衣补正或立体裁剪，有半身和全身之分。

⑰样板纸：分为制图用的牛皮纸和制作生产样板用的卡纸两种。

二、服装部位代号

在绘制服装缩小制图时，为了使图面清晰明了，经常采用部位代号。所谓部位代号，实际上就是取该部位英文名称的首位字母。例如，胸围的代号为"B"，腰围的代号为"W"，各种长度的代号如衣长、裤长、裙长等一般统一表示为"L"。掌握服装的部位代号，对于读图和技术交流有着重要的作用，见表1-1。

表1-1 服装部位代号表

序 号	部位名称	代 号	序 号	部位名称	代 号
1	胸围	B	5	领围	N
2	臀围	H	6	胸围线	BL
3	腰围	W	7	腰围线	WL
4	肩宽	S	8	臀围线	HL

续表

序 号	部位名称	代 号	序 号	部位名称	代 号
9	中臀围线	MHL	14	后颈点	BNP
10	袖肘线	EL	15	侧颈点	SNP
11	袖隆弧长	AH	16	胸高点	BP
12	肩端点	SP	17	袖肘点	EP
13	前颈点	FNP			

三、制图符号

服装制图是服装行业、企业及部门之间进行交流的技术语言,为了使制图便于识别与交流,行业内制定了统一规范的制图标记,每一种标记都代表着约定的意义。因此,了解这些制图符号,对于制图和读图都会有一定的帮助,见表1-2。

表1-2 服装制图线条、符号表

序号	名称	表示符号	使 用 说 明
1	细实线	———————	表示制图的基础线,为粗实线宽度的 $\frac{1}{3}$
2	粗实线	———————	表示制图的轮廓线,宽度为 0.05~0.1cm
3	等分线	~~~~~~~	用于将某一部位划分为若干相等距离的线段,虚线的宽度与细实线相同
4	点划线	—·—·—·—	表示衣片相连接,不可裁开的线条,线条的宽度与细实线相同
5	双点划线	—··—··—	用于裁片的折边部位,使用时两端均应是长线,线条的宽度与细实线相同
6	虚线	- - - - -	用于表示背面的轮廓线和部位缉缝线的线条,线条的宽度与细实线相同
7	距离线	←————→	表示裁片某一部位两点之间的距离,箭头指示到部位的轮廓线
8	省道线	◁	表示裁片需要收取省道的位置与形状,一般用粗实线表示
9	褶位线	ΜΜΜΜΜ	表示衣片需要采用收褶工艺,用缩缝号或褶位线符号表示
10	裥位线	▨▨	表示衣片需要折叠进去的部分,斜线方向表示褶裥的折叠方向
11	塔克线	┆│┆│┆	表示衣片需要缉塔克的部位,图中细实线表示塔克的梗起部分,虚线表示缉明线的线迹

续表

序号	名称	表示符号	使 用 说 明
12	净样线		表示裁片属于净尺寸,不包括缝份在内
13	毛样线		表示裁片的尺寸已经包括缝份在内
14	经向线		表示服装面料经向的标记,符号的设置应与布料的经纱平行
15	顺向号		表示服装材料的表面毛绒顺向的标记,箭头的方向应与毛绒的顺向相同
16	正面号		用于指示服装面料正面的符号
17	反面号		用于指示服装面料反面的符号
18	对条号		表示相关裁片之间条纹应一致的标记,符号的纵横线应当对应于条纹
19	对花号		表示相关裁片之间应当对齐纹样的标记
20	对格号		表示相关裁片之间应当对格的标记,符号的纵横线应当对应于条格
21	剖面线		表示部位结构剖面的标记
22	拼接号		表示相邻的衣片之间需要拼接的标记
23	省略号		省略衣片某一部位的标记,经常用于长度较长而结构图中又无法全部画出的部位
24	否定号		用于将制图中错误线条作废的标记

续表

序号	名称	表示符号	使用说明
25	缩缝号	～～～～	表示裁片某一部位需要用缝线抽缩的标记
26	拉伸号	＞＞	表示裁片的某一部位需要熨烫拉伸的标记
27	同寸号	◎ ● ▲	表示相邻裁片的尺寸大小相同,根据使用次数,可以分别选用图示中的各种标记
28	重叠号	✕✕	表示相关衣片交叉重叠部位的标记
29	罗纹号	wwww	表示衣服的下摆、袖口等部位需要装罗纹边的标记
30	明线号	———————	表示服装表面需要缉明线的标记,实线表示衣片的轮廓线,虚线表示缉明线的线迹
31	扣眼位	├───┤	表示服装扣眼位置及大小的标记
32	纽扣位	⊗	表示服装上纽扣位置的标记,交叉线的交点是缝线位置
33	刀口位	＜	在相关衣片需要对位的部位所作的标记,开口一侧在衣片的轮廓线上

四、服装术语

服装名词术语是服装制图中的专门用语,它是在长期的生产实践中逐步形成的,代表着约定俗成的意义。过去我国不同地区所使用的服装名词术语差异很大,给服装技术推广和交流造成了一定的困难。为了促进服装生产技术的交流与发展,国家技术监督局于1995年颁布了《服装工业名词术语》,即 GB/T 2557—1995 作为标准术语。下面将国家标准中与服装制图相关的名词术语图示如下:

1. 上装常用术语(图1-4)

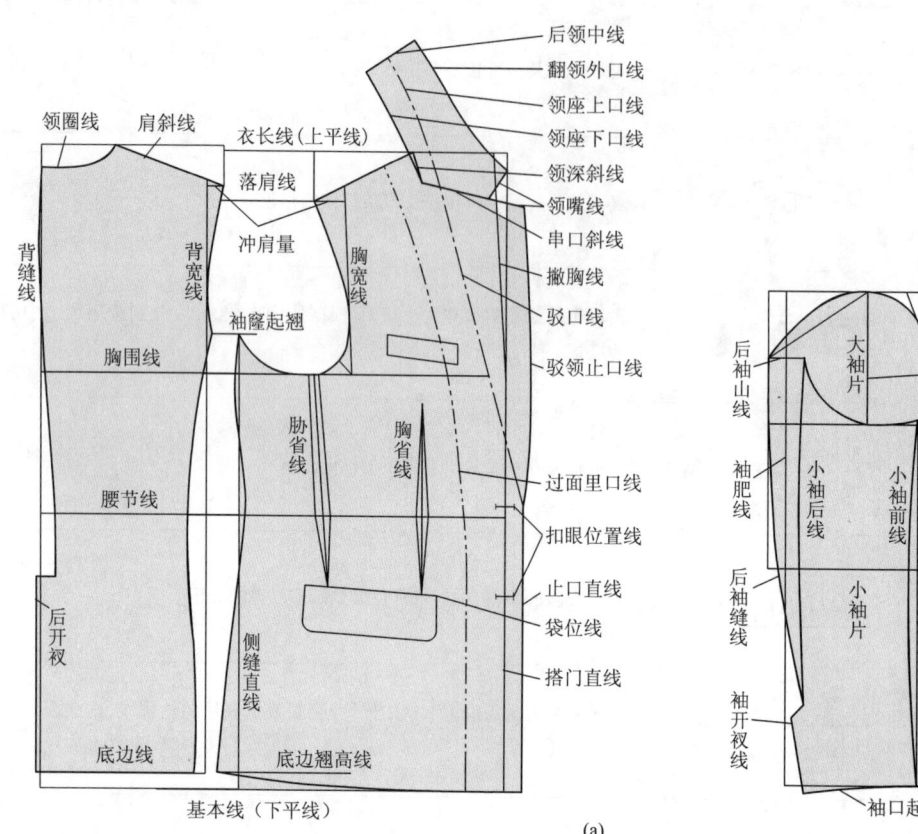

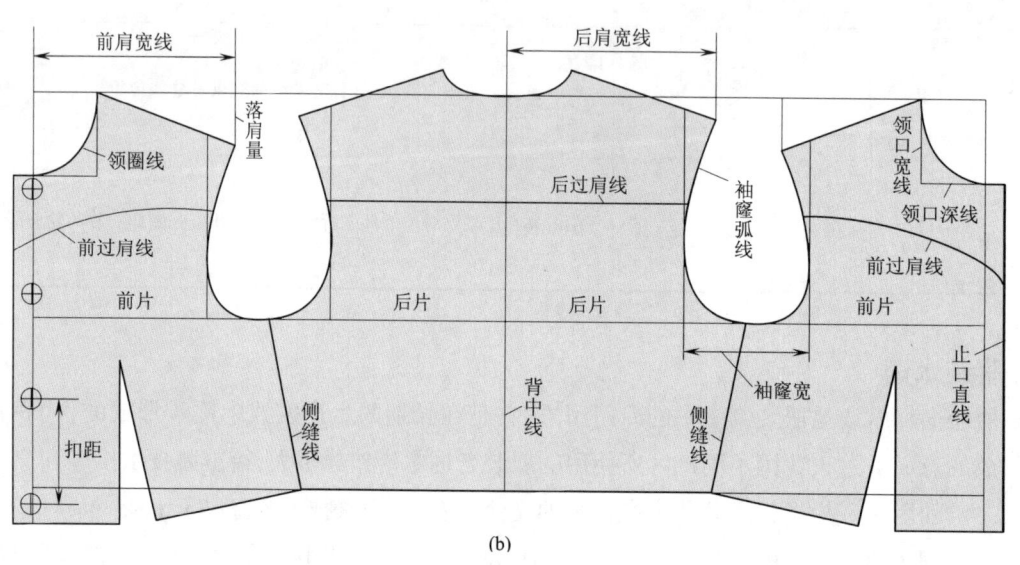

图1-4

2. 下装常用术语（图1-5）

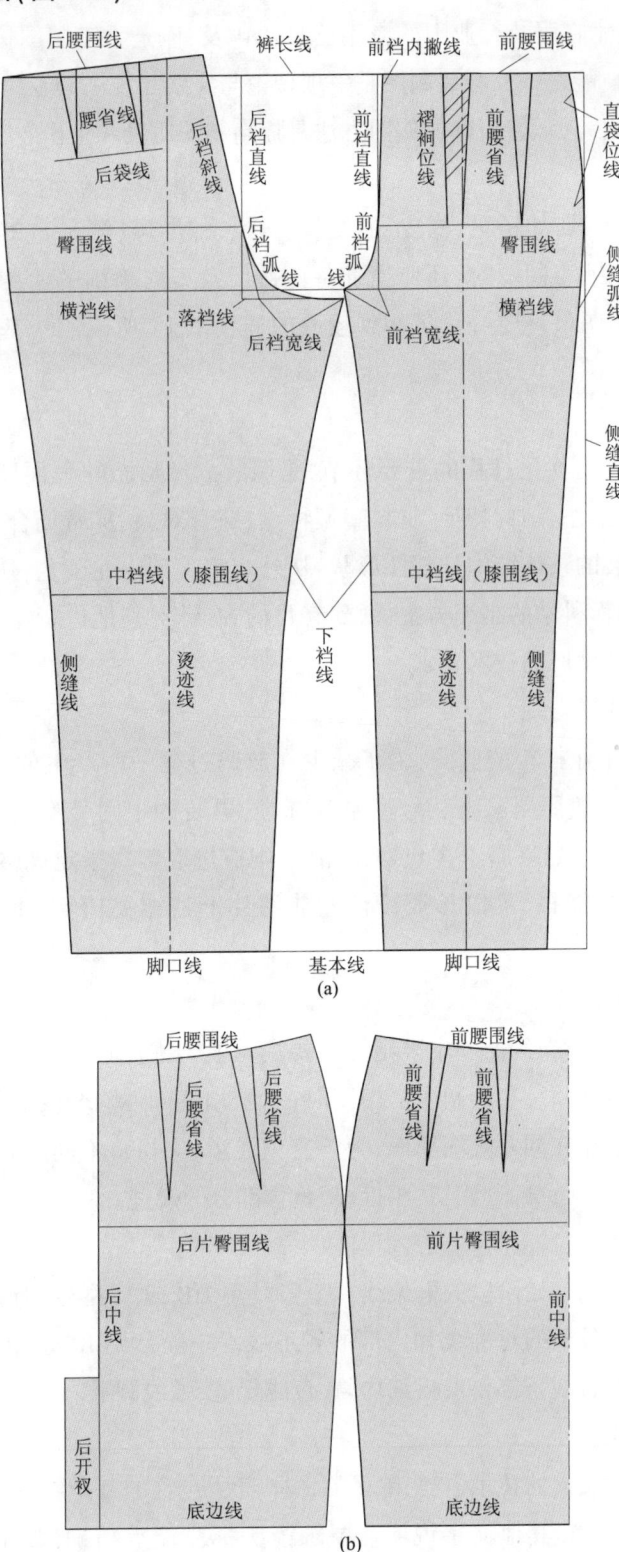

图1-5

五、制图方法

尽管 CAD 制图技术在服装行业中的应用已日益普及,但是手工制图仍是服装设计与技术人员应该掌握的重要技能之一。服装制图是一项理论与实践相统一的专门技术,除了理解服装结构原理与相关知识之外,掌握正确的作图方法是提高制图质量和工作效率的重要因素。

1. 制图准备工作

首先准备好制图工具,如铅笔、橡皮、曲线板、直尺、蛇形尺(测量自由曲线长度的工具)、胶带纸等,如果要绘制缩小制图时,还应当准备比例尺及不同粗细的绘图笔。其二是准备好制图用纸,由于基础制图最终要分片拓印到较厚的样板纸上,所以用于基础制图的纸张不宜太厚。

2. 分析制图对象

服装制图是设计理念物化过程的重要环节,是服装立体形态的平面展现。因而在制图之前,应当对服装的设计形态、结构特征、材料塑型特点、穿着对象、穿着场合、穿着要求等方面进行深入的分析。从服装的整体结构到部件形状,从外观审美到内在工艺,从设计参数到结构平衡等方面,制订出全面而科学的制图方案,做到有目的、有针对性地进行绘图,从而确保制图符合设计理念并满足服装生产的技术要求。

3. 选择制图规格

服装制图是生成工业样板的蓝图,为了减少在放码过程中所产生的误差,通常选择中间号型作为制图的规格。按照国家服装号型系列标准,男装的中间号型为"170/88A",女装的中间号型为"160/84A"。如果属于客户委托加工,则应选取客户指定规格作为制图规格。凡是没有明确要求的部件规格,可以参照设计图或图片上的相关比例,推算出制图中的具体数据。

4. 确定制图布局

在绘制缩小图时,图形布局的基本准则是既要视觉上匀称美观,又要充分考虑尺寸标注和文字说明所需要的足够空间。在绘制生产用图时,基于相关部件吻合及对位方面的考虑,通常是将面板、里板、部件绘制在同一幅图里面,为了避免混淆,应当将不同的衣片或部件采用不同的线型或颜色来绘制,并注意区分相切、相近、相重合部分的线迹。

5. 基础线和结构线

所谓基础线是指制图初始阶段的框架线。一般是用 HB 或 H 型号的铅笔绘制成细而轻的线条。结构线是指衣片外部的轮廓线和内部的省道线。一般是用 B 或 2B 型号的铅笔绘制成比较粗的线条。无论哪种线条都要求粗细均匀,直线规范、弧线圆顺。

6. 尺寸与文字标注

服装缩小制图作为交流的技术语言,除了制图本身所包含的基础线和结构线之外,还应当包含尺寸标注、尺寸箭头和其他文字说明。要求箭头标注端点精确,数字及文字规范,方向一致。

六、制图步骤

1. 先画主衣片,后画零部件

根据局部服从整体的原则,制图中要先绘制主要衣片的轮廓造型,然后以此为参照,按照一定的比例关系确定部件规格及造型。上装类主部件是指前衣片、后衣片、大袖片、小袖片。下装类主部件是指前裤片、后裤片、前裙片、后裙片等。上装类零部件是指领子(领面、领里)、口袋(袋盖面、袋盖里、嵌线、垫袋布、口袋布)、装饰部件等。下装类零部件是指腰头面、腰头里、腰襻、垫袋布、口袋布、门襟等。

2. 先画面板,后画里板和衬板

所谓面板是指服装面料的裁剪模板,它是服装制图的主体部分,决定里板和衬板的形状和规格。因此,应当先将面板的制图绘制好,然后结合工艺要求画出里板和衬板制图。在绘制里板和衬板制图时,要注意因材料层间的吻合需要所产生的松量关系。

3. 先画净样,后画毛样

在服装制图中净样表示服装成型后的实际规格,不包括缝份量和折边量在内。毛样是表示服装成型前的衣片规格,包括缝份量和折边量在内。先画出衣片的净样,然后按照缝制工艺的具体要求加放缝份量及折边量,最后在制图上面注明标记,如经纬线的方向、毛向、条格方向等。

4. 检查审核全图

制图的审核是不可忽视的重要环节,在拓印衣片之前必须全面审核制图。审核内容:一是分析制图的平面形状是否准确反映了预定的设计形态;二是检测整体及部件的规格是否符合标准;三是检验整体与部件间的吻合关系以及整体结构的平衡状况。

第三节　人体观察与测量

一、人体观察的目的

人体观察是指在测量之前对人体进行从整体到局部的目测,是人体测量的准备。由于生活环境和遗传的原因,每个人的体型特征都有所不同,为了制作出适合个体特征的服装,必须全面考察具体对象的体型特征。通过认真的观察与分析,在头脑中大体勾画出服装的轮廓线,确定相应的结构形式,对于需要做结构调整的部位,做到心中有数,以便有的放矢地进行人体测量和服装制图。

人体观察的过程是一个比较、分析、思考的过程。这一过程分为三个阶段:一是由整体着眼分析人体的外形特征,确定属于正常体型还是特殊体型;二是详细观察与服装造型密切相关的局部特征,如挺胸、驼背、腆腹、丰臀、平肩、溜肩等;三是将观察到的各局部特征作比较,如通过对胸围、腰围、臀围三者之间的比较,预见服装的正面廓型及省量的大小。通过对上体长度与下体长度的比较,调整服装的长度比例;通过对前胸凸点位置与肩胛凸点位置的比较,确定前、后省尖的位置及省量大小,通过对前胸与后背宽度的比较,确定相应的放松量等。

二、人体观察的方法

观察人体时要考虑被测者的性别、年龄等因素,按照正面、背面、侧面的观察顺序进行人体观察。从正面的观察中鉴别出正常肩、平肩、溜肩、宽肩、窄肩、高低肩等,并将肩宽、胸宽、腰宽、臀宽用虚拟的线连接起来,在头脑中勾画出人体躯干部位的正面轮廓形状。从侧面的观察中鉴别出挺胸、驼背、腆腹、翘臀以及前后凸点位置,颈部的前倾程度等,并将前颈点、胸高点、腹凸点相联系,勾画出人体前侧面的曲线形状,将后颈点、后腰点、后臀凸点相联系,勾画出人体后侧面的曲线形状。从背面的观察中鉴别出腰线位置的高低,上体与下肢之间的比例。通过对人体作全方位的观察与分析,全面把握人体特征。

三、人体测量的目的

人体测量有两方面的目的。一是根据产品定向或目标消费群体而进行的人体数据采集,即通过对某一地区、某一种族或某一群体进行人体测量调查,获取服装规格的统计数据。例如,我国服装号型标准的制定,就是通过广泛的人体测量获取了大量的人体有效数据,经过对这些数据作科学的归纳,从而产生适合我国国情的服装号型系列。二是为"量体裁衣"而进行的人体测量。由于现实中的人体与标准人体之间总是存在一定的差异,不能机械地套用现成的服装号型标准,尤其对于某些特殊体型,实际测量就更有必要。通过测量,直接获取人体各个部位的数据并对被测者的体型特征有所把握,在制图中有目的地进行结构调整,从而制作出适合特定人体需求的服装。

四、人体测量的方法

如图1-6所示,进行人体测量时,被测者一般取立姿或坐姿。立姿时,两腿并拢,两脚尖呈60°,全身自然伸直,双肩放松,双臂下垂自然贴于身体两侧。被测者取坐姿时,上身要自然伸直并与椅子垂直。小腿与地面垂直,上肢自然弯曲,双手平放在大腿之上。测量者位于被测者的左侧。按照先上装后下装,先长度后围度,最后测量局部的顺序进行测量。

人体测量一般分为高度测量、长度测量、宽度测量、围度测量和斜度测量五个方面。

高度测量:是指由地面至被测点之间的垂直距离,如总体高、颈椎点高等。测量时注意让软尺与人体之间离开一定的距离,并使软尺与人体轴线相平行。不能按照人体曲线逐段测量,因为那样会使测量数据失去准确性。

长度测量:是指两个被测点之间的距离,如衣长、袖长、腰节长、裤长、裙长等。测量时除了注意被测点定位要准确外,还要考虑服装的款式特点。

宽度测量:是指两个被测点之间的水平距离,如胸宽、背宽、肩宽等。

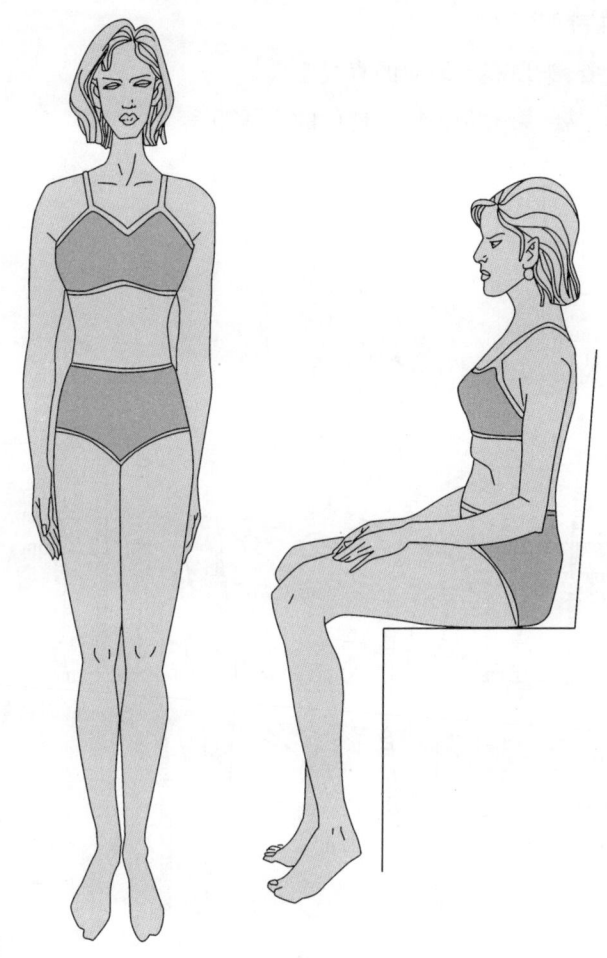

图 1-6

围度测量:是指基于某一被测点的周长,如胸围、腰围、臀围、颈围等。测量时要注意使软尺水平绕体一周,不能倾斜,同时还要注意软尺的松紧适度。在测量胸围时,还要考虑呼吸所引起的变化,应在自然呼吸状态下进行测量。

斜度测量:用专门的量角仪器测出人体肩部的斜度。例如,我国男性平均肩斜度为 18°,其中后衣片肩斜线为 16°,前衣片肩斜线为 20°;女性平均肩斜度为 20°,其中后衣片肩斜线为 18°,前衣片肩斜线为 22°。为了便于制图,通常将肩斜度换算成对角线的长度,即通过 $\frac{1}{2}$ 肩宽和落肩量两个数值来确定肩斜线的角度。

五、人体测量的部位与基点

人体测量一般是先测取人体相关部位的净尺寸,然后根据服装款式的造型特点与穿着要求,加放一定的松量。人体测量的项目是由测量目的所决定的,根据服装制图的要求,人体测量的部位及测量点如图 1-7 所示。

①总体高:人体立姿,头顶点至地面的直线距离。

②颈椎点高:人体立姿,第七颈椎点至地面的直线距离。

③上体长:人体立姿,颈椎点至臀部下沿的直线距离。

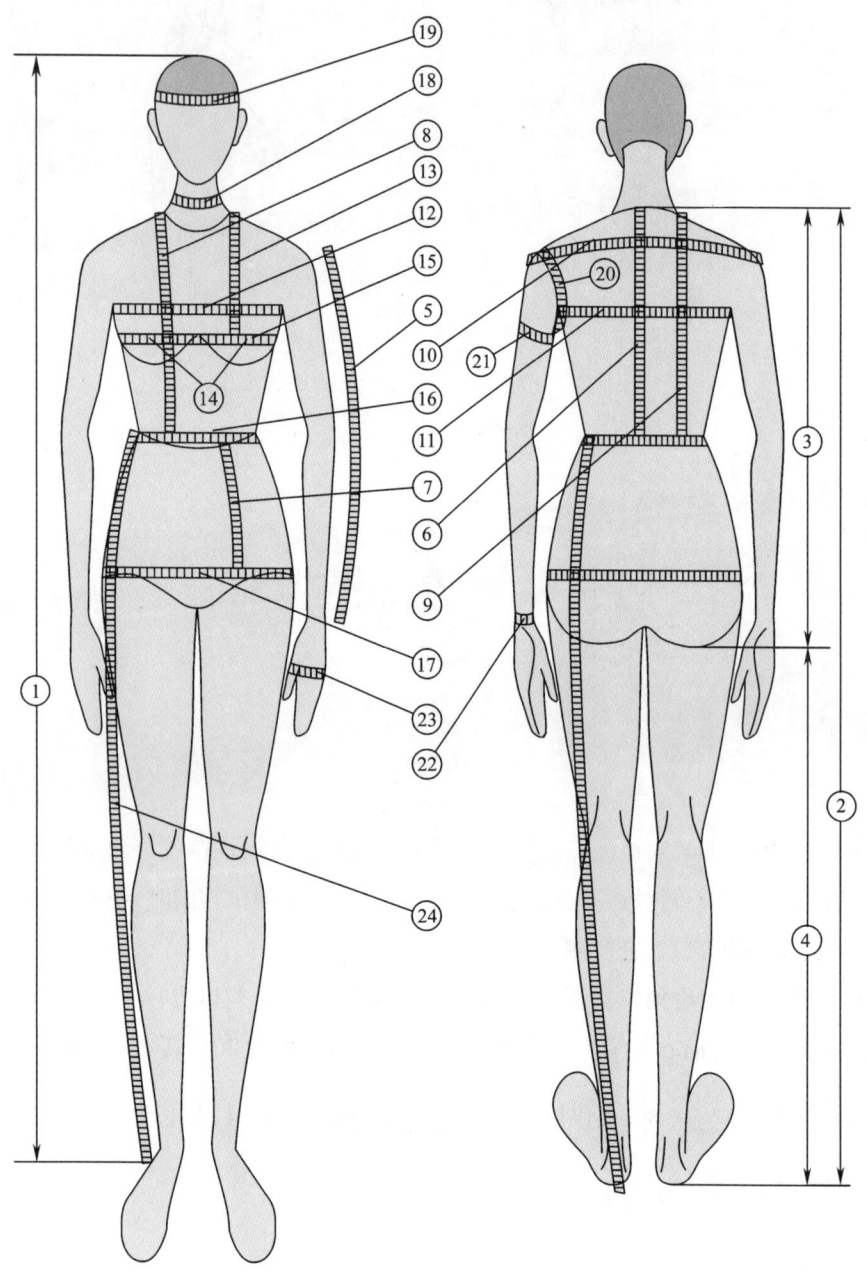

图 1-7

④下体长:由臀部下沿量至与脚跟齐平的位置。
⑤手臂长:肩端点至腕凸点的距离。
⑥后背长:由后颈点沿后中线测量至腰围线,顺背形测量。
⑦臀高:腰围线至臀围线之间的距离。
⑧前身长:由侧颈点经过胸高点至腰围线之间的距离,按照胸部的曲面形状测量。
⑨后身长:由侧颈点经过肩胛凸点,向下测量至腰围线位置。
⑩全肩宽:自左肩端点经过后颈点,测量至右肩端点的距离。
⑪后背宽:背部左右腋窝点之间的距离。
⑫前胸宽:胸部左右腋窝点之间的距离。
⑬乳位高:自侧颈点至胸高点之间的距离。
⑭乳间距:两胸高点之间的距离,是确定服装胸省位置的依据。
⑮胸围:以胸高点为基点,用软尺水平围量一周的长度。
⑯腰围:在腰部最细处,用软尺水平围量一周的长度。
⑰臀围:在臀部最丰满处,用软尺水平围量一周的长度。
⑱颈根围:经过前颈点、侧颈点、后颈点,用软尺围量一周的长度。
⑲头围:以前额丘和后枕骨为测点,用软尺围量一周的长度。
⑳臂根围:经过肩端点和前后腋窝点,用软尺围量一周的长度。
㉑臂围:在上臂最丰满处,用软尺水平围量一周的长度。
㉒腕围:在腕部用软尺围量一周的长度。
㉓掌围:将拇指并入手心,用软尺在手掌最丰满处围量一周的长度。
㉔腰围高:由腰围线至踝骨外侧凸点之间的长度,是普通长裤的基本长度。

第四节 制图与服装规格

一、服装规格的概念

服装规格是采用量化的形式来表述服装款式,适应穿着对象特征的重要技术内容,它由"人体基本数据"和"人体活动松量"两部分所构成。前者称为静态因素,是设计服装基本规格的依据;后者称为动态因素,是设计服装放松量的依据。服装作为商品必须满足多数人的穿着需要,因而服装规格设计强调相对宽泛的人体覆盖率。为了使服装规格具有较强的通用性和兼容性,必须将具有共性特征的人体数据作为研究对象,并根据产品的对象及用途确定相应的规格系列。

我国目前所采用的服装规格是以国家服装号型标准为依据,针对目标消费群体(男装、女装、童装)、产品用途(正装、职业装、休闲装、特种服装)、款式造型(宽松型、合身型、内衣型)等特点,为特定的服装产品设计相应的加工数据和成品规格。服装规格设计以人体规格为依据,但并不是人体数据的简单套用或机械放缩。必须将产品的造型特点和当前的流行趋势有机融合,才能够设计出科学、合理的服装规格系列。

二、服装的松量与内空间

服装的松量与内空间是服装圆周与人体圆周之间的一种相对关系。为了明确表述这种关系,我们将服装的周长大于人体周长的量定义为"放松量",将两圆周之间的半径差定义为"间隙",将因间隙而构成的服装与人体之间的空间量定义为服装的"内空间"。服装作为人体的"外包装",既要与人体形态相适应,又要与人体表面保持一定的间隙量。因而服装的松量与内空间的设计,不仅关系到服装的造型,同时也关系到服装的运动机能。

如图1-8所示,服装制图中在围度计算方面通常有两种设计参数,一是实测人体所获得的数据,称为"净规格",如净胸围、净腰围、净臀围等;二是指在"净规格"的基础上,根据服装款式的造型特点,按照人体表面与服装之间间隙量的大小,计算出服装成型后的成品规格。"成品规格"与"净规格"之间的差数,即是"放松量"。人体圆周半径与增加松量后的服装圆周半径之间的差量即"间隙量"。关于"间隙量"与"放松量"之间的关系,我们可以通过下面的图示进行表述。

如图1-9所示,内圆"b"表示人体净胸围,外圆"B"表示服装成品规格胸围。内圆半径用"r"表示,外圆半径用"R"表示。图中净胸围与成品胸围之间的半径差即间隙量用"J"表示,放松量用"S"表示。根据圆周定律得出:$J=R-r$。利用这一公式,可以求出不同放松量下服装圆周与人体圆周之间的间隙量,同样也可以根据预定的间隙量求出服装的放松量。

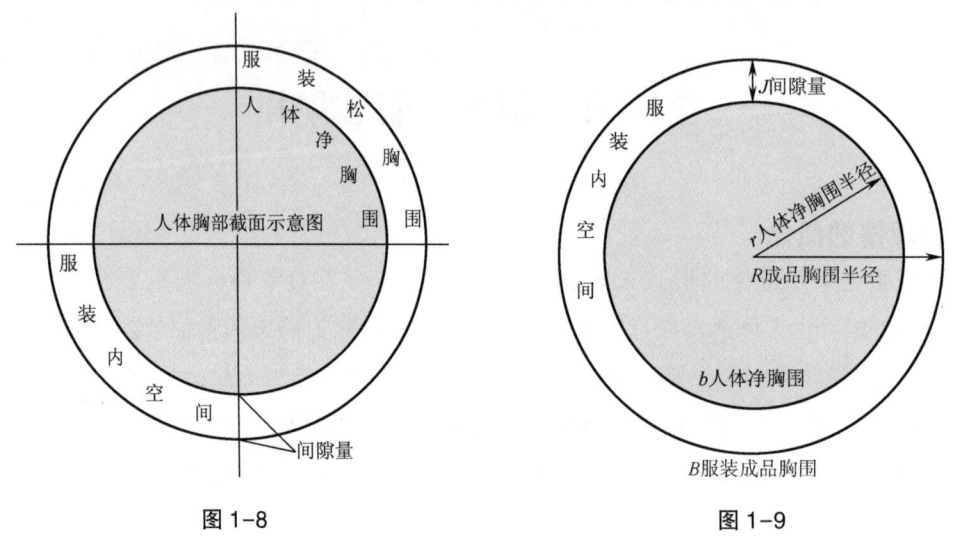

图1-8　　　　　　　　　　图1-9

服装间隙量的计算:

设:净胸围=84cm,放松量=10cm,所形成的间隙为

r(净胸围半径)=84cm÷2π≈84cm÷6.28=13.4cm

R(成品胸围半径)=(84+10)cm÷2π≈94cm÷6.28=15cm

J(间隙量)=$R-r$=15cm-13.4cm=1.6cm

服装放松量的计算:

已知:圆的周长=直径×π,根据圆周定律得出:S(放松量)=J(间隙量)×2π。

为了便于计算取近似值 π=3cm

所以:S(放松量)=J(间隙量)×6

根据放松量计算公式,可以比较容易地推算出各类服装的间隙量与放松量。例如,2cm的间隙量所形成的放松量为12cm,3cm的间隙量所形成的放松量为18cm,依此类推。

决定服装间隙量大小的主要因素有三种:一是由内衣的层数及厚度所决定,如夏季服装间隙量小,冬季服装间隙量大;二是适应服装款式造型的需要,如合体型服装间隙量小,宽松型服装间隙量大;三是受流行因素或穿着习惯的影响,如正装型的款式间隙量小,休闲型的款式间隙量大等。因间隙量不同所形成的服装放松量也各不相同,在进行服装规格设计时,要根据具体情况区别对待。

间隙量不仅影响服装的放松量,而且还关系到服装的设计风格:当各个部位的间隙量呈均匀分布时,所形成的服装廓型属于模拟人体自然形的设计;当各个部位的间隙量不均匀分布时,所形成的服装廓型属于超越人体自然形的设计。例如,增加腰部的间隙量,可以形成直身式廓型;增加胸围的间隙量,可以形成倒梯形廓型;增加臀围及下摆围的间隙量,可以形成"A"字廓型等。利用间隙量大小来计算服装放松量,能够把服装平面制图与服装的立体形态相联系,有利于提高制图的科学性和准确性。

我国的服装设计人员在长期的设计实践中,总结出了一系列关于服装测量部位、放松量、间隙量的参照端点和参照值,见表1-3、表1-4。

表1-3 男装测量部位与放松量、间隙量关系表

品 种	测 量 部 位		放松量(cm)	间隙量(cm)
	衣(裤)长	袖 长	胸围、臀围	
中山装	拇指中节	腕部至虎口之间	12~16	2~2.7
西装	拇指中节至拇指尖	腕下1cm	10~14	1.7~2.3
春秋装	虎口至拇指中节	腕下2cm	12~16	2~2.7
夹克	虎口向上量3cm	虎口上3cm	15~18	2.5~3
中式罩衫	拇指中节	腕部至虎口之间	14~17	2.3~2.8
长袖衬衫	虎口	腕下2cm	12~16	2~2.7
短袖衬衫	虎口向上量1cm	肘关节向上3cm	12~16	2~2.7

续表

品　种	测　量　部　位		放松量(cm)	间隙量(cm)
	衣(裤)长	袖　长	胸围、臀围	
长大衣	膝盖线向下量10cm	拇指中节	20~24	3.3~4
中长大衣	膝盖线	虎口	20~24	3.3~4
短大衣	中指尖	虎口	18~24	18~4
风雨衣	膝盖线向下量10cm	虎口	20~24	3.3~4
长西裤	腰围线向上量3cm至离地面3cm处		8~14	1.3~2.3
短西裤	腰围线向上量3cm至膝盖线以上10cm左右		8~14	1.3~2.3

表1-4　女装测量部位与放松量、间隙量关系表

品　种	测　量　部　位		放松量(cm)	间隙量(cm)
	衣(裤)长	袖　长	胸围、臀围	
单外衣	腕下3cm至虎口	腕下2cm左右	10~14	1.7~2.3
女西服	腕下3cm至虎口	腕下1cm左右	8~12	1.3~2
女马甲	拇指中节至拇指尖		12~18	2~3
中式罩衫	腕下3cm至虎口	腕下2cm左右	10~14	1.7~2.3
长袖衬衫	腕下2cm	腕下1cm	8~12	1.3~2
短袖衬衫	腕部略向下	肘关节向上3~6cm	8~12	1.3~2
中袖衬衫	腕部略向下	肘、腕之间略向下	8~12	1.3~2
长大衣	膝盖线向下10cm左右	虎口	18~24	3~4
中长大衣	膝盖线	虎口向上1cm	16~22	4~3.7
短大衣	中指尖	腕下3cm	15~20	2.5~3.3
风雨衣	腕下10cm左右	虎口	20~24	3.3~4
连衣裙	膝盖线向下10cm左右	肘关节以上3~6cm	8~12	1.3~2
西装裙	腰围线以上3cm至膝盖线以下7cm之间		6~10	1~1.7
长西裤	腰围线以上3cm至离地面3cm处		6~12	1~2

三、服装号型的概念与应用

服装号型标准是国家对服装产品规格所作的统一技术规定，是对各类服装进行规格设计的依据。

我国的服装号型标准是在全国21个省、市、自治区，按照不同的地区、阶层、年龄、性别进行了近40万人的体型测量。在具备了充分调查数据的基础上，根据正常人体的体型特征和使用需要，选择最有代表性的部位，经过合理归并而制定出来的。

全国服装统一号型 GB 1335—81 由国家标准总局颁布，于 1982 年 1 月 1 日实施。1991 年 7 月 17 日由国家技术监督局批准，1992 年 4 月 1 日实施 GB 1335—91 服装号型标准。1998 年 6 月 1 日起实施 GB/T 1335—1997 服装号型标准。经过多年实施，不断进行修正，于 2009 年 8 月 1 日起正式实施新的服装号型标准 GB/T 1335—2008（以下简称新号型）。

新号型中规定："号"是指人体的身高，以厘米（cm）为单位表示，是设计和选购服装长短的依据；"型"是指人体的胸围或腰围，以厘米（cm）为单位表示，是设计或选购服装肥瘦的依据。

新号型中根据人体胸围与腰围之间的差数大小，将人体划分为四种体型。有关体型分类的代号和范围见表 1-5、表 1-6。

表 1-5　男子体型分类代号及范围　　　　　　　　　　　　　　　　单位：cm

体型分类代号	Y	A	B	C
胸围与腰围之差数	17~22	12~16	7~11	2~6

表 1-6　女子体型分类代号及范围　　　　　　　　　　　　　　　　单位：cm

体型分类代号	Y	A	B	C
胸围与腰围之差数	19~24	14~18	9~13	4~8

新号型中规定，成年人上装为 5·4 系列。其中前一个数字"5"表示"号"的分档数值，即每间隔 5cm 为一档。成年男子从 155 号开始至 190 号结束，共分为 8 个号。成年女子从 145 号开始至 180 号结束，也分为 8 个号。后一位数字"4"表示"型"的分档数值。成年男子从 72~76cm 开始，成年女子从 68~72cm 开始，每隔 4cm 为一档。

下装类分为 5·4 系列和 5·2 系列两种。女子从 50~63cm 开始，男子从 56~71cm 开始，每隔 4cm 或 2cm 分为一档。

服装产品进入销售市场，必须标明服装号型及体型分类代号。服装号型的标注形式为"号/型+体型分类代号"。例如，男上衣号型 170/88A，表示本服装适合于身高在 168~172cm，净胸围在 86~89cm 的人穿着，"A"表示胸围与腰围的差数在 12~16cm 的体型。又如，女裤号型 160/68A，表示该号型的裤子适合于身高为 158~162cm，净腰围在 67~69cm 之间的人穿着，"A"表示胸围与腰围的差数在 14~18cm 的体型。

新号型中编制了各系列的控制部位数值，见表 1-7~表 1-14。控制部位共有 10 个，即身高、颈椎点高、坐姿颈椎点高、全臂长、腰围高、胸围、颈围、总肩宽、腰围、臀围，它们的数值都是以"号"和"型"为基础确定的。首先以中间体的规格确定中心号的数值，然后按照各自不同的规格系列，通过推档而形成全部的规格系列。中心号型是整个服装号型表的依据。所谓"中间体"又叫作"标准体"，是在人体测量调查中筛选出来的，具有代表性的人体数据。

成年男子中间体标准为：身高 170cm、胸围 88cm、腰围 74cm，体型特征为"A"型。号型表示方法为：上衣 170/88A，下装 170/74A。成年女子中间体标准为：身高 160cm、胸围 84cm、腰围

68cm,体型特征为"A"型。号型表示方法为：上衣 160/84A,下装 160/68A。

中心号在各号型系列中的数值基本相同,所以一般选择中心号作为基础制图的规格。目的是为了在制作系列样板时,由中间号型分别向两端推档,能够减少因档差过大而造成的误差。在此需要说明一点,服装号型标准中所规定的是人体主要控制部位的净体规格,并没有限定服装的成品规格。所以,在实际应用中不能将号型看成是一成不变的标准,应结合具体的穿着要求和款式造型特点,灵活机动地选择与应用。

四、服装号型标准（表 1-7~表 1-14）

表 1-7 男子 5·4/5·2Y 号型系列控制部位数值　　　　　　　　　　单位：cm

部位	数值														
身高	155		160		165		170		175		180		185		
颈椎点高	133.0		137.0		141.0		145.0		149.0		153.0		157.0		
坐姿颈椎点高	60.5		62.5		64.5		66.5		68.5		70.5		72.5		
全臂长	51.0		52.5		54.0		55.5		57.0		58.5		60.0		
腰围高	94.0		97.0		100.0		103.0		106.0		109.0		112.0		
胸围	76		80		84		88		92		96		100		
颈围	33.4		34.4		35.4		36.4		37.4		38.4		39.4		
总肩宽	40.4		41.6		42.8		44.0		45.2		46.4		47.6		
腰围	56	58	60	62	64	66	68	70	72	74	76	78	80	82	
臀围	78.8	80.4	82.0	83.6	85.2	86.8	88.4	90.0	91.6	93.2	94.8	96.4	98.0	99.6	

表 1-8 男子 5·4/5·2A 号型系列控制部位数值　　　　　　　　　　单位：cm

部位	数值																
身高	155		160		165		170		175		180		185				
颈椎点高	133.0		137.0		141.0		145.0		149.0		153.0		157.0				
坐姿颈椎点高	60.5		62.5		64.5		66.5		68.5		70.5		72.5				
全臂长	51.0		52.5		54.0		55.5		57.0		58.5		60.0				
腰围高	93.5		96.5		99.5		102.5		105.5		108.5		111.5				
胸围	72		76		80		84		88		92		96		100		
颈围	32.8		33.8		34.8		35.8		36.8		37.8		38.8		39.8		
总肩宽	38.8		40		41.2		42.4		43.6		44.8		46.0		47.2		
腰围	56	58	60	60	62	64	64	66	68	68	70	72	72	74	76	76	78	80	80	82	84	84	86	88
臀围	75.6	77.2	78.8	78.8	80.4	82.0	82.0	83.6	85.2	85.2	86.8	88.4	88.4	90.0	91.6	91.6	93.2	94.8	94.8	96.4	98.0	98.0	99.6	101.2

表1-9　男子5·4/5·2B号型系列控制部位数值　　　　　　　　　　单位：cm

部　位	数　值																
身高	155		160		165		170		175		180		185				
颈椎点高	133.5		137.5		141.5		145.5		149.5		153.5		157.5				
坐姿颈椎点高	61.0		63.0		65.0		67.0		69.0		71.0		73.0				
全臂长	51.0		52.5		54.0		55.5		57.0		58.5		60.0				
腰围高	93.0		96.0		99.0		102.0		105.0		108.0		111.0				
胸围	72		76		80		84		88		92		96		100	104	108
颈围	33.2		34.2		35.2		36.2		37.2		38.2		39.2		40.2	41.2	42.2
总肩宽	38.4		39.6		40.8		42.0		43.2		44.4		45.6		46.8	48.0	49.2
腰围	62	64	66	68	70	72	74	76	78	80	82	84	86	88	90	92	94	96	98	100
臀围	79.6	81.0	82.4	83.8	85.2	86.6	88.0	89.4	90.8	92.2	93.6	95.0	96.4	97.8	99.2	100.6	102.0	103.4	104.8	106.2

表1-10　男子5·4/5·2C号型系列控制部位数值　　　　　　　　　　单位：cm

部　位	数　值																		
身高	155		160		165		170		175		180		185						
颈椎点高	134.0		138.0		142.0		146.0		150.0		154.0		158.0						
坐姿颈椎点高	61.5		63.5		65.5		67.5		69.5		71.5		73.5						
全臂长	51.0		52.5		54.0		55.5		57.0		58.5		60.0						
腰围高	93.0		96.0		99.0		102.0		105.0		108.0		111.0						
胸围	76		80		84		88		92		96		100		104		108		112
颈围	34.6		35.6		36.6		37.6		38.6		39.6		40.6		41.6		42.6		43.6
总肩宽	39.2		40.4		41.6		42.8		44.0		45.2		46.4		47.6		48.8		50.0
腰围	70	72	74	76	78	80	82	84	86	88	90	92	94	96	98	100	102	104	106	108
臀围	81.6	83.0	84.4	85.8	87.2	88.6	90.0	91.4	92.8	94.2	95.6	97.0	98.4	99.8	101.2	102.6	104.0	105.4	106.8	108.2

表1-11　女子5·4/5·2Y号型系列控制部位数值　　　　　　　　　　单位：cm

部　位	数　值						
身高	145	150	155	160	165	170	175
颈椎点高	124.0	128.0	132.0	136.0	140.0	144.0	148.0
坐姿颈椎点高	56.5	58.5	60.5	62.5	64.5	66.5	68.5
全臂长	46.0	47.5	49.0	50.5	52.0	53.5	55.0
腰围高	89.0	92.0	95.0	98.0	101.0	104.0	107.0

续表

部 位	数 值												
胸围	72		76		80		84		88		92		96
颈围	31.0		31.8		32.6		33.4		34.2		35.0		35.8
总肩宽	37.0		38.0		39.0		40.0		41.0		42.0		43.0
腰围	50	52	54	56	58	60	62	64	66	68	70	72	74	76
臀围	77.4	79.2	81.0	82.8	84.6	86.4	88.2	90.0	91.8	93.6	95.4	97.2	99.0	100.8

表1-12 女子5·4/5·2A号型系列控制部位数值　　　　单位:cm

部 位	数 值						
身高	145	150	155	160	165	170	175
颈椎点高	124.0	128.0	132.0	136.0	140.0	144.0	148.0
坐姿颈椎点高	56.5	58.5	60.5	62.5	64.5	66.5	68.5
全臂长	46.0	47.5	49.0	50.5	52.0	53.5	55.0
腰围高	89.0	92.0	95.0	98.0	101.0	104.0	107.0

部 位	数 值													
胸围	72		76		80		84		88		92		96	
颈围	31.2		32.0		32.8		33.6		34.4		35.2		36.0	
总肩宽	36.4		37.4		38.4		39.4		40.4		41.4		42.4	
腰围	54	56	58	58	60	62	62	64	66	66	68	70	70	72	74	74	76	78	78	80	82
臀围	77.4	79.2	81.0	81.0	82.8	84.6	84.6	86.4	88.2	88.2	90.0	91.8	91.8	93.6	95.4	95.4	97.2	99.0	99.0	100.8	102.6

表1-13 女子5·4/5·2B号型系列控制部位数值　　　　单位:cm

部 位	数 值						
身高	145	150	155	160	165	170	175
颈椎点高	124.5	128.5	132.5	136.5	140.5	144.5	148.5
坐姿颈椎点高	57.0	59.0	61.0	63.0	65.0	67.0	69.0
全臂长	46.0	47.5	49.0	50.5	52.0	53.5	55.0
腰围高	89.0	92.0	95.0	98.0	101.0	104.0	107.0

部 位	数 值									
胸围	68		72		76		80		84		88		92		96		100		104
颈围	30.6		31.4		32.2		33.0		33.8		34.6		35.4		36.2		37.0		37.8
总肩宽	34.8		35.8		36.8		37.8		38.8		39.8		40.8		41.8		42.8		43.8
腰围	56	58	60	62	64	66	68	70	72	74	76	78	80	82	84	86	88	90	92	94
臀围	78.4	80.0	81.6	83.2	84.8	86.4	88.0	89.6	91.2	92.8	94.4	96.0	97.6	99.2	100.8	102.4	104.0	105.6	107.2	108.8

表 1-14　女子 5·4/5·2C 号型系列控制部位数值　　　　　　　单位：cm

部　位	数　　　　值															
身高	145				150				155				160				165				170				175			
颈椎点高	124.5				128.5				132.5				136.5				140.5				144.5				148.5			
坐姿颈椎点高	56.5				58.5				60.5				62.5				64.5				66.5				68.5			
全臂长	46.0				47.5				49.0				50.5				52.0				53.5				55.0			
腰围高	89.0				92.0				95.0				98.0				101.0				104.0				107.0			
胸围	68		72		76		80		84		88		92		96		100		104		108	
颈围	30.8		31.6		32.4		33.2		34.0		34.8		35.6		36.4		37.2		38.0		38.8	
总肩宽	34.2		35.2		36.2		37.2		38.2		39.2		40.2		41.2		42.2		43.2		44.2	
腰围	60	62	64	66	68	70	72	74	76	78	80	82	84	86	88	90	92	94	96	98	100	102
臀围	78.4	80.0	81.6	83.2	84.8	86.4	88.0	89.6	91.2	92.8	94.4	96.0	97.6	99.2	100	102.4	104.0	105.6	107.2	108.8	110.4	112.0

第五节　模拟制图

为了牢固树立立体造型的观念，充分理解制图的原理、计算及操作方法。在正式接触服装制图之前，我们先来做一些模拟制图，通过分解几何体，把握立体与平面间的转换关系，把各种立体形态与其所对应的平面形状有机地结合起来。

人体的起伏变化非常复杂，在进行服装结构制图之前，首先要将人体归纳成与之相近似的几何体，只有这样，我们才能够利用几何学原理进行计算，服装制图中几乎所有的计算公式都是这样产生的。当然，人体毕竟不是静止的几何体，人的日常工作、学习都离不开运动，因此，计算公式中还要考虑因人体运动而使服装整体和局部产生的变化，即留出基本松量和运动松量。基本松量是由服装与人体的间隙大小所决定的，运动松量是根据人体运动的方位、幅度大小所决定的。下面选取与人体形态相近似的一些几何体，将这些几何体分解成平面，便可以获得相应的平面制图。在分解过程中，不仅要注意研究平面形状与立体形态的关系，而且要研究制图步骤和制图方法，以及各部位的计算方法。

一、立方体的平面展开

如图 1-10(a)、图 1-10(b) 所示，立方体各边长均为 15cm。如果将它分解成六片大小、形状都相同的裁片，所形成的平面制图为边长 15cm 的正方形。如果要将立方体分解成一完整的裁片，可以将平面制图设计成如图 1-10(c) 所示的形状，制图中的每一条边长均为 15cm。

如图 1-11 所示，立方体的四个侧面均为向里弧进的曲面。它所分解出的平面形状也将产生相应的曲线变化。

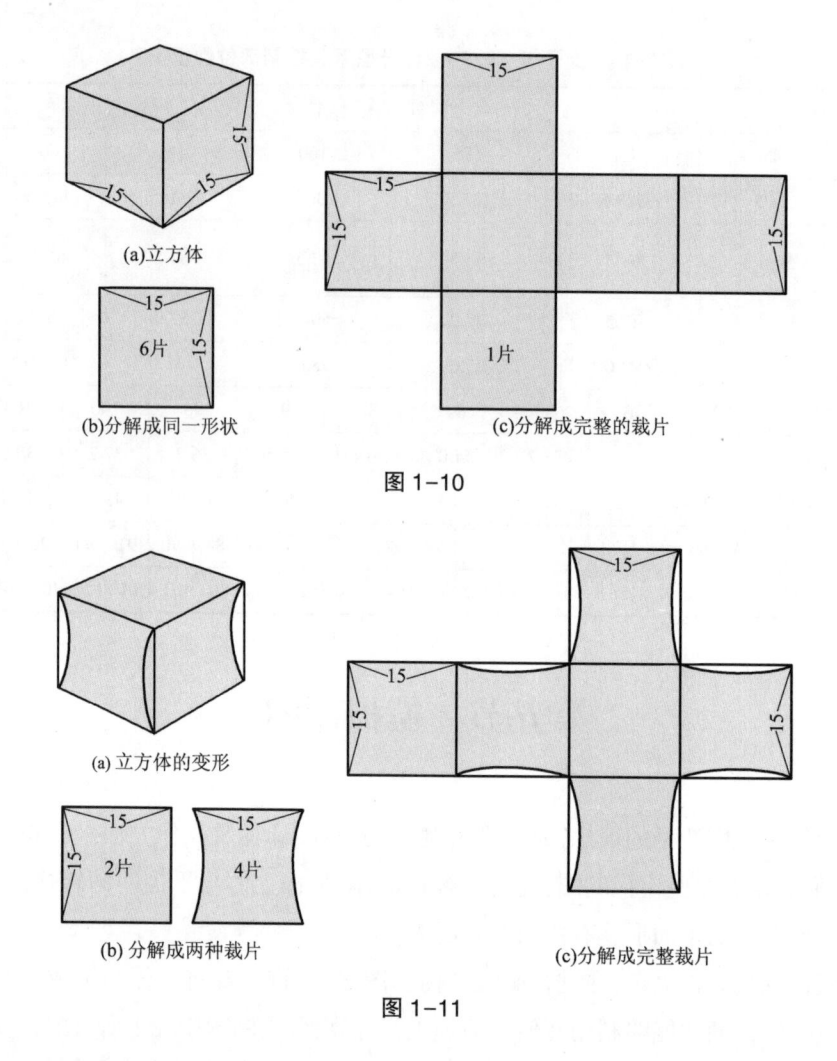

(a)立方体
(b)分解成同一形状
(c)分解成完整的裁片

图 1-10

(a)立方体的变形
(b)分解成两种裁片
(c)分解成完整裁片

图 1-11

二、梯形体的平面制图

如图 1-12 所示,梯形体的规格如图中所注,要将它分解成平面制图,可以参照下面的步骤作图(按服装制图习惯只作制图的一半)。

①作水平线 AB 等于梯形底边长的一半,即 48cm÷2＝24cm。

②过 A 点作 AB 的垂直线 AC,取 AC＝16cm,确定 C 点。

③过 C 点作 AB 的平行线 CD,取 CD 等于顶边长的一半,直线连接 BD。

④过 B 点作 BD 的垂直线 BE,取 BE＝8cm÷2＝4cm。

⑤过 D 点作 BD 的垂直线 DF,取 DF＝8cm÷2＝4cm。

⑥直线连接 EF,即完成制图。

三、圆柱体的平面制图

如图 1-13 所示,已知圆柱体的高度 AC＝BD＝20cm,直径为 10cm。按照如下步骤将圆柱体

的侧面分解成平面制图:

①作水平线 AB 等于筒形的底边周长,即 $AB=10\text{cm}\times 3.14=31.4\text{cm}$。

②分别过 A、B 两点作 AB 的垂直线 AC 和 BD。

③取 $AC=BD=20\text{cm}$,直线连接 CD,即完成制图。

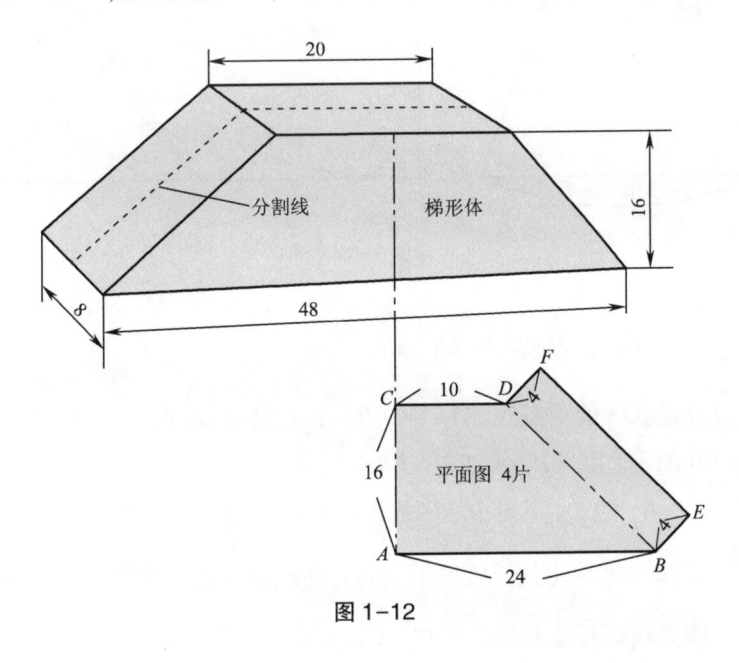

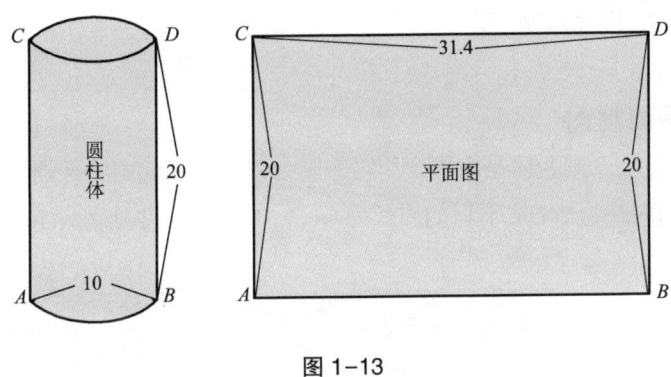

图 1-12

图 1-13

四、圆台体的平面制图

如图 1-14 所示,已知圆台体上口的周长为 32cm,下口的周长为 96cm。侧边的长度 $AC=BD=29\text{cm}$。按照下面的步骤绘制圆台体的平面分解图(按照服装制图习惯只作 $\frac{1}{2}$ 制图)。

①作水平线 $AB=96\text{cm}\div 2=48\text{cm}$。

②过 A 点作 AB 的垂直线 AC,取 $AC=29\text{cm}$。

③过 C 点作 AB 的平行线 CD,取 $CD=32\text{cm}\div 2=16\text{cm}$。

④直线连接 BD 并向上作延长线。

图 1-14

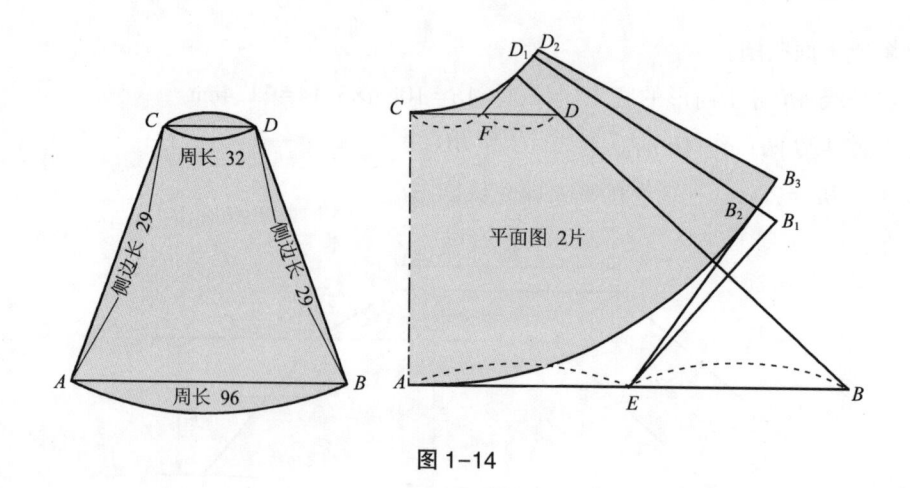

⑤在 CD 的 $\frac{1}{2}$ 位置确定 F 点,在 AB 的 $\frac{1}{2}$ 位置确定 E 点。

⑥过 F 点作 BD 延长线的垂直线 FD_1,取 $FD_1=FD$,确定 D_1 点。

⑦过 E 点作 BD 的垂直线 EB_1,取 $EB_1=EB$ 确定 B_1 点。

⑧直线连接点 D_1、B_1,过 D_1 点沿 D_1B_1 线向下量出与 CA 线等长距离,确定 B_2 点。

⑨划顺 $\overset{\frown}{CFD_1}$,顺弧线延长使其长度等于 16cm,确定 D_2 点。

⑩划顺 $\overset{\frown}{AEB_2}$,顺弧线延长使其长度等与 48cm,确定 B_3 点。

⑪直线连接 D_2B_3,即完成制图。

五、双圆台体的平面制图

如图 1-15(a)所示,双圆台体是由两个相对的圆台体组合而成的。经测量圆台体上口的周长为 48cm,中间位置的周长为 24cm,下口的周长为 64cm,侧边的长度分别为 16cm 和 24cm。将这一

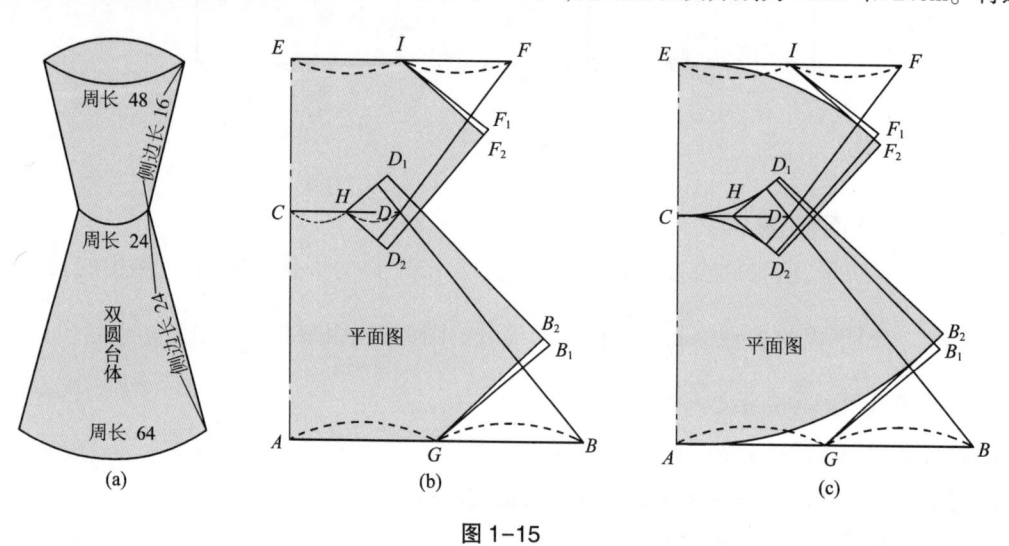

图 1-15

双圆台体分解成平面时,可以用以下两种分解方法(两种方法所产生的平面制图的形状不相同)。

1. 制图方法一[图 1-15(b)、图 1-15(c)]

①作水平线 $AB=64\text{cm}\div2=32\text{cm}$。

②过 A 点作 AB 的垂直线 AE,取 $AE=24\text{cm}+16\text{cm}=40\text{cm}$,确定 E 点。

③取 $AC=24\text{cm}$ 确定 C 点,过 C 点作 AE 的垂直线 CD,取 $CD=24\text{cm}\div2=12\text{cm}$。

④过 E 点作 AE 的垂直线 EF,取 $EF=48\text{cm}\div2=24\text{cm}$。

⑤直线连接 BD、FD。

⑥在 AB 线的 $\frac{1}{2}$ 位置确定 G 点,过 G 点作 BD 的垂直线 GB_1,取 $GB_1=GB$,确定 B_1 点。

⑦在 CD 线的 $\frac{1}{2}$ 位置确定 H 点,过 H 点分别作 BD 延长线的垂直线 HD_1 和 FD 延长线的垂直线 HD_2,取 $HD_1=HD$,确定 D_1 点,取 $HD_2=HD$,确定 D_2 点。

⑧在 EF 线的 $\frac{1}{2}$ 位置确定 I 点,过 I 点作 FD 的垂直线 IF_1,取 $IF_1=IF$,确定 F_1 点。

⑨直线连接点 B_1、D_1,过 D_1 点向下取 $D_1B_2=CA$,确定 B_2 点。

⑩直线连接点 D_2、F_1,过 D_2 点向上取 $D_2F_2=CE$,确定 F_2 点。

⑪分别划顺 $\overset{\frown}{CHD_1}$、$\overset{\frown}{CHD_2}$,顺弧线延长使 $\overset{\frown}{CD_1}=\overset{\frown}{CD_2}=12\text{cm}$,修正 D_1、D_2 两点。

⑫划顺 $\overset{\frown}{EIF_2}$,顺弧线延长使 $\overset{\frown}{EF_2}=24\text{cm}$,修正 F_2 点。

⑬划顺 $\overset{\frown}{AGB_2}$,顺弧线延长使 $\overset{\frown}{AB_2}=32\text{cm}$,修正 B_2 点。

⑭分别用直线连接点 D_2、F_2 和点 D_1、B_2,即完成制图。

从图 1-15(c)中可以看出,将双圆台体分解的平面制图是两个相对的扇形,并且 D_1 点与 D_2 点以 HD 为中线相互重叠。如果要将上下两个扇形合并成一个完整的裁片,必须设法使重叠的部分分离开,这一造型原理经常被用于服装腰部的结构设计。

如图 1-16(a)所示,当衣片的腰节线位置横向分割时,可以将腰节线部位的重叠量分别转化成上下衣片的轮廓线,从而使侧缝线保持原有的长度。

如图 1-16(b)所示,当腰节线不作分割时,因重叠量无法单独处理而使侧

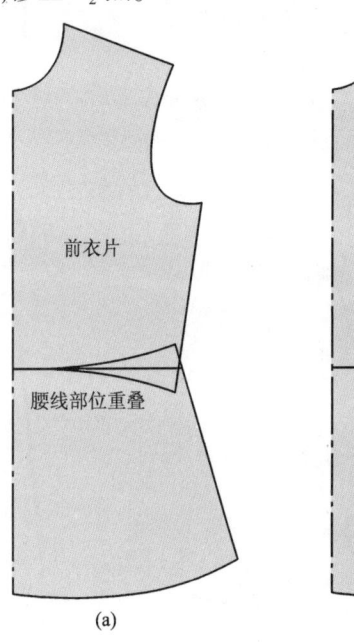

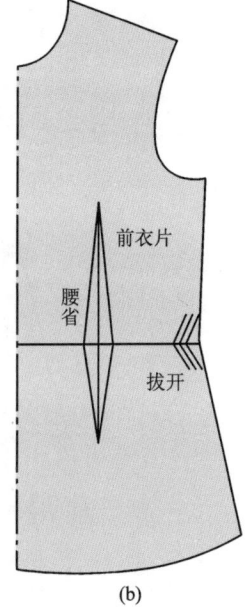

图 1-16

缝线的长度减少,制成的服装会因侧缝线过紧而导致外观不平服。为了解决这一问题,通常是增加腰省并将靠近腰节线的一段侧缝线用熨烫拔开一定的量。越是合体的服装,需要拔开的量越大。由于面料的拔开长度有限,所以这种结构一般用于半合体型服装。

2. 制图方法二

如图 1-17(a)所示,将双圆台体作纵向分割,分解成 8 片大小和形状均相同的裁片。由于分割所形成的裁片宽度变小,图中 CD 线上的重叠量也会相应变小。这种较小的量完全能够通过拔开工艺得以弥补,这种结构可以使造型更加完美。制图步骤如下[图 1-17(b)、图 1-17(c)]:

①作水平线 $AB = 64\text{cm} \div 8 = 8\text{cm}$。

②在 AB 线的 $\frac{1}{2}$ 位置确定 G 点,过 G 点作 AB 的垂直线 GI,取 $GI = 24\text{cm} + 16\text{cm} = 40\text{cm}$。

③在 GI 线上取 $GH = 24\text{cm}$,确定 H 点,过 H 点作 AB 的平行线 CD。

④以 H 为中点,取 $CD = 24\text{cm} \div 8 = 3\text{cm}$。

⑤过 I 点作 AB 的平行线 EF,以 I 为中点,取 $EF = 48\text{cm} \div 8 = 6\text{cm}$。

⑥直线连接点 E、C,点 C、A,点 F、D,点 D、B。

⑦过 I 点分别作 EC 和 FD 的垂直线,取 $IE = IE_1$、$IF = IF_1$,确定 E_1 点和 F_1 点。

⑧过 G 点分别作 AC 和 BD 的垂直线,取 $GA_1 = GA$、$GB_1 = GB$,确定 A_1 点和 B_1 点。

⑨直线连接点 E_1、C、A_1 和点 F_1、D、B_1,确定展开图的基础线。

⑩划顺 $\overset{\frown}{E_1IF_1}$,修正弧线长度使其等于圆周长的 $\frac{1}{8}$,重新确定 E_1、F_1 两点。

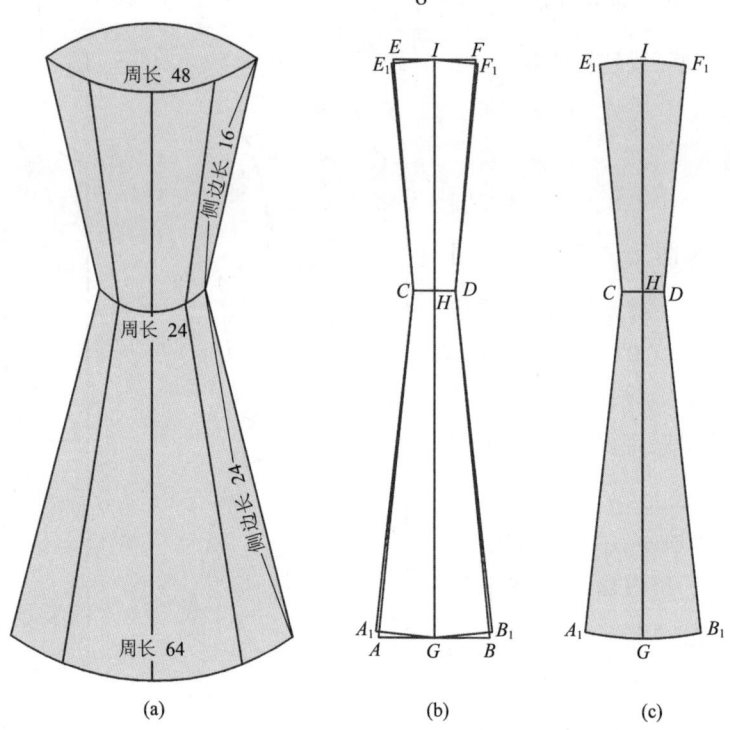

图 1-17

⑪划顺 $\overset{\frown}{A_1GB_1}$，修正弧线长度使其等于圆周长的 $\frac{1}{8}$，重新确定 A_1、B_1 两点。

⑫分别用直线连接点 A_1、C，点 C、E_1，点 B_1、D，点 D、F_1，即完成制图。

比较以上两种分解方法及其结果可以发现，分割对于服装造型的重要意义，尤其对于合身型的服装造型来说，利用分割的手法要比用省塑造的形态更加完美。

六、球体的平面制图

如图 1-18(a)所示，AB 为球体的横向直径，CD 为球体的纵向直径。过 A、B 两点沿球体表面画出圆周线。将圆周线等分为 16 份，确定各等分点。

如图 1-18(b)所示，分别通过各个等分点与 C、D 两点作弧线连接，将球体的表面分解成 16 片相同形状与规格的裁片。

如图 1-18(c)所示，根据球体的几何原理，计算出平面制图中各部位的数据。

设球体的直径为 40cm。平面制图中 CD 的长度等于球体周长的一半。即：

$CD = 40\text{cm} \times 3.14 \div 2 = 62.8\text{cm}$

$EF = 40\text{cm} \times 3.14 \div 16 = 7.85\text{cm}$

如图 1-18(d)所示，将分解成的平面裁片重新组合成球体后，从 C 点或 D 点观察球体的圆周线形状可以发现，构成球体所用的裁片数量越多，成型后的球体表面越圆顺。图中分别采用 32 片、16 片、8 片、4 片构成球体。随着裁片数量的减少，所塑造成的圆周表面棱角越来越明显，与原球体的形态差异也越来越大。用 4 片构成的球体接近于正方体，已经完全脱离了球体的特征，这种原理即是服装分割的原理。

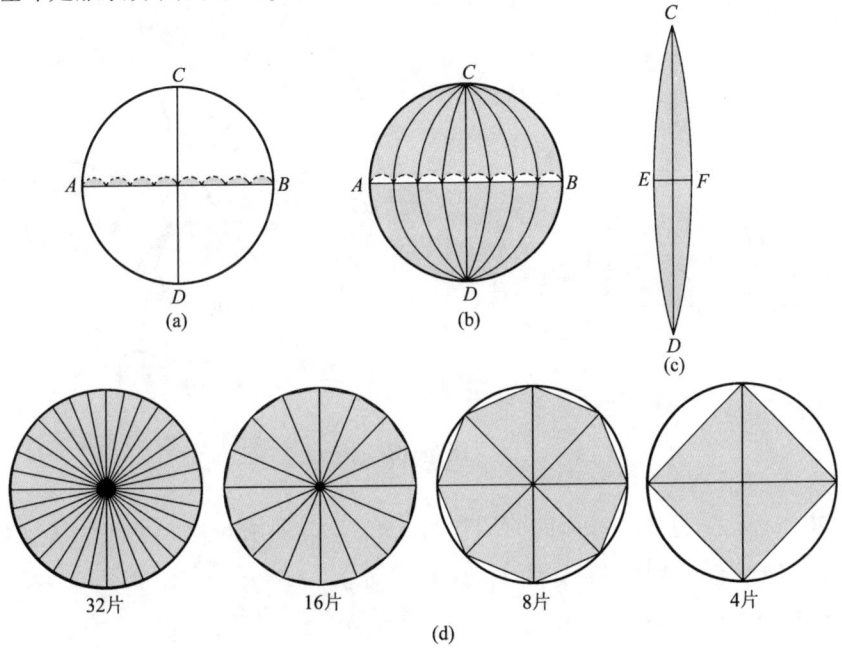

图 1-18

七、半球体的平面制图

如图1-19(a)所示,假设半球体的底面周长为60cm。将周长等分为6份,确定各个等分点。分别通过这些等分点与顶点 C 作弧线连接,确定分割线的位置。

如图1-19(b)所示,分别沿弧线剪开至顶点 C,然后将半球体展平,得出半球体的平面制图。制图中每一条弧线的形状都代表着半球体的立体形态,两条弧线之间分离开的量相当于"省量"。由此可以看出,"省"是将平面塑造成立体的重要手段。在这一平面制图中,半径 CA 和 CB 的长度等于半球体底面周长的 $\frac{1}{4}$。制图中圆的周长大于球体底面的周长,二者相差的量是省量的总和。根据这一原理可以作如下计算:

图中圆周半径 $CA=CB=60\text{cm}\div 4=15\text{cm}$

图中圆周的周长 $=15\text{cm}\times 2\times 3.14=94.2\text{cm}$

图中每个省的量 $=(94.2\text{cm}-60\text{cm})\div 6=5.7\text{cm}$

根据这些数据,能够在平面上绘制出体现半球体特征的结构制图,步骤如下:

①以 C 点为圆心,以15cm为半径画圆。

②将圆周等分为6份,通过各个等分点与圆心 C 点直线连接。

③分别以半径线与圆周的交点作为中点,两边对称画出5.7cm省量。

④按照半球体的结构特征,将省大点与圆心点用弧线相连接,即完成制图。

由于半球体所分解成的裁片,无论是大小或形状都相等。所以,在实际制图中可以只绘制其中的一片,然后再根据制图复制出所需的其他裁片。

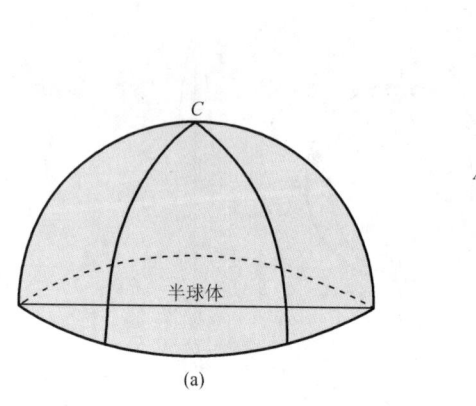

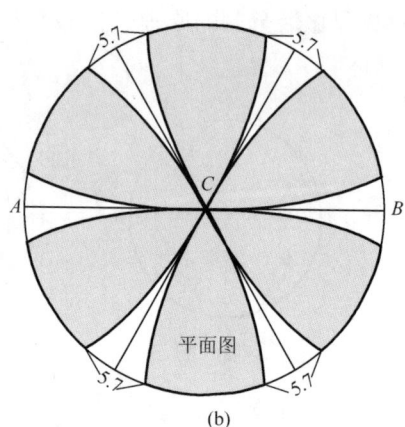

图1-19

如图1-20(a)所示,已知半球体底面周长为55cm。计划用6片大小和形状完全相同的裁片来构成这一立体形态。制图步骤如图1-20(b)所示:

①作水平线 $AB=55\text{cm}\div 6=9.17\text{cm}$。

②在 AB 的 $\frac{1}{2}$ 位置确定 O 点,过 O 点作 AB 的垂直线 OC。

③取 OC 等于底面周长的 $\frac{1}{4}$,即 $OC = 55\text{cm} \times \frac{1}{4} = 13.75\text{cm}$。

④分别划顺 $\overset{\frown}{CA}$ 和 $\overset{\frown}{CB}$。

利用这种制图原理和制图方法,能够完成如图 1-20(c)所示的太阳帽造型。在制图中,图 1-20(b)中 $\overset{\frown}{CA}$ 和 $\overset{\frown}{CB}$ 的形状,应体现球体的立体形态。如果人为地改变弧线的形状,它所塑造成的立体形态也随之改变。关于这一点可以通过下面的实例说明。

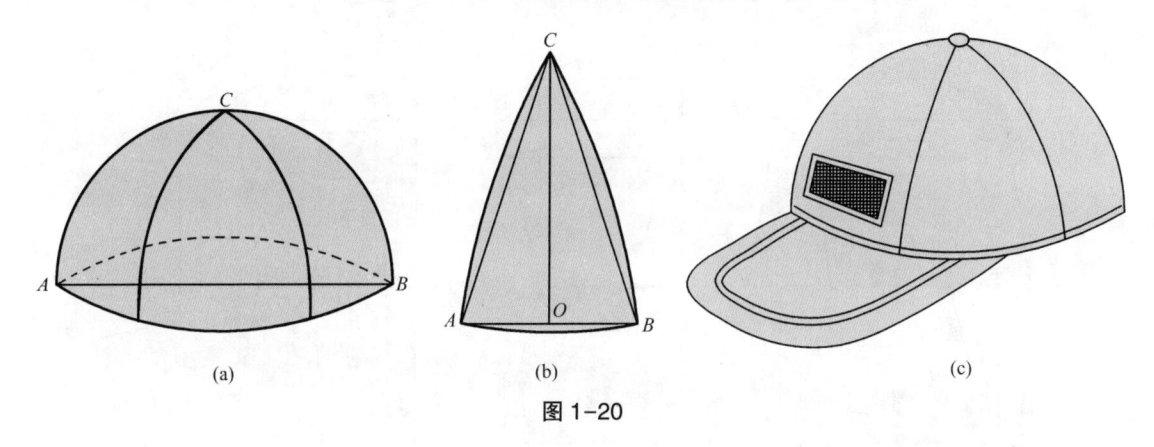

图 1-20

如图 1-21(a)所示,在原制图的基础上按照下面的方法进行调整:

①将 OC 线向下延长 5cm 确定 C_1 点,过 C_1 点作 AB 的平行线 DE,取 $DC_1 = C_1E = \frac{1}{2}AB$。

②在 AB 的延长线上分别取 $AA_1 = BB_1 = 2\text{cm}$。

③分别划顺 $\overset{\frown}{CA_1D}$ 和 $\overset{\frown}{CB_1E}$。划顺 $\overset{\frown}{DE}$ 并在中间部位凹进 1~1.5cm。

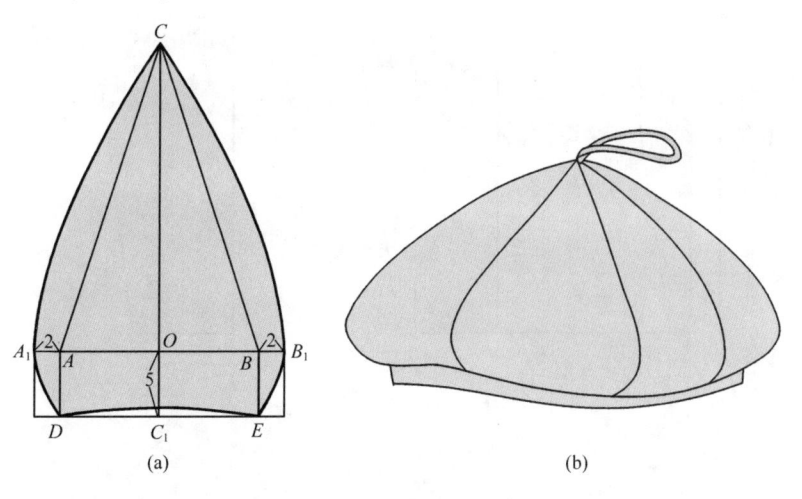

图 1-21

④通过增加 OC 的长度,改变 $\overset{\frown}{CA_1D}$ 和 $\overset{\frown}{CB_1E}$ 的弧线形状,形成如图1-21(b)所示的立体形态。

八、人体模拟形的平面制图

如图1-22(a)所示,将人体的头部概括成一个球体,颈部概括成圆台体,肩部概括成梯形

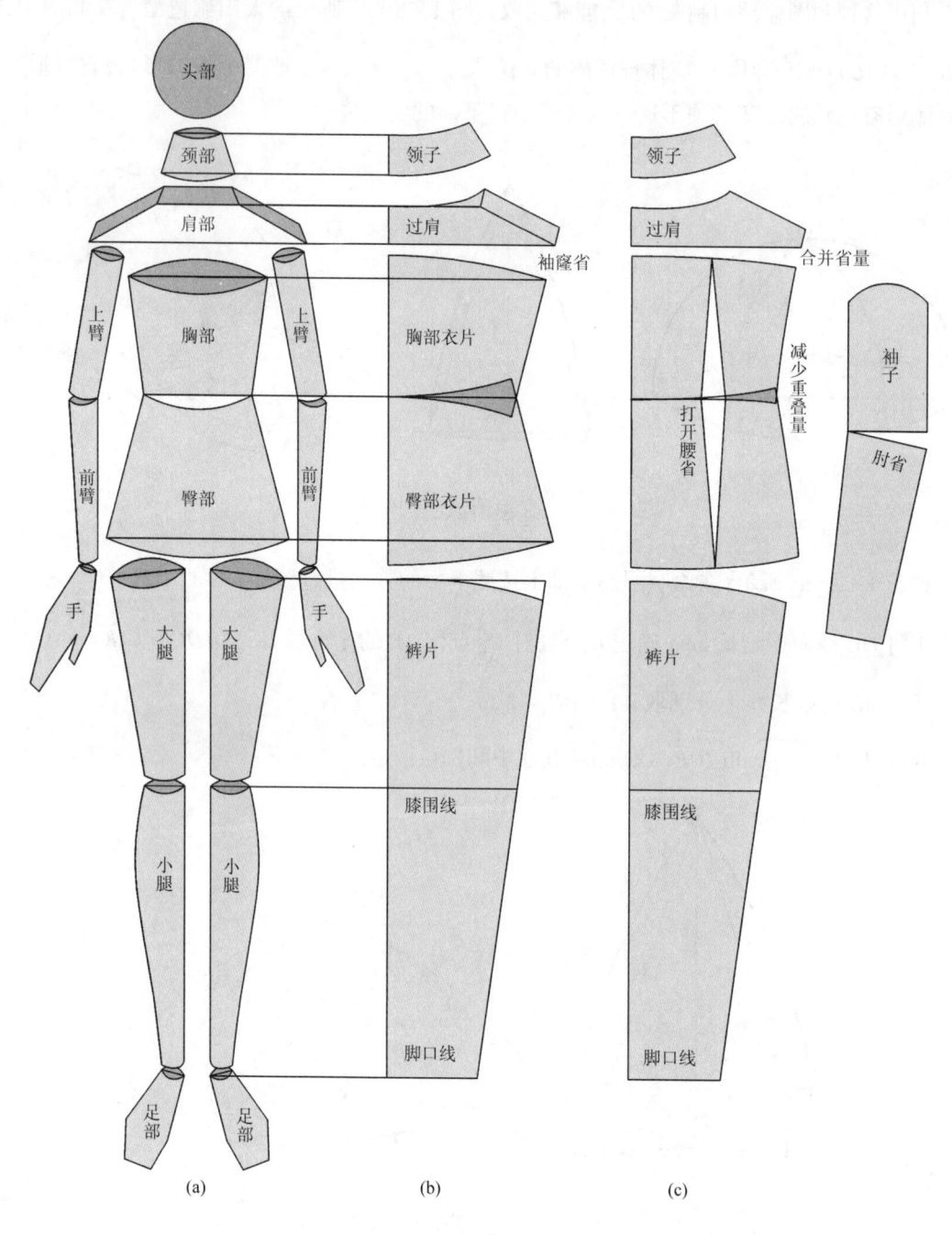

(a) (b) (c)

图1-22

体,胸部和臀部概括成一个双圆台体。人体的上臂和前臂分别概括成圆柱体和圆台体。大腿和小腿也用同样的方法概括成圆柱体和圆台体。

如图1-22(b)、图1-22(c)所示,将所有经过概括后的人体分解成平面,即是服装制图的雏形。从图中可以看出,在肩部与胸部相接的部位有一个省量,我们把它看成是一个袖窿省。将前胸部位垂直剪开至臀围线,合并袖窿省打开腰省,减少腰线部位的重叠量,从而构成腰线不分割情况下的衣片制图。由于人体臂部自然下垂时,前臂向前倾斜约12°,所以在袖子的平面制图中后袖线位置形成一个肘省。

通过本节进行的模拟制图,我们大体上了解了立体与平面之间的转换关系。学会了将立体形态转换成平面的相关计算与制图方法。在后面的实际制图中,要不断地运用这些原理和方法,去解决服装制图中的实际问题。当然,人体毕竟不是静止的几何体,人的日常工作和学习都离不开运动。因此还要研究人体运动对服装形态的影响因素,分析服装基本松量和运动松量的构成要素。基本松量是由服装与人体的间隙大小所决定的,运动松量是根据人体运动的部位、方向、幅度所决定的。服装因功能定位不同而对松量的要求也不相同,一般正装类松量较小,休闲类松量适中,运动类松量较大。制图时要根据特定的款式造型、穿着对象、穿着要求等,灵活设计松量,将服装的装饰性与机能性有机地统一起来。

第二章　裙装的构成原理与制图

裙装是指覆盖人体腰围线以下部位的衣着用品。按款式一般分为：西装裙、筒裙、褶裙以及各种角度的斜裙。裙与裤的结合，又能够产生多种形式的裙裤。

裙装的结构比较简单，有裙长、腰围、臀围和下摆围四个主要控制部位。其中，腰围、臀围与人体形态密切相关，裙长和裙摆可以根据造型需要进行变化。本章所讲述的裙装主要有筒裙、塔裙、各种角度的斜裙以及由此变化形成的有代表性的裙款。

第一节　裙装的构成原理

如图2-1所示，取长度等于人体腰围线至膝围线的距离，宽度与人体臀围相适应的面料，围在人体模型上形成一个筒形。因人体臀围与腰围间的差量，使筒形上口的周长与人体腰围之间形成一定的余量，这些余量是构成下装腰省量的部分。根据我国服装号型标准，成年女子160/84A的臀腰差数=臀围90cm-腰围68cm=22cm。对于臀腰差量的处理是下装结构设计与制图的重要环节。由于人体臀腰间的凹凸量因位置不同而不同，所以反映在裙装制图上的省量大小也不均等。为了获取裙装制图中不同位置的省量分配比例，可以用立体裁剪的方法进行如下造型实验。

如图2-2所示，首先将筒形上口的前、后中心线位置，用别针分别固定于人体模型腰围线上的对应位置，再在人体模型的两侧各选择3个等分点固定在对应的位置。经过分段固定后，腰围表面形成的余量即是该部位的省量。

如图2-3所示，将腰部的余量分别折叠并用别针固定，在面料的表面按照折叠的痕迹用彩色铅笔画出色线，确定腰省的位置及大小。

如图2-4所示，拆开筒形，将面料展平，由此所产生的平面形状即是裙装的基本制图。由图可以发现，位于前片上的省道较短且省量要小一些，位于后片和两侧的省道较长且省量较大，这是由于人体前、后凸点位置和凸量不同而造成的。

如图2-5所示，从侧面观察人体臀部轮廓线便会发现，人体腹凸点的位置高于臀凸点的位置，并且腹部的凸出量小于臀部的凸出量，由此决定了前、后省尖位置与省量大小的差异。为了使裙装的制图符合人体特征，我们对经过立体裁剪产生的平面图进行测量后得出了腰省在不同位置的分配比例：

臀围尺寸

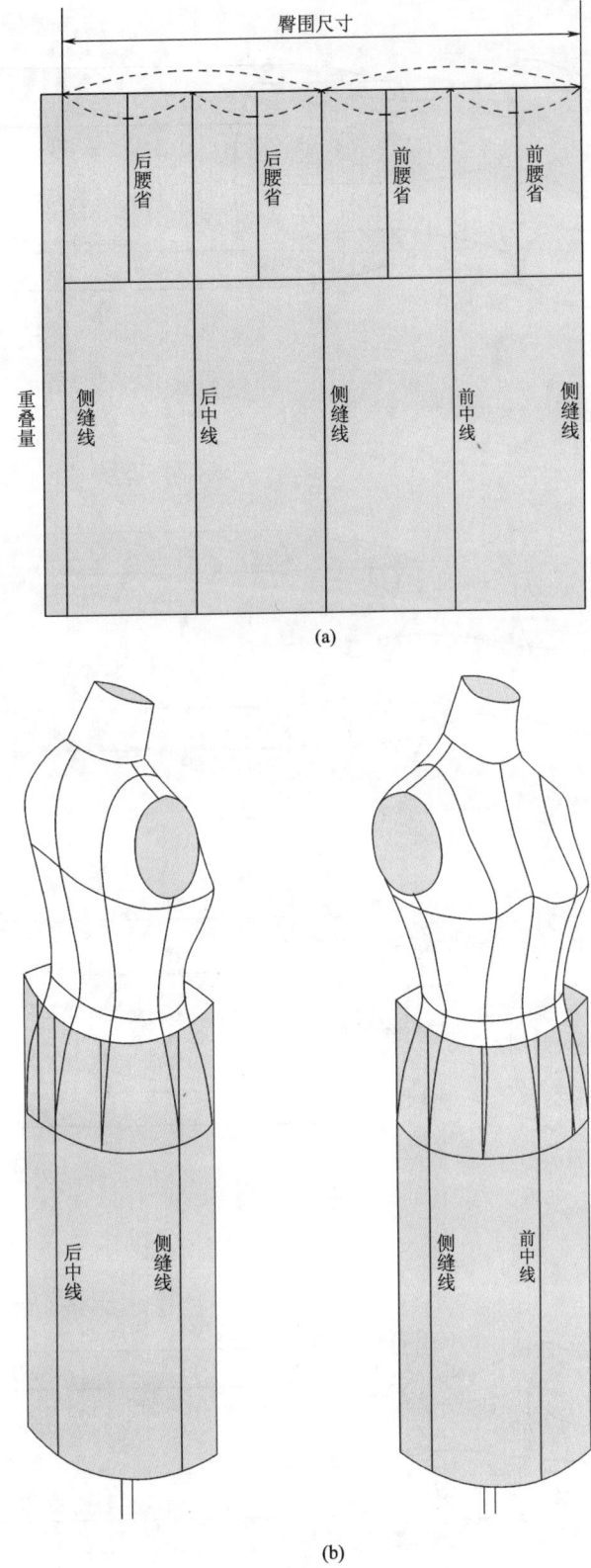

后腰省　后腰省　前腰省　前腰省

重叠量　侧缝线　后中线　侧缝线　前中线　侧缝线

(a)

后中线　侧缝线　侧缝线　前中线

(b)

图 2-1

40　服装通用制图技术(第2版)

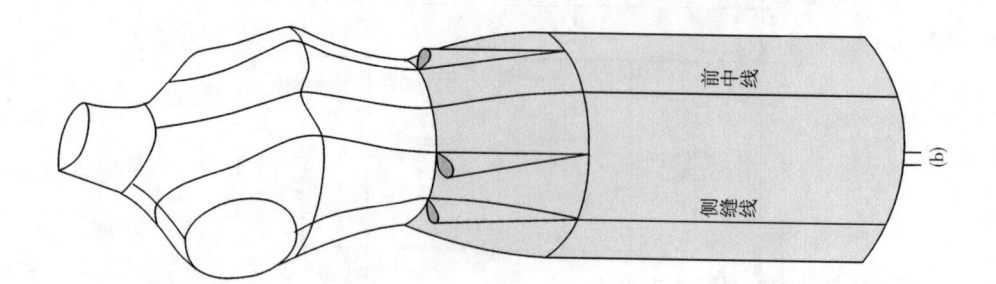

图 2-3

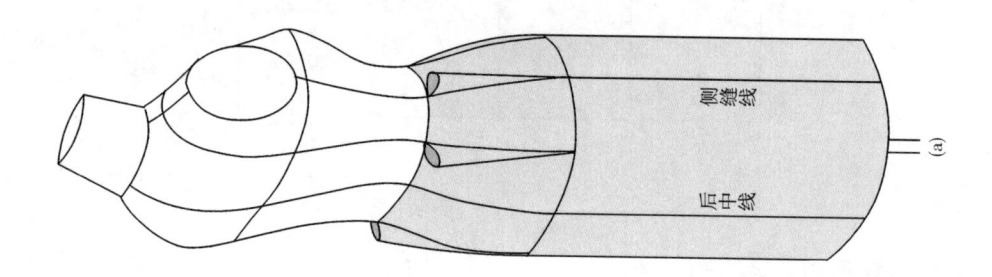

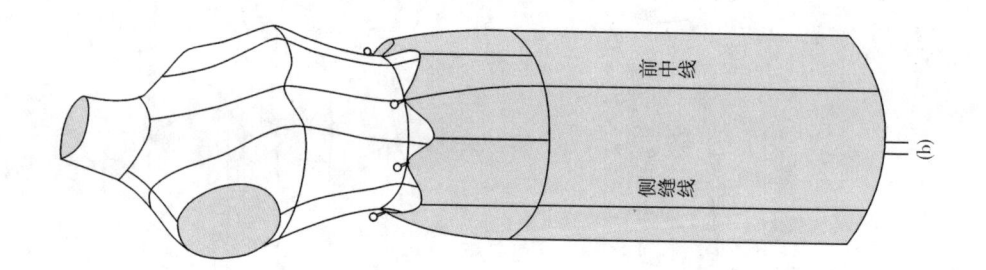

图 2-2

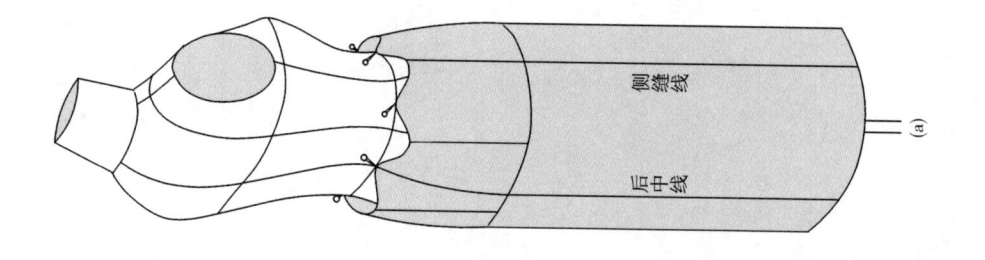

图 2-4

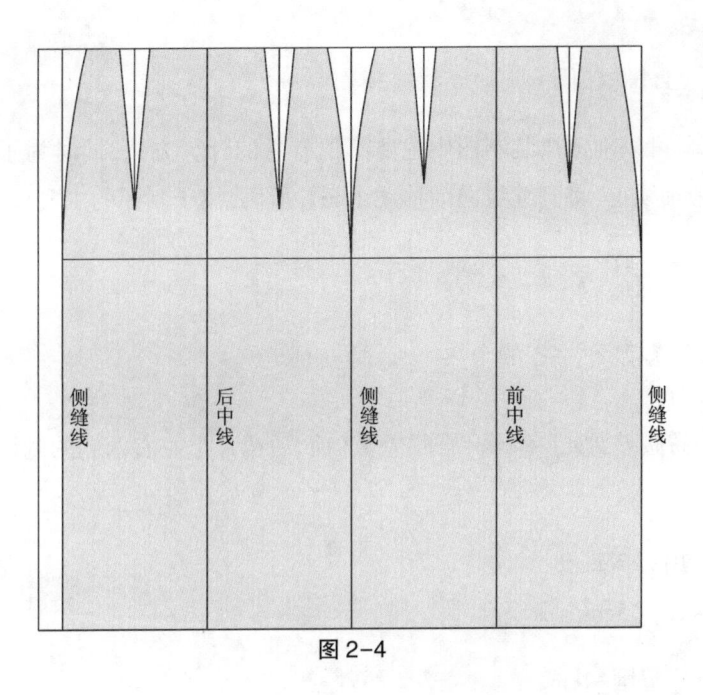

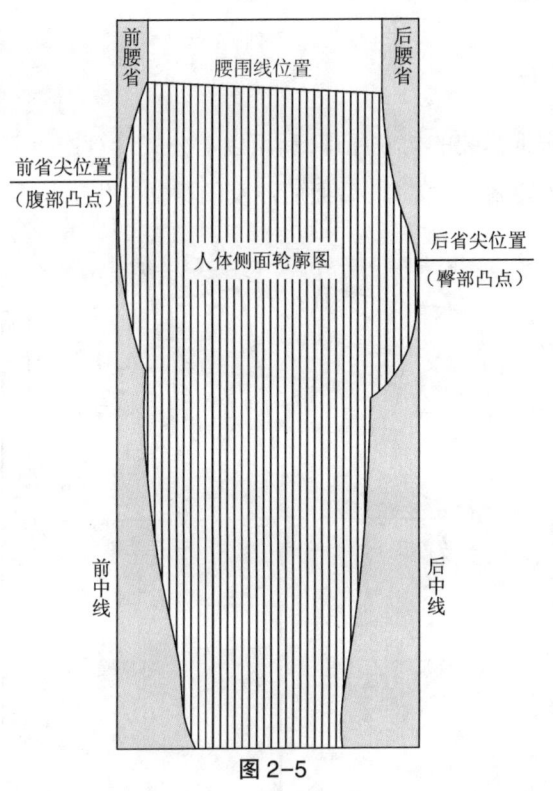

图 2-5

$$前省省量 = \frac{1}{5}(臀围-腰围)$$

$$侧省省量 = \frac{2}{5}(臀围-腰围)$$

后省省量 = $\frac{2}{5}$(臀围−腰围)

按照这种比例,可以确定裙装制图中主要部位省量的计算方法,同时为了使裙子的侧缝线位于人体侧面的中轴线上,将侧缝线向前移动1cm。所以,裙子制图的主要尺寸计算如下:

前省省量 = 臀腰差数 × $\frac{1}{5}$ ÷ 省的个数

后省省量 = 臀腰差数 × $\frac{2}{5}$ ÷ 省的个数

侧缝劈进量 = 臀腰差数 × $\frac{2}{5}$ ÷ 4 = $\frac{1}{10}$臀腰差数(前、后裙片上左右两侧的侧缝线撇进量看成由4个省构成)

前省的长度 = 10~12cm

后省的长度 = 13~15cm

前片的围度 = $\frac{1}{4}$臀围 − 1cm

后片的围度 = $\frac{1}{4}$臀围 + 1cm

如图2-6所示,是根据裙装的构成原理,利用以上公式计算产生基本制图。基本制图是裙装变化的母型,是学习裙装制图的基础,后面所涉及的裙款变化都是在此基础上生成的。

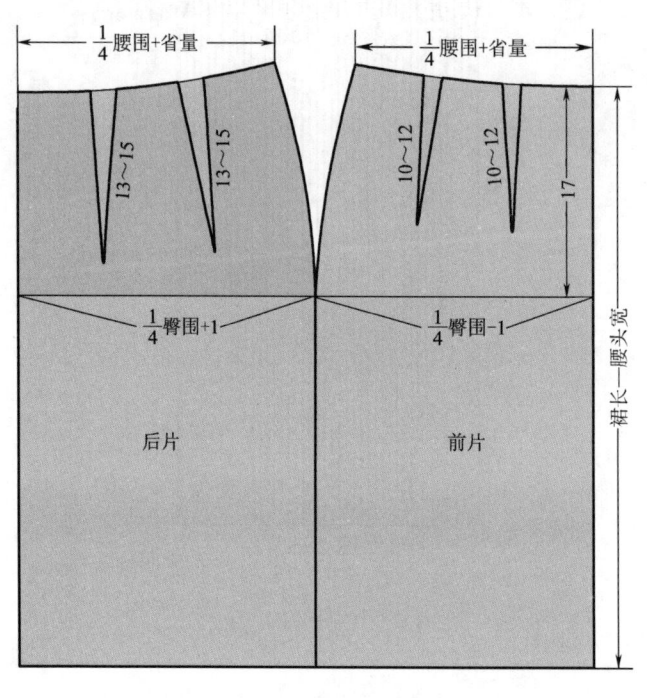

图2-6

第二节　裙装的基本制图

一、制图规格

单位:cm

制图部位	裙　长	腰　围	臀　围
成品规格	55	66	96

二、前片制图

如图2-7(a)所示：

①前中线:作水平线,长度=裙长-腰头宽3cm。

②腰围线:垂直于前中线。

③底边线:垂直于前中线。

④侧缝直线:与前中线平行,距离前中线$\frac{1}{4}$臀围-1cm。

⑤臀围线:垂直于前中线,距离腰围线17cm。

⑥侧缝撇进点:由④线、②线的交点沿②线向下量取$\frac{1}{10}$臀腰差=3cm,确定⑥线。

⑦臀腰斜线:直线连接④线、⑤线的交点与侧缝撇进点,并适量向右延长。

⑧腰口线中点:在②线上取①线与②线交点至侧缝撇进点之间的$\frac{1}{2}$位置,确定腰口线中点。

⑨腰线起翘点:过腰口线中点作⑦线的垂直线,交⑦线延长线于腰线起翘点。

⑩侧缝斜线:由③线、④线的交点沿③线向下量取2cm定点,此点与④线、⑤线的交点直线连接。

如图2-7(b)所示：

⑪弧线连接划顺侧缝线。

⑫弧线连接划顺腰口线。

⑬由腰口线与前中线的交点沿腰口线向上量取$\frac{1}{4}$腰围,剩余部分为总省量。总省量大于3cm时处理成两个省,小于3cm时处理成一个省。

⑭将前片腰围分为三等份,确定两个省位。每个省取总省量的$\frac{1}{2}$,省长为12cm。

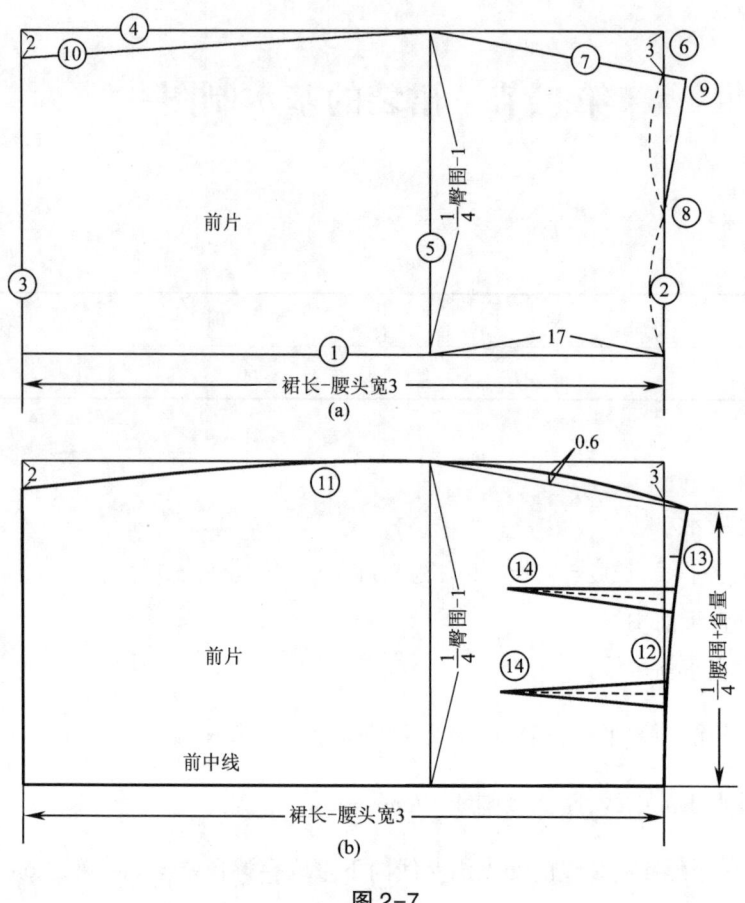

图 2-7

三、后片制图

如图 2-8(a)所示：

①后中线：作水平线，长度=裙长-腰头宽 3cm。

②腰围线：垂直于后中线。

③底边线：垂直于后中线。

④侧缝直线：与后中线平行，距离后中线 $\frac{1}{4}$腰围+1cm。

⑤臀围线：垂直于后中线，距离腰围线 17cm。

⑥侧缝撇进点：由④线、②线的交点沿②线向下量取 $\frac{1}{10}$臀腰差=3cm，确定侧缝撇进点。

⑦臀腰斜线：直线连接④线、⑤线的交点与侧缝撇进点，并适量向右延长。

⑧腰口线中点：在②线上取侧缝撇进点至①线、②线交点之间的 $\frac{1}{2}$位置，确定腰口线中点。

⑨腰线起翘点：过腰口线中点作⑦线的垂直线，交⑦线延长线于腰线起翘点。

⑩侧缝斜线：由④线、③线的交点沿③线向下量取 2cm 定点，此点与④线、⑤线的交点直线连接。

如图 2-8(b)所示：

⑪弧线连接划顺侧缝线。

⑫在后中线与腰围线的中点位置向左量取 0.6cm 定点，弧线连接划顺腰口线。

⑬由后中线与腰口线的交点，沿腰口线向上量取 $\frac{1}{4}$ 腰围，剩余部分为省量。

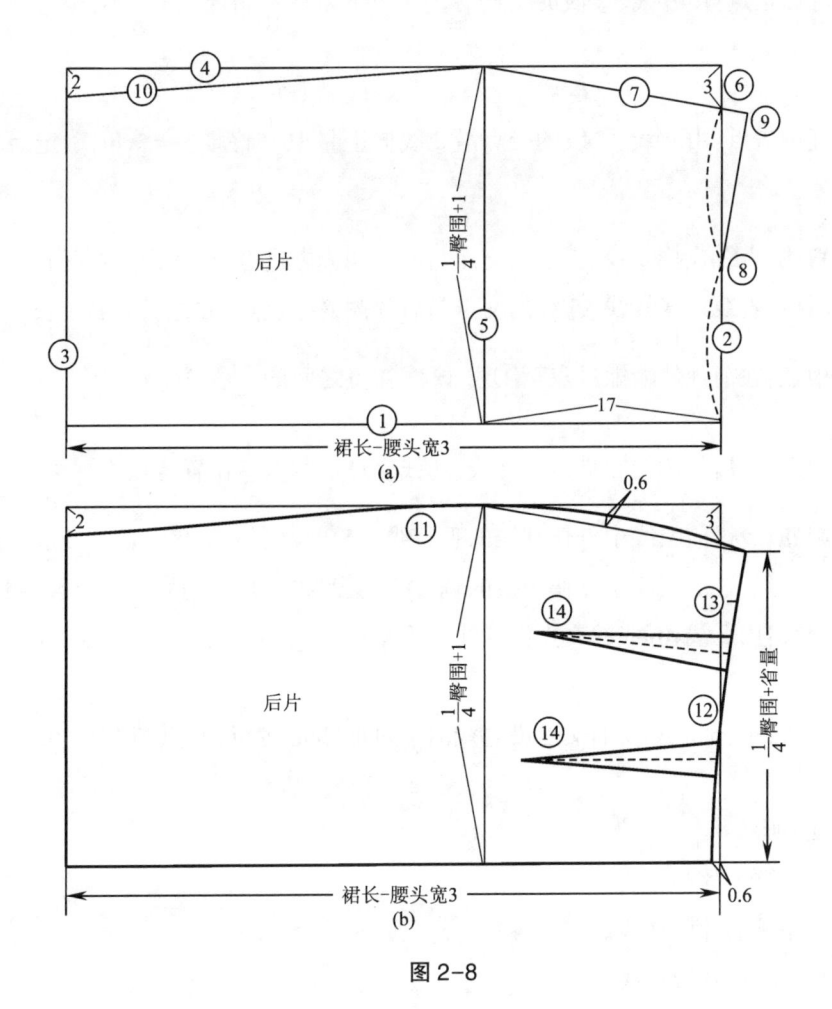

⑭将后片腰围分为三等份，确定两个省位。每个省大占余量的 $\frac{1}{2}$，省长为 14cm。

图 2-8

四、整体制图

如图 2-9(a)所示：

①前中线：作水平线，长度=裙长-腰头宽 3cm。

②腰围线：垂直于前中线，长度 = $\frac{1}{2}$ 臀围。

③底边线：垂直于前中线，长度 = $\frac{1}{2}$ 臀围。

④后中线：直线连接②线、③线的上端点，平行于①线。

⑤臀围线：垂直于前中线，距离腰围线 17cm。

⑥侧缝直线：与①线平行，相距 $\frac{1}{4}$ 臀围 -1cm。

⑦前片侧缝撇进点：由⑥线、②线的交点沿②线向下量取 $\frac{1}{10}$ 臀腰差 = 3cm，确定前片侧缝撇进点。

⑧后片侧缝撇进点：由⑥线、②线的交点沿②线向上量取 $\frac{1}{10}$ 臀腰差 = 3cm，确定后片侧缝撇进点。

⑨前臀腰斜线：直线连接⑥线、⑤线的交点与前片侧缝撇进点，并适量向右延长。

⑩后臀腰斜线：直线连接⑥线、⑤线的交点与后片侧缝撇进点，并适量向右延长。

⑪前腰线中点：在前片侧缝撇进点至①线、②线交点之间的 $\frac{1}{2}$ 位置定点。

⑫后腰线中点：在后片侧缝撇进点至②线、④线交点之间的 $\frac{1}{2}$ 位置定点。

⑬前腰线起翘点：过前腰线中点作⑨线的垂直线，交⑨线延长线，确定前腰线起翘点。

⑭后腰线起翘点：过后腰线中点作⑩线的垂直线，交⑩线延长线，确定后腰线起翘点。

⑮前侧缝斜线：由③线、⑥线的交点沿③线向下量取 2cm 定点，此点与⑤线、⑥线的交点直线连接。

⑯后侧缝斜线：由③线、⑥线的交点沿③线向上量取 2cm 定点，此点与⑤线、⑥线的交点直线连接。

如图 2-9(b) 所示：

⑰弧线连接划顺前片侧缝线。

⑱弧线连接划顺后片侧缝线。

⑲弧线连接划顺前片腰口线。

⑳在后中线与腰口线的交点向左量取 0.6cm 定点，弧线连接划顺后片腰口线。

㉑过前中线与腰口线的交点沿腰口线向上量取 $\frac{1}{4}$ 腰围定点，剩余部分为总省量。

㉒过后中线与腰口线的交点沿腰口线向下量取 $\frac{1}{4}$ 腰围定点，剩余部分为总省量。

㉓将前片腰围分为三等份,确定两个省位。每个省大占余量的$\frac{1}{2}$,省长为12cm。

㉔将后片腰围分为三等份,确定两个省位。每个省大占余量的$\frac{1}{2}$,省长为14cm。

图2-9

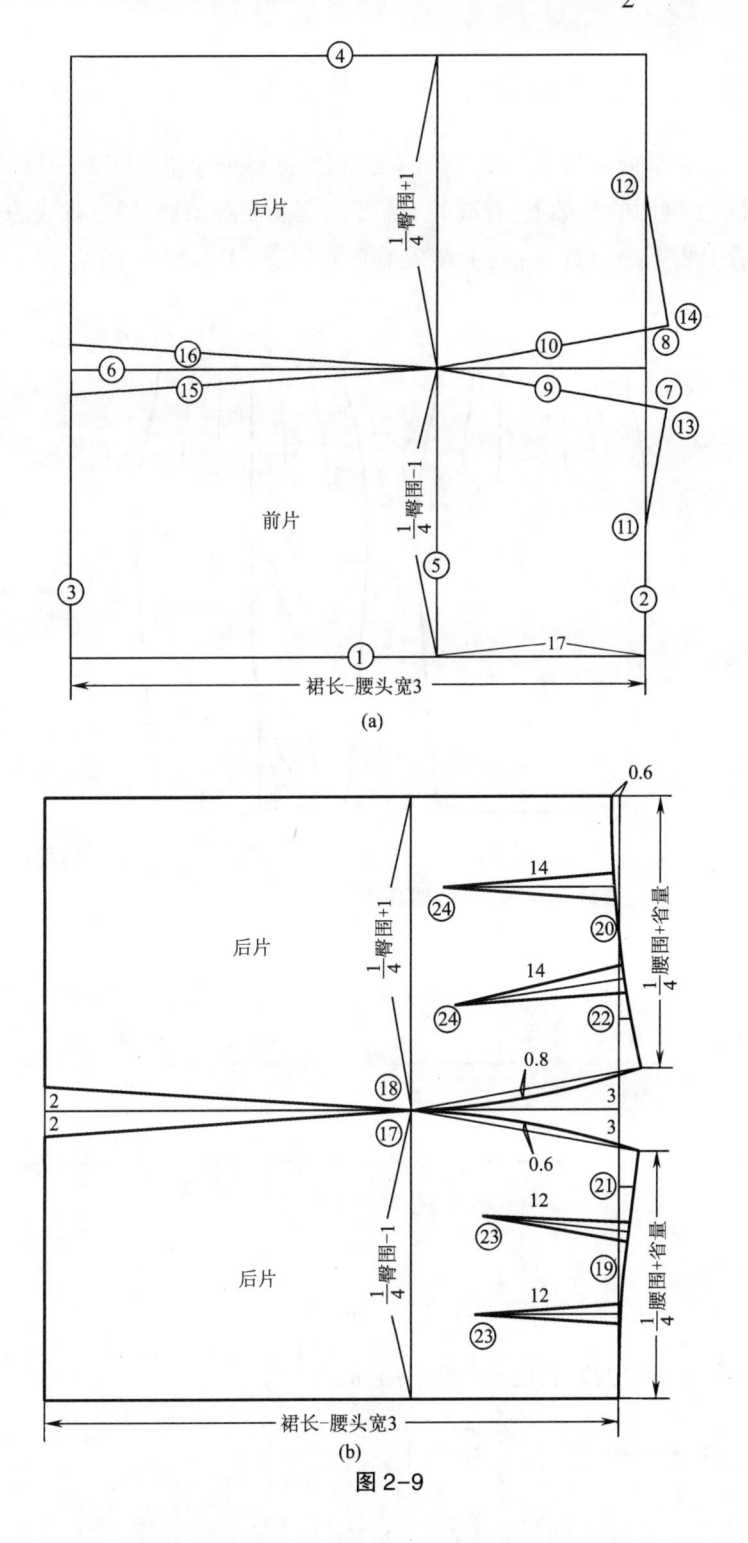

第三节 裙装的结构变化

一、连腰筒裙制图

1. 造型概述

如图 2-10 所示,连腰筒裙是在裙基本型的基础上,将腰头与裙片连为一体。前、后裙片各设有四个省,在裙基本制图的基础上,省线的上端平行延长至腰口线,通过省线的变化塑造出腰部的凹凸效果。后中线下端设计开衩,上端安装隐形拉链,其他部位的造型与裙基础型基本相同。

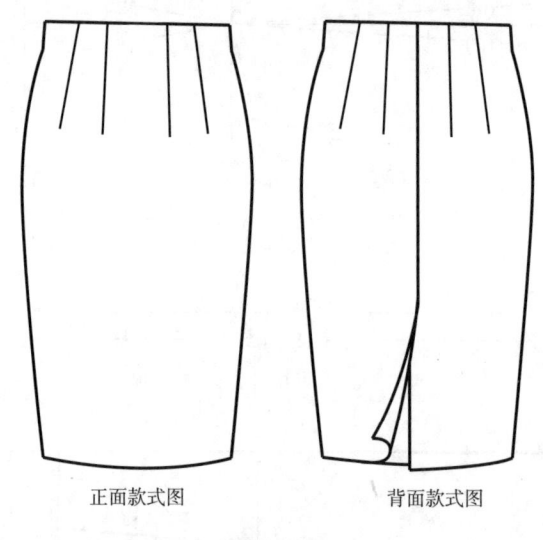

正面款式图　　背面款式图

图 2-10

2. 制图规格

单位:cm

制图部位	裙　长	腰　围	臀　围
成品规格	65	66	96

3. 前片制图

如图 2-11(a)所示:

①前中线:作水平线,长度=裙长(含腰头宽4cm)。

②腰上口线:垂直于前中线,长度=$\frac{1}{4}$臀围-1cm。

③底边线:垂直于前中线,长度=$\frac{1}{4}$臀围-1cm。

④侧缝直线:直线连接②线、③线的上端点,平行于①线。

⑤腰围线:与②线平行,距离②线 4cm。

⑥臀围线:与⑤线平行,距离⑤线 17cm。

⑦侧缝撇进点:过⑤线、④线的交点沿⑤线向下量取$\frac{1}{10}$臀腰差,确定侧缝撇进点。

⑧臀腰斜线:直线连接④线、⑥线的交点与侧缝撇进点,并适量向右延长。

⑨腰线中点:在侧缝撇进点至①线、⑤线交点之间的$\frac{1}{2}$位置确定腰线中点。

⑩腰线起翘点:过腰线中点作⑧线的垂直线,交⑧线延长线,确定腰线起翘点。

⑪腰头宽线:过腰线起翘点作④线的平行线,长度=腰头宽 4cm。

⑫腰口斜线:在②线上取①线、②线交点至⑪线之间的$\frac{1}{2}$位置定点,与⑪线右端点直线连接,确定腰口斜线。

⑬侧缝斜线:过③线、④线的交点沿③线向下 2cm 定点,此点与④线、⑥线交点直线连接。

如图 2-11(b)所示:

⑭分别用弧线连接划顺腰口线。

⑮弧线连接划顺侧缝线,在腰上口线上向里倾斜 0.6cm。

⑯过前中线与腰上口线的交点,沿腰上口线向上量$\frac{1}{4}$腰围,剩余部分为省量。省量小于 3cm 时,处理成一个省。省量大于 3cm 时,处理成两个省。位于腰头区域内的省线要处理成平行线,腰宽线以下的省线可根据人体形态处理成弧线。

4. 后片制图

如图 2-12(a)所示:

①后中线:作水平线,长度=裙长(含腰头宽 4cm)。

②腰上口线:垂直于后中线,长度=$\frac{1}{4}$臀围+1cm。

③底边线:垂直于后中线,长度=$\frac{1}{4}$臀围+1cm。

④侧缝直线:直线连接②线、③线的上端点,平行于①线。

⑤腰围线:与②线平行并相等,两线相距 4cm。

⑥臀围线:与⑤线平行相距 17cm。

⑦侧缝撇进点:过⑤线、④线的交点沿⑤线向下$\frac{1}{10}$臀腰差,确定侧缝撇进点。

⑧臀腰斜线:直线连接④线、⑥线的交点与侧缝撇进点,并适量向右延长。

⑨腰线中点:在侧缝撇进点至①线、⑤线交点之间的$\frac{1}{2}$位置确定腰线中点。

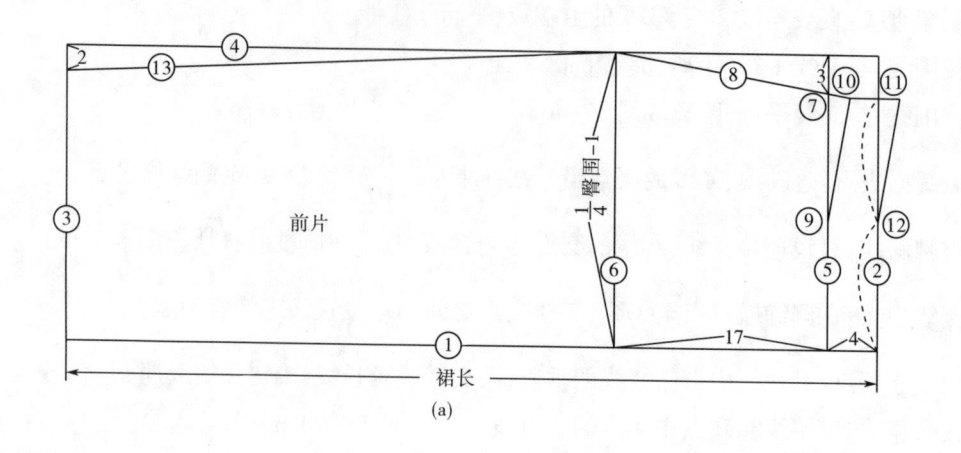

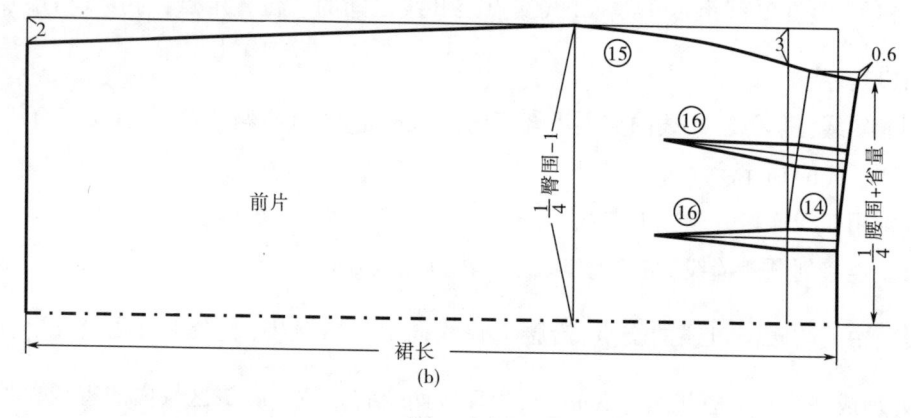

图 2-11

⑩腰线起翘点：过腰线中点作⑧线的垂直线，交点为腰线起翘点。

⑪腰头宽线：过腰线起翘点作④线的平行线，长度=腰宽 4cm。

⑫腰口斜线：在②线上取①线、②线交点至⑪点间的 $\frac{1}{2}$ 位置定点，与⑪线右端点直线连接，确定腰口斜线。

⑬侧缝斜线：由③线、④线的交点沿③线向下 2cm 定点，与④线、⑥线交点直线连接。

如图 2-12（b）所示：

⑭由后中线与腰上口线的交点向左量取 0.6cm，分别用弧线连接划顺腰上口线。

⑮用弧线连接划顺侧缝线，在腰口线上向里倾斜 0.6cm。

⑯过后中线与腰上口线的交点，沿腰口弧线向上量 $\frac{1}{4}$ 腰围，剩余部分为省量。省量小于 3cm 时，处理成一个省。省量大于 3cm 时，处理成两个省。

⑰绘制后开衩，上端距离臀围线 25cm，开衩宽 3.5cm。

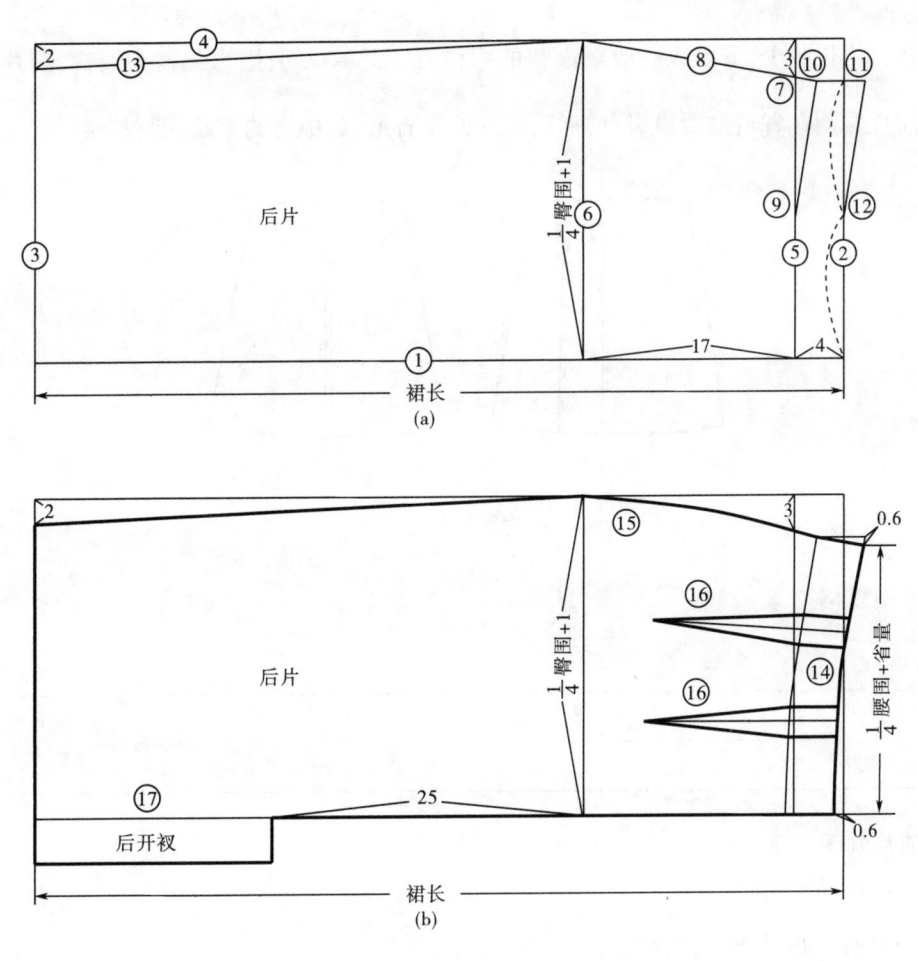

图 2-12

5. 部件制图

如图 2-13 中所标注的数据绘制腰里。

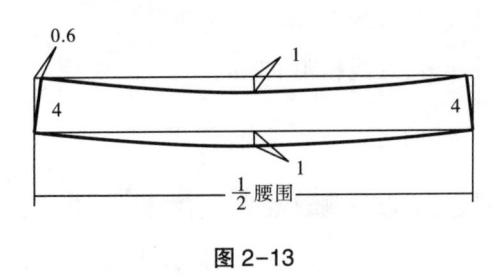

图 2-13

二、A 型裙制图

1. 造型概述

如图 2-14 所示,A 型裙的臀围和腰围是按照人体的实际形态设计的,与裙基本型相比,下摆围度增大,裙长减少,下摆线一般至大腿$\frac{1}{2}$位置。此款 A 型裙为无腰头结构,前片右侧一个省道,前片左侧在省道位置设有分割线,后片四个省道,后中线的上端安装拉链。

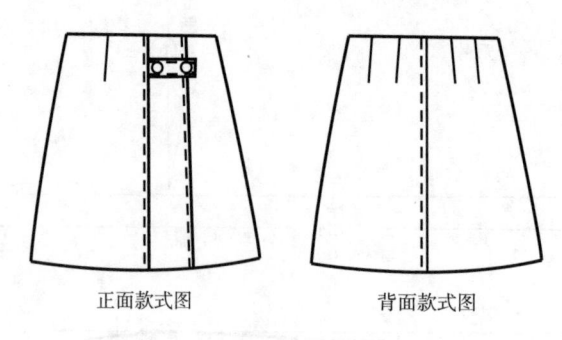

正面款式图　　背面款式图

图 2-14

2. 制图规格

单位:cm

制图部位	裙长	腰围	臀围
成品规格	45	66	96

3. 前片制图

如图 2-15(a)所示:

①前中线:作水平线,长度=裙长。

②腰围线:垂直于前中线,长度=$\frac{1}{4}$臀围-1cm。

③底边线:垂直于前中线,长度=$\frac{1}{4}$臀围-1cm。

④侧缝直线:直线连接②线、③线的上端点,平行于①线。

⑤臀围线:与②线平行并相等,两线相距 17cm。

⑥侧缝撇进点:过②线、④线的交点沿②线向下$\frac{1}{10}$臀腰差确定侧缝撇进点。

⑦臀腰斜线:过④线、⑤线的交点与侧缝撇进点直线连接,并适量向右延长。

⑧腰线中点:在侧缝撇进点至①线、②线交点之间的$\frac{1}{2}$位置定点。

⑨腰线起翘点:过腰线中点作⑦线的垂直线,交点为腰线起翘点。

⑩侧缝斜线:由③线、④线的交点沿③线向上延长 4cm 定点,过该点与④线、⑤线的交点直线连接。

⑪底边线:过③线的中点向⑩线作垂直线定点。

如图 2-15(b)所示：

⑫线至⑭线分别用弧线连接划顺：侧缝线⑫、腰口线⑬、底边线⑭。

⑮沿腰口弧线量取 $\frac{1}{4}$ 腰围，剩余部分为省量。省量小于 3cm 时，处理成一个省。省量大于 3cm 时，处理成两个省，省长 12cm。

如图 2-15(c)所示：

⑯在省道位置绘制出左前片分割线。

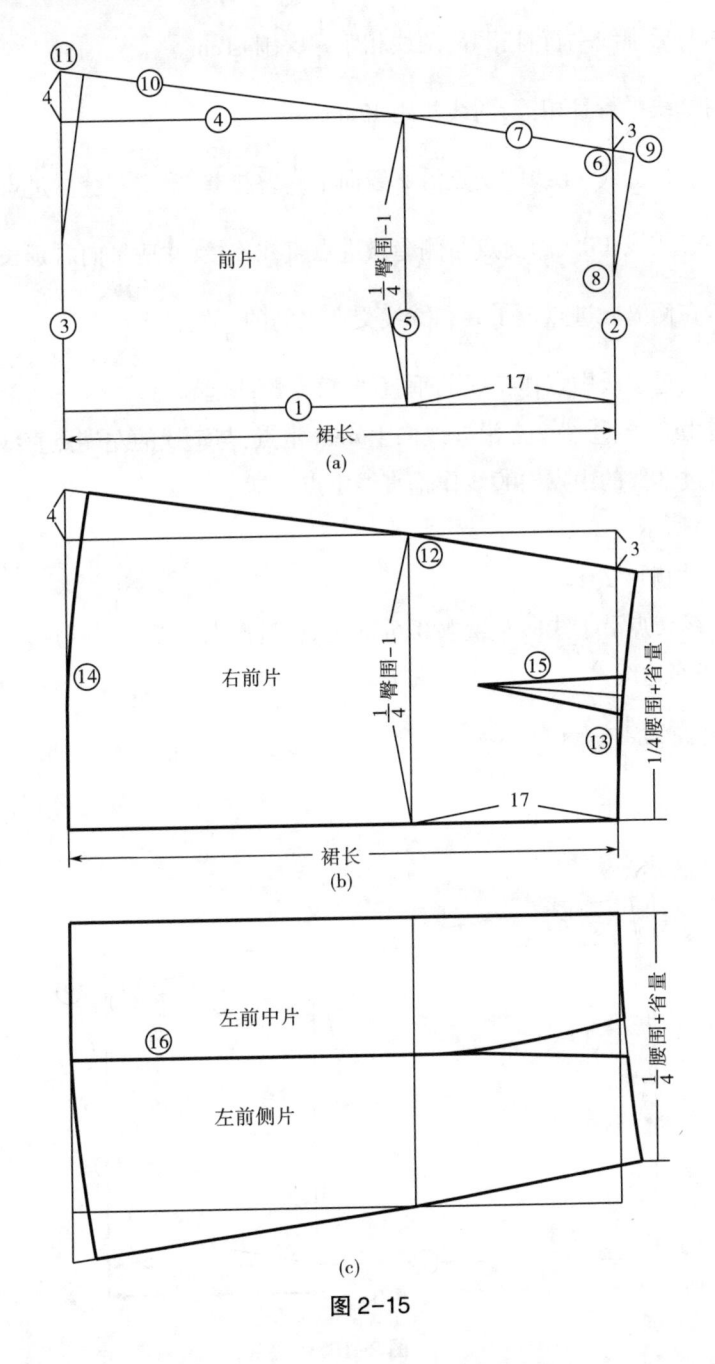

图 2-15

4. 后片制图

如图2-16(a)所示：

①后中线：作水平线，长度=裙长。

②腰围线：垂直于后中线，长度=$\frac{1}{4}$臀围+1cm。

③底边线：垂直于后中线，长度=$\frac{1}{4}$臀围+1cm。

④侧缝直线：与后中线平行且相等，两线相距$\frac{1}{4}$臀围+1cm。

⑤臀围线：与②线平行且相等，两线相距17cm。

⑥侧缝撇进点：过②线、④线的交点沿②线向下$\frac{1}{10}$臀腰差，确定侧缝撇进点。

⑦臀腰斜线：过④线、⑤线的交点与侧缝撇进点直线连接，并适量向右延长。

⑧腰线中点：在侧缝撇进点至①线和②线交点之间的$\frac{1}{2}$位置定点。

⑨腰线起翘点：过腰线中点作⑦线的垂直线，确定腰线起翘点。

⑩侧缝斜线：由③线、④线交点沿③线向上4cm定点，与⑦线的左端点直线连接。

⑪底边斜线：过③线的中点向⑩线作垂直线定点。

如图2-16(b)所示：

⑫用弧线连接划顺侧缝线。

⑬过①线、②线交点沿①线向左量取0.6cm定点，过该点用弧线划顺腰口线。

⑭用弧线划顺底边线。

⑮沿腰口弧线量取$\frac{1}{4}$腰围，多余部分为省量。省量小于3cm时，处理成一个省。省量大于3cm时，处理成两个省，省长14cm。

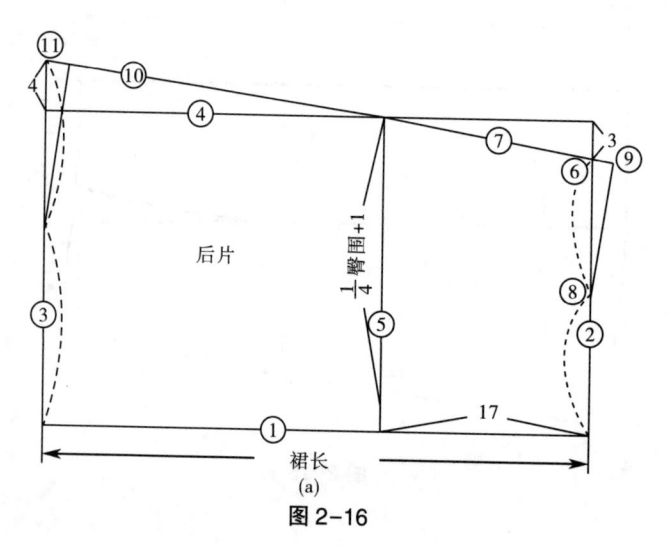

图2-16

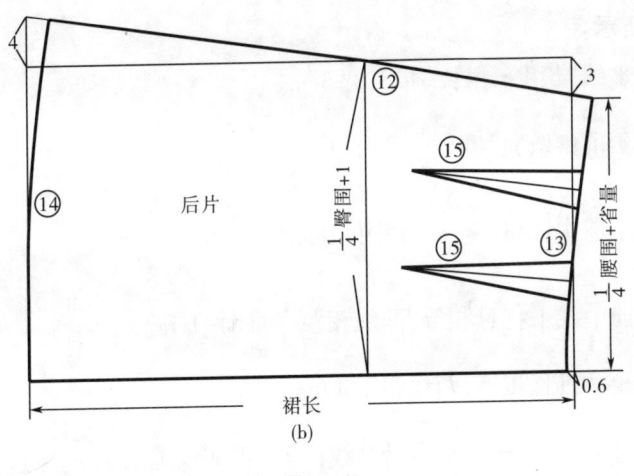

图 2-16

三、牛仔裙制图

1. 造型概述

如图 2-17 所示,牛仔裙与 A 型裙相比造型更贴近人体,前片省道位置设有分割线,将前片分割为前中片和前侧片,分割线上端装有装饰性袋盖。在前中线位置设计成叠门形式,用五粒扣固定,后片四个省道,装腰。

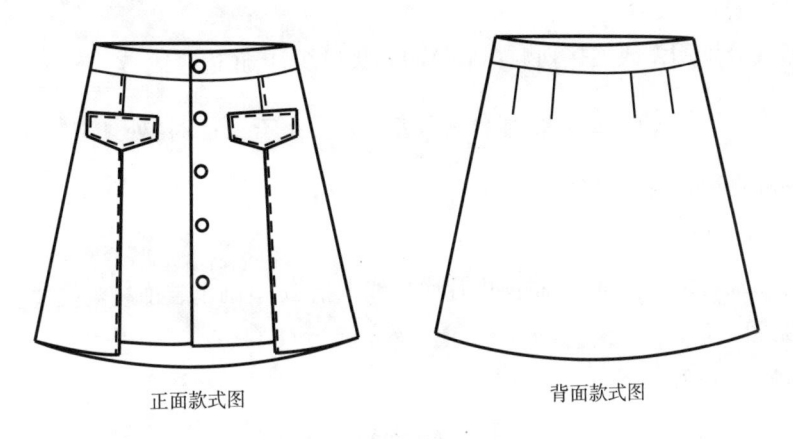

正面款式图　　　背面款式图

图 2-17

2. 制图规格

单位:cm

制图部位	裙长	臀围	腰围
成品规格	45	94	66

3. 前片制图

如图2-18(a)所示：

①前中线：作水平线，长度=裙长-腰头宽3cm。

②腰围线：垂直于前中线，长度=$\frac{1}{4}$臀围-1cm。

③底边线：垂直于前中线，长度=$\frac{1}{4}$臀围-1cm。

④侧缝直线：与前中线平行且相等，两线相距$\frac{1}{4}$臀围-1cm。

⑤臀围线：与②线平行且相等，两线相距17cm。

⑥侧缝撇进点：过②线、④线的交点沿②线向下$\frac{1}{10}$臀腰差确定侧缝撇进点。

⑦臀腰斜线：过④线、⑤线的交点与侧缝撇进点直线连接，并适量向右延长。

⑧腰线中点：在侧缝撇进点至①线、②线交点之间的$\frac{1}{2}$位置确定腰线中点。

⑨腰线起翘点：过腰线中点作⑦线的垂直线，确定腰线起翘点。

⑩侧缝斜线：由③线、④线交点沿③线向上3cm定点，该点与⑦线的左端点直线连接。

⑪底边起翘点：过③线的中点向⑩线作垂直线交点为底边起翘点。

⑫叠门线：与①线平行相距2cm。

如图2-18(b)所示：

⑬线至⑮线分别用弧线连接划顺：侧缝线⑬、腰口线⑭、底边缝线⑮。

⑯沿腰口弧线量取$\frac{1}{4}$腰围，多余部分为省量。省量小于3cm时，处理成一个省。省量大于3cm时，可以处理成两个省。图中为一个省，省长12cm。

如图2-18(c)所示：

⑰画出前片省道位置分割线；将前中片底摆线上抬2cm；画出装饰袋盖位置。

4. 后片制图

如图2-19(a)所示：

①后中线：作水平线，长度=裙长-腰头宽3cm。

②腰围线：垂直于后中线，长度=$\frac{1}{4}$臀围+1cm。

③底边线：垂直于后中线，长度=$\frac{1}{4}$臀围+1cm。

④侧缝直线：与后中线平行且相等，两线相距$\frac{1}{4}$臀围+1cm。

⑤臀围线：与②线平行且相等，两线相距17cm。

图 2-18

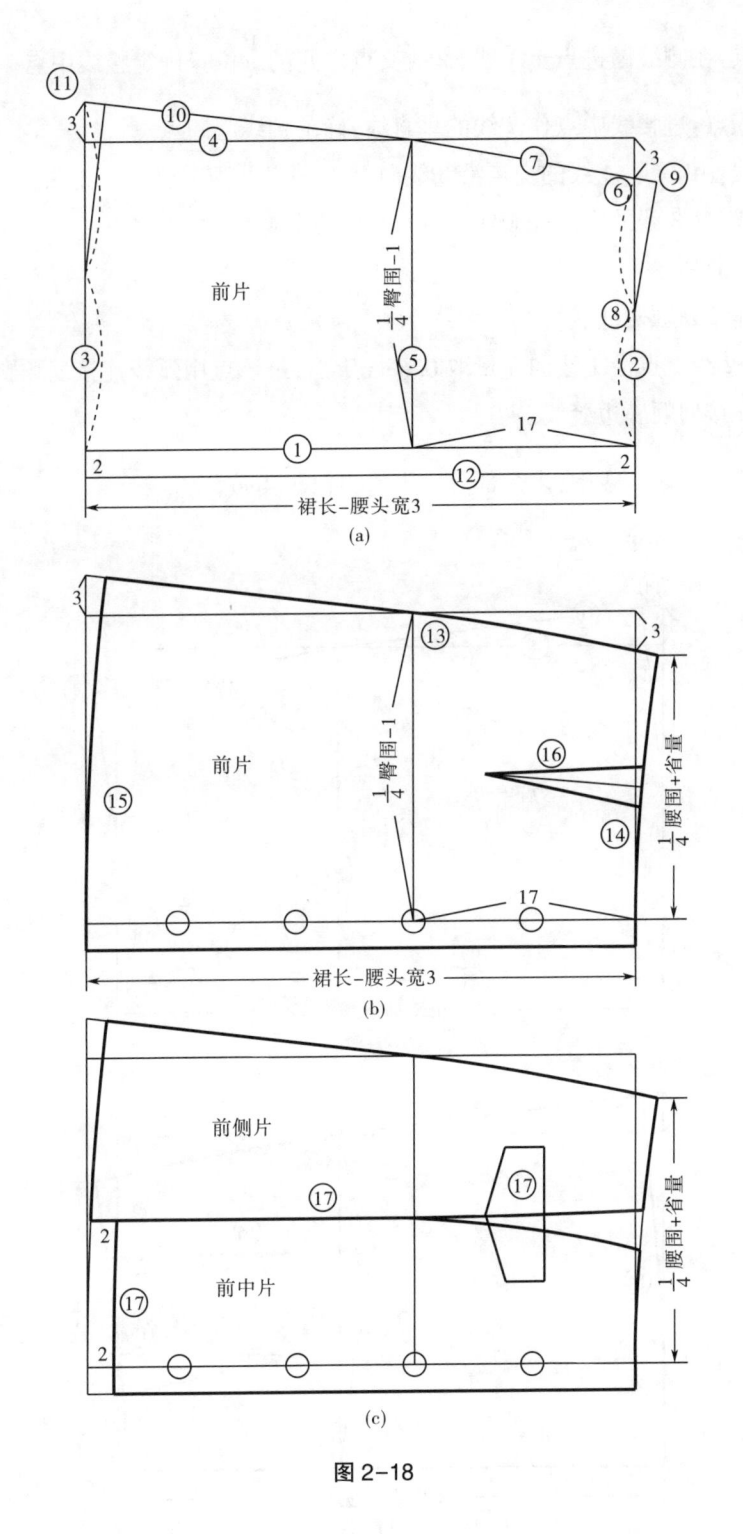

⑥侧缝撇进点:过②线、④线的交点沿②线向下 $\frac{1}{10}$ 臀腰差确定侧缝撇进点。

⑦臀腰斜线:过④线、⑤线的交点与侧缝撇进点直线连接,并适量向右延长。

⑧腰线中点：在侧缝撇进点至①线、②线交点之间的$\frac{1}{2}$位置确定腰线中点。

⑨腰线起翘点：过腰线中点作⑦线的垂直线，确定腰线起翘点。

⑩侧缝斜线：由③线、④线的交点沿③线向上3cm定点，该点与⑦线左端点直线连接。

⑪底边斜线：过③线的中点向⑩线作垂直线定点。

如图2-19(b)所示：

⑫用弧线连接划顺侧缝线。

⑬过①线、②线交点沿①线向左量取0.6cm定点，过该点用弧线连接划顺腰口线。

⑭用弧线连接划顺底边缝线。

⑮沿腰口弧线量取$\frac{1}{4}$腰围，多余部分为省量，省长14cm。

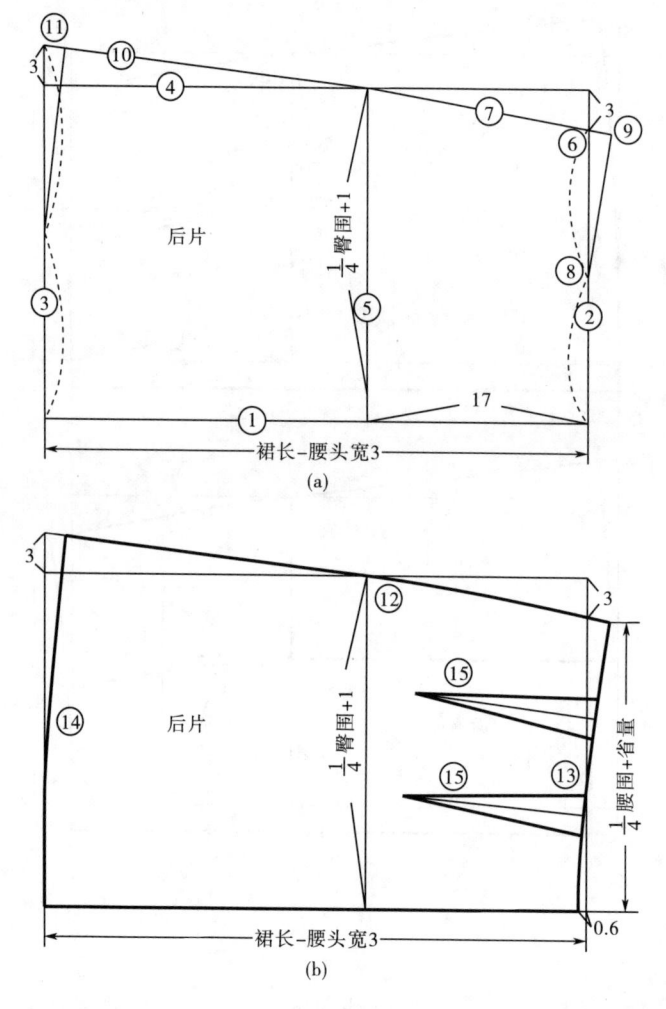

图2-19

5. 部件制图

如图 2-20 中所标注的数据绘制腰头图。

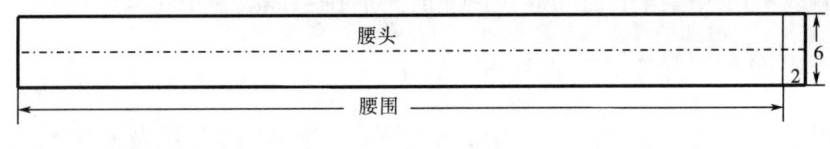

图 2-20

四、四片斜裙制图

1. 造型概述

如图 2-21 所示,四片斜裙是在裙装基本型的基础上,通过增加下摆的围度,使侧缝线由弧线变为直线。这种裙子的裙摆大一般等于臀围的 1.5 倍,也可以通过调整腰省量来改变裙摆的大小。

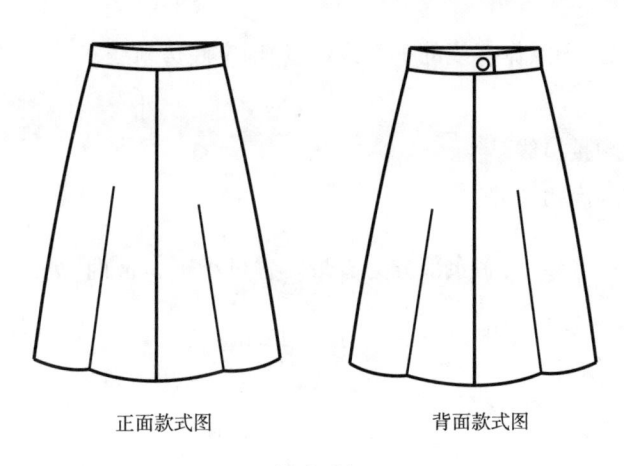

正面款式图　　背面款式图

图 2-21

2. 制图规格

单位:cm

制图部位	裙长	臀围	腰围
成品规格	74	96	66

3. 前片制图

如图 2-22(a)所示:

①前中线:作水平线,长度=裙长-腰头宽 3cm。

②腰围线:垂直于前中线,长度=$\frac{1}{4}$臀围-1cm。

③底边线:垂直于前中线,长度=$\frac{1}{4}$臀围-1cm。

④侧缝直线:与前中线平行且相等,两线相距$\frac{1}{4}$臀围-1cm。

⑤臀围线:与②线平行且相等,两线相距17cm。

⑥侧缝撇进点:过②线、④线的交点沿②线向下$\frac{1}{10}$臀腰差确定侧缝撇进点。

⑦裙摆大点:由③线、④线的交点沿③线向上延长$\frac{1}{4}$臀围×$\frac{1}{2}$定点。

⑧侧缝斜线:过裙摆大点与侧缝撇进点直线连接并适量向右延长。

⑨腰线中点:在侧缝撇进点至①线、②线交点之间的$\frac{1}{2}$位置定点。

⑩腰线起翘点:过腰线中点作⑧线的垂直线,确定腰线起翘点。

⑪底边中点:在裙摆大点至①线、③线交点之间的$\frac{1}{2}$位置定点。

⑫底边斜线:过底边中点作⑧线的垂直线定点,确定底边斜线。

如图2-22(b)所示:

⑬用弧线连接划顺腰口线。

⑭用弧线连接划顺底边缝线。

⑮沿腰口弧线量取$\frac{1}{4}$腰围,多余部分为省量。省量小于3cm时,处理成一个省。省量大于3cm时,可以处理成两个省。图中为一个省,省长12cm。

4. 后片制图

如图2-23(a)所示:

①后中线:作水平线,长度=裙长-腰头宽3cm。

②腰围线:垂直于后中线,长度=$\frac{1}{4}$臀围+1cm。

③底边线:垂直于后中线,长度=$\frac{1}{4}$臀围+1cm。

④侧缝直线:与后中线平行且相等,两线相距$\frac{1}{4}$臀围+1cm。

⑤臀围线:与②线平行且相等,两线相距17cm。

⑥侧缝撇进点:过②线、④线的交点沿②线向下$\frac{1}{10}$臀腰差确定侧缝撇进点。

⑦裙摆大点:由③线、④线的交点沿③线向上延长$\frac{1}{4}$臀围×$\frac{1}{2}$定点。

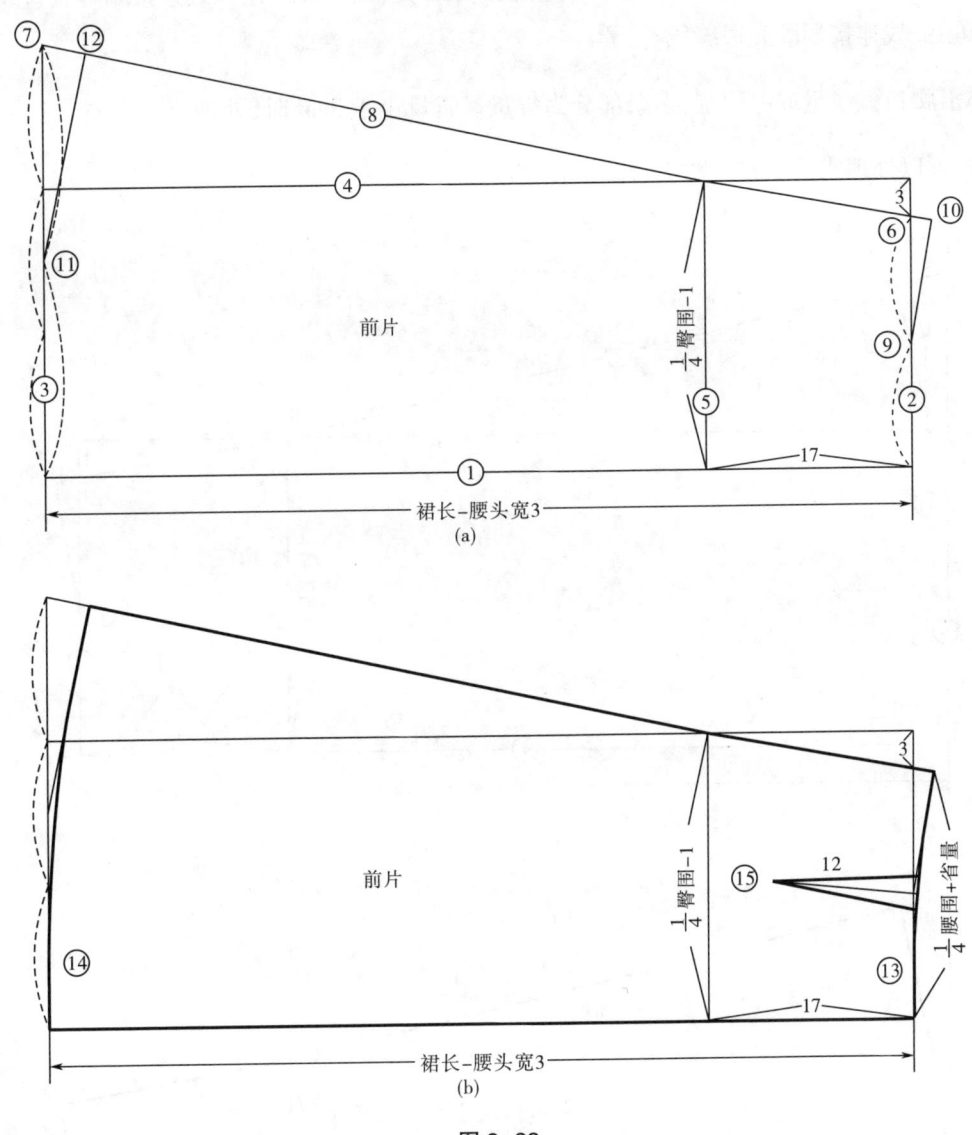

图 2-22

⑧侧缝斜线:过裙摆大点与侧缝撇进点直线连接并适量向右延长。

⑨腰线中点:在侧缝撇进点至①线、②线交点之间的$\frac{1}{2}$位置定点。

⑩腰线起翘点:过腰线中点作⑧线的垂直线,确定腰线起翘点。

⑪底边中点:在裙摆大点至①线、③线交点之间的$\frac{1}{2}$位置定点。

⑫底边斜线:过腰线起翘点沿⑧线向左测量与前片侧缝线等长距离定点,该点与底边中点直线连接。

如图 2-23(b)所示:

⑬在后中线与腰口线的交点位置向左量取0.6cm定点,过该点用弧线连接划顺腰口线。

⑭用弧线连接划顺底边缝线。

⑮沿腰口弧线量取$\frac{1}{4}$腰围,多余部分为省量。省量小于3cm时,处理成一个省。省量大于3cm时,可以处理成两个省。图中为两个省,省长14cm。

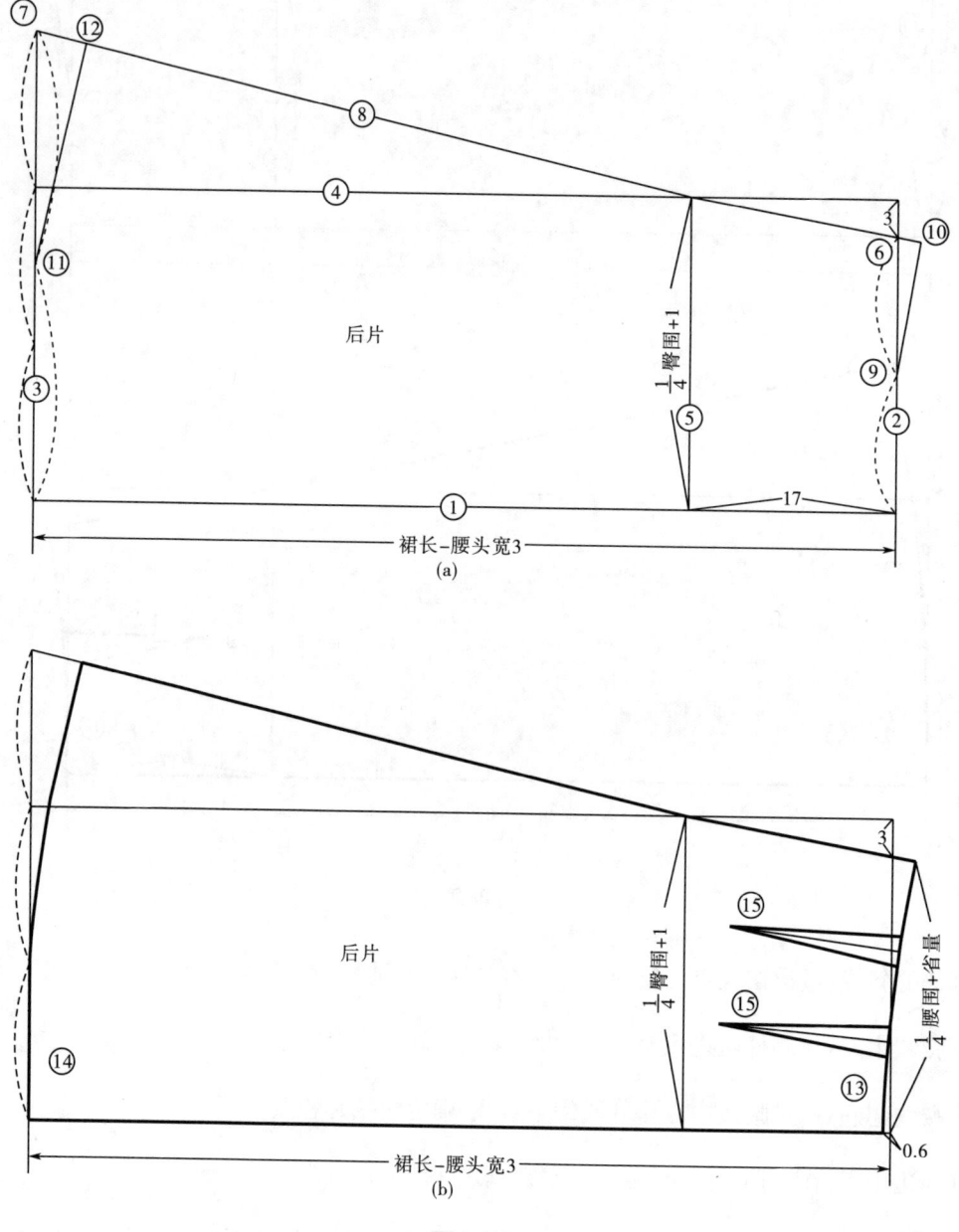

图 2-23

5. 部件制图

如图 2-24 中所标注的数据绘制腰头图。

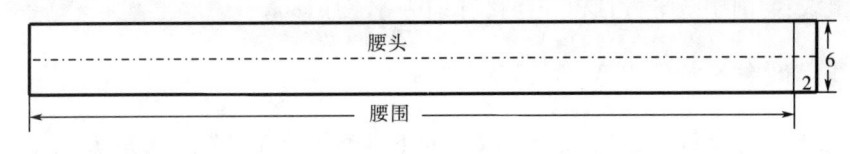

图 2-24

五、褶裥斜裙制图

1. 造型概述

如图 2-25 所示,此款褶裥斜裙前片两个省道,两个贴袋,前中位置设有一个褶裥。后片四个省道,后中线上端装拉链。腰部有两个装饰性带襻。裙子的下摆略夸张,正面廓型呈正梯形。

正面款式图　　背面款式图

图 2-25

2. 制图规格

单位:cm

制图部位	裙长	腰围	臀围
成品规格	85	66	96

3. 前片制图

按照图 2-26(a)所示:

①前中线:作水平线,长度=裙长-腰头宽 3cm。

②腰围线:垂直于前中线,长度=$\frac{1}{4}$臀围-1cm。

③底边线：垂直于前中线，长度=$\frac{1}{4}$臀围-1cm。

④侧缝直线：与前中线平行且相等，两线相距$\frac{1}{4}$臀围-1cm。

⑤臀围线：与②线平行且相等，两线相距17cm。

⑥侧缝撤进点：过②线、④线的交点沿②线向下$\frac{1}{10}$臀腰差确定侧缝撤进点。

⑦臀腰斜线：过④线、⑤线的交点与侧缝撤进点直线连接，并适量向右延长。

⑧裙摆大点：过③线、④线交点沿③线向上延长8cm确定裙摆大点。

⑨侧缝斜线：过裙摆大点与④线、⑤线交点直线连接。

⑩腰线中点：在侧缝撤进点至①线、②线交点的$\frac{1}{2}$位置确定腰线中点。

⑪腰线起翘点：过腰线中点作⑦线的垂直线，确定腰线起翘点。

⑫底边中点：在裙摆大点至①线、③线交点之间的$\frac{1}{2}$位置确定底边中点。

⑬底边斜线：过底边中点作⑨线的垂直线定点，确定底边斜线。

如图 2-26(b)所示：

⑭、⑮线分别用弧线连接划：顺腰口线⑭，底边线⑮。

⑯沿腰口弧线量取$\frac{1}{4}$腰围，多余部分为省量。省量小于 3cm 时，处理成一个省。省量大于 3cm 时，处理成两个省。图中为一个省，省长 12cm。

如图 2-26(c)所示：

⑰按照图中所标注数据绘制口袋，在前中线位置画出褶裥。

4. 后片制图

如图 2-27(a)所示：

①后中线：作水平线，长度=裙长-腰头宽 3cm。

②腰围线：垂直于后中线，长度=$\frac{1}{4}$臀围+1cm。

③底边线：垂直于后中线，长度=$\frac{1}{4}$臀围+1cm。

④侧缝直线：与后中线平行且相等，两线相距$\frac{1}{4}$臀围+1cm。

⑤臀围线：与②线平行且相等，两线相距 17cm。

⑥侧缝撤进点：过②线、④线的交点沿②线向下$\frac{1}{10}$臀腰差确定侧缝撤进点。

⑦臀腰斜线：过④线、⑤线的交点与侧缝撤进点直线连接，并适量向右延长。

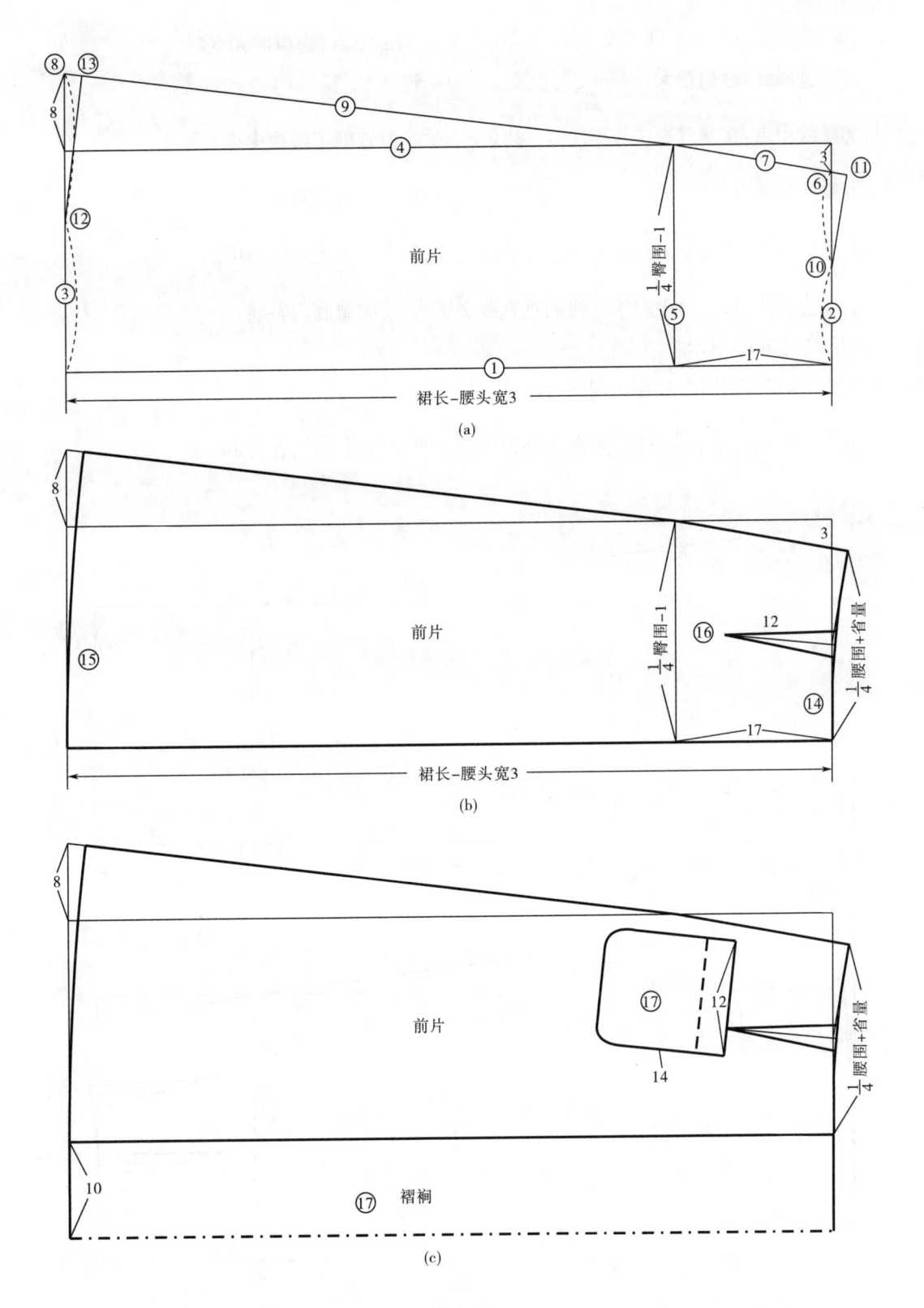

图 2-26

⑧裙摆大点:过③线、④线交点沿③线向上延长 8cm 定点,为裙摆大点。

⑨侧缝斜线:过裙摆大点与④线、⑤线交点直线连接。

⑩腰线中点:在侧缝撇进点至①线、②线交点的 $\frac{1}{2}$ 位置确定腰线中点。

⑪腰线起翘点:过腰线中点作⑦线的垂直线,确定腰线起翘点。

⑫底边中点:在裙摆大点至①线、③线交点之间的 $\frac{1}{2}$ 位置确定底边中点。

⑬底边斜线:过底边中点作⑨线的垂直线交于一点,确定底边斜线。

如图 2-27(b)所示:

⑭线、⑮线分别用弧线连接划顺:腰口线⑭,底边线⑮。

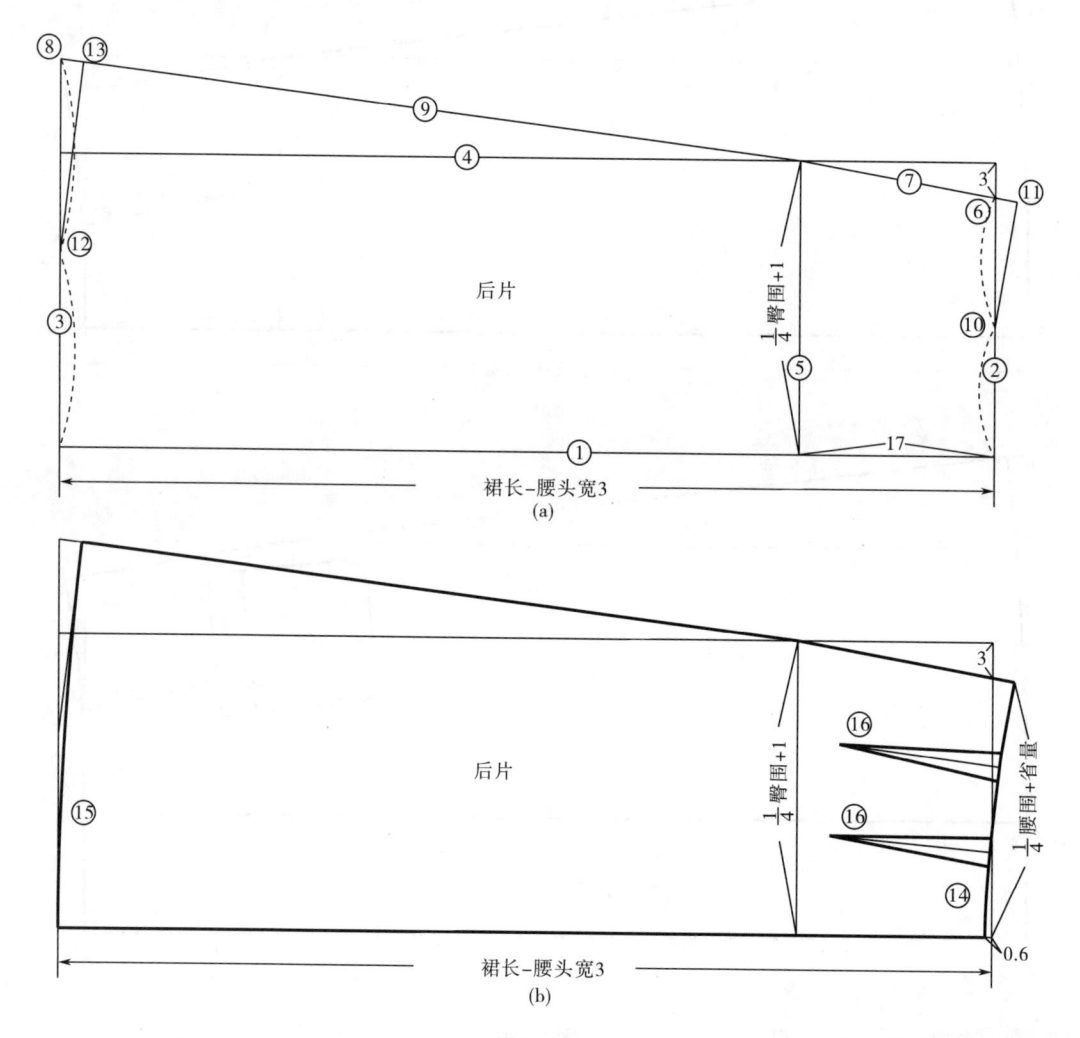

⑯沿腰口弧线量取 $\frac{1}{4}$ 腰围,多余部分为省量。图中为两个省,省长 14cm。

图 2-27

5. 部件制图

按照图 2-28 中所标注的数据绘制腰头、腰襻。

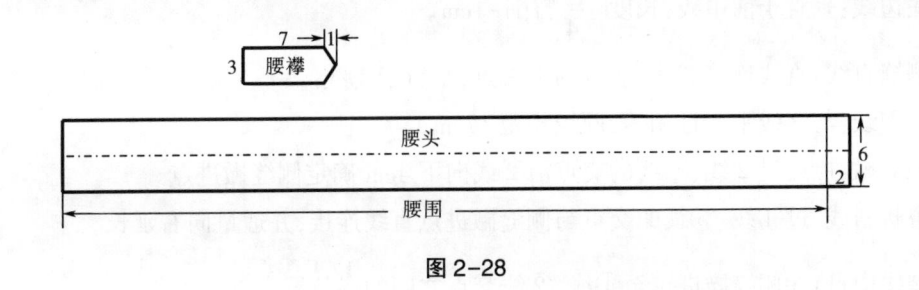

图 2-28

六、圆摆短裙制图

1. 造型概述

如图 2-29 所示,此款短裙为无腰头结构,前片一个省道,在左前片省道位置设计不规则搭门,右前片设有装饰性袋盖。后片两个省道。

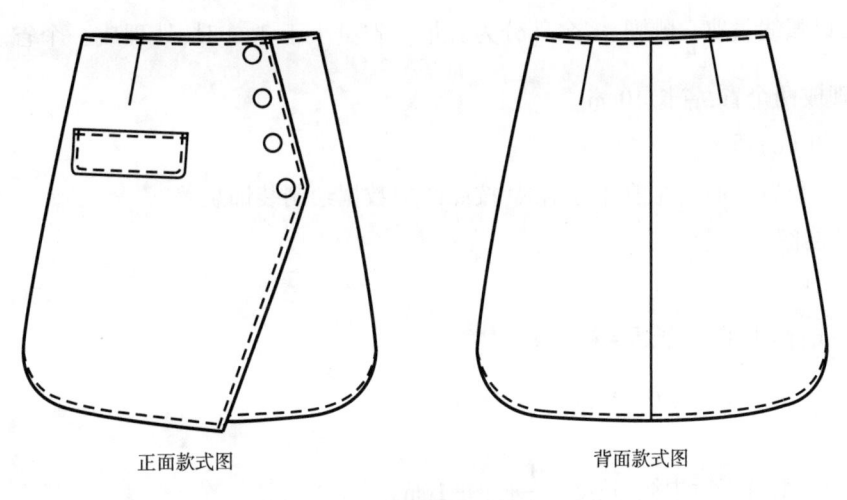

图 2-29

2. 制图规格

单位:cm

制图部位	裙长	臀围	腰围
成品规格	45	94	70

3. 前片制图

如图 2-30(a)所示:

①前中线:作水平线,长度=裙长。

②腰围线:垂直于前中线,长度=$\frac{1}{4}$臀围-1cm。

③底边线:垂直于前中线,长度=$\frac{1}{4}$臀围-1cm。

④侧缝直线:直线连接②线、③线的上端点,平行于①线。

⑤臀围线:与②线平行且相等,两线相距17cm。

⑥侧缝撇进点:过②线、④线的交点沿②线向下4cm确定侧缝撇进点。

⑦臀腰斜线:过④线、⑤线的交点与侧缝撇进点直线连接,并适量向右延长。

⑧腰线中点:在侧缝撇进点至①线、②线交点之间的$\frac{1}{2}$位置定点。

⑨腰线起翘点:过腰线中点作⑦线的垂直线,确定腰线起翘点。

⑩侧缝斜线:由③线、④线的交点沿③线向上延长4cm定点,与⑩线的左端点直线连接。

⑪底边斜线:过③线的中点向⑩线作垂直线交于一点,确定底边斜线。

如图2-30(b)所示:

⑫线至⑭线分别用弧线连接划顺:侧缝线⑫、腰口线⑬、底边缝线⑭。

⑮沿腰口弧线量取$\frac{1}{4}$腰围,多余部分为省量。省量小于3cm时,处理成一个省。省量大于3cm时,处理成两个省,省长10cm。

如图2-30(c)所示:

⑯在省道位置绘制出左前片分割线,按照图中数据绘制装饰袋盖。

4. 后片制图

如图2-31(a)所示:

①后中线:作水平线,长度=裙长。

②腰围线:垂直于后中线,长度=$\frac{1}{4}$臀围+1cm。

③底边线:垂直于后中线,长度=$\frac{1}{4}$臀围+1cm。

④侧缝直线:与后中线平行且相等,两线相距$\frac{1}{4}$臀围+1cm。

⑤臀围线:与②线平行且相等,两线相距17cm。

⑥侧缝撇进点:过②线、④线的交点沿②线向下4cm,确定侧缝撇进点。

⑦臀腰斜线:过④线、⑤线的交点与侧缝撇进点直线连接,并适量向右延长。

⑧腰线中点:在侧缝撇进点至①线、②线交点之间的$\frac{1}{2}$位置确定腰线中点。

⑨腰线起翘:过腰线中点作⑦线的垂直线,确定腰线起翘点。

⑩侧缝斜线:由③线、④线交点沿③线向上4cm定点,过该点与⑦线的左端点直线连接。

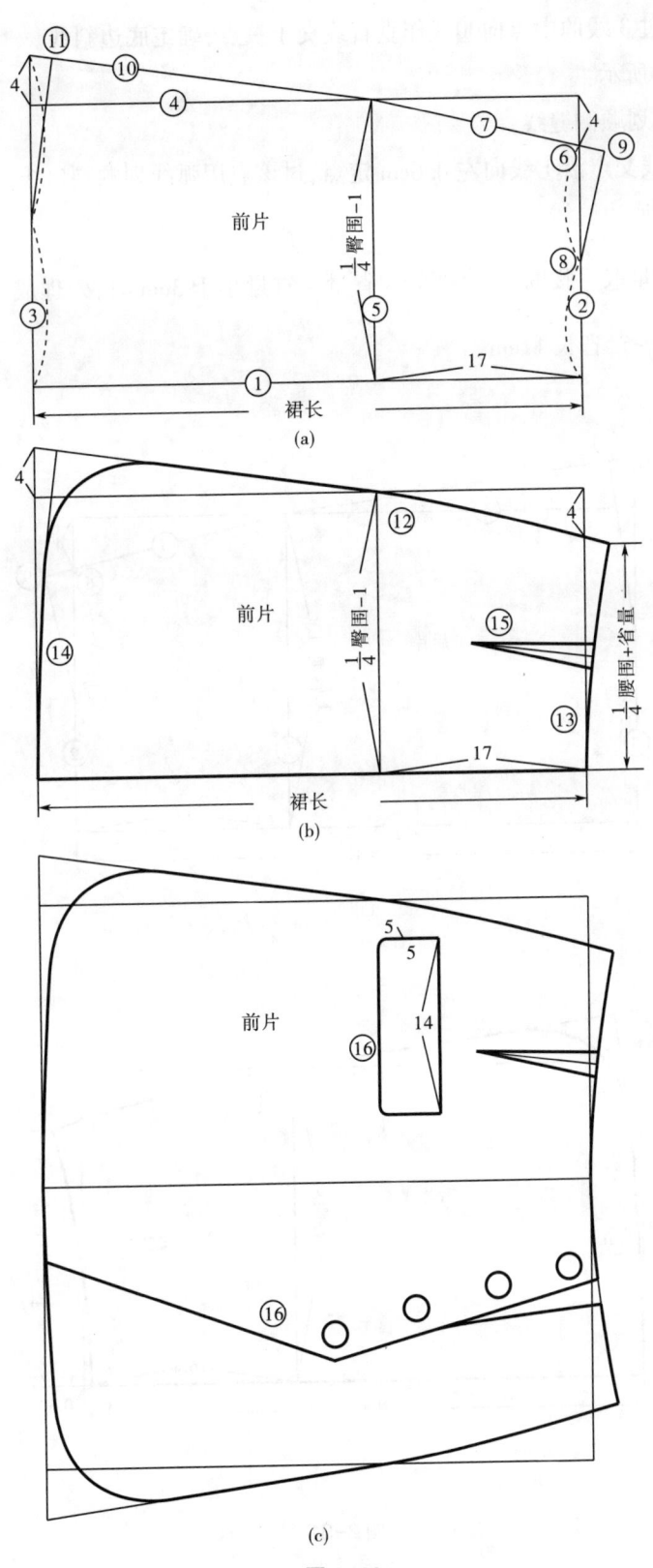

图 2-30

⑪底边斜线:过③线的中点向⑩线作垂直线交于一点,确定底边斜线。

如图2-31(b)所示:

⑫用弧线连接划顺侧缝线。

⑬过①线、②线交点沿①线向左0.6cm定点,过该点用弧线划顺腰口线。

⑭用弧线划顺底边缝线。

⑮沿腰口弧线量取$\frac{1}{4}$腰围,多余部分为省量。省量小于3cm时,处理成一个省。省量大于3cm时,处理成两个省,省长11cm。

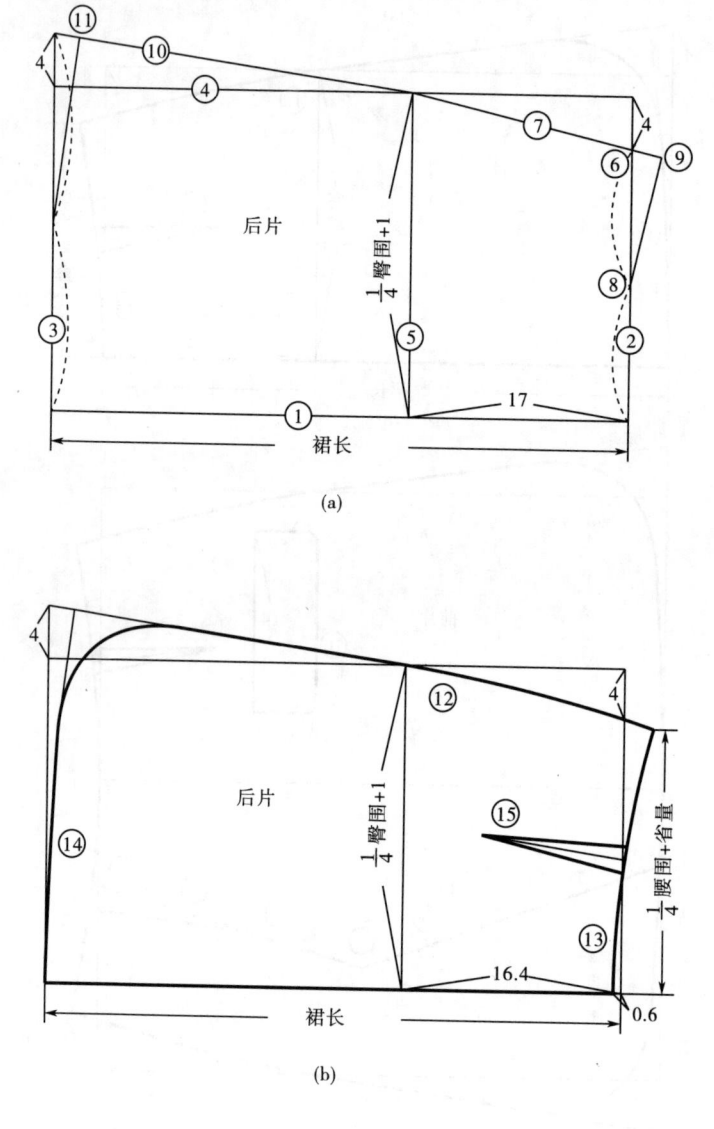

图2-31

七、两片鱼尾裙制图

1. 造型概述

如图 2-32 所示,两片鱼尾裙是在普通筒裙的基础上变化生成的。前后片各有四个省道。通过横向分割将裙片分为上下两部分,分割线以下的裙片前后各有四个褶裥,通过平行加旋转展开,增加裙摆量,使裙子整体呈现鱼尾造型。此款裙子为无腰头结构,右侧缝上端装拉链。

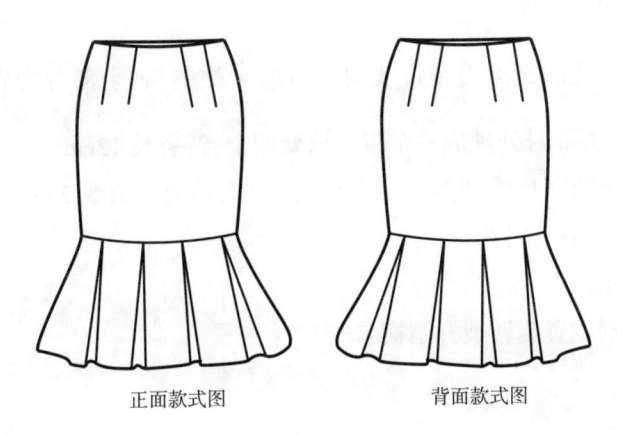

正面款式图   背面款式图

图 2-32

2. 制图规格

单位:cm

制图部位	裙长	臀围	腰围
成品规格	65	96	66

3. 前片制图

如图 2-33(a)所示:

①前中线:作水平线,长度=裙长。

②腰围线:垂直于前中线,长度=$\frac{1}{4}$臀围-1cm。

③底边线:垂直于前中线,长度=$\frac{1}{4}$臀围-1cm。

④侧缝直线:与前中线平行,距离前中线$\frac{1}{4}$臀围-1cm。

⑤臀围线:垂直于前中线,距腰围线17cm。

⑥侧缝撇进点:在④线与②线交点处,沿②线向下$\frac{1}{10}$臀腰差,确定侧缝撇进点。

⑦臀腰斜线:直线连接④线、⑤线的交点与侧缝撇进点,并适量向右延长。

⑧腰线中点:在②线上取①线、②线交点至侧缝撇进点之间的$\frac{1}{2}$位置,确定腰线中点。

⑨腰线起翘点:过腰线中点作⑦线的垂直线,确定腰线起翘点。

⑩侧缝斜线:过③线、④线的交点沿③线向下 2cm 定点,此点与④线、⑤线的交点直线连接。

如图 2-33(b)所示:

⑪用弧线连接划顺腰口线。

⑫用弧线连接划顺侧缝线。

⑬由腰口线与前中线的交点沿腰口线向上量取 $\frac{1}{4}$ 腰围,剩余部分为省量。省量大于 3cm 时处理成两个省,小于 3cm 时处理成一个省。该处两个省,省长 12cm。

⑭绘制前裙片与前裙摆片的分割线,平行于底边线,距离底边线 25cm。

⑮绘制出前裙摆片褶裥位置。

如图 2-33(c)所示:

⑯在前裙摆片褶裥位置旋转展开褶裥量。

4. 后片制图

如图 2-34(a)所示:

①后中线:作水平线,长度=裙长。

②腰围线:垂直于后中线,长度=$\frac{1}{4}$臀围+1cm。

③底边线:垂直于后中线,长度=$\frac{1}{4}$臀围+1cm。

④侧缝直线:与后中线平行,距离后中线$\frac{1}{4}$臀围+1cm。

⑤臀围线:垂直于后中线,距离腰围线 17cm。

⑥侧缝撇进点:在④线与②线交点处,沿②线向下$\frac{1}{10}$臀腰差,确定侧缝撇进点。

⑦臀腰斜线:直线连接④线、⑤线的交点与侧缝撇进点,并适量向右延长。

⑧腰线中点:在②线上取①线与②线的交点至侧缝撇进点之间的$\frac{1}{2}$位置,确定腰线中点。

⑨腰线起翘点:过腰线中点作⑦线的垂直线,确定腰线起翘点。

⑩侧缝斜线:过③线、④线的交点沿③线向下 2cm 定点,此点与④线、⑤线的交点直线连接。

如图 2-34(b)所示:

⑪用弧线连接划顺腰口线。

⑫用弧线连接划顺侧缝线。

⑬由腰口线与后中线的交点沿腰口线向上量取 $\frac{1}{4}$ 腰围,剩余部分为省量。省量大于 3cm

图 2-33

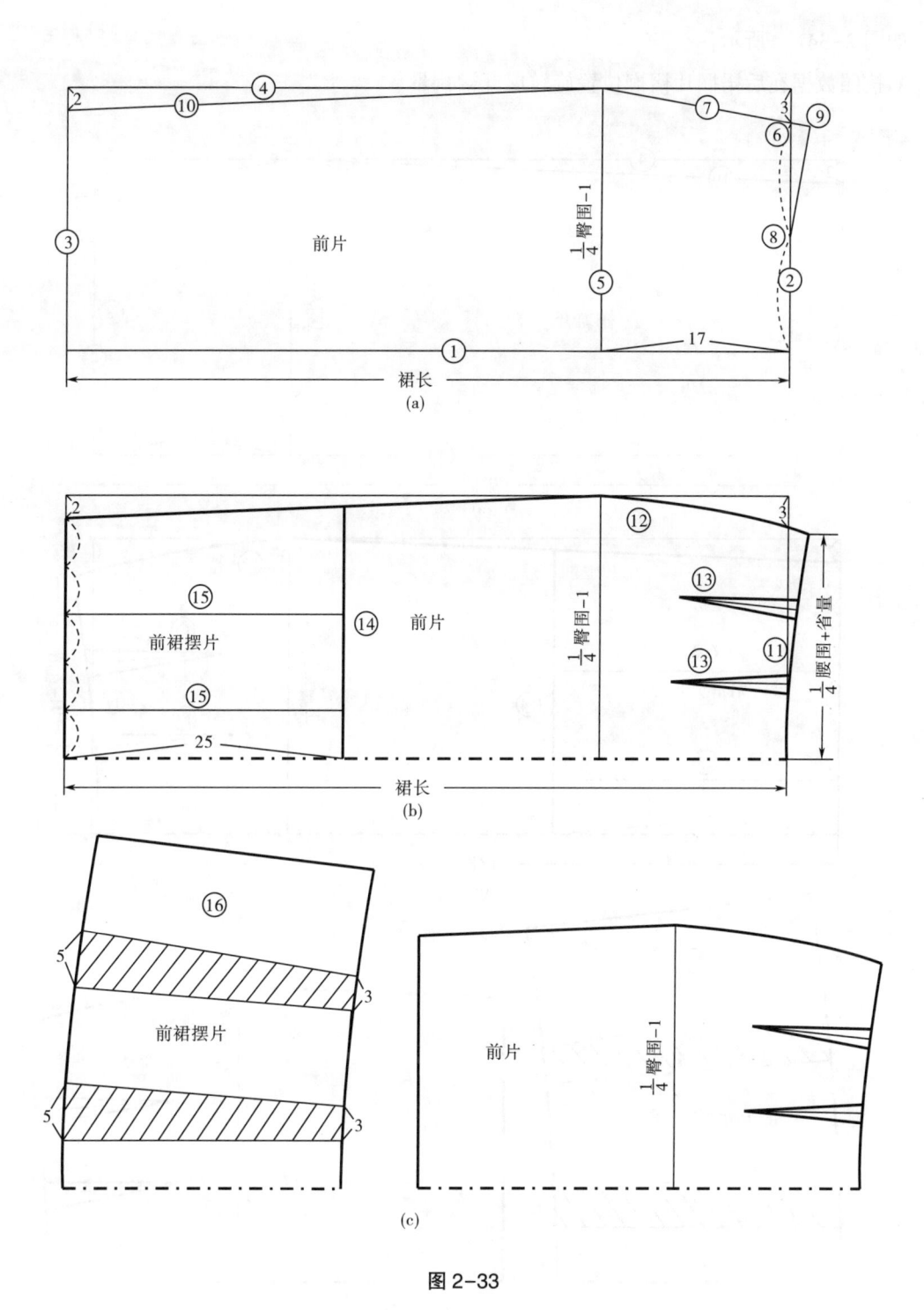

时处理成两个省,小于 3cm 时处理成一个省。该处为两个省,省长 14cm。

⑭绘制后裙片与后裙摆片的分割线,平行于底边线,距离底边线 25cm。

⑮绘制后裙摆片褶裥位置。

如图 2-34(c)所示：

⑯按照数据在后裙摆片褶裥位置旋转展开褶裥量。

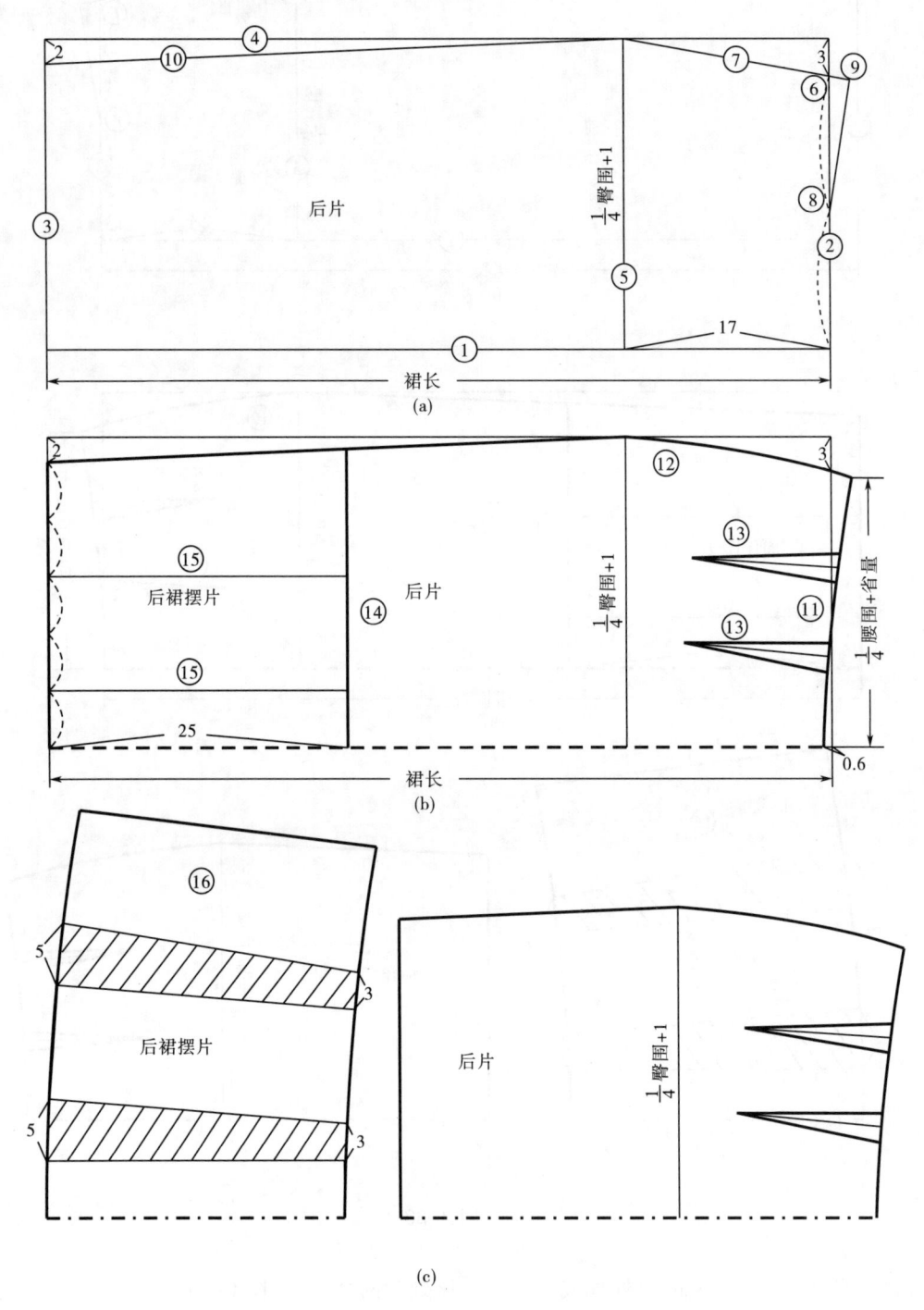

图 2-34

八、育克分割裙制图

1. 造型概述

如图2-35所示,育克分割裙是在普通斜裙制图的基础上,对臀围线位置作横向分割,使臀腰间的造型适合人体,夸张臀围线以下部位,形成上紧下松的造型。

正面款式图　　　背面款式图

图2-35

2. 制图规格

单位:cm

制图部位	裙长	臀围	腰围
成品规格	80	96	66

3. 前片制图

如图2-36(a)所示:

①前中线:作水平线,长度=裙长-腰头宽3cm。

②腰围线:垂直于前中线,长度=$\frac{1}{4}$臀围-0.5cm。

③底边线:垂直于前中线,长度=$\frac{1}{4}$臀围-0.5cm。

④侧缝直线:与前中线平行且相等,两线相距$\frac{1}{4}$臀围-0.5cm。

⑤臀围线:与②线平行且相等,两线相距17cm。

⑥侧缝撇进点:过②线、④线的交点沿②线向下$\frac{1}{10}$臀腰差,确定侧缝撇进点。

⑦臀腰斜线:过④线、⑤线的交点与侧缝撇进点直线连接,并适量向右延长。

⑧腰口线中点:在侧缝撇进点至①线、②线交点的$\frac{1}{2}$位置,确定腰线中点。

⑨腰线起翘点：过腰线中点作⑦线的垂直线，确定腰线起翘点。

⑩裙摆大点：过③线、④线的交点沿③线向上延长 5cm 定点。

⑪侧缝斜线：过裙摆大点与④线、⑤线的交点直线连接。

⑫底边中点：在裙摆大点至①线、③线交点之间的 $\frac{1}{2}$ 位置确定底边中点。

⑬底边斜线：过底边中点作⑪线的垂直线定点，确定底边斜线。

如图 2-36(b) 所示：

⑭线至⑯线分别用弧线连接划顺：腰口线⑭、底边线⑮、侧缝线⑯。

⑰沿腰口弧线量取 $\frac{1}{4}$ 腰围，多余部分为省量，省长 12cm。

如图 2-36(c) 所示：

⑱按照图中所标注的数据绘制育克，两个腰省的位置即为育克分割线位置。

⑲分别将底边线和与腰部育克连接线分为四等份，直线连接等分点确定剪开线。

如图 2-36(d) 所示：

⑳按照图中所标注的数据展开裙片，重新画顺底边线及臀位分割线。

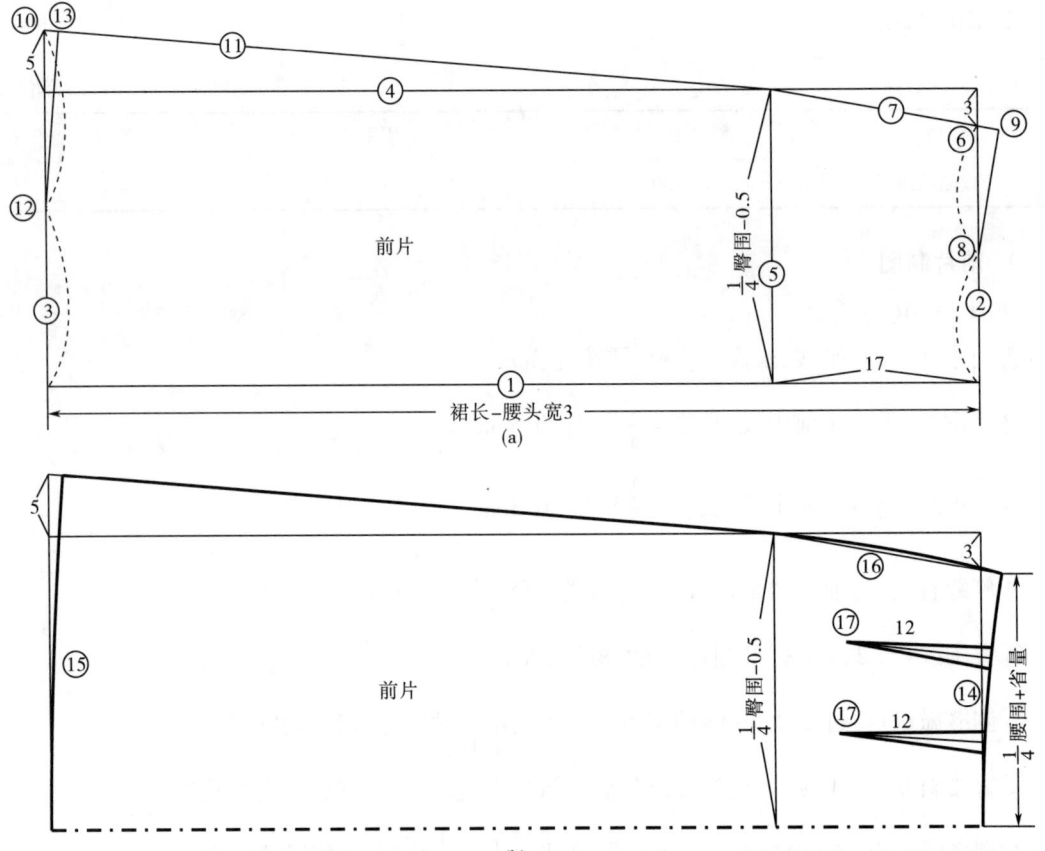

图 2-36

剪开线

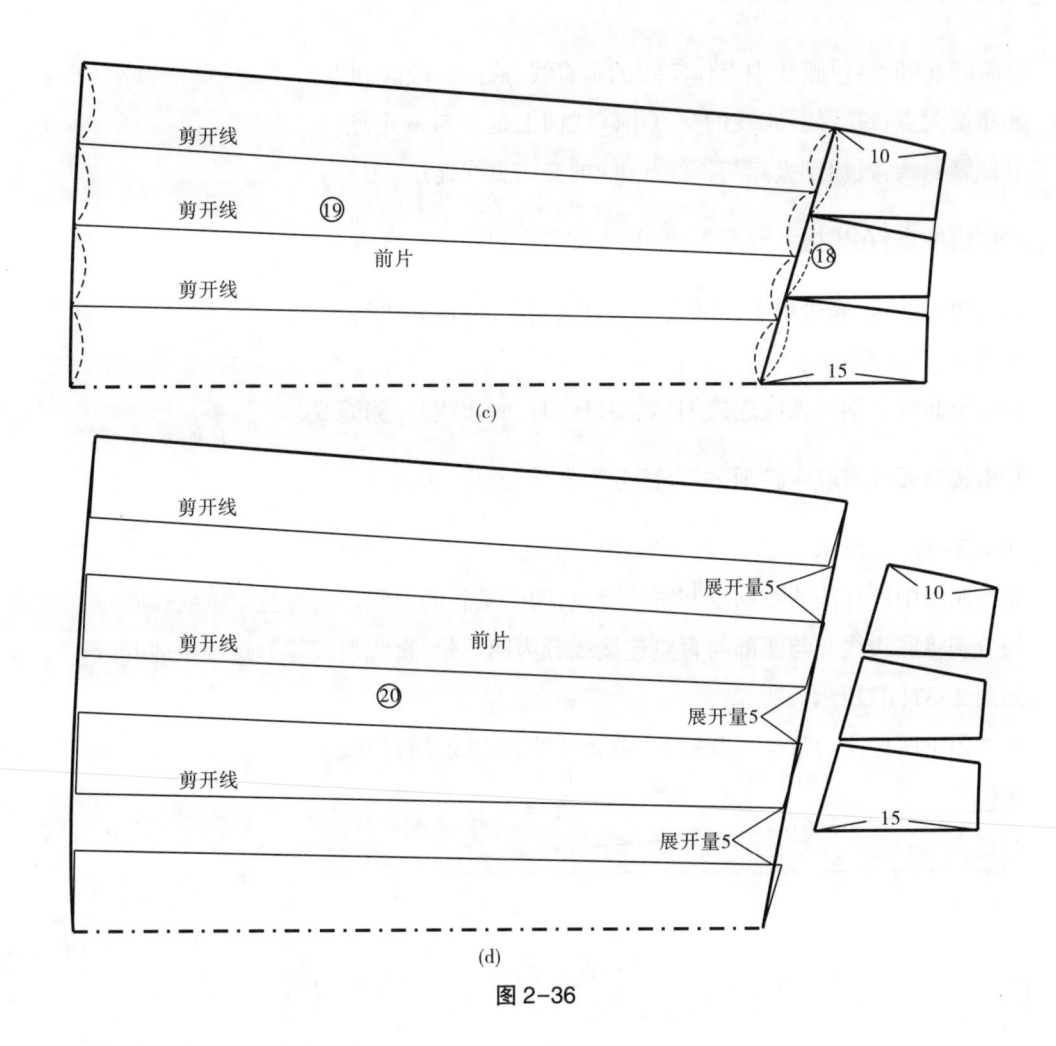

⑲ 前片

剪开线

剪开线

10

⑱

15

(c)

剪开线

剪开线　前片

⑳

剪开线

展开量5

展开量5

展开量5

10

15

(d)

图 2-36

4. 后片制图

如图 2-37(a)所示：

①后中线：作水平线，长度=裙长-腰头宽 3cm。

②腰围线：垂直于后中线，长度=$\frac{1}{4}$臀围+0.5cm。

③底边线：垂直于后中线，长度=$\frac{1}{4}$臀围+0.5cm。

④侧缝直线：与后中线平行且相等，两线相距$\frac{1}{4}$臀围+0.5cm。

⑤臀围线：与②线平行且相等，两线相距 17cm。

⑥侧缝撇进点：过②线、④线的交点沿②线向下$\frac{1}{10}$臀腰差，确定侧缝撇进点。

⑦臀腰斜线：过④线、⑤线的交点与侧缝撇进点直线连接，并适量向右延长。

⑧腰线中点：在侧缝撇进点至①线、②线交点的$\frac{1}{2}$位置，确定腰线中点。

⑨腰线起翘点：过腰线中点作⑦线的垂直线，确定腰线起翘点。
⑩裙摆大点：过③线、④线的交点沿③线向上延长5cm定点。
⑪侧缝斜线：过裙摆大点与④、⑤线的交点直线连接。
⑫底边中点：在裙摆大点至①线、③线交点之间的$\frac{1}{2}$位置定点。
⑬底边斜线：过底边中点作⑪线的垂直线定点，确定底边斜线。

如图2-37(b)所示：

⑭线至⑯线分别用弧线连接划：顺腰口线⑭、底边线⑮、侧缝线⑯。

⑰沿腰口弧线量取$\frac{1}{4}$腰围，多余部分为省量，省长14cm。

如图2-37(c)所示：

⑱按照图中所标注的数据绘制臀位育克，两个腰省的位置即为育克分割线位置。

⑲分别将底边线和与腰部与育克连接线分为四等份，直线连接等分点确定剪开线。

如图2-37(d)所示：

⑳按图中所标注的数据展开裙片，重新画顺底边线及臀位线。

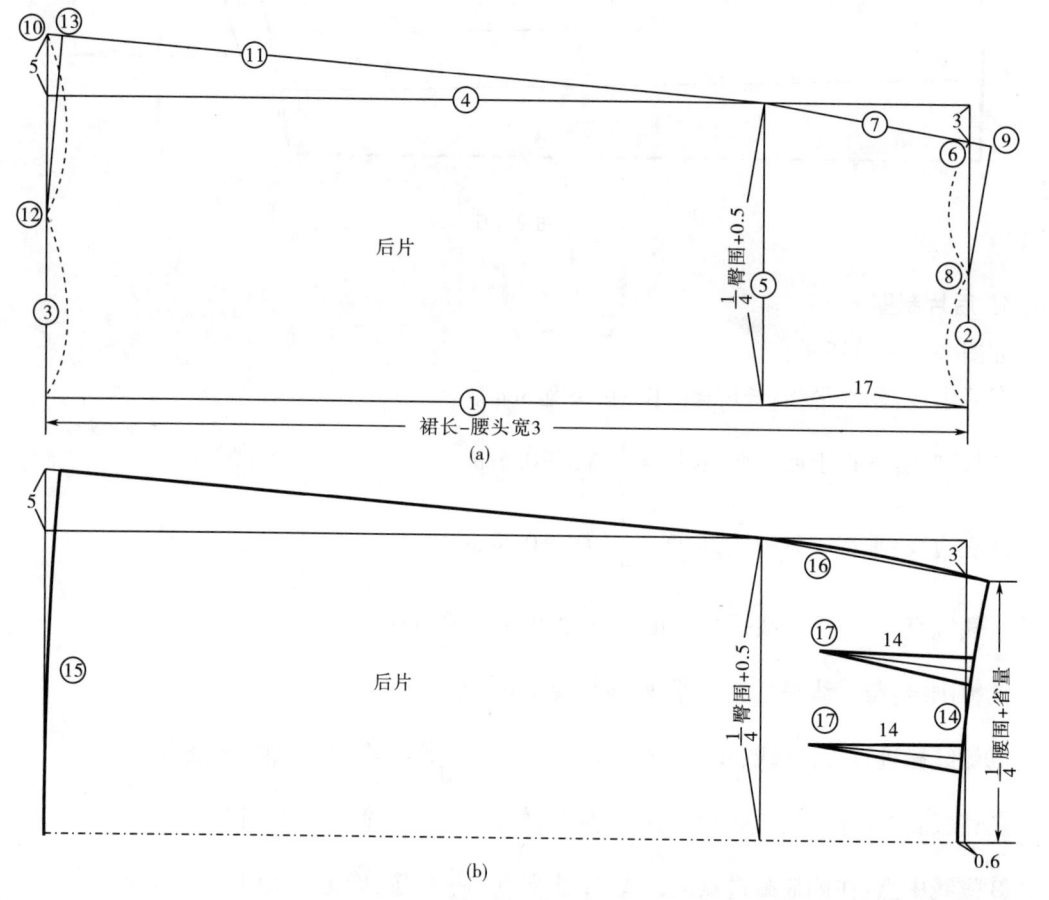

图 2-37

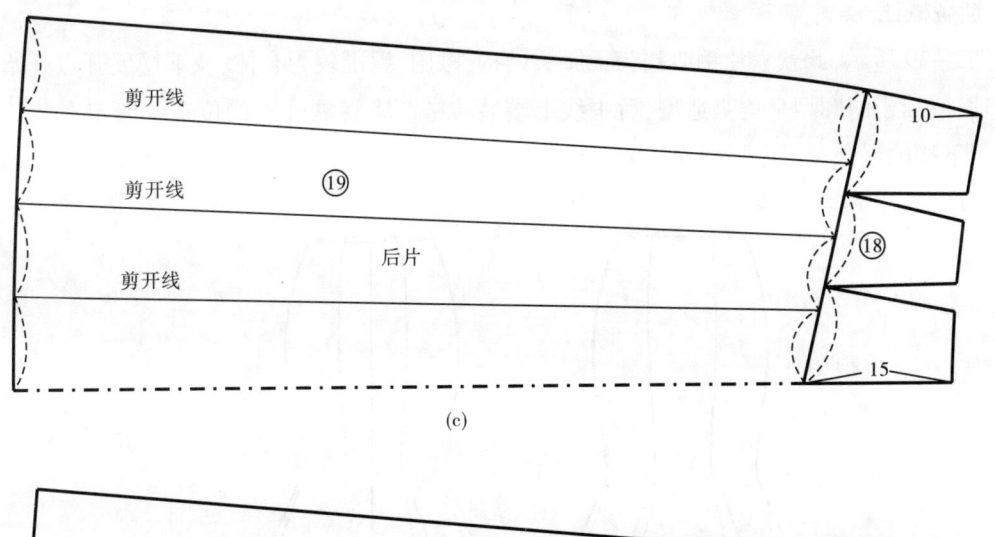

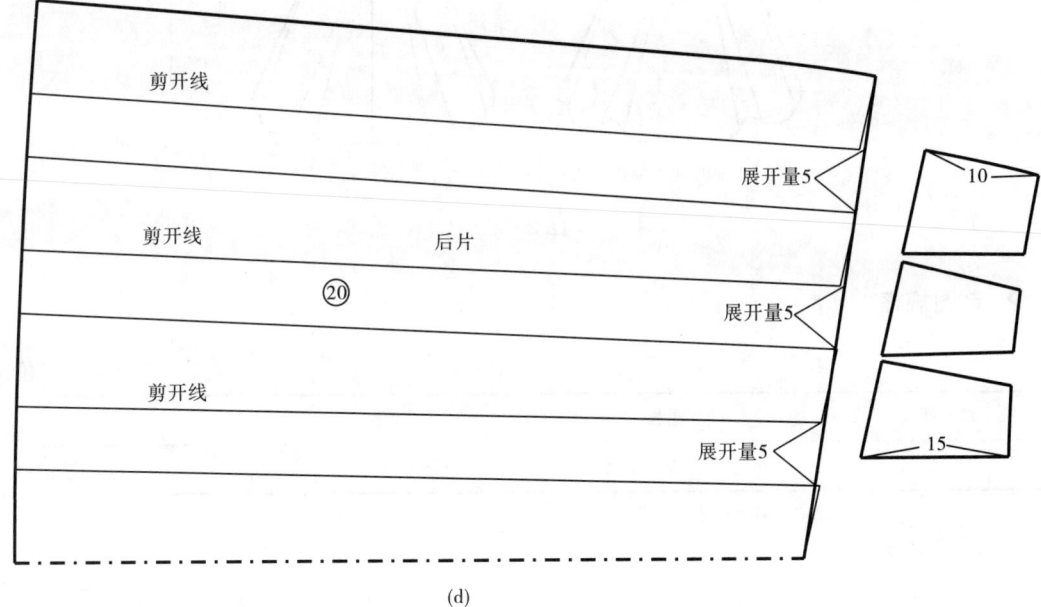

图 2-37

5. 部件制图

如图 2-38 所标注的数据绘制腰头图。

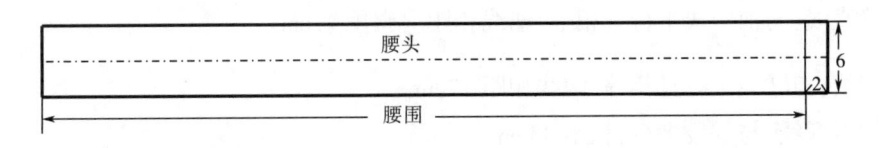

图 2-38

九、六片喇叭裙制图

1. 造型概述

如图2-39所示，此款六片喇叭裙为无腰头结构，腰围、臀围较为合体，从下摆展开点开始作夸张处理，使裙子的廓型呈喇叭造型，后中线上端装拉链。下摆展开点的位置一般定在膝盖线的位置。下摆的展开量可以根据设计需要确定。

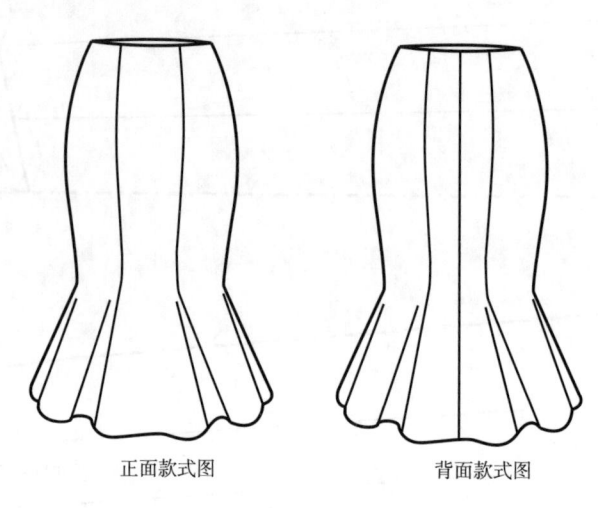

正面款式图　　背面款式图

图2-39

2. 制图规格

单位：cm

制图部位	裙长	腰围	臀围
成品规格	75	66	96

3. 前片制图

如图2-40(a)所示：

①前中线：作水平线，长度=裙长。

②腰围线：垂直于前中线，长度=$\frac{1}{4}$臀围-1cm。

③底边线：垂直于前中线，长度=$\frac{1}{4}$臀围-1cm。

④侧缝直线：与前中线平行且相等，两线相距$\frac{1}{4}$臀围-1cm。

⑤臀围线：与②线平行且相等，两线相距17cm。

⑥裙摆展开线：与⑤线平行，相距35cm。

⑦分割线：直线连接底边线和腰围线的$\frac{1}{3}$处点。

⑧前侧片腰线中点:在②线上取⑦线与④线间的$\frac{1}{2}$位置定点,以此为中点向两侧各量取$\frac{1}{12}$腰围(共$\frac{1}{6}$腰围),确定A、B两点。

如图2-40(b)所示:

⑨臀腰斜线一:过④线、⑤线的交点与A点作直线连接,并适量向右延长。

⑩臀腰斜线二:过⑦线、⑤线的交点与B点作直线连接,并适量向右延长。

⑪臀腰斜线三:过①线、②线的交点沿②线向上量$\frac{1}{12}$腰围定点,该点与⑦线、⑤线的交点直线连接。

⑫腰围斜线一:过前侧片腰线中点作⑨线的垂直线,定点。

⑬腰围斜线二:过前侧片腰线中点作⑩线的垂直线,定点。

⑭腰围斜线三:过①线、②线的交点作⑪线的垂直线,定点。

⑮下摆展开量一:过③线、④线交点,沿③线向上5cm定点。

⑯下摆展开量二:过③线、⑦线交点,沿③线向下5cm定点。

⑰下摆展开量三:过③线、⑦线交点,沿③线向上5cm定点。

⑱下摆斜线一:过④线、⑥线的交点沿⑥线向下2cm定点,该点与⑮点直线连接。

⑲下摆斜线二:过⑦线、⑥线的交点沿⑥线向上2cm定点,该点与⑯点直线连接。

⑳下摆斜线三:过⑦线、⑥线的交点沿⑥线向下2cm定点,该点与⑰点直线连接。

㉑侧缝斜线一:直线连接⑱线、⑥线交点与④线、⑤线交点。

㉒侧缝斜线二:直线连接⑲线、⑥线交点与⑦线、⑤线交点。

㉓侧缝斜线三:直线连接⑳线、⑥线交点与⑦线、⑤线交点。

㉔底边起翘线一:过⑮点、⑯点的中点作⑱线的垂直线交于㉔点。

㉕底边起翘线二:过⑮点、⑯点的中点作⑲线的垂直线交于㉕点。

㉖底边起翘线三:过①线、③线的交点作⑳线的垂直线交于㉖点。

如图2-40(c)所示:

㉗线至㉙线用弧线分别画顺:腰口线㉗、侧缝线㉘、底边线㉙。

4. 后片制图

如图2-41(a)所示:

①后中线:作水平线,长度=裙长。

②腰围线:垂直于后中线,长度=$\frac{1}{4}$臀围+1cm。

③底边线:垂直于后中线,长度=$\frac{1}{4}$臀围+1cm。

④侧缝直线:与后中线平行且相等,两线相距$\frac{1}{4}$臀围+1cm。

图 2-40

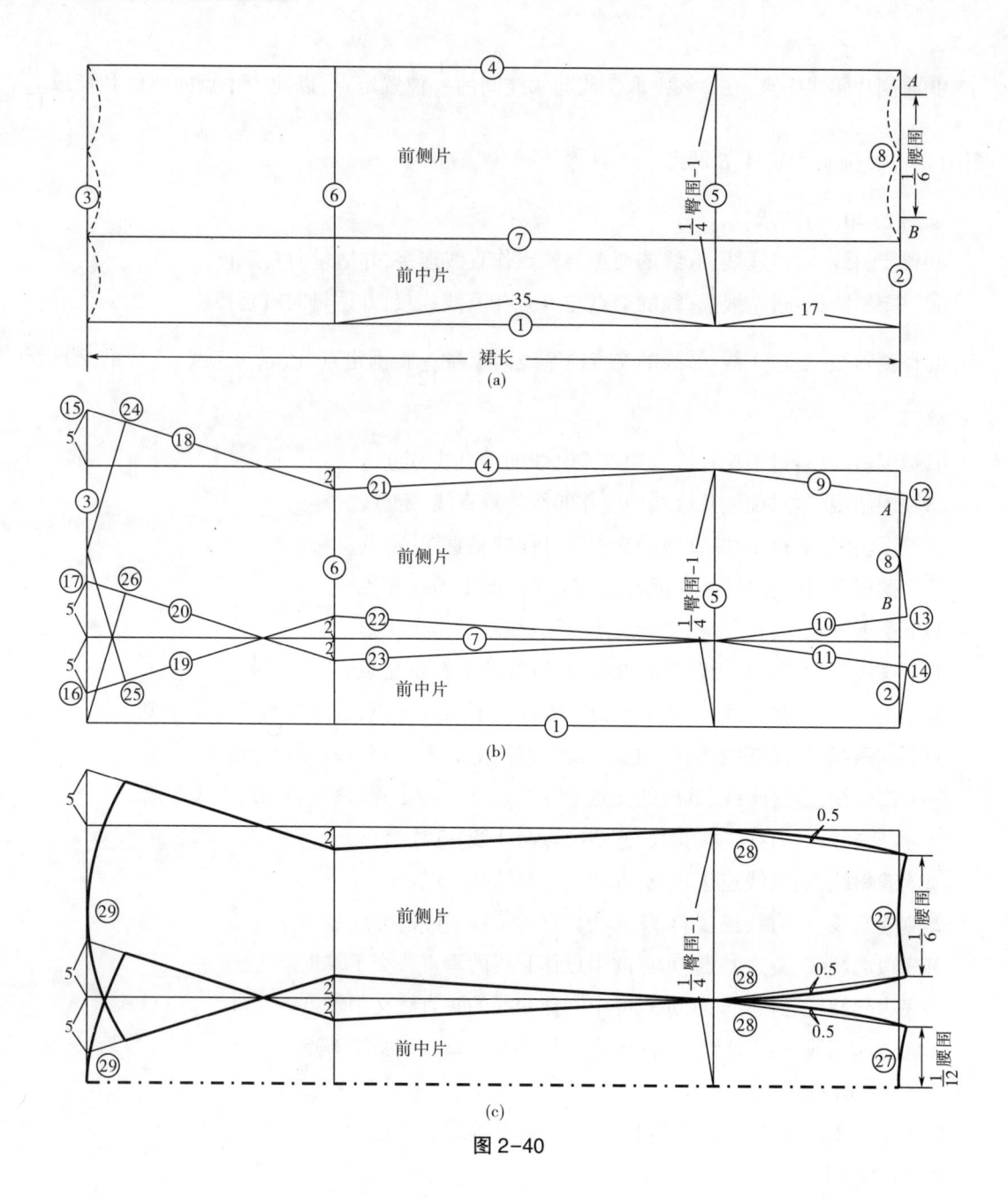

⑤臀围线：与②线平行且相等，两线相距17cm。

⑥裙摆展开线：与⑤线平行相距35cm。

⑦分割线：直线连接底边线和腰围线的$\frac{1}{3}$处点。

⑧侧片腰线中点：在②线上取⑦线与④线间的$\frac{1}{2}$位置定点，以此为中点向两侧各量取$\frac{1}{12}$腰围（共$\frac{1}{6}$腰围）确定A、B点。

如图 2-41(b)所示：
⑨臀腰斜线一：过④线、⑤线的交点与 A 点直线连接，并适量向右延长。
⑩臀腰斜线二：过⑦线、⑤线的交点与 B 点直线连接，并适量向右延长。
⑪臀腰斜线三：过①线、②线交点沿②线向上量 $\frac{1}{12}$ 腰围定点，与⑦线、⑤线交点直线连接。
⑫腰围斜线一：过后侧片腰线中点作⑨线的垂直线，定点。
⑬腰围斜线二：过后侧片腰线中点作⑩线的垂直线，定点。
⑭腰围斜线三：过①线、②线交点作⑪线的垂直线，定点。
⑮下摆展开量一：过③线、④线交点，沿③线向上 5cm 定点。
⑯下摆展开量二：过③线、⑦线交点，沿③线向下 5cm 定点。
⑰下摆展开量三：过③线、⑦线交点，沿③线向上 5cm 定点。
⑱下摆斜线一：过④线、⑥线的交点沿⑥线向下 2cm 定点，该点与⑮点直线连接。
⑲下摆斜线二：过⑦线、⑥线的交点沿⑥线向上 2cm 定点，该点与⑯点直线连接。
⑳下摆斜线三：过⑦线、⑥线的交点沿⑥线向下 2cm 定点，该点与⑰点直线连接。
㉑侧缝斜线一：直线连接⑱线、⑥线交点与④线、⑤线交点。
㉒侧缝斜线二：直线连接⑲线、⑥线交点与⑦线、⑤线交点。
㉓侧缝斜线三：直线连接⑳线、⑥线交点与⑦线、⑤线交点。
㉔底边起翘线一：过⑮点、⑯点的中点作⑱线的垂直线交于㉔点。
㉕底边起翘线二：过⑮点、⑯点的中点作⑲线的垂直线交于㉕点。
㉖底边起翘线三：过①线、③线的交点作⑳线的垂直线交于㉖点。
如图 2-41(c)所示：
㉗线至㉙线用弧线分别画顺：腰口线㉗、侧缝线㉘、底边线㉙。
㉚分别将后中片的腰口线向里平移 0.6cm，后侧片腰口线向里倾斜 0.6cm，弧线画顺腰口线。

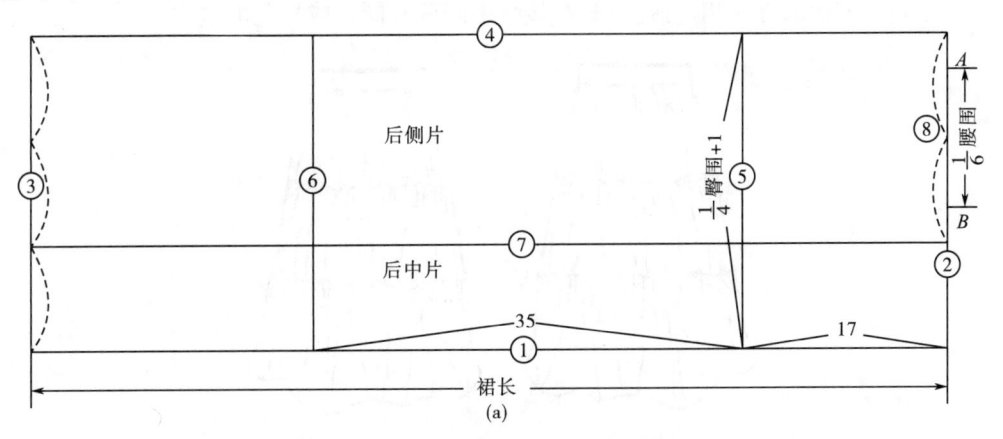

图 2-41

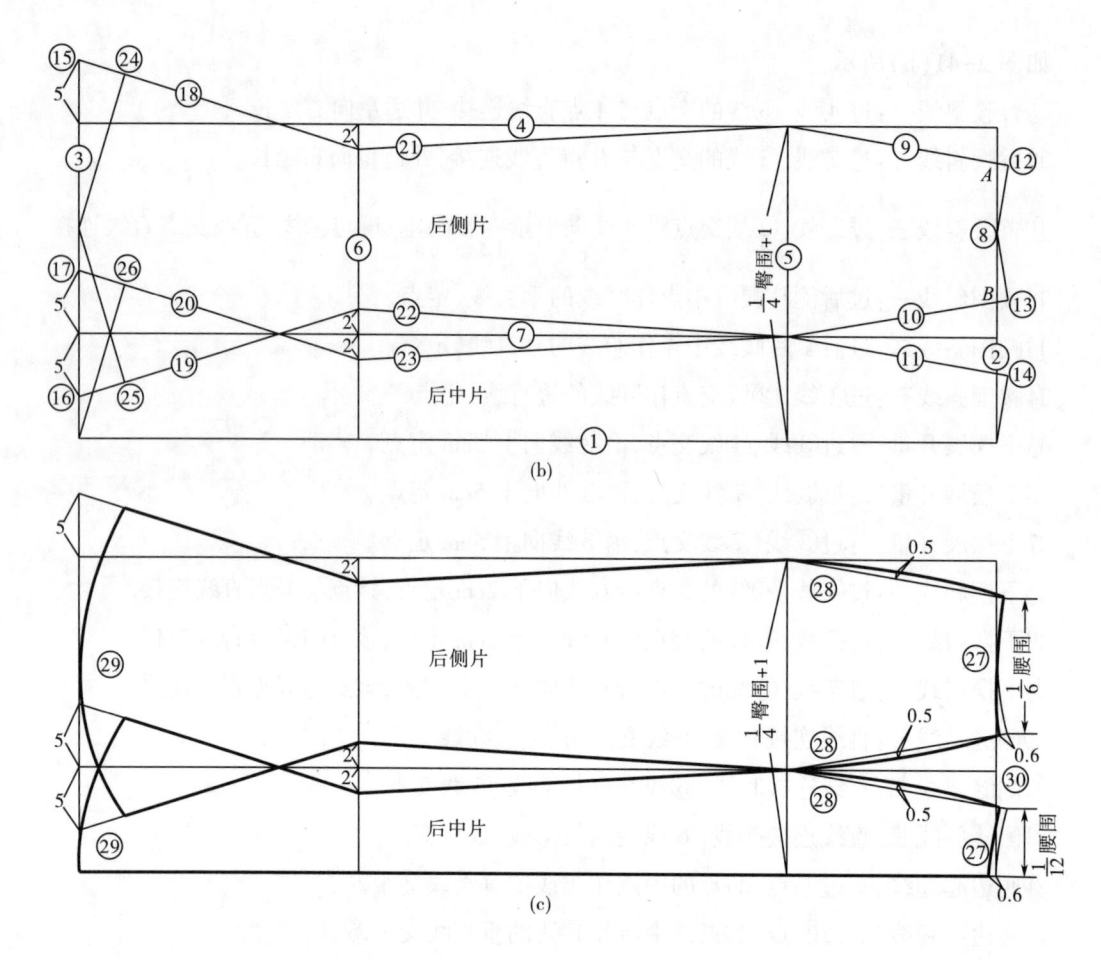

图 2-41

十、塔裙制图

1. 造型概述

如图 2-42 所示,塔裙的造型像宝塔一样,自上而下以阶梯式递增,有两节、三节和多节之分。每节之间用缩褶的方式相连接,有时在接缝中间镶有同色或异色的嵌线。

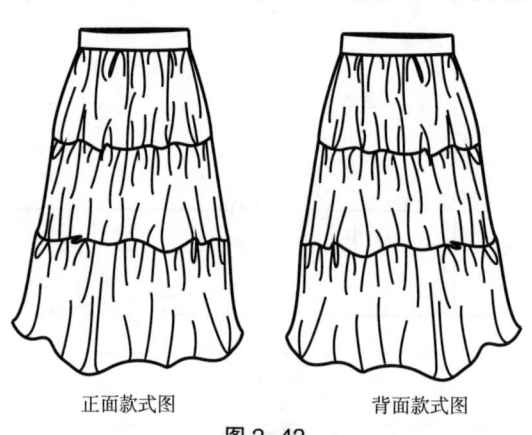

正面款式图　　背面款式图

图 2-42

2. 制图规格

单位:cm

制图部位	裙长	腰围
成品规格	73	66

3. 整体制图(图2-43)

①前中线:作垂直线=裙长-腰头宽3cm。

②腰围线:垂直于①线,长度=$\frac{1}{2}$腰围×1.5。

③分割线:平行于②线,长度等于②线的1.5倍。

④分割线:平行于③线,长度等于③线的1.5倍。

⑤底边线:平行于④线,长度等于④线。

⑥腰头:根据图示尺寸绘制腰头。

分割线的比例:根据设计需要任意分配,图中按照3∶3∶4来分配。

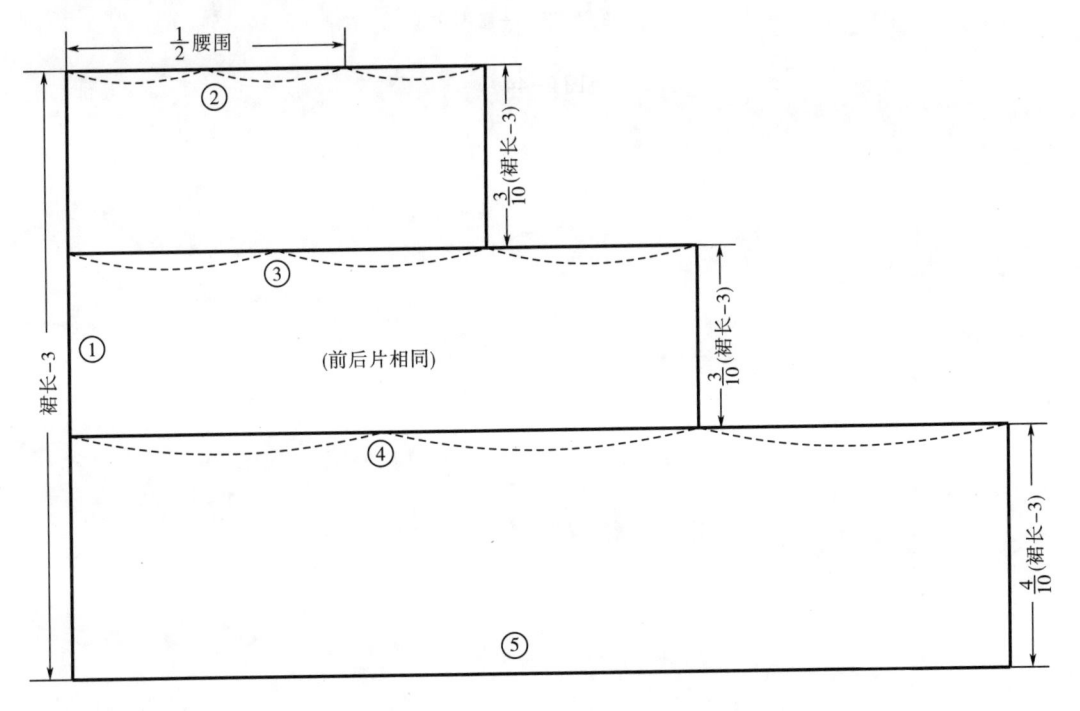

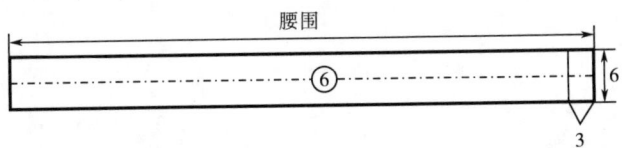

图2-43

十一、180°、90°斜裙制图

如图 2-44 所示，180°和 90°斜裙制图方法完全相同，只是因裙子摆围的大小不同，用于绘制腰围弧线的半径也不相同。根据圆周定律，180°裙子的腰围半径 = $\frac{1}{6}$ 腰围 -0.5 cm，90°斜裙的腰围半径 = $\frac{1}{3}$ 腰围 -1 cm。

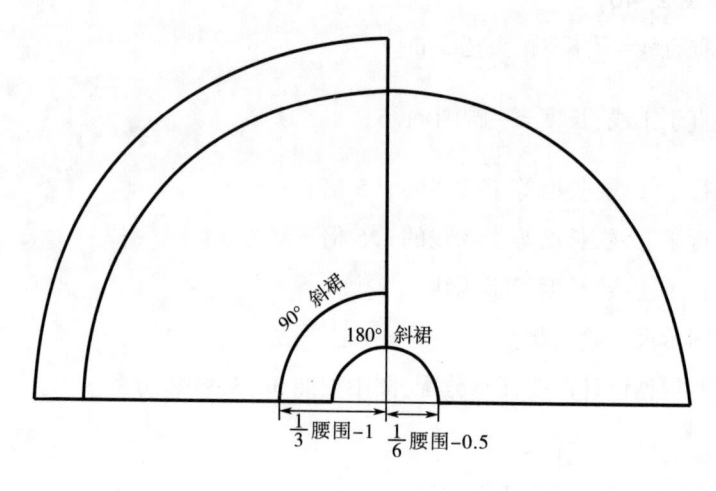

图 2-44

第三章　裤装的构成原理与制图

裤装是下装类型中应用最普遍的品种,不同年龄、性别、季节、场合,都可以穿着。裤装的种类很多,有普通男女西裤、直筒裤、中长裤、短裤、运动短裤等。

如图3-1所示,裤装的结构比裙装的结构要复杂得多,控制部位也相应多一些,除了腰围、臀围之外,还有膝围、脚口围、裤长、上裆、下裆等。

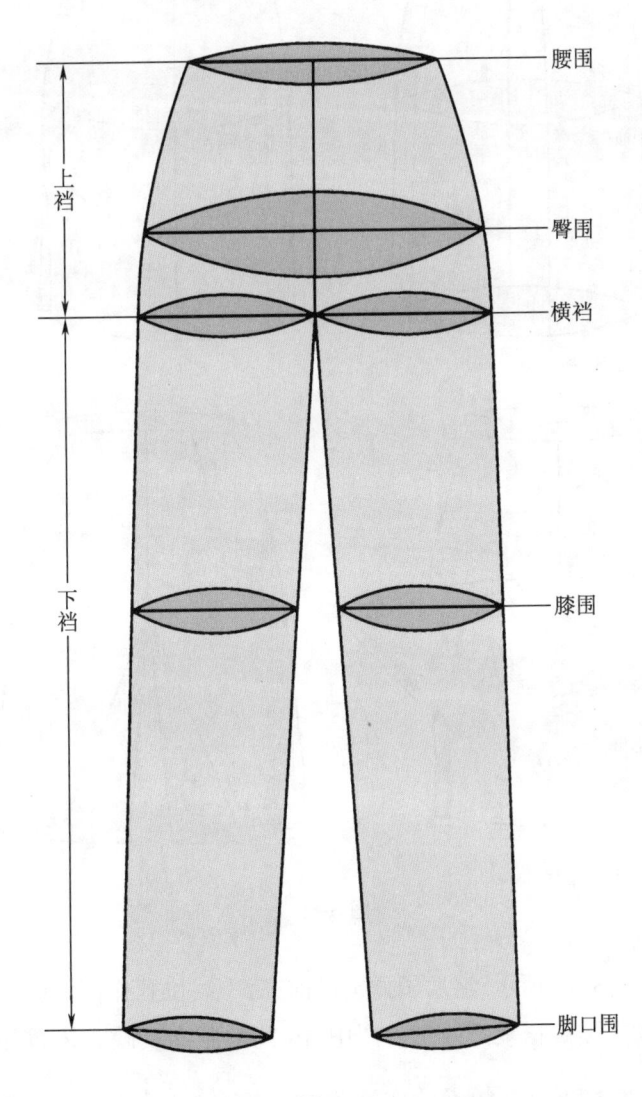

图3-1

第一节 裤装的构成原理

裤装是在裙装的基础上进一步发展而成的,为了便于说明裤子的构成原理,我们将裙子改造成具备裤子特征的造型。如图 3-2(a)、图 3-2(b)所示,分别沿裙子的前、后中线向上剪开至横裆线止,然后取一宽度等于人体厚度、长度与下裆相等的分裆布,按照图 3-2(c)所示的形式,缝合在前后裙片之间。这样就构成了如图 3-2(d)所示的具备上裆、下裆、腰围、臀围、裤管的基本裤型。

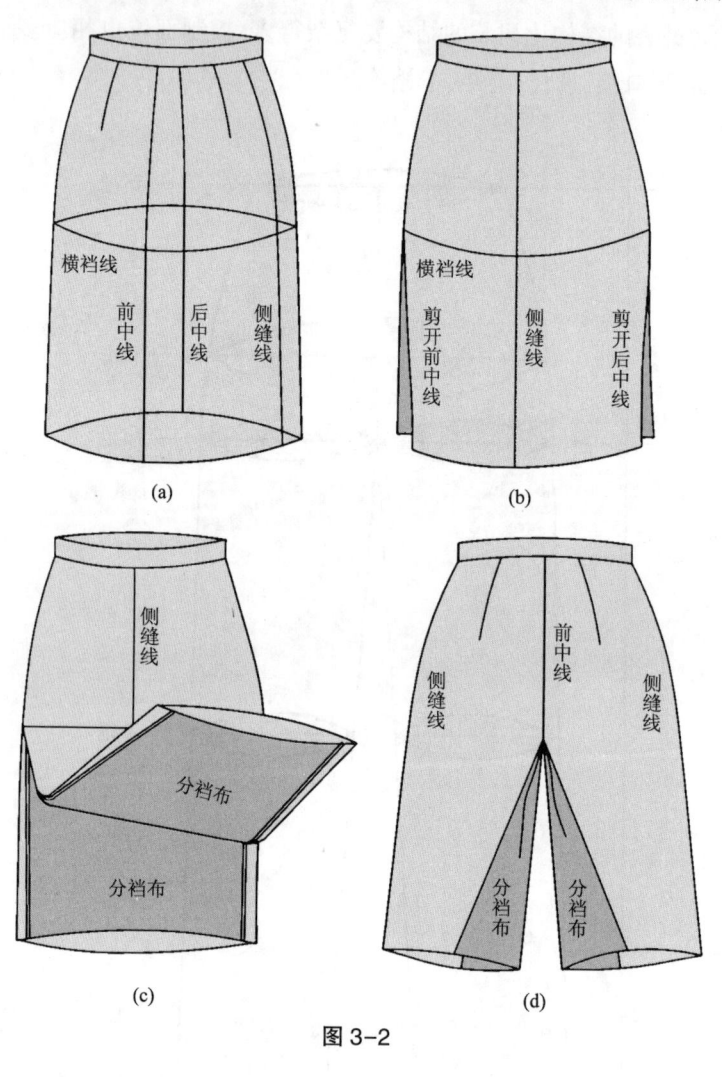

图 3-2

如图 3-3(a)、图 3-3(b)所示,将裙子分别沿前、后中线位置作剖面图,然后根据人体臀部的侧面形状,将裆线由方形修正呈弧线形。图中 AB 间的距离反映人体臀部的厚度,在裤装结构当中表示前后裆宽度之和。将 AB 分为四等份,前裆宽 AC 占 $\frac{1}{4}AB$,后裆宽 BC 占 $\frac{3}{4}AB$。

如图3-3(c)所示,按照裤子裆线的形状分别画出前、后裤片。由图中可以看出,前裆线的形状与人体腹部的形状相吻合,后裆线的形状及倾斜度与人体臀部的形状及凸出量相吻合,侧缝线的形状与人体侧面形状相吻合。

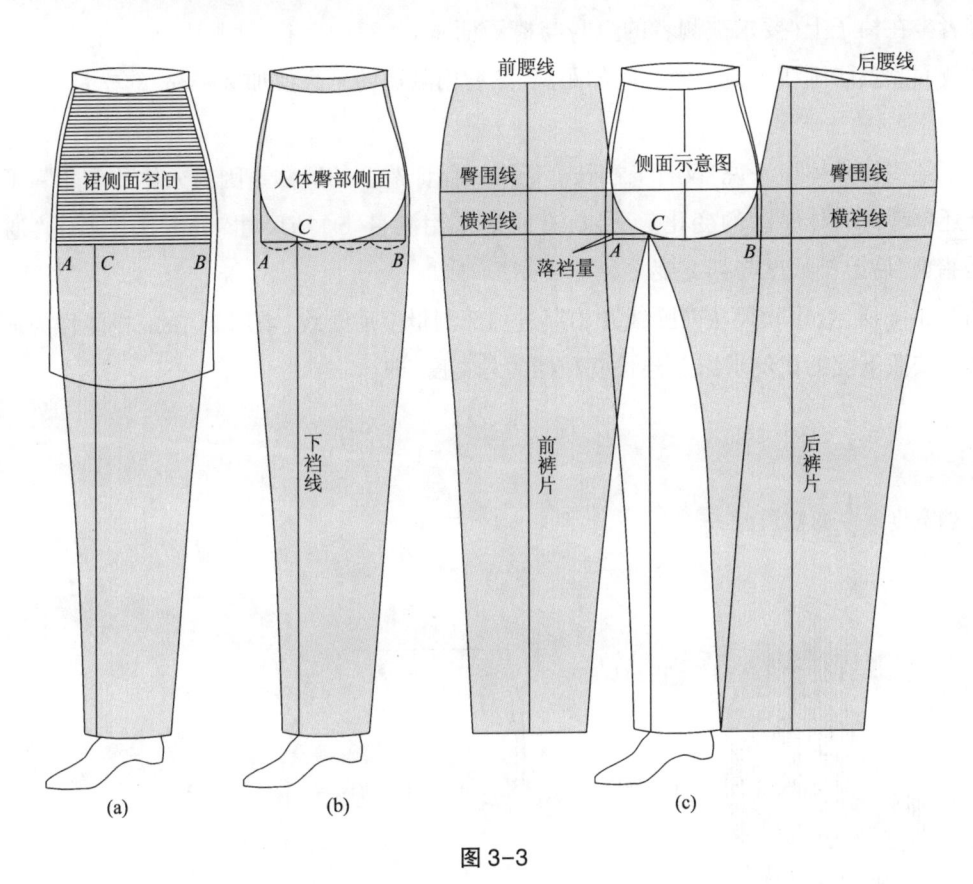

图3-3

第二节　裤装的计算公式

裤装与裙装一样都属于"四开身"结构,所以裤片的围度分别按照腰围和臀围的 $\frac{1}{4}$ 来分配。由于人体后臀部的凸出量大于前腹部的凸出量,为了使裤子的侧缝线位于人体侧面的中轴线上,一般前片取 $\frac{1}{4}$ 臀围-1cm,后片取 $\frac{1}{4}$ 臀围+1cm,将侧缝线向前移位1cm,这1cm的调节值是针对正常人体而设计的,在实际制图中,还要根据具体的人体特征灵活运用。

一、关于上裆的测量与计算

上裆又称"立裆",在裤子制图中是指横裆线至腰围线之间的距离。上裆长度的大小,直接关系到裤子的适体性与功能性。上裆与腰围、臀围是裤装造型中的主要控制部位。上裆的测量方法有两种:一是先用软尺分别测量裤长和下裆的长度,然后用裤长减去下裆的方法求得,此方法适合成品裤子测量,直接在人体上测量很不方便,故不常用;另一种方法是测量人体坐高,即让被测者坐在椅子上(要求被测者的上身与椅子面垂直,双腿并拢,小腿与地面垂直),用软尺沿人体侧面测量腰围线至椅子面之间的距离,然后用测得的坐高值加 2~3cm 的松量,确定上裆的长度。

对于某些特殊体型来说,仅有上裆长度仍难以保证造型的适体。因为人体的变化除了上裆长度外还要考虑人体厚度的变化。所以,有时还采用测量"通裆尺寸"的方法。所谓"通裆尺寸",是指前、后上裆长度与裆宽度之和。

如图 3-4 所示,用软尺从前腰线开始穿过裆部测量至后腰线,增加 2~3cm 松量作为通裆尺寸。然后按照下面的比例求出上裆长度和裆的总宽度,即:

上裆长度 $= \dfrac{2}{5}$ 通裆尺寸

总裆宽度 $= \dfrac{1}{5}$ 通裆尺寸

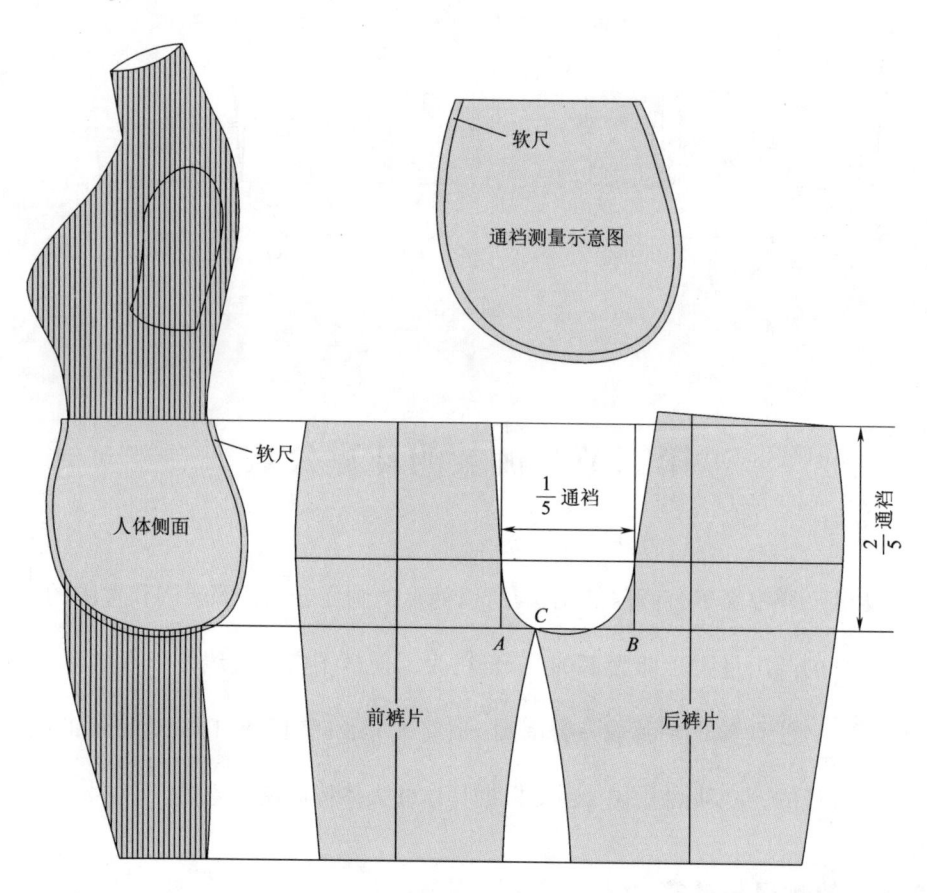

图 3-4

由于上裆长度除了受人体臀部形态的影响之外,更主要的还受穿衣习惯的影响,所以很难找出一个比较精确的计算公式。现在比较常用的计算方法是取$\frac{1}{4}$臀围。这是一个经验公式,它的合理性是因为在一定的范围内,计算所造成的误差还不至于影响裤子的功能和造型。

二、关于前、后裆宽度的计算

裤子裆部的形状是根据人体臀部侧面的形状设计的。裆的宽度大小,在很大程度上决定裤子的适体性与功能性。裆的宽度过大,会增加横裆尺寸和下裆线的弧度,与人体之间产生过大的间隙量。裆的宽度过小,又会导致臀部绷紧,下肢运动不便。因此,对于裆宽的处理成为裤子结构制图的重点。为了寻求有关横裆计算的理论依据,我们通过下面的作图来进行求证。

如图 3-5(a)所示,成型后的裤子是由三个略呈锥度的筒形构成的。位于上端的筒形由腰围和臀围构成。位于下端的是两个裤管构成的筒形,我们绘出这三个筒形的俯视图。

如图 3-5(b)所示,以臀围 100cm 为周长作正圆,图中 DE 为该圆的直径。将 DE 分为四等份,确定 O_1 和 O_2 两个圆心点。分别以 O_1 和 O_2 点为圆心,画出两个内切圆。将内圆的周长看作裤管顶端的围度。由图中可以看出,内圆的直径 AB 代表裤子裆部的宽度。根据圆周定律我们可以求出 AB 的计算公式。

已知圆周长=直径×π,所以 DE=臀围÷π。因为 $AB=\frac{1}{2}DE$,所以 AB=臀围÷2π,取 π=3.14 代入上式,得:

AB=臀围÷(2×3.14)≈0.16 臀围

如图 3-5(c)所示,将 AB 分为四等份,前裆宽 $AC=\frac{1}{4}AB$。后裆宽 $CB=\frac{3}{4}AB$。由此可以分别求出前、后裆宽的计算公式。

前裆宽 AC=0.16 臀围$\times\frac{1}{4}=\frac{1}{25}$臀围。为了便于计算,我们将$\frac{1}{25}$臀围调整成$\frac{1}{20}$臀围,调整前、后的两分数相差:$\frac{1}{20}$臀围$-\frac{1}{25}$臀围$=\frac{5}{100}$臀围$-\frac{4}{100}$臀围$=\frac{1}{100}$臀围。取男、女中间体臀围平均值 100cm,则调整前后的实际差值为:$100cm\times\frac{1}{100}=1cm$。将 1cm 的差值作为修正值,对计算公式进行修正后,可以得到公式:

前裆宽 $AC=\frac{1}{20}$臀围$-1cm$

用同样的方法可以求出后裆宽度的计算公式:

后裆宽 CB=0.16 臀围$\times\frac{3}{4}=\frac{6}{50}$臀围

图 3-5

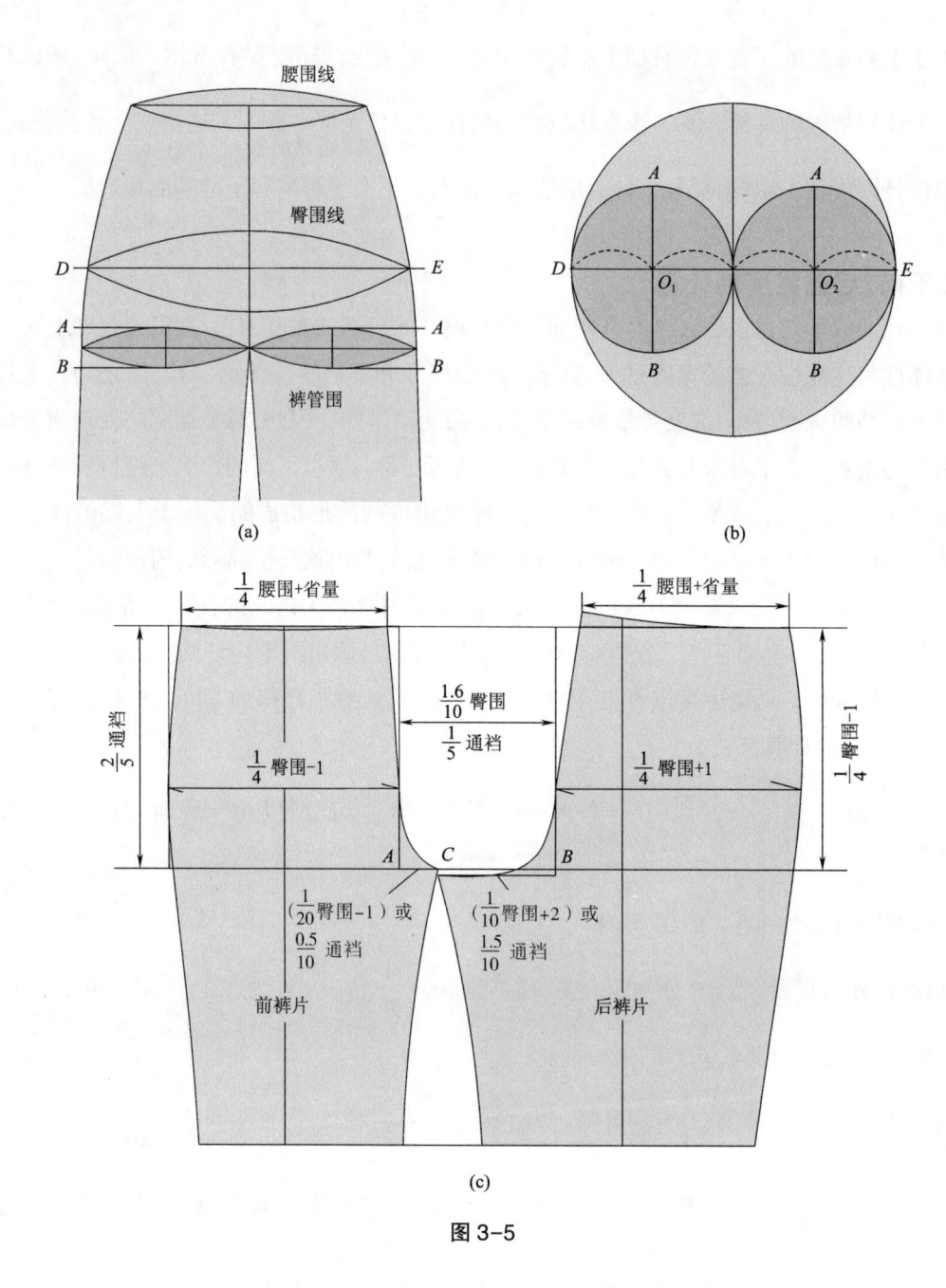

为了便于计算,将 $\dfrac{6}{50}$ 臀围调整成 $\dfrac{1}{10}$ 臀围,调整前、后的两分数相差:$\dfrac{6}{50}$ 臀围 $-\dfrac{1}{10}$ 臀围 $=\dfrac{6}{50}$ 臀围 $-\dfrac{5}{50}$ 臀围 $=\dfrac{1}{50}$ 臀围。取男女中间体臀围平均值 100cm,则调整前、后的实际差值为:100cm× $\dfrac{1}{50}$ =2cm。将 2cm 的差值作为修正值,对计算公式进行修正后,可以得到公式

后裆宽 $CB=\dfrac{1}{10}$ 臀围 +2cm

如果要采用通裆尺寸来计算前、后裆的宽度(已知裆部总宽度=$\frac{1}{5}$通裆尺寸),可以用下面的计算公式:

$$前裆宽=\frac{1}{5}通裆尺寸\times\frac{1}{4}=\frac{0.5}{10}通裆尺寸$$

$$后裆宽=\frac{1}{5}通裆尺寸\times\frac{3}{4}=\frac{1.5}{10}通裆尺寸$$

第三节　女西裤制图

一、造型概述

如图 3-6 所示,女西裤的前片左、右各设计一省一褶,由正面看,褶迹线折向前中线;后片左、右各设计两个省,背面的省量分别向侧缝线扣倒。在裤子前裆线处装拉链。左、右各有一个侧缝插袋。

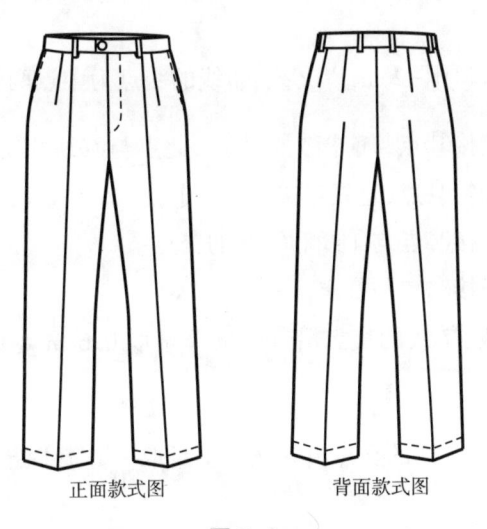

正面款式图　　背面款式图

图 3-6

二、制图规格

单位:cm

制图部位	裤长	腰围	臀围	脚口围
成品规格	100	70	100	44

三、前片制图

如图 3-7(a)所示:

①基本线：作水平线，长度=裤长-腰头宽4cm。
②脚口线：过①线左端点作①线的垂直线。
③腰围线：过①线右端点作①线的垂直线。
④横裆线：平行于③线，距离③线$\frac{1}{4}$臀围-1cm。
⑤臀围线：平行于③线，在③线和④线的$\frac{1}{3}$位置。
⑥膝围线：平行于④线，在②线和⑤线的$\frac{1}{2}$位置。
⑦前裆直线：平行于①线，距①线$\frac{1}{4}$臀围-1cm。
⑧前裆宽：过④线、⑦线的交点沿④线向上量取$\frac{1}{20}$臀围-1cm，确定⑧点。
⑨横裆线基点：过①线、④线的交点沿④线向上取1cm，确定⑨点。
⑩前烫迹线：在④线上取⑧点、⑨点间的$\frac{1}{2}$位置定点，过此点作①线的平行线。
⑪至⑫脚口大：取$\frac{1}{2}$脚口围-2cm，以②线、⑩线的交点为中点两侧均分，确定⑪点、⑫点。
⑬至⑭膝围大：直线连接⑪点与前裆宽的中点，此点与⑥线相交于⑬点，再以⑩线为中线，沿⑥线取⑬点的对称点，确定⑭点，直线连接⑫点与⑭点。
⑮侧缝斜线：用直线连接⑭点与①线和⑤线的交点。
⑯下裆斜线：用直线连接⑬点与⑧点。
⑰前裆撇进量：由③线、⑦线的交点沿③线向下量取0.6cm定点，此点与⑦线和⑤线的交点作直线连接。
⑱侧缝撇进量：由①线、③线的交点沿③线向上量取$\frac{1}{20}$臀腰差定点，此点与①线和⑤线的交点作直线连接。
⑲腰围大：过⑱点沿③线向上量取$\frac{1}{4}$腰围，确定⑲点，剩余部分为省(褶)量。

如图3-7(b)所示：
⑳线至㉒线分别用弧线连接划顺：前裆线⑳、下裆线㉑、侧缝线㉒。
㉓量取褶量3cm，以烫迹线为界上侧占省量的$\frac{1}{3}$，下侧占省量的$\frac{2}{3}$。
㉔省在褶线至侧缝线的$\frac{1}{2}$位置，省大等于总省量减去褶量。
㉕侧缝袋位：由腰口线沿侧缝弧线向左量3cm确定袋口上限点，袋口大15cm。

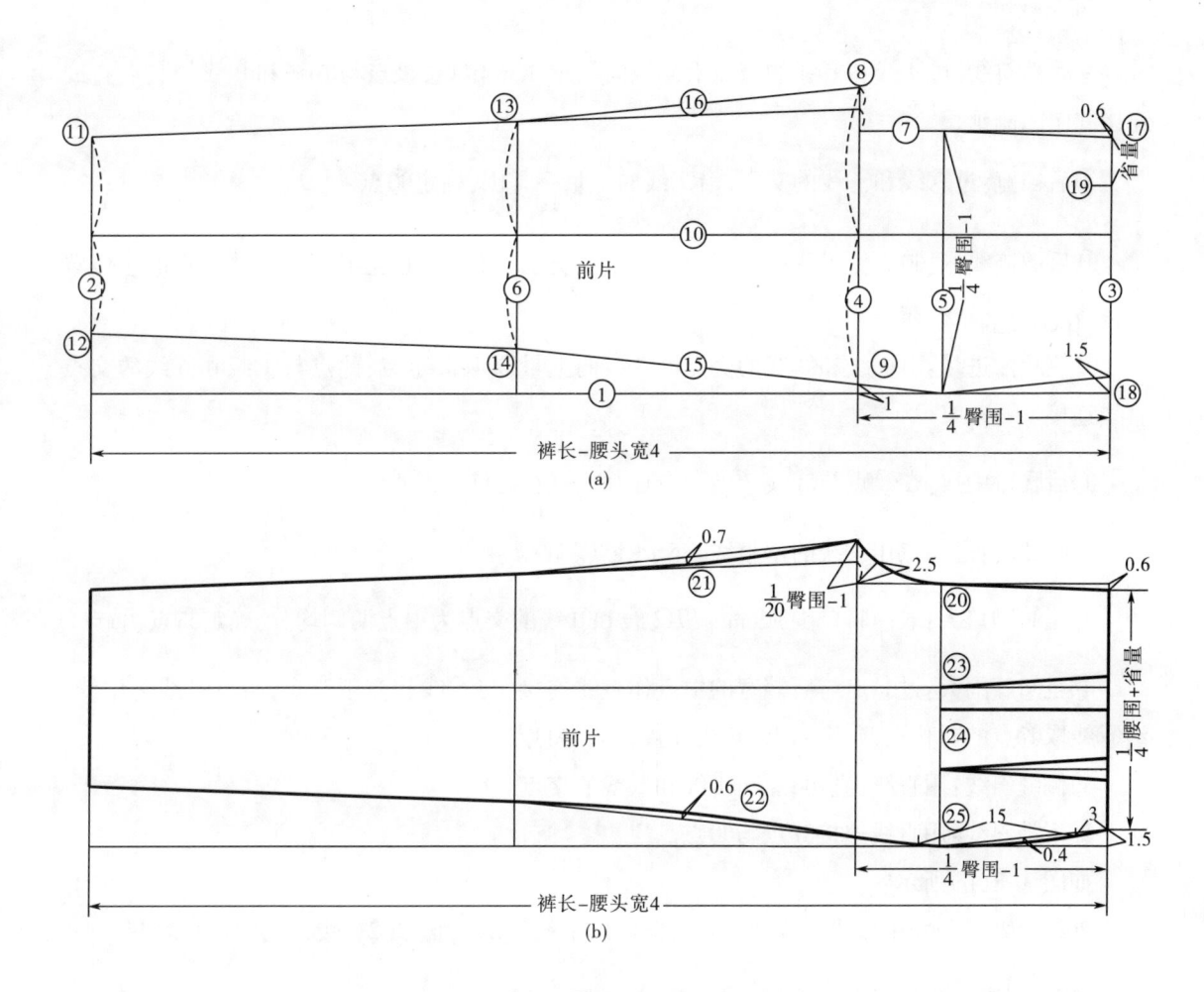

图 3-7

四、后片制图

如图 3-8(a)所示：

①基本线：作水平线，长度＝裤长－腰头宽 4cm。

②脚口线：过①线的左端点作①线的垂直线。

③腰围线：过①线的右端点作①线的垂直线。

④横裆线：平行于③线，距离③线 $\frac{1}{4}$ 臀围－1cm。

⑤臀围线：平行于③线，在③线和④线的 $\frac{1}{3}$ 位置。

⑥膝围线：平行于④线，在②线和⑤线的 $\frac{1}{2}$ 位置。

⑦落裆线：与④线平行且相距 1cm。

⑧后裆直线：平行于①线，距①线 $\frac{1}{4}$ 臀围＋1cm。

⑨后裆斜线:过④线和⑧线的交点沿④线向上量2cm定点,该点与⑤线和⑧线的交点直线连接并向两侧延长。

⑩后裆宽:过⑨线和⑦线的交点,沿⑦线向上量$\frac{1}{10}$臀围,确定⑩点。

⑪后烫迹线:过⑩点作①线的平行线与④线相交于一点,过此点至①线、④线交点的$\frac{1}{2}$位置定点,作①线的平行线。

⑫侧缝撇进量:由①线和③线的交点沿③线向上量取1cm定点,此点与①线和⑤线的交点直线连接。

⑬后腰口中点:在⑫点与③线、⑨线交点间的$\frac{1}{2}$位置,确定⑬点。

⑭腰翘高:过⑬点作⑨线的垂直线,交于⑭点。

⑮至⑯脚口大:取$\frac{1}{2}$脚口围+2cm。以②线和⑪线的交点为中点两侧均分,确定⑮点、⑯点。

⑰至⑱膝围大:过⑮点与后裆宽的中点作直线连接,与⑥线相交于⑰点,再以⑪线为中线,沿⑥线取⑰点的对称点,确定⑱点,直线连接⑯点与⑱点。

⑲侧缝斜线:用直线连接⑱点与①线和⑤线的交点。

⑳下裆斜线:用直线连接⑰点与⑩点。

如图3-8(b)所示:

㉑线至㉔线分别用弧线连接划顺:后裆线㉑、下裆线㉒、侧缝线㉓、腰口线㉔。

㉕省:沿腰口弧线量取$\frac{1}{4}$腰围,剩余部分为省量。当省量大于3cm时取两个省,小于3cm时取一个省,图中设计了两个省,省长12cm。

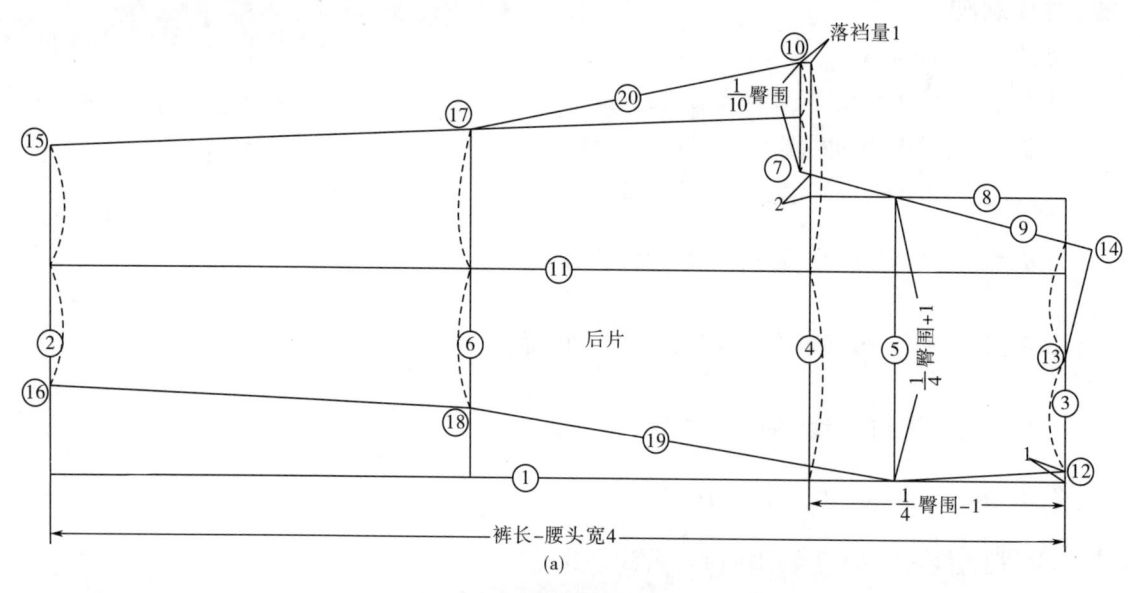

(a)

图3-8

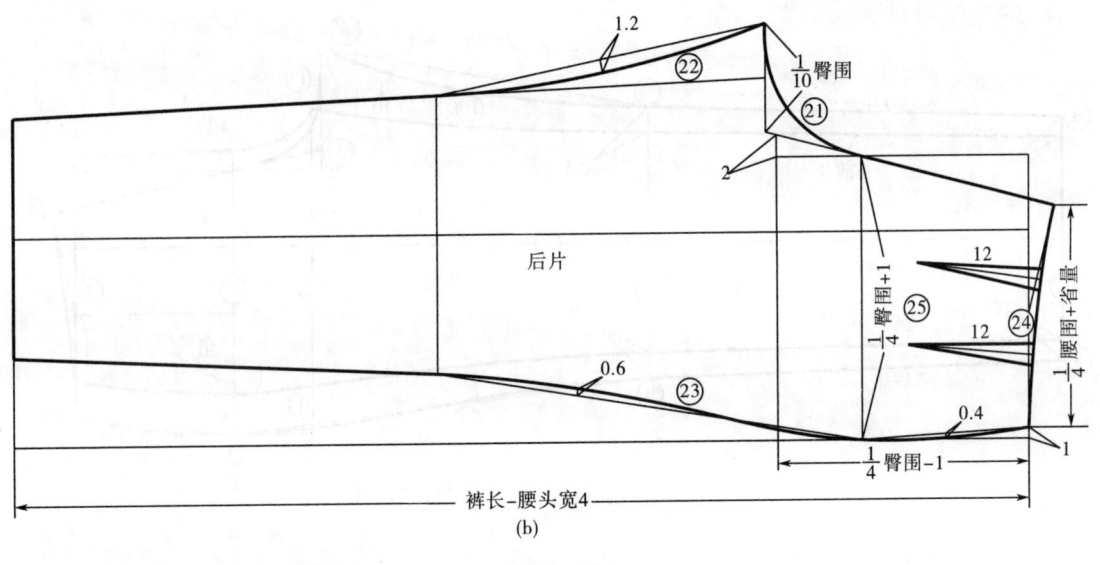

图 3-8

五、重叠制图

如图 3-9 所示：

①后片烫迹线：与前片烫迹线重合。

②根据前片分别画出腰围线、臀围线、横裆线、落裆线、膝围线、脚口线。

③在臀围线上由前片侧缝线向下量取 $\frac{1}{20}$ 臀围 $-1cm$，确定③点。

④后裆直线：过③点沿臀围线向上量 $\frac{1}{4}$ 臀围 $+1cm$ 定点，过此点作①线的平行线。

⑤由臀围线与后裆直线的交点向上 2cm 作①线的平行线，与落裆线交于⑤点，直线连接⑤点与臀围线和后裆直线的交点并延长，确定后裆斜线。

⑥后裆宽点：由⑤点沿落裆线向上量取 $\frac{1}{10}$ 臀围，确定⑥点。

⑦后腰翘高：过后腰中点作后裆斜线的垂直线，交后裆斜线于⑦点。

⑧在前片脚口大的基础上，分别向上、下各加放 2cm，确定后片脚口大。

⑨在前片膝围大的基础上，分别向上、下各加放 2.5cm，确定后片膝围大。

⑩连接划顺⑧点、⑨点和⑨点、⑥点，确定下裆线。

⑪连接划顺⑧点、⑨点和⑨点、③点，确定侧缝线。

⑫侧缝撇进量：由腰口线与侧缝线的交点向上量取 1cm 定点，此点与⑦点弧线连接划顺腰口线。

⑬用弧线划顺后裆线和侧缝线。

⑭省的处理方法与后片独立制图时的处理方法相同。

图 3-9

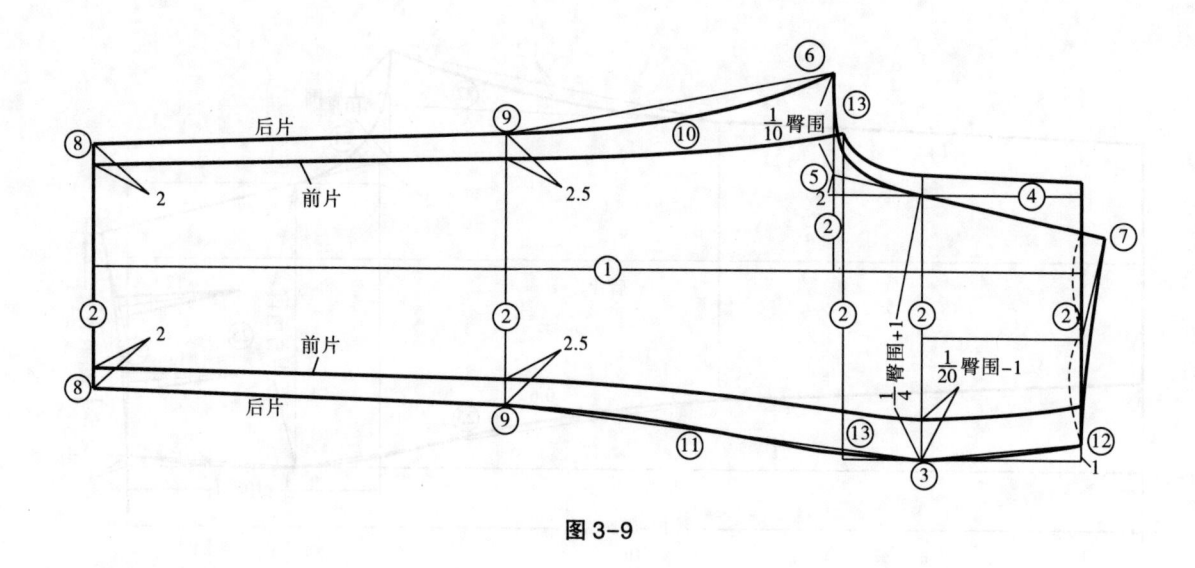

六、部件制图

如图 3-10 所示：

①按照标注的数据绘制腰头。

②按照标注的数据绘制门襟。

③按照标注的数据绘制口袋布。

④按照标注的数据绘制牵条和垫袋布。

⑤按照标注的数据绘制串带襻。

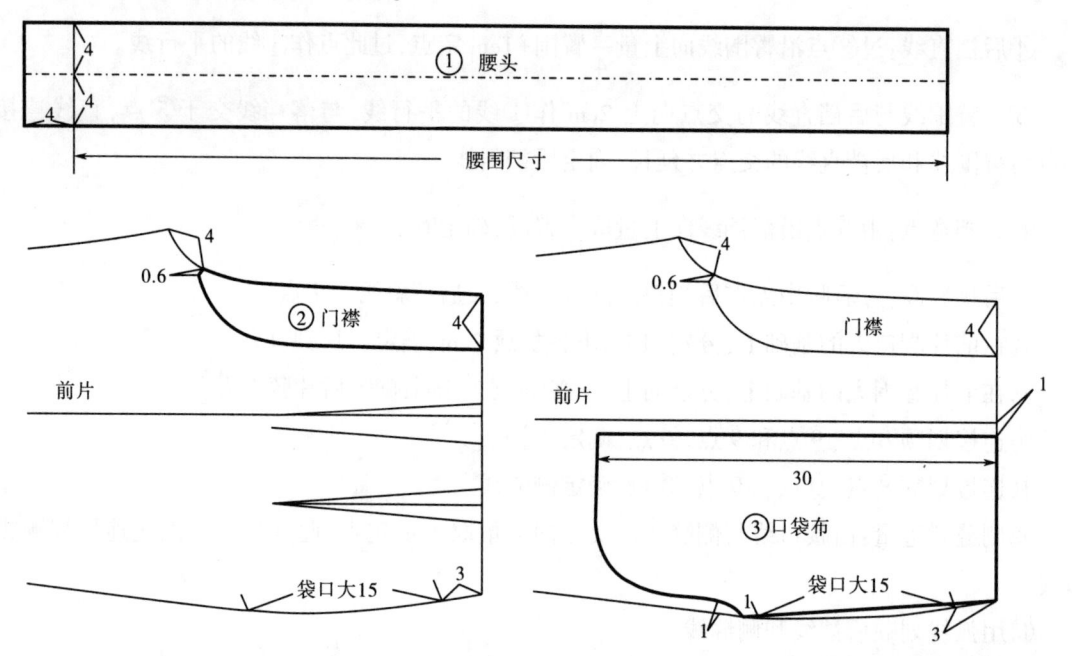

图 3-10

图 3-10

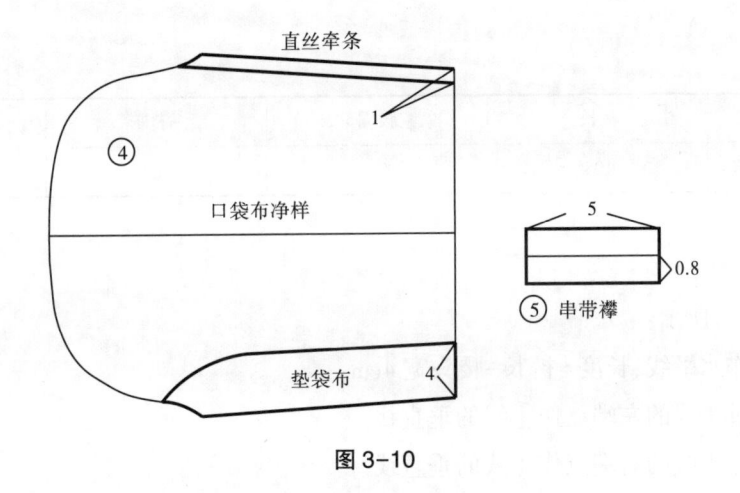

第四节　男西裤制图

一、造型概述

如图 3-11 所示,男西裤单独配制腰头。装串带襻 6 根,其中后裆线位置并排装两根。前裤片左右各设计一省一褶,由正面看褶迹线向两侧倒伏。左、右两侧各设计斜插袋一个。前门襟装拉链或钉纽扣。后片左、右各设计两个省道和一个双嵌线口袋。

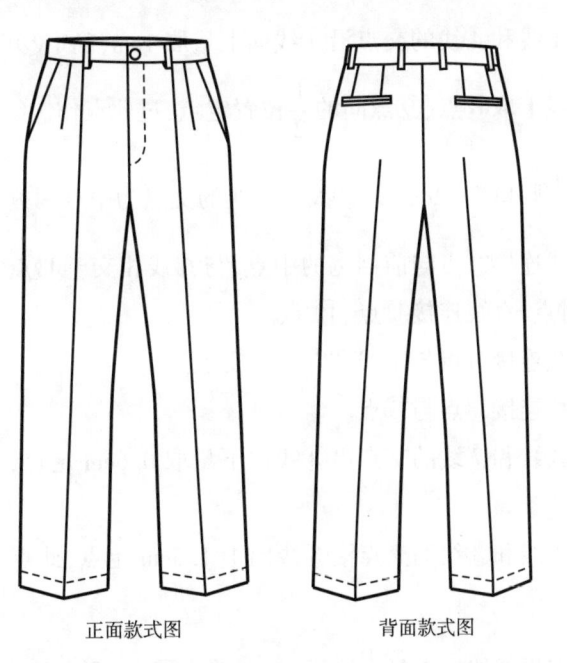

正面款式图　　背面款式图

图 3-11

二、制图规格

单位:cm

制图部位	裤长	腰围	臀围	脚口围
成品规格	103	76	104	46

三、前片制图

如图3-12(a)所示:

①基本线:作水平线,长度=裤长-腰头宽4cm。

②脚口线:过①线的左端点作①线的垂直线。

③腰围线:过①线的右端点作①线的垂直线。

④横裆线:平行于③线,距离③线$\frac{1}{4}$臀围-1cm。

⑤臀围线:平行于③线,在③线和④线的$\frac{1}{3}$位置。

⑥膝围线:平行于④线,在②线和⑤线的$\frac{1}{2}$位置。

⑦前裆直线:平行于①线,距①线$\frac{1}{4}$臀围-1cm。

⑧前裆宽:由④线和⑦线的交点沿④线向上量取$\frac{1}{20}$臀围-1cm,确定⑧点。

⑨横裆线基点:由①线和④线的交点沿④线向上量取1cm,确定⑨点。

⑩前烫迹线:在④线上取⑧点、⑨点间的$\frac{1}{2}$位置定点,过此点作①线的平行线。

⑪至⑫脚口大:取$\frac{1}{2}$脚口围-2cm,以②线和⑩线的交点为中点两侧均分,确定⑪点、⑫点。

⑬至⑭膝围大:直线连接⑪点与前裆宽的中点,与⑥线相交于⑬点,再以⑩线为中线,沿⑥线确定⑬点的对称点⑭点,直线连接⑫点、⑭ 点。

⑮侧缝斜线:用直线连接⑭点与①线和⑤线的交点。

⑯下裆斜线:用直线连接⑬点与⑧点。

⑰前裆撇进量:由③线和⑦线的交点沿③线向下量取0.6cm定点,此点与⑦线和⑤线的交点直线连接。

⑱侧缝撇进量:过①线和③线的交点沿③线向上量取1.5cm定点,此点与①线和⑤线的交点直线连接。

⑲前腰围大:过⑱点沿③线向上量$\frac{1}{4}$腰围-1cm确定⑲点,剩余部分为省(褶)量。

如图 3-12(b)所示：

⑳线至㉒线分别用弧线连接划顺：前裆线⑳、下裆线㉑、侧缝线㉒。

㉓褶：褶大 2.9cm，以烫迹线为界，前侧占褶量的 $\frac{1}{3}$，后侧占褶量的 $\frac{2}{3}$。

㉔省：省在褶线至侧缝线的 $\frac{1}{2}$ 位置，省量等于总省量减去褶量。

㉕斜插袋位：由腰口线向上量 3.5cm 为袋口上限点，袋口大 16cm。

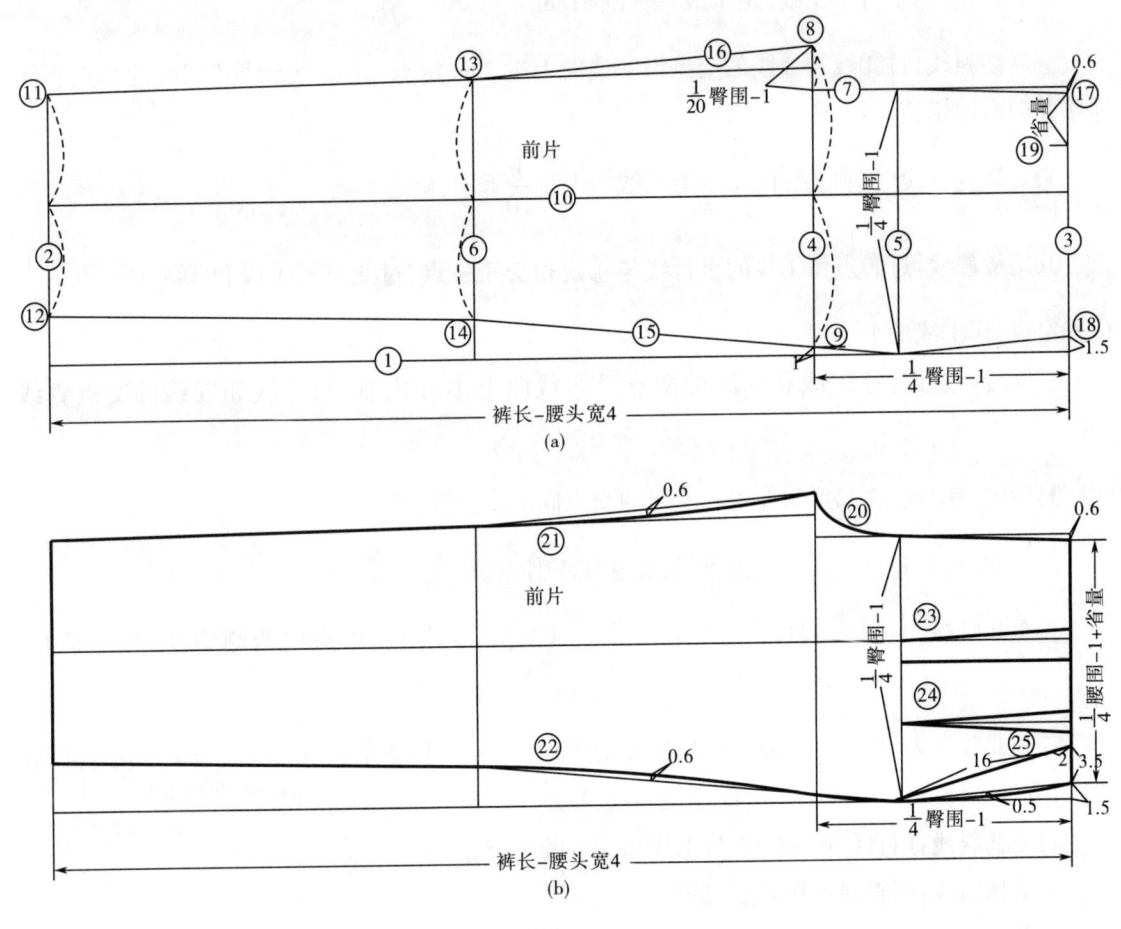

图 3-12

四、后片制图

如图 3-13(a)所示：

①基本线：作水平线，长度=裤长-腰头宽 4cm。

②脚口线：过①线的左端点作①线的垂直线。

③腰围线：过①线的右端点作①线的垂直线。

④横裆线:平行于③线,距离③线$\frac{1}{4}$臀围-1cm。

⑤臀围线:平行于③线,在③线、④线的$\frac{1}{3}$位置。

⑥膝围线:平行于④线,在②线、⑤线的$\frac{1}{2}$位置。

⑦落裆线:与④线平行且相距1cm。

⑧后裆直线:平行于①线,距①线$\frac{1}{4}$臀围+1cm。

⑨后裆斜线:过④线和⑧线的交点沿④线向上量2cm定点,此点与⑤线和⑧线的交点直线连接并向两侧延长。

⑩后裆宽:过⑨线和⑦线的交点沿⑦线向上量$\frac{1}{10}$臀围,确定⑩点。

⑪后烫迹线:过⑩点作①线的平行线与④线相交于一点,过此点至①线和④线的交点的$\frac{1}{2}$位置定点,作①线的平行线。

⑫侧缝撇进量:过①线和③线的交点沿③线向上1cm定点,与①线和⑤线的交点直线连接。

⑬后腰口中点:在⑫点与③线和⑨线的交点间的$\frac{1}{2}$位置,确定⑬点。

⑭腰翘高:过⑬点作⑨线的垂直线,交⑨线于⑭点。

⑮至⑯脚口大:取$\frac{1}{2}$脚口围+2cm,以②线和⑪线的交点为中点向两侧均分,确定⑮点、⑯点。

⑰至⑱膝围大:直线连接⑮点与后裆宽的中点,与⑥线相交于⑰点,再以⑪线为中线,沿⑥线取⑰点的对称点,确定⑱点,直线连接⑯点、⑱点。

⑲侧缝斜线:用直线连接⑱点与①线和⑤线的交点。

⑳下裆斜线:用直线连接⑰点与⑩点。

如图3-13(b)所示:

㉑线至㉔线分别用弧线连接划顺:后裆线㉑、下裆线㉒、侧缝线㉓、腰口线㉔。

㉕后口袋:后口袋距离腰口线7cm,袋口大14cm。

㉖省:沿腰口弧线量取$\frac{1}{4}$腰围+1cm,将剩余部分处理成两个省,两个省的省尖距离袋口两端各2cm,省中线垂直于腰口线。

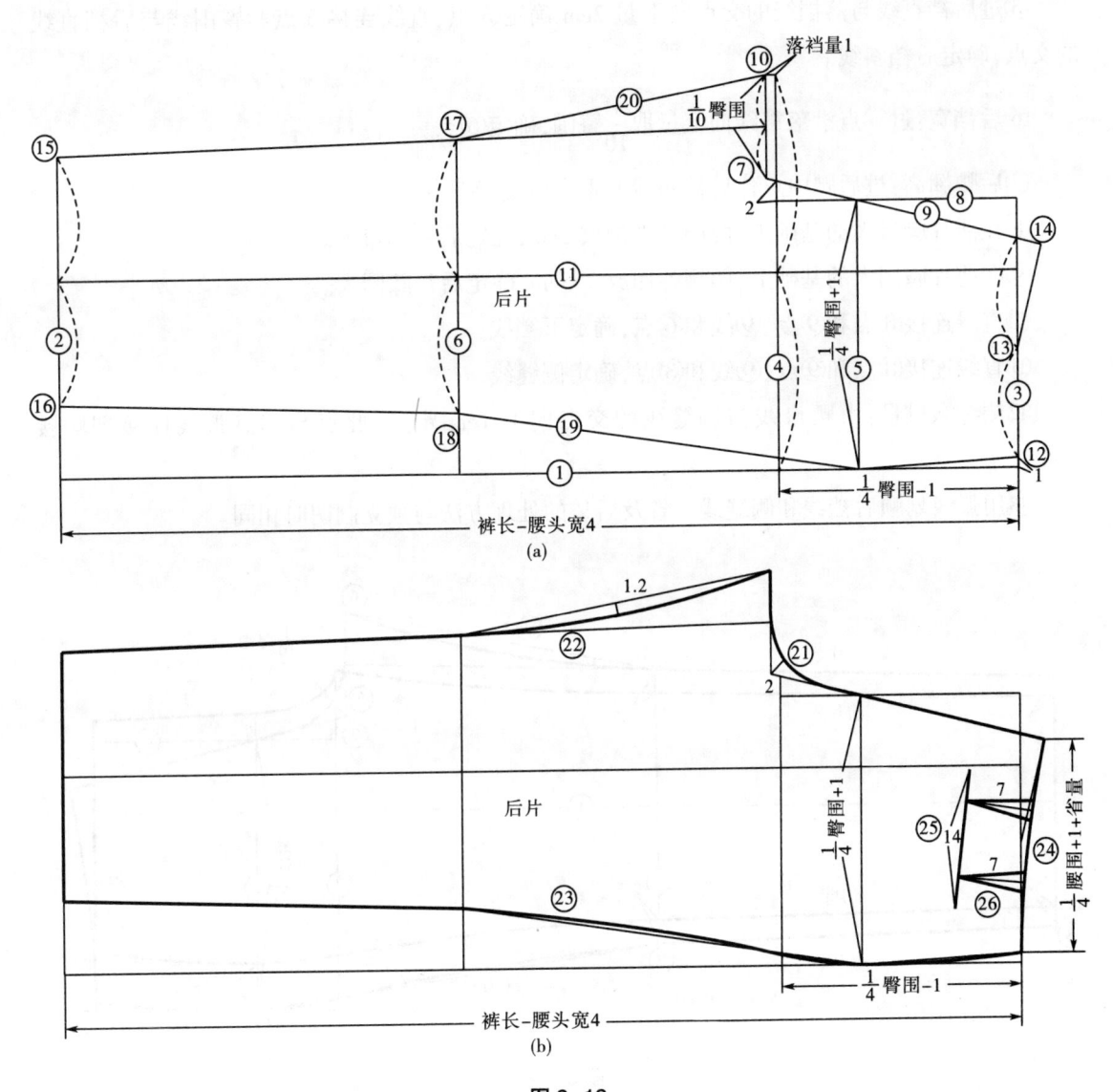

图 3-13

五、重叠制图

如图 3-14 所示：

①后片烫迹线：与前片的烫迹线重合。

②根据前片分别画出腰围线、臀围线、横裆线、落裆线、膝围线、脚口线。

③在臀围线上由前片侧缝线向下量$\frac{1}{20}$臀围-1cm，确定③点。

④后裆直线：过③点沿臀围线向上量$\frac{1}{4}$臀围+1cm 定点，过此点作①线的平行线。

⑤过后裆直线与落裆线的交点向上量 2cm 确定⑤点,直线连接⑤点和臀围线与后裆直线的交点,确定后裆斜线。

⑥后裆宽:过⑤点沿落裆线向上量取 $\frac{1}{10}$ 臀围,确定⑥点。

⑦后腰翘高:过后腰中点作后裆斜线的垂直线交于⑦点。

⑧在前片脚口大的基础上,两侧分别加放 2cm,确定后片脚口大。

⑨在前片膝围大的基础上,两侧各加放 2.5cm,确定后片膝围大。

⑩直线连接⑧点和⑨点、⑨线和⑥点,确定下裆线。

⑪直线连接⑧点和⑨点、⑨线和③点,确定侧缝线。

⑫侧缝撇进量:由腰口线与侧缝线的交点向上 1cm 定点,此点与⑦点弧线连接划顺腰口线。

⑬用弧线划顺后裆线和侧缝线。省及后袋的处理方法与独立制图时相同。

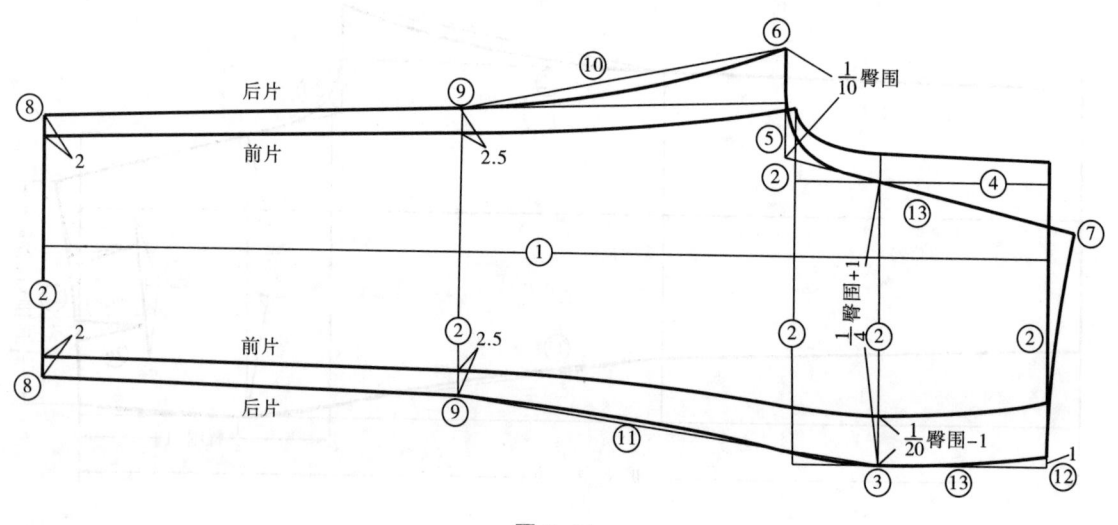

图 3-14

六、部件制图

如图 3-15 所示:

①按照标注数据绘制门襟。

②按照标注数据绘制斜插袋口袋布。

③按照标注数据绘制后口袋布。

④按照标注数据绘制后口袋垫袋布。

⑤按照标注数据绘制串带襻。

⑥按照标注数据绘制腰头。

⑦按照标注数据绘制斜插袋垫袋布。

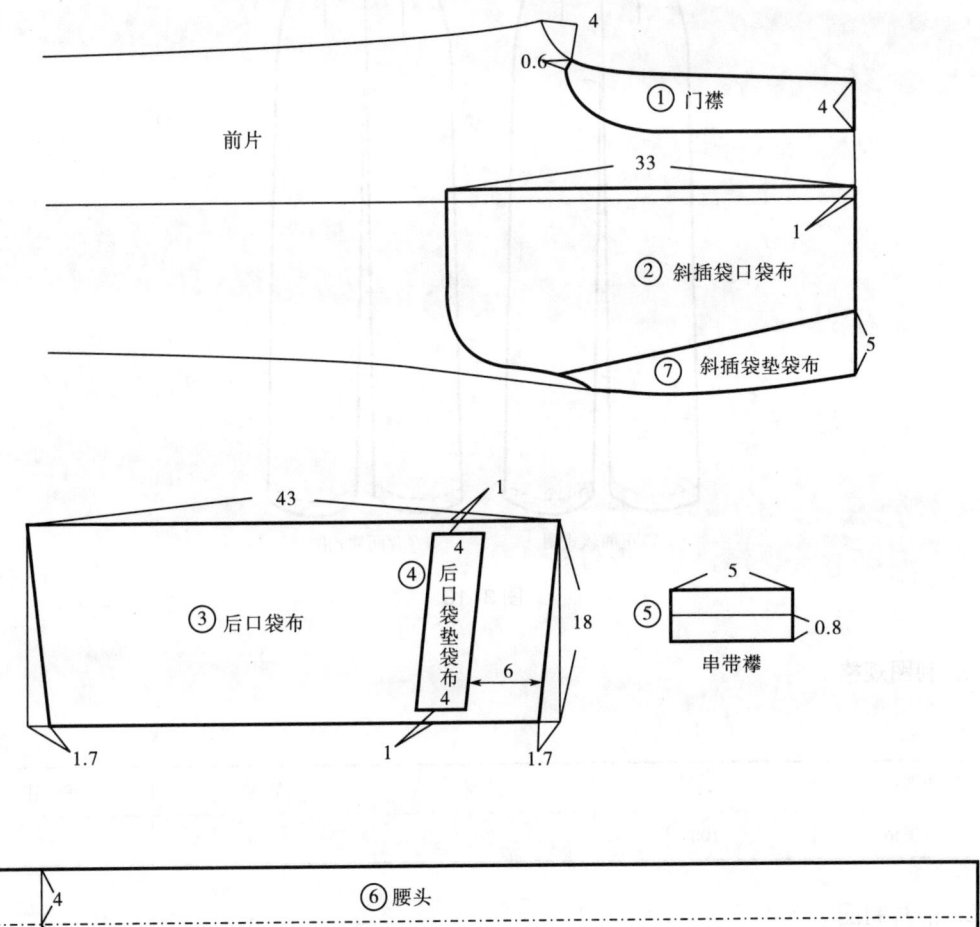

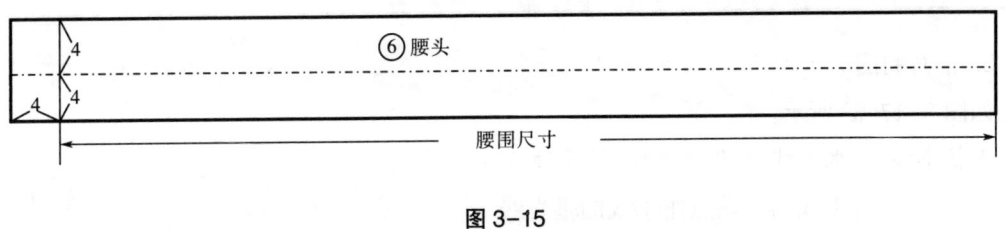

图 3-15

第五节 裤装的变化

一、女连腰直筒裤制图

1. 造型概述

如图3-16所示,此款女裤外形呈直筒造型,这种裤子的腰围、立裆与人体的间隙量较小,而臀围、脚口围的间隙量较大。连腰结构,前、后片各设计两个省道,右侧缝上端装拉链。

正面款式图　　　背面款式图

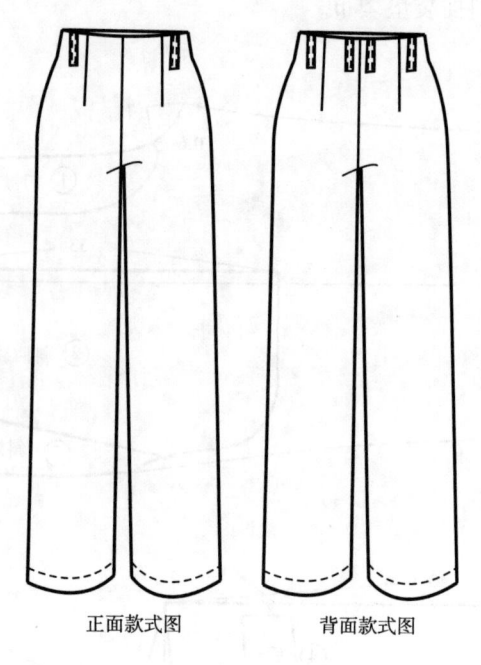

图 3-16

2. 制图规格

单位：cm

制图部位	裤长	腰围	臀围	脚口围
成品规格	100	70	100	46

3. 前片制图

如图 3-17(a)所示：

①基本线：作水平线，长度＝裤长-腰头宽 3cm。

②脚口线：过①线的左端点作①线的垂直线。

③腰围线：过①线的右端点作①线的垂直线。

④横裆线：平行于③线，距离③线 $\frac{1}{4}$ 臀围-2cm。

⑤臀围线：平行于③线，在③线、④线的 $\frac{1}{3}$ 位置。

⑥膝围线：平行于④线，位于②线、⑤线的 $\frac{1}{2}$ 位置向④线偏移 5cm。

⑦前裆直线：平行于①线，距①线 $\frac{1}{4}$ 臀围-1cm。

⑧前裆宽：由④线和⑦线的交点沿④线向上量取 $\frac{1}{20}$ 臀围-1cm，确定⑧点。

⑨横裆线基点：由①线和④线的交点沿④线向上量取 1cm，确定⑨点。

⑩烫迹线：在④线上取⑧点、⑨点间的 $\frac{1}{2}$ 位置定点，过此点作①线的平行线。

⑪至⑫脚口大：取 $\frac{1}{2}$ 脚口围−2cm，以②线和⑩线的交点为中点两侧均分，确定⑪点、⑫点。

⑬至⑭膝围大：直线连接⑪点与前裆宽的 $\frac{1}{3}$ 点，与⑥线相交于⑬点，再以⑩线为中线沿⑥线取⑬点的对称点，确定⑭点，直线连接⑫点、⑭点。

⑮侧缝斜线：用直线连接⑭点与①线和⑤线的交点。

⑯下裆斜线：用直线连接⑬点与⑧点。

⑰前裆撇进量：由③线和⑦线的交点沿③线向下量取 1.5cm 定点，此点与⑦线和⑤线的交点直线连接。

⑱侧缝撇进量：过①线和③线的交点沿③线向上 3cm 定点，与①线和⑤线的交点直线连接。

⑲前腰围大：由⑱点沿③线向上量 $\frac{1}{4}$ 腰围，确定⑲点，剩余部分为省量。

如图 3-17（b）所示：

⑳线至㉒线分别用弧线连接划顺：前裆线⑳、下裆线㉑、侧缝线㉒。

㉓省：前省大以烫迹线为中线两边均分。

㉔腰头：将腰围线平行向右 3cm 画出腰头部分，腰头宽区域内的省线为平行线。

4. 后片制图

如图 3-18（a）所示：

①基本线：作水平线，长度=裤长−腰头宽 3cm。

②脚口线：过①线的左端点作①线的垂直线。

③腰围线：过①线的右端点作①线的垂直线。

④横裆线：平行于③线，距离③线 $\frac{1}{4}$ 臀围−2cm。

⑤臀围线：平行于③线，在③线、④线的 $\frac{1}{3}$ 位置。

⑥膝围线：平行于④线，位于②线、⑤线的 $\frac{1}{2}$ 位置向右偏移 5cm。

⑦落裆线：与④线平行且相距 1cm。

⑧后裆直线：平行于①线，距①线 $\frac{1}{4}$ 臀围+1cm。

⑨后裆斜线：由④线和⑧线的交点沿④线向上量取 2cm 定点，此点与⑤线和⑧线的交点直线连接，并向两侧延长。

图 3-17

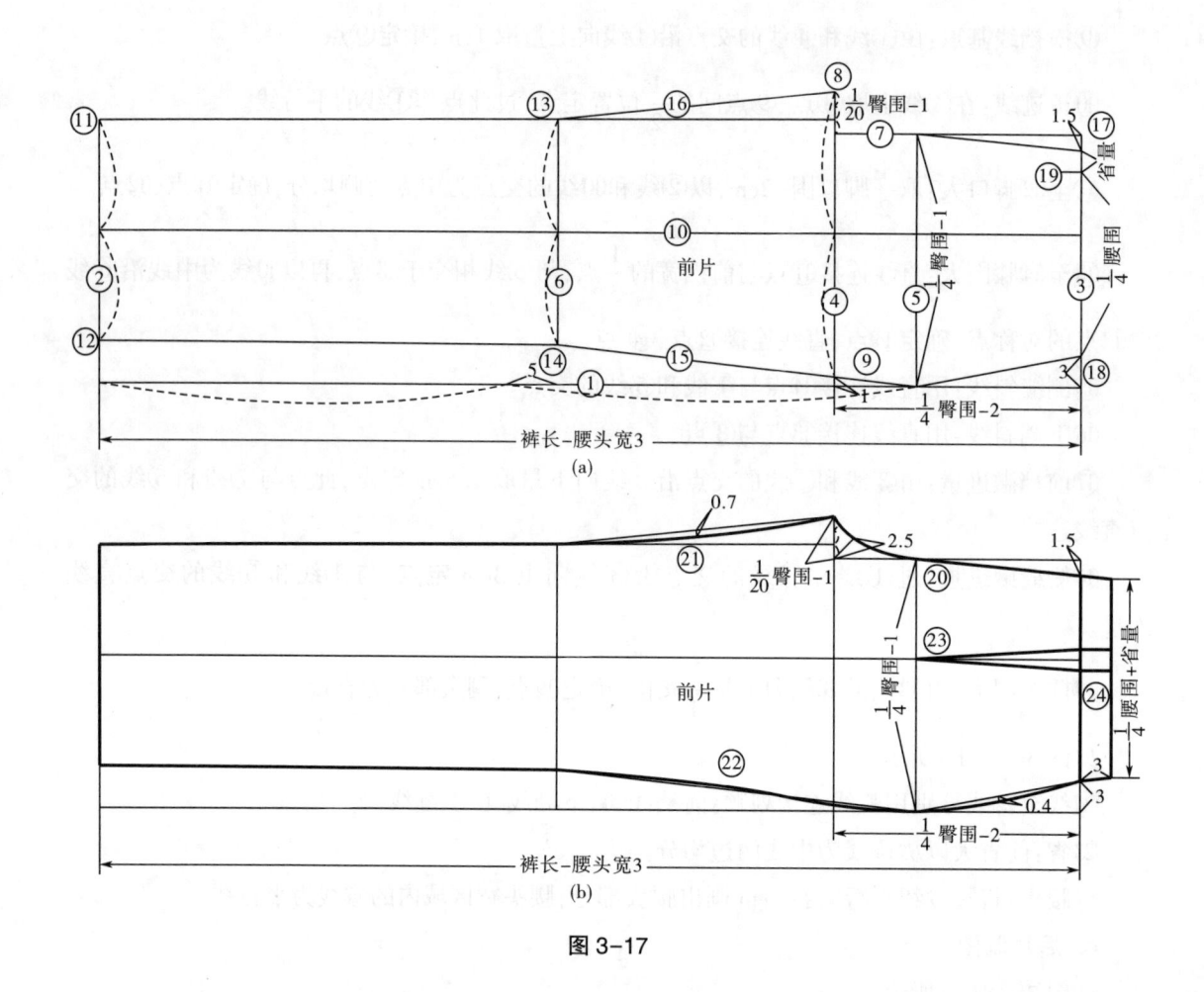

⑩后裆宽：由⑨线和⑦线的交点，沿⑦线向上量取$\frac{1}{10}$臀围-1cm，确定⑩点。

⑪烫迹线：过⑩点作①线的平行线与④线相交于一点，过此点至①线和④线的交点的$\frac{1}{2}$位置定点，作①线的平行线。

⑫侧缝撤进量：由①线和③线的交点沿③线向上量取1cm定点，直线连接此点与①线和⑤线的交点。

⑬后腰中点：在⑫点与③线和⑨线的交点间的$\frac{1}{2}$位置，确定⑬点。

⑭腰翘高：过⑬点作⑨线的垂直线，交⑨线于⑭点。

⑮至⑯脚口大：取$\frac{1}{2}$脚口围+2cm，以②线和⑪线的交点为中点两侧均分，确定⑮点、⑯点。

⑰至⑱膝围大：过⑮点与后裆宽的$\frac{1}{3}$点作直线连接，与⑥线相交于⑰点，再以⑪线为中线，

在⑥线取⑰点的对称点,确定⑱点,直线连接⑯点与⑱点。

⑲侧缝斜线:用直线连接⑱点与①线和⑤线的交点。

⑳下裆斜线:用直线连接⑰点与⑩点。

如图 3-18(b)所示:

㉑线至㉔线分别用弧线连接划顺:后裆线㉑、下裆线㉒、侧缝线㉓、腰口线㉔。

㉕沿腰口弧线量取$\frac{1}{4}$腰围,剩余部分为省量,省长 12cm。将腰口线向右平移 3cm 画出腰头部分,腰头区域内的省线为平行线。

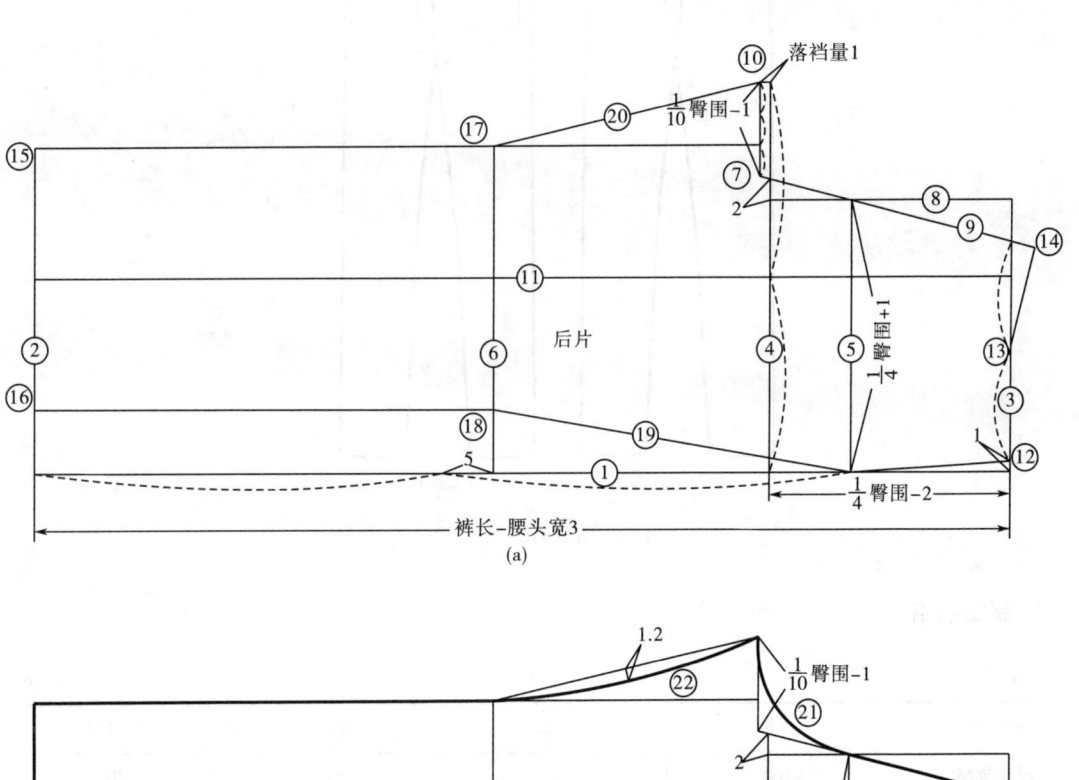

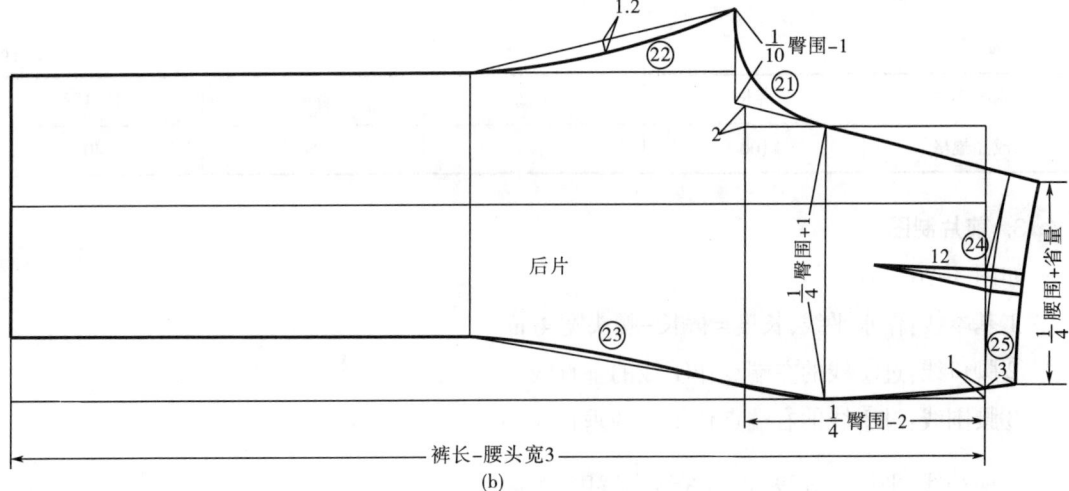

图 3-18

二、女牛仔裤制图

1. 造型概述

如图 3-19 所示,本款女牛仔裤是一种比较合体的造型,臀围、腰围、立裆、脚口围的放松量较小。前片设计有两个弧形斜插袋,前门襟装拉链。后片设计两个贴袋,独立的后育克,装腰结构。

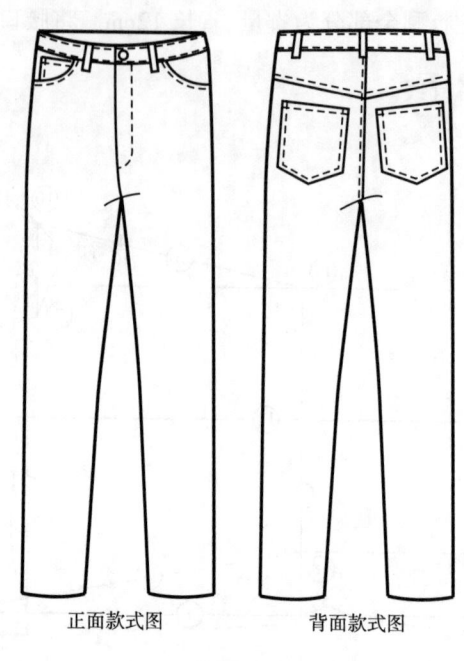

正面款式图　　背面款式图

图 3-19

2. 制图规格

单位:cm

制图部位	裤长	腰围	臀围	脚口围
成品规格	100	68	94	40

3. 前片制图

如图 3-20(a)所示:

①基本线:作水平线,长度=裤长-腰头宽 4cm。

②脚口线:过①线的左端点作①线的垂直线。

③腰围线:过①线的右端点作①线的垂直线。

④横裆线:平行于③线,距离③线$\frac{1}{4}$臀围-2cm。

⑤臀围线:平行于③线,在③线、④线的$\frac{1}{3}$位置。

⑥膝围线:平行于④线,在②线、⑤线的$\frac{1}{2}$位置。

⑦前裆直线:平行于①线,距①线$\frac{1}{4}$臀围-1cm。

⑧前裆宽:由④线和⑦线的交点沿④线向上量取$\frac{1}{20}$臀围-1cm,确定⑧点。

⑨横裆线基点:由①线和④线的交点沿④线向上量取1cm,确定⑨点。

⑩前烫迹线:在④线上取⑧点、⑨点间的$\frac{1}{2}$位置定点,过此点作①线的平行线。

⑪至⑫脚口大:取$\frac{1}{2}$脚口围-2cm,以②线和⑩线的交点为中点两侧均分,确定⑪点、⑫点。

⑬至⑭膝围大:过⑪点与前裆宽的中点直线连接,与⑥线相交于⑬点,再以⑩线为中线在⑥线上取⑬点的对称点,确定⑭点,直线连接⑫点、⑭点。

⑮侧缝斜线:用直线连接⑭点与①线和⑤线的交点。

⑯下裆斜线:用直线连接⑬点与⑧点。

⑰前裆撇进量:过③线和⑦线的交点沿③线向下量取1.5cm定点,与⑦线和⑤线的交点直线连接。

⑱侧缝撇进量:由①线和③线的交点沿③线向上量取3cm定点,直线连接此点与①线和⑤线的交点。

⑲前腰围大:由⑱点沿③线向上量取$\frac{1}{4}$腰围-1cm,确定⑲点,剩余部分为省量。

如图3-20(b)所示:
⑳线至㉒线分别用弧线连接划顺:前裆线⑳、下裆线㉑、侧缝线㉒。
㉓按照标注的数据绘制斜插袋口,前省大隐藏在斜插袋分割线中。

4. 后片制图

如图3-21(a)所示:
①基本线:作水平线,长度=裤长-腰头宽4cm。

②脚口线:过①线的左端点作①线的垂直线。

③腰围线:过①线的右端点作①线的垂直线。

④横裆线:平行于③线,距离③线$\frac{1}{4}$臀围-2cm。

⑤臀围线:平行于③线,在③线、④线的$\frac{1}{3}$位置。

⑥膝围线:平行于④线,在②线、⑤线的$\frac{1}{2}$位置。

⑦落裆线:与④线平行且相距1.5cm。

图3-20

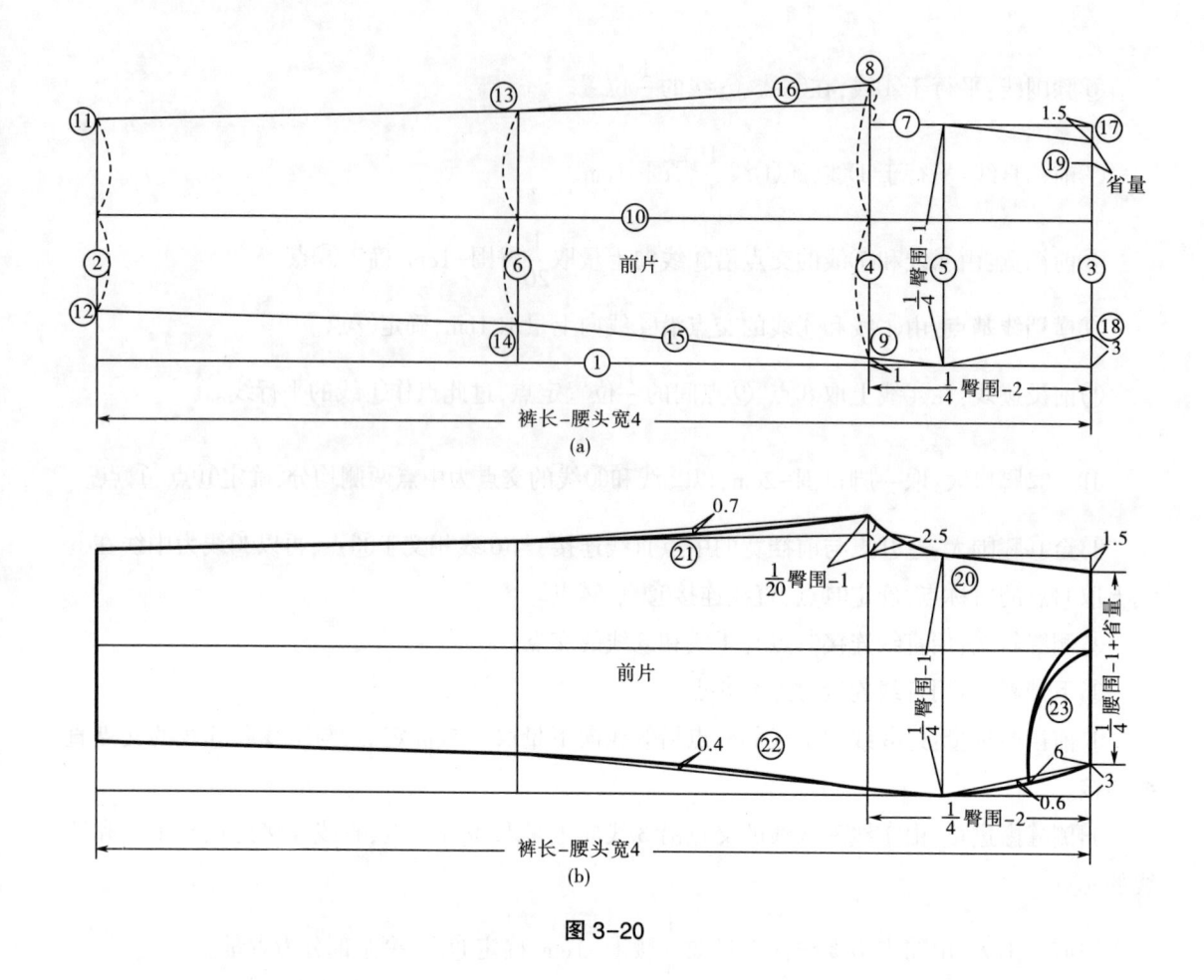

⑧后裆直线：平行于①线，距①线$\frac{1}{4}$臀围+1cm。

⑨后裆斜线：由④线和⑧线的交点沿④线向上量取2cm定点，与⑤线和⑧线的交点直线连接并向两边延长。

⑩后裆宽：由⑨线和⑦线的交点，沿⑦线向上量取$\frac{1}{10}$臀围-1cm，确定⑩点。

⑪后烫迹线：过⑩点作①线的平行线与④线相交于一点，过此点至①线和④线的交点的$\frac{1}{2}$位置定点，作①线的平行线。

⑫侧缝撇进量：由①线和③线的交点沿③线向上量取2cm定点，直线连接此点与①线和⑤线的交点。

⑬后腰中点：在⑫点与③线和⑨线的交点间的$\frac{1}{2}$位置定点。

⑭腰翘高：过⑬点作⑨线的垂直线，交⑨线于⑭点。

⑮至⑯脚口大：取$\frac{1}{2}$脚口围+2cm，以②线和⑪线的交点为中点两侧均分，确定⑮点、⑯点。

⑰至⑱膝围大：过⑮点与后裆宽的中点作直线连接，与⑥线相交于⑰点，再以⑪线为中线，沿⑥线取⑰点的对称点，确定⑱点，直线连接⑯点与⑱点。

⑲侧缝斜线：用直线连接⑱点与①线和⑤线的交点。

⑳下裆斜线：用直线连接⑰点与⑩点。

如图3-21(b)所示：

㉑线至㉔线分别用弧线连接划顺：后裆线㉑、下裆线㉒、侧缝线㉓、腰口线㉔。

㉕过⑭点沿腰口弧线量取$\frac{1}{4}$腰围+1cm 修正⑫点连线，并重新画顺臀围线至腰口线间的侧缝线。

㉖按照标注的数据画出后育克分割线。

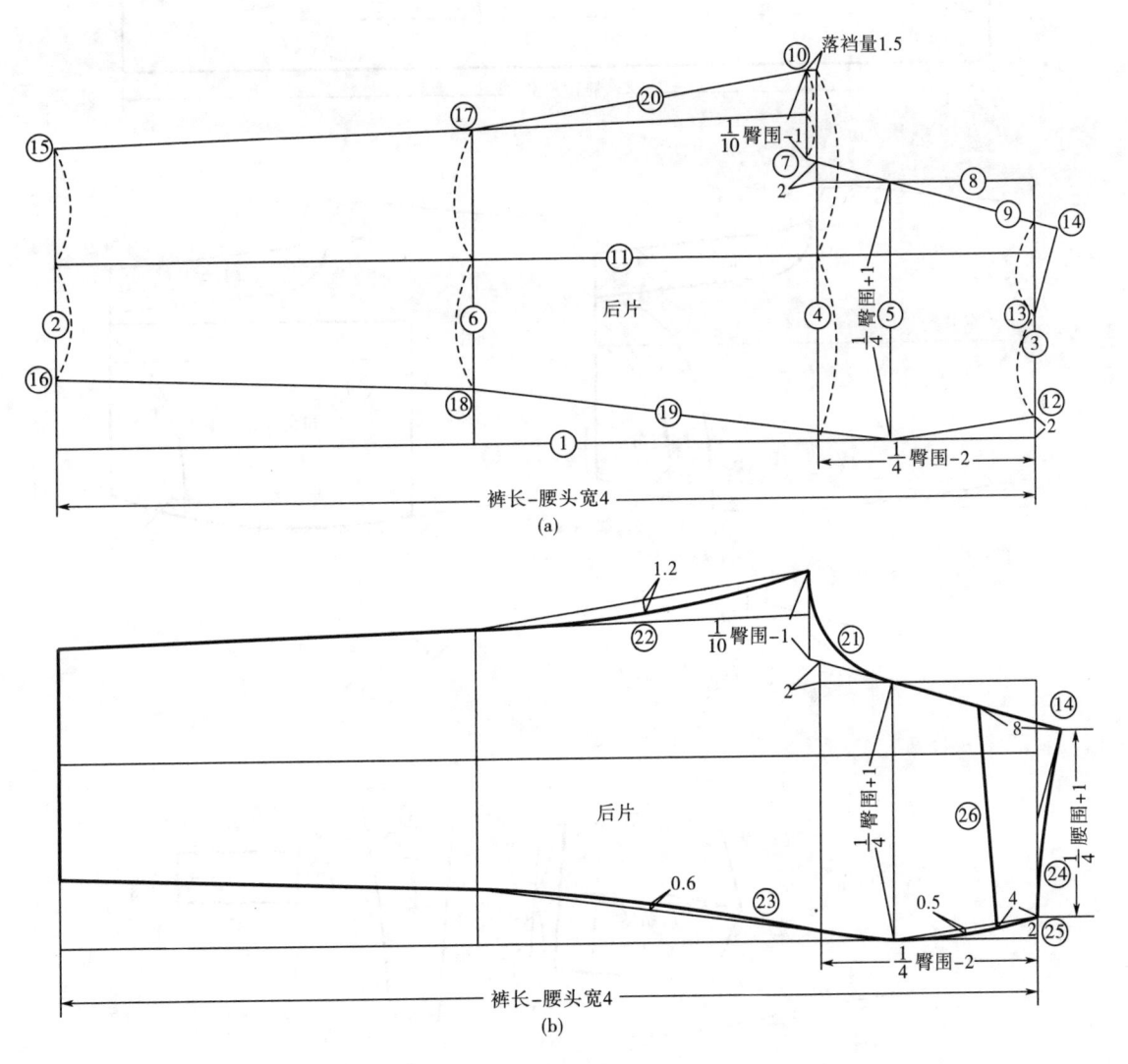

图 3-21

5. 部件制图

如图 3-22 所示：

①按照标注数据绘制腰头。
②按照标注数据绘制门襟和垫袋布。
③按照标注数据绘制口袋布。
④按照标注数据绘制后贴袋。
⑤按照标注数据绘制后育克。
⑥按照标注数据绘制串带襻。

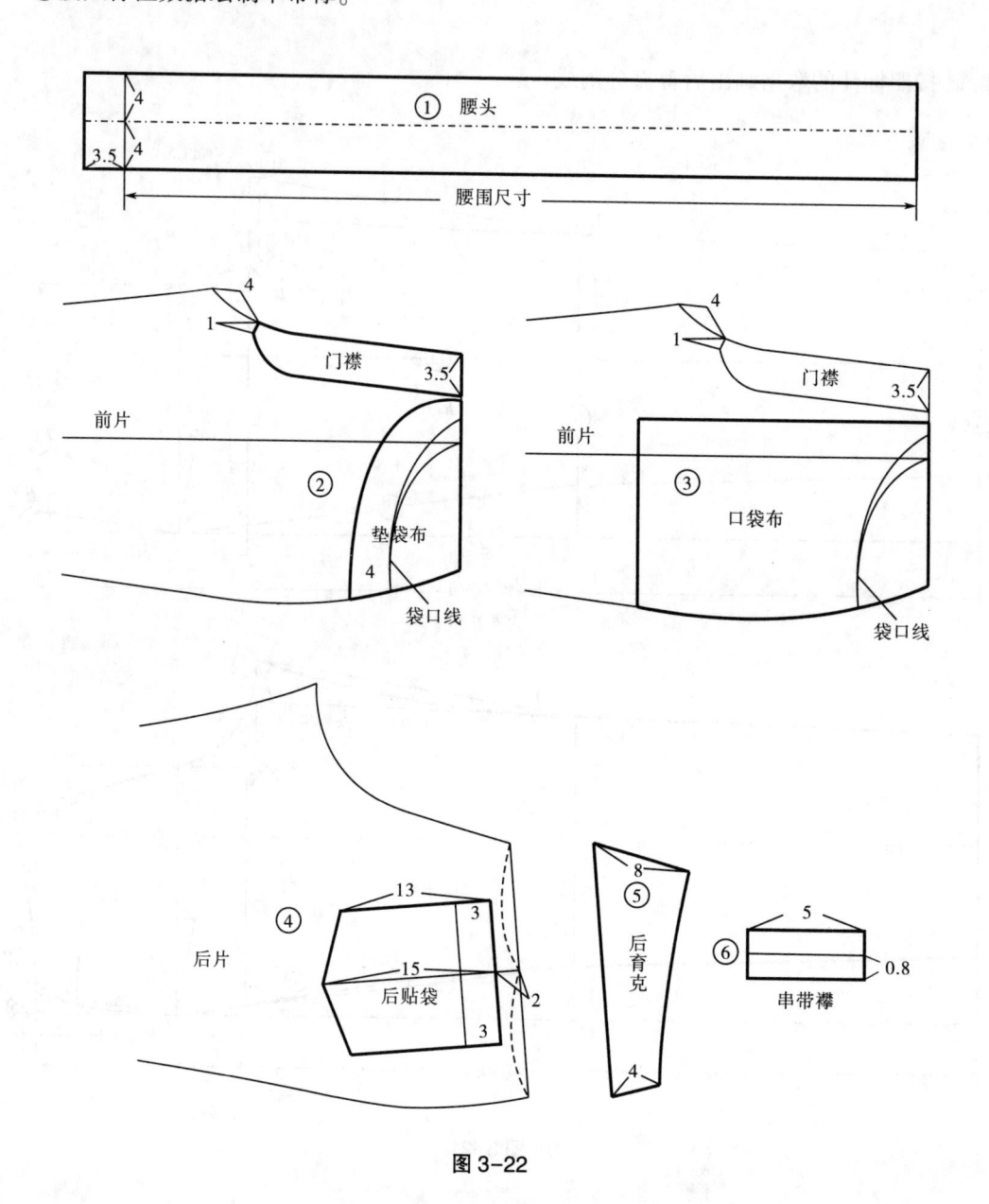

图 3-22

三、紧身喇叭裤制图

1. 造型概述

如图 3-23 所示,此款紧身喇叭裤是一种比较合体的造型,臀围、腰围、立裆的放松量较小,膝盖以上部位较紧身,膝盖以下较宽松,呈喇叭状。前、后裤片各设有两个省道,前门襟装拉链。

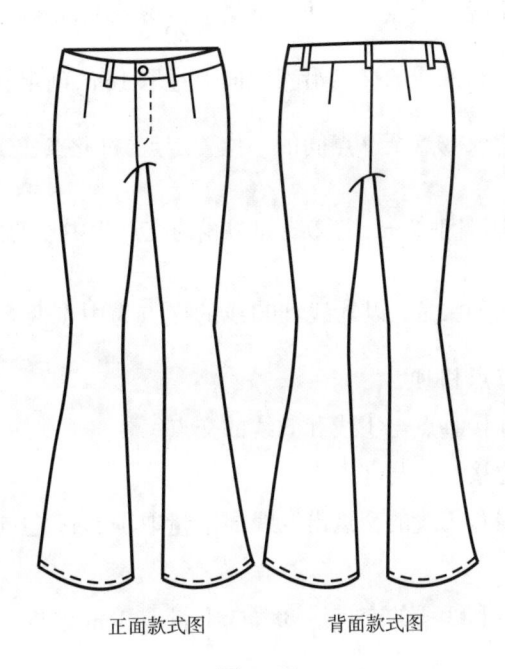

正面款式图　　背面款式图

图 3-23

2. 制图规格

单位:cm

制图部位	裤长	腰围	臀围	膝围	脚口围
成品规格	100	68	94	40	56

3. 前片制图

如图 3-24(a)所示:

①基本线:作水平线,长度=裤长-腰头宽 4cm。

②脚口线:过①线的左端点作①线的垂直线。

③腰围线:过①线的右端点作①线的垂直线。

④横裆线:平行于③线,距离③线 $\frac{1}{4}$ 臀围-2cm。

⑤臀围线:平行于③线,在③线、④线的 $\frac{1}{3}$ 位置。

⑥膝围线:平行于④线,位于②线、⑤线的$\frac{1}{2}$位置向④线偏移5cm。

⑦前裆直线:平行于①线,距①线$\frac{1}{4}$臀围-1cm。

⑧前裆宽:由④线和⑦线的交点沿④线向上量取$\frac{1}{20}$臀围-1cm,确定⑧点。

⑨横裆线基点:由①线和④线的交点沿④线向上量取1cm,确定⑨点。

⑩前烫迹线:在④线上取⑧点至⑨点间的$\frac{1}{2}$位置定点,过此点作①线的平行线。

⑪至⑫脚口大:取$\frac{1}{2}$脚口围-2cm,以②线和⑩线的交点为中点两侧均分,确定⑪点、⑫点。

⑬至⑭膝围大:取$\frac{1}{2}$膝围-2cm,以⑥线和⑩线的交点为中点两侧均分,确定⑬点、⑭点,分别直线连接⑪点和⑬点、⑫点和⑭点。

⑮侧缝斜线:用直线连接⑭点与①线和⑤线的交点。

⑯下裆斜线:用直线连接⑬点与⑧点。

⑰前裆撇进量:由③线和⑦线的交点沿③线向下量取1.5cm定点,直线连接此点与⑦线和⑤线的交点。

⑱侧缝撇进量:由①线和③线的交点沿③线向上量取3cm定点,直线连接此点与①线和⑤线的交点。

⑲前腰围大:过⑱点沿③线向上量取$\frac{1}{4}$腰围-1cm确定⑲点,剩余部分为省量。

如图3-24(b)所示:

⑳线至㉓线分别用弧线连接划顺:前裆线⑳、下裆线㉑、侧缝线㉒、脚口线㉓。

㉔沿腰口线量取$\frac{1}{4}$腰围-1cm,剩余部分为省量,前省大以烫迹线为中线两边均分。

4. 后片制图

如图3-25(a)所示:

①基本线:作水平线,长度=裤长-腰头宽4cm。

②脚口线:过①线的左端点作①线的垂直线。

③腰围线:过①线的右端点作①线的垂直线。

④横裆线:平行于③线,距离③线$\frac{1}{4}$臀围-2cm。

⑤臀围线:平行于③线,在③线、④线的$\frac{1}{3}$位置。

⑥膝围线:平行于④线,位于②线、⑤线的$\frac{1}{2}$位置向④线偏移5cm。

图 3-24

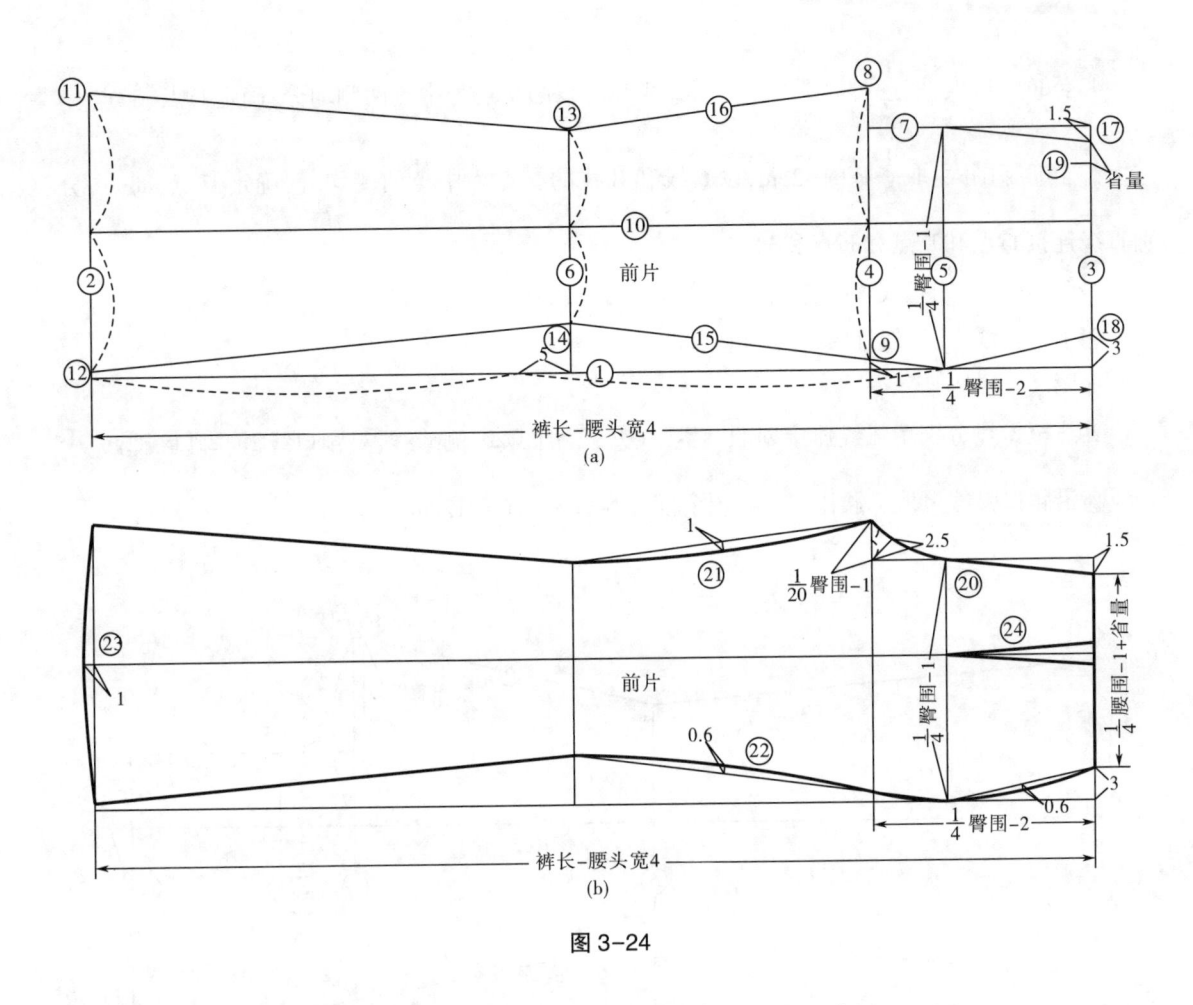

⑦落裆线：与④线平行且相距 1.5cm。

⑧后裆直线：平行于①线，距①线 $\frac{1}{4}$臀围+1cm。

⑨后裆斜线：由④线和⑧线的交点沿④线向上量取2cm定点，该点与⑤线和⑧线的交点直线连接并向两侧延长。

⑩后裆宽：由⑨线和⑦线的交点，沿⑦线向上量取$\frac{1}{10}$臀围-1cm，确定⑩点。

⑪后烫迹线：过⑩点作①线的平行线与④线相交于一点，过此点至①线和④线的交点的$\frac{1}{2}$位置定点，过此点作①线的平行线。

⑫侧缝撇进量：过①线和③线的交点沿③线向上量取0.5cm定点，直线连接此点与①线和⑤线的交点。

⑬后腰中点：在⑫点与③线和⑨线的交点间的$\frac{1}{2}$位置定点。

⑭后腰翘高：过⑬点作⑨线的垂直线，交⑨线于⑭点。

⑮至⑯脚口大：取$\frac{1}{2}$脚口围+2cm，以②线和⑪线的交点为中点两侧均分，确定⑮点、⑯点。

⑰至⑱膝围大：取$\frac{1}{2}$膝围+2cm，以⑥线和⑪线的交点为中点两侧均分，确定⑰点、⑱点，分别直线连接⑮点和⑰点和⑯点和⑱点。

⑲侧缝斜线：用直线连接⑱点与①线和⑤线的交点。

⑳下裆斜线：用直线连接⑰点与⑩点。

如图 3-25(b)所示：

㉑线至㉕线分别用弧线连接划顺：后裆线㉑、下裆线㉒、侧缝线㉓、腰口线㉔、脚口线㉕。

㉖沿腰口弧线量取$\frac{1}{4}$腰围+1cm，剩余部分为省量，省长 12cm。

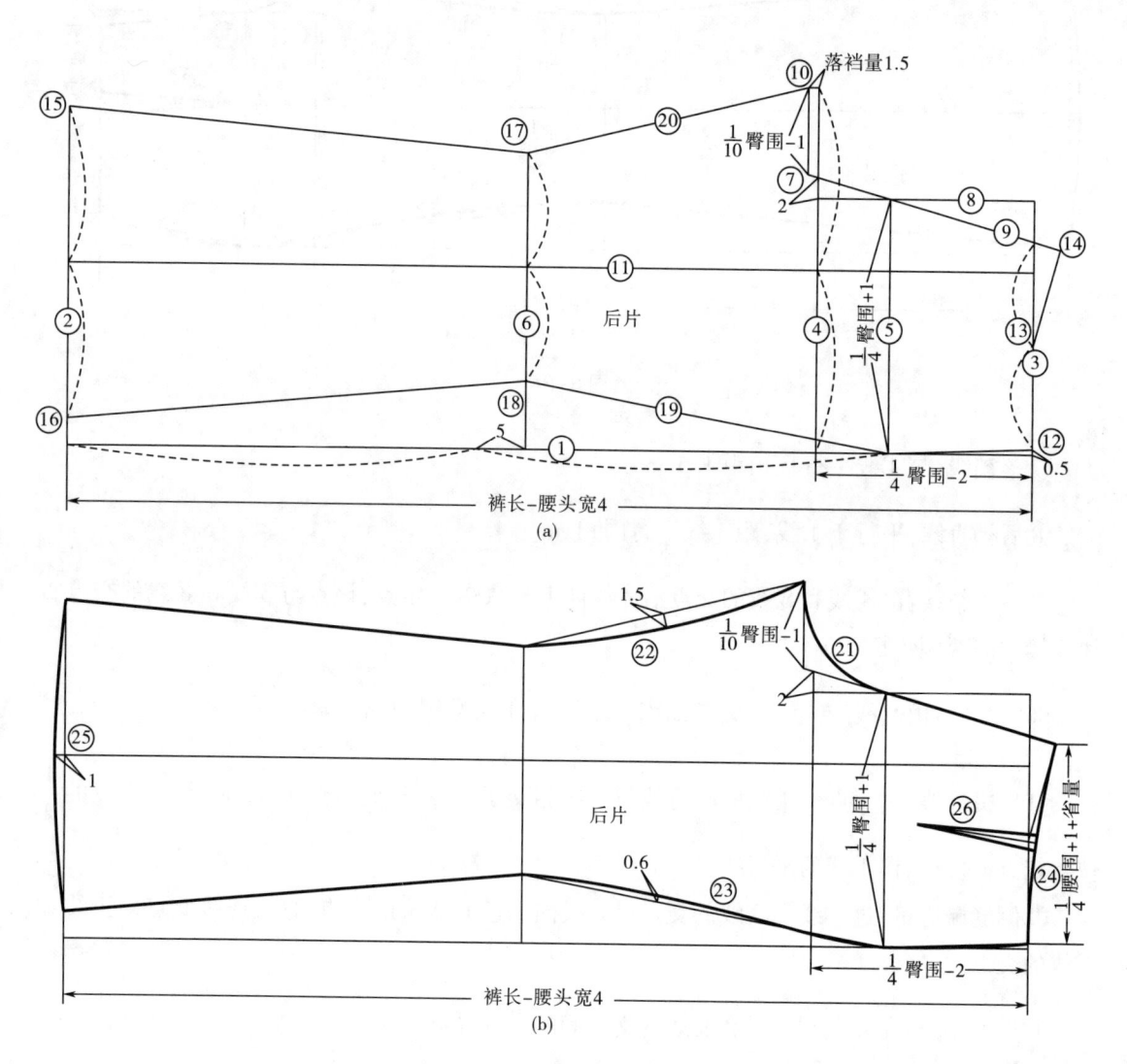

图 3-25

5. 部件制图

如图 3-26 所示：

①按照标注数据绘制腰头。

②按照标注数据绘制门襟。

③按照标注数据绘制串带襻。

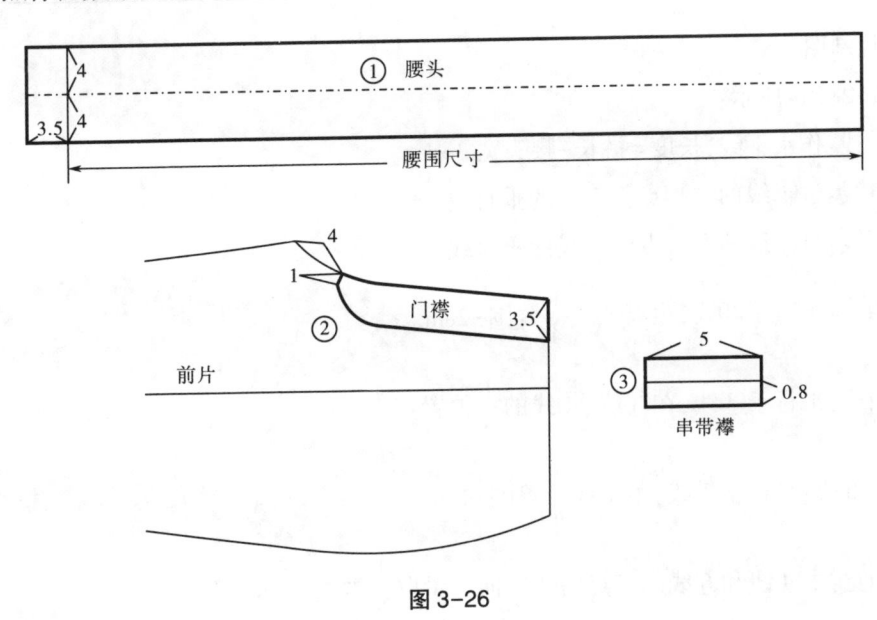

图 3-26

四、女阔腿裤制图

1. 造型概述

如图 3-27 所示，此款女裤呈梯形造型，腰臀部较合体，脚口围较大。前片两个贴袋，后片设独立育克，左右各有一片贴袋，装腰头。

图 3-27

2. 制图规格

单位:cm

制图部位	裤长	腰围	臀围	脚口围
成品规格	100	70	100	80

3. 前片制图

如图3-28(a)所示:

①基本线:作水平线,长度=裤长-腰头宽3cm。

②脚口线:过①线的左端点作①线的垂直线。

③腰围线:过①线的右端点作①线的垂直线。

④横裆线:平行于③线,距离③线$\frac{1}{4}$臀围-2cm。

⑤臀围线:平行于③线,在③线、④线的$\frac{1}{3}$位置。

⑥前裆直线:平行于①线,距①线$\frac{1}{4}$臀围-1cm。

⑦前裆宽:由④线和⑥线的交点沿④线向上量取$\frac{1}{20}$臀围-1cm,确定⑦点。

⑧横裆线基点:由①线和④线的交点沿④线向上量取1cm,确定⑧点。

⑨前烫迹线:在④线上取⑦点、⑧点间的$\frac{1}{2}$位置定点,过此点作①线的平行线。

⑩至⑪脚口大:取$\frac{1}{2}$脚口围-2cm,以②线和⑨线的交点为中点两侧均分,确定⑩点、⑪点。

⑫侧缝斜线:用直线连接⑪点与①线和⑤线的交点。

⑬下裆斜线:用直线连接⑩点与⑦点。

⑭前裆撇进量:由③线和⑥线的交点沿③线向下量取1.5cm定点,直线连接此点与⑥线和⑤线的交点。

⑮侧缝撇进量:由①线和③线的交点沿③线向上量取3cm定点,直线连接此点与①线和⑤线的交点。

⑯前腰围大:由⑮点沿③线向上量$\frac{1}{4}$腰围,确定⑯点,剩余部分为省量。

如图3-28(b)所示:

⑰线至⑲线分别用弧线连接划顺:前裆线⑰、侧缝线⑱、脚口线⑲。

⑳前省大以烫迹线为中线两边均分。

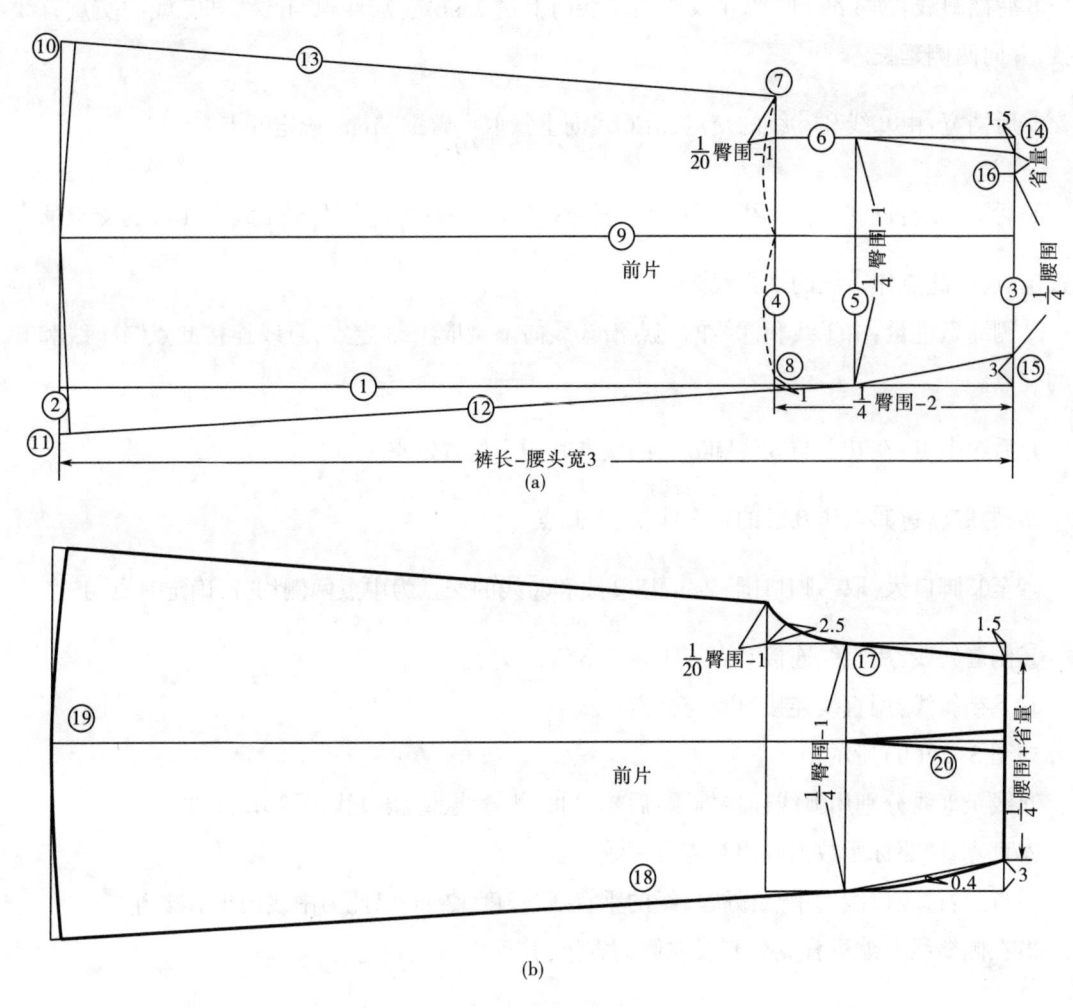

图 3-28

4. 后片制图

如图 3-29(a)所示：

①基本线：作水平线，长度=裤长-腰头宽 3cm。

②脚口线：过①线的左端点作①线的垂直线。

③腰围线：过①线的右端点作①线的垂直线。

④横裆线：平行于③线，距离③线 $\frac{1}{4}$ 臀围-2cm。

⑤臀围线：平行于③线，在③线、④线的 $\frac{1}{3}$ 位置。

⑥落裆线：与④线平行相距 1cm。

⑦后裆直线：平行于①线，距①线 $\frac{1}{4}$ 臀围+1cm。

⑧后裆斜线：过④线和⑦线的交点沿④线向上量 2cm 定点，此点与⑤线和⑦线的交点直线连接，并向两侧延长。

⑨后裆宽：由⑧线和⑥线的交点，沿⑥线向上量取 $\frac{1}{10}$臀围-1cm，确定⑨点。

⑩后烫迹线：过⑨点作①线的平行线与④线相交于一点，过此点至①线和④线的交点的$\frac{1}{2}$位置定点，过此点作①线的平行线。

⑪侧缝撇进量：由①线和③线的交点沿③线向上量取 1cm 定点，直线连接此点与①线和⑤线的交点。

⑫后腰中点：在⑪点与③线和⑧线的交点间的$\frac{1}{2}$位置定点。

⑬腰翘高：过⑫点作⑧线的垂直线，交于⑬点。

⑭至⑮脚口大：取$\frac{1}{2}$脚口围+2cm，以②线和⑩线的交点为中点两侧均分，确定⑭点、⑮点。

⑯侧缝斜线：用直线连接⑮点与①线和⑤线的交点。

⑰下裆斜线：用直线连接⑭点与⑨点。

如图 3-29(b)所示：

⑱线至㉑线分别用弧线连接划顺：后裆线⑱、侧缝线⑲、腰口线⑳、脚口线㉑。

㉒育克：按照标示数据画出育克分割线。

㉓省道：过腰口线的中点做腰口线的垂直线，长度 12cm，以此为中线画出后腰省。

㉔在侧缝线上缩进育克分割线左侧的省量，并重新画顺侧缝线。

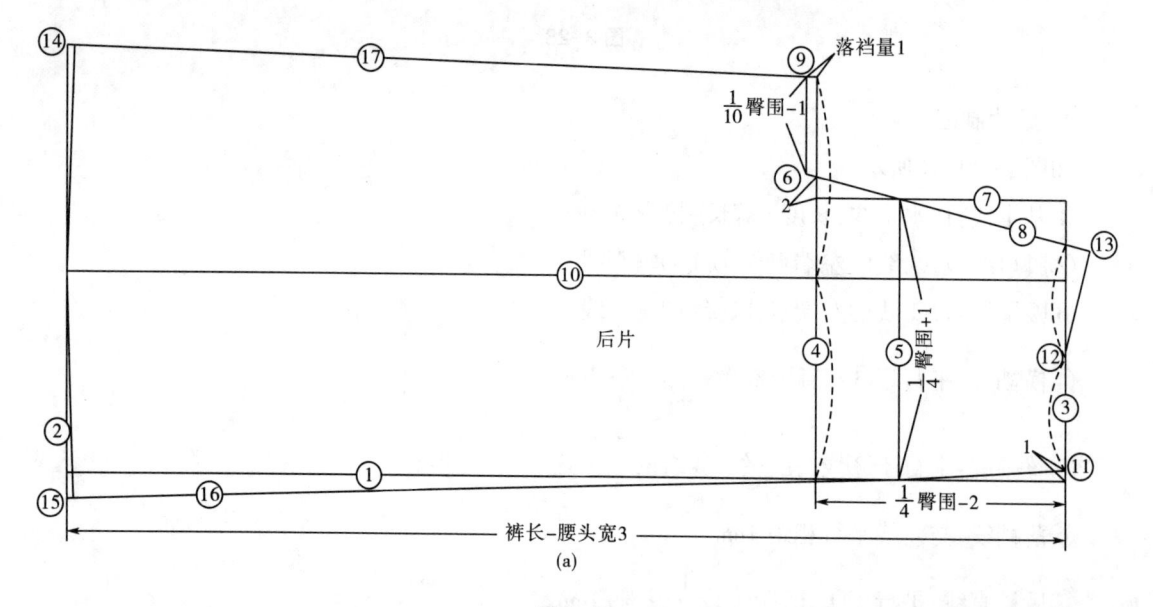

图 3-29

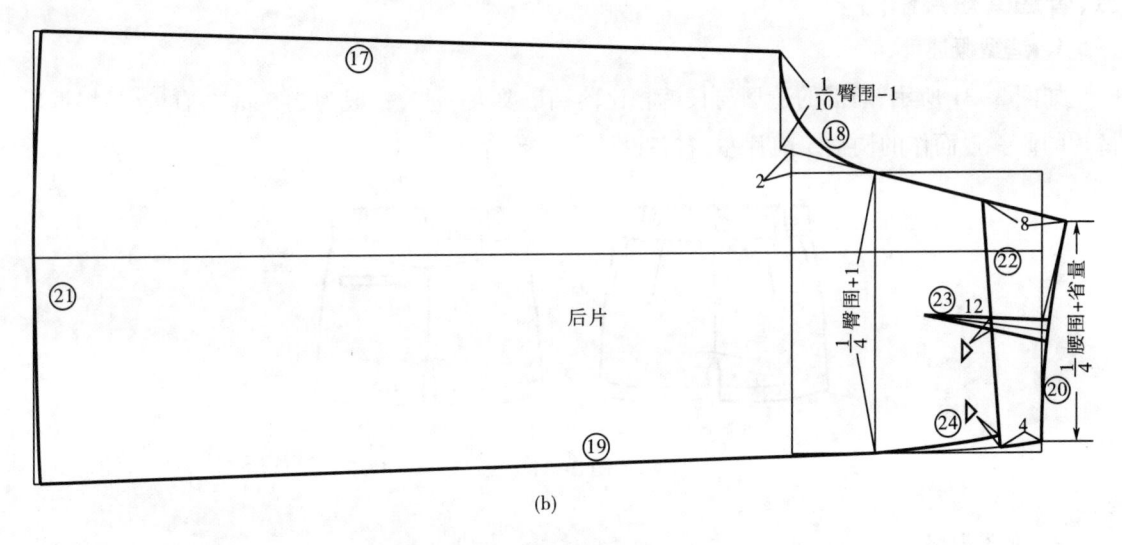

图 3-29

5. 部件制图

如图 3-30 所示：

①按照标注数据绘制前贴袋。
②按照标注数据绘制后贴袋。
③按照标注数据拼合后育克，并绘制育克图。
④按照标注数据绘制腰头。
⑤按照标注数据绘制串带襻。

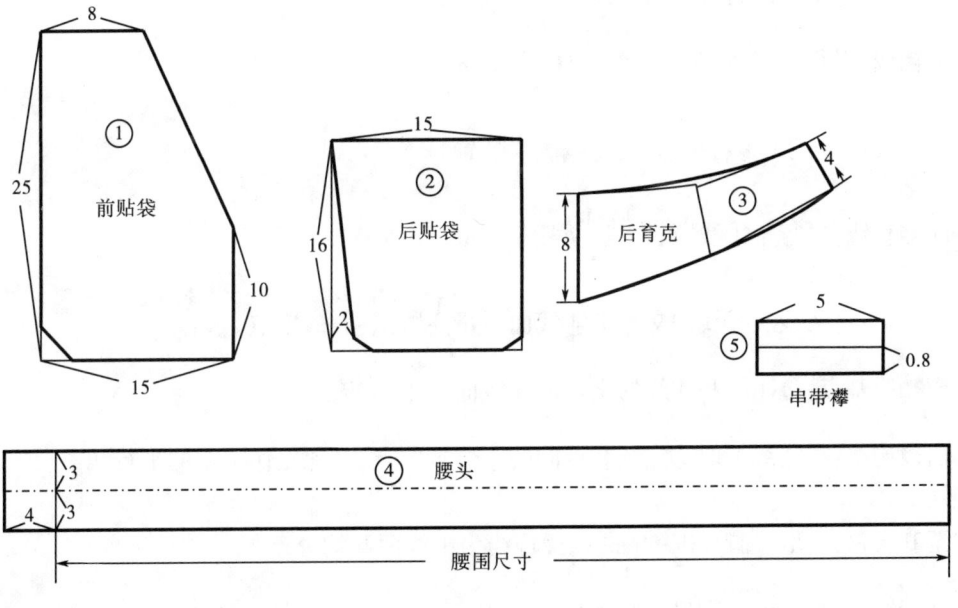

图 3-30

五、普通女短裤制图

1. 造型概述

如图 3-31 所示，短裤的造型与长裤相比落裆量要大一些，一般为 2.5cm 左右，这是根据后裤片的倾斜量而作的调整。前片左、右各设计一个褶，后片设独立育克，一个单嵌线口袋。

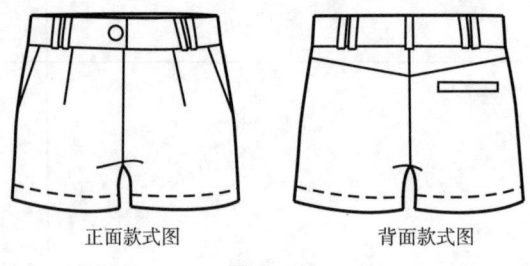

正面款式图　　　背面款式图

图 3-31

2. 制图规格

单位：cm

制图部位	裤长	腰围	臀围	脚口围
成品规格	40	70	94	54

3. 前片制图

如图 3-32(a) 所示：

①基本线：作水平线，长度=裤长-腰头宽 3cm。

②脚口线：过①线的左端点作①线的垂直线。

③腰围线：过①线的右端点作①线的垂直线。

④横裆线：平行于③线，距离③线 $\frac{1}{4}$ 臀围-1cm。

⑤臀围线：平行于③线，在③线、④线的 $\frac{1}{3}$ 位置。

⑥前裆直线：平行于①线，距①线 $\frac{1}{4}$ 臀围-1cm。

⑦前裆宽：过④线和⑥线的交点沿④线向上量 $\frac{1}{20}$ 臀围-1cm 定点。

⑧横裆线基点：过①线和④线的交点沿④线向上 1cm 定点。

⑨前烫迹线：在④线上取⑦点至⑧点间的 $\frac{1}{2}$ 位置定点，过此点作①线的平行线。

⑩至⑪脚口大：取 $\frac{1}{2}$ 脚口围-4cm，以烫迹线为中线两侧均分。

⑫下裆线：用直线连接脚口大⑩点与⑦点。

⑬侧缝线：用直线连接脚口大⑪点与①线和⑤线的交点。

⑭前裆撇进量：由③线和⑥线的交点沿③线向下量取0.6cm定点，直线连接此点与⑤线和⑥线的交点。

⑮侧缝撇进量：由①线和③线的交点沿③线向上量取1.5cm定点，直线连接此点与①线和⑤线的交点。

⑯袋口斜线：由⑮点沿③线向上量取4cm定点，与①线和⑤线的交点直线连接。

⑰前腰围大：由⑮点沿③线向上量取$\frac{1}{4}$腰围定点，⑭点至⑰点的间距为省量。

如图3-32(b)所示：

⑱线至⑳线分别用弧线连接划顺：前裆线⑱、下裆线⑲、侧缝线⑳。

㉑前褶位置：褶大3cm，以烫迹线为界，前侧占褶量的$\frac{1}{3}$，后侧占褶量的$\frac{2}{3}$。

㉒斜插袋口：在袋口斜线的中点凹进1.3cm，用弧线画顺袋口。

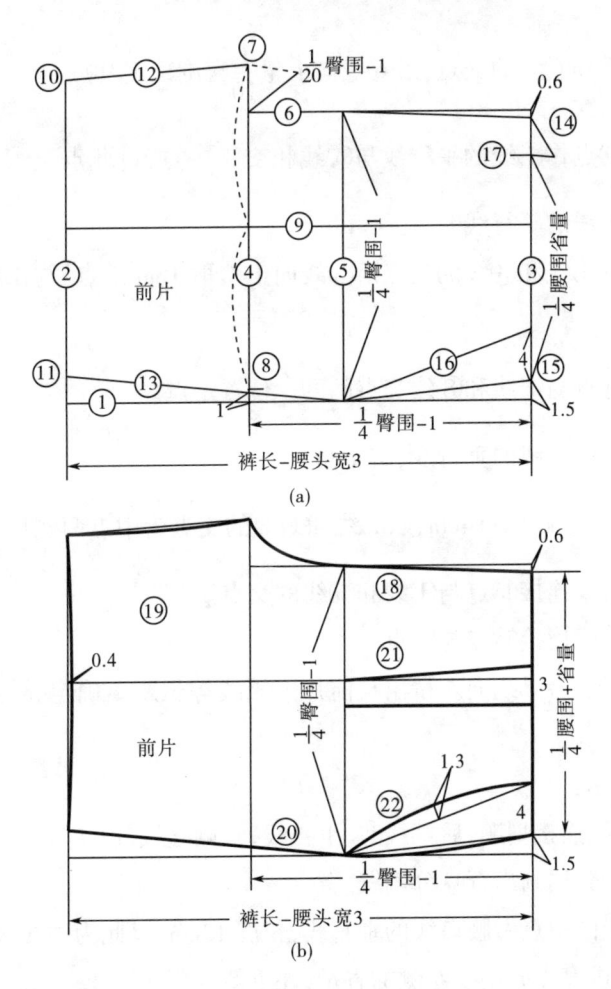

图 3-32

4. 后片制图

如图 3-33(a)所示：

①基本线：作水平线，长度=裤长-腰头宽 3cm。

②脚口线：过①线的左端点作①线的垂直线。

③腰围线：过①线的右端点作①线的垂直线。

④横裆线：平行于③线，距离③线 $\frac{1}{4}$ 臀围-1cm。

⑤臀围线：平行于③线，在③线、④线的 $\frac{1}{3}$ 位置。

⑥落裆线：与④线平行相距 2.5cm。

⑦后裆直线：平行于①线，距①线 $\frac{1}{4}$ 臀围+1cm。

⑧后裆斜线：过④线和⑦线的交点沿④线向上量取 2cm 定点，与⑤线和⑦线的交点直线连接并向两边延长。

⑨后裆宽：过⑧线和⑥线的交点，沿⑥线向上量 $\frac{1}{10}$ 臀围确定⑨点。

⑩后烫迹线：过⑨点作①线的平行线与④线相交于一点，过此点至①线和④线的交点的 $\frac{1}{2}$ 位置定点，过此点作①线的平行线。

⑪侧缝撇进量：过①线和③线的交点沿③线向上量取 1cm 定点，与①线和⑤线的交点直线连接。

⑫后腰中点：在⑪点与③线和⑧线交点间的 $\frac{1}{2}$ 位置定点。

⑬腰翘高：过⑫点作⑧线的垂直线，交于⑬点。

⑭至⑮脚口大：取 $\frac{1}{2}$ 脚口围+4cm，以②线和⑩线的交点为中点两侧均分，确定⑭点、⑮点。

⑯侧缝斜线：用直线连接⑮点与①线和⑤线的交点。

⑰下裆斜线：用直线连接⑭点与⑨点。

⑱脚口斜线：过⑨点沿⑰线向左量出与前片下裆线等长距离确定⑱点，与②线和⑩线的交点直线连接。

如图 3-33(b)所示：

⑲线至㉓线用弧线连接划顺：后裆线⑲、下裆线⑳、侧缝线㉑、腰口线㉒、脚口线㉓。

㉔育克：按照标示数据画出育克分割线。

㉕省道：过腰口线的中点做腰口线的垂直线，长度 12cm，以此为中线画出后腰省。

㉖在侧缝线上缩进育克分割线左侧的省量，并重新画顺侧缝线。

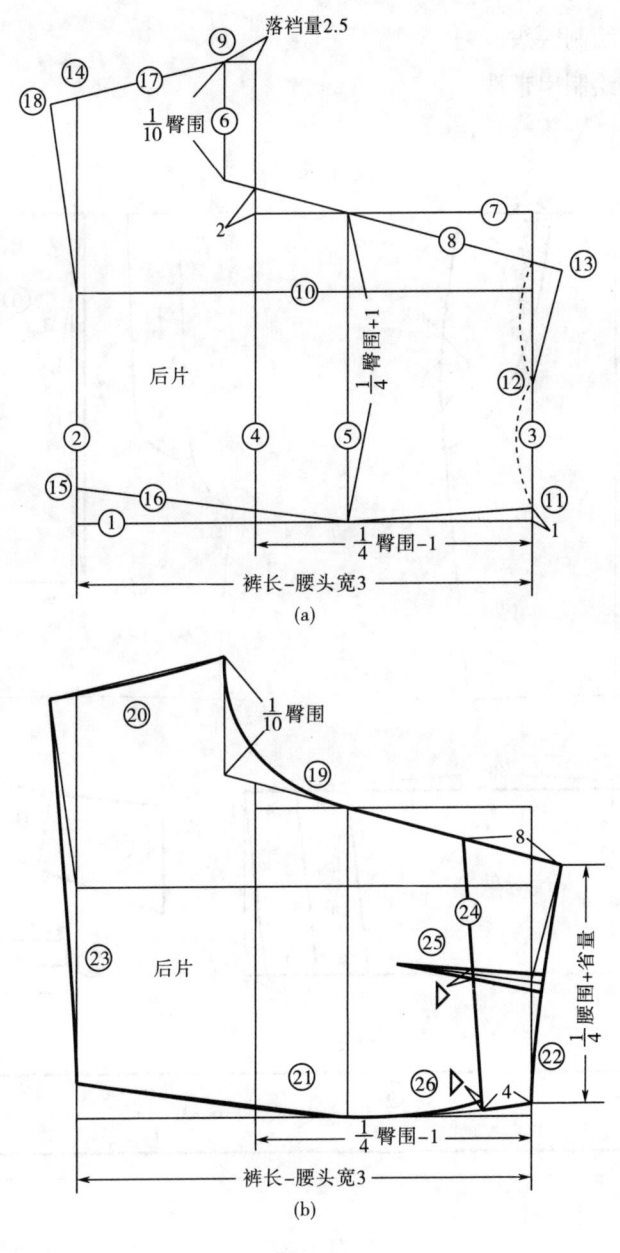

图 3-33

5. 部件制图

如图 3-34 所示：

①按照标注数据绘制门襟。

②按照标注数据绘制斜插袋垫袋布。

③按照标注数据绘制斜插袋袋布。

④按照标注数据绘制后口袋布。

⑤按照图中所示拼合后育克。
⑥按照标注数据绘制腰头。
⑦按照标准数据绘制串带襻。

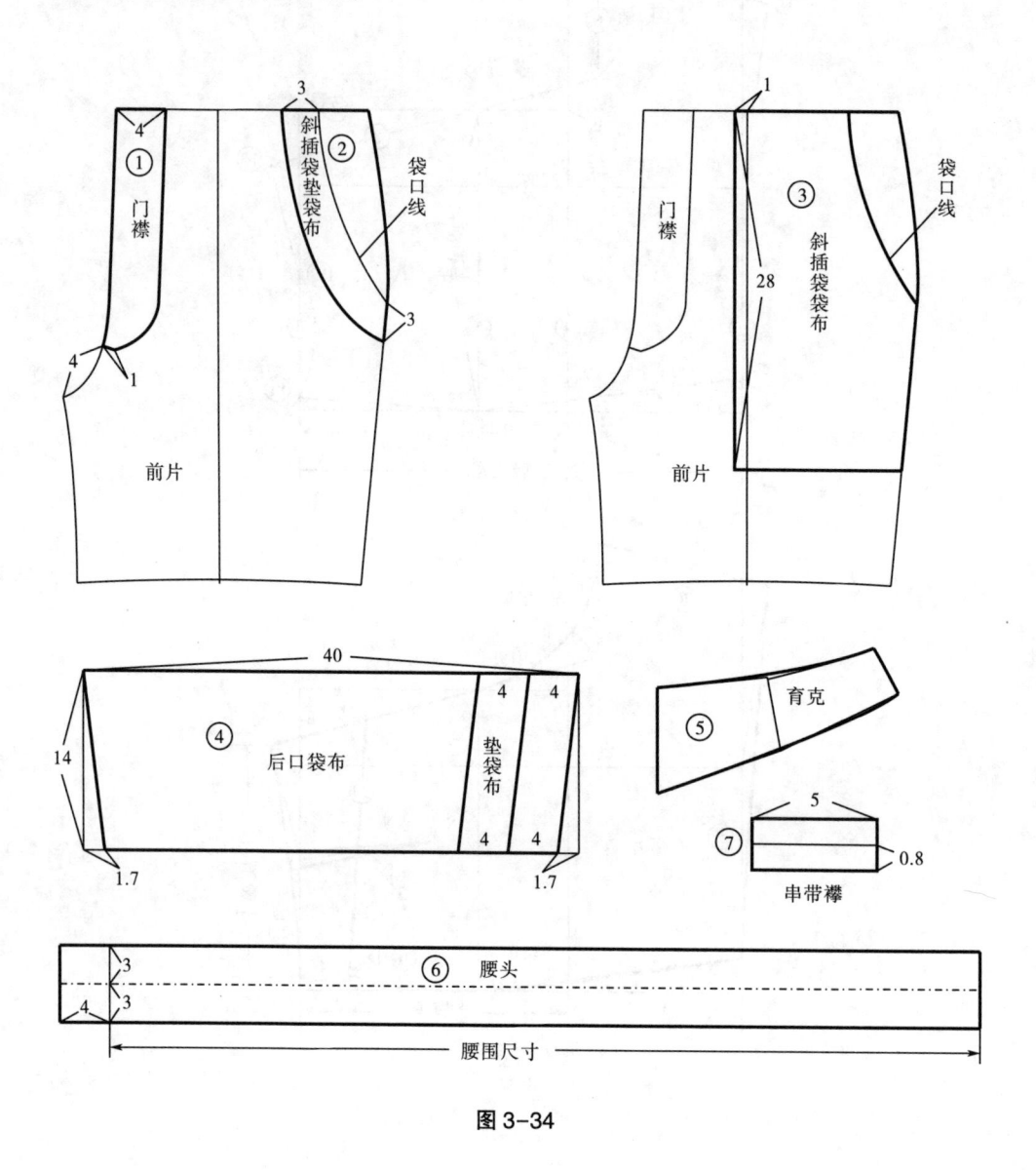

图 3-34

六、低腰女短裤制图

1. 造型概述

如图 3-35 所示,低腰女短裤是在普通女短裤的基础上去除腰头部分后形成的新款式。这种款式的制图特点是,通过裤片分割将省量融于分割线之中,形成独立的育克。前片两个贴袋,后片设计两个双嵌线口袋。

正面款式图　　　　　背面款式图

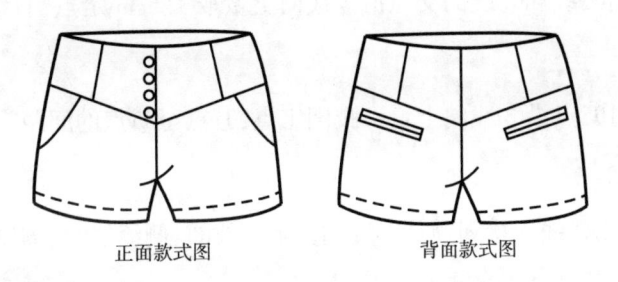

图 3-35

2. 制图规格

单位：cm

制图部位	裤长	腰围	臀围	脚口围
成品规格	37	70	94	54

3. 前片制图

如图 3-36(a)所示：

①基本线：作水平线，长度=裤长(含腰头宽)。

②脚口线：过①线的左端点作①线的垂直线。

③腰围线：过①线的右端点作①线的垂直线。

④横裆线：平行于③线，距离③线$\frac{1}{4}$臀围-1cm。

⑤臀围线：平行于③线，在③线、④线的$\frac{1}{3}$位置。

⑥前裆直线：平行于①线，距①线$\frac{1}{4}$臀围-1cm。

⑦前裆宽：过④线和⑥线的交点沿④线向上量$\frac{1}{20}$臀围-1cm 定点。

⑧横裆线基点：过①线和④线的交点沿④线向上 1cm 定点。

⑨前烫迹线：在④线上取⑦点、⑧点间的$\frac{1}{2}$位置定点，过此点作①线的平行线。

⑩至⑪脚口大：取$\frac{1}{2}$脚口围-4cm，以烫迹线为中点上下均分。

⑫下裆：用直线连接脚口大⑩点与⑦点。

⑬侧缝：用直线连接脚口大⑪点与①线和⑤线的交点。

⑭前裆撇进量：由③线和⑥线的交点沿③线向下量取 0.6cm 定点，直线连接此点与⑤线和⑥线的交点。

⑮侧缝撇进量:由①线和③线的交点沿③线向上量取 1.5cm 定点,直线连接此点与①线和⑤线的交点。

⑯前腰省位置:过⑮点沿③线向上量 $\frac{1}{4}$ 腰围定点,⑭点至⑮点的间距为省量。

如图 3-36(b)所示:

⑰线至⑳线分别用弧线连接划顺:前裆线⑰、下裆线⑱、侧缝线⑲、脚口线⑳。

㉑育克:按照标示数据画出育克分割线。

㉒省道:以烫迹线为中线画出前腰省。

㉓在侧缝线上缩进育克分割线左侧的省量,并重新画顺侧缝线。

㉔袋口位置:按照标示数据绘制出前片斜插袋位置。

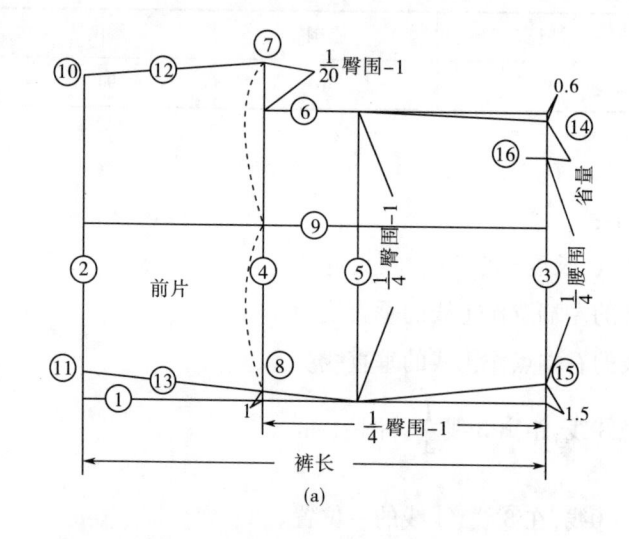

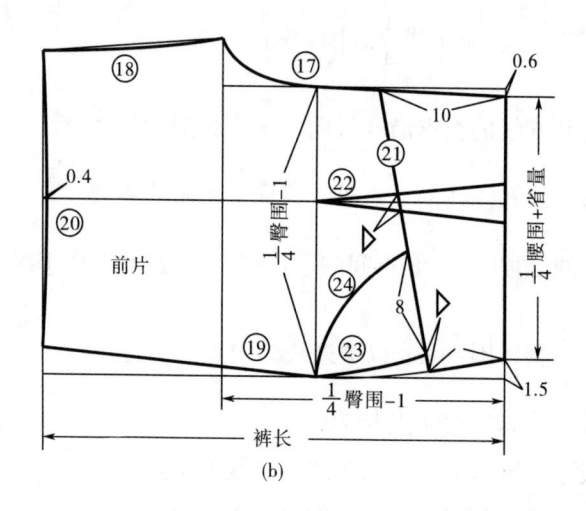

图 3-36

4. 后片制图

如图3-37(a)所示：

①基本线：作水平线，长度＝裤长（含腰头宽）。

②脚口线：过①线的左端点作①线的垂直线。

③腰围线：过①线的右端点作①线的垂直线。

④横裆线：平行于③线，距离③线$\frac{1}{4}$臀围-1cm。

⑤臀围线：平行于③线，在③线、④线的$\frac{1}{3}$位置。

⑥落裆线：与④线平行相距2.5cm。

⑦后裆直线：平行于①线，距①线$\frac{1}{4}$臀围+1cm。

⑧后裆斜线：由④线和⑦线的交点沿④线向上量取2cm定点，与⑤线和⑦线的交点直线连接并向两侧延长。

⑨后裆宽：由⑧线和⑥线的交点，沿⑥线向上量取$\frac{1}{10}$臀围确定⑨点。

⑩后烫迹线：过⑨点作①线的平行线与④线交于一点，过此点至①线和④线的交点的$\frac{1}{2}$位置定点，作①线的平行线。

⑪侧缝撒进量：由①线和③线的交点沿③线向上量取1cm定点，直线连接此点与①线和⑤线的交点。

⑫后腰中点：在⑪点与③线、⑧线交点间的$\frac{1}{2}$位置定点。

⑬腰翘高：过⑫点作⑧线的垂直线，交⑧线于⑬点。

⑭至⑮脚口大：取$\frac{1}{2}$脚口围+4cm，以②线和⑩线的交点为中点两侧均分，确定⑭点、⑮点。

⑯侧缝斜线：用直线连接⑮点与①线和⑤线的交点。

⑰下裆斜线：用直线连接⑭点与⑨点。

⑱脚口斜线：过⑨点沿⑰线向左取与前片下裆线等长距离确定⑱点，再与②线和⑩线的交点直线连接。

如图3-37(b)所示：

⑲线至㉓线用弧线连接划顺：后裆线⑲、下裆线⑳、侧缝线㉑、腰口线㉒、脚口线㉓。

㉔育克：按照标示尺寸画出育克分割线。

㉕沿腰口线测量$\frac{1}{4}$腰围，余量为省量，省中线位于腰口线中点并垂直于腰口线，省长14cm。

㉖将育克分割线左侧的省量由侧缝线缩进，并用弧线重新画顺侧缝线。

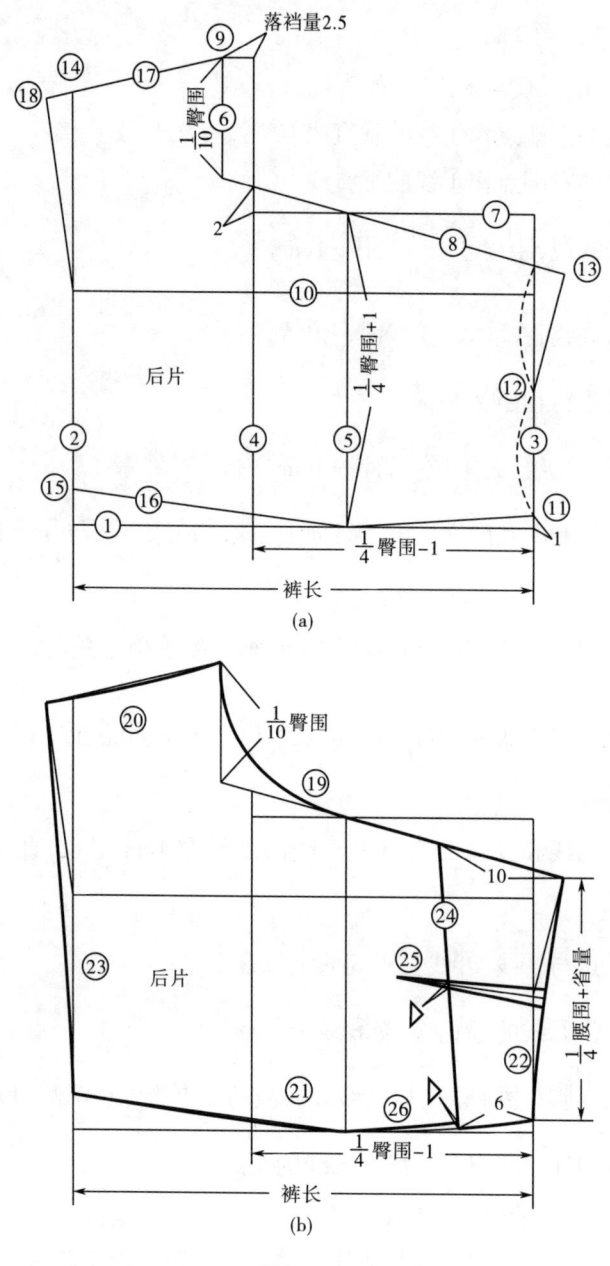

图 3-37

5. 部件制图

如图 3-38 所示：

①按照标注数据绘制门襟。
②按照标注数据绘制垫袋布。
③按照标注数据绘制斜插袋袋布。
④按照标注数据绘制后口袋布。

图 3-38

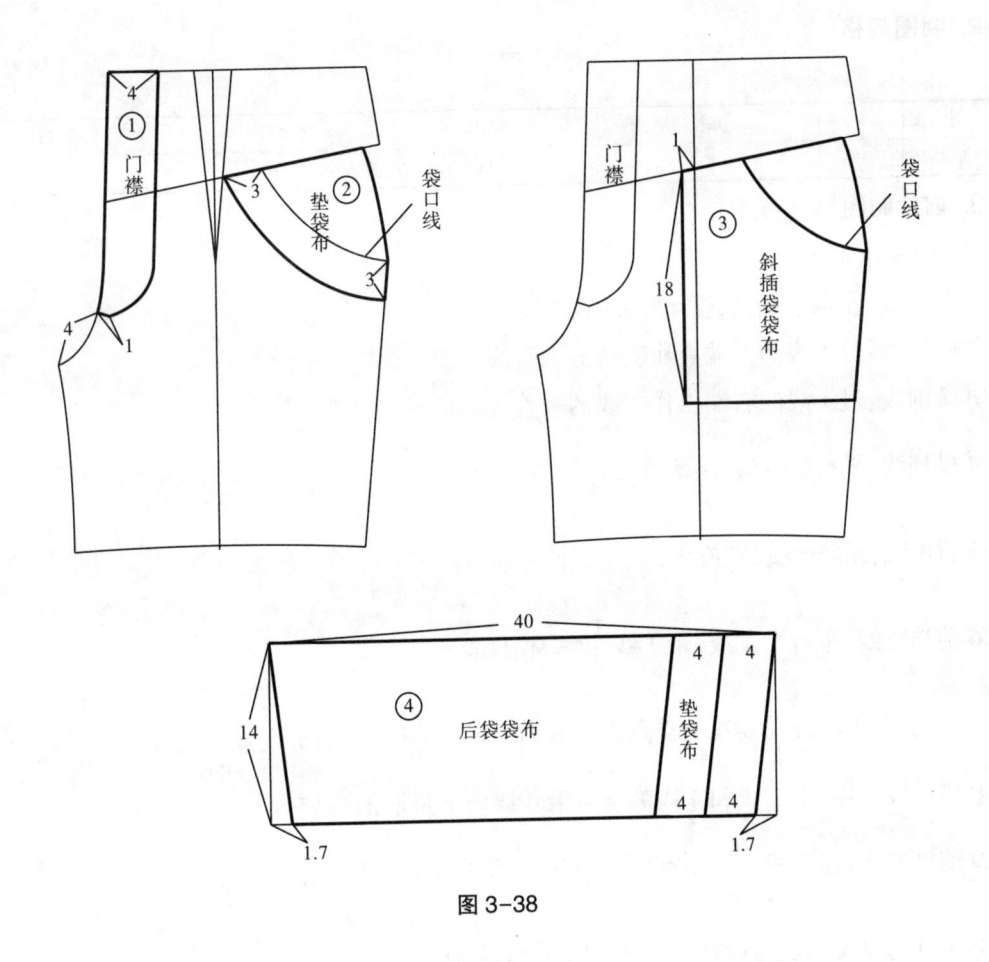

七、普通男短裤制图

1. 造型概述

如图 3-39 所示,男短裤与女短裤的制图方法基本相同,细节略有变化。此款前片两个弧形斜插袋,两个褶后片两个单嵌线口袋,两个省道,装腰头。

正面款式图　　背面款式图

图 3-39

2. 制图规格

单位:cm

制图部位	裤长	腰围	臀围	脚口围
成品规格	42	75	100	58

3. 前片制图

如图 3-40(a)所示：

①基本线：作水平线，长度=裤长-腰头宽4cm。

②脚口线：过①线的左端点作①线的垂直线。

③腰围线：过①线的右端点作①线的垂直线。

④横裆线：平行于③线，距离③线 $\frac{1}{4}$ 臀围-1cm。

⑤臀围线：平行于③线，在③线、④线的 $\frac{1}{3}$ 位置。

⑥前裆直线：平行于①线，距①线 $\frac{1}{4}$ 臀围-1cm。

⑦前裆宽：由④线和⑥线的交点沿④线向上量取 $\frac{1}{20}$ 臀围-1cm定点。

⑧横裆线基点：由①线和④线的交点沿④线向上量取1cm定点。

⑨前烫迹线：在④线上取⑦点、⑧点间的 $\frac{1}{2}$ 位置定点，过此点作①线的平行线。

⑩至⑪脚口大：取 $\frac{1}{2}$ 脚口围-4cm，以烫迹线为中点均分。

⑫下裆线：用直线连接脚口大⑩点与前裆宽点⑦。

⑬侧缝线：用直线连接脚口大⑪点与①线和⑤线的交点。

⑭前裆撇进量：由③线和⑥线的交点沿③线向下量取0.6cm定点，此定点与⑤线和⑥线的交点直线连接。

⑮侧缝撇进量：由①线和③线的交点沿③线向上量取1.2cm定点，此点与①线和⑤线的交点直线连接。

⑯袋口斜线：过⑮点沿③线向上量取3cm定点，直线连接此点与①线和⑤线的交点。

⑰前腰围大：过⑮点沿③线向上量取 $\frac{1}{4}$ 腰围定点，⑭点至⑰点的间距为省量。

如图 3-40(b)所示：

⑱线至⑳线用弧线连接划顺：前裆线⑱、下裆线⑲、侧缝线⑳。

㉑前褶位置：以烫迹线为界，前侧占褶量的 $\frac{1}{3}$，后侧占褶量的 $\frac{2}{3}$。

㉒斜插袋口：在袋口斜线的中点凹进1.3cm，用弧线画顺袋口线。

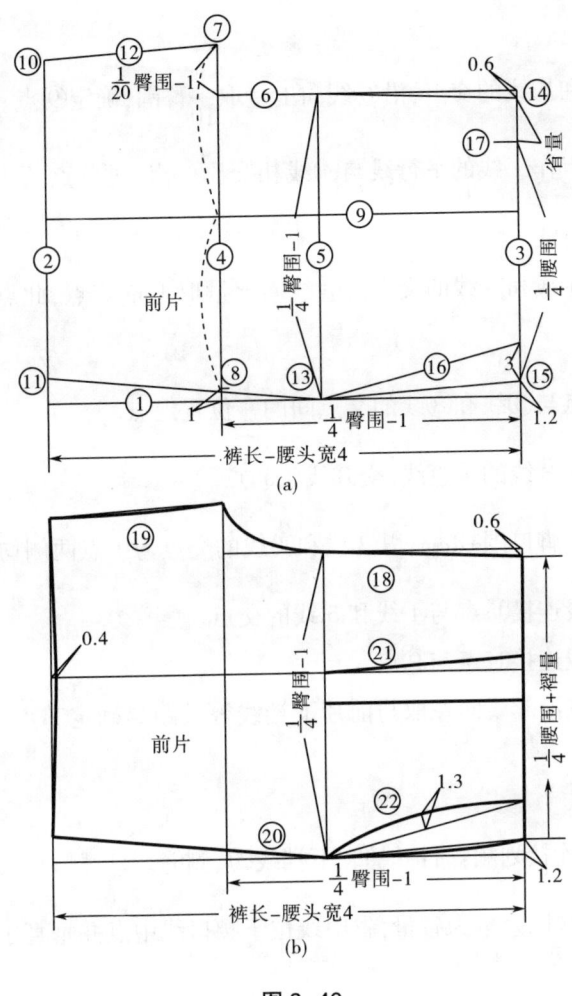

图 3-40

4. 后片制图

如图 3-41(a)所示：

①基本线：作水平线，长度＝裤长－腰头宽 4cm。

②脚口线：过①线的左端点作①线的垂直线。

③腰围线：过①线的右端点作①线的垂直线。

④横裆线：平行于③线，距离③线 $\frac{1}{4}$ 臀围－1cm。

⑤臀围线：平行于③线，在③线、④线的 $\frac{1}{3}$ 位置。

⑥落裆线：与④线平行相距 2.5cm。

⑦后裆直线：平行于①线，距①线 $\frac{1}{4}$ 臀围＋1cm。

⑧后裆斜线：由④线和⑦线的交点沿④线向上量取 2cm 定点，与⑤线和⑦线的交点直线连

接并向两侧延长。

⑨后裆宽：由⑧线和⑥线的交点，沿⑥线向上量取$\frac{1}{10}$臀围，确定⑨点。

⑩后烫迹线：过⑨点作①线的平行线与④线相交于一点，过此点至①线和④线的交点的$\frac{1}{2}$位置定点，作①线的平行线。

⑪侧缝撤进量：由①线和③线的交点沿③线向上量取1cm定点，此点与①线和⑤线的交点直线连接。

⑫后腰中点：在⑪点与③线和⑧线的交点间的$\frac{1}{2}$位置定点。

⑬腰翘高：过⑫点作⑧线的垂直线，交⑧线于⑬点。

⑭至⑮脚口大：取$\frac{1}{2}$脚口围+4cm，以②线和⑩线的交点为中点两侧均分，确定⑭点、⑮点。

⑯侧缝斜线：用直线连接⑮点与①线和⑤线的交点。

⑰下裆斜线：用直线连接⑭点与⑨点。

⑱脚口斜线：过⑨点沿⑰线向左取与前片下裆线等长距离确定⑱点，再与②线和⑩线的交点直线连接。

如图3-41(b)所示：

⑲线至㉓线用弧线连接划顺：后裆线⑲、下裆线⑳、侧缝线㉑、腰口线㉒、脚口线㉓。

㉔沿腰口线测量$\frac{1}{4}$腰围余量为省量，省中线位于腰口线中点并垂直于腰口线，省长8cm，袋口宽14cm。

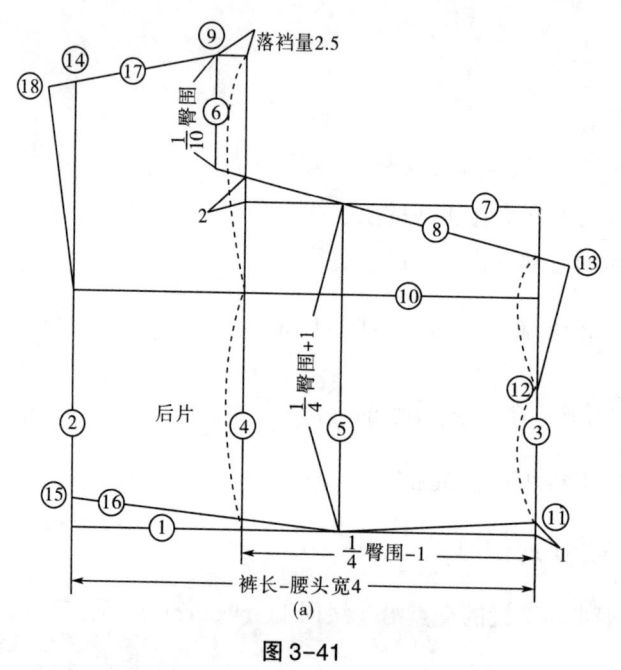

图3-41

(b)

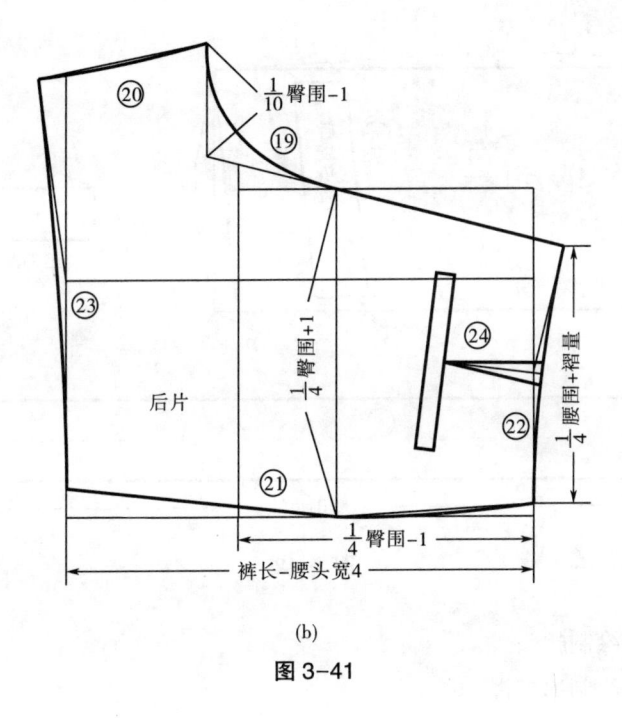

图 3-41

5. 部件制图

如图 3-42 所示：

①按照标注数据绘制门襟。

②按照标注数据绘制斜插袋垫袋布。

③按照标注数据绘制斜插袋袋布。

④按照标注数据绘制后口袋布。

⑤按照标注数据绘制后口袋垫袋布。

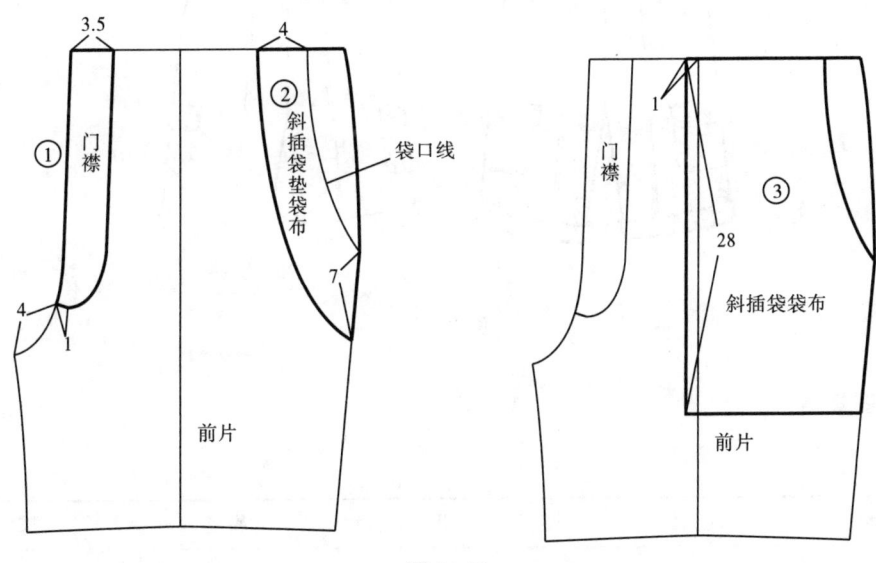

图 3-42

图 3-42

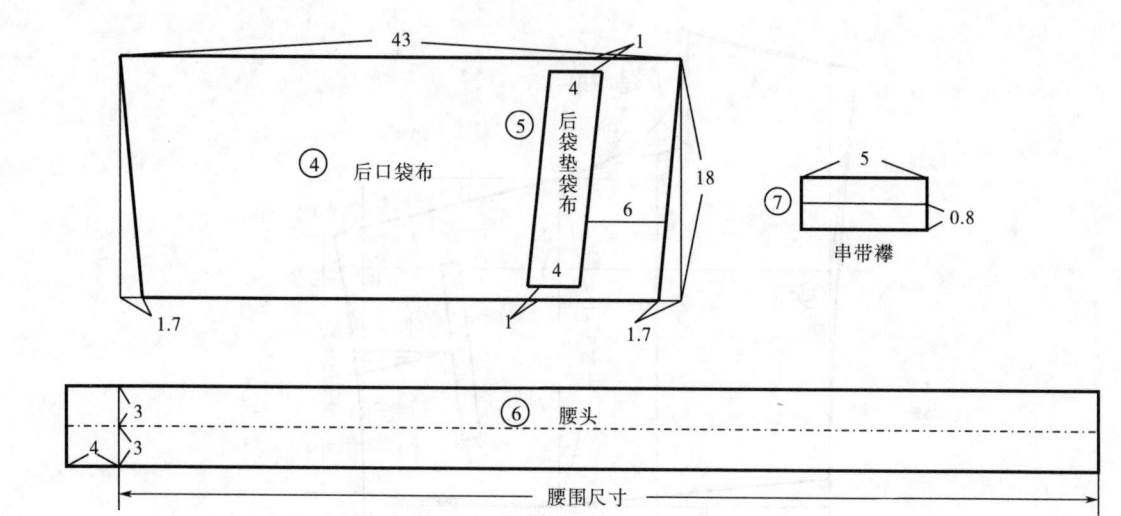

⑥按照标注数据绘制腰头。
⑦按照标注数据绘制串带襻。

八、休闲男短裤制图

1. 造型概述

如图 3-43 所示,此款男短裤前片两个弧形斜插袋,两个贴袋。前片和后片烫迹线位置设有分割线,脚口有折边,装饰脚口襻,装腰头。

正面款式图　　背面款式图

图 3-43

2. 制图规格

单位:cm

制图部位	裤长	腰围	臀围	脚口围
成品规格	50	75	100	58

3. 前片制图

如图3-44(a)所示：

①基本线：作水平线，长度=裤长-腰头宽4cm。

②脚口线：过①线的左端点作①线的垂直线。

③腰围线：过①线的右端点作①线的垂直线。

④横裆线：平行于③线，距离③线$\frac{1}{4}$臀围-1cm。

⑤臀围线：平行于③线，在③线、④线的$\frac{1}{3}$位置。

⑥前裆直线：平行于①线，距①线$\frac{1}{4}$臀围-1cm。

⑦前裆宽：由④线和⑥线的交点沿④线向上量取$\frac{1}{20}$臀围-1cm定点。

⑧横裆线基点：由①线和④线的交点沿④线向上量取1cm定点。

⑨前烫迹线：在④线上取⑦点、⑧点间的$\frac{1}{2}$位置定点，过此点作①线的平行线。

⑩至⑪脚口大：取$\frac{1}{2}$脚口围-4cm，以烫迹线为中点均分。

⑫下裆线：用直线连接脚口大⑩点与前裆宽点⑦。

⑬侧缝线：用直线连接脚口大⑪点与①线、⑤线交点。

⑭前裆撇进量：由③线和⑥线的交点沿③线向下量取0.6cm定点，与⑤线和⑥线的交点直线连接。

⑮侧缝撇进量：由①线和③线的交点沿③线向上量取1.2cm定点，与①线和⑤线的交点直线连接。

⑯袋口斜线：过⑮点沿③线向上量8cm定点，过⑮点沿侧缝线向左量10cm定点，将两点直线连接。

⑰前腰围大：过⑮点沿③线向上量$\frac{1}{4}$腰围定点，⑭至⑰点的间距为省量。

如图3-44(b)所示：

⑱线至⑳线用弧线连接划顺：前裆线⑱、下裆线⑲、侧缝线⑳。

㉑沿腰口线测量$\frac{1}{4}$腰围余量为省量，省中线为烫迹线。

㉒斜插袋口：在袋口斜线的中点凹进1.8cm，用弧线画顺袋口。

㉓画出脚口折边和脚口襻的位置。

如图3-44(c)所示：

㉔在烫迹线位置连接省道，画出前片分割线。

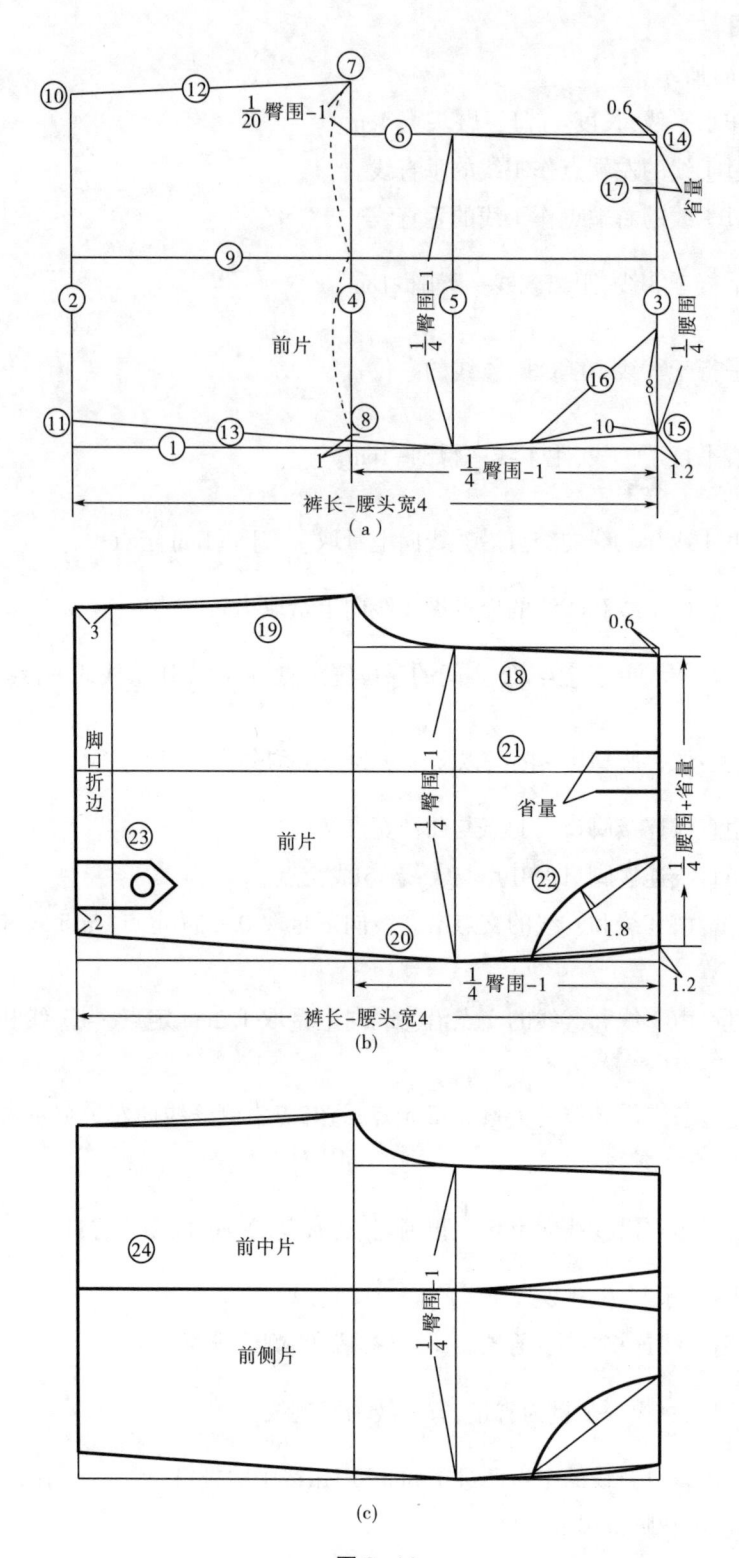

图 3-44

4. 后片制图

如图 3-45(a)所示：

①基本线：作水平线，长度=裤长-腰头宽 4cm。

②脚口线：过①线的左端点作①线的垂直线。

③腰围线：过①线的右端点作①线的垂直线。

④横裆线：平行于③线，距离③线 $\frac{1}{4}$ 臀围-1cm。

⑤臀围线：平行于③线，在③线、④线的 $\frac{1}{3}$ 位置。

⑥落裆线：与④线平行且相距 2.5cm。

⑦后裆直线：平行于①线，距①线 $\frac{1}{4}$ 臀围+1cm。

⑧后裆斜线：由④线和⑦线的交点沿④线向上量取 2cm 定点，与⑤线和⑦线的交点直线连接并向两侧延长。

⑨后裆宽：由⑧线和⑥线的交点，沿⑥线向上量取 $\frac{1}{10}$ 臀围确定⑨点。

⑩后烫迹线：过⑨点作①线的平行线与④线相交于一点，过此点至①线和④线的交点的 $\frac{1}{2}$ 位置定点，作①线的平行线。

⑪侧缝撇进量：由①线和③线的交点沿③线向上量取 1cm 定点，与①线和⑤线的交点直线连接。

⑫后腰中点：在⑪点与③线、⑧线交点间的 $\frac{1}{2}$ 位置定点。

⑬腰翘高：过⑫点作⑧线的垂直线，交于⑬点。

⑭至⑮脚口大：取 $\frac{1}{2}$ 脚口围+4cm，以②线和⑩线的交点为中点两侧均分，确定⑭点、⑮点。

⑯侧缝斜线：用直线连接⑮点与①线和⑤线的交点。

⑰下裆斜线：用直线连接⑭点与⑨点。

⑱脚口斜线：过⑨点沿⑰线向左取与前片下裆线等长距离确定⑱点，再与②线和⑩线的交点直线连接。

如图 3-45(b)所示：

⑲线至㉒线用弧线连接划顺：后裆线⑲、下裆线⑳、侧缝线㉑、腰口线㉒。

㉓按照标示尺寸画出脚口折边位置。

㉔沿腰口线测量 $\frac{1}{4}$ 腰围，余量为省量，省中线为烫迹线。

如图 3-45(c)所示：

㉕在烫迹线位置连接省道，画出后片分割线。

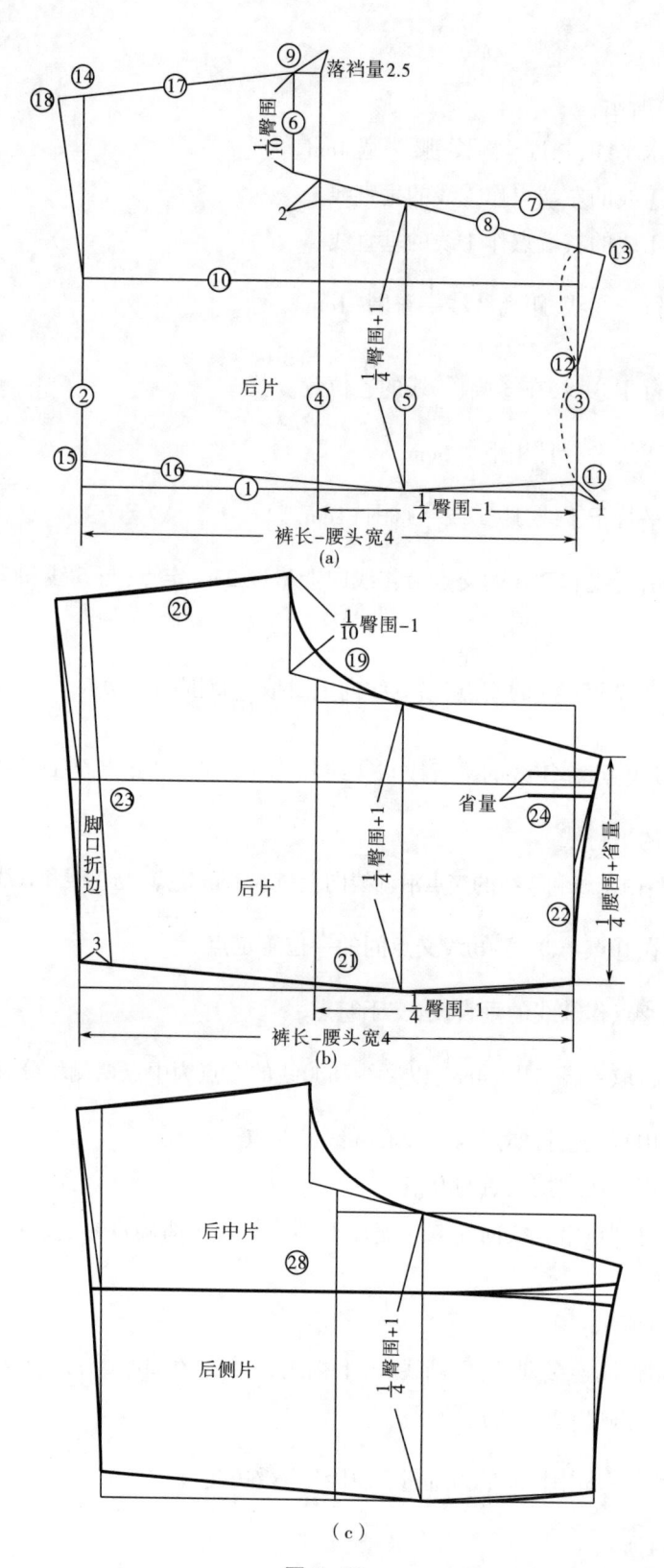

图 3-45

5. 部件制图

如图 3-46 所示：

①按照标注数据绘制门襟。

②按照标注数据绘制垫袋布。

③按照标注数据绘制斜插袋袋布。

④按照标注数据绘制前、后片脚口折边。

⑤按照标注数据绘制脚口襻、贴袋、贴袋袋盖、串带襻。

⑥按照标注数据绘制腰头。

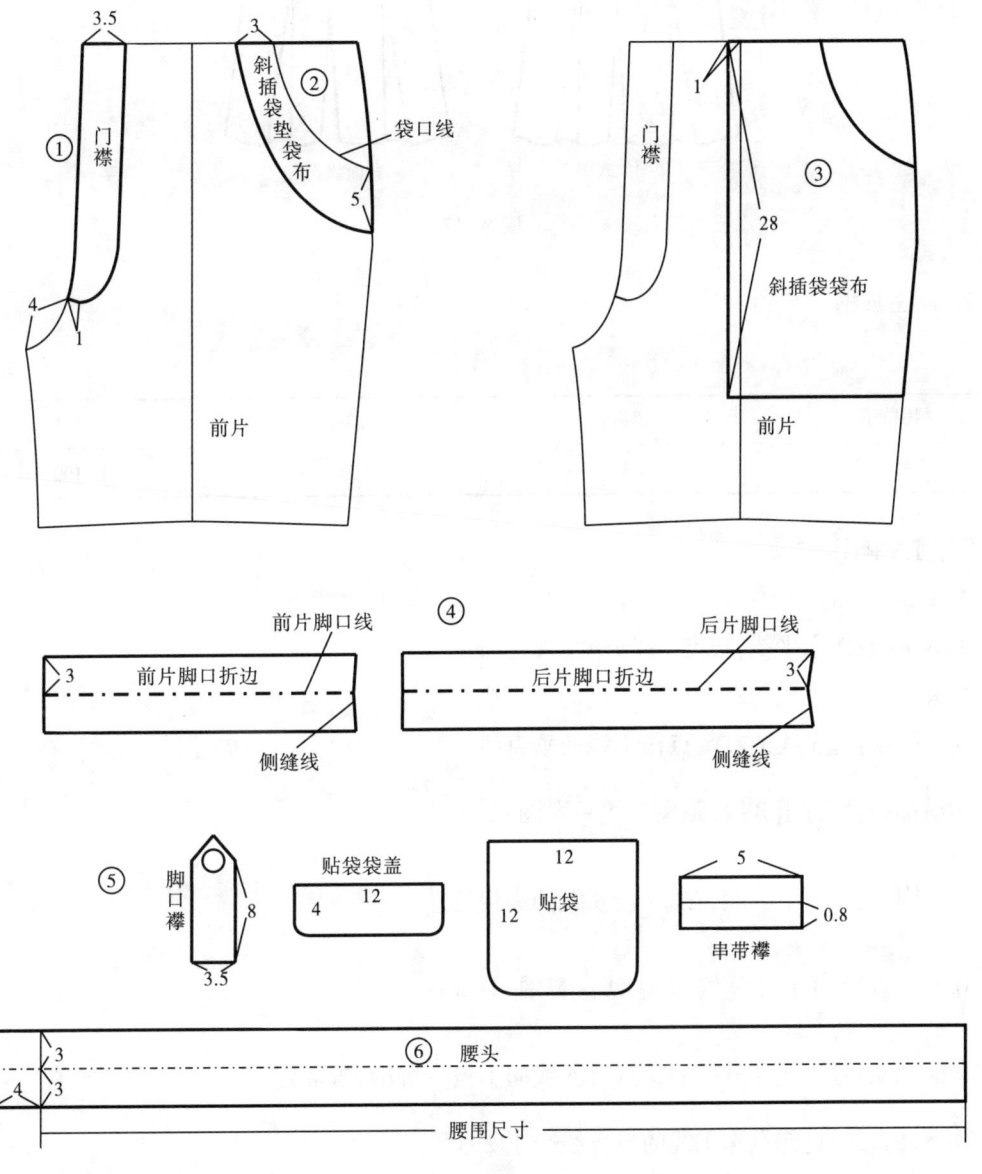

图 3-46

九、裙裤制图

1. 造型概述

如图 3-47 所示,此款裙裤为连腰结构,前、后裤片均设计有两个褶裥。裙裤的造型是将裤与裙的结构特点综合应用。裙裤臀围线以上部位的造型与裤的造型近似,区别在于裆部的长度与宽度都要比裤子大一些,裙摆的大小可以根据设计需要来确定。

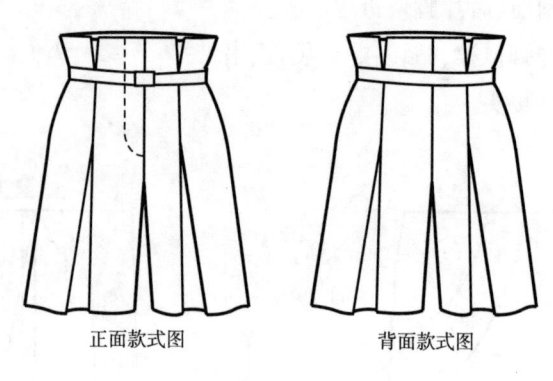

正面款式图　　背面款式图

图 3-47

2. 制图规格

单位:cm

制图部位	裙裤长	腰围	臀围
成品规格	55	70	100

3. 前片制图

如图 3-48(a)所示:

①基本线:作水平线,长度=裤长-腰头宽 3cm。

②脚口线:过①线的左端点作①线的垂直线。

③腰围线:过①线的右端点作①线的垂直线。

④横裆线:平行于③线,距离③线 $\frac{1}{4}$ 臀围+2cm。

⑤臀围线:平行于③线,在③线、④线的 $\frac{1}{3}$ 位置。

⑥前裆直线:平行于①线,距①线 $\frac{1}{4}$ 臀围-1cm。

⑦前裆宽:过④线和⑥线的交点沿④线向上量 $\frac{1}{20}$ 臀围+2cm 定点。

⑧下裆直线:过⑦点作①线的平行线交于②线。

⑨前裆斜线:由③线和⑥线的交点沿③线向下量取 1.5cm 定点,与⑤线和⑥线的交点直线

连接。

⑩臀腰斜线：由①线和③线的交点沿③线向上量取 1.5cm 定点，与①线和⑤线的交点直线连接。

⑪前腰中点：在③线上取⑨线、⑩线间的 $\frac{1}{2}$ 位置定点。

⑫~⑬腰口斜线：过⑪点作⑨线的垂直线交于⑫点；过⑪点作⑩线的垂直线交于⑬点。

⑭~⑮腰宽线：与腰口斜线平行相距 3cm。

⑯下裆斜线：由②线和⑧线的交点沿②线向上量取 2cm 定点，与⑦点直线连接。

⑰侧缝斜线：由①线和②线的交点沿②线向下量 2cm 定点，与①线和⑤线的交点直线连接。

⑱脚口中点：在②线上取⑯点、⑰点间的 $\frac{1}{2}$ 位置定点。

⑲至⑳脚口斜线：过⑱点作⑯线的垂直线交于⑲点；过⑱点作⑰线的垂直线交于⑳点，连接点⑲和点⑳。

如图 3-48(b)所示：

㉑线至㉖线分别用弧线连接划顺：前裆线㉑、侧缝线㉒、脚口线㉓、腰口线㉔、腰宽线㉕、下裆线㉖。

如图 3-48(c)所示：

㉗沿腰口线量 $\frac{1}{4}$ 腰围-1，剩余部分为褶裥量，并在腰口线的中间位置增加 10cm 褶裥量。

4. 后片制图

如图 3-49(a)所示：

①基本线：作水平线，长度=裤长-腰宽 3cm。

②脚口线：过①线的左端点作①线的垂直线。

③腰围线：过①线的右端点作①线的垂直线。

④横裆线：平行于③线，距离③线 $\frac{1}{4}$ 臀围+2cm。

⑤臀围线：平行于③线，在③线、④线的 $\frac{1}{3}$ 位置。

⑥后裆直线：平行于①线，距①线 $\frac{1}{4}$ 臀围+1cm。

⑦后裆宽：由④线和⑥线的交点沿④线向上量取 $\frac{1}{10}$ 臀围+3cm 定点。

⑧下裆直线：过⑦点作①线的平行线交于②线。

⑨后裆斜线：由③线和⑥线的交点沿③线向下量取 2.5cm 定点，与⑤线和⑥线的交点直线连接

(a)

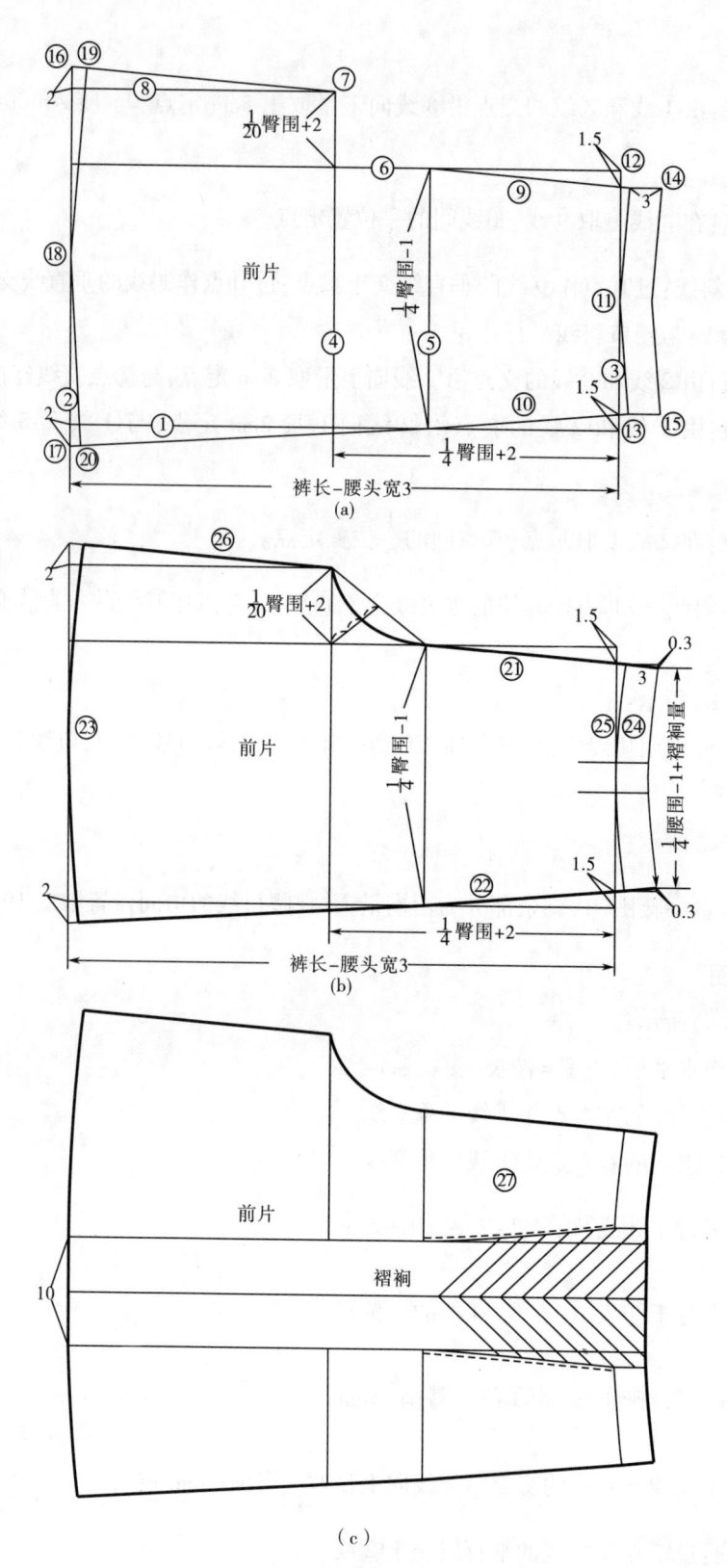

(b)

(c)

图 3-48

连接。

⑩臀腰斜线：由①线和③线的交点沿③线向上量取 1.5cm 定点，与①线和⑤线的交点直线连接。

⑪后腰中点：在③线上取⑨线、⑩线间的 $\frac{1}{2}$ 位置定点。

⑫~⑬腰口斜线：过⑪点作⑨线的垂直线交于⑫点，过⑪点作⑩线的垂直线交于⑬点。

⑭~⑮腰宽线：与腰口斜线平行且相距 3cm。

⑯下裆斜线：过②线和⑧线的交点沿②线向上量 2cm 确定⑯点，与⑦点直线连接。

⑰侧缝斜线：过①线和②线的交点沿②线向下量 2cm 确定⑰点，与①线和⑤线的交点直线连接。

⑱脚口中点：在②线上⑯点、⑰点间的 $\frac{1}{2}$ 位置定点。

⑲至⑳脚口斜线：过⑱点作下裆斜线的垂直线交于⑲点，过⑱点作侧缝斜线的垂直线交于⑳点。

如图 3-49(b) 所示：

㉑线至㉖线分别用弧线连接划顺：后裆线㉑、侧缝线㉒、脚口线㉓、腰口线㉔及腰宽线㉕、下裆线㉖。

如图 3-49(c) 所示：

㉗沿腰口线量 $\frac{1}{4}$ 腰围+1，剩余部分为褶量，并在腰口线的中间位置增加 10cm 褶裥量。

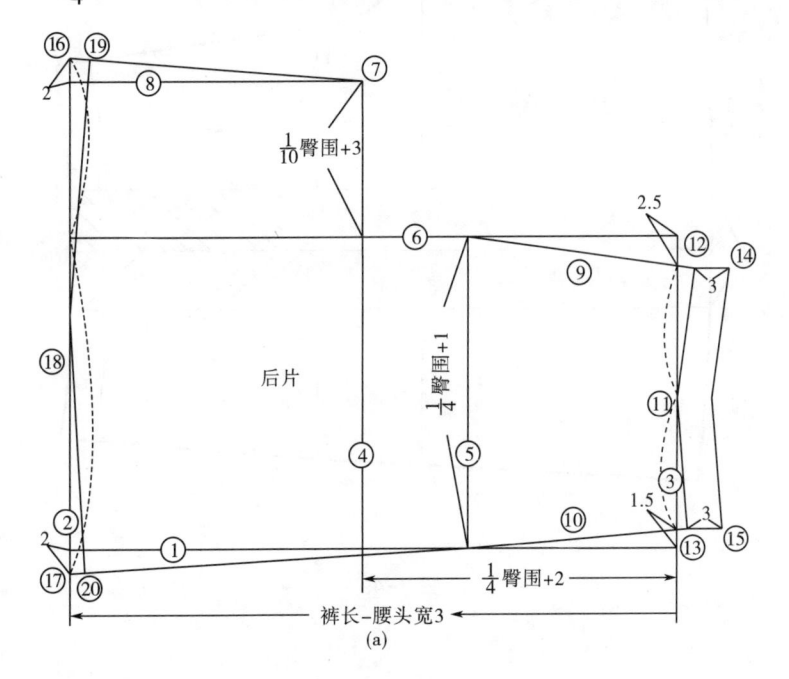

图 3-49

(b)

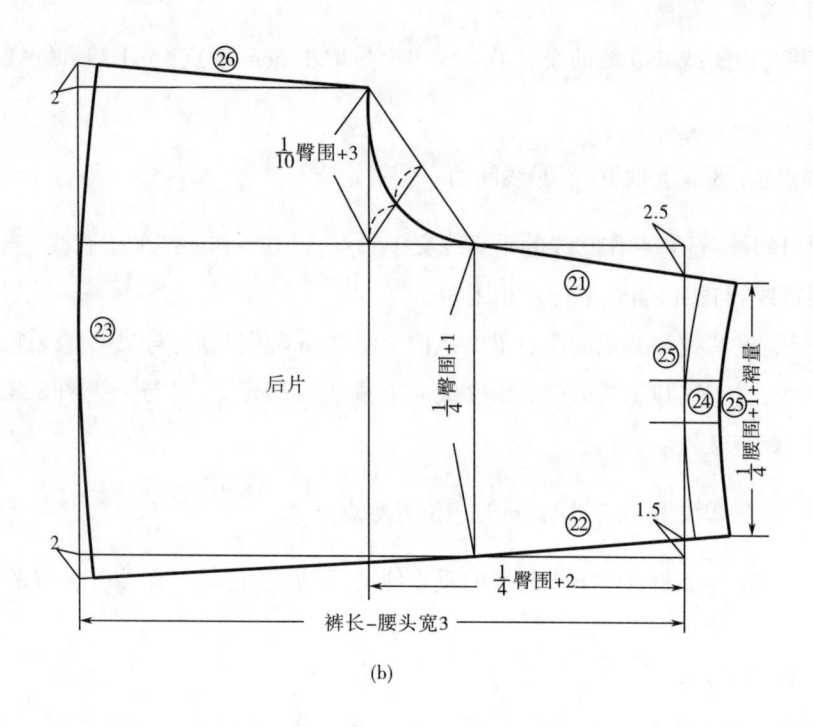

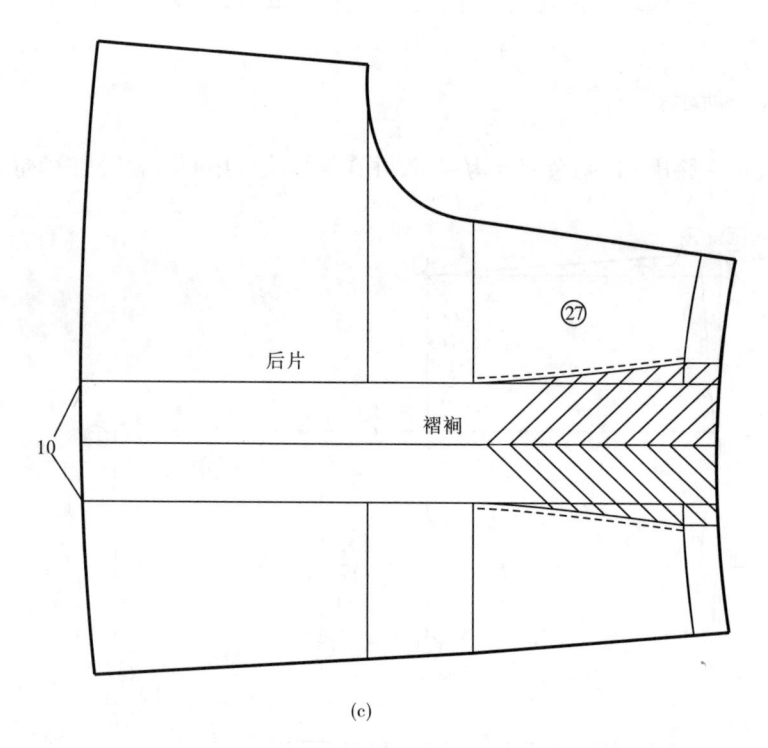

㉖ 2
$\frac{1}{10}$臀围+3
㉓ 后片
$\frac{1}{4}$臀围+1
㉑
2.5
㉕
㉔ ㉕ $\frac{1}{4}$腰围+1+褶量
㉒ 1.5
$\frac{1}{4}$臀围+2
2
裤长−腰头宽3

(c)

后片
㉗
褶裥
10

图 3-49

第四章 上装构成原理与计算

上装是指覆盖人体躯干与上肢的衣着用品。由于躯干是人体中变化最复杂的部位,所以上装结构制图所涉及的内容也相应的复杂一些。学习上装制图首先要学会对人体作归纳与概括,要将人体中复杂的起伏变化概括为近似的几何体,以便运用几何学理论来研究服装结构原理与制图方法。上装的主要控制部位有衣长、腰节长、胸围、腰围、领围、肩宽、下摆、袖长、袖口等。

第一节 上装的结构原理

上衣是由不同形状与规格的衣片构成的,这些衣片在平面状态下的形状与规格,与人体相关部位的立体形态相关联。也就是说衣片的轮廓线是人体立体形态的平面反应。因此,对于衣片轮廓线的处理决定服装与人体之间的相适程度。构成衣片平面形状的轮廓线称为"结构线",结构线与人体立体形态间的转换关系,是本节要研究的重要内容。为了便于理解,我们以简单的立方体为对象作模拟造型分析。

如图 4-1 所示,用方形面料包裹立方体时,由于二维面料与三维立方体之间形态上的差异,使面料外观产生大量的褶皱。这些褶皱会影响造型的平整与美观,所以要设法消除。消除褶皱的最佳方法,是按照立方体的结构特征设计相应的结构线。

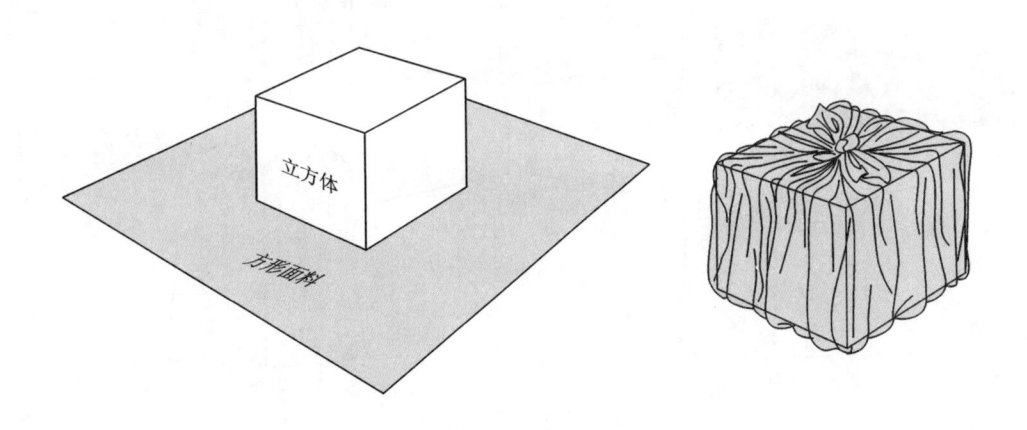

图 4-1

如图 4-2 所示，根据立方体的结构特征和实际规格，在平面的面料上画出相应的结构线，将结构线以外多余的面料剪掉，形成体现立方体结构特点的平面制图。用它来重新包裹立方体时，原来的褶皱全部消失且外观平整、美观。这种原理即是上装的构成原理。这种从平面到立体的转化方法，是服装结构制图的基本方法。

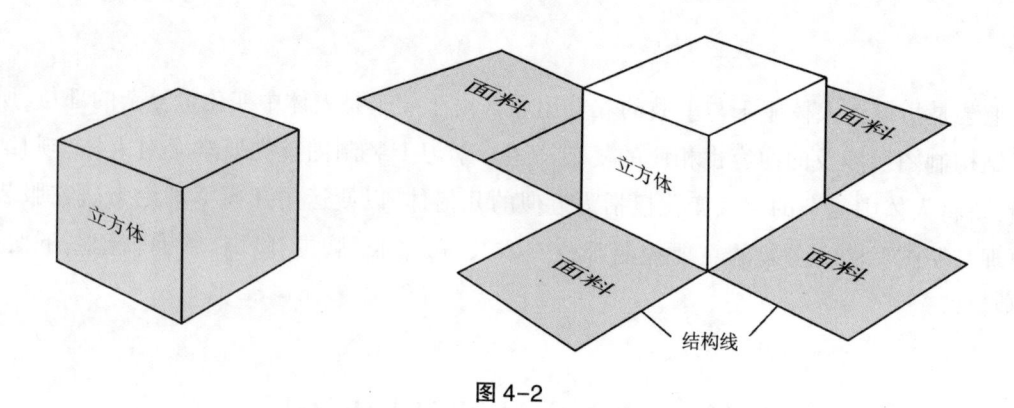

图 4-2

如图 4-3(a) 所示，试将中西服装结构作比较，可进一步理解服装立体造型与平面展开的原理与技法。从图中可以看出，中式服装是一种平面而概略的结构形式，它与人体的立体形态不相吻合，因而在穿着状态下会产生许多的褶皱。

如图 4-3(b) 所示，西式服装结构在中式服装结构的基础上，通过肩斜线、袖窿弧线、袖山弧线、省道线、撇胸线等一系列的造型手段，最大限度地消除了面料的多余部分，从整体到细节都作了相应的结构处理。尤其是通过对袖窿与袖山的处理，增加了袖管的倾斜角度，使腋下的褶皱大大减少。因而成型后的服装平整度高，适体性强。

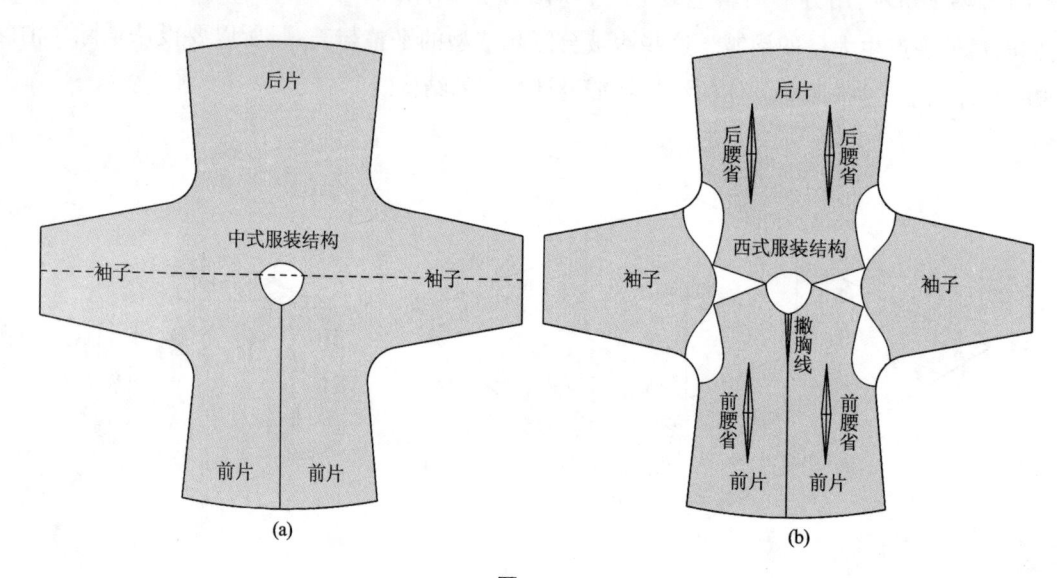

图 4-3

第二节　上装的结构类型

上装是由一定数量的衣片构成的,在通常情况下,这些衣片的围度(指衣片在胸围线上的宽度)大体上相等。我们将衣片的围度与服装胸围的比值,作为区分服装结构类别的依据。例如,"四开身"结构是指每一衣片的围度占胸围总量的$\frac{1}{4}$,"三开身"结构是指每一衣片的围度占胸围总量的$\frac{1}{3}$。在实际设计中,超出三开身或四开身结构的形式很多,但由于这类结构属于分割所形成的,所以通常是归属于上述两种结构当中。"四开身"和"三开身"结构是服装中两种最基本的结构形式,其他的结构都是在此基础上演变而成的。因此,学习服装制图首先要熟练掌握"四开身"和"三开身"这两种基本结构的造型特点与制图方法,再灵活运用服装变化原理,就能够举一反三,掌握各类服装的制图。

一、三开身服装结构的造型特点

如图4-4(a)所示,将成型后的服装按其空间形态归纳成八个面:两个正面、两个背面、左右两个侧面、肩面和底面。肩面是受人体肩部的支撑作用而在服装相应部位自然形成的面,它是一种虚拟的面,是随着人体肩部厚度的大小而变化的。底面是指服装的下摆线所构成的圆周在穿着状态下形成的虚拟面。对于常规服装而言,在着装状态下所形成的下摆圆周应与地面平行,但因设计需要而刻意追求的变化当属例外。

如图4-4(b)所示,将三开身结构的衣身部分置于八面立体中作分析,会从中发现三开身结构的胁省线与侧缝线之间恰好构成服装的侧面,为处理服装正面与侧面、侧面与背面间的横向转折或纵向起伏提供了方便。这种结构在正面通过胸省来塑造胸凸量及胸腰差,在背面通过背缝线的形状塑造背部的曲线。

如图4-4(c)所示,在三开身服装平面制图中,胁省与侧缝线的处理恰到好处地体现了人体正面与侧面、背面与侧面间的横向转折与纵向起伏。运用撇胸线、胁省、侧缝线、背缝线等造型手法,从多方位处理胸腰差。所以,用三开身结构设计的服装造型严谨、线条流畅、适体性强。由于这些特点,使三开身结构成为多年以来流行不衰的结构形式,如西装、中山装、军便装、学生装以及各类制服都采用三开身结构。

二、四开身服装结构的造型特点

如图4-5所示,将四开身结构的衣身部分置于八面立体当中作分析,从中可以看出,四开身结构的侧缝线位于人体侧面的$\frac{1}{2}$位置,对处理服装侧面与正面、侧面与背面的转折增加了难

图 4-4

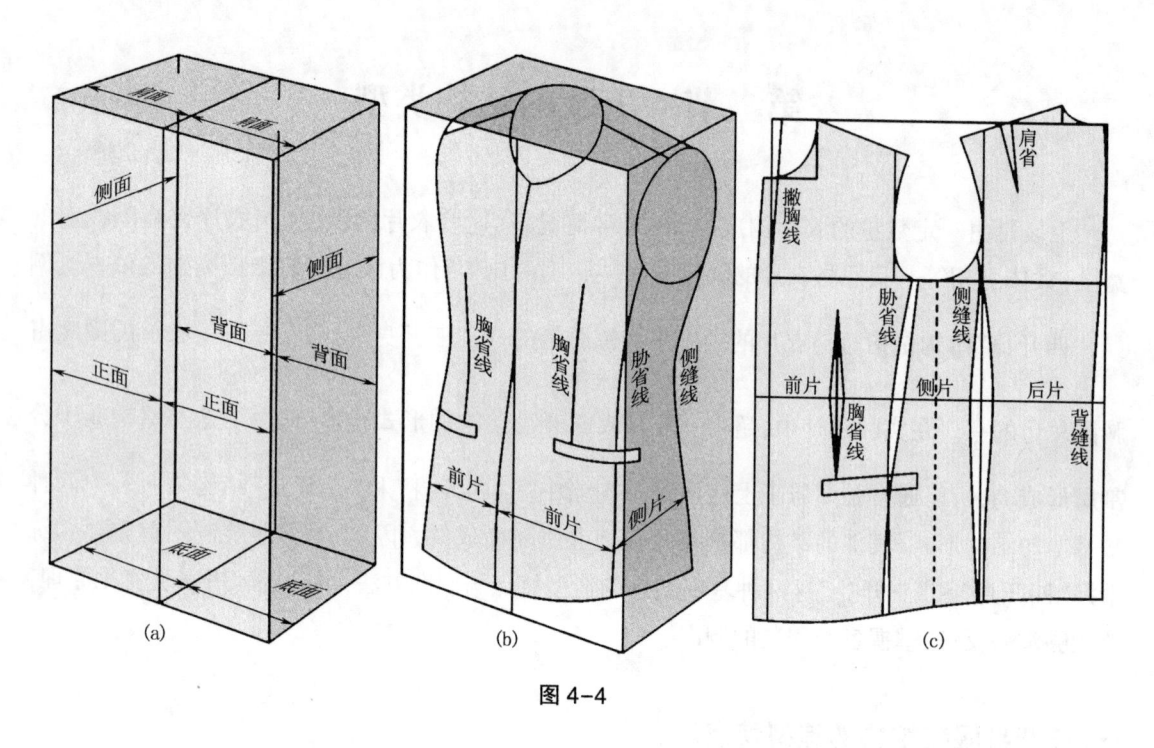

度。四开身结构的造型手段一般是运用撒胸和胸省来塑造胸凸,运用后衣片上的肩省来处理肩胛骨的凸出量,利用腰省与侧缝线来处理胸腰差。由此可见,四开身结构是一种比较概括的结构形式,常用于一些宽松或休闲类的服装,如衬衣、夹克等。

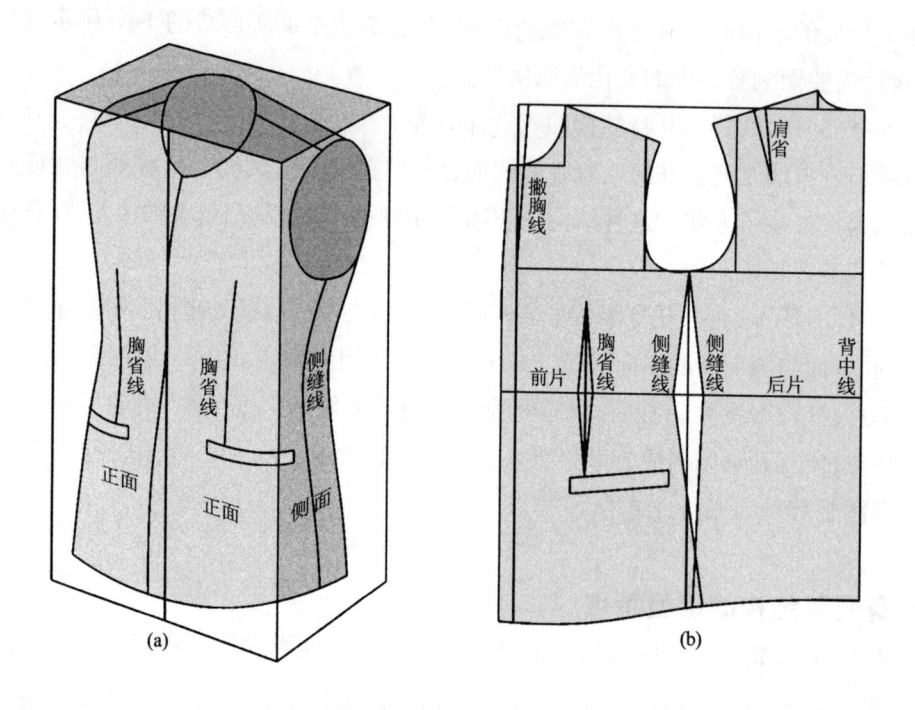

图 4-5

第三节 领圈的构成原理与计算

一、领圈的概念与形态

领圈又称"领口",是根据人体颈根部的截面形状,结合服装的造型特点,分别在前、后衣片的上端设计的弧形结构线。领圈的形状一般与人体颈部的截面形状相近似,但有时也会因设计的需要而改变其形状与规格,尤其是在只有领圈而没有领子的无领结构中,领圈的变化范围会更加自由,所形成的外观变化也更加丰富。

领圈和领子是领型结构设计中的两项重要内容,二者之间有着相辅相成的变化关系。由于领子的造型必须以领圈为依据,所以在本节中我们首先来研究领圈的构成原理与计算方法。

二、领圈的计算方法

服装制图中的领圈有"横开领"和"直开领"两个控制部位,横开领是指领圈圆周的横向直径,直开领是指领圈圆周的纵向直径。横开领与直开领的长度是根据人体颈部规格,分别通过公式计算产生的。因而了解计算公式的原理,有利于灵活运用公式解决制图中的实际问题。在此需要指出的是,不同款式的领圈造型也不相同,计算公式不可能完全替代领圈的设计,要结合人体特征及款式特点来灵活调整。为了了解领圈计算公式的推论过程及理论依据,我们结合作图进行如下求证:

如图4-6所示,首先取平均领围40cm为周长画一正圆,再根据人体颈部的截面形状,将圆的纵向直径CD等分为五等份,取$OC_1=\frac{1}{5}CD$确定C_1点,将OC_1定义为"后直开领"。取$DD_1=OC_1=\frac{1}{5}CD$确定D_1点。将OD_1定义为"前直开领"。调整后,领圈的纵向直径C_1D_1比正圆的直径CD减少了DD_1的一半,为了使调整前后的圆周长度相等,须将领圈的横向直径AB相应增

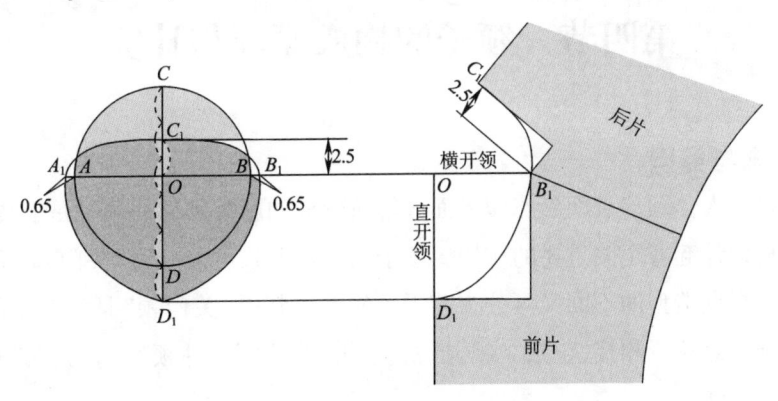

图4-6

加 DD_1 长度的一半,即增加 $AA_1=\frac{1}{4}DD_1$,$BB_1=\frac{1}{4}DD_1$。将 OB_1 或 OA_1 定义为"横开领"。过 A_1、C_1、B_1、D_1 四个控制点画出领圈的形状,利用服装 CAD 的测量功能测出:$AA_1=BB1=0.65\text{cm}$,调整后的圆周长仍为 40cm,说明将正圆调整成符合人体颈部截面形状的不规则椭圆后,其周长仍然保持原有的规格。

下面结合作图进一步求证:已知正圆的直径 $AB=CD=40\text{cm}\div\pi=40\text{cm}\div3.14\approx12.7\text{cm}$。后直开领 $OC_1=\frac{1}{5}CD=12.7\text{cm}\div5\approx2.5\text{cm}$,前横开领 $OB_1=OB+BB_1=$ 领围 $\div2\pi+\frac{1}{4}DD_1=$ 领围 $\div 6.28+0.65\text{cm}\approx0.16$ 领围 $+0.6\text{cm}$,前直开领 $OD_1=OD+DD_1=0.16$ 领围 $+2.5\text{cm}$。

为了便于计算,将 "0.16 领围" 调整成 "$\frac{2}{10}$领围",调整前后两公式相差为:$\frac{2}{10}$领围 -0.16 领围 $=\frac{2}{10}$领围 $-\frac{1.6}{10}$领围 $=\frac{1}{25}$领围。按照男女平均领围 40cm 计算,调整前后的误差值为 $40\text{cm}\times\frac{1}{25}=1.6\text{cm}$。将这一误差作为修正值,进行修正后,可以得出计算公式:

前横开领 $=\frac{2}{10}$领围 -1cm

后横开领 $=\frac{2}{10}$领围 -1cm

前直开领 $=\frac{2}{10}$领围 $+1\text{cm}$

经过上面一系列的求证,我们获取了有关领圈计算的相关公式。这些公式虽然都是取近似值,但由于人体领围数值的变化范围较小,一般在 35~45cm,与我们选取的中间体领围 40cm 仅相差 5cm。按照公式本身的误差 $\frac{1}{25}$ 来计算,其最大误差为 0.2cm。这种误差值低于国家所规定的服装公差标准,所以我们可以使用上面所求得的公式进行领圈的计算。

第四节 领子的构成原理与计算

一、领子的概念与类型

领子是通过对人体颈部表面形态作平面分解所形成的服装部件。领子是上装的视觉中心,对于服装的风格设计起着至关重要的作用。领子按结构形式可以分为"关门领"和"驳领"两大类。每一种类型根据造型的不同又可分为若干种领型。其中"关门领"是指领子的左右两端围绕颈部一周在前颈点位置相接,包括立领、折领、平领、波浪领四种领型。"驳领"是指领子的左右两端环绕颈部约 $\frac{2}{3}$ 区域,其余部分由驳领续接,包括西装领以及由西装领演化生成的一系列领型。在实际设计中,每种领型又可以通过结构与工艺创新产生许许多多的外观式样,但是无论领子的外观怎样复杂,其结构原理却是相同的。

二、领子的构成原理

如图4-7所示,领子的基本形状是由四条直线构成的长方形,其中 AB 叫作"下口线",它的长度与领圈的长度相等,CD 叫作"上口线",它的长度变化决定领子成型后的锥度,AC 为"后中线",BD 为"前中线",分别代表领子的前后高度。

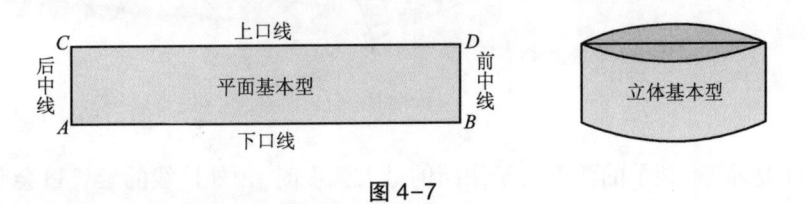

图 4-7

如图4-8所示,在 AB 的 $\frac{1}{3}$ 位置确定 E 点,过 E 点作 AB 的垂直线 EF,用剪刀由 F 点向下剪开至 E 点,注意不要剪断下口线。在 F 点位置重叠一定的量,使上口线减少一定的长度。F 点重叠的量越大,成型后立领的锥度也将越大,反之则越小。

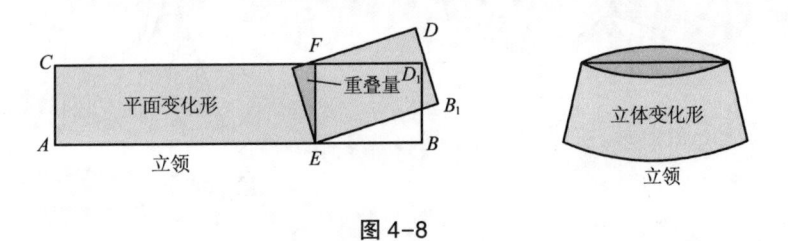

图 4-8

如图4-9所示,将 F 点打开一定的量,使领子向下弯曲。成型后的领子为上口大、下口小的倒锥形。这种领子能够将上口线向下翻折形成"折领"。翻折线以下的部分叫作"领座",翻折线以上的部分叫作"翻领",图中 A_1、E_1、B_1 三点间的连线表示领座与翻领的分界线,即翻折线。

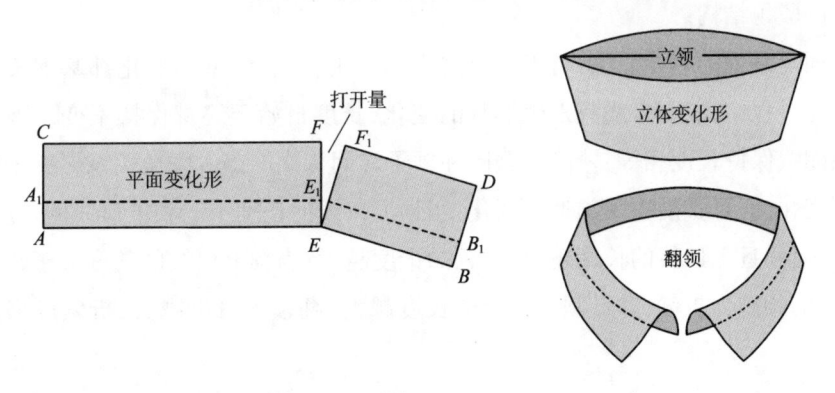

图 4-9

如图 4-10 所示,继续增大 F 点打开的量,领子向下弯曲的程度也进一步增大。领子成形后的领座高度变小,当领座高度在 0.5～1cm 范围内时,这种领型叫作"平领"。图中虚线与领下口线之间的距离叫作"领座高"。

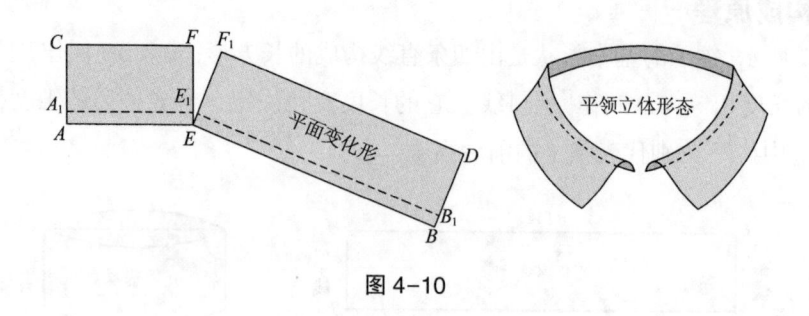

图 4-10

如图 4-11 所示,当领子的弧度大于领圈的最大弧度时,领外口线的延长量会变成褶量。领子成形后外观呈现出许多波浪形的褶皱,这种领子叫作"波浪领"。

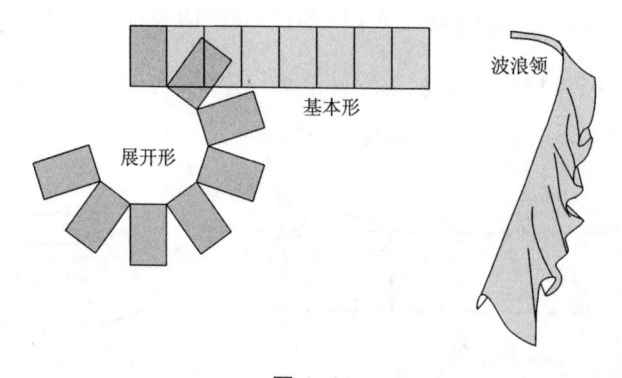

图 4-11

如图 4-12(a)所示,首先将前衣片的直开领长度加大,装上折领,再按照图中虚线所示,将折领的前半部分作分割线;其次按照图 4-12(b)中深色部分所示的方式,将折领的前半部分与衣片连接成一片;最后,将驳领部分对称向左方翻转,便将折领结构转化成了如图 4-12(c)中深色部分所示的驳领结构。

通过上面一系列的领型变化,可以得出这样的结论:所有领型的变化都基于长方形的基本制图。在变化过程中,领下口线只发生形状的变化,长度自始至终都保持不变。因为只有使领下口线与领圈线保持长度相等,才能使领圈和领子之间构成严谨的配合关系。领子的上口线不仅形状有所变化,而且长度也因领型而变化:当领上口线的长度小于领下口线的长度时,所构成的领型为立领,并且上口线的长度越小,立领的锥度越大;当领上口线的长度大于领下口线的长度时,所构成的领型为折领,并且领上口线的长度越大,翻领松量也越大,折领成型后领座高度越小。

(a)　　　　　　　　(b)　　　　　　　　(c)

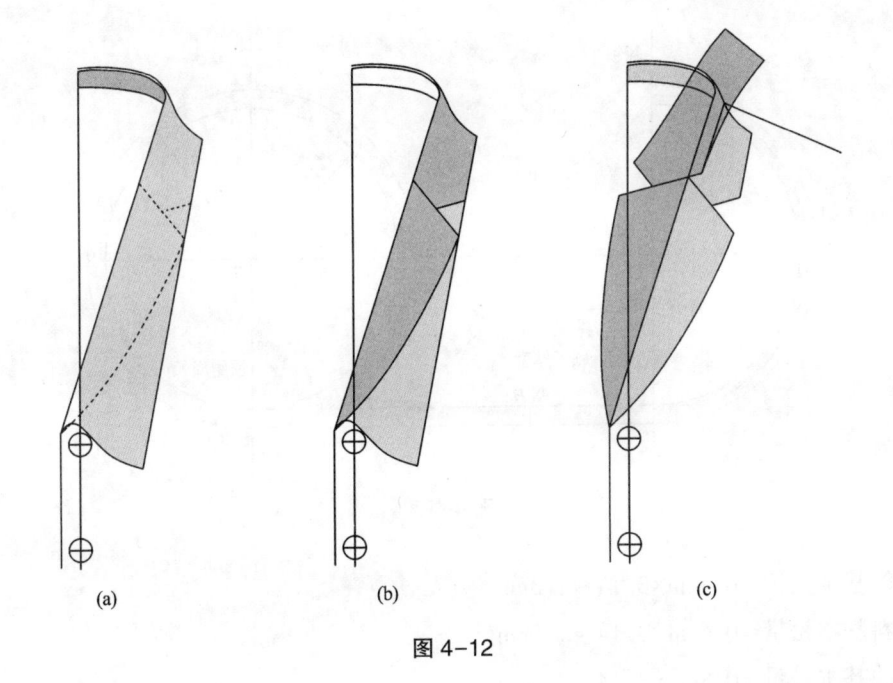

图 4-12

三、翻领松量的原理与计算

翻领松量是影响领子结构变化的重要因素,也是领型设计中的一个要点。在实际设计中经常会遇到领子外口线过松或过紧的现象,或者领座的设计高度与成形后的实际高度偏差较大的现象,这些现象都是由于翻领松量处理不当而造成的。翻领松量包含两方面的内容,一是基本松量,二是变动松量。

1. 基本松量的原理与计算

所谓"基本松量"是指领子成形后,领座部分处在内圆,而翻领部分处在外圆,因面料和衬料的厚度,使内外圆周之间产生一定的长度差。只有适量增加外圆部分的周长,才能使领座与翻领自然吻合,这里将外圆周长的延长量定义为"基本松量"。

如图 4-13 所示,内圆代表领座部分,它的周长用"y"来表示;外圆代表翻领部分,它的周长用"Y"来表示;内圆的半径为"r",外圆半径为"R";内外圆周的半径之差(即是领座与翻领的总厚度)用"H"表示;基本松量用"S"表示。根据圆周定律,可以求出基本松量的计算公式。

已知,内圆周长 $y=2\pi r$,外圆半径 $R=$ 内圆半径 $r+$ 厚度 H。所以,外圆周长 $Y=(r+H)\times 2\pi$。基本松量 $S=Y-y=(r+H)\times 2\pi-r\times 2\pi=H\times 2\pi$。按照制图习惯绘制领子的 $\frac{1}{2}$ 制图时得出:

基本松量 $S=$ 领子厚度 $\times\pi$

在测定领子的厚度时,先将构成领座和翻领部分的里料、面料、衬料等,按照实际的层数铺好,用熨斗熨烫平。再用直尺垂直测量其厚度。试验表明:一般用薄料制成的领子其厚度约为 0.4cm,用中厚面料制成的领子其厚度约为 0.6cm,用毛呢类面料制成的领子其厚度约为 0.8cm。根据基本松量计算公式可以求出各自的基本松量值:

图 4-13

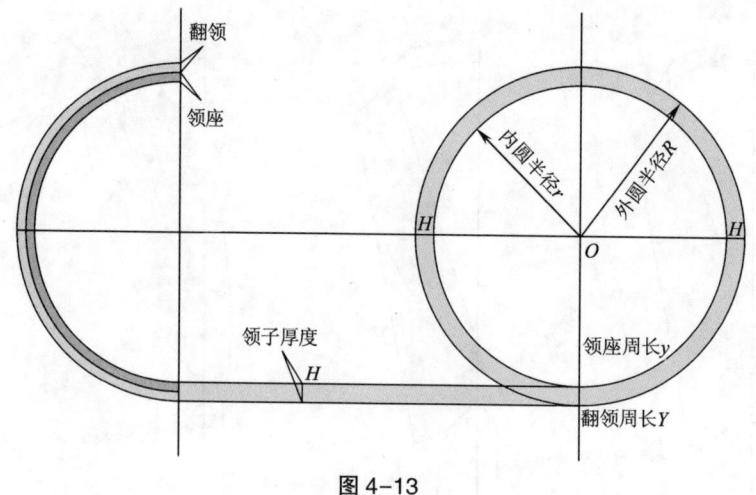

薄料的基本松量=0.4cm×3.14≈1.3cm

中厚料基本松量=0.6cm×3.14≈1.9cm

厚料的基本松量=0.8cm×3.14≈2.5cm

如图 4-14 所示,基本松量在制图中的应用需要与领型的结构相适应。结构不同,基本松量的表现方式也不同。例如,男式衬衣领、中山装领、军便装领等,领座和翻领部分是各自独立的,因而这类领子的制图可以通过增加翻领长度的方式加入基本松量,然后在制作时通过缩缝工艺将翻领与领座结合在一起。这种领型叫作"分领座折领"。

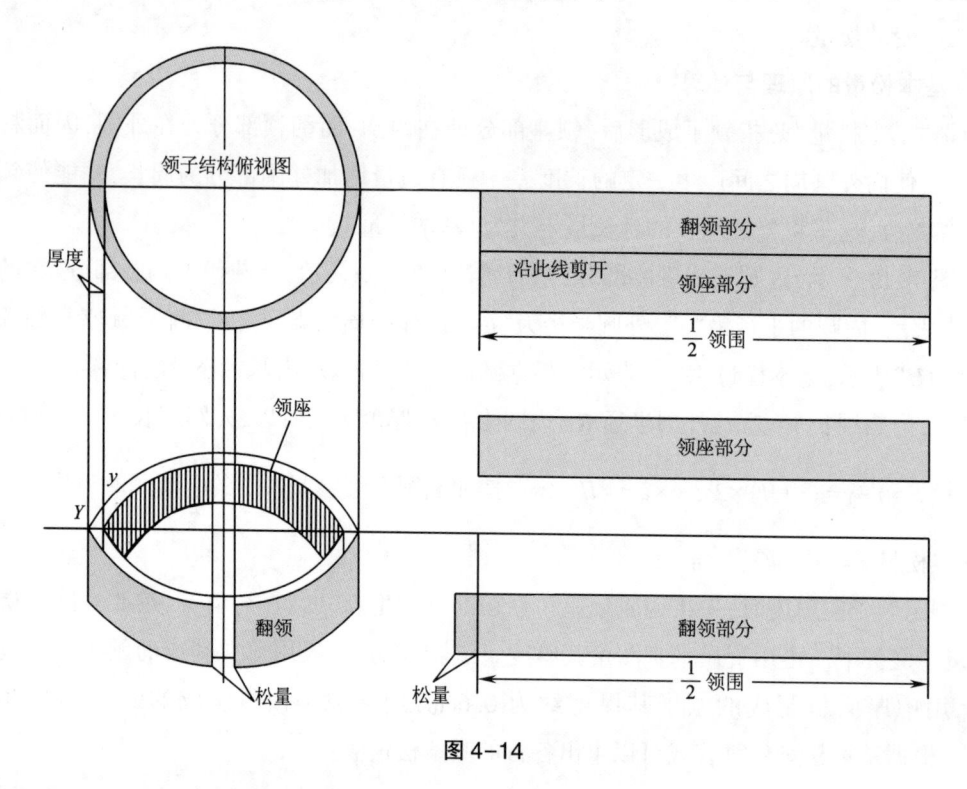

图 4-14

如图 4-15 所示,当领座与翻领不作分割时,要通过增加领上口线的长度来加入基本松量。具体方法是,将图中虚线 EF 从上向下剪开,不要剪断领下口线,顺时针旋转领子右侧,使领上口线的展开量达到预定的基本松量,领子由基本形变为展开形。这种领型叫作"连领座折领"。在此需要强调一点,基本松量仅适用于翻领宽度大于领座高度在 0.5~1cm 范围以内的领型,当翻领宽度超过这一范围时,领子的外口线会受到肩部的制约,为了使领子能够贴伏于人体肩部,需要进一步增加变动松量。

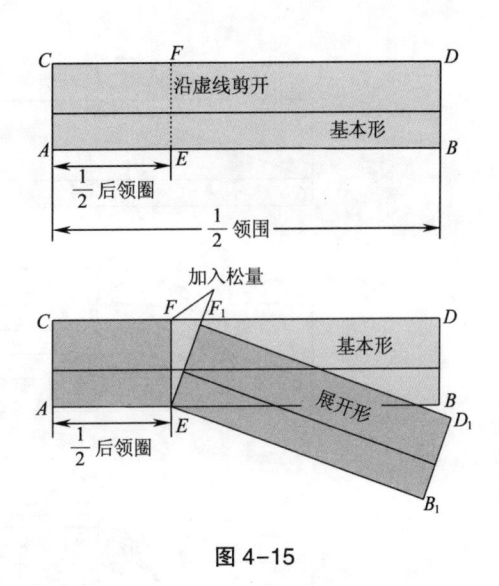

图 4-15

2. 变动松量的原理与计算

当翻领宽度大于领座宽 1cm 以上时,领外口线因受肩线的制约不能向下移动,迫使领座高度增大,翻领部分向上涌起。这种现象主要是由肩部和颈部的形态所决定的。实验证明,在领座高度不变的前提下,翻领宽度越大,领外口线沿肩斜线向下移动的距离越大,领座与翻领之间形成的夹角越大,领外口线需要的长度也越大。由于基本松量对领外口线的延长量有限,不能够适应肩斜线的扩张幅度,所以翻领部分不能按照预定的目标到达指定的位置,而是向相反的方向耸起,导致领座高度改变。要解决这一问题必须使领外口线的长度按照肩斜线的扩张幅度逐渐递增。这种对领外口线长度的增大值,这里将它定义为"变动松量"。变动松量对于领子造型的作用,将通过下面的作图进一步说明。

如图 4-16(a)所示,在人体肩颈部位示意图中,AB 与 A_1B_1 为领座的高度,BC 与 B_1C_1 为肩斜线,是按照人体前后肩斜量平均值 20°绘制的。BB_1 为领下口线的位置,AA_1 为领上口线的位置,CC_1 为领外口线的位置。

如图 4-16(b)所示,在领座高度 AB 与 A_1B_1 不变的前提下,随着翻领宽度 AC 的增大,领外口线 CC_1 的长度逐渐增大(图中①、②、③分别代表不同的领外口线的位置)。领座高 AB 与翻领宽度 AC 的 $\angle BAC$ 和领子外口线长度 CC_1 也相应增大,说明领子的变动松量相应增大。反之,当翻领宽度 AC 与领座高度 AB 相等或相近时,翻领宽线 AC 与领座高线 AB 间的 $\angle BAC$ 缩小到几乎为 0 时,领子的变动松量也减少到接近于 0。在这种情况下领子只需加入基本松量就能够满足外口线所需的长度。

如图 4-16(c)所示,在领外口线 CC_1 长度不变的前提下,随着翻领宽度 AC 的增大,领座的高度 AB 会相应增大。这是因为领外口线 CC_1 的长度已经被固定,它在肩斜线上的位置不可能再向下移动。翻领宽度增大后迫使领座 AB 向上耸起,增加领座的高度(图中①、②、③分别代表不同的领座高度)。这里试图从反面证明,变动松量与领宽不相适应时,领子的设计就难以获得预期的效果。

图 4-16

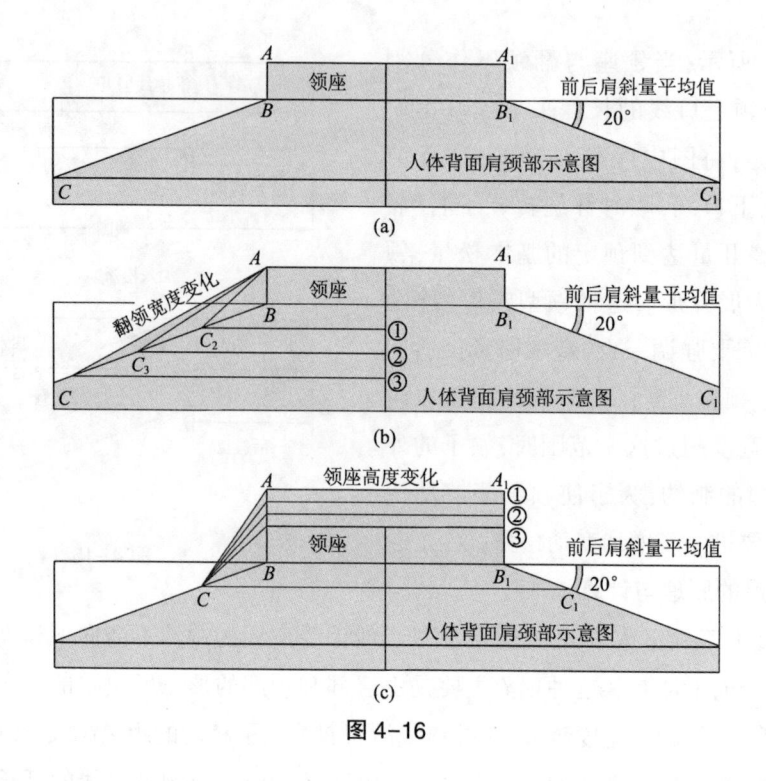

通过上面的分析可知,领座高度、翻领宽度、变动松量是折领结构设计的三大要素。它们之间的关系是:在翻领宽度不变的前提下,领座高度与翻领松量成反比;在翻领松量不变的前提下,领座的高度与翻领的宽度成正比;在领座高度不变的前提下,翻领宽度与翻领松量成正比。了解了翻领松量的构成原理之后,再结合下面的作图,求出翻领松量的计算公式。

如图 4-17 所示,将前后衣片的肩线对齐,衣片的前中心线与后中线所构成的夹角为:$180°-$前后肩斜线夹角 $40°=140°$。在衣片上面分别画出①、②、③三种领型,根据领子的构成原理可知:①领型的弧度为 $0°$,它所构成的领子为立领,领座的高度等于领子的总宽度,这种领型

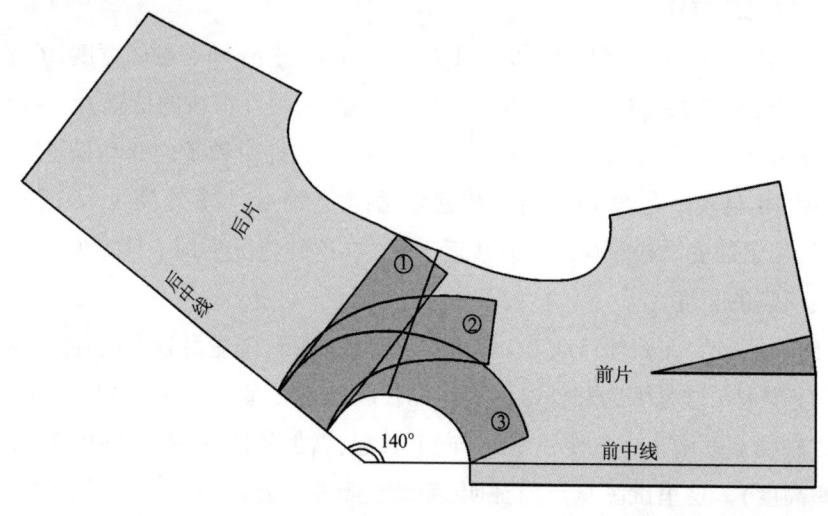

图 4-17

没有翻领部分;②领型的弧度为70°,正好是领圈弧度的一半,它所构成的领座高度与翻领宽度也恰好相等,这种领型适用于基本松量;③领型的弧度为140°,与领圈的弧度相等,它所构成的领座高度为0,翻领部分等于总领宽,这种领型反映了翻领松量的最大值。

根据上述原理,求证任意领座或领宽情况下,变动松量的计算公式。设领总宽为K,领座高为G,翻领宽为F,变动松量为X。由图中可以看出,①领的弧度=0°,领座高G=领宽K,变动松量$X=0$;②领的弧度=70°,领座高G=翻领宽F,变动松量$X=0$(因$G=F$所以适用基本松量);③领的弧度=140°,领座高$G=0$,翻领宽F=领宽K。

通过对图中①、②、③三种领型的分析可知,翻领宽度小于或等于领座高度时($F-G\leq0$时),变动松量无意义,这种领型只需要增加基本松量。当翻领宽度大于领座高度时($F-G>0$时),变动松量才具有实际意义。也就是说由①领~③领140°的变化范围内,前一个70°(①~②)构成了基本松量,后一个70°(②~③)构成了变动松量。由此可以推断,作用于变动松量的领子弧度每增加或减少1°,翻领与领座的变化值为$\dfrac{K}{70°}$。假如领子的弧度增减$X°$时,翻领与领座的变化值为$(F-G)$。据此作如下运算:$1°:\dfrac{K}{70°}=X:(F-G)$,$X=\dfrac{(F-G)}{K\times70°}$,即

$$变动松量=\dfrac{(翻领宽-领座高)}{总领宽\times70°}$$

用这一公式求出的变动松量是一种角度,使用起来不够方便。我们设法将这种角度转化成对角线的长度。方法是设定10cm半径画圆,在圆周上取1°夹角所对应的弧长来进行换算。已知10cm半径所构成的圆周长=10cm×2×3.14=62.8cm,所以每1°夹角所对应的弧长=62.8÷360°≈0.17cm。再将换算值与角度值合并即70°×0.17cm=11.9cm。据此这里将变动松量的计算公式简化为:

变动松量=(翻领宽-领座高)÷领总宽×12cm

3. 变动松量在制图中的应用

如图4-18所示,设领总宽$K=7$cm,领座高$G=2$cm,翻领宽$F=5$cm。变动松量$X=(5\text{cm}-2\text{cm})\div7\text{cm}\times12\approx5$cm。按照下面的步骤完成领子的制图。

①作直线$AB=\dfrac{1}{2}$领圈,分别过A、B两点作AB的垂直线AC和BD。

②取$AC=BD=$领总宽7cm,直线连接CD,画出领子的基本形。

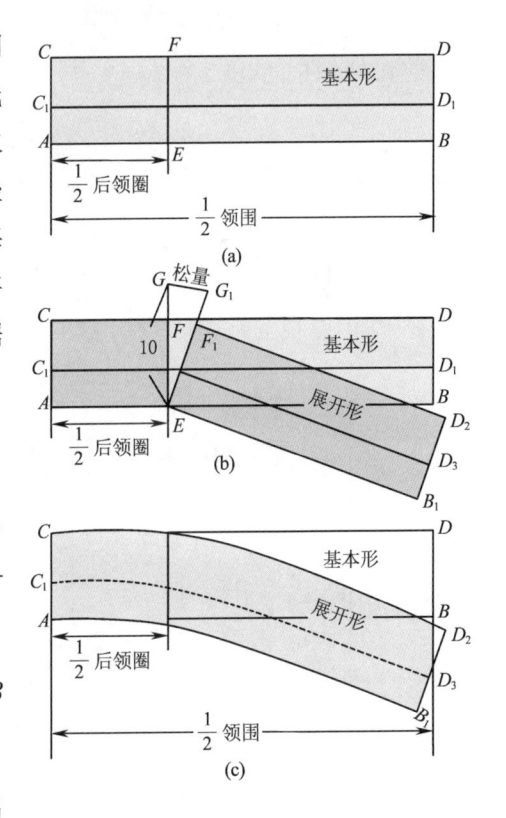

图4-18

③取 $AC_1=BD_1=$领座高度2cm，用直线连接 C_1D_1，确定翻领线。

④在 AB 线上取 $AE=\dfrac{1}{2}$ 后领圈，确定 E 点，过 E 点作 AB 的垂直线 EF。

⑤在 EF 的延长线上量取10cm确定 G 点，量取 $EG=EG_1$，$GG_1=$ 变动松量5cm，直线连接 EG_1。

⑥量取 $EF_1=EF=$ 领总宽7cm，确定 F_1 点，过 F_1 点作 EF_1 的垂直线 F_1D_2。

⑦量取 $F_1D_2=FD$ 确定 D_2 点，过 D_2 点作 F_1D_2 的垂直线 D_2B_1，量取 $D_2B_1=DB$，确定 B_1 点。

⑧直线连接 EB_1，分别用弧线划顺领上口线 C、F、F_1、D_2 和领下口线 A、E、B_1。

第五节　袖窿的构成原理与计算

袖窿是根据人体腋窝的截面形状设计的，通过人体抽样测量与数据分析得知，人体的腋窝围、腋窝深、腋窝宽作为构成袖窿的三要素，随着人体胸围的数值而变化。它们所占胸围的比例如图4-19所示。

腋窝围=44.3%胸围

腋窝深=13.7%胸围

腋窝宽=14%胸围

$\dfrac{1}{2}$ 前胸宽=18%胸围

$\dfrac{1}{2}$ 后背宽=18%胸围

以上比值仅仅表明人体胸围与袖窿三要素之间的关系，不能直接用于服装制图。因为服装与人体之间应当保持一定的间隙，在着装状态下袖窿宽的间隙量可以由人体肩部及胸部的厚度来自行调节，但前胸与后背的间隙量，除了面料纬向弹性因素之外，必须增加一定的松量，这是

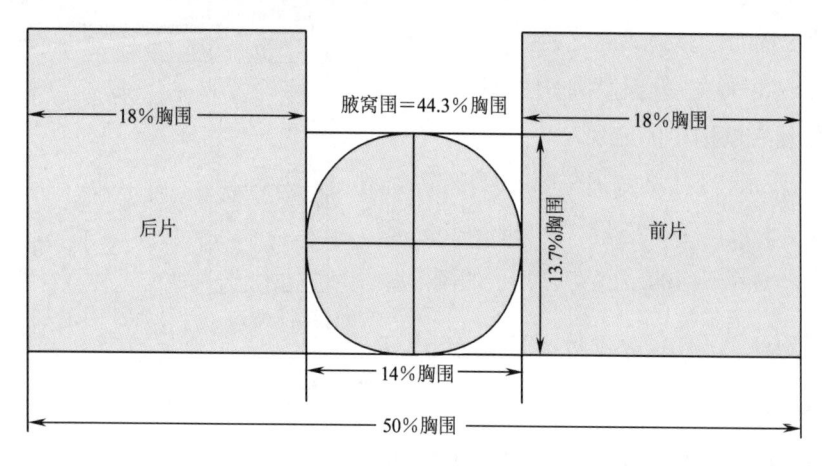

图4-19

因为人体双臂前后运动必然引起胸背宽度的变化。为了使服装满足人体运动的需要,我们将上面的比例作如下调整:

如图 4-20 所示,将袖窿宽缩小 1%胸围,同时将前胸宽和后背宽各增加 0.5%胸围,为了保证调整前后袖窿围的周长不变,将袖窿深增加 1%胸围,图中浅色部分所示为调整后的袖窿形状。调整后各部位所占服装胸围的比例为:

腋窝围=44.3%胸围

腋窝深=14.7%胸围

腋窝宽=13%胸围

$\frac{1}{2}$前胸宽=18.5%胸围

$\frac{1}{2}$后背宽=18.5%胸围

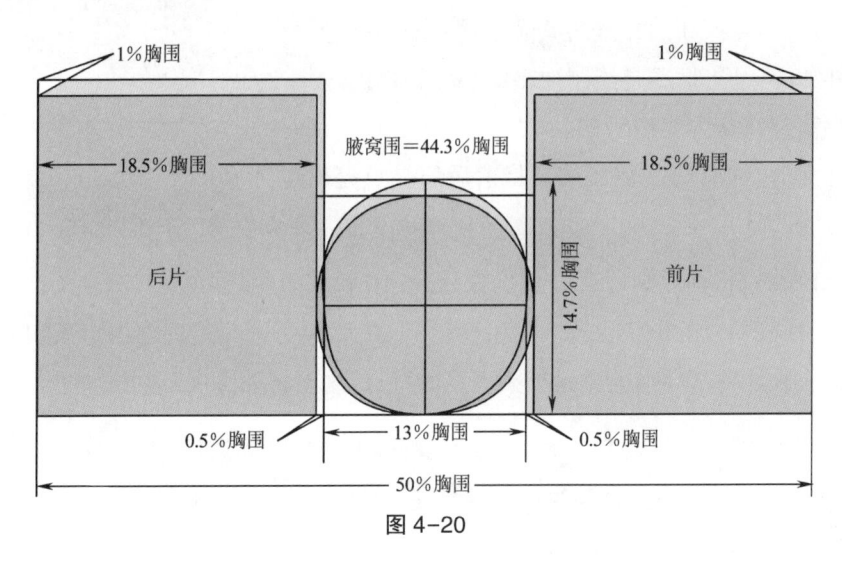

图 4-20

由于上述百分比计算起来比较烦琐,可采用下面的方法将它们进行简化。

将前胸宽和后背宽的比例由原来的 18.5%胸围,调整为 $\frac{2}{10}$胸围。调整前后两比例相差 1.5%胸围。按照男女平均胸围 100cm 计算,调整所造成的差值为 100cm×1.5% = 1.5cm,将 1.5cm 作为修正值,计算公式为:

$\frac{1}{2}$前胸宽=$\frac{2}{10}$胸围-1.5cm

$\frac{1}{2}$后背宽=$\frac{2}{10}$胸围-1.5cm

将袖窿宽的比例由原来的 13%胸围,调整成 $\frac{1}{10}$胸围,两比例相差 3%胸围,按照男女平均胸围 100cm 计算,调整所造成的误差为 100cm×3% = 3cm。将 3cm 作为修正值,计算公式为:

$$袖窿宽 = \frac{1}{10}胸围 + 3\text{cm}$$

将袖窿深由原来的14.7%胸围,调整成$\frac{1.5}{10}$胸围,两比例相差0.3%胸围。按照男女平均胸围100cm计算,调整所造成的误差为100cm×0.3%=0.3cm。将0.3cm作为修正值,计算公式为:

$$袖窿深 = \frac{1.5}{10}胸围 - 0.3\text{cm}$$

在此需要指出的是,这里所求出的袖窿深是服装成形后的袖窿深,相当于袖山的高度。它与制图中的袖窿深不是一个概念。对于制图上的袖窿深,这里将通过下面的作图来求证。

如图4-21所示,首先以平均胸围100cm×44.3%求出袖窿周长,再按照袖窿深和袖窿宽的纵横比画一个椭圆,然后作该圆的外切四边形,框线是绘制袖窿所必备的辅助线。其中,GH为袖窿宽,CD为成型后的袖窿深,CF和CE分别为前后衣片上面的"冲肩量"(制图右是指前后肩端点超出胸宽线或背宽线的量)。

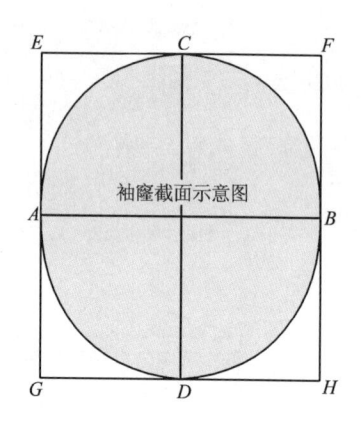

图 4-21

如图4-22所示,将袖窿圆周在C点位置分开,AC弧向C_1点移动,BC弧向C_2点移动,随着冲肩量的减小,袖窿弧线的形状也同步发生变化,但在形状变化的过程中袖窿弧线的长度保持不变。为了适应人体臂部向前上方运动频率高的特点,这里将袖窿底部的弧线进行一些适当的调整。将后衣片上的袖窿弧线$\overset{\frown}{AD}$向外放出1~1.5cm的松量,同时将前衣片上的袖窿弧线$\overset{\frown}{BD}$向里凹进1~1.5cm。调整后袖窿底部的弧线形状,前侧弧度略大,后侧弧度略小。

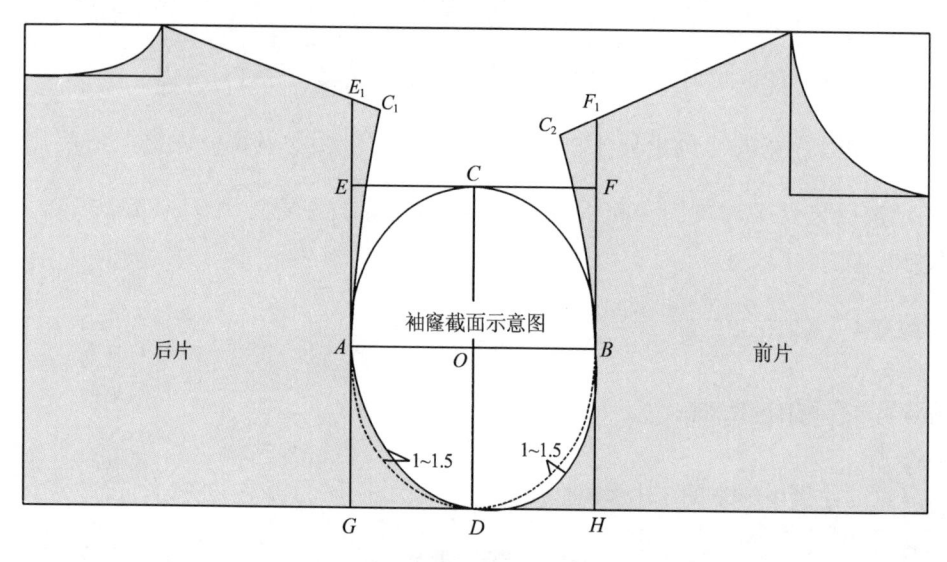

图 4-22

如图4-23所示,随着冲肩量 FC 的减少,反映在平面制图上的袖窿深逐渐增大。当 C 点移至 F_1 点时,制图的袖窿深达到最大值,可以根据几何学原理,求出制图袖窿深 F_1H 的计算公式。

已知 $\widehat{BF_1} = BC = 44.3\%$胸围$\times \frac{1}{4} \approx 0.11$胸围,$HB = 14.7\%$胸围$\times \frac{1}{2} = 0.074$胸围。所以 $F_1H = BF_1 + BH = 0.11$胸围$+ 0.074$胸围$= 0.184$胸围。为了便于应用,将0.184胸围调整成$\frac{2}{10}$胸围。调整前后两比例相差为:$\frac{2}{10}$胸围$-\frac{1.84}{10}$胸围$= 1.6\%$胸围。按照平均胸围100cm计算,实际差值为1.6cm。用1.6cm作为修正值,对计算公式进行修正后得:$F_1H = \frac{2}{10}$胸围-1.6cm。在袖窿下端与腋围之间增加0.6cm的间隙量,确定袖窿深的计算公式为:

袖窿深$= \frac{2}{10}$胸围-1cm

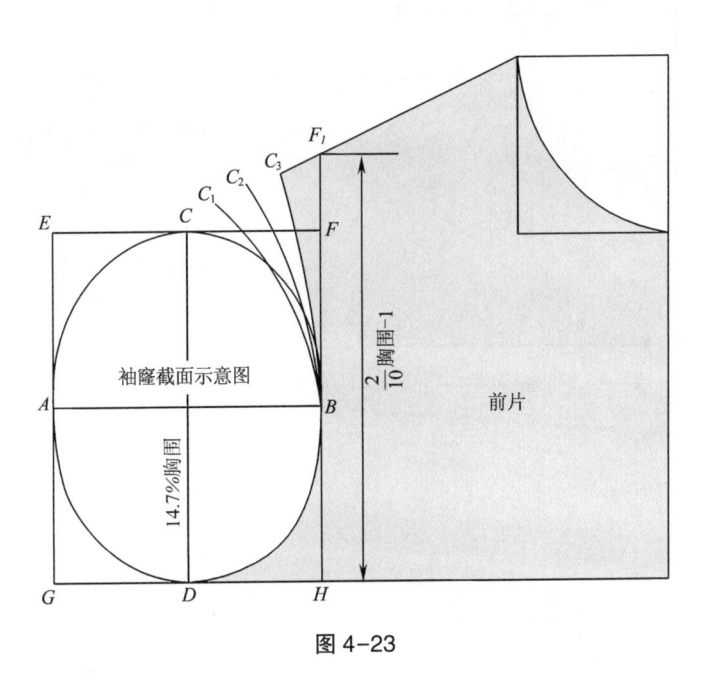

图4-23

如图4-24所示,利用上面所求出的计算公式绘制服装图。图中腰节长$=40$cm,前袖窿深$= \frac{2}{10}$胸围-1cm,后袖窿深$= \frac{2}{10}$胸围。后袖窿深大于前袖窿深1cm,这是因为后肩斜度为18°,前肩斜度为22°,后肩端点比前肩端点高出1cm。袖窿宽$= \frac{1}{10}$胸围$+3$cm,前胸宽$= \frac{2}{10}$胸围-1.5cm,后背宽$= \frac{2}{10}$胸围-0.5cm,在此将后背宽增加了1cm的活动松量。前片胸围$= \frac{1}{4}$胸围$+1$cm,后片胸围=$\frac{1}{4}$胸围-1cm,前后片胸围的差量是为了调整侧缝线的位置,使其接近于人体腋面的中线。

前片落肩量=5cm,后片落肩量=4cm。前片直开领=$\frac{2}{10}$领围+1cm,后片直开领=2.5cm。前、后衣片的横开领=$\frac{2}{10}$领围-1cm。

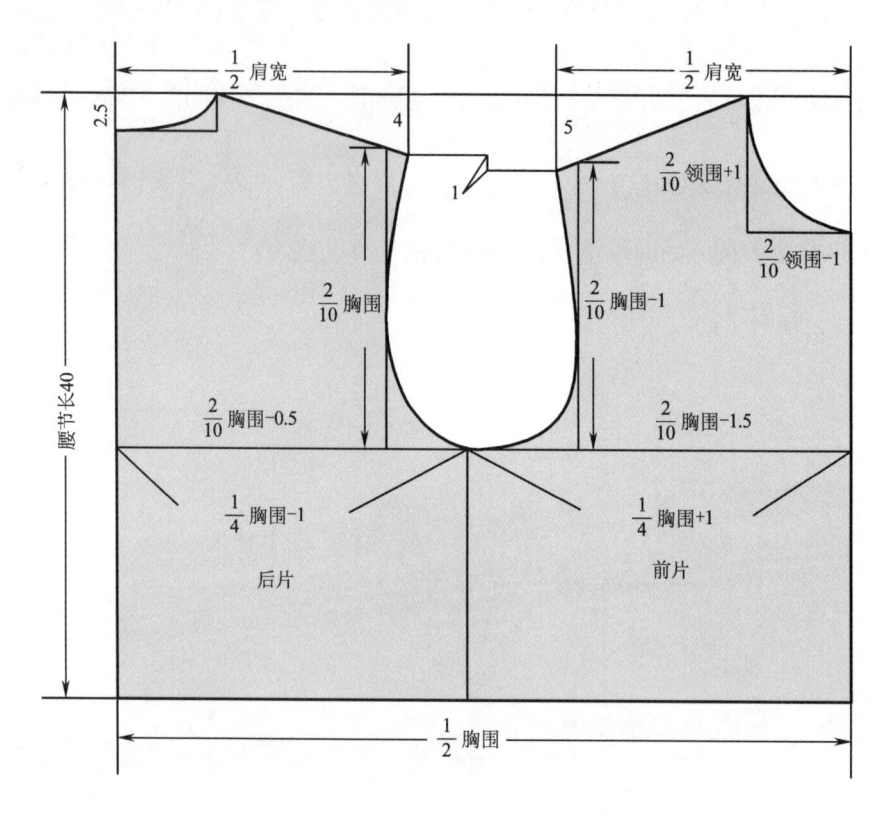

图 4-24

第六节　袖子的构成原理与计算

一、袖子的构成原理

袖子由袖山、袖管和袖口三部分构成。袖子的基本形状是含有一定锥度的筒形,上口围度与人体臂根部的围度相适应,下口围度与人体腕部的围度相适应。构成筒形上口围度的线称为"袖山线",构成筒形下口围度的线称为"袖口线",袖山线与袖口线之间的一段筒形称为"袖管"。

如图 4-25(b)所示,用一斜面将筒形的上端切掉一部分,斜面的倾斜角度越大,形成的袖山高度越大,袖子的活动松量越小。反之,斜面的倾斜角度越小,形成的袖山高度越小,袖子的活动松量越大。

如图4-25(c)所示,将去掉斜角的筒形作平面展开。为了满足人体臂部向前上方运动的需求,将前袖窿弧线向里凹进一定的量,同时将后袖山弧线凸出相近的量。这种处理方法是与袖窿的处理方法相对应的(参见图4-22)。

以上图示有助于我们了解袖子的构成原理,通过分解袖子的立体形态形成了袖片的基础图形。这一基础图形是所有袖型结构设计的母型,无论是单片袖、双片袖、还是多片袖,都是在此基础上变化产生的。

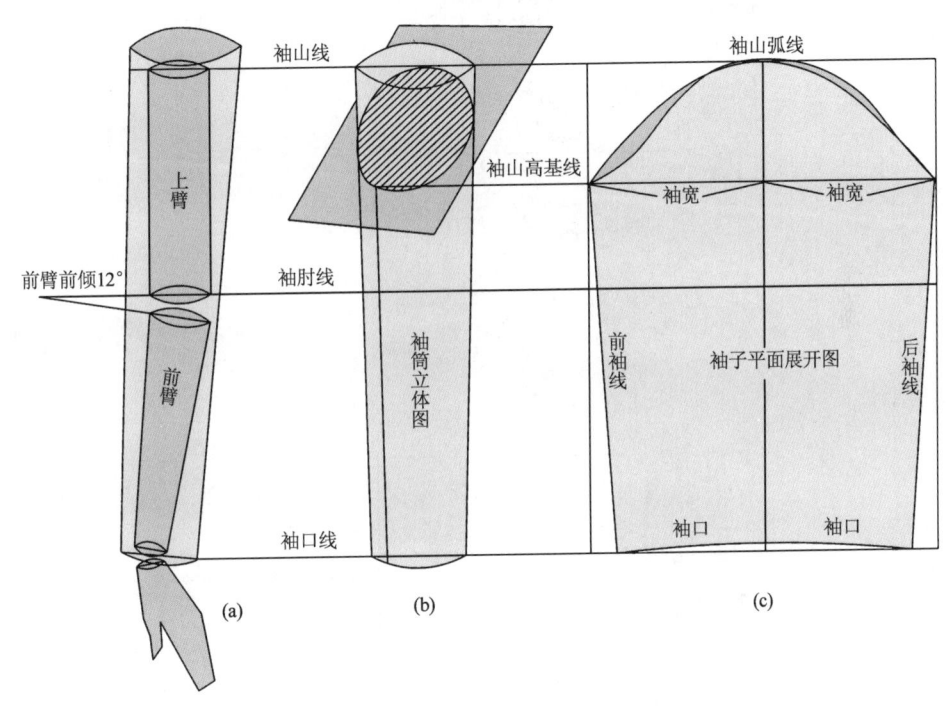

图 4-25

如图4-26所示,OC 为袖山高,OF 和 OF_1 为袖肥,GG_1 为肘位线,CC_1 为袖中线,BB_1 为前袖中线,DD_1 为后袖中线,C_1H 和 C_1I 分别为前、后袖口大。这种制图是一种比较简略的袖型结构图。从图中可以看出,袖管的形状与人体臂部的形态不相适应,所以只能作为一种宽松式的袖型,可用于衬衫、夹克等宽松型服装。

如图4-27所示,将袖中线与袖口线的交点 C_1 向前袖片移动2cm,确定 C_2 点。以 C_2 点为中点分别量出前袖口大 C_2H,后袖口大 C_2I。将后肘线 KG_1 和后袖中线 KD_1 分别剪开,再以 K 点为圆心,顺时针旋转至 E_1 点与 I 点重合,使 KG_1 转化成肘省。这种变化使后袖线的形态更加接近人体臂部的形态。但前袖线仍然与人体臂部的形态不相吻合,因而还要作进一步的改进。

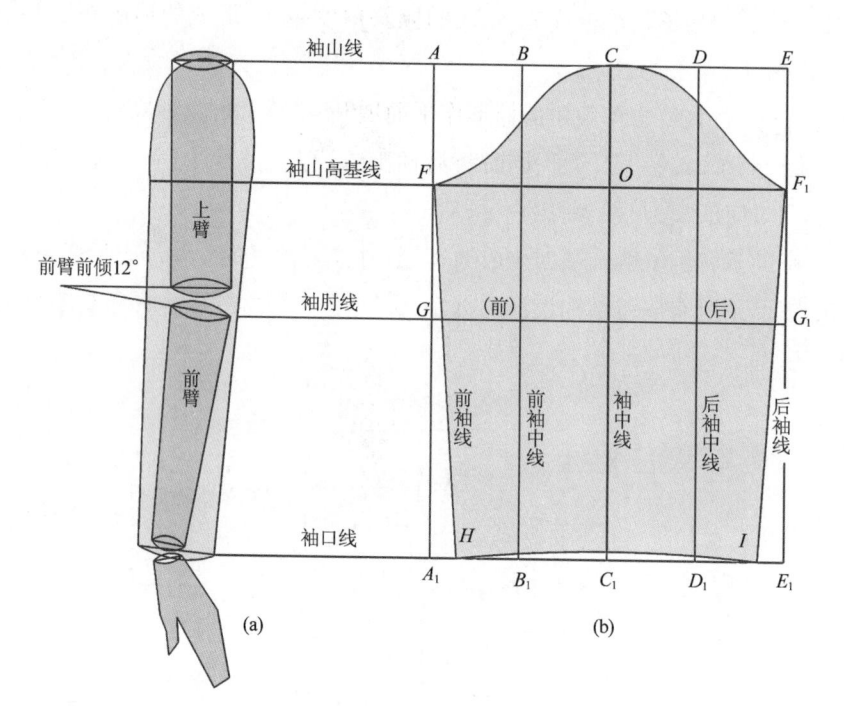

图 4-26

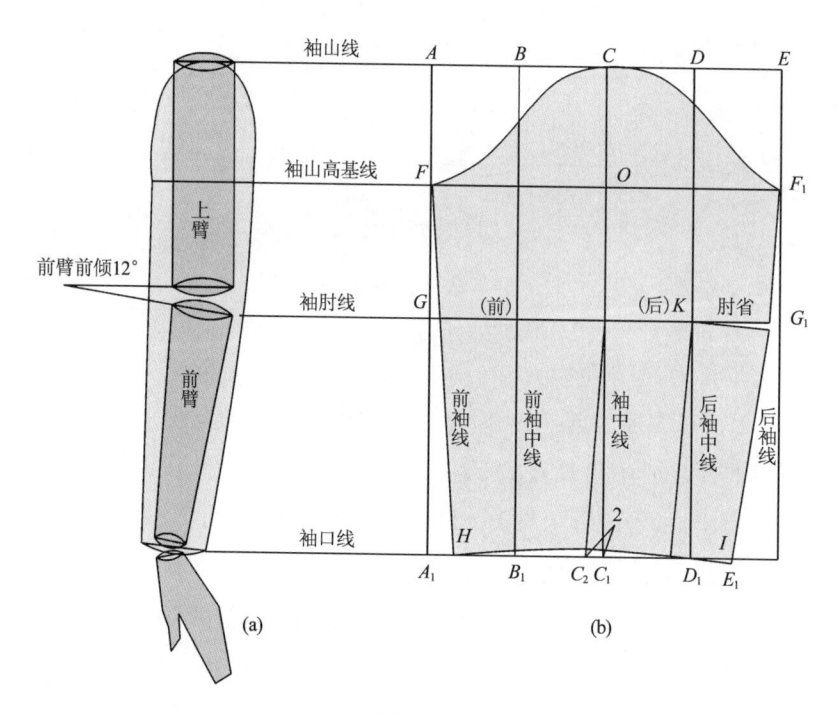

图 4-27

如图 4-28 所示,分别以前中袖线 BB_1 和后袖中线 DD_1 为分界线,将单片袖变化成双片袖。

为了使袖子外观完整,利用增加偏袖的方法隐藏前袖线和后袖线。即将前袖中线向外平行移位3cm增加前偏袖,将后袖中线向外平移2cm增加后偏袖然后将剩余的部分合并成小袖片。在双片袖结构中,大小袖的前后偏袖线都可处理成弧线,因而成型后的袖管弯势平滑而圆顺,造型美观。这种袖型通常被用于男女西装、职业装等正装类服装。

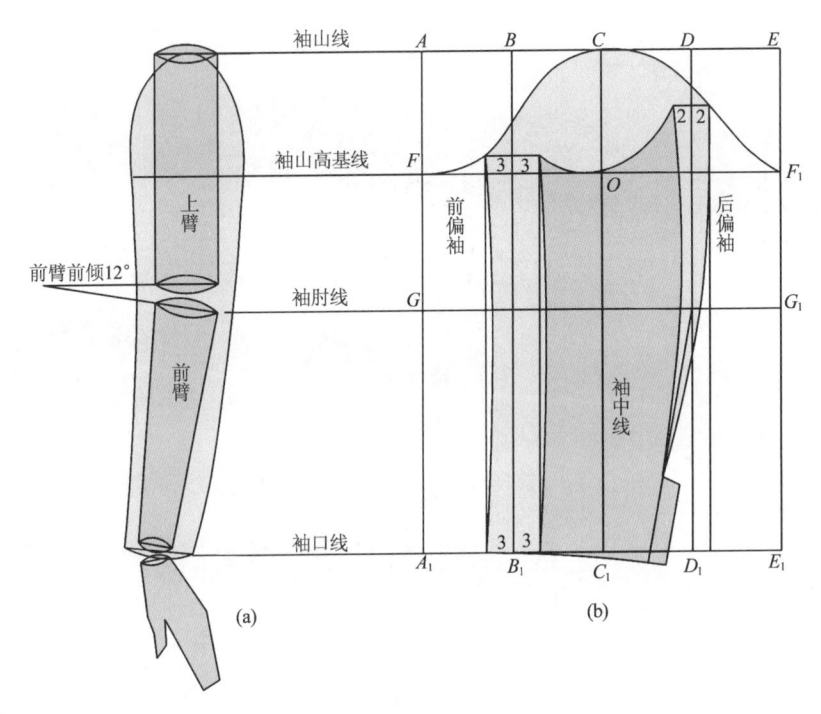

图 4-28

二、袖子的计算公式

袖窿与袖山的配合关系是袖型结构设计中的关键因素。在第五节中已经对袖窿的构成原理与计算方法作了论证,下面依据袖窿圆周来求证袖山的计算公式:

如图 4-29 所示,将袖窿圆周下面的 O 点切开,分别将两个端点沿袖窿深线向左右两侧拉开至 A、F 两点,使 $\overset{\frown}{OB}$ 变为 $\overset{\frown}{AB'}$,$\overset{\frown}{OD}$ 变为 $\overset{\frown}{FD'}$,图中 OA 或 OF 分别构成前后袖肥。在袖窿的构成原理与计算一节中,我们求出了成型后的袖窿深 $OC=\dfrac{1.5}{10}$胸围-0.3cm,从图中可以看出,OC 是袖山的高度,在实际缝制中袖子处于外圆,袖窿处于内圆,内、外圆周之间因面料的厚度而产生一定的长度差,为了使袖孔与袖窿相吻合,可以将袖山高度增加 0.3cm 的调节值,以此实现增加袖孔长度的目的。调整后袖山高的计算公式由原来的 $\dfrac{1.5}{10}$胸围-0.3cm,变成$\dfrac{1.5}{10}$胸围。

如图 4-30 所示,图中椭圆表示袖窿圆周,周长为 44.3%胸围。在直角三角形 AOC 中,袖山

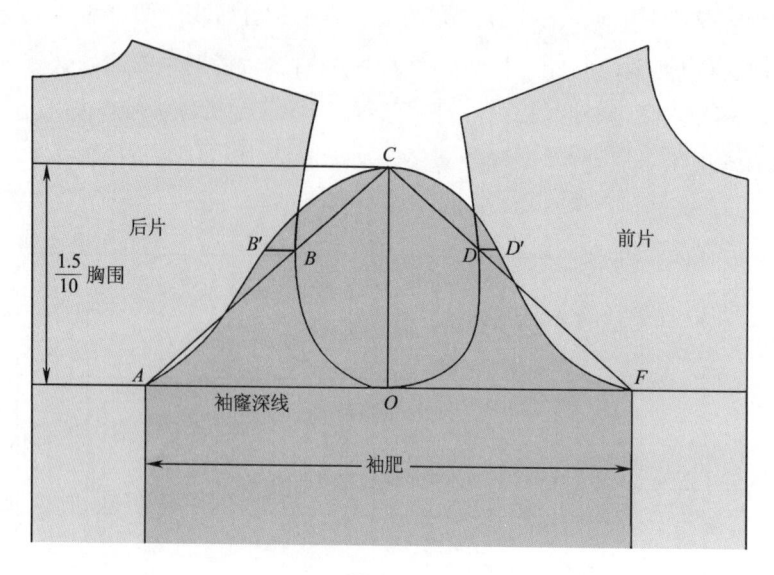

图 4-29

高 $OC = \dfrac{1.5}{10}$胸围，$AC = \overparen{OC} = 44.3\%$胸围$\div 2 \approx 0.22$胸围。根据直角三角形勾股定理，$OA^2 = AC^2 - OC^2 = (0.22$胸围$)^2 - (0.15$胸围$)^2 = 0.05$胸围$-0.02$胸围$\approx 0.03$胸围，$OA \approx 0.17$胸围。

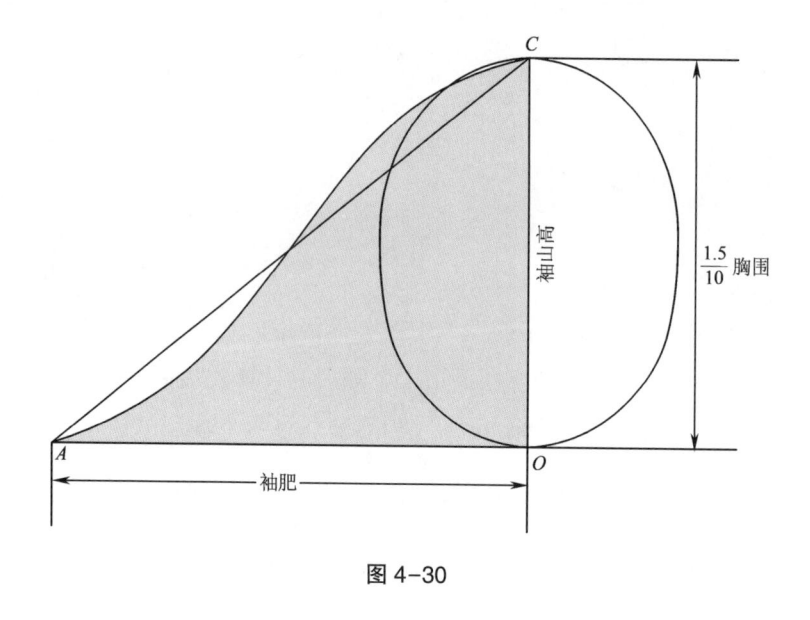

图 4-30

为了统一计算公式，将 0.17 胸围调整为 $\dfrac{1.5}{10}$胸围，调整前后相差 $\dfrac{1.7}{10}$胸围$-\dfrac{1.5}{10}$胸围$= 2\%$胸围。按照男女平均胸围 100cm 计算，实际差值为 2cm。将 2cm 作为修正值，对公式进行修正后得：

$$OA = \frac{1.5}{10}胸围+2cm$$

在此需要说明一点,在半合体型服装制图中通常会将部分省量转移到袖窿当中,导致袖窿弧线的长度在原有基础上增加1~2cm,为了使袖山弧线与袖窿弧线的长度相吻合,需要在原有袖肥的基础上追加1cm的放松量,即将袖肥计算公式后面的修正值调整为3cm。经过论证最终得出了有关袖山和袖肥的计算公式:

$$袖山高 = \frac{1.5}{10}胸围$$

$$袖肥 = \frac{1.5}{10}胸围+3cm$$

第七节 衣身的构成原理与计算

衣身所覆盖的躯干是人体中最复杂的部位,因而衣身部分的制图一直是服装结构设计中的难点。过去由于受技术条件的制约无法对人体作科学而全面地分析,只能凭经验来推测服装制图中的相关计算。随着科学技术的进步,尤其是近些年来服装CAD技术的应用,为服装制图原理与技法的研究,提供了极大的方便。本节中我们采用了制图与测量相结合的研究方法,分别对男女人体躯干部位的立体形态作平面展开实验。首先运用服装CAD软件中的制图与测量功能,根据人体相关部位的数据与结构特征,绘制出"人体数学模型"。然后在数学模型上沿"人体表面"分别测出前后"衣片模拟线"的长度。再将前后"衣片模拟线"长度与腰节长度之"差量"分别作为前后衣片省量的依据。

一、女装结构原理与计算

人体形态是服装结构的依据,要理解服装的构成原理,首先要掌握人体的形态特征。由于人体的结构变化非常复杂,服装的结构不可能体现人体的全部细节,所以必须对人体进行归纳与整合,使其由自然形态转化为几何形态,以便绘制出人体数学模型。

在绘制人体数学模型之前首先要选择制图参数,根据国家服装号型标准,女装5·4系列,中间体160/84A中的相关数据,设定后背长=颈椎点高136cm-腰节高98cm=38cm,胸围=净胸围84cm+松量10cm=94cm,腰围=净腰围68cm+松量10cm=78cm,总肩宽=净肩宽39.4cm+松量0.6cm=40cm,领围=净颈围33.6cm+松量6cm=39.6cm。其他数据参照平面制图中的相关公式计算。

如图4-31所示,是根据日本中泽愈先生的著作《人体与服装》中的相关研究,绘制的人体主要部位截面俯视图。借助此图主要想说明以下四点:其一,图4-31(a)中的胸围截面轮廓线与腰围截面轮廓线之间,因位置不同其半径有差异,这种差异决定了服装制图中腰省的位置与省量变化。其二,图中4-31(a)中还显示了肩端点S相对于侧颈点N向前偏移约1cm,由此形成了服装制图中后落肩量小于前落肩量 1cm 的基本模式。其三,图 4-31(b) 中显示的胸围、颈围截面为横径大于矢径的长方形,而颈围截面则近似于正圆形。利用投影法对人体做实际测量所获得的数据表明,人体胸围部位前后间的矢径平均值为 20.5cm,左右间的横径平均值为 30.8cm,矢径与横径之比约为 1:1.5,这一比例将作为绘制人体侧面数学模型的基本依据。其四,图 4-31(c) 中所描述的是人体腰围、颈围截面示意图,图中显示颈围截面的后凸点与腰围截面的后凸点在同一水平线上,说明人体在自然直立状态下,后颈点与后腰节点处于同一垂直线上,肩胛点凸出量是决定人体背部曲线变化的主要因素。为了明确显示人体胸、腰、颈之间的几何关系,我们将胸、腰、颈三部位的截面形状进一步归纳成圆形和椭圆形。

如图 4-31(d) 所示,首先以净胸围 84cm、净腰围 68cm 为周长作两个同心圆,再以净颈围 33.6cm 为周长在腰围圆周纵向直径的上端作一个内切圆。然后按照图 4-31(e) 所示,根据人

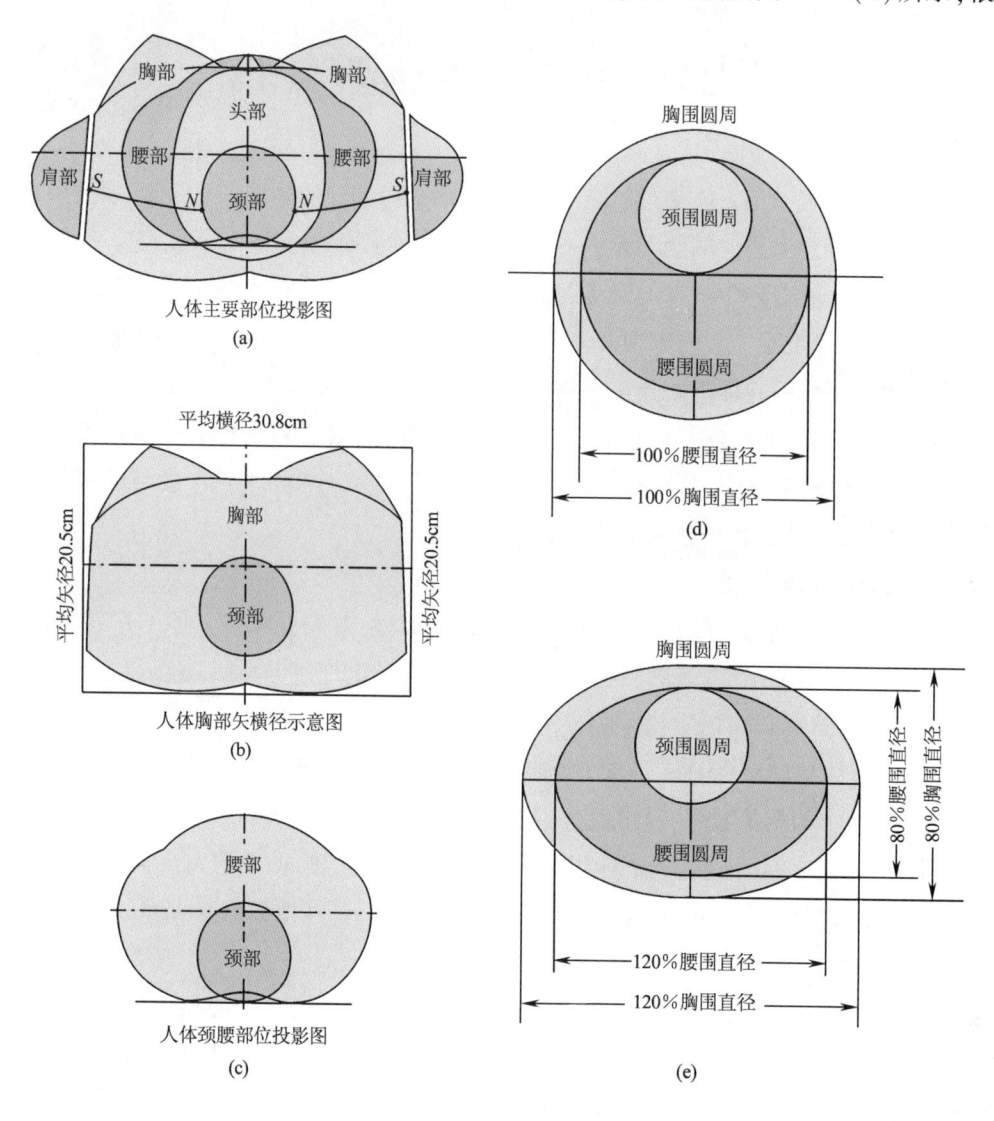

图 4-31

体胸围与腰围的截面特征,按照矢径与横径1∶1.5的比例,将正圆调整成椭圆,即横向直径分别取胸围直径的120%和腰围直径的120%,纵向直径分别取胸围直径的80%和腰围直径的80%,经测量调整后的胸围和腰围周长与原数值基本相等,说明调整后的椭圆符合人体胸围及腰围截面的基本特征。

在完成上述实验准备工作之后,接下来开始绘制人体数学模型。首先按照图4-32所示,将以上所归纳的人体截面椭圆示意图,分别转化成包含人体颈、胸、腰主要部位的正面、侧面立体几何图,以此作为绘制人体数学模型的参照。然后按照图4-32(c)所示,绘制人体侧面几何图。制图步骤如下:

按照图4-32(c)所示:
①作垂直线,AB=后背长=38cm。
②向上延长垂直线,AC=颈部高度=6cm。
③取AF=落肩量=5cm。
④取FO=袖窿深=$\frac{2}{10}$胸围。
⑤肩胛骨凸点HI在袖窿深FO的$\frac{1}{3}$位置,按照"胸围半径80%-腰围半径80%"求出凸出量约为2.5cm。
⑥过C点作BC的垂直线CD,取CD=颈围直径-2cm。
⑦过A点作BC的垂直线AE,取AE=颈围直径。
⑧分别用直线连接AI和IB,确定背部轮廓线。

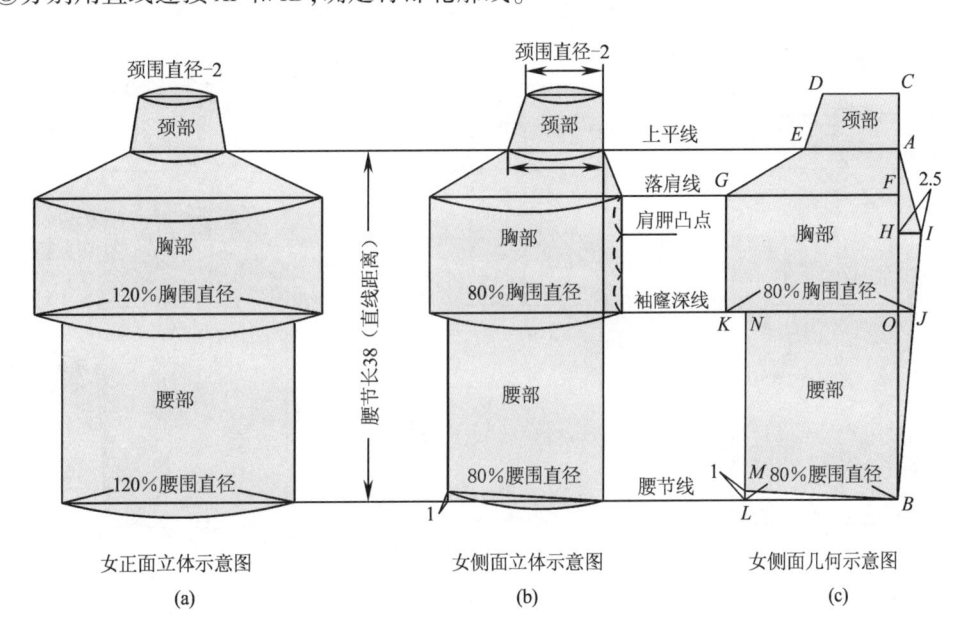

图4-32

⑨过 O 点作 BC 的垂直线与 IB 线相交于 J 点,取 $JK=80\%$ 胸围,确定 K 点。

⑩过 K 点作 OK 的垂直线,过 F 点作 BC 的垂直线,两线相交于 G 点,分别用直线连 DE 和 EG。

⑪过 B 点作 BC 的垂直线 BL,取 $BL=80\%$ 腰围,确定 L 点。

⑫过 L 点作 BL 的垂直线与 JK 线相交于 N 点。

⑬取 $LM=1$cm 确定 M 点,直线连接 MB 确定腰节斜线。

按照图 4-33(a) 所示:

⑭将颈部四边形 $ACDE$ 逆时针旋转 $19°$ 至 $AC_1D_1E_1$,直线连接 E_1K 和 KM,确定前胸轮廓线。

⑮取 $OP=RQ=$ 袖窿宽 $=\dfrac{1}{10}$ 胸围 $+3$cm 直线连接 PQ,确定袖窿框线。

⑯过 OP 的中点作 OP 线的垂直线,与 AE_1 线相交于 S 点。

按照图 4-33(b) 所示:

⑰在框线内画出椭圆形袖窿,过 S 点沿 E_1A 线向后 1cm 确定 T 点。

⑱直线连接 T 点与袖窿圆周的顶点 V,确定肩斜线 TV。

⑲分别用直线连接 TK 和 TI。

按照图 4-33(c) 所示:

⑳分别将 T、K、M 三点和 T、I、B 三点用弧线连接,调整弧线与人体的侧面形状相近似。

㉑测量 T、K、M 三点间弧线长度为 43.08cm,大于腰节垂直长度 5.08cm。

㉒测量 T、I、B 三点间弧线长度为 40.16cm,大于腰节垂直长度约 2.2cm。

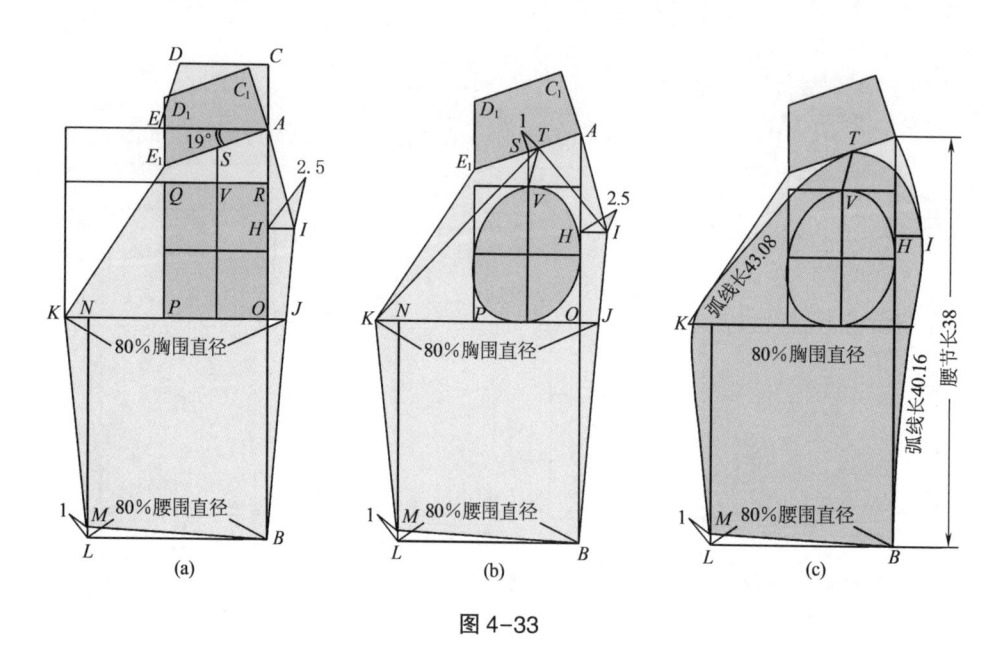

图 4-33

以上我们完成了人体数学模型的绘制,并在人体数学模型上,分别测量前后模拟衣片的长度,将前后模拟衣片的长度值与腰节线的直线距离作比较,从中计算出前后模拟衣片与腰节线之间的长度差。通过测量与比较得出:人体数学模型中 T 点至 M 点的弧线长度大于腰节垂直长度 5.08cm,但服装加放松量后胸高点 K 与前腰围 M 点之间的相对高度会变小,弧线 $\overset{\frown}{TKM}$ 间的弧线长度也会相应减少,所以在服装制图中前衣片的胸省量取 4cm。T 点至 B 点间的表面长度大于腰节垂直长度 2.2cm,服装加放松量后这一差量本应减少,但考虑到人体在松弛状态下会因胸部前屈而导致背长增大,所以在服装制图中将后衣片的肩胛省量确定为 2.5cm,其中有 1cm 作为后背活动松量。在此需要说明一点,以上数据仅是针对一般人体而设定的,对于特殊体型需要灵活掌握。

按图 4-34 所示,绘制人体平面展开图,由于图中尚未包含省量,前后衣片的长度等于腰节垂直长度,制图规格为:后背长 38cm、胸围 94cm、腰围 78cm、肩宽 40cm、领围 39.6cm。图中前落肩量=5cm,后落肩量=4cm,前袖窿深=$\frac{2}{10}$胸围-1cm,后袖窿深=$\frac{2}{10}$胸围,袖窿宽=$\frac{1}{10}$胸围$+3$cm,前后横开领大=$\frac{2}{10}$领围-1cm,前直开领大=$\frac{2}{10}$领围$+1$cm,后直开领大$=2.5$cm,前后落肩差$=1$cm。

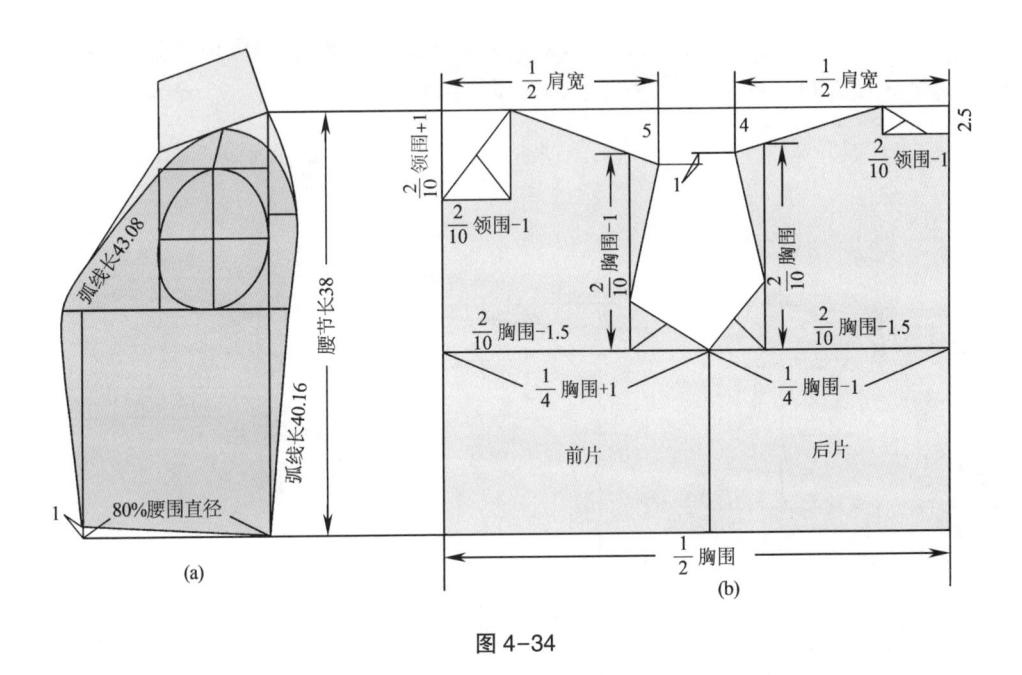

图 4-34

如图 4-35 所示,在人体平面展开图的基础上,分别确定前后衣片上的省位分割线。首先过前胸宽 KP 的中点垂直向下 4cm 确定 BP 点位置,过 BP 点作袖窿深线 KN 的平行线 K_1N_1,确定前片分割线位置。然后在后袖窿深 OR 的 $\frac{1}{3}$ 位置确定 H 点,过 H 点作 NJ 的平行线 HI,确定后片分割线位置。

图 4-35

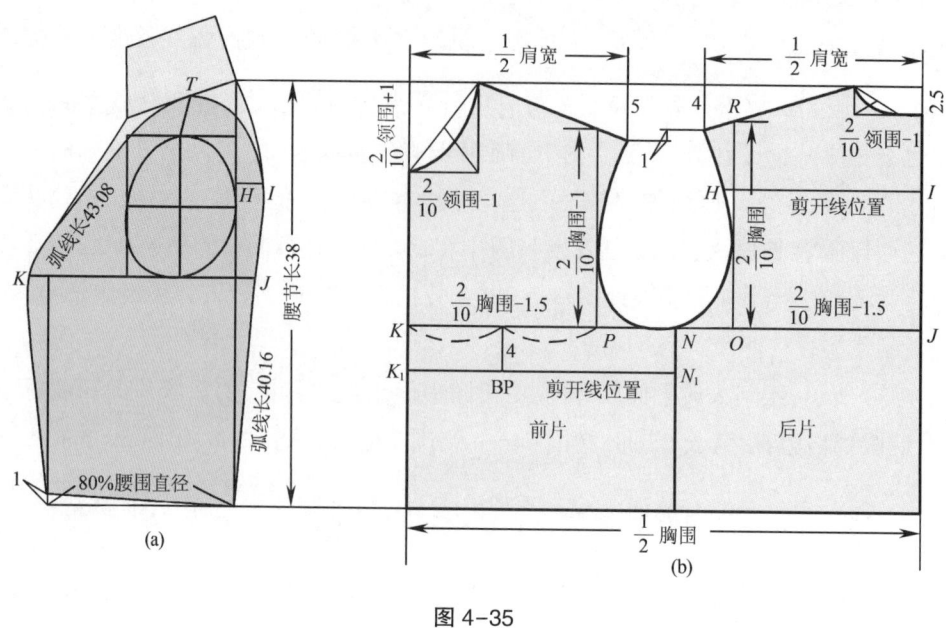

如图 4-36 所示,分别剪开前后衣片上的分割线,根据衣片弧线长度与腰节垂直长度间的差量,在分割线中加入相应的展开量。具体方法:将后衣片上的 HI 线剪开,向上移 2.5cm 至 H_1I_1 线。其中 1.5cm 为肩胛凸量,1cm 为背部活动松量。再将前衣片上的 K_1N_1 线剪开,向下移 4cm 至 K_2N_2 线。加入展开量之后,后袖窿深比原来增加了 2.5cm,计算公式由 $\frac{2}{10}$ 胸围变为:$\frac{2}{10}$ 胸围+

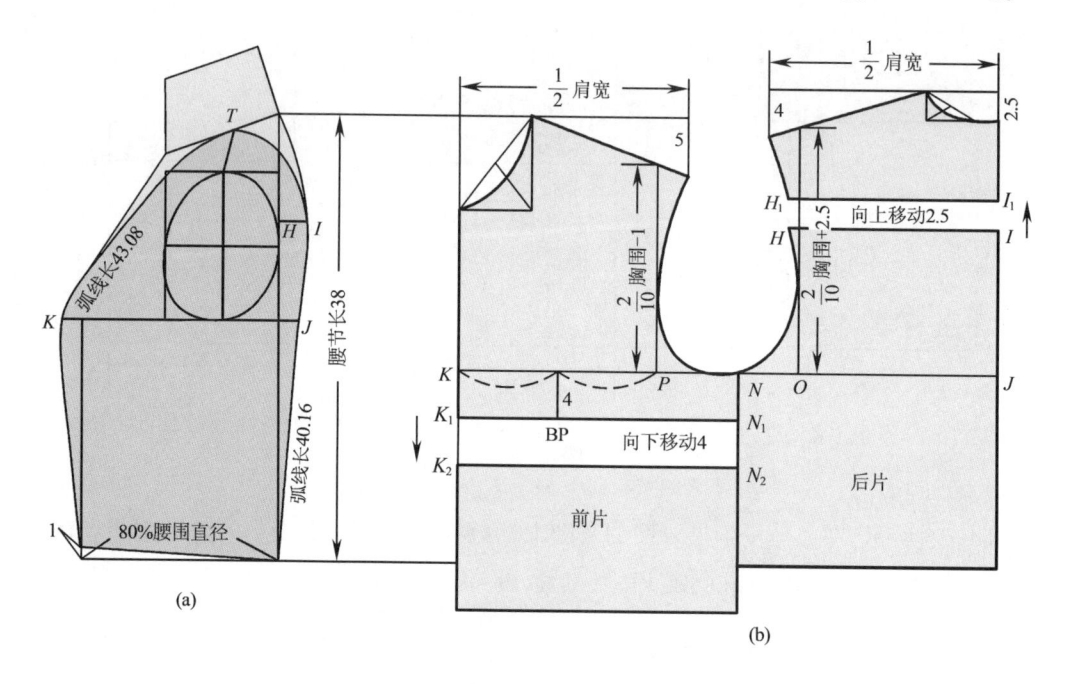

图 4-36

2.5cm。由于前衣片的分割线在袖窿深线以下,所以前袖窿深计算公式仍为:$\frac{2}{10}$胸围-1cm。

如图4-37(a)所示,在前衣片上用直线连接 N_2 与 BP 点,将打开的4cm省量转化为腋下省。将后片打开量2.5cm中的1.5cm处理成袖窿省,省尖位于 H_1I_1 线的$\frac{1}{3}$位置。其余1cm作为袖窿弧线的延长量。经过处理后前后衣片侧缝线的长度相等。

如图4-37(b)所示,通过省位转移生成服装基础模板。在前片上过 BP 点作腰围线的垂直线,剪开垂直线合并腋下省,在腰线上形成4cm的省量。过后片袖窿省尖作 H_1I_1 线的垂直线交于肩斜线,沿线剪开将袖窿省中的1cm转化成肩省,其余0.5cm作为袖窿弧线的延长量。这一变化使肩端点下降了1cm,落肩量由原来的4cm变为5cm。袖窿深减少了0.5cm,由原来$\frac{2}{10}$胸围+2.5cm 变为$\frac{2}{10}$胸围+2cm。肩宽增加了0.5cm,由原来$\frac{1}{2}$肩宽变成$\frac{1}{2}$肩宽+0.5cm。

如图4-38(a)所示,将后片肩端点提高0.5cm划顺后肩斜线,落肩量由原来的5cm变成4.5cm。袖窿长度因肩端点提高增加了0.5cm,加上袖窿省0.5cm,背部松量1cm,共计2cm。这2cm的袖窿弧线延长量作为垫肩填充量。为了使服装肩部和袖窿部位不出现省道线,将后肩宽与前肩宽1cm的差量,在缝合肩线时作为缩缝处理。经过以上调整形成如图4-38(b)所示的女装基本制图模板。图中前衣片的下端低于后片4cm,后衣片的上端高于前片2.5cm,前衣片的长度大于后衣片1.5cm,前腰省4cm,前后落肩差0.5cm。

以上我们完成了服装基础模板的计算与绘制,这一模板适用于合体型服装的制图。为了适应其他类型服装的制图,我们进一步对基础模本进行调整,生成应用Ⅰ型和应用Ⅱ型两种模板。其中,应用Ⅰ型模板适用与衬衫、夹克等四开身结构的服装制图,应用Ⅱ型模板适用于西装、职业装等三开身结构的服装制图。

如图4-39(a)所示,在前袖窿弧线的$\frac{1}{3}$位置定点,与腰省的省尖直线连接,沿线剪开,合并腰省1cm,形成0.7cm的袖窿省。这一变化使前袖窿深在垂直距离上增加了1cm,计算公式由原来的$\frac{2}{10}$胸围-1cm 变为$\frac{2}{10}$胸围,前腰省量由原来的4cm变成3cm。将前后衣片的侧缝线对齐,生成如图4-39(b)所示的应用Ⅰ型模板。图中前片下端低于后片3cm,后片上端高于前片1.5cm,前片长度大于后片1.5cm。

如图4-40(a)所示,过前腰省的省尖作前中线的垂直线,沿线剪开,合并腰省1cm,在前中线形成0.6cm的省量及2cm的撇胸量。这一变化使前片落肩量增加了1cm,肩宽量增加了1.5cm,袖窿深线向下移位1cm。落肩量取6cm。经过调整,生成如图4-40(b)所示的应用Ⅱ型模板。图中前片下端低于后片2cm,后片上端高于前片0.5cm,前片长度大于后片1.5cm。前肩宽由撇胸线计算取$\frac{1}{2}$肩宽-0.5cm,前胸省量为2cm。

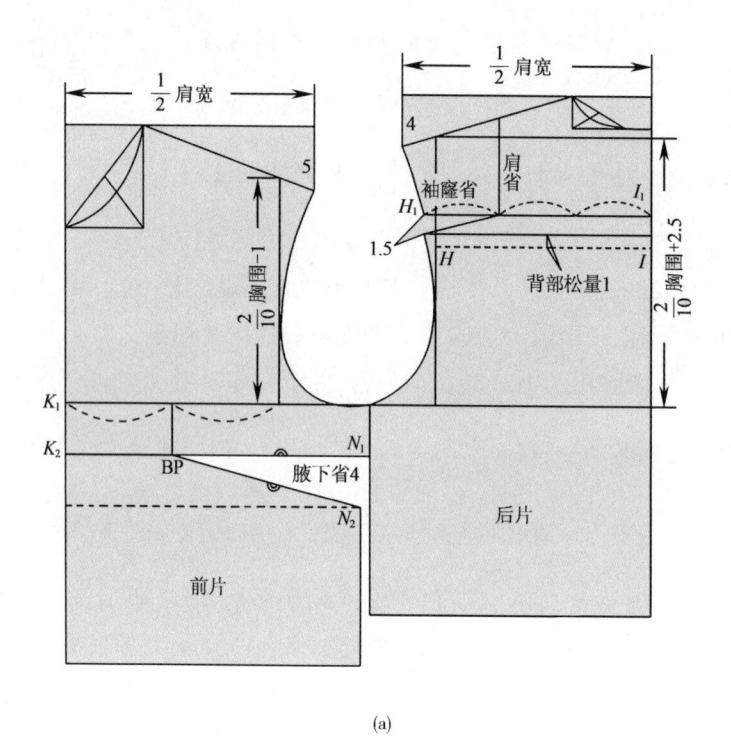

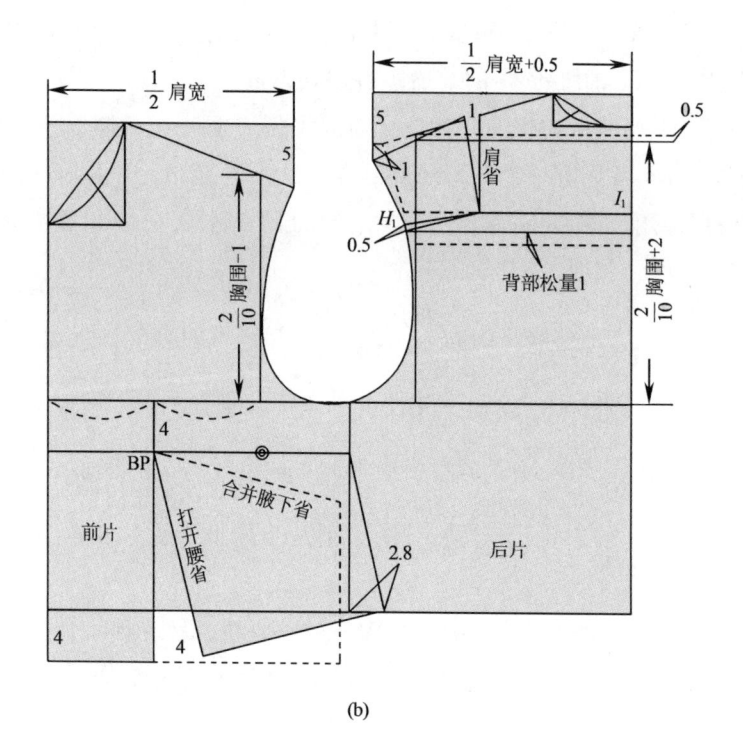

图 4-37

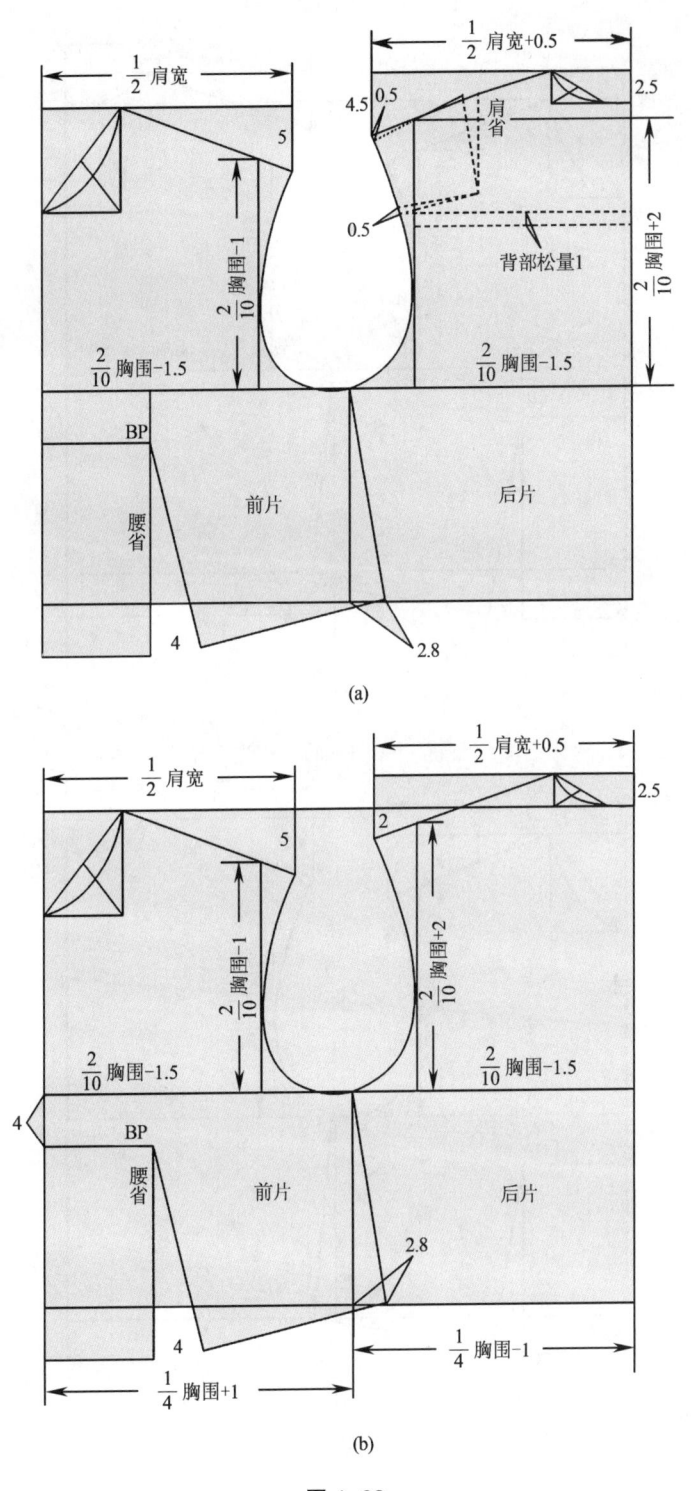

图 4-38

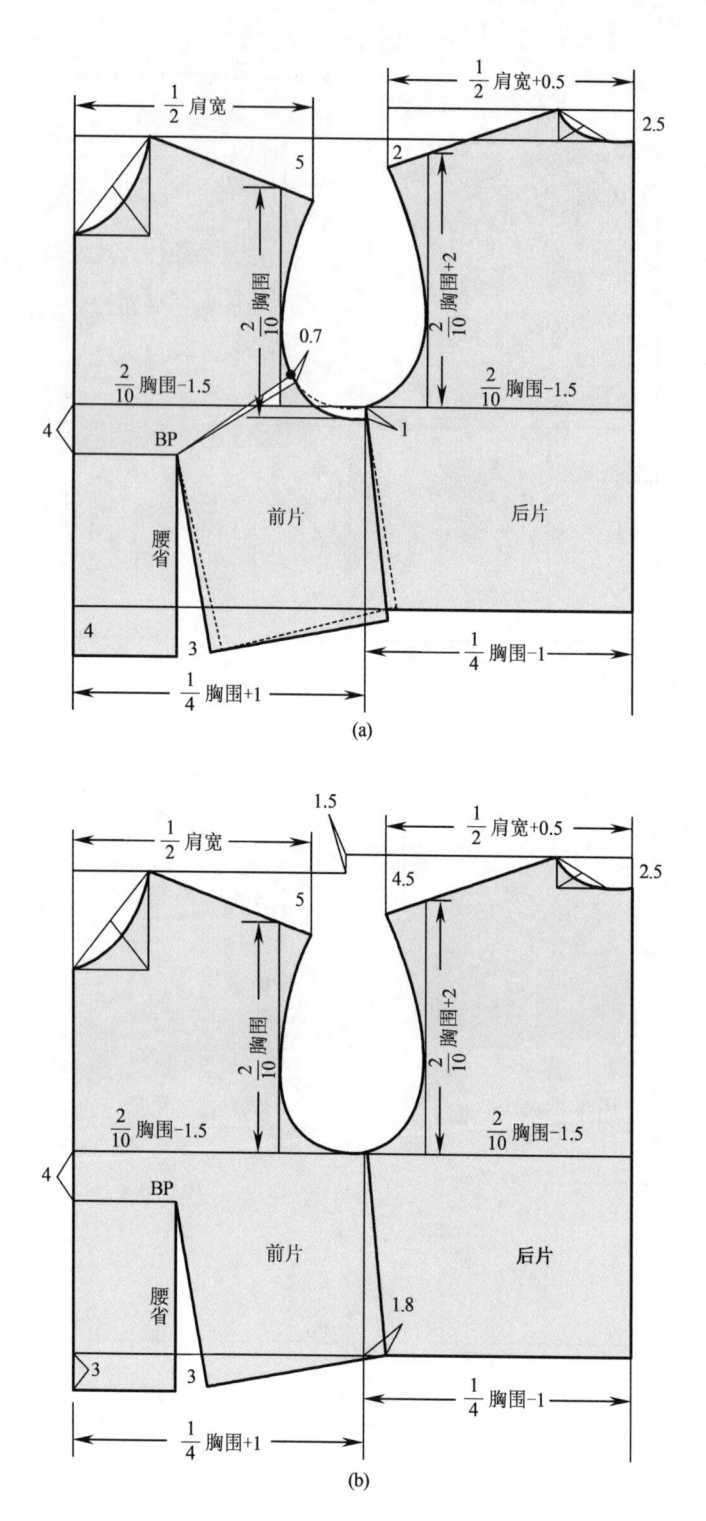

图 4-39

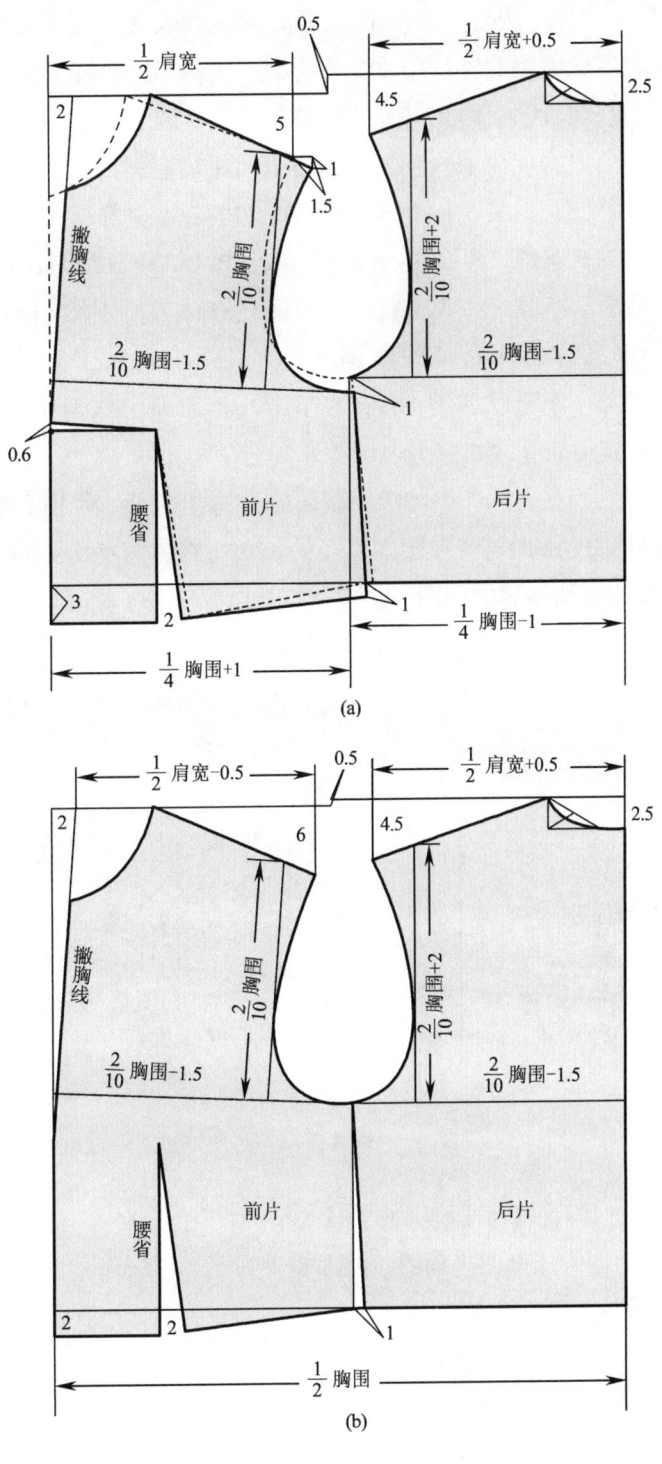

图 4-40

二、男装结构原理与计算

男装的构成原理与计算方法与女装相比较,其差异主要表现在三个方面:一是男体的胸凸量小于女体的胸凸量,因此男装的省量相对女装要小一些;二是男体的后背宽度比女体的后背宽度大并且肩胛凸量也比女体大,因此男装的后袖窿深比女装大;三是男体的肩斜度比女体的肩斜度小,正常男体的后肩斜度为16°,前肩斜度为20°,平均肩斜度为18°,比女体小2°。

根据国家服装号型标准,男装5·4系列,中间体170/88A中的相关数据,经计算或加放松量后产生如下数据:后背长=颈椎点高145cm-腰节高102.5cm=42.5cm,胸围=净胸围88cm+松量10cm=98cm,腰围=净腰围74cm+松量10cm=84cm,总肩宽=净肩宽43.6cm+松量0.4cm=44cm,领围=净颈围36.8cm+6松量cm=42.8cm。

如图4-41(a)所示,分别以胸围88cm、腰围74cm为周长作两个同心圆,再以净颈围36.8cm为周长在纵向直径的上端作一个内切圆。

如图4-41(b)所示,根据人体胸围与腰围截面的矢、横径比例,将正圆调整成椭圆。方法是将横向直径分别取胸围直径的120%和腰围直径的120%,纵向直径分别取胸围直径的80%和腰围直径的80%。经测量调整后的胸围及腰围周长与原数值基本相等。

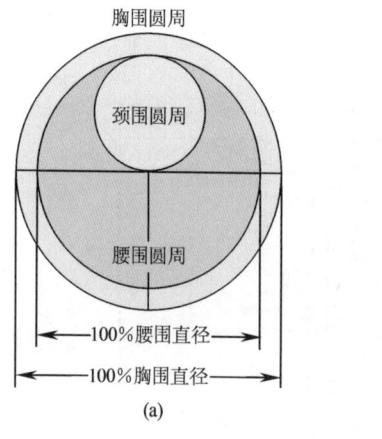

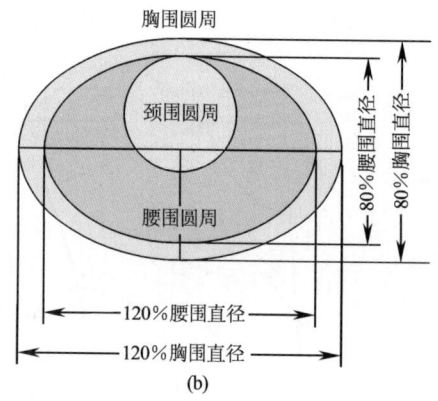

图 4-41

如图4-42(a)、(b)所示,按上述椭圆的矢径与横径之比,分别画出人体正面和侧面的几何示意图。按以上比例绘制人体侧面平面图。制图步骤如下:

按照图4-42(c)所示:

①作垂直线,AB=后背长=42.5cm。

②延长垂直线,AC=颈部高度=6cm,确定C点。

③取AF=落肩量=5cm,确定F点。

④取FO=袖窿深=$\dfrac{2}{10}$胸围,确定O点。

⑤肩胛骨凸点 HI 在袖窿深 FO 的 $\frac{1}{3}$ 位置,凸出量设定为 3.5cm。

⑥过 C 点作 BC 的垂直线 CD,取 CD=颈围直径-2cm,确定 D 点。

⑦过 A 点作 BC 的垂直线 AE,取 AE=颈围直径,确定 E 点。

⑧分别用直线连接 AI 和 IB 确定背部轮廓线。

⑨过 O 点作 BC 的垂直线与 IB 线相交于 J 点,取 JK=80%胸围,确定 K 点。

⑩过 K 点作 BC 的平行线,过 F 点作 BC 的垂直线,两线相交于 G 点,分别用直线连接 DE 和 EG。

⑪过 B 点作 BC 的垂直线 BL,取 BL=80%腰围,确定 L 点。

⑫过 L 点作 BC 的平行线与 JK 线相交于 N 点。

⑬取 LM=1cm,确定 M 点;直线连接 MB,确定腰节斜线。

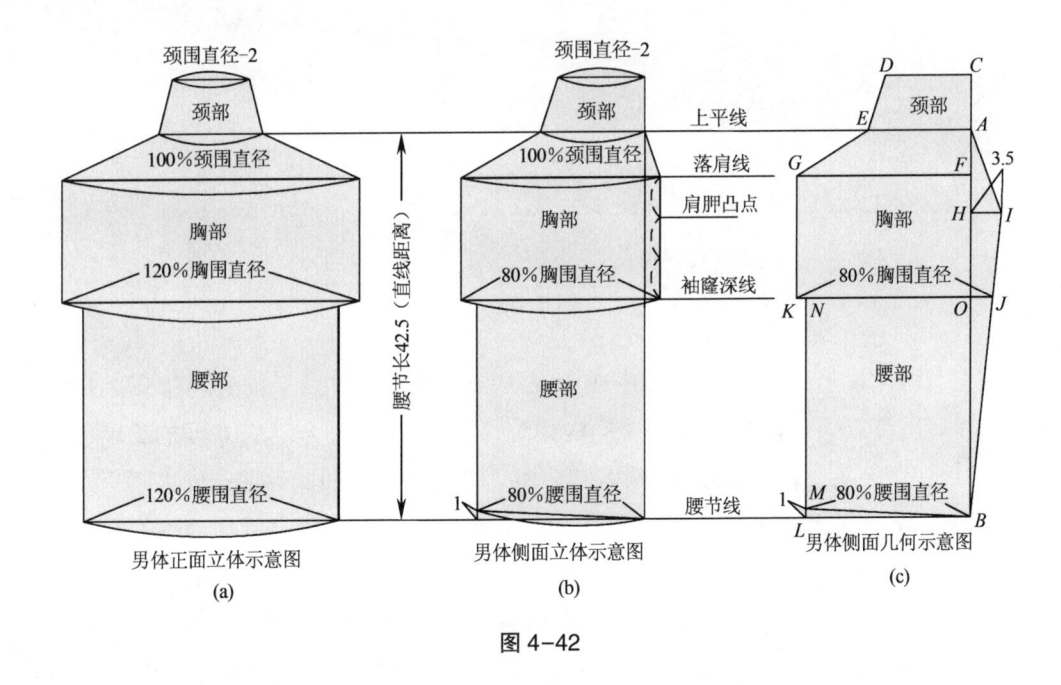

图 4-42

按照图 4-43(a)所示:

⑭以 A 点为圆心将颈部四边形 $ACDE$ 逆时针旋转 19°至 $AC_1D_1E_1$,直线连接 E_1K 和 KM。

⑮取 $OP=RQ$=袖窿宽=$\frac{1}{10}$胸围+3cm,直线连接 PQ,确定袖窿框线。

⑯过 OP 的中点作 OP 线的垂直线,与 AE_1 线相交于 S 点。

按照图 4-43(b)所示:

⑰在框线内画出椭圆形袖窿,过 S 点沿 E_1A 线向后 1cm,确定 T 点。

⑱直线连接 T 点与袖窿圆周的顶点 V,确定肩斜线。

⑲分别用直线连接 TK 和 TI。

按照图4-43(c)所示：

⑳分别将 T、K、M 三点和 T、I、B 三点用弧线连接，调整弧线与人体的侧面形状相近似。

㉑测量前衣片模拟线 T、K、M 三点间弧线长度为46cm，大于腰节垂直长度3.5cm。

㉒测量后衣片模拟线 T、I、B 三点间弧线长度为45.5cm，大于腰节垂直长度3cm。

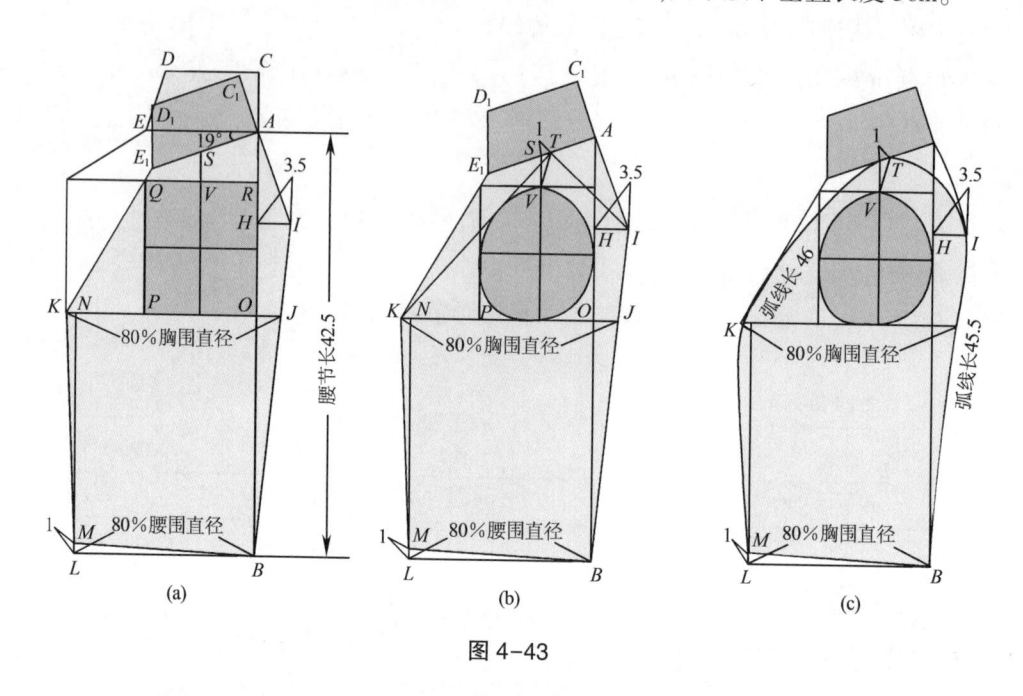

图4-43

通过上面的测量与分析得出：男体中 T 点至 M 点的表面长度大于腰节垂直长度3.5cm，服装加放松量后胸高点 K 与前腰围 M 点之间的相对高度会变小，弧线 T、K、M 间的长度也会相应的减少，所以在服装制图中前衣片的省量取2.5cm。T 点至 B 点间的表面长度大于后背垂直长度3cm，服装加放松量后这一差量本应减少，但人体在放松状态会因背部向前倾斜而导致背长增大，所以在男装制图中我们将后衣片的肩胛省量确定为3.5cm，其中有2cm作为后背活动松量。以上数据仅是针对一般人体而设定的，对于特殊体型需要灵活掌握。

如图4-44所示，按照后背长42.5cm、胸围98cm、腰围84cm、肩宽44cm、领围42.8cm绘制服装结构图。图中前落肩量=5cm，后落肩量=4.5cm；前胸宽=$\frac{2}{10}$胸围－2cm，比女装减少0.5cm，胸宽线位置的变化导致前袖窿深增大0.2cm，由原来的 $\frac{2}{10}$胸围－1cm 变为 $\frac{2}{10}$胸围－0.8cm；后背宽=$\frac{2}{10}$胸围－0.5cm，比女装大1cm，导致后袖窿深减少0.3cm，由原来的 $\frac{2}{10}$胸围变为 $\frac{2}{10}$胸围－0.3cm；袖窿宽=$\frac{1}{10}$胸围＋2.5cm，比女装小0.5cm；前后横开领大=$\frac{2}{10}$领围－1cm；前直开领大=$\frac{2}{10}$领围＋1cm，后直开领深=2.5cm；前后落肩差=0.5cm，与女装相同。

图 4-44

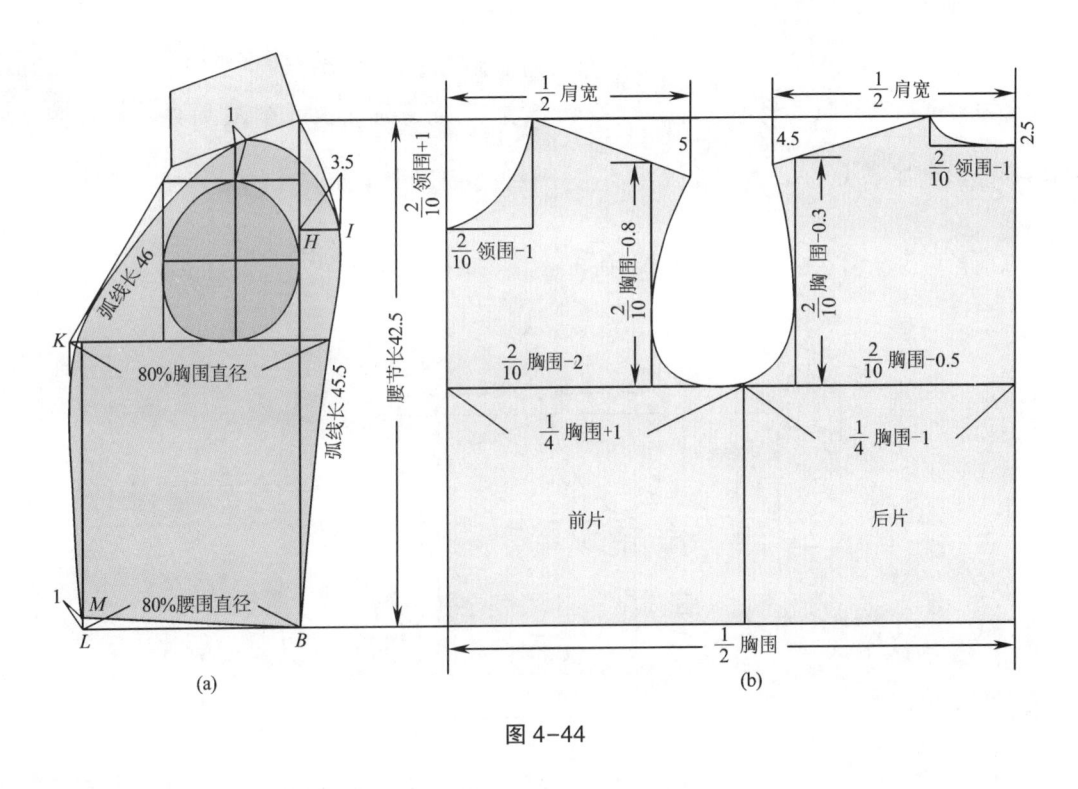

如图 4-45 所示,过前胸宽 KP 的中点垂直向下 4cm 确定 BP 点位置,过 BP 点作袖窿深线 KN 的平行线 K_1N_1,确定前片剪开线位置。在后袖窿深 OR 的 $\frac{1}{3}$ 位置确定 H 点,过 H 点作 NJ 的平行线 HI,确定后片剪开线位置。

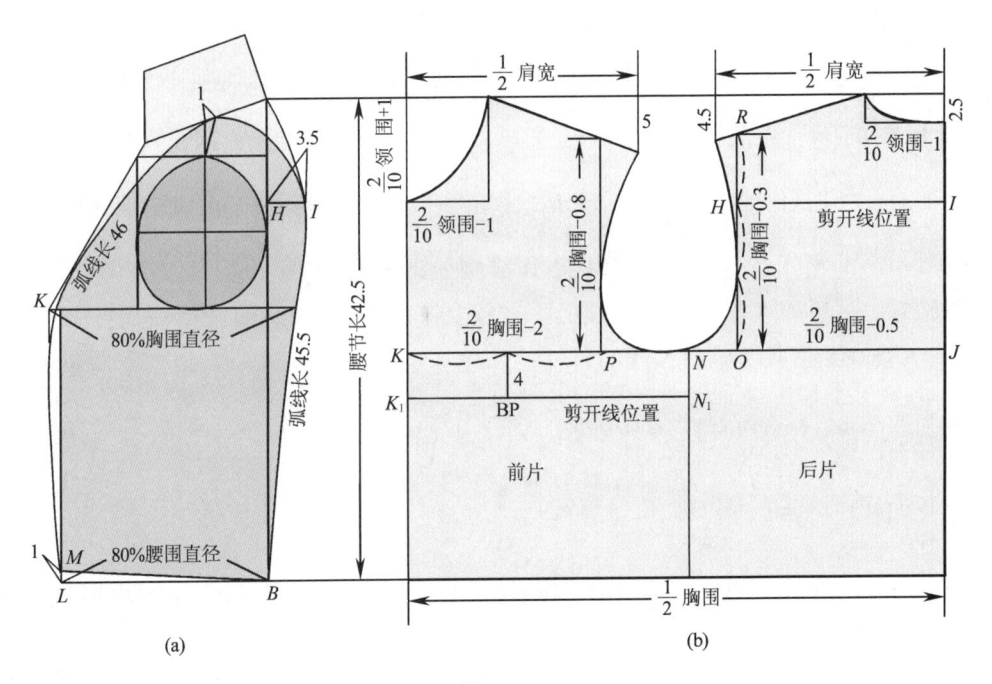

图 4-45

如图 4-46 所示,将后衣片上的 HI 线剪开,向上移 3.5cm 至 H_1I_1 线。其中 1.5cm 为肩胛省量,2cm 为背部活动松量。将前衣片上的 K_1N_1 线剪开,向下移 2.5cm 至 K_2N_2 线。经过调整之后,后袖窿深增加了 3.5cm,计算公式为:$\frac{2}{10}$胸围+3.2cm。由于前衣片的分割线在袖窿深线以下,所以前袖窿深计算公式仍为:$\frac{2}{10}$胸围-0.8cm。

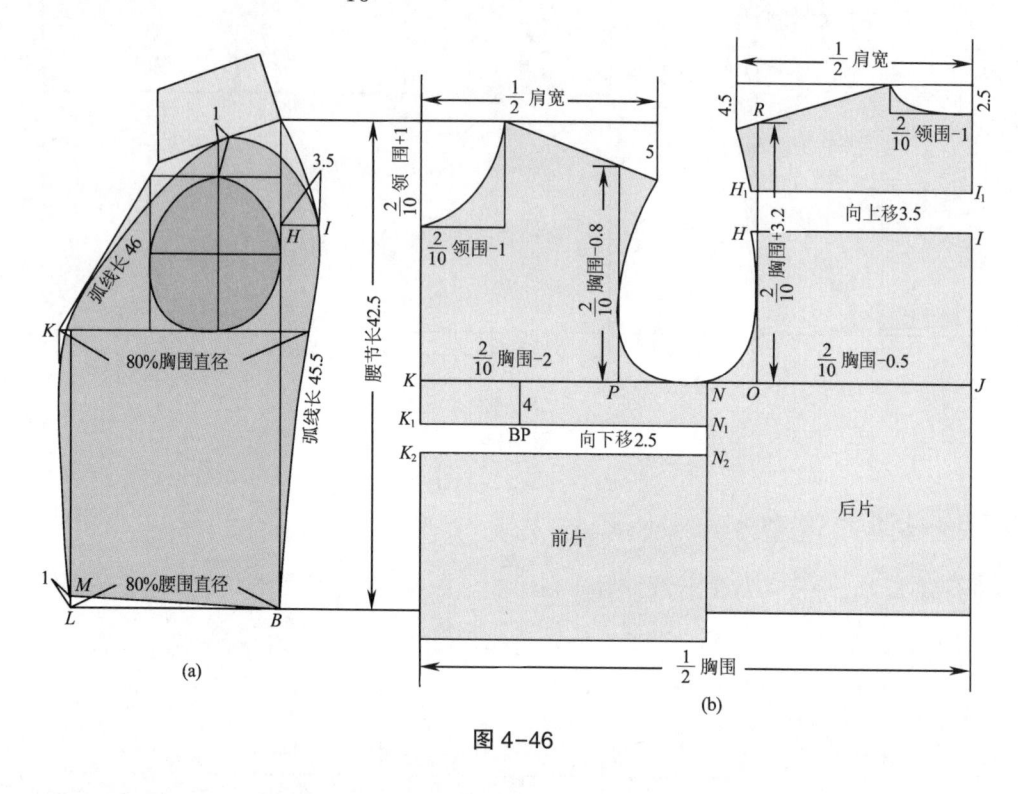

图 4-46

如图 4-47(a)所示,在前衣片上用直线连接 N_2 与 BP 点将打开的量处理成腋下省,再将后片打开量中的 1.5cm 处理成的袖窿省,省尖位于 H_1I_1 线的 $\frac{1}{3}$ 位置,经过处理后前后侧缝线的长度相等。

如图 4-47(b)所示,在前片上过 BP 点作腰围线的垂直线,剪开垂直线合并腋下省,形成 2.5cm 的腰省。过后袖窿省尖作 H_1I_1 线的垂直线交于肩斜线,沿线剪开将袖窿省中的 1cm 转化成肩省,其余 0.5cm 作为袖窿弧线的延长量。这一变化使肩端点下降 1cm,落肩量由原来的 4.5cm 变为 5.5cm。袖窿深减少了 0.6cm,由原来的 $\frac{2}{10}$胸围+3.2cm 变为 $\frac{2}{10}$胸围+2.6cm。肩宽增加了 0.5cm,由原来的 $\frac{1}{2}$肩宽变成 $\frac{1}{2}$肩宽+0.5cm。

如图 4-48(a)所示,过前袖窿弧线的 $\frac{1}{3}$ 位置与 BP 点直线连接,沿线剪开,合并腰省 1cm,形成 0.7cm 的袖窿省;这一变化使前袖窿深增加了 0.6cm,由原来的 $\frac{2}{10}$胸围-0.8cm 变成 $\frac{2}{10}$胸围+

图 4-47

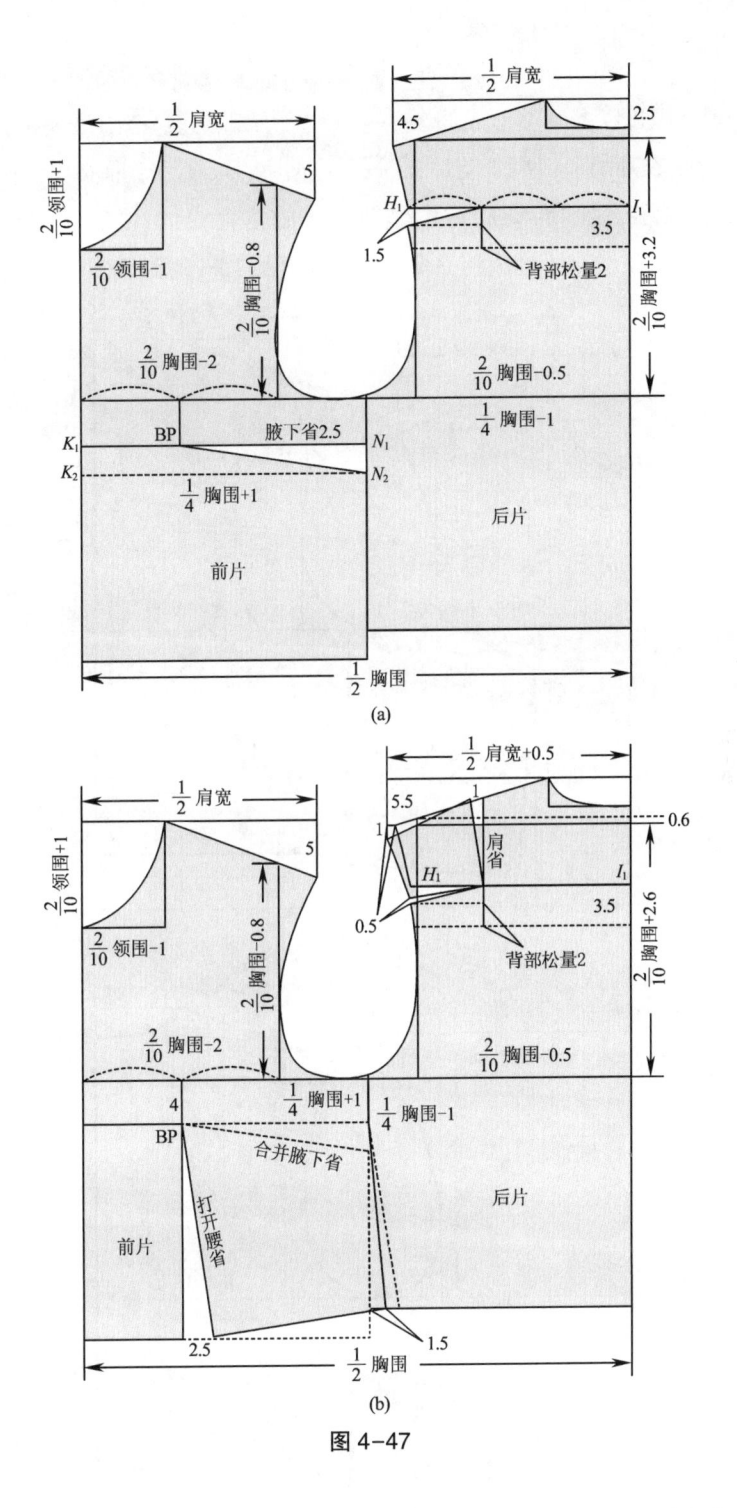

0.2cm，前腰省量由原来的 2.5cm 变成 1.5cm。将后片肩端点上提 0.5cm 后划顺后肩斜线，落肩量由原来的 5.5cm 变成 5cm，后袖窿深增大了 0.1cm，由原来的 $\frac{2}{10}$胸围+2.6cm 变为 $\frac{2}{10}$胸围+2.7cm。经过以上变化后袖窿长度比原来增大了 3cm，其中肩端点上提量 0.5cm，袖窿省 0.5cm，背部松量

2cm，将 2cm 作为垫肩填充量，1cm 在制作时用袖窿牵条抽缩处理。后肩宽大于前肩宽 1cm，在缝合肩线时缩缝处理。经过以上调整形成如图 4-48(b) 所示的男装应用I型模板，图中前衣片的下端低于后片 1.5cm，后衣片的上端高于前片 2.5cm，后衣片的长度大于前衣片 1cm。

如图 4-49(a) 所示，过前腰省的省尖作前中线的垂直线，沿线剪开，将袖窿省由原来的 0.7cm 缩小至 0.35cm，在前门线形成约 0.28cm 的省量及 1cm 的撇胸量。这一变化使前片落肩

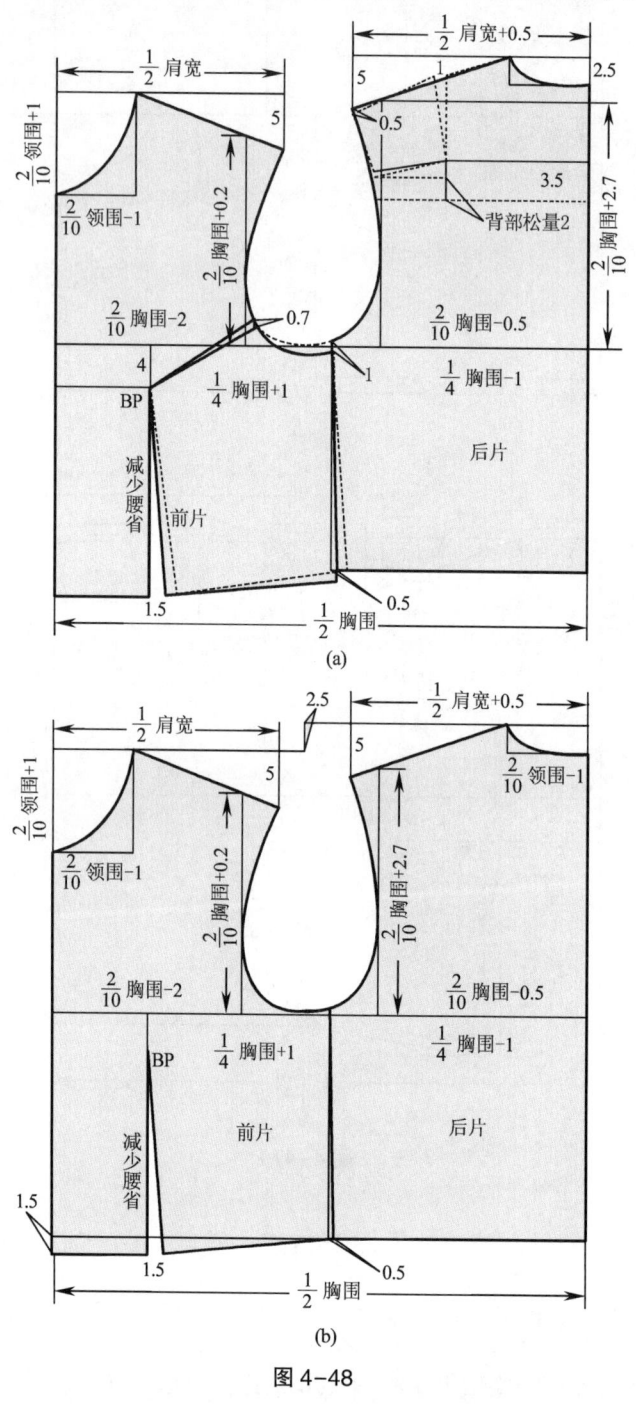

图 4-48

量增加 0.3cm，落肩量取 5.3cm。肩宽量增加 0.5cm，袖窿深减少 0.3cm 由原来 $\frac{2}{10}$胸围+0.2cm 变成 $\frac{2}{10}$胸围-0.1cm。经过调整形成如图 4-49（b）所示的应用Ⅱ型模板。图中前片下端低于后

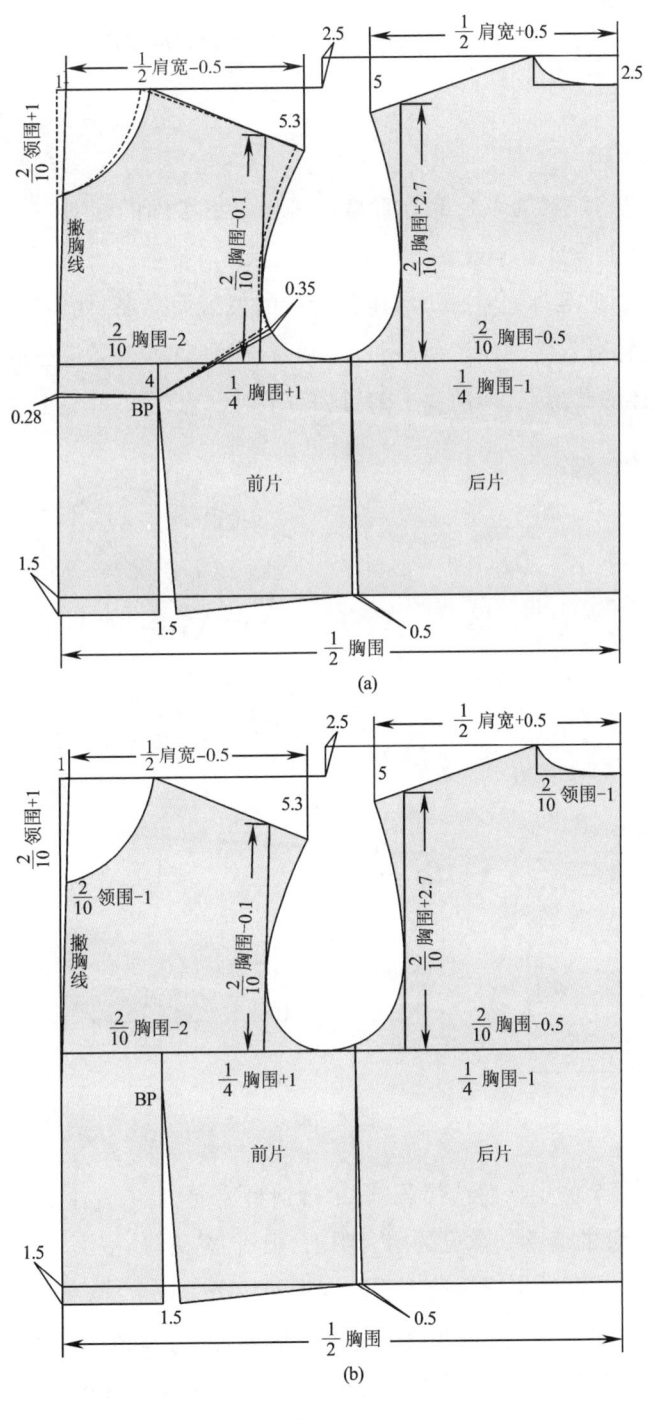

图 4-49

片 1.5cm,后片上端高于前片 2.5cm,前片长度小于后片 1cm。前肩宽由撇胸线计算取 $\frac{1}{2}$ 肩宽 - 0.5cm,前胸省量为 1.5cm。

第八节　省褶概念及构成原理

一、省褶的概念及作用

"省"顾名思义,是将面料的多余部分省略掉。为了将平面的面料塑造成适应人体立体形态的服装,可以在衣片上设计一个或多个省道。

如图 4-50 所示,省的名称通常根据省尾部所在的位置而命名,如肩省、领圈省、袖窿省、腋下省、腰省等,有时也针对省尖的位置而命名,如胸省、肩胛省等。无论省的位置和形状怎样变化,省尖总是指向人体的凸出点,即前片中的省尖对准乳凸点,后片中的省尖对准肩胛骨凸点。

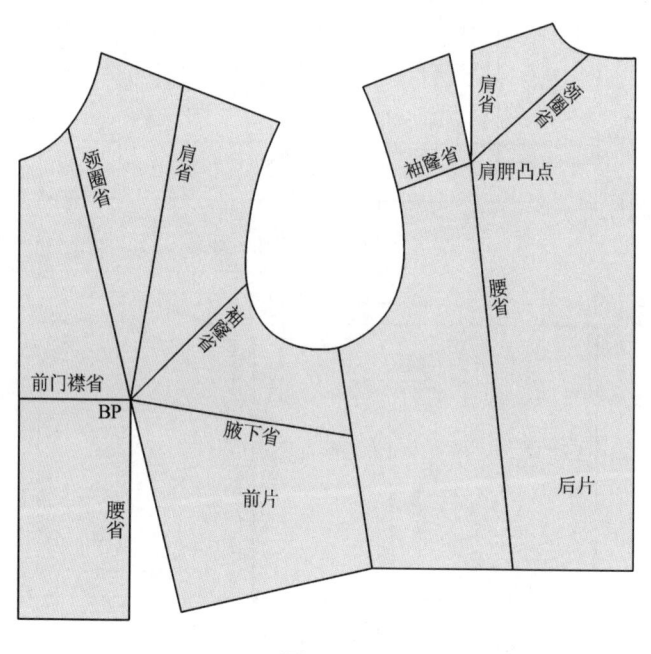

图 4-50

"褶"是为了增加服装的层次感或体积感,结合造型需要,在衣片上人为制造的褶皱。自由流畅的褶线,能增添服装的美感。常见的褶有阴褶、阳褶、叠褶、抽褶等。

省和褶是服装设计中两种不同的造型手段。省的两条边完全缝合,在服装的表面形成一条"短缝"。褶仅缝合一端或两端,中间部位不缝合。因此,用省塑造出的形体外观平整,曲线变化明显,但不够活泼。用褶塑造出的形体结构松动,变化丰富,但不够严谨。在实际设计中,要结合服装的造型特点及面料特点,选择用省或用褶。一般紧身型的服装宜用省,宽松型的服装宜用褶，质地厚而密的面料宜用省，轻薄飘逸的面料宜用褶。有时也可以将省与褶并用。

二、省的作用及变化范围

省的作用点在省尖位置，只要省尖指向人体的凸点位置（前片上的乳凸点或后片上的肩胛凸点），省的尾部可以设在同一衣片上的任意位置。省量的大小是由构成省的两条直线或曲线之间的夹角大小所决定的。夹角与省尖位置的凸起量成正比关系。

如图 4-51 所示，以 BP 点为圆心，以能覆盖衣片之长度为半径作圆。在圆周线上取任意点向圆心引直线或曲线，都可以构成省道。图中 W_1 至 W_2 两点间的距离与省线夹角相对应，因此平时将 W_1 与 W_2 之间的距离叫作省大，其实这种叫法并不准确，因为即使省的夹角相同，由于省线的长度不同，W_1、W_2 两点间的距离也会发生变化，所以在制图中要将两省线间的夹角大小作为衡量省量大小的依据。

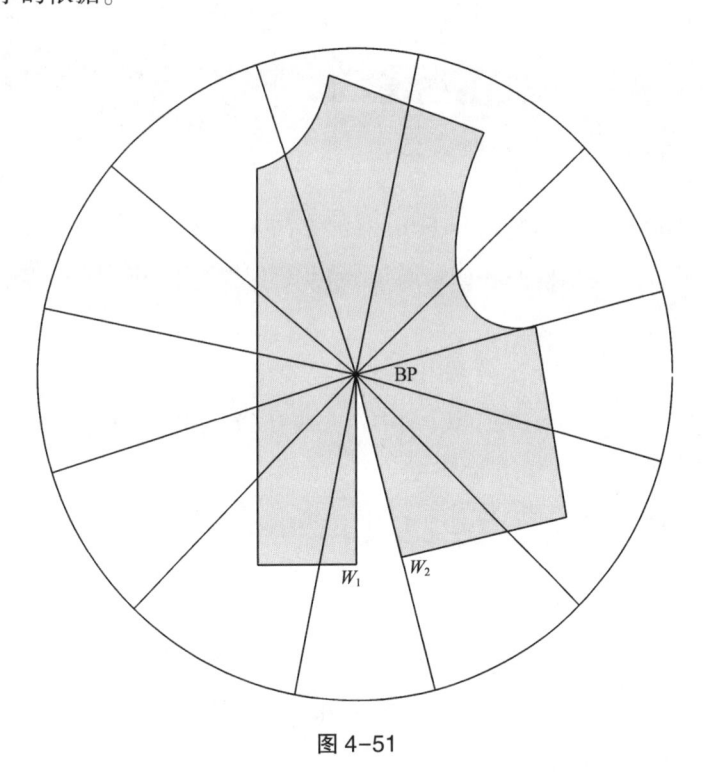

图 4-51

三、省位的变化方法

1. 纸样折叠法

纸样折叠法又称纸样剪开法。它的制作方法是，剪开预定的省线，折叠原省量，使剪开的省线形成一定的角度，从而将省转移到指定的位置。

如图 4-52 所示，在领圈线上任意选择一点，用直线或弧线连接 BP 点确定剪开线，将纸样前部用重物压牢，剪开细实线，折叠腰省，便可将腰省转化成领圈省。利用这种方法能够将省转移到任意位置。

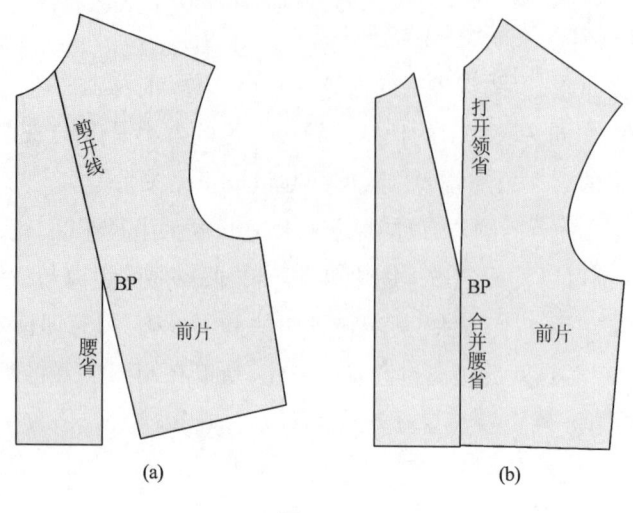

图 4-52

2. 纸样旋转法

纸样旋转法与纸样折叠法的原理基本相同,但方法有所区别。折叠法要将纸样剪开,纸样使用一次后便无法再用。而纸样旋转法是通过旋转纸样达到合并原省,改变省位的目的,所以不需要剪开纸样,可以反复使用。

如图 4-53 所示,在肩斜线上距离侧颈点 5cm 处确定 A 点,用直线与 BP 点连接,画出 A 点左侧的肩线、领圈线、前中线、部分腰节线(图中粗实线部分)。用锥子扎住 BP 点,以此为圆心顺时针旋转纸样,使 W_2 线与 W_1 线重合,A 点随着纸样的旋转而转移到 A_1 点位置。画出 A_1 点右侧的肩线、袖窿弧线、侧缝线、腰节线。分别过 A、A_1 两点向 BP 点引直线,原有的腰省转化成肩省。

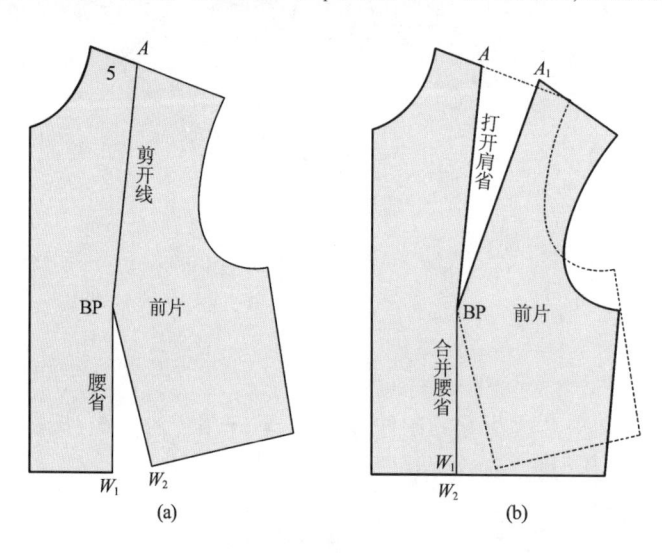

图 4-53

如图4-54(a)所示,在前中线上距离前颈点10cm处确定A点,过A点作前中线的垂直线,过BP点向上作垂线,两线相交于C点。画出A点以下的前中线和部分腰节线(图中粗实线部分),然后按照图4-54(b)所示的方法,用锥子扎住BP点顺时针旋转纸样,使W_2点与W_1点重合,A点转移到A_1点、C点转移到C_1点位置。沿A_1点依次划出前中线、领圈线、肩线、袖窿弧线、侧缝线、腰节线。再用直线连接AC、A_1C_1,并分别过C、C_1点与BP点直线连接,从而使原来的腰省转化成门襟省。

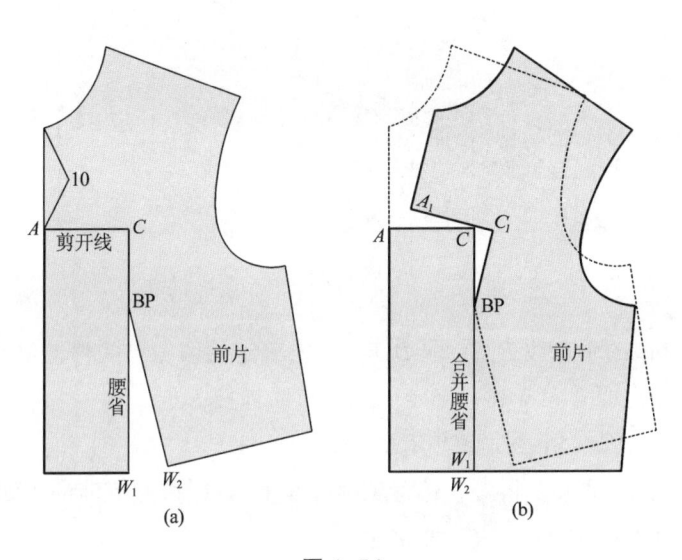

图 4-54

3. 直角定位法

无论是纸样折叠法还是纸样旋转法,都需要先制作出基础纸样,然后才能进行省位转移。为了简化制图步骤,现介绍一种直角定位的方法。

如图4-55所示,分别作直角三角形AOB和A_1OB_1,取$OA=OA_1$,$OB=OB_1$,$AB=A_1B_1$。根据几何原理可知,这两个三角形为全等三角形。如果以O点为圆心,顺时针旋转三角形A_1OB_1使A_1点与A点重合,则B_1点也同时与B点重合。假如将角AOA_1看成是一个省,那么随着省量AA_1的增大,与之相关的控制点B_1也会相应的移位。将两条省线缝合后,控制点B_1会自动回归至B点。利用这种原理产生了如下省位转移法。

如图4-56(a)所示,如果要将腰省转化成肩省,可以按照下面的步骤制图:

①在肩线上距离侧颈点5cm处确定A点,直线连接AO,确定省线位置。

②依据腰省W_1OW_2两省线间的夹角画出OA_1线。

③取$OA=OA_1$确定肩线上的移动点。

④过肩端点B作OA的垂直线交于C点,过袖窿宽点E作OA的垂直线交于D点。

⑤在OA_1线上取$OC_1=OC$,确定C_1点,取$OD_1=OD$,确定D_1点。

⑥过C_1点作OA_1的垂直线C_1B_1,取$C_1B_1=CB$,确定肩端点的移动位置B_1点。

图 4-55

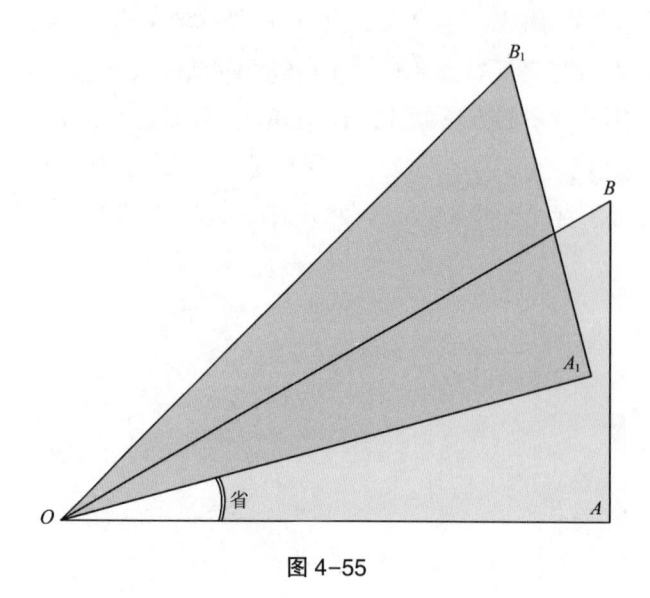

⑦过 D_1 点作 OA_1 的垂直线 D_1E_1，取 $D_1E_1=DE$，确定袖窿宽点的移动位置 E_1 点。
⑧在腰节线上缩进原省大 W_1W_2，确定 F_1 点，直线连接 E_1F_1。
⑨直线连接 W_2F_1，弧线划顺袖窿线 B_1E_1。

如图 4-56(b) 所示，如果要将腰省转移到袖窿线上，可以按照下面的步骤制图：
①在袖窿线上任意确定 A 点，直线连接 OA 并延长。
②取 $AOA_1=W_1OW_2$ 确定省大，直线连接 OA_1 并延长。
③分别过 B 点和 C 点（或更多的控制点）作 OA 的垂直线 BC 和 ED，确定 B、E 两控制点相对于 OA 线的坐标位置。

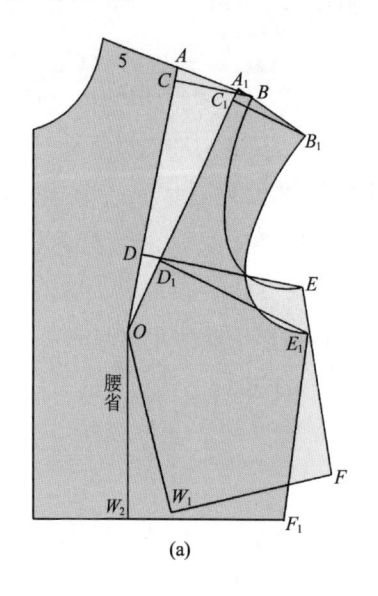

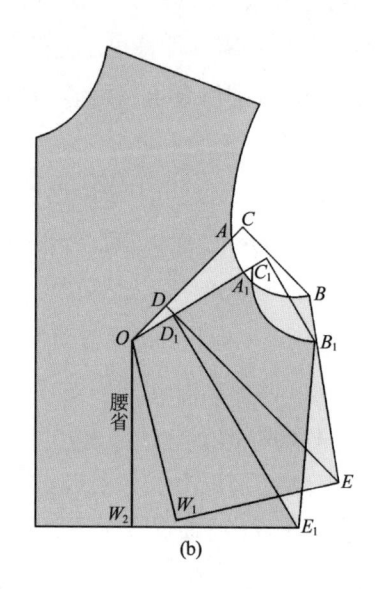

图 4-56

④在 OA_1 线上取 $OC=OC_1$、$OD=OD_1$，分别确定 C_1、D_1 两点。

⑤分别过 C_1、D_1 作 OA_1 的垂直线，取 $C_1B_1=CB$、$D_1E_1=DE$，确定 B_1、E_1 两移动点。

⑥取 $OA=OA_1$ 确定袖窿线的移动点 A_1。

⑦弧线连接 A_1B_1，直线连接 B_1E_1 和 E_1W_2，即完成省位转移。

第九节　省位变化及应用

省位的转移只是省缝位置的变化，对于服装外观所起到的作用并不大。因为成形后的省道仅是一条缝合线，它对服装的外观影响很小。从设计审美的角度出发将省的形状进行变形与展开，能够增强服装的层次感或体积感。通过变形与展开，使原本等长的两条省线产生差量，将差量通过叠褶或抽褶的工艺手段进行处理后，会在服装的表面人为制造一些褶皱，优美的褶线对服装的外观产生装饰作用。下面列举几种省道变形与展开的方法，大家可以按照这些方法做出更多的变化。

一、省在前中线上的变形与展开

①如图4-57(a)所示，由前颈点向下量取10cm确定 A 点，过 A 点作前中线的垂直线，过BP点作前中线的平行线，两线相交于 O 点，确定分割线的形状与位置。

②如图4-57(b)所示，剪开分割线，合并腰省，将腰省转化成前门襟省。

③如图4-57(c)所示，水平展开原省线 AO 长度的2~3倍，将展开量处理成若干个褶。

④如图4-57(d)所示，折叠展开量，缝合省道，服装的外观产生许多纵向装饰褶线。

二、省在领圈线上的变形与展开

①如图4-58(a)所示，在领圈线上任意选择 L_1、L_2 两点，分别与BP点直线连接，确定剪开线。

②如图4-58(b)所示，合并腰省，将腰省转化成领圈省。

③如图4-58(c)所示，用弧线划顺领圈线，将展开量处理成若干个褶。

④如图4-58(d)所示，折叠展开量，在领圈周围形成放射状的装饰褶线。

图 4-57

图 4-58

第五章 四开身服装结构制图

第一节 四开身女装基本结构制图

四开身女装基本结构制图分为基本型、应用Ⅰ型、应用Ⅱ型三种类型。其中,基本型是女装结构变化的母型,应用Ⅰ型、应用Ⅱ型都是由此演化而成的。之所以将其分为三种类型,目的是为了在实际制图中,能够根据不同的款式特点直接套用相应的模板,一次性完成制图。基础模板属于全合体结构,一般用于胸腰差较大的服装制图,如礼服、连衣裙、高级成衣等。应用Ⅰ型是将前腰省中的1cm省量转化成前袖窿深的增加量,使前腰省减少1cm,袖窿深增加1cm,形成一种半合体结构。一般用于比较宽松的服装制图,如衬衫、夹克、罩衣等。应用Ⅱ型是在应用结构Ⅰ型基础上,再一次将前腰省中的1cm省量转化成撇胸量或领省量,目的是将腰省分散处理以适应工艺需要。这种模板一般用于半合体服装三开身结构的制图,如西装、职业装等。

一、四开身女装基本结构(基础型)制图

1. 制图规格

单位:cm

制图部位	腰节长	胸 围	肩 宽	领 围
成品规格	40	94	40	38

2. 制图步骤

如图5-1(a)所示:

①前中线:作垂直线,长度=腰节长。

②腰节线:垂直于前中线,长度=40。

③衣长线:垂直于前中线,长度=40。

④后中线:直线连接②线、③线的左端点,平行于前中线。

⑤前横开领:由①线和③线的交点沿③线向左量$\frac{2}{10}$领围-1cm。

⑥前直开领：由⑤点作③线的垂直线，长度=$\frac{2}{10}$领围+1cm。

⑦后横开领：由③线和④线的交点沿③线向右量$\frac{2}{10}$领围-1cm。

⑧后直开领：由⑦点作③线的垂直线，向上量取2.5cm定点。

⑨前肩宽：由①线和③线的交点沿③线向左量$\frac{1}{2}$肩宽，确定⑨点。

⑩前落肩量：由⑨点作③线的垂直线，向下量取5cm确定⑩点；直线连接⑩点、⑤点，确定前肩斜线。

⑪后肩宽：由③线和④线的交点沿③线向右量$\frac{1}{2}$肩宽+0.5cm，确定⑪点。

⑫后落肩量：由⑪点作③线的垂直线，向下量取2cm确定⑫点；直线连接⑫点、⑧点，确定后肩斜线。

⑬胸宽线：与前中线平行，两线相距$\frac{2}{10}$胸围-1.5cm。

⑭背宽线：与后中线平行，两线相距$\frac{2}{10}$胸围-1.5cm。

⑮前袖窿深：由胸宽线与肩斜线的交点沿胸宽线向下量$\frac{2}{10}$胸围-1cm。

⑯后袖窿深：由背宽线与肩斜线的交点沿背宽线向下量$\frac{2}{10}$胸围+2cm。

⑰袖窿深线：直线连接⑮点、⑯点并向两端延长，分别交于①线、④线。

⑱侧缝直线：平行于前中线，距离前中线$\frac{1}{4}$胸围+1cm；距离后中线$\frac{1}{4}$胸围-1cm。

⑲省位线：由前胸宽的$\frac{1}{2}$位置点向侧缝方向量取1cm定点，过此点作前中线的平行线。

⑳后腰节线：由②线和⑱线的交点沿⑱线向上量取4cm定点，过此点作②线的平行线交于④线。

㉑侧缝斜线：由⑱线和⑳线的交点沿⑳线向左量取2.8cm定点，此定点与⑱线和⑰线的交点直线连接。

㉒腰节斜线：直线连接⑲线的下端点与⑳线和㉑线的交点。

㉓前袖窿切点：在前袖窿深的$\frac{1}{4}$位置定点，用直线将此点分别与⑩点及⑰线、⑱线的交点连接。

㉔后袖窿切点：在后袖窿深的$\frac{1}{3}$位置定点，用直线将此点分别与⑫点及⑰线、⑱线的交点连接。

如图 5-1(b)所示：

㉕前胸省：省尖距离袖窿深线 4cm，省大 4cm，以省位线⑲为中线两侧均分。

㉖线至㉙线分别用弧线划顺：前袖窿弧线㉖、后袖窿弧线㉗、前领圈线㉘、后领圈线㉙。

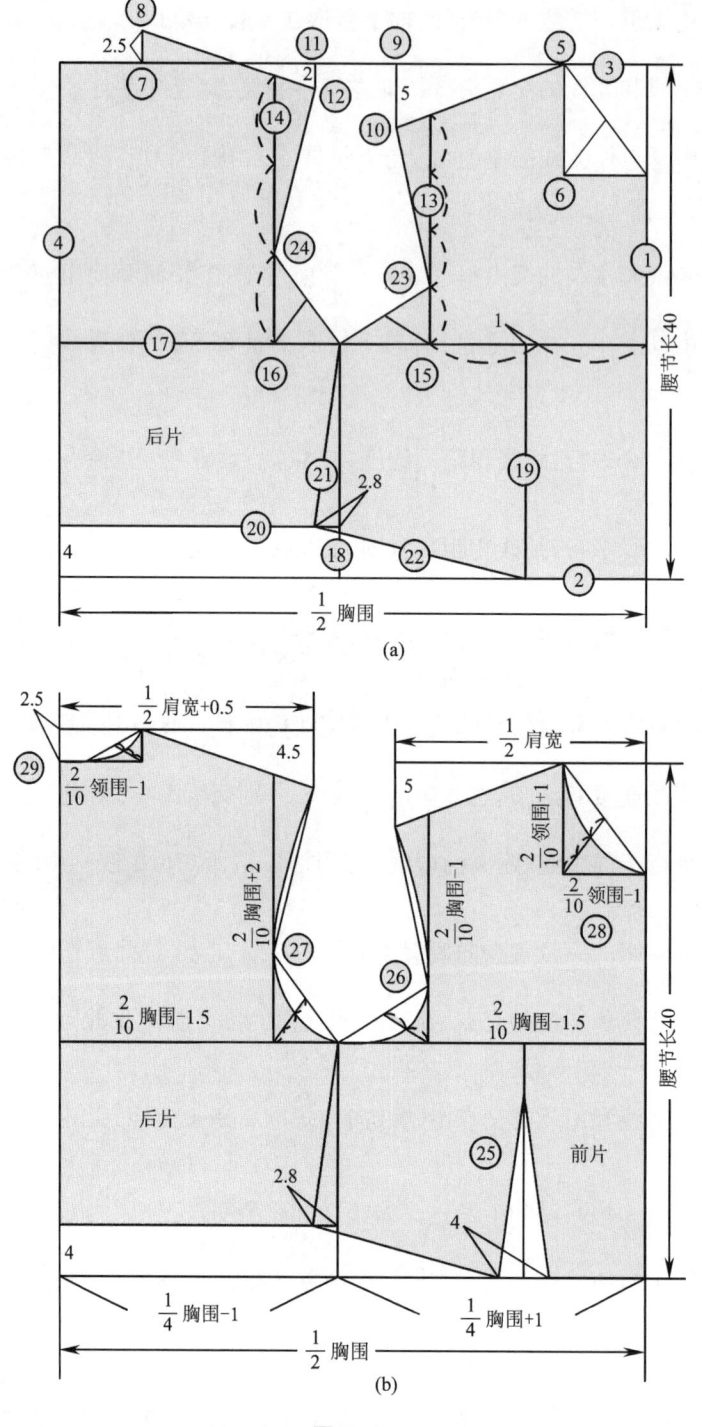

图 5-1

二、四开身女装基本结构(应用Ⅰ型)制图

1. 制图规格

单位:cm

制图部位	腰节长	胸 围	肩 宽	领 围
成品规格	40	94	40	38

2. 制图步骤

如图5-2(a)所示:

①前中线:作垂直线,长度=腰节长。

②腰节线:垂直于前中线,长度=40。

③衣长线:垂直于前中线,长度=40。

④后中线:直线连接②线、③线的左端点,平行于前中线。

⑤前横开领:由①线和③线的交点沿③线向左量$\frac{2}{10}$领围-1cm。

⑥前直开领:由⑤点作③线的垂直线,长度=$\frac{2}{10}$领围+1cm。

⑦后横开领:由③线和④线的交点沿③线向右量$\frac{2}{10}$领围-1cm。

⑧后直开领:由⑦点作③线的垂直线,长度=2.5cm,后片上端高于③线1.5cm。

⑨前肩宽:由①线和③线的交点沿③线向左量$\frac{1}{2}$肩宽,确定⑨点。

⑩前落肩量:过⑨点作③线的垂直线,向下量取5cm确定⑩点;直线连接⑩点、⑤点,确定前肩斜线。

⑪后肩宽:由③线和④线的交点沿③线向右量$\frac{1}{2}$肩宽+0.5cm,确定⑪点。

⑫后落肩量:由⑪点作③线的垂直线,向下量取3cm确定⑫点;直线连接⑫点、⑧点,确定后肩斜线。

⑬胸宽线:与前中线平行,两线相距$\frac{2}{10}$胸围-1.5cm。

⑭背宽线:与后中线平行,两线相距$\frac{2}{10}$胸围-1.5cm。

⑮前袖窿深:由胸宽线与肩斜线的交点沿胸宽线向下量$\frac{2}{10}$胸围。

⑯后袖窿深:由背宽线与肩斜线的交点沿背宽线向下量$\frac{2}{10}$胸围+2cm。

⑰袖窿深线：直线连接⑮点、⑯点并向两端延长，分别交于①线、④线。

⑱侧缝直线：平行于前中线，距离前中线$\frac{1}{4}$胸围+1cm；距离后中线$\frac{1}{4}$胸围-1cm。

⑲省位线：由前胸宽的$\frac{1}{2}$位置点向侧缝方向量取1cm定点，过此点作前中线的平行线。

⑳后腰节线：由②线和⑱线的交点沿⑱线向上量取3cm定点，过此点作②线的平行线交于④线。

㉑侧缝斜线：由⑱线和⑳线的交点沿⑳线向左量取1.8cm定点，此点与⑱线和⑰线交点直线连接。

㉒腰节斜线：直线连接省位线⑲的下端点与⑳线和㉑线的交点。

㉓前袖窿切点：在前袖窿深的$\frac{1}{4}$位置定点，用直线将此点分别与⑩点及⑰线和⑱线的交点连接。

㉔后袖窿切点：在后袖窿深的$\frac{1}{3}$位置定点，用直线将此点分别与⑫点及⑰线和⑱线的交点连接。

如图5-2(b)所示：

㉕前胸省：省尖距离袖窿深线4cm，省大3cm，以省位线⑲为中线两侧均分。

㉖线至㉙线分别用弧线划顺：前袖窿弧线㉖、后袖窿弧线㉗、前领圈线㉘、后领圈线㉙。

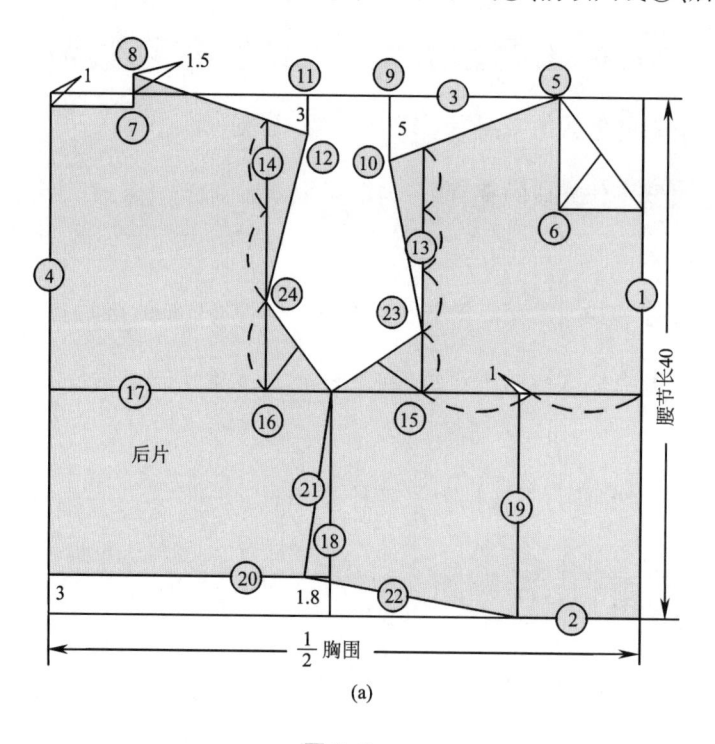

(a)

图5-2

(b)

图 5-2

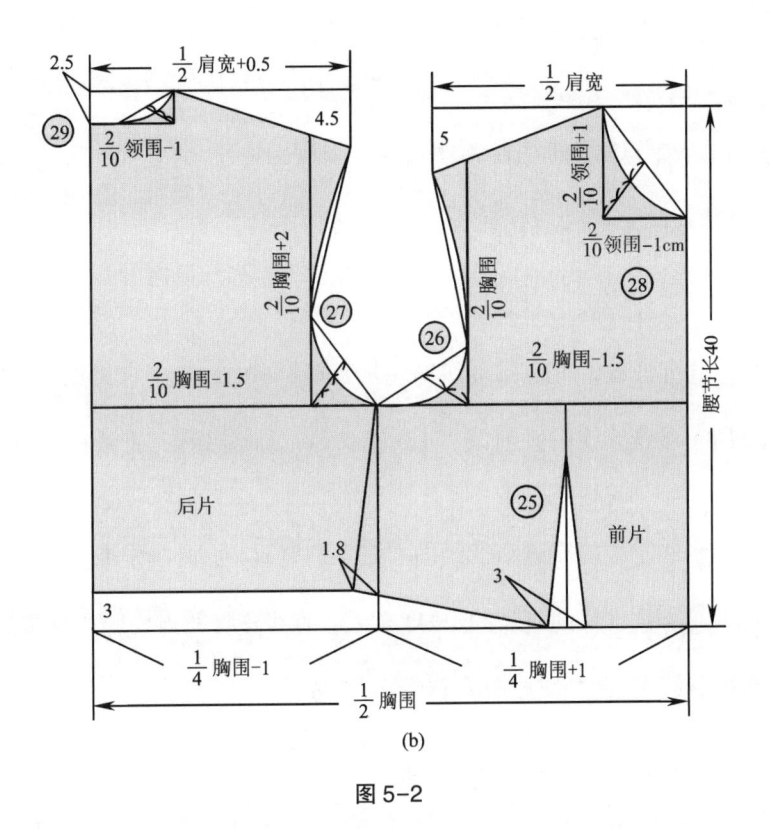

三、四开身女装基本结构(应用Ⅱ型)制图

1. 制图规格

单位:cm

制图部位	腰节长	胸 围	肩 宽	领 围
成品规格	40	94	40	38

2. 制图步骤

如图 5-3(a)所示：

①前中线:作垂直线,长度=腰节长。

②腰节线:垂直于前中线,长度=$\frac{1}{2}$胸围。

③衣长线:垂直于前中线,长度=$\frac{1}{2}$胸围。

④后中线:直线连接②线、③线的左端点,平行于前中线。

⑤撇胸线:由①线和③线的交点沿③线向左量 2cm 定点,过此点向下作斜线交于①线 $\frac{2}{3}$ 处。

⑥前横开领:由⑤线和③线的交点沿③线向左量$\frac{2}{10}$领围-1cm。

⑦前直开领:由⑥点作③线的垂直线,长度=$\frac{2}{10}$领围+1cm。

⑧后横开领:由③线和④线的交点沿③线向右量$\frac{2}{10}$领围-1cm。

⑨后直开领:由⑧点作③线的垂直线,长度=2.5cm,后片上端高于③线0.5cm。

⑩前肩宽:由⑤线和③线的交点沿③线向左量$\frac{1}{2}$肩宽-0.5cm,确定⑩点。

⑪前落肩量:由⑩点作③线的垂直线,向下量取6cm确定⑪点,直线连接⑪点、⑥点,确定前肩斜线。

⑫后肩宽:由③线和④线的交点沿③线向右量$\frac{1}{2}$肩宽+0.5cm,确定⑫点。

⑬后落肩量:由⑫点作③线的垂直线,长度=4cm,直线连接⑬点、⑧点,确定后肩斜线。

⑭胸宽线:与撇胸线平行,两线相距$\frac{2}{10}$胸围-1.5cm。

⑮背宽线:与后中线平行,两线相距$\frac{2}{10}$胸围-1.5cm。

⑯前袖窿深:由胸宽线与肩斜线的交点沿胸宽线向下量$\frac{2}{10}$胸围。

⑰后袖窿深:由背宽线与肩斜线的交点沿背宽线向下量$\frac{2}{10}$胸围+2cm。

⑱袖窿深线:直线连接⑯点、⑰点并向两端延长,分别交于①线、④线。

⑲侧缝直线:平行于前中线,距离前中线$\frac{1}{4}$胸围+1cm;距离后中线$\frac{1}{4}$胸围-1cm。

⑳省位线:由前胸宽的$\frac{1}{2}$位置点向左量取1cm定点,过此点作前中线的平行线。

㉑后腰节线:由②线和⑲线的交点沿⑲线向上量取2cm定点,过此点作②线的平行线交于④线。

㉒侧缝斜线:由⑲线和㉑线的交点沿㉑线向左量取1cm定点,此定点与⑱线和⑲线的交点直线连接。

㉓腰节斜线:直线连接省位线⑳的下端点与㉑线和㉒线的交点。

㉔前袖窿切点:在前袖窿深的$\frac{1}{4}$位置定点,此点用直线分别与⑪点及⑲线和⑱线交点连接。

㉕后袖窿切点:在后袖窿深的$\frac{1}{3}$位置定点,此点用直线分别与⑬点及⑲线和⑱线交点连接。

如图5-3(b)所示:

㉖前胸省：省尖距离袖窿深线 4cm，省大 2cm，以省位线为中线两侧均分。

㉗线至㉚线分别用弧线划顺：前袖窿弧线㉗、后袖窿弧线㉘、前领圈线㉙、后领圈线㉚。

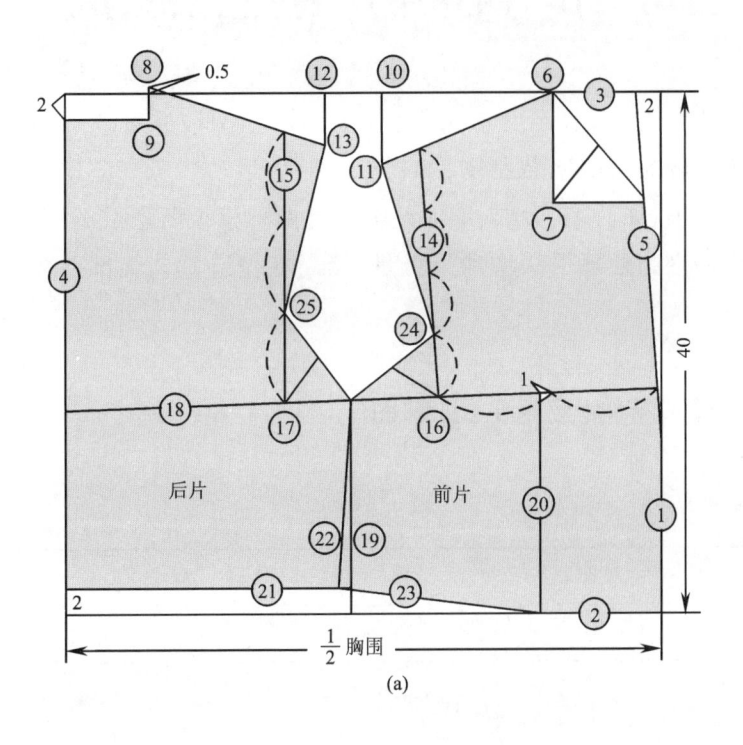

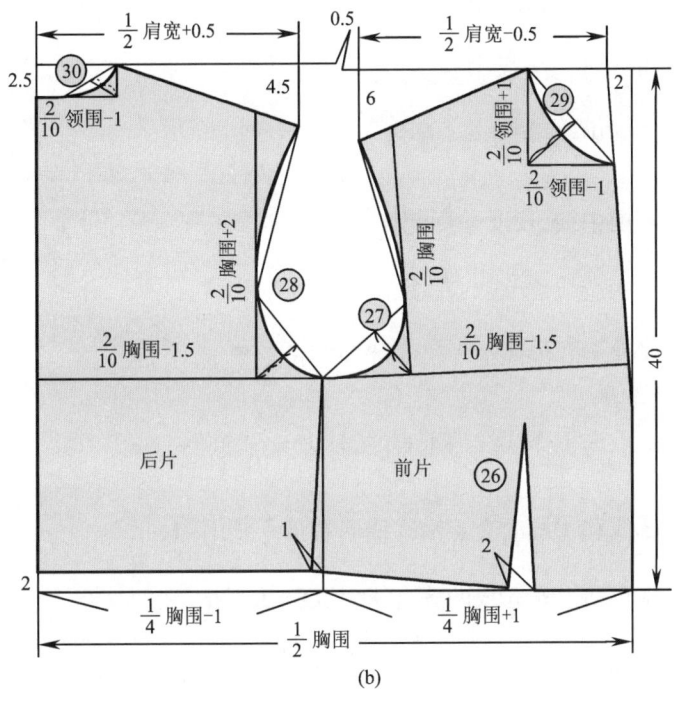

图 5-3

第二节　四开身男装基本结构制图

四开身男装基本结构制图分为应用Ⅰ型和应用Ⅱ型两种类型,均属于半合体结构。应用Ⅰ型一般用于比较宽松的服装制图,如衬衫、夹克、运动装等。应用Ⅱ型一般用于造型要求较高的服装制图,如西装、大衣、职业装等。这两种模板所形成的制图基本相同,区别在于应用Ⅱ型采用撇胸处理手法增加了省量,因而在塑造服装胸部立体形态方面优于应用Ⅰ型。

一、四开身男装基本结构(应用Ⅰ型)制图

1. 制图规格

单位:cm

制图部位	腰节长	胸　围	肩　宽	领　围
成品规格	44	98	44	43

2. 制图步骤

如图5-4(a)所示:

①前中线:作垂直线,长度=腰节长。

②腰节线:垂直于前中线,长度=$\frac{1}{2}$胸围。

③衣长线:垂直于前中线,长度=$\frac{1}{2}$胸围。

④后中线:直线连接②线、③线的左端点,平行于前中线。

⑤前横开领:由①线和③线的交点沿③线向左量$\frac{2}{10}$领围-1cm。

⑥前直开领:由⑤点向下作③线的垂直线,长度=$\frac{2}{10}$领围+1cm。

⑦后横开领:由③线和④线的交点沿③线向右量$\frac{2}{10}$领围-1cm。

⑧后直开领:由⑦点向上作③线的垂直线,长度=2.5cm。

⑨前肩宽:由①线和③线的交点沿③线向左量$\frac{1}{2}$肩宽,确定⑨点。

⑩前落肩量:由⑨点向下作③线的垂直线,长度=5cm,确定⑩点,直线连接⑩点、⑤点,确定前肩斜线。

⑪后肩宽：由③线和④线的交点沿③线向右量$\frac{1}{2}$肩宽+0.5cm，确定⑪点。

⑫后落肩量：由⑪点向下作③线的垂直线，长度=2.5cm，确定⑫点，直线连接⑫点、⑧点，确定后肩斜线。

⑬胸宽线：与前中线平行，两线相距$\frac{2}{10}$胸围-2cm。

⑭背宽线：与后中线平行，两线相距$\frac{2}{10}$胸围-0.5cm。

⑮前袖窿深：由胸宽线与肩斜线的交点沿胸宽线向下量$\frac{2}{10}$胸围+0.2cm。

⑯后袖窿深：由背宽线与肩斜线的交点沿背宽线向下量$\frac{2}{10}$胸围+2.7cm。

⑰袖窿深线：直线连接⑮点、⑯点并向两端延长，分别交于①线、④线。

⑱侧缝直线：平行于前中线，距离前中线$\frac{1}{4}$胸围+1cm；距离后中线$\frac{1}{4}$胸围-1cm。

⑲省位线：由前胸宽的$\frac{1}{2}$位置点作前中线的平行线，分别交于袖窿深线和腰节线上。

⑳后腰节线：由②线和⑱线的交点沿⑱线向上量取1.5cm定点，过此点作②线的平行线交于④线。

㉑侧缝斜线：由⑱线和⑳线的交点沿⑳线向左量取0.5cm定点，过此点与⑱线和⑰线的交点直线连接。

㉒腰节斜线：直线连接省位线下端点与⑳线和㉑线的交点。

㉓前袖窿切点：在前袖窿深的$\frac{1}{4}$位置定点，过此点用直线分别与⑩点及⑰线和⑱线交点连接。

㉔后袖窿切点：在后袖窿深的$\frac{1}{3}$位置定点，过此点用直线分别与⑫点及⑰线和⑱线交点连接。

如图5-4(b)所示：

㉕前胸省：省尖距离袖窿深线4cm，省大1.5cm，以省位线为中线两侧均分。

㉖线至㉙线用弧线划顺：前袖窿弧线㉖、后袖窿弧线㉗、前领圈线㉘、后领圈线㉙。

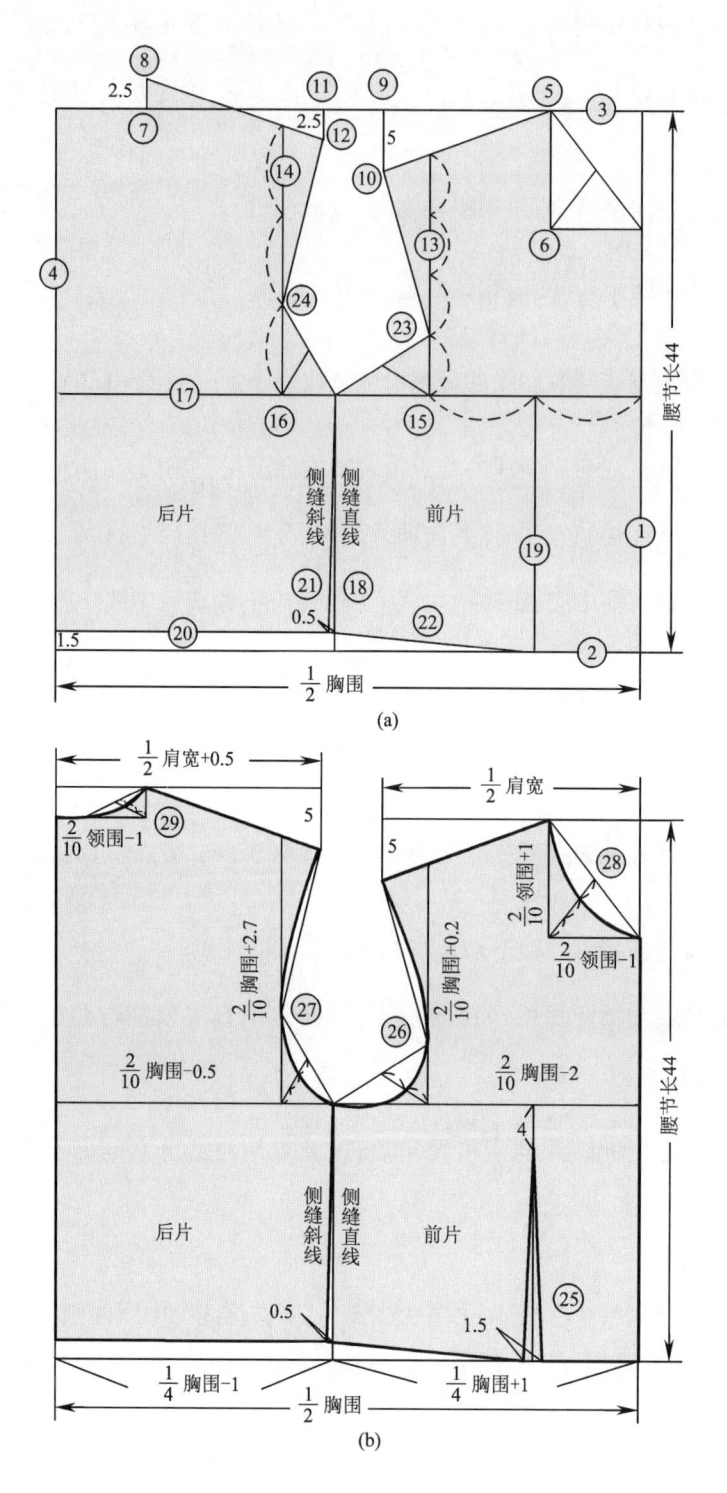

图 5-4

二、四开身男装基本结构(应用Ⅱ型)制图

1. 制图规格

单位:cm

制图部位	腰节长	胸 围	肩 宽	领 围
成品规格	44	98	44	43

2. 制图步骤

如图5-5(a)所示:

①前中线:作垂直线,长度=腰节长。

②腰节线:垂直于前中线,长度=$\frac{1}{2}$胸围。

③衣长线:垂直于前中线,长度=$\frac{1}{2}$胸围。

④后中线:直线连接②线、③线的左端点,平行于前中线。

⑤撇胸线:由①线和③线的交点沿③线向左量1cm定点,过此点向下作斜线交于①线的$\frac{2}{3}$处。

⑥前横开领:由⑤线和③线的交点沿③线向左量$\frac{2}{10}$领围-1cm。

⑦前直开领:由⑥点作③线的垂直线,长度=$\frac{2}{10}$领围+1cm。

⑧后横开领:由③线和④线的交点沿③线向右量$\frac{2}{10}$领围-1cm。

⑨后直开领:由⑧点向上作③线的垂直线,长度=2.5cm,后片上端高于③线2.5cm。

⑩前肩宽:由⑤线和③线的交点沿③线向左量$\frac{1}{2}$肩宽-0.5cm,确定⑩点。

⑪前落肩量:由⑩点向下作③线的垂直线,长度=5.3cm,直线连接⑪点、⑥点,确定前肩斜线。

⑫后肩宽:由③线和④线的交点沿③线向右量$\frac{1}{2}$肩宽+0.5cm,确定⑫点。

⑬后落肩量:由⑫点向下作③线的垂直线,长度=2cm,直线连接⑬点、⑨点,确定后肩斜线。

⑭胸宽线:与撇胸线平行,两线相距$\frac{2}{10}$胸围-2cm。

⑮背宽线:与后中线平行,两线相距$\frac{2}{10}$胸围-0.5cm。

⑯前袖窿深:由胸宽线与肩斜线的交点沿胸宽线向下量$\frac{2}{10}$胸围-0.1cm。

⑰后袖窿深:由背宽线与肩斜线的交点沿背宽线向下量$\frac{2}{10}$胸围+2.7cm。

⑱袖窿深线:直线连接⑯点、⑰点并向两端延长,分别交于⑤线、④线。

⑲侧缝直线:平行于前中线,距离前中线$\frac{1}{4}$胸围+1cm;距离后中线$\frac{1}{4}$胸围-1cm。

⑳省位线:由前胸宽的$\frac{1}{2}$位置点作前中线的平行线,两端分别交于袖窿深线和腰节线。

㉑后腰节线:由②线和⑲线的交点沿⑲线向上量1.5cm定点,过此点作②线的平行线交于④线。

㉒侧缝斜线:由⑲线和㉑线的交点沿㉑线向左量0.5cm定点,此点与⑱线和⑲线的交点直线连接。

㉓腰节斜线:直线连接省位线下端点与㉑线和㉒线的交点。

㉔前袖窿切点:在前袖窿深的$\frac{1}{4}$位置定点,过此点用直线分别于⑪点及⑲线和⑱线的交点连接。

㉕后袖窿切点:在后袖窿深的$\frac{1}{3}$位置定点,过此点用直线分别于⑬点及⑲线和⑱线的交点连接。

如图5-5(b)所示:

㉖前胸省:省尖距离袖窿深线4cm,省大1.5cm。以省位线为中线两侧均分。

㉗线至㉚线分别用弧线划顺:前袖窿弧线㉗、后袖窿弧线㉘、前领圈线㉙、后领圈线㉚。

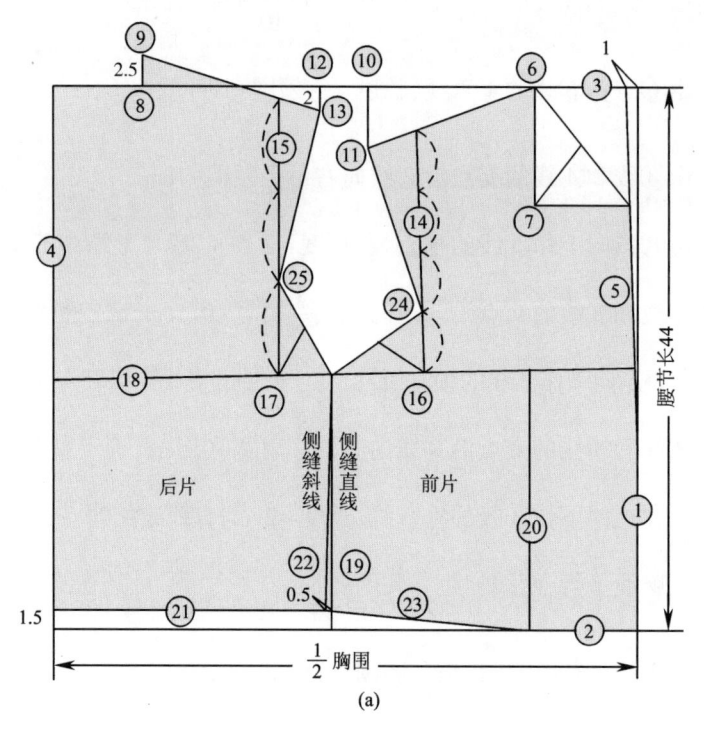

图5-5

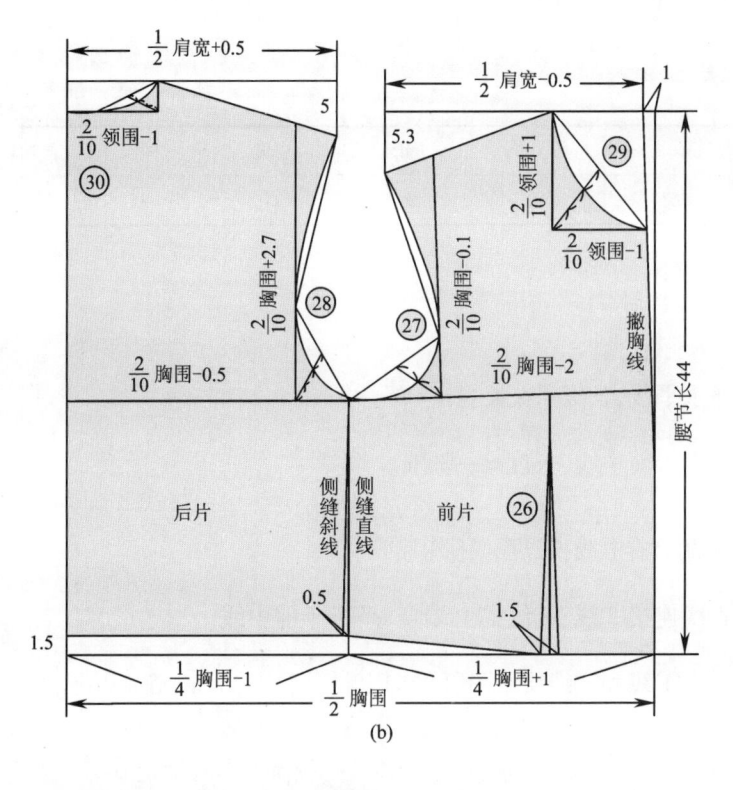

图 5-5

第三节　普通女衬衫制图

一、造型概述

如图 5-6 所示,普通女衬衫属于四开身结构,采用女装应用 I 型。前后衣片上各设计一个省,连贴边,单片袖。为了便于运动,袖山的高度适量减小,袖肥相应增大。

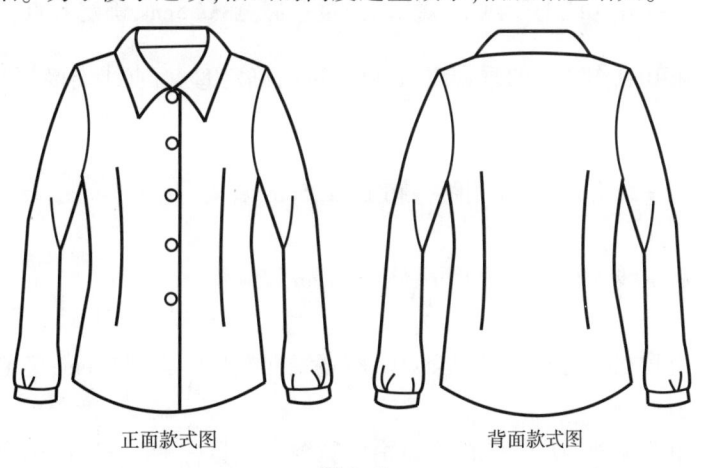

图 5-6

二、制图规格

单位:cm

制图部位	衣长	腰节长	胸围	肩宽	袖长	袖口围	领围
成品规格	65	40	94	41	55	30	40

三、衣身制图

如图5-7(a)所示:

①前中线:作水平线,长度=衣长规格。

②底边线:垂直于前中线,长度=$\frac{1}{2}$胸围。

③衣长线:垂直于前中线,长度=$\frac{1}{2}$胸围。

④后中线:直线连接②线、③线的上端点,平行于前中线。

⑤前横开领:由①线和③线交点沿③线向上量$\frac{2}{10}$领围-1cm,确定⑤点。

⑥前直开领:由⑤点作③线的垂直线,长度=$\frac{2}{10}$领围+1cm,确定⑥点。

⑦后横开领:由③线和④线的交点沿③线向下量$\frac{2}{10}$领围-1cm,确定⑦点。

⑧后直开领:由⑦点作③线的垂直线,长度=2.5cm,右端超出③线1.5cm。

⑨前肩宽:由①线和③线的交点沿③线向上量$\frac{1}{2}$肩宽,确定⑨点。

⑩前落肩量:由⑨点作③线的垂直线,量取5cm,确定⑩点,直线连接⑩点、⑤点,确定前肩斜线。

⑪后肩宽:由③线和④线的交点沿③线向下量$\frac{1}{2}$肩宽+0.5cm,确定⑪点。

⑫后落肩量:由⑪点作③线的垂直线,长度=3cm,确定⑫点,直线连接⑫点、⑧点,确定后肩斜线。

⑬胸宽线:与前中线平行,两线相距$\frac{2}{10}$胸围-1.5cm。

⑭背宽线:与后中线平行,两线相距$\frac{2}{10}$胸围-1cm。

⑮前袖窿深:由胸宽线与肩斜线的交点沿胸宽线向左量$\frac{2}{10}$胸围+1cm,确定⑮点。

⑯后袖窿深:由背宽线与肩斜线的交点沿背宽线向左量$\frac{2}{10}$胸围+3cm,确定⑯点。

⑰袖窿深线：直线连接⑮点、⑯点并向两端延长，分别交于①线、④线。

⑱侧缝直线：平行于前中线，距离前中线$\frac{1}{4}$胸围+1cm；距离后中线$\frac{1}{4}$胸围-1cm。

⑲前腰节线：在①线与⑱线之间作③线的平行线，距离③线为腰节长规格。

⑳后腰节线：由⑱线和⑲线的交点沿⑱线向右 2.5cm 定点，过此点作④线的垂直线。

㉑前腰省线：由前胸宽的位置点向上 1cm 定点，过此点作前中线的平行线。

㉒后腰省线：过后腰节线⑳的中点作④线的平行线，左端超出腰节线 13cm，右端超出袖窿深线 4cm。

㉓前胸腰斜线：由⑱线和⑲线的交点沿⑲线向下量 2cm 定点，过此点与⑰线和⑱线的交点直线连接。

㉔后胸腰斜线：由⑱线和⑳线的交点沿⑳线向上量 2cm 定点，过此点与⑰线和⑱线的交点直线连接。

㉕腰节斜线：由⑲线和㉓线的交点沿㉓线向右量 2.5cm 定点，过此点与⑲线和㉑线的交点直线连接。

㉖后底边线：在④线与⑱线之间作②线的平行线，与②线相距 2.5cm。

㉗前臀腰斜线：由②线和⑱线的交点沿②线向上量 2cm 定点，过此点与㉓线和㉕线的交点直线连接。

㉘后臀腰斜线：直线连接⑱线和㉖线的交点与⑳线和㉔线的交点。

㉙底边斜线：在②线上取①线与⑱线间的$\frac{1}{2}$位置定点，过此点与㉖线和㉗线的交点直线连接。

㉚前袖窿切点：在前袖窿深的$\frac{1}{4}$位置定点，过此点用直线分别与⑩点及⑰线和⑱线的交点连接。

㉛后袖窿切点：在后袖窿深的$\frac{1}{3}$位置定点，过此点用直线分别与⑫点及⑰线和⑱线的交点连接。

㉜搭门线：在②线与⑥线之间作①线的平行线，两线相距 2cm。

如图 5-7（b）所示：

㉝前腰省大：右端省尖距离袖窿深线 4cm，左端省尖距离腰节线 12cm，省大 2.5cm。

㉞后腰省大：右端省尖超过袖窿深线 4cm，左端省尖距离腰节线 13cm，省大 2.5cm。

㉟线至㊶线用弧线划顺：前袖窿线㉟、后袖窿线㊱、前领圈线㊲、后领圈线㊳、前片侧缝线㊴、后片侧缝线㊵、底边线㊶。

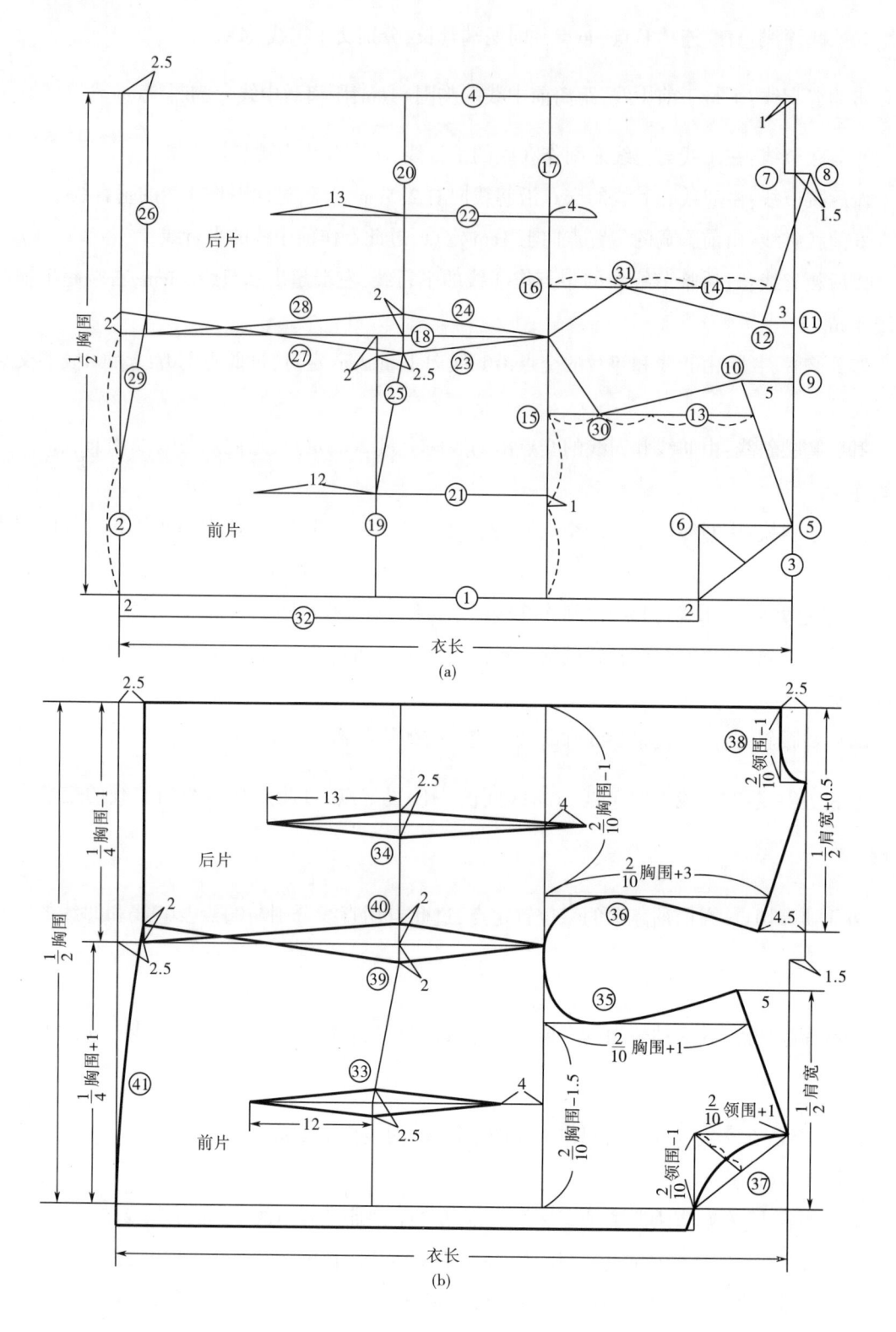

图 5-7

四、袖子制图

在袖子制图之前,先用软尺在衣身制图上测量袖窿弧线的长度,确定袖窿围,然后按照下面的步骤进行制图。

如图5-8(a)所示:

①袖中线:作垂直线,长度=袖长规格-袖头宽3cm。

②袖山高基线:过①线的上端点向下量$\frac{1.5}{10}$胸围-2cm定点,过此点作①线的垂直线。

③袖山斜线:过①线上端点向②线作斜线,长度为$\frac{1}{2}$袖窿围。

④袖口线:过①线下端点作①线的垂直线,长度为$\frac{1}{2}$袖口围。

⑤袖缝线:直线连接②线与④线的右端点。

⑥以①线为中线作②线的对称线。

⑦以①线为中线作③线的对称线。

⑧以①线为中线作④线的对称线。

⑨以①线为中线作⑤线的对称线。

⑩将前袖山斜线等分为四份,确定四个等分点。

⑪将后袖山斜线等分为三份,确定三个等分点。

如图5-8(b)所示:

⑫线至⑭线按标示尺寸,分别用弧线划顺:前袖山弧线⑫、后袖山弧线⑬、袖口线⑭。

⑮按照标注数据绘制袖头。

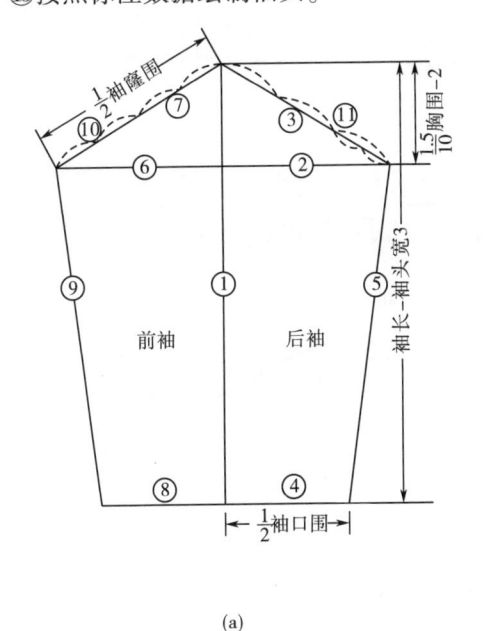

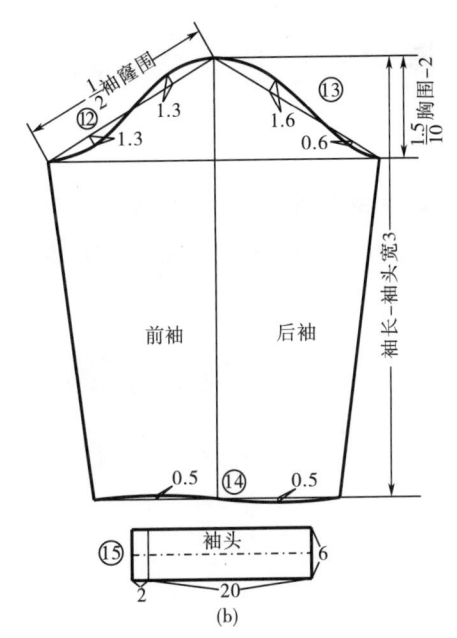

(a)

(b)

图5-8

五、领子制图

如图 5-9(a)所示：

①领下口线：作水平线，长度 = $\frac{1}{2}$ 领围。

②后领中线：由①线的左端点作①线的垂直线，长度 = 7cm。

③前领中线：由①线的右端点作①线的垂直线，长度 = 7cm。

④领上口线：直线连接②线、③线的上端点（平行于①线）。

⑤松量基线：由①线和②线的交点沿①线向右量 $\frac{1}{2}$ 后领圈定点，过此点作①线的垂直线，长度 = 10cm。

⑥变动松量：由⑤线的上端点向右斜量，长度按照公式 $\frac{翻领宽-领座宽}{领总宽} \times 12$ 计算，其中领总宽 7cm、领座宽 2cm、翻领宽 5cm。

⑦松量夹角线：直线连接①线和⑤线的交点与⑥线的右端点，长度与⑤线相等。

⑧外口斜线：由①线和⑦线的交点沿⑦线向上量 7cm 定点，过此点作⑦线的垂直线，长度取⑤线和③线间的水平距离，并定一点。

⑨前领斜线：由⑧线右端的定点作⑧线的垂直线，长度与③线相等。

⑩下口斜线：直线连接⑦线与⑨线的下端点。

⑪领角斜线：由⑧线和⑨线的交点沿⑧线向右延长 1cm 定点，此点与⑨线和⑩线的交点直线连接。

如图 5-9(b)所示：

⑫用弧线划顺领外口线。

⑬用弧线划顺领下口线，领角起翘 0.6cm。

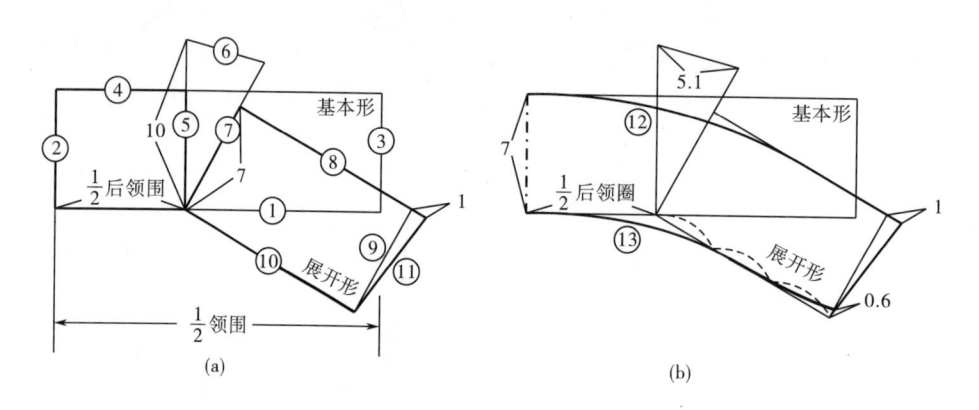

图 5-9

第四节　荷叶底摆女衬衫制图

一、造型概述

如图 5-10 所示,荷叶底摆女衬衫采用女装应用Ⅰ型。在前后衣片上各设计一个省,连贴边,无领,单片袖。在腰节线处设置分割,腰节线以下为荷叶形底摆。

正面款式图　　　背面款式图

图 5-10

二、制图规格

单位:cm

制图部位	衣长	腰节长	胸围	肩宽	袖长	袖口围	领围
成品规格	65	40	94	40	55	30	40

三、衣身制图

如图 5-11(a)所示:

①前中线:作水平线,长度=衣长规格。

②底边线:垂直于前中线,长度=$\frac{1}{2}$胸围。

③衣长线:垂直于前中线,长度=$\frac{1}{2}$胸围。

④后中线:直线连接②线、③线的上端点,平行于前中线。

⑤前横开领:由①线和③线的交点沿③线向上量$\frac{2}{10}$领围-1cm,确定⑤点。

⑥前直开领:由⑤点作③线的垂直线,长度=$\frac{2}{10}$领围+1cm。

⑦后横开领:由③线和④线的交点沿③线向下量$\frac{2}{10}$领围-1cm,确定⑦点。

⑧后直开领:由⑦点作③线的垂直线,长度=2.5cm,右端超出③线1.5cm。

⑨前肩宽:由①线和③线的交点沿③线向上量$\frac{1}{2}$肩宽,确定⑨点。

⑩前落肩量:由⑨点作③线的垂直线,长度=5cm,确定⑩点,直线连接⑩点、⑤点,确定前肩斜线。

⑪后肩宽:由③线和④线的交点沿③线向下量$\frac{1}{2}$肩宽+0.5cm,确定⑪点。

⑫后落肩量:由⑪点作③线的垂直线,长度=3cm,确定⑫点,直线连接⑫点、⑧点,确定后肩斜线。

⑬胸宽线:与前中线平行,两线相距$\frac{2}{10}$胸围-1.5cm。

⑭背宽线:与后中线平行,两线相距$\frac{2}{10}$胸围-1cm。

⑮前袖窿深:由胸宽线与肩斜线的交点沿胸宽线向左量$\frac{2}{10}$胸围+1cm,确定⑮点。

⑯后袖窿深:由背宽线与肩斜线的交点沿背宽线向左量$\frac{2}{10}$胸围+3cm,确定⑯点。

⑰袖窿深线:直线连接⑮点、⑯点并向两端延长,分别交于①线、④线。

⑱侧缝直线:平行于前中线,距离前中线$\frac{1}{4}$胸围+1cm;距离后中线$\frac{1}{4}$胸围-1cm。

⑲前腰节线:在①线与⑱线之间作③线的平行线,距离③线为腰节长规格。

⑳后腰节线:由⑱线和⑲线的交点沿⑱线向右2.5cm定点,过此点作④线的垂直线。

㉑前腰省线:由前胸宽的$\frac{1}{2}$位置点向上1cm定点,过此点作前中线的平行线。

㉒后腰省线:过后腰节线⑳的中点作④线的平行线,左端超出腰节线13cm,右端超出袖窿深线4cm。

㉓前胸腰斜线:由⑱线和⑲线的交点沿⑲线向下量2cm定点,此点与⑰线和⑱线的交点直线连接。

㉔后胸腰斜线:由⑱线和⑳线的交点沿⑳线向上量2cm定点,此点与⑰线和⑱线的交点直线连接。

㉕腰节斜线:由⑲线和㉓线的交点沿㉓线向右量2.5cm定点,此点与⑲线和㉑线的交点直线连接。

㉖后底边线:在④线与⑱线之间作②线的平行线,与②线相距2.5cm。

㉗前臀腰斜线:由②线和⑱线的交点沿②线向上量2cm定点,此点与㉓线和㉕线的交点直线连接。

㉘后臀腰斜线:直线连接⑱线和㉖线的交点与⑳线和㉔线的交点。

㉙底边斜线:在②线上取①线与⑱线间的 $\frac{1}{2}$ 位置定点,此点与㉖线和㉗线的交点直线连接。

㉚前袖窿切点:在前袖窿深的 $\frac{1}{4}$ 位置定点,过此点用直线分别与⑩点及⑰线和⑱线的交点连接。

㉛后袖窿切点:在后袖窿深的 $\frac{1}{3}$ 位置定点,过此点用直线分别与⑫点及⑰线和⑱线的交点连接。

㉜搭门线:在②线与⑥线之间作①线的平行线,两线相距2cm。

如图 5-11(b)所示:

㉝前腰省大:右端省尖距离袖窿深线4cm,左端省尖距离腰节线12cm,省大2.5cm。

㉞后腰省大:右端省尖超过袖窿深线4cm,左端省尖距离腰节线13cm,省大2.5cm。

㉟线至㊶线用弧线划顺:前袖窿线㉟、后袖窿线㊱、前领圈线㊲、后领圈线㊳、前片侧缝线㊴、后片侧缝线㊵、底边线㊶。

如图 5-11(c)所示:

㊷合并前片底摆、后片底摆上的腰省。

如图 5-11(d)所示:

㊸旋转展开前片底摆、后片底摆。

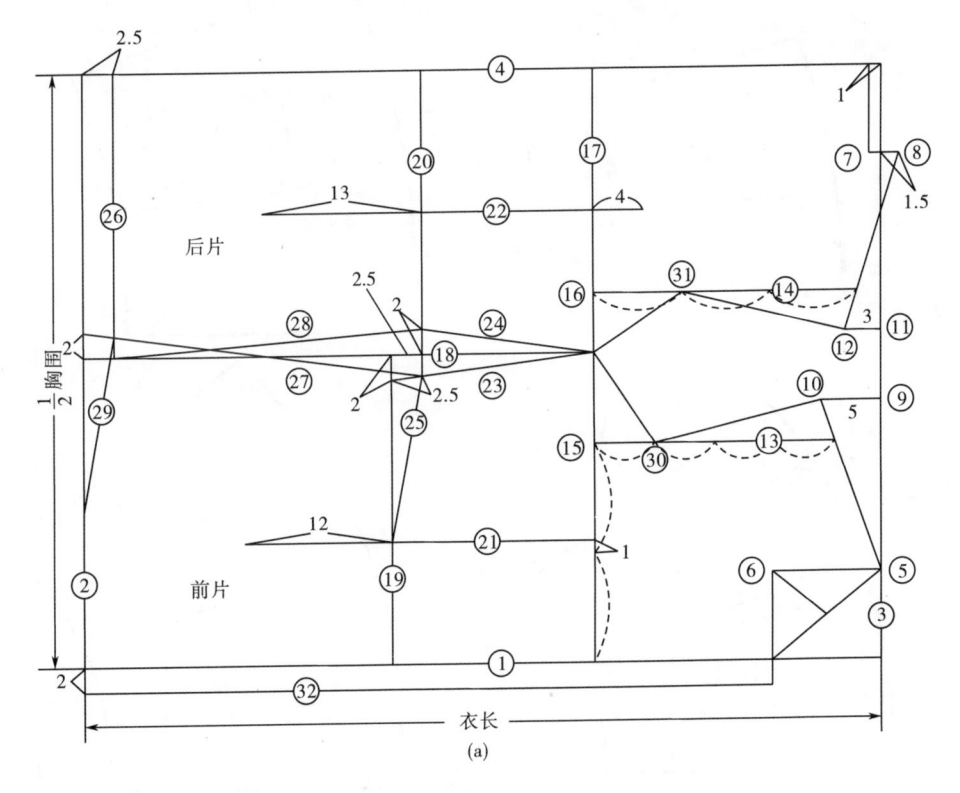

图 5-11

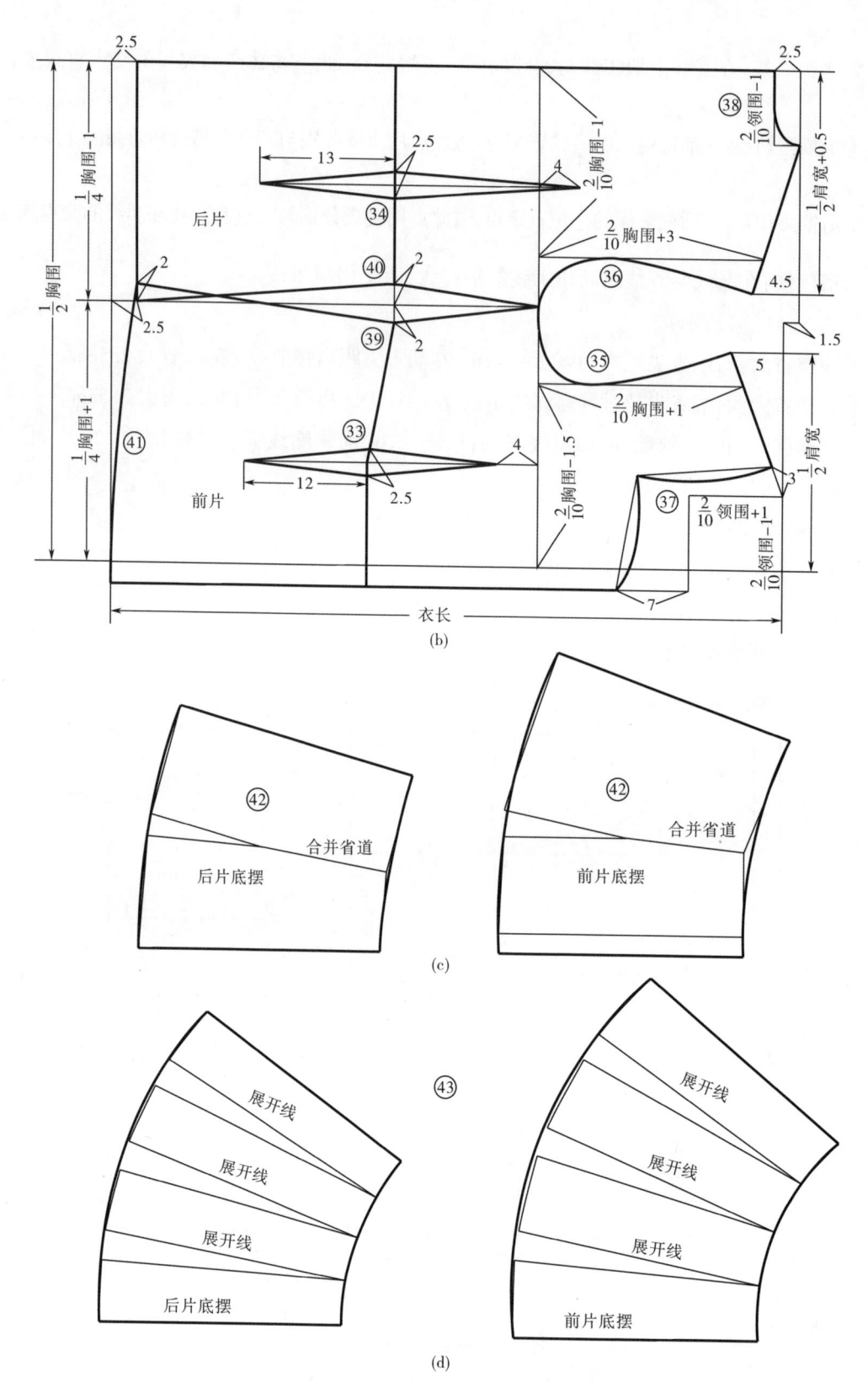

图 5-11

四、袖子制图

在绘制袖子图之前，先用软尺在制图上测量袖窿弧线的长度，确定袖窿围，然后按照下面的步骤进行制图。

如图 5-12（a）所示：

①袖中线：作垂直线，长度=袖长规格-袖头宽 3cm。

②袖山高基线：过①线的上端点向下量 $\frac{1.5}{10}$ 胸围-2cm 定点，过此点作①线的垂直线。

③袖山斜线：过①线上端点向②线作斜线，长度为 $\frac{1}{2}$ 袖窿围。

④袖口线：过①线下端点作①线的垂直线，长度为 $\frac{1}{2}$ 袖口围。

⑤袖缝线：直线连接②线与④线的右端点。

⑥以①线为中线作②线的对称线。

⑦以①线为中线作③线的对称线。

⑧以①线为中线作④线的对称线。

⑨以①线为中线作⑤线的对称线。

⑩将前袖山斜线等分为四份，确定四个等分点。

⑪将后袖山斜线等分为三份，按标示尺寸，确定三个等分点。

如图 5-12（b）所示：

⑫线至⑭线按标示尺寸，分别用弧线划顺：前袖山弧线⑫、后袖山弧线⑬、袖口线⑭。

⑮按照标注数据绘制袖头。

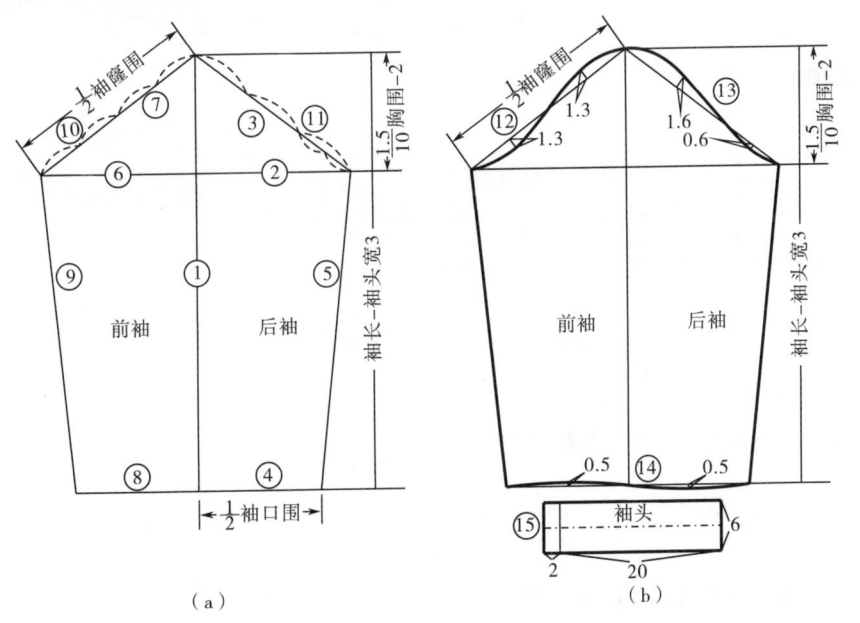

图 5-12

第五节　泡泡袖女衬衫制图

一、造型概述

如图 5-13 所示,这是一款在女装应用Ⅰ型基础上产生的合体型女衬衫,为了处理胸腰差量,分别在前后衣片上,各设计两个省。有领座的翻折领、泡泡袖。

正面款式图　　　　　　　背面款式图

图 5-13

二、制图规格

单位:cm

制图部位	衣长	腰节长	胸围	腰围	肩宽	袖长	领围
成品规格	60	40	94	72	40	22	40

三、衣身制图

如图 5-14(a)所示:

①前中线:作水平线,长度=衣长规格。

②底边线:垂直于前中线,长度=$\frac{1}{2}$胸围。

③衣长线:垂直于前中线,长度=$\frac{1}{2}$胸围。

④后中线：直线连接②线、③线的上端点，平行于前中线。

⑤前横开领：由①线和③线的交点沿③线向上量$\frac{2}{10}$领围-1cm，确定⑤点。

⑥前直开领：由⑤点作③线的垂直线，长度=$\frac{2}{10}$领围+1cm。

⑦后横开领：由③线和④线的交点沿③线向下量$\frac{2}{10}$领围-1cm，确定⑦点。

⑧后直开领：由⑦点作③线的垂直线，长度=2.5cm，右端超出③线1.5cm。

⑨前肩宽：由①线和③线的交点沿③线向上量$\frac{1}{2}$肩宽，确定⑨点。

⑩前落肩量：由⑨点作③线的垂直线，长度=5cm，确定⑩点，直线连接⑩点、⑤点，确定前肩斜线。

⑪后肩宽：由③线和④线的交点沿③线向下量$\frac{1}{2}$肩宽+0.5cm，确定⑪点。

⑫后落肩量：由⑪点作③线的垂直线，长度=3cm，确定⑫点，直线连接⑫点、⑧点，确定后肩斜线。

⑬胸宽线：与前中线平行，两线相距$\frac{2}{10}$胸围-1.5cm。

⑭背宽线：与后中线平行，两线相距$\frac{2}{10}$胸围-1cm。

⑮前袖窿深：由胸宽线与肩斜线的交点沿胸宽线向左量$\frac{2}{10}$胸围+1cm，确定⑮点。

⑯后袖窿深：由背宽线与肩斜线的交点沿背宽线向左量$\frac{2}{10}$胸围+3cm，确定⑯点。

⑰袖窿深线：直线连接⑮点、⑯点并向两端延长，分别交于①线、④线。

⑱侧缝直线：平行于前中线，距离前中线$\frac{1}{4}$胸围+1cm；距离后中线$\frac{1}{4}$胸围-1cm。

⑲前腰节线：在①线与⑱线之间作③线的平行线，距离③线为腰节长规格。

⑳后腰节线：由⑱线和⑲线的交点沿⑱线向右2.5cm定点，过此点作④线的垂直线。

㉑前腰省线：由前胸宽的$\frac{1}{2}$位置点向上1cm定点，过此点作前中线的平行线。

㉒前侧省线：过胸宽线⑬的左端点作①线的平行线。

㉓后腰省线：过后腰节线⑳的中点作④线的平行线。

㉔后侧省线：过后腰节线⑳的$\frac{1}{4}$点作④线的平行线。

㉕前胸腰斜线：由⑱线和⑲线的交点沿⑲线向下量2cm定点，此点与⑰线和⑱线的交点直

㉖后胸腰斜线:由⑱线和⑳线的交点沿⑳线向上量 2cm 定点,此点与⑰线和⑱线的交点直线连接。

㉗腰节斜线:由⑲线和㉕线的交点沿㉕线向右量 2.5cm 定点,此点与⑲线和㉑线的交点直线连接。

㉘后底边线:在④线与⑱线之间作②线的平行线,与②线相距 2.5cm。

㉙前臀腰斜线:由②线和⑱线的交点沿②线向上量 2cm 定点,此点与㉗线和㉕线的交点直线连接。

㉚后臀腰斜线:过②线和㉙线的交点沿㉙线向右 5cm 定点,此点与⑳线和㉖线的交点直线连接。

㉛前底边斜线:在②线上取①线至⑱线之间的 $\frac{1}{2}$ 位置定点,此点与㉚线的左端点直线连接。

㉜后底边斜线:在㉘线上取④线至⑱线之间的 $\frac{1}{2}$ 位置定点,此点与㉚线的左端点直线连接。

㉝前袖窿切点:在前袖窿深的 $\frac{1}{4}$ 位置定点,过此点用直线分别与⑩点及⑰线和⑱线的交点连接。

㉞后袖窿切点:在后袖窿深的 $\frac{1}{3}$ 位置定点,过此点用直线分别与⑫点及⑰线和⑱线的交点连接。

㉟搭门线:在②线与⑥线之间作①线的平行线,两线相距 2cm。

如图 5-14(b)所示:

㊱前腰省大:右端省尖距离袖窿深线 4cm,左端省尖距离腰节线 12cm,省大 2cm。

㊲前侧省大:右端省尖距离袖窿深线 5cm,左端省尖距离腰节线 11cm,省大 1.5cm。

㊳后腰省大:右端省尖超过袖窿深线 4cm,左端省尖距离腰节线 13cm,省大 2cm。

㊴后侧省大:右端省尖与袖窿深线相交,左端省尖距离腰节线 12cm,省大 1.5cm。

㊵线至㊼线用弧线划顺:前片侧缝线㊵、后片侧缝线㊶、前底边线㊷、后底边线㊸、前袖窿线㊹、后袖窿线㊺、前领圈线㊻、后领圈线㊼。

四、袖子制图

在绘制袖子图之前,先用软尺在制图上测量袖窿弧线的长度,确定袖窿围,然后按照下面的步骤进行制图。

如图 5-15(a)所示:

①袖中线:作垂直线,长度=袖长规格-袖头宽 3cm。

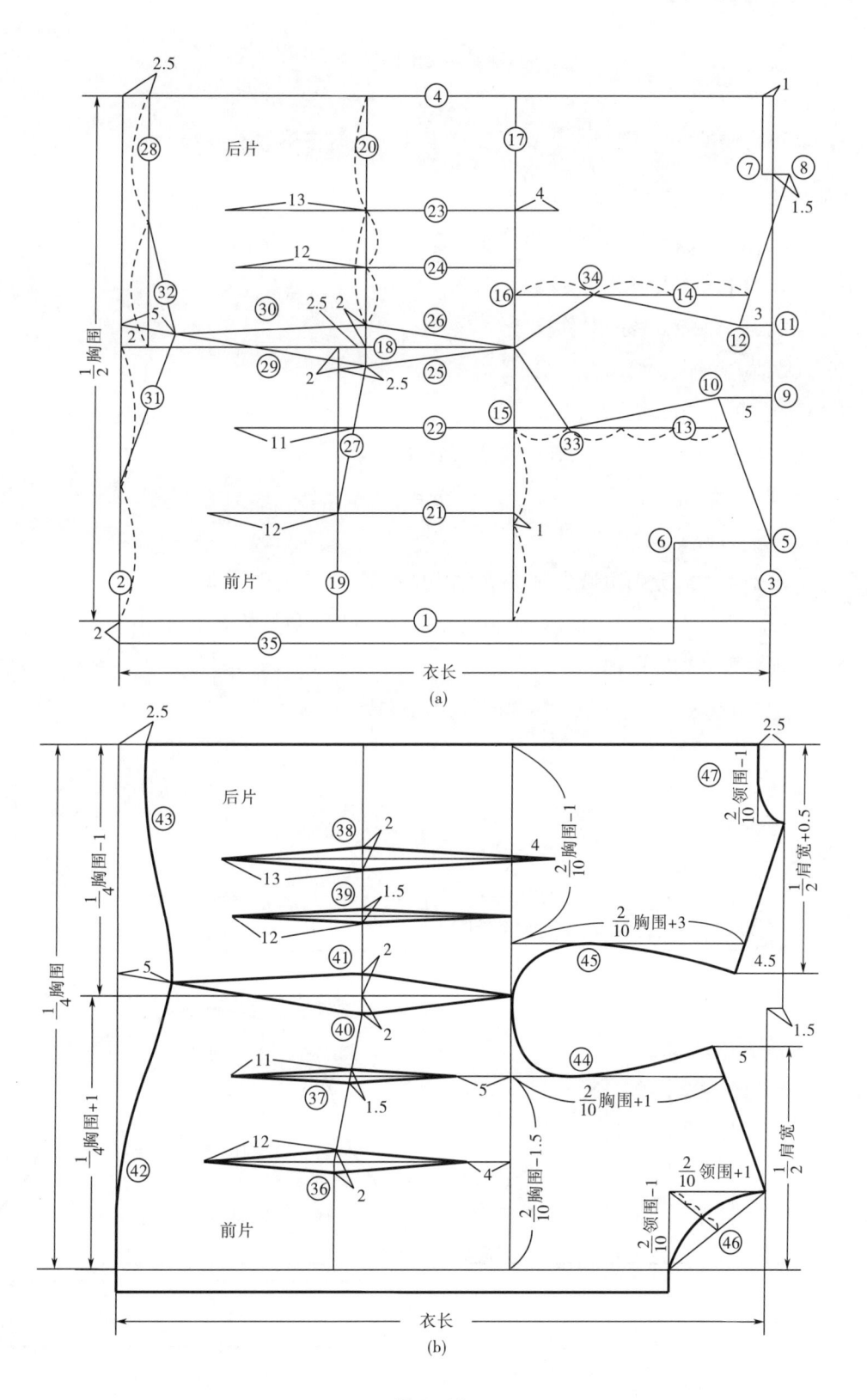

图 5-14

②袖山高基线:过①线的上端点向下量$\frac{1.5}{10}$胸围定点,过此点作①线的垂直线。

③袖山斜线:过①线上端点向②线作斜线,长度为$\frac{1}{2}$袖窿围。

④袖口线:过①线下端点作①线的垂直线,长度与②线相等。

⑤袖肥线:由②线和③线的交点作④线的垂直线。

⑥以①线为中线作②线的对称线。

⑦以①线为中线作③线的对称线。

⑧以①线为中线作④线的对称线。

⑨以①线为中线作⑤线的对称线。

⑩将前袖山斜线等分为四份,确定四个等分点。

⑪将后袖山斜线等分为三份,确定三个等分点。

如图5-15(b)所示:

⑫、⑬按标示尺寸,分别用弧线划顺:前袖山弧线⑫、后袖山弧线⑬。

如图5-15(c)、图5-15(d)所示,绘制展开线,在展开线位置旋转展开,并重新绘制袖子外轮廓线。按照标注数据绘制袖头。

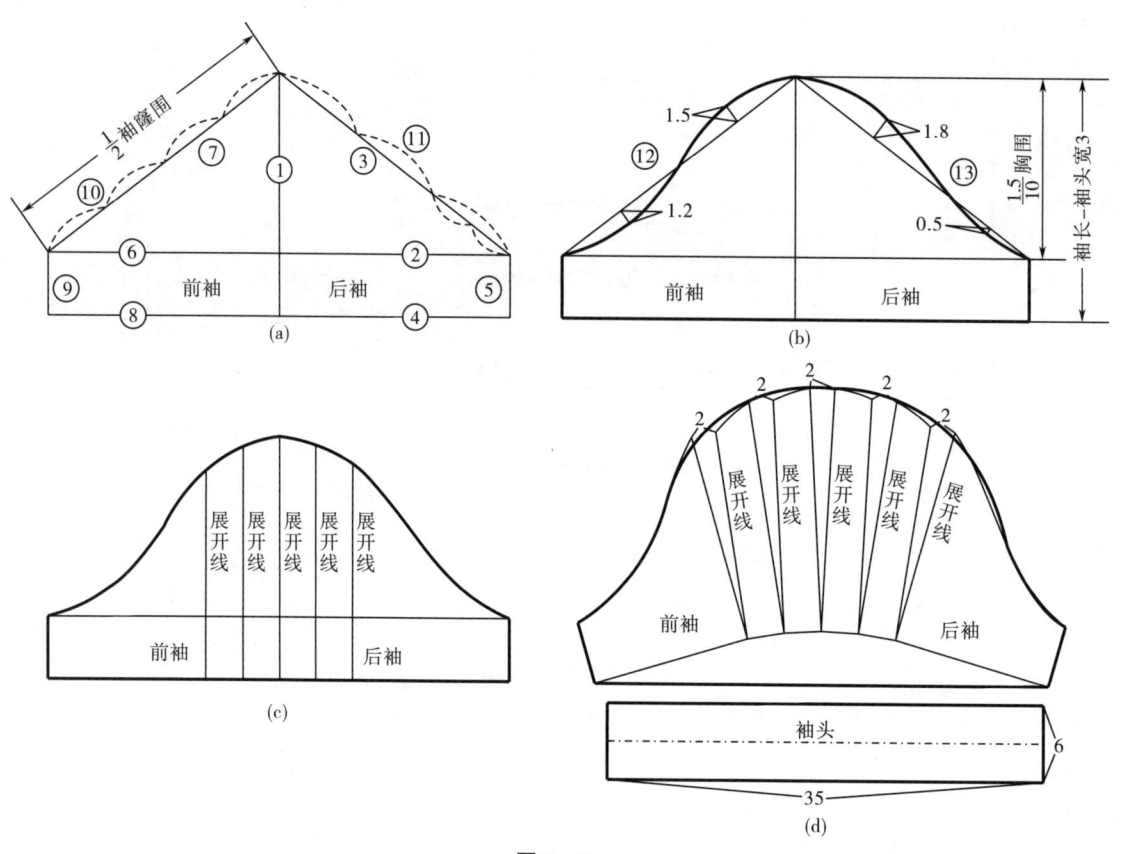

图 5-15

五、领子制图

如图 5-16(a)所示：

①作水平线 $AB=\dfrac{1}{2}$领围。

②分别过 A、B 两点作 AB 的垂直线 AC 和 BD。

③取 $AC=BD=$ 领座高 2.5cm，直线连接 C、D 点。

④在 CD 线上取 $DE=1.5$cm 确定 E 点，直线连接 B、E 点，确定前领座斜线。

⑤在 AB 线的 $\dfrac{2}{3}$ 位置确定 F 点，过 F 点作 BE 线的垂直线交于 G 点。

⑥延长 FG 线使 $FB_1=FB$ 确定 B_1 点，过 B_1 点作 BE 线的平行线 B_1D_1，取 $B_1D_1=BE$ 确定 D_1 点。

⑦在 CE 的 $\dfrac{2}{3}$ 位置确定 F_1 点，此点与 D_1 点直线连接。

如图 5-16(b)所示：

⑧用弧线划顺领座上口线。

⑨用弧线划顺领座下口线。

如图 5-16(c)所示：

⑩取 $D_1H=1$cm，直线连接 H、B_1 两点。

⑪取 $B_1B_2=2$cm、$D_1D_2=1$cm，分别确定 B_2 点和 D_2 点。

⑫用弧线画顺 B_2、D_2、C 三点，确定领座上口线及领座角。

如图 5-16(d)所示：

⑬根据领座绘制翻领，翻领宽 4cm，前端起翘 0.6cm。

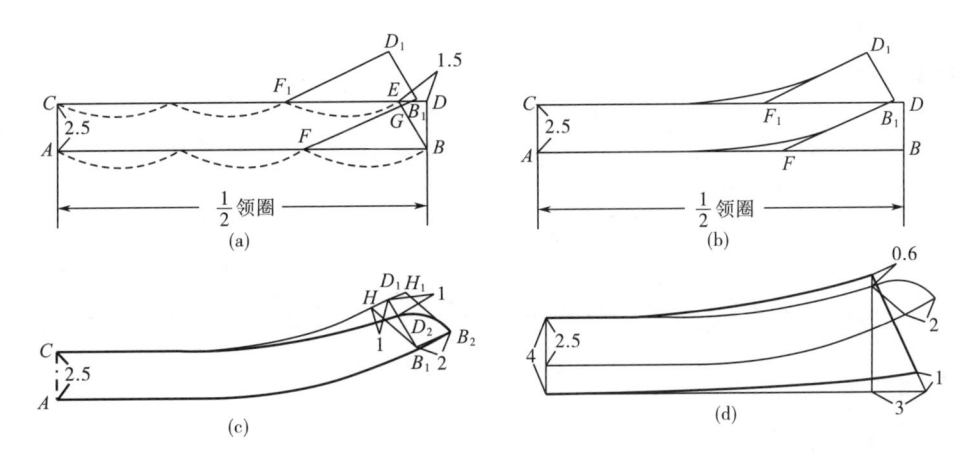

图 5-16

第六节　短袖立领女衬衫制图

一、造型概述

如图 5-17 所示,本款衬衫按照女装应用 I 型制图,前后衣片上各设计两个省,立领、单片袖。前片有 U 形分割,分割部分设计成塔克。

正面款式图　　背面款式图

图 5-17

二、制图规格

单位:cm

制图部位	衣长	腰节长	胸围	腰围	肩宽	袖长	领围
成品规格	60	40	94	72	40	19	40

三、衣身制图

如图 5-18(a)所示:

①前中线:作水平线,长度=衣长规格。

②底边线:垂直于前中线,长度=$\frac{1}{2}$胸围。

③衣长线:垂直于前中线,长度=$\frac{1}{2}$胸围。

④后中线:直线连接②线、③线的上端点,平行于前中线。

⑤前横开领:由①线和③线的交点沿③线向上量$\frac{2}{10}$领围-1cm,确定⑤点。

⑥前直开领:由⑤点作③线的垂直线,长度=$\frac{2}{10}$领围+1cm。

⑦后横开领:由③线和④线的交点沿③线向下量$\frac{2}{10}$领围-1cm,确定⑦点。

⑧后直开领:由⑦点作③线的垂直线,长度=2.5cm,右端超出③线1.5cm。

⑨前肩宽:由①线和③线的交点沿③线向上量$\frac{1}{2}$肩宽,确定⑨点。

⑩前落肩量:由⑨点作③线的垂直线,长度=5cm,确定⑩点,直线连接⑩点、⑤点,确定前肩斜线。

⑪后肩宽:由③线和④线的交点沿③线向下量$\frac{1}{2}$肩宽+0.5cm,确定⑪点。

⑫后落肩量:由⑪点作③线的垂直线,长度=3cm,确定⑫点,直线连接⑫点、⑧点,确定后肩斜线。

⑬胸宽线:与前中线平行,两线相距$\frac{2}{10}$胸围-1.5cm。

⑭背宽线:与后中线平行,两线相距$\frac{2}{10}$胸围-1cm。

⑮前袖窿深:由胸宽线与肩斜线的交点沿胸宽线向左量$\frac{2}{10}$胸围+1cm,确定⑮点。

⑯后袖窿深:由背宽线与肩斜线的交点沿背宽线向左量$\frac{2}{10}$胸围+3cm,确定⑯点。

⑰袖窿深线:直线连接⑮点、⑯点并向两端延长,分别交于①线、④线。

⑱侧缝直线:平行于前中线,距离前中线$\frac{1}{4}$胸围+1cm;距离后中线$\frac{1}{4}$胸围-1cm。

⑲前腰节线:在①线与⑱线之间作③线的平行线,距离③线为腰节长规格。

⑳后腰节线:由⑱线和⑲线的交点沿⑱线向右2.5cm定点,过此点作④线的垂直线。

㉑前腰省线:由前胸宽的$\frac{1}{2}$位置点向上1cm定点,过此点作前中线的平行线。

㉒前侧省线:过胸宽线⑬的左端点作①线的平行线。

㉓后腰省线:过后腰节线⑳的中点作④线的平行线。

㉔后侧省线:过后腰节线⑳的$\frac{1}{4}$位置点作④线的平行线。

㉕前胸腰斜线:由⑱线和⑲线的交点沿⑲线向下量 2cm 定点,此点与⑰线和⑱线的交点直线连接。

㉖后胸腰斜线:由⑱线和⑳线的交点沿⑳线向上量 2cm 定点,此点与⑰线和⑱线的交点直线连接。

㉗腰节斜线:由⑲线和㉕线的交点沿㉕线向右量 2.5cm 定点,此点与⑲线和㉑线的交点直线连接。

㉘后底边线:在④线与⑱线之间作②线的平行线,与②线相距 2.5cm。

㉙前臀腰斜线:由②线和⑱线的交点沿②线向上量 2cm 定点,此点与㉗线和㉕线的交点直线连接。

㉚后臀腰斜线:过②线和㉙线的交点沿㉙线向右 5cm 定点,与⑳线和㉖线的交点直线连接。

㉛前底边斜线:在②线上取①线至⑱线之间的 $\frac{1}{2}$ 位置定点,此点与㉚线的左端点直线连接。

㉜后底边斜线:在㉘线上取④线至⑱线之间的 $\frac{1}{2}$ 位置定点,此点与㉚线的左端点直线连接。

㉝前袖窿切点:在前袖窿深的 $\frac{1}{4}$ 位置定点,过此点用直线分别与⑩点及⑰线和⑱线的交点连接。

㉞后袖窿切点:在后袖窿深的 $\frac{1}{3}$ 位置定点,过此点用直线分别与⑫点及⑰线和⑱线的交点连接。

㉟搭门线:在②线与⑥线之间作①线的平行线,两线相距 2cm。

如图 5-18(b)所示:

㊱前腰省大:右端省尖距离袖窿深线 4cm,左端省尖距离腰节线 12cm,省大 2cm。

㊲前侧省大:右端省尖距离袖窿深线 5cm,左端省尖距离腰节线 11cm,省大 1.5cm。

㊳后腰省大:右端省尖超过袖窿深线 4cm,左端省尖距离腰节线 13cm,省大 2cm。

㊴后侧省大:右端省尖与袖窿深线相交,左端省尖距离腰节线 12cm,省大 1.5cm。

㊵线至㊼线用弧线划顺:前片侧缝线㊵、后片侧缝线㊶、前底边线㊷、后底边线㊸、前袖窿线㊹、后袖窿线㊺、前领圈线㊻、后领圈线㊼。

如图 5-18(c)所示:

㊽按照数据绘制 U 形分割线,绘制展开线位置。

如图 5-18(d)所示:

㊾按照数据展开褶量,重新绘制外轮廓线。

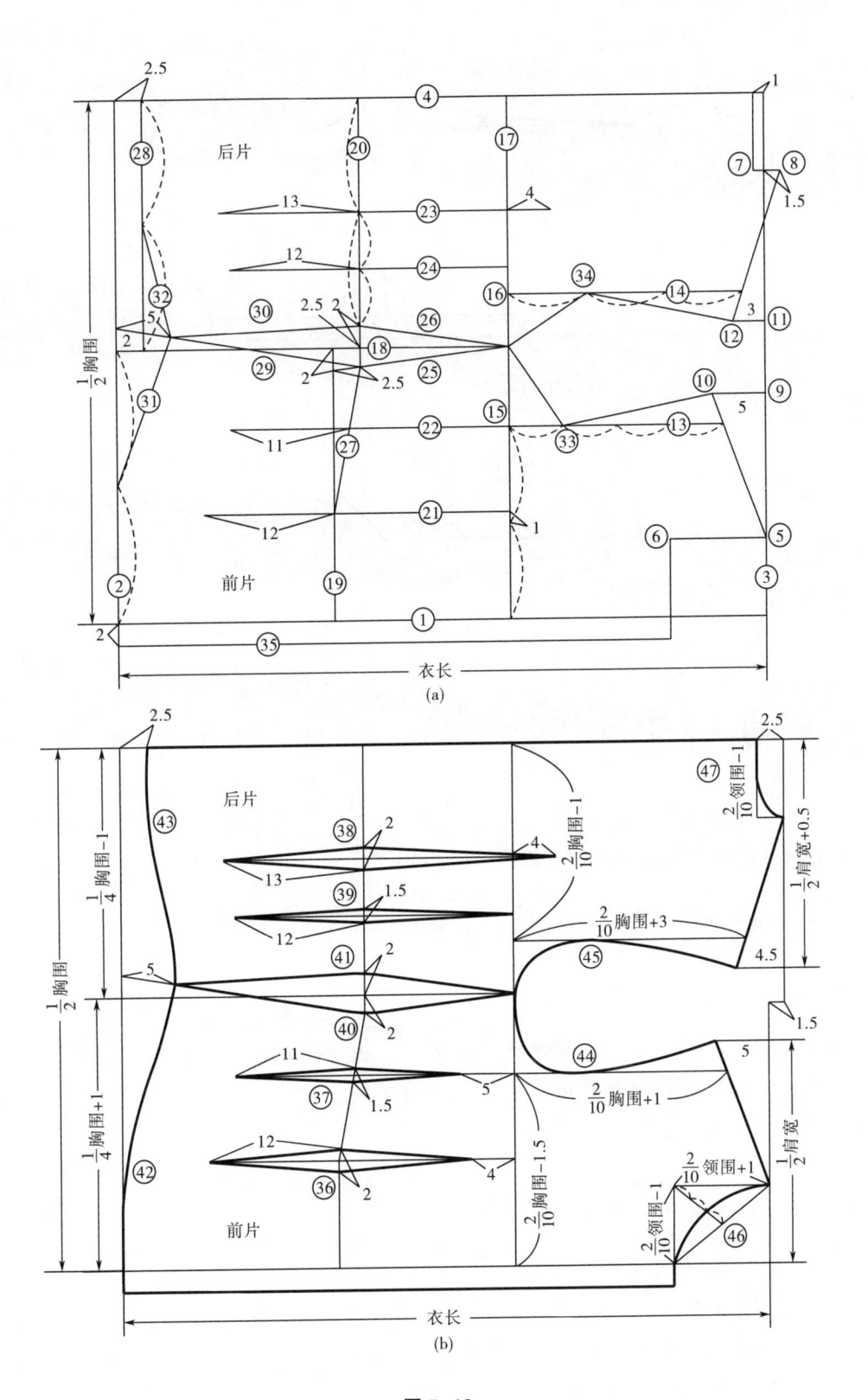

图 5-18

图 5-18

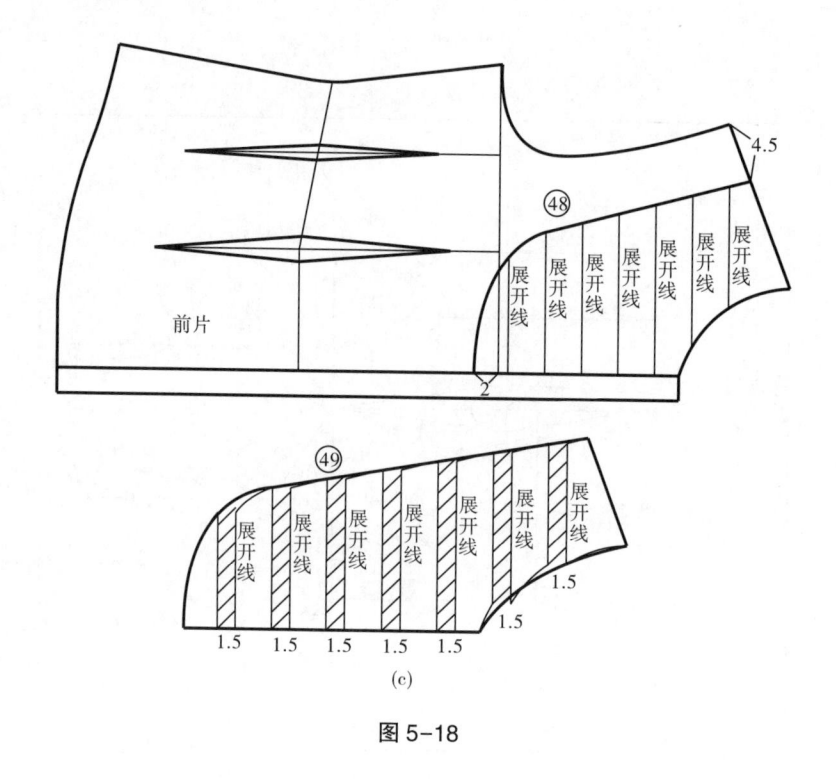

四、袖子制图

在绘制袖子图之前,先用软尺在制图上测量袖窿弧线的长度,确定袖窿围,然后按照下面的步骤进行制图。

如图 5-19(a)所示:

①袖中线:作垂直线,长度=袖长规格-袖头宽 3cm。

②袖山高基线:过①线的上端点向下量 $\frac{1.5}{10}$ 胸围定点,过此点作①线的垂直线。

③袖山斜线:过①线上端点向②线作斜线,长度为 $\frac{1}{2}$ 袖窿围。

④袖口线:过①线下端点作①线的垂直线,长度与②线相等。

⑤袖肥线:由②线和③线的交点作④线的垂直线。

⑥以①线为中线作②线的对称线。

⑦以①线为中线作③线的对称线。

⑧以①线为中线作④线的对称线。

⑨以①线为中线作⑤线的对称线。

⑩将前袖山斜线等分为四份,确定四个等分点。

⑪将后袖山斜线等分为三份,确定三个等分点。

如图 5-19(b)所示:

⑫、⑬按标示尺寸,分别用弧线划顺:前袖山弧线⑫、后袖山弧线⑬。

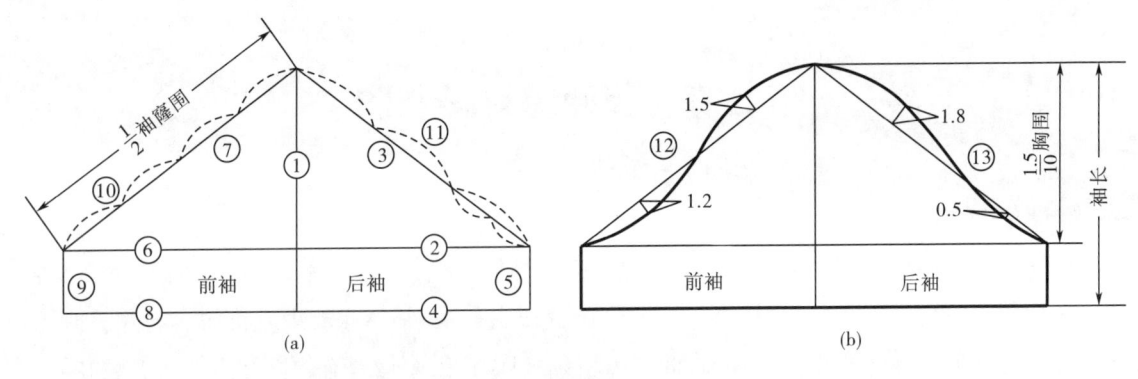

图 5-19

五、领子制图

如图 5-20(a)所示

①作水平线 $AB=\dfrac{1}{2}$ 领围。

②分别过 A、B 两点作 AB 线的垂直线 AC 和 BD。

③取 $AC=BD=$ 领高 3.5cm,直线连接 CD。

④在 CD 线上取 $DE=1.5$cm 确定 E 点,直线连接 B、E 点确定前领斜线。

⑤在 AB 线的 $\dfrac{2}{3}$ 位置确定 F 点,过 F 点作 BE 线的垂直线交于 G 点。

⑥延长 FG 线使 $FB_1=FB$ 确定 B_1 点,过 B_1 点作 BE 的平行线 B_1D_1,取 $B_1D_1=BE$ 确定 D_1 点。

⑦在 CE 的 $\dfrac{2}{3}$ 位置确定 F_1 点,直线连接 F_1、D_1 点。

如图 5-20(b)所示:

⑧用弧线划顺领上口线。

⑨用弧线划顺领下口线。

⑩取 $D_1H=1.4$cm 确定 H 点,直线连接 H、B_1 点,用弧线画顺领角。

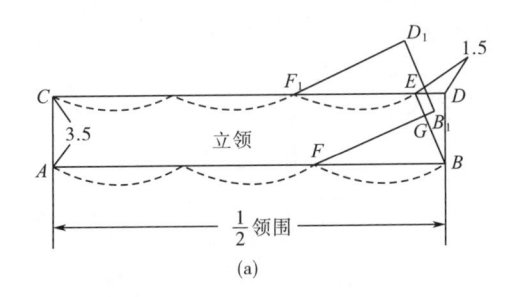

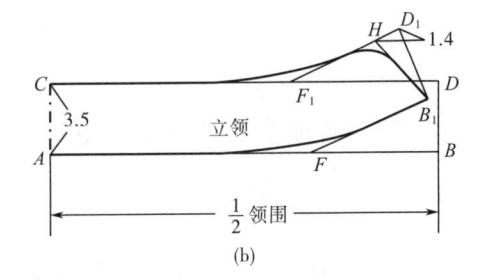

图 5-20

第七节　普通男衬衫制图

一、造型概述

如图5-21所示,男衬衫属于四开身结构,宽松式造型。首先将前片肩线平行向下移位3cm作一条分割线,再在后片上由衣长线向下6cm位置作一条水平分割线,最后将前后衣片分割下来的部分合并成单独的育克。单片袖,低袖山型,袖口设计三个褶。有领座翻折领。五粒扣,左胸一个贴袋。

正面款式图　　背面款式图

图 5-21

二、制图规格

单位:cm

制图部位	衣长	胸围	肩宽	袖长	袖口围	领围
成品规格	72	110	46.6	58.5	24	39

三、衣身制图

如图5-22(a)所示:

①前中线:作水平线,长度=衣长规格。

②底边线:垂直于前中线,长度=$\frac{1}{2}$胸围。

③衣长线:垂直于前中线,长度=$\frac{1}{2}$胸围。

④后中线:直线连接②线和③线的上端点,平行于前中线。

⑤前横开领:由①线和③线的交点沿③线向上量$\frac{2}{10}$领围-1cm,确定⑤点。

⑥前直开领:由⑤点作③线的垂直线,长度=$\frac{2}{10}$领围-1cm。

⑦后横开领:由③线和④线的交点沿③线向下量$\frac{2}{10}$领围-1cm,确定⑦点。

⑧后直开领:由⑦点作③线的垂直线,长度=2.5cm。

⑨前肩宽:由①线和③线的交点沿③线向上量$\frac{1}{2}$肩宽,确定⑨点。

⑩前落肩量:由⑨点作③线的垂直线,长度=5cm,确定⑩点,直线连接⑩点、⑤点,确定前肩斜线。

⑪后肩宽:由③线和④线的交点沿③线向下量$\frac{1}{2}$肩宽,确定⑪点。

⑫后落肩量:由⑪点作③线的垂直线,长度=2cm,确定⑫点,直线连接⑫点、⑧点,确定后肩斜线。

⑬胸宽线:由⑩点沿前肩斜线向里量取3cm定点,过此点作①线的平行线。

⑭背宽线:由⑫点沿后肩斜线向里量取2cm定点,过此点作④线的平行线。

⑮前袖窿深:由胸宽线与肩斜线的交点沿胸宽线向左量$\frac{2}{10}$胸围,确定⑮点。

⑯后袖窿深:由背宽线与肩斜线的交点沿背宽线向左量$\frac{2}{10}$胸围+2.7cm,确定⑯点。

⑰袖窿深线:直线连接⑮点、⑯点并向两端延长,分别交于①线、④线。

⑱侧缝直线:平行于前中线,距离前中线$\frac{1}{4}$胸围。

⑲搭门线:在②线与⑥线之间作①线的平行线,两线相距2cm。

⑳底边起翘:由②线和⑱线的交点沿⑱线向右量5cm,确定⑳点。

㉑底边斜线:分别用直线连接⑳点与前、后片底边线的中点。

㉒前袖窿切点:在前袖窿深的$\frac{1}{4}$位置定点,过此点用直线分别与⑩点及⑰线和⑱线的交点连接。

㉓后袖窿切点:在后袖窿深的$\frac{1}{3}$位置定点,过此点用直线分别与⑫点及⑰线和⑱线的交点连接。

㉔贴袋位置:过前胸宽的$\frac{1}{2}$位置向上1cm作水平线,确定袋中线,袋口线与⑰线平行相距4cm,袋口大12cm,袋高14.5cm,底边起翘2cm。

如图5-22(b)所示:

㉕线至㉙线用弧线画顺:前袖窿线㉕、后袖窿线㉖、前领圈线㉗、后领圈线㉘、底边线㉙。

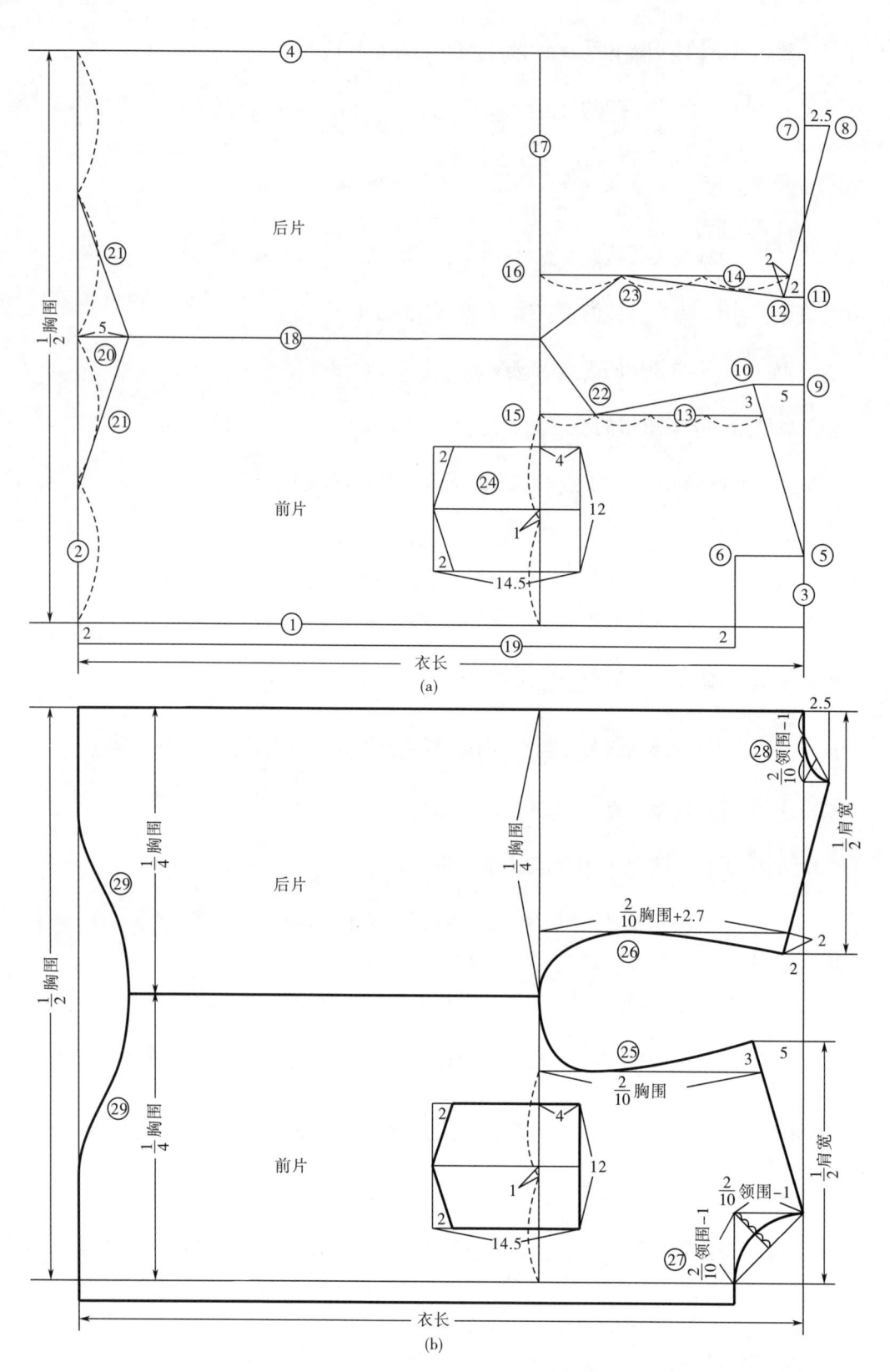

图 5-22

四、过肩制图

如图 5-23 所示：

①在前衣片图上将肩线平行向左移位 3cm，确定前过肩线。

②将前肩线部位减少的量移至后肩线上。

③过后领圈线与后中线的交点向左量 6cm 定点，过此点作后中线的垂直线交于后袖窿弧线，确定后过肩线。

④由后过肩线与后袖窿弧线的交点位置向左量取 1cm 的省量，省尖位于③线的 $\frac{1}{3}$ 位置。

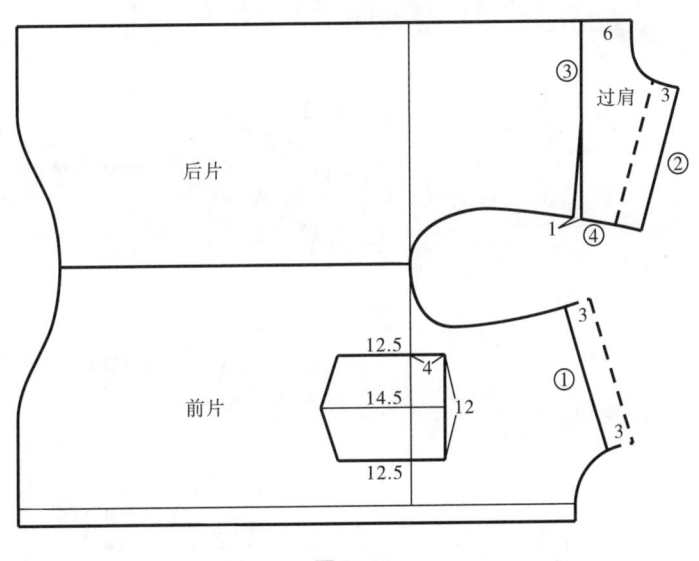

图 5-23

五、袖子制图

在绘制袖子图之前，先用软尺在衣身图上测量袖窿弧线的长度，确定袖窿围，然后按照下面的步骤进行制图。

如图 5-24(a)所示

①袖中线：作垂直线，长度=袖长规格-袖头宽 5cm。

②袖山高基线：垂直于袖中线，距离①线的上端点为 $\frac{1.5}{10}$ 胸围-3cm。

③袖山斜线：过①线的上端点向②线作斜切线长度为 $\frac{1}{2}$ 袖窿围+0.5cm。

④袖口线：过①线的下端点作①线的垂直线，长度=15cm。

⑤袖肥斜线：直线连接②线与④线的右端点。

⑥以①线为中线作②线的对称线。

⑦以①线为中线作③线的对称线。

⑧以①线为中线作④线的对称线。

⑨以①线为中线作⑤线的对称线。

⑩将前袖山斜线等分为四份,确定四个等分点。

⑪将后袖山斜线等分为三份,确定三个等分点。

⑫按照图中所标注的数据绘制袖头。

如图 5-24(b)所示:

⑬、⑭按标示尺寸,用弧线画顺⑬前袖山弧线,⑭后袖山弧线。

⑮画顺袖头圆角。

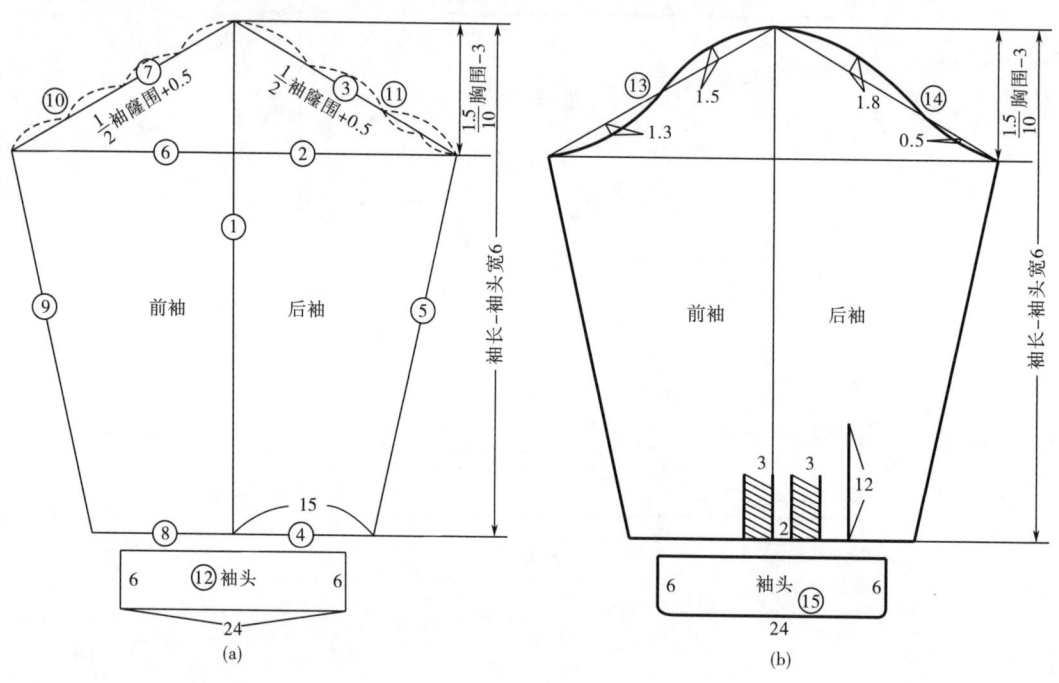

图 5-24

六、领子制图

如图 5-25(a)所示:

①作水平线,长度 = $\frac{1}{2}$领围。

②过①线的左端点作①线的垂直线,长度 = 10cm。

③过①线的右端点作①线的垂直线,长度 = 10cm。

④直线连接②线、③线的上端点,平行于①线。

⑤平行于①线,两线相距 4cm。

⑥平行于④线,两线相距 4cm。

⑦直线连接①线、④线的中点。

⑧过①线的左$\frac{1}{4}$位置作⑤线的垂直线。

⑨过①线的右$\frac{1}{4}$位置作⑤线的垂直线。

⑩在②线与⑧线之间作①线的平行线,距离①线1cm。

⑪在③线与⑨线之间作①线的平行线,距离①线1.5cm。

⑫在⑤线与⑪线之间作③线的平行线,距离③线0.6cm。

⑬在③线与⑨线之间作⑤线的平行线,距离⑤线1cm。

⑭直线连接⑬线和⑪线的右端点。

⑮直线连接⑧线、⑩线的交点与①线、⑨线的交点。

如图5-25(b)所示:

⑯由③和④的交点沿④线向右延长6cm确定⑯点,再与⑫线的上端点直线连接。

⑰直线连接⑥线和⑦线的交点与⑫线的上端点。

⑱与⑭线平行并相等,两线相距2cm。

⑲过⑤线和⑦线的交点与⑱线的上端点直线连接。

⑳过①线和⑨线的交点与⑱线的下端点直线连接。

如图5-25(c)所示:

㉑线至㉔线分别用弧线画顺:领座上口线㉑、领座下口线㉒、翻领下口线㉓、翻领外口线㉔,领角位置起翘0.6cm。

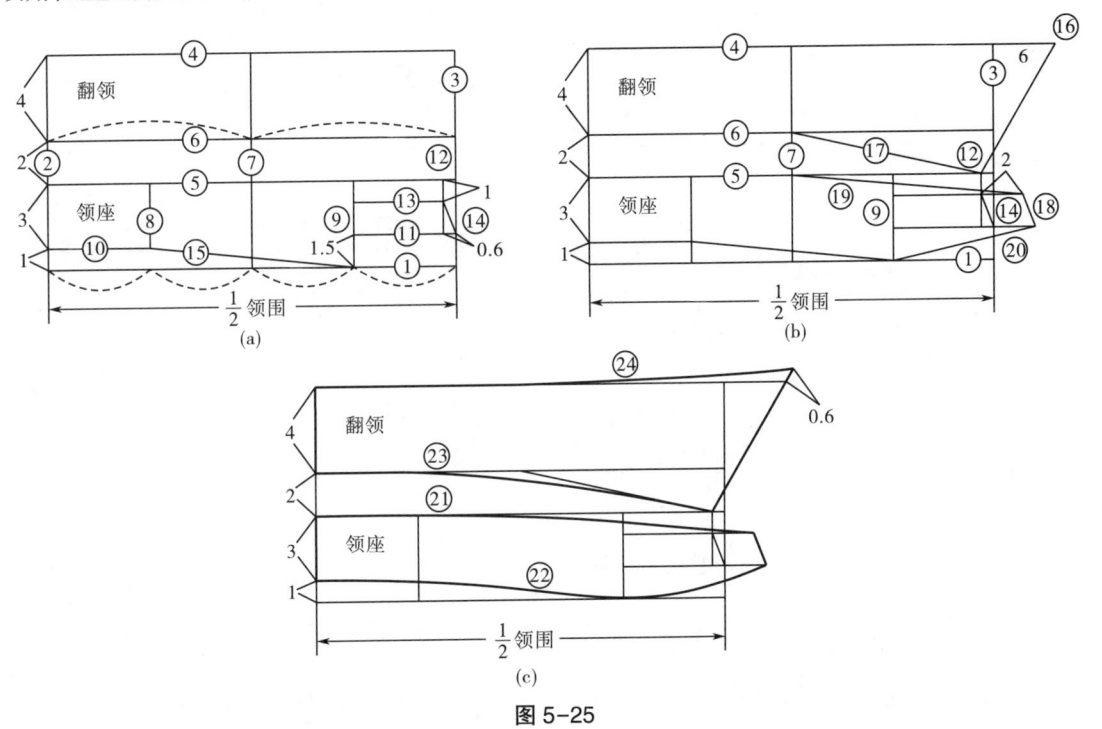

图5-25

第八节　短袖男衬衫制图

一、造型概述

如图 5-26 所示,短袖男衬衫的衣身部分造型与普通男衬衫基本相同。短袖,袖山高度比普通衬衫略大一些。前胸部位设计两个贴袋。驳领。

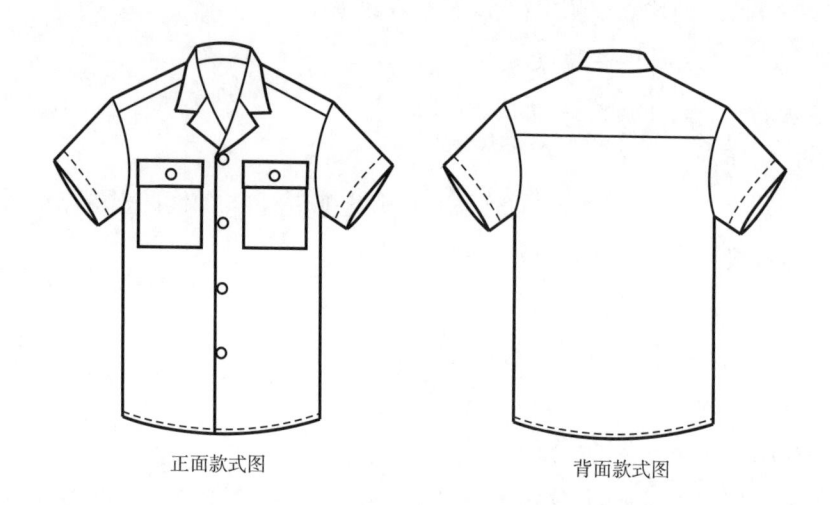

正面款式图　　　　背面款式图

图 5-26

二、制图规格

单位:cm

制图部位	衣长	胸围	肩宽	袖长	袖口围	领围
成品规格	72	110	46	21	38	40

三、衣身制图

如图 5-27(a)所示:

①前中线:作水平线,长度=衣长规格。

②底边线:垂直于前中线,长度=$\frac{1}{2}$胸围。

③衣长线:垂直于前中线,长度=$\frac{1}{2}$胸围。

④后中线:直线连接②线和③线的上端点,平行于前中线。

⑤前横开领:由①线和③线的交点沿③线向上量$\frac{2}{10}$领围+1cm,确定⑤点。

⑥前直开领:由⑤点作③线的垂直线,长度=$\frac{2}{10}$领围-1cm。

⑦后横开领:由③线和④线的交点沿③线向下量$\frac{2}{10}$领围+1cm,确定⑦点。

⑧后直开领:由⑦点作③线的垂直线,长度=2.5cm。

⑨前肩宽:由①线和③线的交点沿③线向上量$\frac{1}{2}$肩宽,确定⑨点。

⑩前落肩量:由⑨点作③线的垂直线,长度=5cm,确定⑩点,直线连接⑩点、⑤点,确定前肩斜线。

⑪后肩宽:由③线和④线的交点沿③线向下量$\frac{1}{2}$肩宽,确定⑪点。

⑫后落肩量:由⑪点作③线的垂直线,长度=2cm,确定⑫点,直线连接⑫点、⑧点,确定后肩斜线。

⑬胸宽线:由⑩点沿前肩斜线向里量取3cm定点,过此点作①线的平行线。

⑭背宽线:由⑫点沿后肩斜线向里量取2cm定点,过此点作④线的平行线。

⑮前袖窿深:由胸宽线与肩斜线的交点沿胸宽线向左量$\frac{2}{10}$胸围,确定⑮点。

⑯后袖窿深:由背宽线与肩斜线的交点沿背宽线向左量$\frac{2}{10}$胸围+2.7cm,确定⑯点。

⑰袖窿深线:直线连接⑮点、⑯点并向两端延长,分别交于①线、④线。

⑱侧缝直线:平行于前中线,距离前中线$\frac{1}{4}$胸围。

⑲搭门线:在②线与⑥线之间作①线的平行线,两线相距2cm。

⑳后底边线:在⑱线与④线之间作②线的平行线,两线相距1.5cm。

㉑前底边斜线:直线连接⑳线和⑱线的交点与前片底边线的中点。

㉒前袖窿切点:在前袖窿深的$\frac{1}{4}$位置定点,过此点用直线分别与⑩点及⑰线和⑱线的交点连接。

㉓后袖窿切点:在后袖窿深的$\frac{1}{3}$位置定点,过此点用直线分别与⑫点及⑰线和⑱线的交点连接。

㉔贴袋位置:过前胸宽的$\frac{1}{2}$位置向上1cm作水平线,确定袋中线,袋口线与⑰线平行相距4cm,袋口大12cm,袋高14.5cm。

㉕领口斜线:在直开领线的$\frac{1}{3}$位置定点,此点与①线和⑥线的交点直线连接交与⑲线。

如图5-27(b)所示:

㉖线至㉚线用弧线画顺:前袖窿线㉖、后袖窿线㉗、前领圈线㉘、后领圈线㉙、底边线㉚。

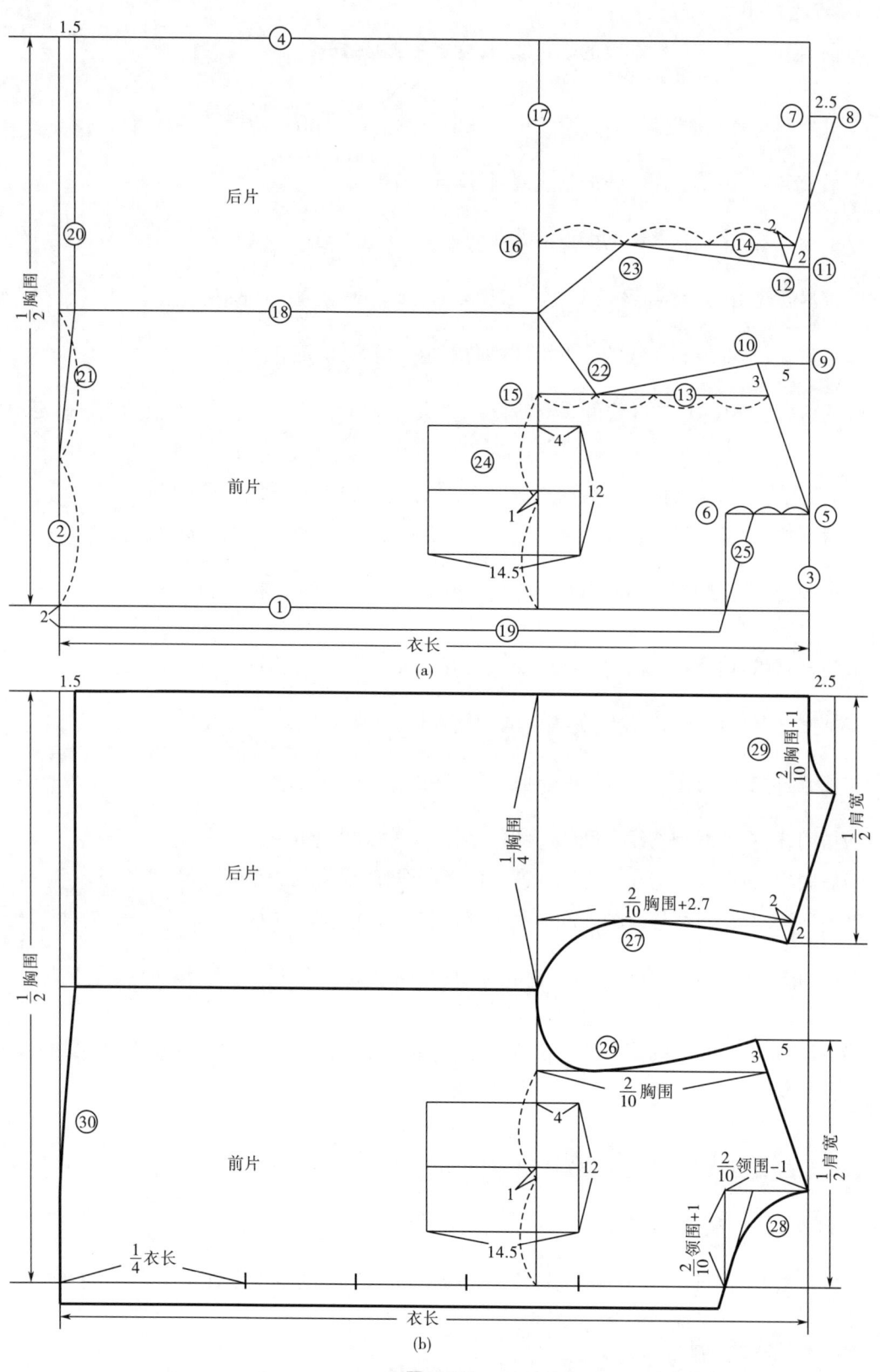

图 5-27

四、过肩制图

如图 5-28 所示：

①在前衣片图上将肩斜线平行向左移位 3cm，确定前过肩线。

②将前肩线部位减少的量移至后肩线上。

③过后领圈线与后中线的交点向左量 6cm 定点，过此点作后中线的垂直线交于后袖窿弧线，确定后过肩线。

④由后过肩线与后袖窿弧线的交点位置向左取 1cm 的省量，省尖位于③线的 $\frac{1}{3}$ 位置。

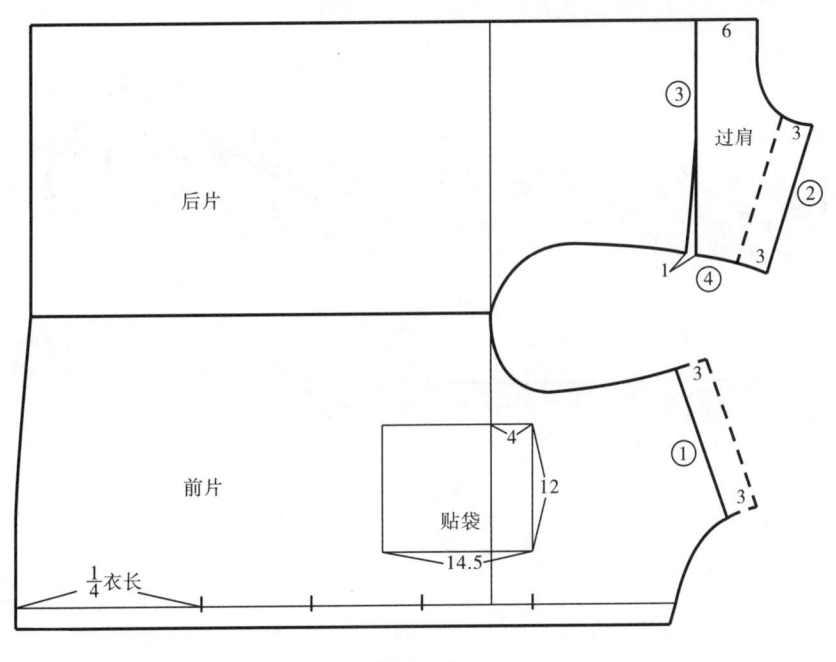

图 5-28

五、驳领制图

如图 5-29 所示：

①在前片肩斜线的延长线上取 $OC=2$cm，确定 C 点。

②在搭门线与第一粒扣位的交点位置确定驳领下限点 A。

③直线连接 AC 确定驳领线，在 AC 的延长线上取 $CD=10$cm。

④作 DE 垂直于 CD，取 $DE=1.5$cm，直线连接 EC。

⑤作 EF 垂直于 CE，取 $EF=$领座高 2.5cm，确定 F 点。

⑥过 F 点作领圈弧线的切线交与 B 点。

⑦弧线划顺 FB，过肩斜线与 FB 线的交点沿弧线量出 $\frac{1}{2}$ 后领圈大，调整 F 点。

⑧过 F 点作 FB 弧线的垂直线 FG，取 $FG=$领宽 7cm，确定 G 点。

⑨过 G 点作 FG 的垂直线 GH，取 $GH=21cm$，确定 H 点。

⑩由领圈线与前止口线的交点 K 向里取 $3cm$，确定 I 点。

⑪直线连接 IH，在 IH 的延长线上取 $IH_1=6cm$，确定 H_1 点。

⑫弧线划顺 GH_1 确定领外口线。

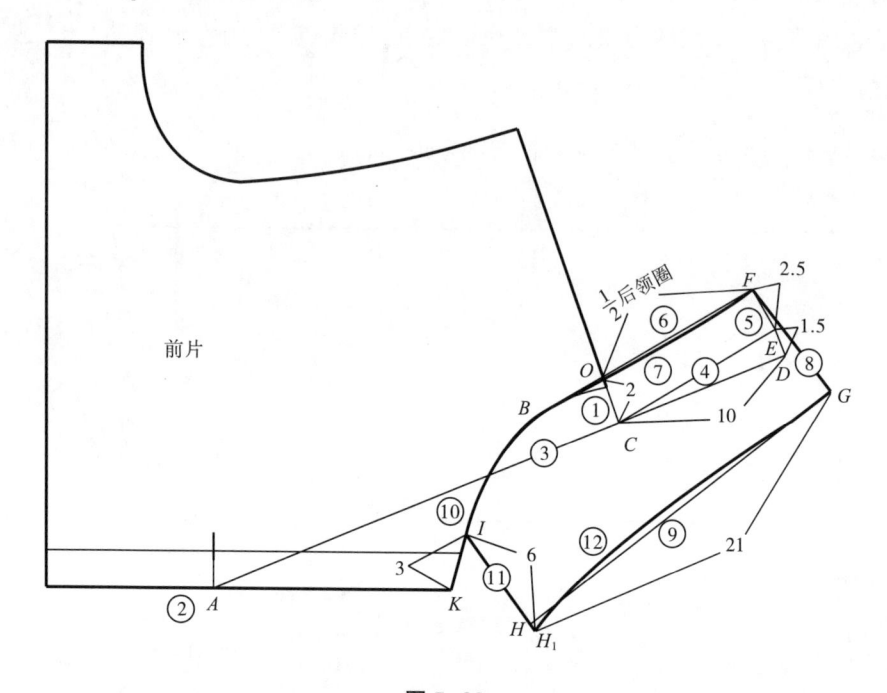

图 5-29

六、袖子制图

在作袖子图之前，先用软尺在衣身图上测量袖窿弧线的长度，确定袖窿围，然后按照下面的步骤进行制图。

如图 5-30 所示：

①袖中线：作垂直线，长度=袖长规格。

②袖山高基线：垂直于袖中线，距离①线的上端点为 $\dfrac{1.5}{10}$ 胸围 $-3cm$。

③袖山斜线：过①线的上端点向②线作斜切线，长度为 $\dfrac{1}{2}$ 袖窿围 $+0.5cm$。

④袖口线：过①线的下端点作①线的垂直线，长度 $=\dfrac{1}{2}$ 袖口围。

⑤袖肥直线：直线连接②线与④线的右端点。

⑥袖宽斜线：由④线和⑤线的交点沿④线向左 $2cm$ 定点，与②线和⑤线的交点直线连接。

⑦以①线为中线作②线的对称线。

⑧以①线为中线作③线的对称线。

⑨以①线为中线作④线的对称线。

⑩以①线为中线作⑤线的对称线。

⑪以①线为中线作⑥线的对称线。

⑫将前袖山斜线等分为四份,确定四个等分点。

⑬将后袖山斜线等分为三份,确定三个等分点。

如图5-30(b)所示:

⑭用弧线画顺前袖山弧线。

⑮用弧线画顺后袖山弧线。

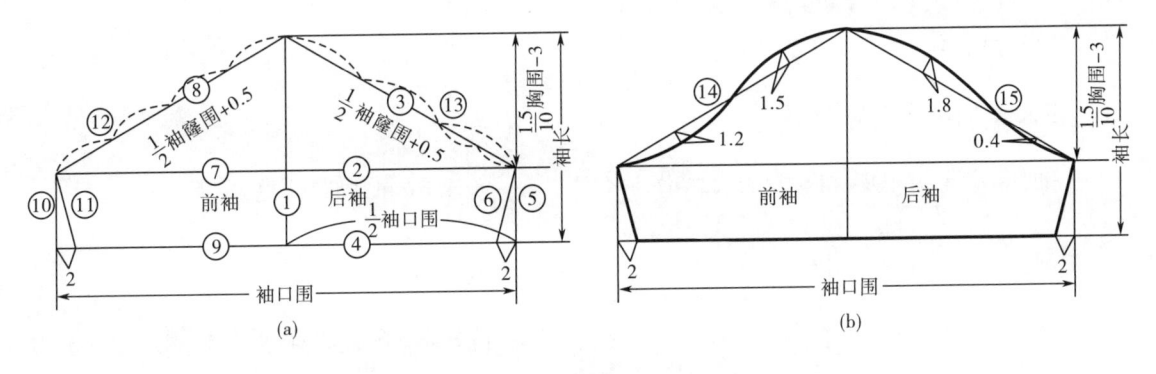

图 5-30

第九节 插肩袖女夹克制图

一、造型概述

如图5-31所示,本款夹克属于宽松式造型,插肩袖结构。这种造型通常是在女装应用Ⅰ型的基础上,将袖窿深加大5~10cm,甚至更多一些(图中增加了6cm)形成宽松的袖窿围。同时袖窿弧线的曲率变小,袖窿弧线的形状也可根据设计需要作任意变化。

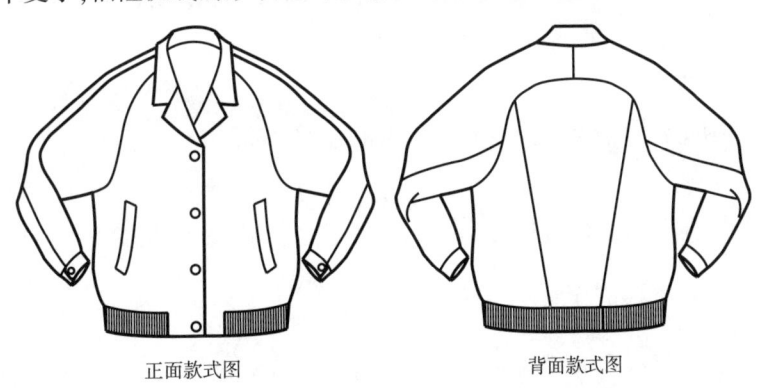

图 5-31

二、制图规格

单位：cm

制图部位	衣长	胸围	肩宽	袖长	袖口围	领围
成品规格	60	110	43	55	30	40

三、前片制图

如图 5-32(a) 所示：

①前中线：作水平线，长度＝衣长规格－底边宽 5cm。

②底边线：垂直于前中线，长度＝$\frac{1}{4}$胸围。

③衣长线：垂直于前中线。

④前横开领：由①线和③线的交点沿③线向上量$\frac{2}{10}$领围＋1cm，确定④点。

⑤前肩宽：由①线和③线的交点沿③线向上量$\frac{1}{2}$肩宽，确定⑤点。

⑥前落肩量：由⑤点作③线的垂直线，长度＝5cm，确定⑥点，直线连接⑥点、④点，确定肩斜线。

⑦胸宽线：平行于①线，与①线相距$\frac{2}{10}$胸围－2cm。

⑧前袖窿深：由胸宽线与肩斜线的交点沿胸宽线向左量$\frac{2}{10}$胸围，确定⑧点。

⑨袖窿深线：由⑧点作胸宽线的垂直线交与①线，延长⑨线使其长度＝$\frac{1}{4}$胸围。

⑩侧缝直线：由⑨线的上端点作①线的平行线，交于②线。

⑪搭门线：平行于①线，与①线相距 2cm。

⑫驳口线：由④点沿肩斜线延长 2cm 定点，由⑪线和⑨线的交点沿⑪线向右量 3cm 定点，直线连接两点。

⑬领深斜线：过④点作⑫线的平行线，长度＝4cm。

⑭串口斜线：由①线和③线的交点沿①线向左量 6cm 定点，此点与⑬线的左端点直线连接。

⑮驳领止口线：延长⑭线使其长度＝10cm 定点，此点与⑫线的左端点直线连接。

⑯前袖窿切点：在前袖窿深的$\frac{1}{4}$位置，确定⑯点。

⑰袖窿延长线：由⑨线和⑩线的交点沿⑩线向左量 6cm 定点，此点与⑯点直线连接。

⑱袖窿辅助线：由④点沿⑬线向左量 3cm 定点，此点与⑯点直线连接。

⑲袖长线:以肩端点为顶点作等腰直角三角形,两条直角边分别与上平线和前中线平行,边长=10cm。直线连接三角形的顶点与底边线中点并向左延长,长度=袖长规格-袖头宽。

⑳袖口线:过袖长线的左端点作袖长线的垂直线,长度=$\frac{1}{2}$袖口围-1cm。

㉑袖底松量:以⑯点为顶点,以⑯点至⑰点的间距为腰长,作等腰三角形,取底边长6cm,确定㉑点。

㉒袖底线:过㉑点与袖口大点直线连接。

㉓袖口斜线:过袖口线中点作㉒线的垂直线交与㉓点。

㉔底边斜线:由②线和⑩线的交点沿⑩线向右量2cm定点,与底边线②的中点直线连接。

㉕底边下线:与②线平行相距5cm,长度=$\frac{1}{2}$胸围+2cm。

㉖底边宽线:由㉕线的上端点作㉕线的垂直线,长度=5cm。

㉗底边上线:直线连接②线和⑩线的交点与㉖线的右端点。

㉘底边分割线:在②线与㉕线之间作⑪线的平行线,距离⑪线8cm。

㉙袋口位置:过⑧点向左延长胸宽线,分别在距离⑧点20cm、5cm的位置确定袋口直线的左右两个端点,过袋口直线的右端点作胸宽线的垂直线5cm定点,再与袋口直线的左端点直线连接确定袋口斜线,袋口大16cm,袋口宽2cm。

㉚前袖山高:过㉑点作⑲线的垂直线交于㉚点,㉚点至⑥点间的距离为袖山高度,与㉑点间的距离为袖肥。测量这两个数据,作为绘制后片袖子的依据。

如图5-32(b)所示:

㉛线至㊱线分别用弧线画顺:肩袖线㉛、袖窿线与袖山线㉜、袖底线㉝、袖口线㉞、底边线㉟、驳领止口线㊱。

四、后片制图

如图5-33(a)所示:

①后中线:作水平线,长度=衣长规格-底边宽5cm-前后衣片长度差2cm。

②底边线:垂直于后中线,长度=$\frac{1}{4}$胸围。

③衣长线:垂直于后中线。

④后横开领:由①线和③线的交点沿③线向上量$\frac{2}{10}$领围+1cm,确定④点。

⑤后直开领:由④点作③线的垂直线,长度=2.5cm定点,过此点作①线的垂直线。

⑥后肩宽:由①线和③线的交点沿③线向上量$\frac{1}{2}$肩宽+0.5cm,确定⑥点。

⑦后落肩量:由⑥点作③线的垂直线,长度=4.5cm,确定⑦点,直线连接⑦点、④点,确定后

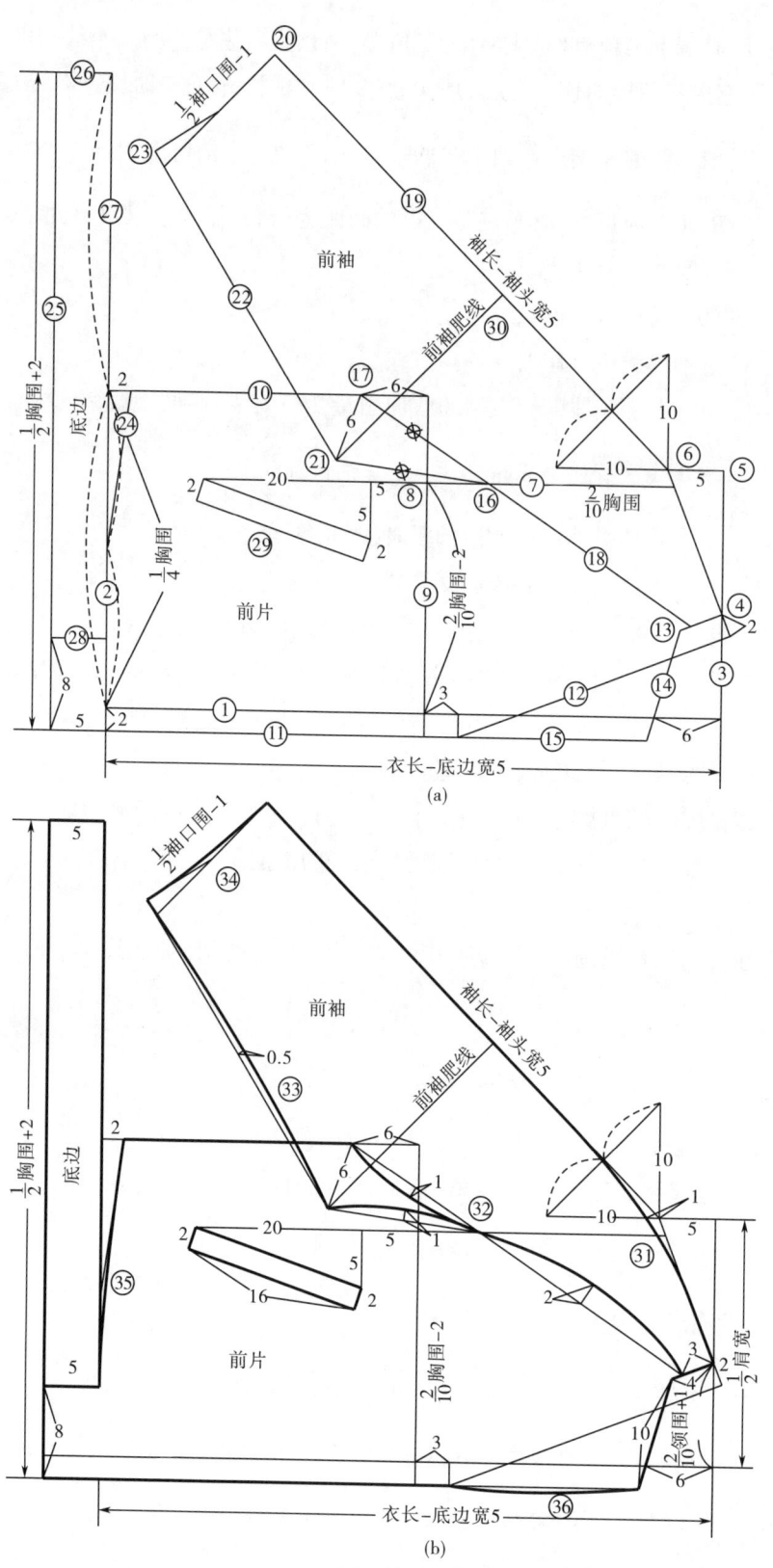

图 5-32

肩斜线。

⑧背宽线：平行于①线，与①线相距$\frac{2}{10}$胸围-0.5cm。

⑨后袖窿深：由背宽线与肩斜线的交点沿背宽线向左量$\frac{2}{10}$胸围+2cm，确定⑨点。

⑩袖窿深线：过⑨点作①线的垂直线，长度=$\frac{1}{4}$胸围。

⑪侧缝直线：直线连接②线与⑩线的上端点，平行于①线。

⑫后袖窿切点：在后袖窿深的$\frac{1}{4}$位置定点。

⑬袖窿延长线：由⑪线和⑩线的交点沿⑪线向左量6cm定点，此点与⑫点直线连接。

⑭袖窿辅助线：由①线和⑤线的交点沿①线向左量5cm定点，此点与⑫点直线连接。

⑮袖长线：以肩端点为顶点作等腰直角三角形，两条直角边分别与衣长线和背中线平行，边长=10cm。直线连接三角形的顶点与底边线的中点并向左延长，长度=袖长规格-袖头宽。

⑯袖口线：过袖长线的左端点作袖长线的垂直线，长度=$\frac{1}{2}$袖口围+1cm。

⑰后袖山高：由⑦点沿⑮线向左量出与前袖山高相同距离，确定⑰点。

⑱袖底松量：由⑰点作⑮线的垂直线，长度=前袖肥+2cm，确定⑱点，⑱点至⑬点之间的距离为袖底松量。

⑲袖底线：直线连接⑱点与⑯线的下端点。

⑳袖口斜线：过袖口线的中点作⑲线的垂直线交于⑳点。

㉑后片分割线：直线连接②线和⑭线的$\frac{1}{3}$位置点。

如图5-33(b)所示：

㉒线至㉖线分别用弧线画顺：肩袖线㉒、袖窿线与袖山线㉓、袖底线㉔、袖口线㉕、后领圈线㉖。

五、领子制图

如图5-34所示：

①在前片肩斜线的延长线上取 $OC=2cm$ 确定 C 点。

②在搭门线与第一粒扣位的交点位置确定驳领下限点 A。

③直线连接 AC 确定驳口线，在 AC 的延长线上取 $CD=10cm$。

④作 DE 垂直于 CD，取 $DE=1.5cm$，直线连接 EC。

⑤作 EF 垂直于 CE，取 EF=领座高2.5cm，确定 F 点。

⑥过 F 点与领圈交点 B 点直线连接。

⑦弧线划顺 FB，过肩斜线与 FB 线的交点沿弧线量出 $\frac{1}{2}$ 后领圈大，调整 F 点。

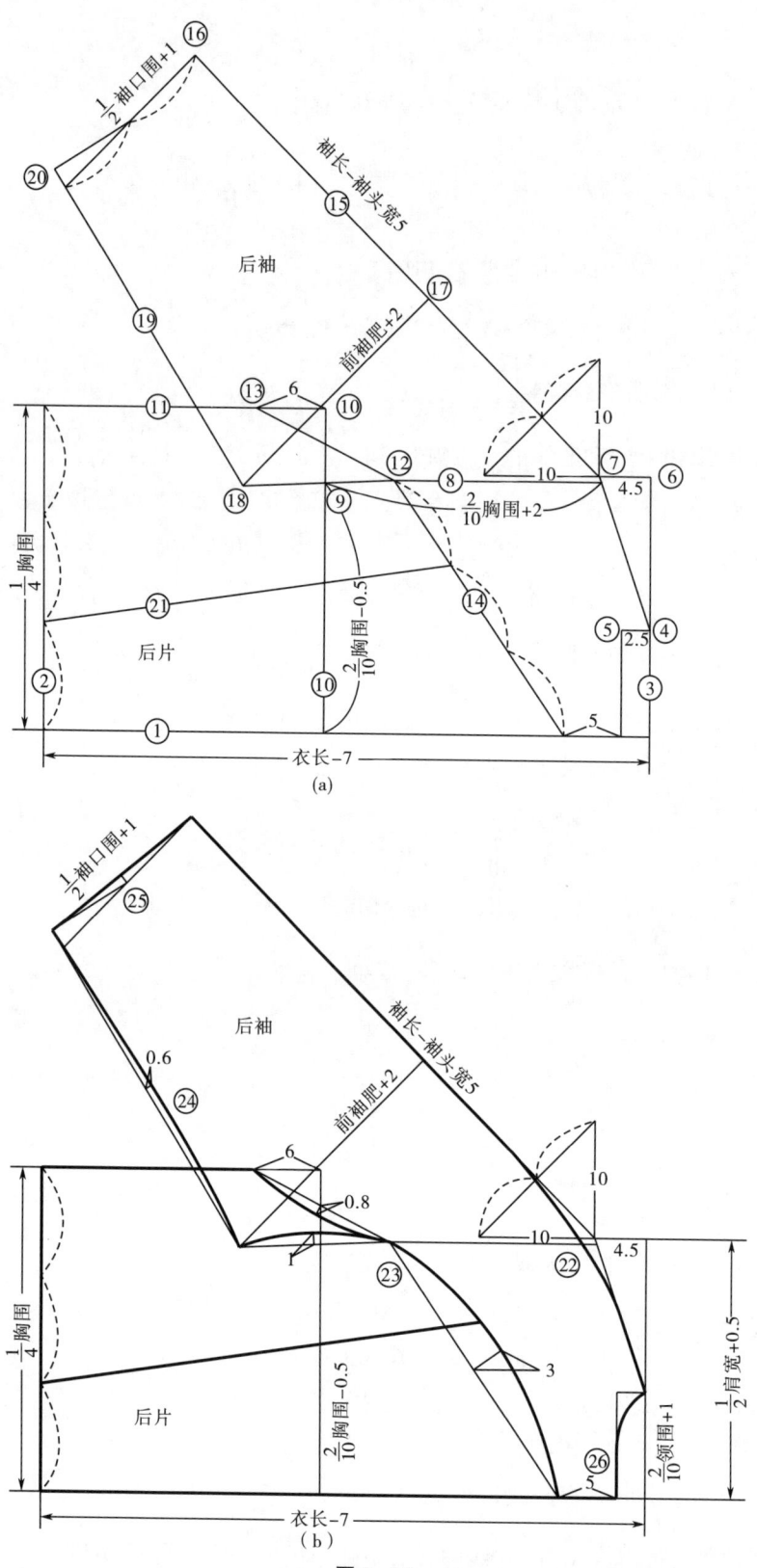

图 5-33

⑧过 F 点作 FB 弧线的垂直线 FG,取 $FG=$ 领宽 7cm,确定 G 点。

⑨过 G 点作 FG 的垂直线 GH,取 $GH=19$cm,确定 H 点。

⑩由领圈线与驳领线的交点 K 向上取 4cm,确定 I 点。

⑪直线连接 IH,在 IH 的延长线上取 $IH_1=6$cm,确定 H_1 点。

⑫弧线划顺 GH_1,确定领外口线。

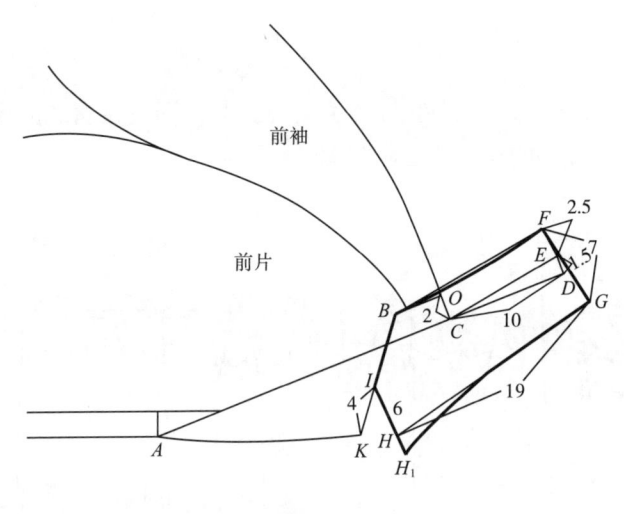

图 5-34

六、部件制图

如图 5-35 所示:

①按所标注的数据绘制驳领,领角位置加放 0.6cm 的松量。

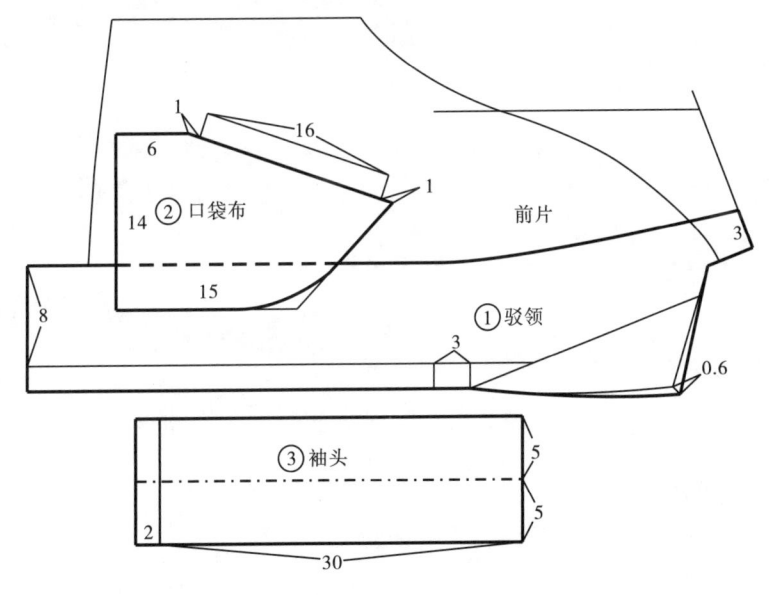

图 5-35

②按所标注的数据绘制口袋布。

③按所标注的数据绘制袖头。

第十节　牛仔女夹克制图

一、造型概述

如图 5-36 所示，这是一款直身型的牛仔女夹克。其制图是在女装应用Ⅰ型的基础上产生的。前后片均设有装饰性分割线，一片袖，下端设计开衩并装袖头。

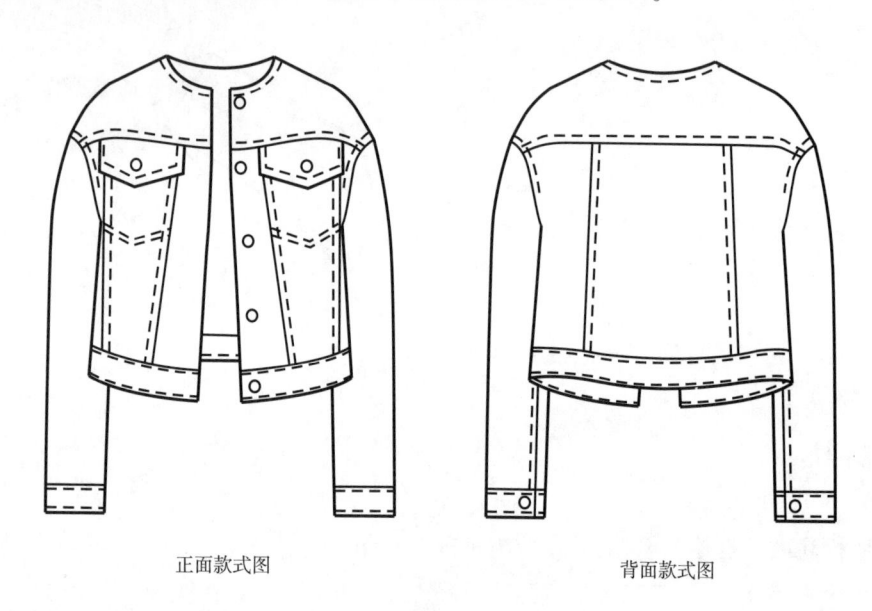

正面款式图　　　　　　　背面款式图

图 5-36

二、制图规格

单位：cm

制图部位	衣长	胸围	肩宽	袖长	袖口围	领围
成品规格	55	100	42	55	28	42

三、衣身制图

如图 5-37(a) 所示：

①前中线：作水平线，长度＝衣长规格－底边宽 5cm。

②底边线：垂直于前中线，长度＝$\frac{1}{2}$胸围。

③衣长线:垂直于前中线,长度=$\frac{1}{2}$胸围。

④后中线:直线连接②线和③线的上端点,平行于①线。

⑤前横开领:由①线和③线的交点沿③线向上量$\frac{2}{10}$领围-1cm,确定⑤点。

⑥前直开领:由⑤点作③线的垂直线,长度=$\frac{2}{10}$领围+1cm,确定⑥点。

⑦后横开领:由③线和④线的交点沿③线向下量$\frac{2}{10}$领围-1cm,确定⑦点。

⑧后直开领:由⑦点作③线的垂直线,长度=2.5cm,右端超出③线1.5cm。

⑨前肩宽:由①线和③线的交点沿③线向上量$\frac{1}{2}$肩宽,确定⑨点。

⑩前落肩量:由⑨点作③线的垂直线,长度=5cm,确定⑩点,直线连接⑩点、⑤点,确定前肩斜线。

⑪后肩宽:由③线和④线的交点沿③线向下量$\frac{1}{2}$肩宽+0.5cm,确定⑪点。

⑫后落肩量:由⑪点作③线的垂直线,长度=3cm,确定⑫点,直线连接⑫点、⑧点,确定后肩斜线。

⑬胸宽线:与①线平行,两线相距$\frac{2}{10}$胸围-1.5cm。

⑭背宽线:与④线平行,两线相距$\frac{2}{10}$胸围-1cm。

⑮前袖窿深:由胸宽线与肩斜线的交点沿胸宽线向左量$\frac{2}{10}$胸围,确定⑮点。

⑯后袖窿深:由背宽线与肩斜线的交点沿背宽线向左量$\frac{2}{10}$胸围+2cm,确定⑯点,在前后片同幅制图中仅做参考点。

⑰袖窿深线:直线连接⑮点、⑯点并向两端延长,分别交于①线、④线。

⑱侧缝直线:平行于前中线,距离前中线$\frac{1}{4}$胸围+1cm;距离后中线$\frac{1}{4}$胸围-1cm。

⑲搭门线:在②线与⑥线之间作①线的平行线,两线相距2cm。

⑳后底边线:在⑱线与④线之间作②线的平行线,两线相距2cm。

㉑前底边斜线:直线连接⑳线、⑱线的交点与前片底边线的中点。

㉒前袖窿切点:在前袖窿深的$\frac{1}{4}$位置定点,过此点用直线分别与⑩点及⑰线和⑱线的交点连接。

㉓后袖窿切点：在后袖窿深的$\frac{1}{3}$位置定点，过此点用直线分别与⑫点及⑰线和⑱线的交点连接。

㉔前育克线：过前袖窿深的$\frac{1}{2}$位置点作⑲线的垂线。

㉕后育克线：过后袖窿深的$\frac{1}{3}$位置点作④线的垂线。

㉖前片分割线：由①线和㉔线的交点沿㉔线向上量4cm定点，此点与前片底边线的$\frac{1}{4}$位置点直线连接。

㉗前片分割线：由㉖线和㉔线的交点沿㉔线向上量12cm定点，此点与前片底边线的$\frac{1}{2}$位置点直线连接。

㉘后片分割线：在⑳线的$\frac{1}{2}$位置和㉕线的$\frac{1}{3}$位置定点，并用直线连接。

如图5-37(b)所示：
㉙线至㉝线用弧线画顺：前袖窿线㉙、后袖窿线㉚、前领圈线㉛、后领圈线㉜、底边线线㉝。
㉞按照标注数据绘制袋盖。
㉟按照标注数据绘制口袋位置。
㊱按照标注数据绘制底边。

四、袖子制图

在绘制袖子图之前，先用软尺在衣身制图上测量袖窿弧线的长度，确定袖窿围，然后按照下面的步骤进行制图。

如图5-38(a)所示：
①袖中线：作垂直线，长度=袖长规格-袖头宽4cm。

②袖山高基线：过①线的上端点向下量$\frac{1.5}{10}$胸围-1cm定点，过此点作①线的垂直线。

③袖山斜线：过①线上端点向②线作斜线，长度为$\frac{1}{2}$袖窿围+0.5cm。

④袖口线：过①线下端点作①线的垂直线，长度为$\frac{1}{2}$袖口围。

⑤袖缝线：直线连接②线与④线的右端点。

⑥以①线为中线作②线的对称线。

⑦以①线为中线作③线的对称线。

⑧以①线为中线作④线的对称线。

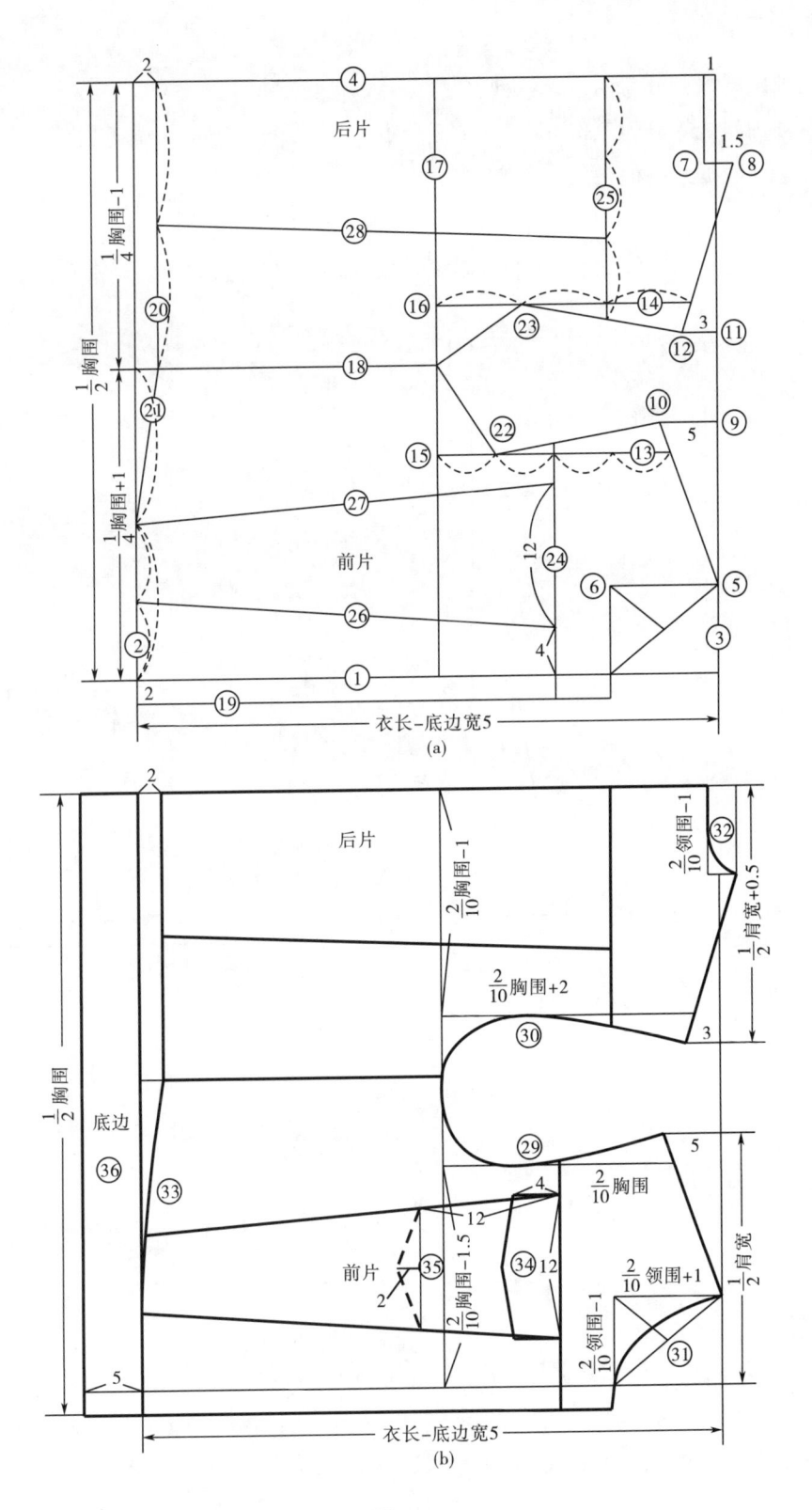

图 5-37

⑨以①线为中线作⑤线的对称线。
⑩将前袖山斜线等分为四份,确定四个等分点。
⑪将后袖山斜线等分为三份,确定三个等分点。
⑫按照标注数据绘制袖头。

如图 5-38(b) 所示:

⑬线至⑯线分别用弧线划顺:前袖山弧线⑬、后袖山弧线⑭、袖口线⑮、圆角袖头⑯。

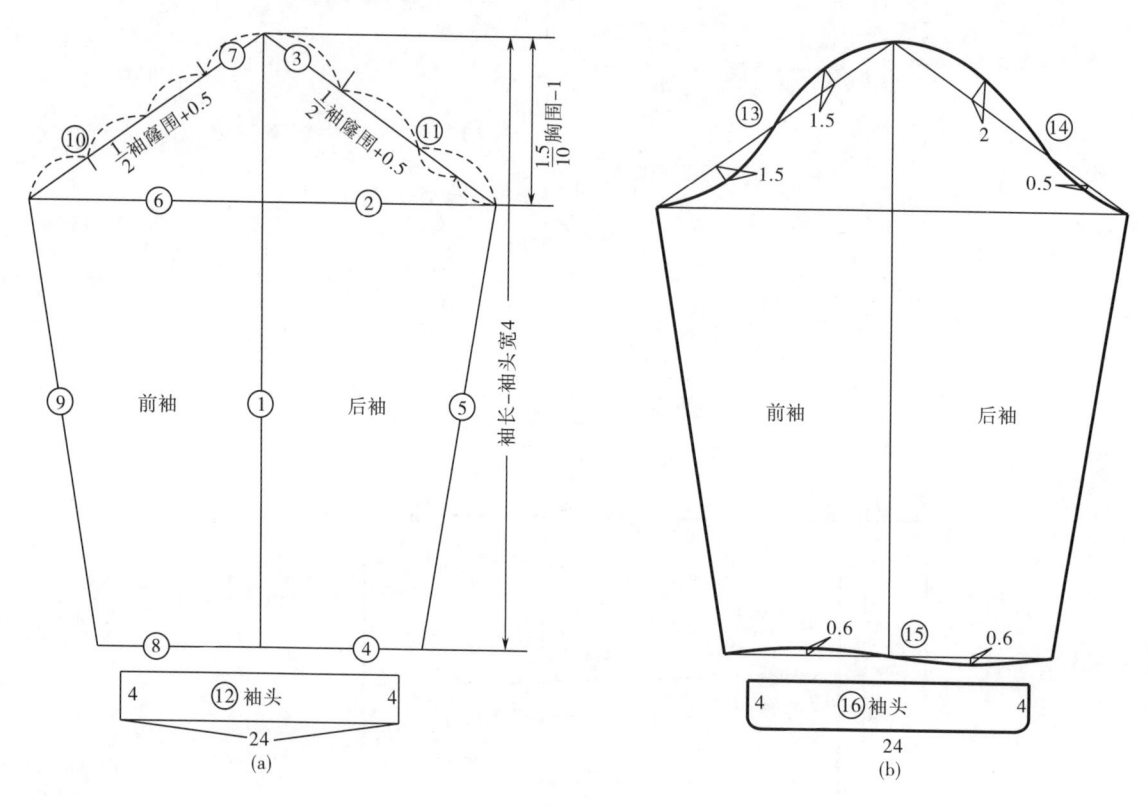

图 5-38

第十一节　男夹克衫制图

一、造型概述

如图 5-39 所示,这是一款根据男装应用Ⅰ型产生的宽松男夹克衫造型,袖窿深比模板增大了 2cm。后背中部设计两个褶裥,在前片上分别作纵向分割和斜线分割,在分割线内夹缝装饰袋盖。斜插袋、驳领、单片袖,底边设 5cm 宽罗纹。

正面款式图　　　　　　　　背面款式图

图 5-39

二、制图规格

单位:cm

制图部位	衣长	胸围	肩宽	袖长	袖口围	领围
成品规格	74	120	50	60	35	45

三、衣身制图

如图 5-40(a)所示：

①前中线：作水平线，长度=衣长规格。

②底边线：垂直于前中线，长度=$\frac{1}{2}$胸围。

③衣长线：垂直于前中线，长度=$\frac{1}{2}$胸围。

④后中线：直线连接②线、③线的上端点，平行于前中线。

⑤前横开领：由①线和③线的交点沿③线向上量$\frac{2}{10}$领围+1cm，确定⑤点。

⑥后横开领：由③线和④线的交点沿③线向下量$\frac{2}{10}$领围+1cm，确定⑥点。

⑦后直开领：过⑥点作③线的垂直线，长度=2.5cm，确定⑦点。

⑧前肩宽：由①线和③线的交点沿③线向上量$\frac{1}{2}$肩宽，确定⑧点。

⑨前落肩量：由⑧点作③线的垂直线，长度=5cm，确定⑨点，再与⑤点直线连接，确定前肩斜线。

⑩后肩宽：由③线和④线的交点沿③线向下量$\frac{1}{2}$肩宽+0.5cm，确定⑩点。

⑪后落肩量：过⑩点作③线的垂直线，长度=2.5cm，确定⑪点，与⑦点直线连接，确定后肩

斜线。

⑫胸宽线：平行于①线，距离①线$\frac{2}{10}$胸围-2cm。

⑬背宽线：平行于④线，距离④线$\frac{2}{10}$胸围-0.5cm。

⑭前袖窿深：由胸宽线与肩斜线的交点沿胸宽线向左量$\frac{2}{10}$胸围+2.2cm，确定⑭点。

⑮后袖窿深：由背宽线与肩斜线的交点沿背宽线向左量$\frac{2}{10}$胸围+4.7cm，确定⑮点。

⑯袖窿深线：直线连接⑭点、⑮点并向两端延长，分别交于①线、④线。

⑰侧缝直线：平行于前中线，距离前中线$\frac{1}{4}$胸围；距离后中线$\frac{1}{4}$胸围。

⑱前袖窿切点：在前袖窿深的$\frac{1}{4}$位置定点，过此点用直线分别与⑨点及⑯线和⑰线的交点连接。

⑲后袖窿切点：在后袖窿深的$\frac{1}{3}$位置定点，过此点用直线分别与⑪点及⑯线和⑰线的交点连接。

⑳底边宽线：平行于②线，距离②线5cm。

㉑后底边线：在⑰线与④线之间作⑳线的平行线，两线相距1.5cm。

㉒前底边斜线：在⑳线上取①线与⑰线间的$\frac{1}{2}$位置定点，此点与㉑线和⑰线的交点直线连接。

㉓搭门线：平行于①线，与①线的相距为2cm。

㉔驳口线：过⑤点沿肩斜线向下延长2cm定点，在㉓线上距离袖窿深线5cm处定点，直线连接两点。

㉕领深斜线：过⑤点作㉔线的平行线，长度=6cm，确定㉕点。

㉖串口斜线：由①线和③线的交点沿①线向左量8cm定点，与㉕点直线连接，延长串口斜线使其长度=12cm。

㉗驳领止口线：直线连接㉖线与㉔线的下端点。

㉘前片分割线：在②线与袖窿深线⑯线之间作①线的平行线，距离①线7cm。

㉙前片分割线：过⑤点沿肩斜线向上3cm定点，与㉘线的有右端点直线连接。

㉚前片分割线：由㉘线和⑯线的交点沿㉘线向左量5cm定点，过⑰线和⑯线的交点沿⑰线向左15cm定点，直线连接两点。

㉛后育克线：由③线和④线的交点沿④线向左量15cm定点，过此点作⑬线的垂直线。

如图5-40(b)所示：

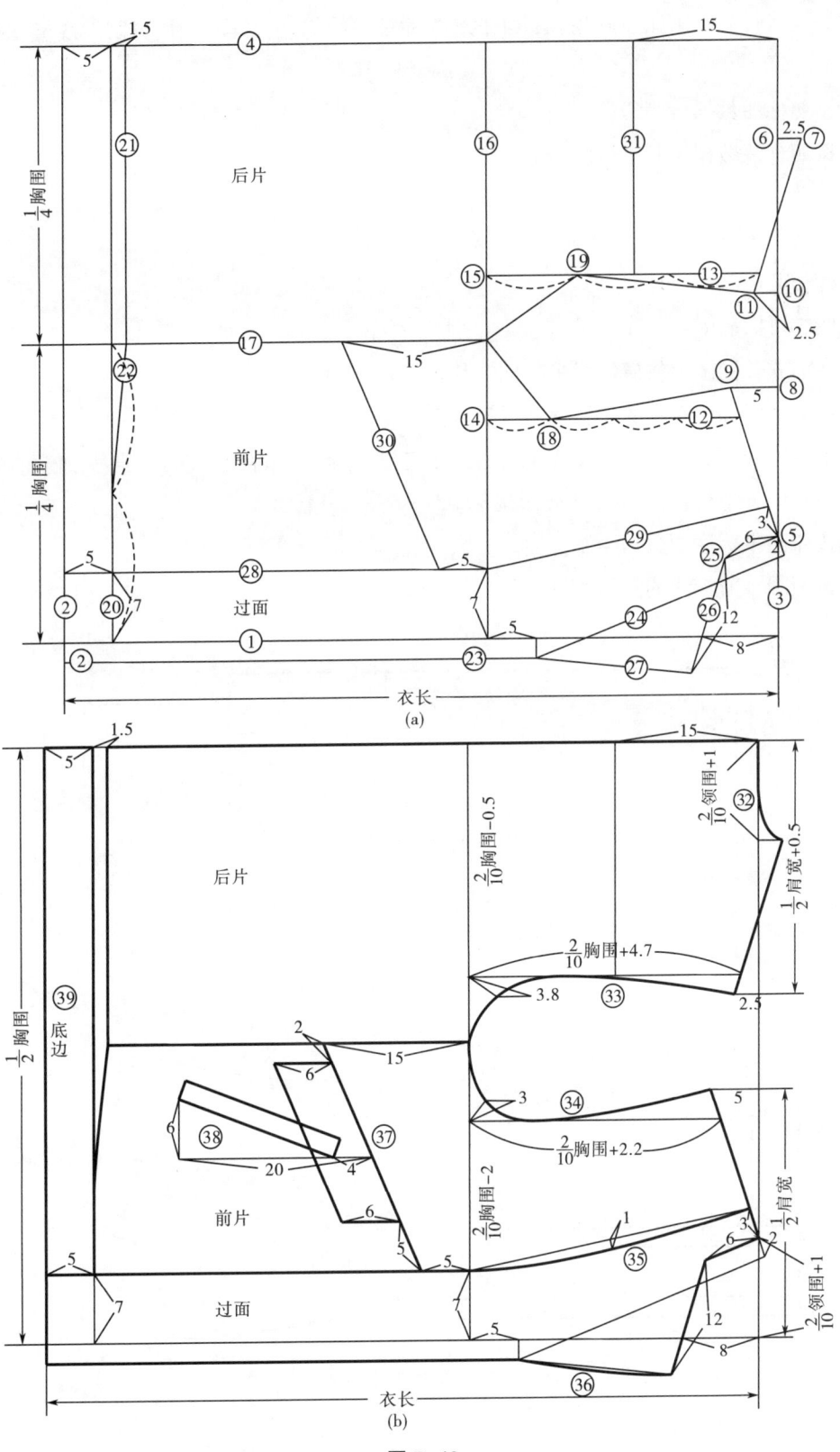

图 5-40

㉜线至㊱线分别用弧线画顺：后领圈线㉜、后袖窿线㉝、前袖窿线㉞、分割线线㉟、驳领止口线㊱。

㊲按照标注数据绘制袋盖。

㊳按照标注数据绘制单嵌线袋口。

㊴按照标注数据绘制底边。

四、部件制图

如图 5-41 所示：

①在前衣片制图上将肩斜线平行向左移位 4cm，确定前育克线。

②将前肩线部位减少的量移植在后肩线上。

③由背宽线与后领圈线的交点向左 15cm 定点，过此点作背中线的垂直线交于袖窿弧线，再将后中线向外平行移位 3cm 加放褶裥量。

④按照图中标注的数据绘制过面。

⑤按照图中所标注的数据绘制口袋布。

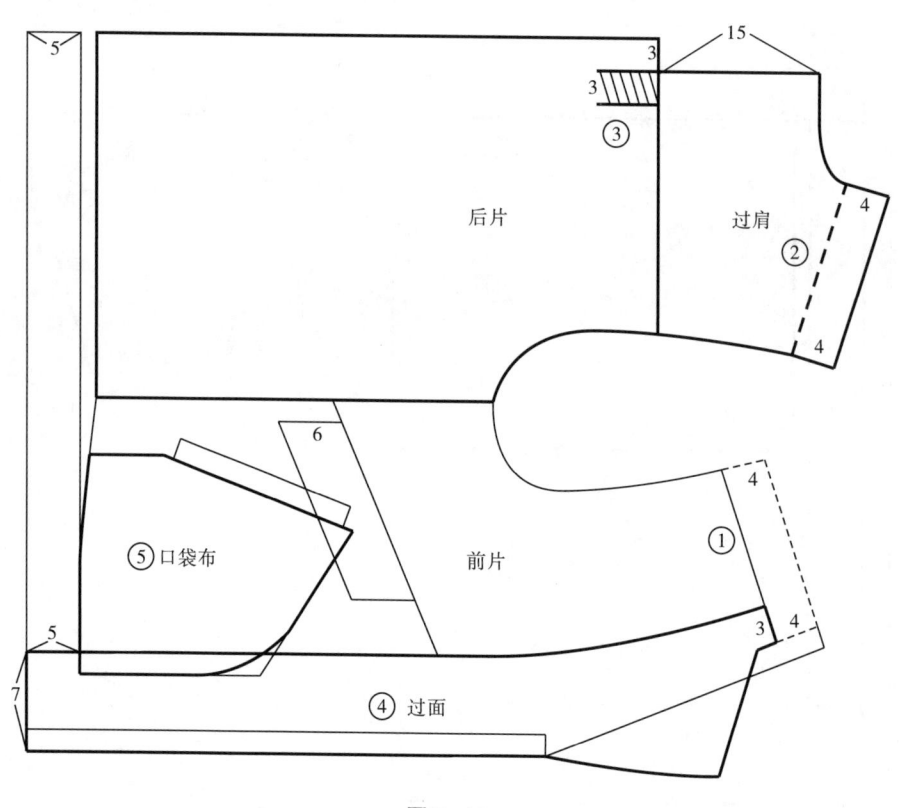

图 5-41

五、驳领制图

如图 5-42 所示：

①在前片肩斜线的延长线上取 $OC=2\text{cm}$，确定 C 点。

②在搭门线与第一粒扣位的交点位置确定驳领下限点 A。

③直线连接 AC 确定驳领线，在 AC 的延长线上取 $CD=10\text{cm}$。

④作 DE 垂直于 CD，取 $DE=1.5\text{cm}$，直线连接 EC。

⑤作 EF 垂直于 CE，取 $EF=$ 领座高 2.5cm，确定 F 点。

⑥直线连接 F 点与领口交点 B 点。

⑦弧线划顺 FB，过肩斜线与 FB 线的交点沿弧线量出 $\frac{1}{2}$ 后领圈大，调整 F 点。

⑧过 F 点作 FB 弧线的垂直线 FG，取 $FG=$ 领宽 7cm，确定 G 点。

⑨过 G 点作 FG 的垂直线 GH，取 $GH=21.5\text{cm}$，确定 H 点。

⑩由 K 点向上 5cm 确定 I 点，直线连接 IH，在 IH 的延长线上取 $IH_1=6\text{cm}$，确定 H_1 点。

⑪弧线划顺 GH_1，确定领外口线。

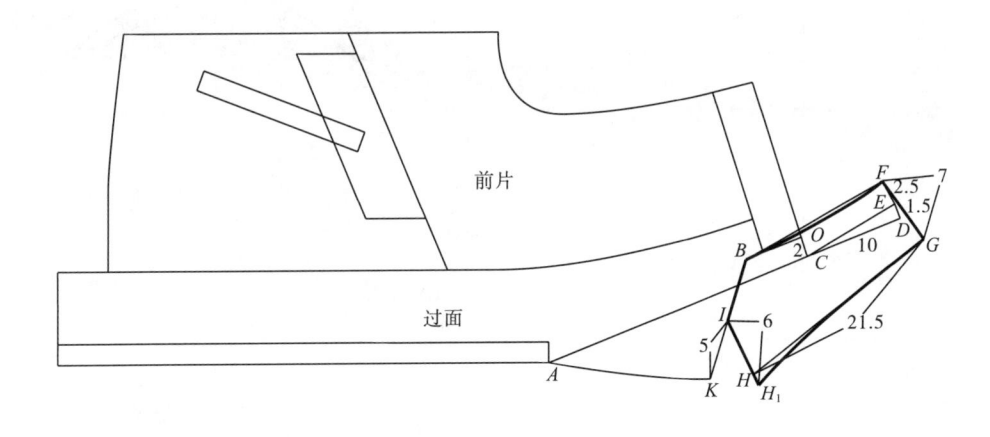

图 5-42

六、袖子制图

在进行袖子制图之前，先用软尺在衣身制图上测量袖窿弧线的长度，确定袖窿围，然后按照下面的步骤进行制图。

如图 5-43(a) 所示：

①袖中线：作垂直线，长度 = 袖长规格 – 袖头宽 5cm。

②袖山高基线：垂直于袖中线，距离①线的上端点为 $\frac{1.5}{10}$ 胸围 – 5cm。

③袖山斜线：过①线的上端点向②线作斜切线，长度为 $\frac{1}{2}$ 袖窿围。

④袖口线：过①线的下端点作①线的垂直线，长度为$\frac{1}{2}$袖口围+4cm。

⑤袖肥斜线：直线连接②线与④线的右端点。

⑥以①线为中线作②线的对称线。

⑦以①线为中线作③线的对称线。

⑧以①线为中线作④线的对称线。

⑨以①线为中线作⑤线的对称线。

⑩将前袖山斜线等分为四份，确定四个等分点。

⑪将后袖山斜线等分为三份，确定三个等分点。

⑫按照图中所标注的数据绘制袖头。

如图5-43(b)所示：

⑬线至⑯线分别用弧线画顺：前袖山弧线⑬、后袖山弧线⑭、前袖肥线弧线⑮、后袖肥线线⑯。

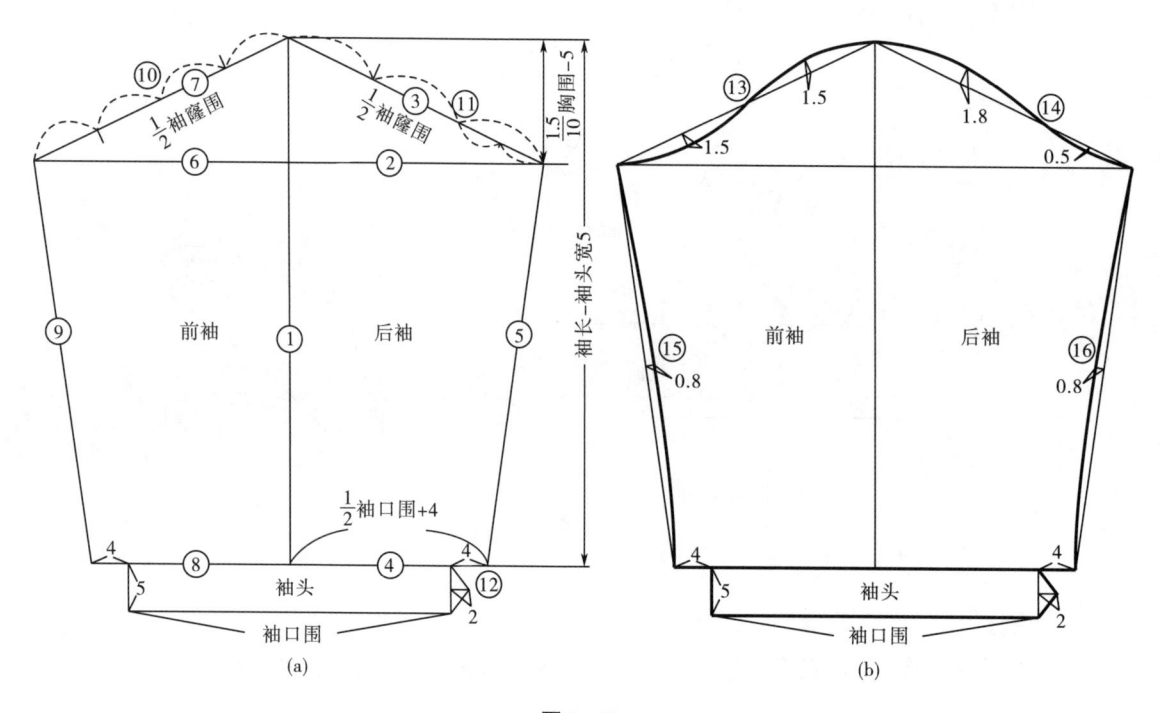

图 5-43

第六章　三开身服装结构制图

第一节　三开身女装基本结构制图

一、制图规格

单位:cm

制图部位	衣长	腰节长	胸围	肩宽	袖长	袖口宽	领围
成品规格	66	40	94	40	55	14	38

二、制图步骤

如图6-1(a)所示:

①前中线:作水平线,长度=衣长规格。

②底边线:垂直于前中线,长度=$\frac{1}{2}$胸围+2.5cm。

③衣长线:垂直于前中线,长度=$\frac{1}{2}$胸围+2.5cm。

④后中线:直线连接②线、③线的上端点,平行于前中线。

⑤腰节线:平行于③线,与③线的距离为腰节长规格。

⑥撇胸线:由①线和③线的交点沿③线向上量2cm定点,在①线上取⑤线、③线间的$\frac{1}{3}$位置定点,直线连接两点。

⑦前横开领:由⑥线和③线的交点沿③线向上量$\frac{2}{10}$领围-1cm,确定⑦点。

⑧前直开领:由⑦点作③线的垂直线,长度=$\frac{2}{10}$领围+1cm。

⑨后横开领:由③线和④线的交点沿③线向下量$\frac{2}{10}$领围-1cm,确定⑨点。

⑩后直开领:过⑨点作③线的垂直线,长度=2.5cm,后片上端高于③线0.5cm。

⑪前肩宽:由⑥点和③线的交点沿③线向上量$\frac{1}{2}$肩宽-0.5cm,确定⑪点。

⑫前落肩量:过⑪点作③线的垂直线,长度=6cm,直线连接⑫点、⑦点,确定前肩斜线。

⑬后肩宽:由③线和④线的交点沿③线向下量$\frac{1}{2}$肩宽+0.5cm,确定⑬点。

⑭后落肩量:过⑬点作③线的垂直线,长度=4.5cm,直线连接⑭点、⑩点,确定后肩斜线。

⑮胸宽线:与撇胸线⑥平行,两线相距$\frac{2}{10}$胸围-1.5cm。

⑯背宽线:与后中线平行,两线相距$\frac{2}{10}$胸围-0.5cm。

⑰前袖窿深:由胸宽线与肩斜线的交点沿胸宽线向左量$\frac{2}{10}$胸围+0.5cm。

⑱后袖窿深:$\frac{2}{10}$胸围+2cm(在前后衣片同幅制图中仅作参考点)。

⑲袖窿深线:过前袖窿深⑰点作①线的垂直线,两端分别与①线、④线相交。

⑳侧缝直线:将背宽线向左延长交于底边线上。

㉑袋位线:在①线与⑳线之间作⑤线的平行线,距离⑤线8cm。

㉒后腰节线:由⑳线和⑤线的交点沿⑳线向右量2cm定点,过此点作⑤线的平行线交于④线。

㉓腰节斜线:在⑤线上取①线和⑳线之间的$\frac{1}{2}$位置定点,此点与⑳线和㉒线的交点直线连接。

㉔后底边线:在④线与⑳线之间作②线的平行线,距离②线2cm。

㉕前底边斜线:在②线上量取①线和⑳线之间的$\frac{1}{2}$位置定点,此点与㉔线和⑳线的交点直线连接。

㉖省位线:过前胸宽的$\frac{1}{2}$位置点作①线的平行线,交于袋位线上。

㉗大袋口线:由㉑线和㉖线的交点沿㉑线向下量2cm定点,过此点向上量袋口大,袋口线上端点向右倾斜1cm。

㉘侧省线:在袖窿深线⑲上距离⑰点4cm处定点,在袋口线上距离上端点3cm处定点,直线连接两点。

㉙分割线:过㉘线的左端点作前中线的平行线,交于②线。

㉚前袖窿切点:在前袖窿深的$\frac{1}{4}$位置定点,过此点用直线分别与⑫点及㉘线的右端点连接。

㉛后袖窿切点:在后袖窿深的$\frac{1}{3}$位置定点,过此点与⑭点直线连接。

㉜袖窿起翘点：由⑲线和⑳线的交点沿⑳线向右量4.5cm定点，过此点向下量1cm，确定㉜点。

㉝袖窿起翘线：由⑲线和㉘线的交点沿⑲线向上量1cm定点，此点与㉜点直线连接。

㉞前胸腰斜线：由⑳线和㉓线的交点沿㉓线向下量2cm定点，此点与⑳线和⑲线的交点直线连接。

㉟后胸腰斜线：由⑳线和㉒线的交点沿㉒线向上量2cm定点，此点与㉜点直线连接。

㊱前臀腰斜线：由⑳线和㉔线的交点沿㉔线向上量1cm定点，此点与㉓线和㉞线的交点直线连接。

㊲后臀腰斜线：直线连接前臀腰斜线㊱的左端点与㉒线和㉟线的交点。

㊳背缝直线：在㉔与㉒线之间作④线的平行线，距离④线2cm。

㊴背缝斜线：过㊳线的右端点向④线作斜线，交于后袖窿深的$\frac{1}{3}$位置。

㊵搭门线：左侧平行于①线，右侧平行于撇胸线，距离①线2cm。

如图6-1(b)所示：

㊶线至㊿线分别用弧线划顺：前后袖窿弧线㊶、后领圈线㊷、前领圈线㊸、背缝线㊹、前止口线㊺、底边线㊻、后侧缝线㊼、前侧缝线㊽、侧片分割线㊾、前片分割线㊿。

㊶前省大2cm，上端省尖距离袖窿深线4cm。

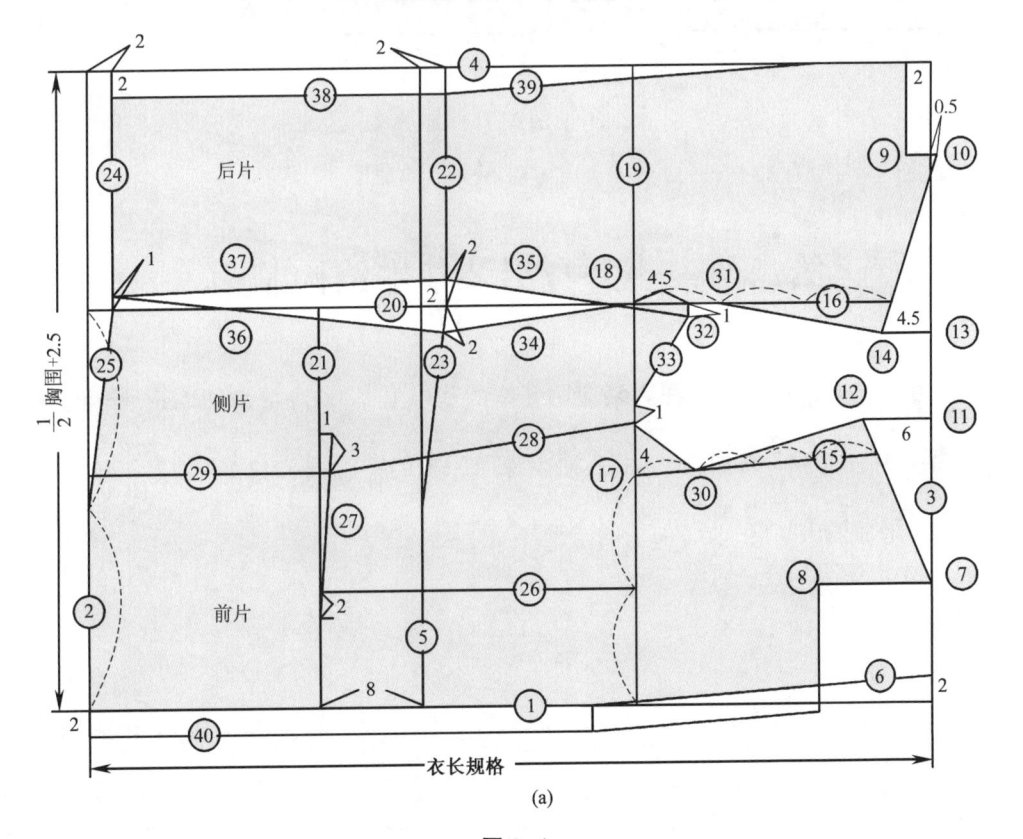

图6-1

图6-1 (b)

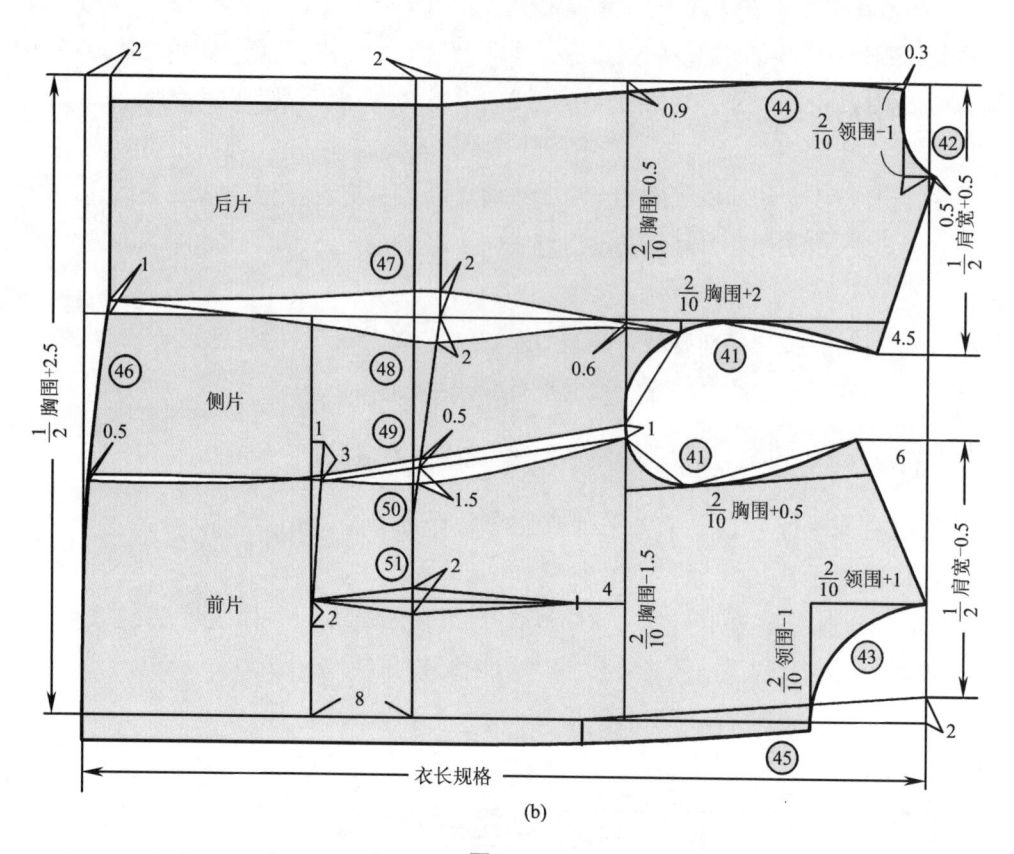

第二节 三开身男装基本结构制图

男装三开身基本结构制图是在男装应用Ⅱ型的基础上,将袖窿深增加1cm,计算公式由原来的$\frac{2}{10}$胸围-0.1cm变成$\frac{2}{10}$胸围+0.9cm,后袖窿深由原来的$\frac{2}{10}$胸围+2.7cm变成$\frac{2}{10}$胸围+3.7cm。此调整是为了增加袖山高度,改善袖子的造型。

一、制图规格

单位:cm

制图部位	衣 长	胸 围	肩 宽	袖 长	领 围	袖口宽
成品规格	77	108	45	59	44	15

二、制图步骤

如图6-2(a)所示：

①前中线：作水平线，长度=衣长规格。

②底边线：垂直于前中线，长度=$\frac{1}{2}$胸围+2.5cm。

③衣长线：垂直于前中线，长度=$\frac{1}{2}$胸围+2.5cm。

④后中线：直线连接②线、③线的上端点，平行于前中线。

⑤腰节线：平行于③线，与③线的距离为$\frac{1}{2}$衣长+4cm。

⑥撇胸线：由①线和③线的交点沿③线向上量1cm定点，在①线上量取⑤线、③线间的$\frac{2}{3}$位置定点，直线连接两点。

⑦前横开领：由⑥线和③线的交点沿③线向上量$\frac{2}{10}$领围-1cm，确定⑦点。

⑧前直开领：过⑦点作③线的垂直线，长度=$\frac{2}{10}$领围+1cm。

⑨后横开领：由③线和④线的交点沿③线向下量$\frac{2}{10}$领围-1cm，确定⑨点。

⑩后直开领：过⑨点作③线的垂直线，长度=2.5cm。

⑪前肩宽：由⑥线和③线的交点沿③线向上量$\frac{1}{2}$肩宽-0.5cm，确定⑪点。

⑫前落肩量：过⑪点作③线的垂直线，长度=5.3cm，直线连接⑫点、⑦点，确定前肩斜线。

⑬后肩宽：由③线和④线的交点沿③线向下量$\frac{1}{2}$肩宽+0.5cm，确定⑬点。

⑭后落肩量：过⑬点作③线的垂直线，长度=2.5cm，直线连接⑭点、⑩点，确定后肩斜线。

⑮胸宽线：与撇胸线平行，两线相距$\frac{2}{10}$胸围-2cm。

⑯背宽线：与后中线平行，两线相距$\frac{2}{10}$胸围+0.5cm。

⑰前袖窿深：由胸宽线与肩斜线的交点沿胸宽线向左量$\frac{2}{10}$胸围+0.9cm。

⑱后袖窿深：$\frac{2}{10}$胸围+3.7cm（在前后片同幅制图中仅作参考点）。

⑲袖窿深线：过前袖窿深⑰点作前中线的垂直线，并向两端延长分别交于①线、④线。

⑳侧缝直线：将背宽线向左延长交于底边线②上。

㉑袋位线：在①线与⑳线之间作⑤线的平行线，距离⑤线11cm。

㉒后腰节线：由⑳线和⑤线的交点沿⑳线向右 1.5cm 定点，过此点作④线的垂直线。

㉓腰节斜线：在⑤线上量取①线和⑳线之间的 $\frac{1}{2}$ 位置定点，此点与⑳线和㉒线的交点直线连接。

㉔后底边线：在④线与⑳线之间作②线的平行线，距离②线 1.5cm。

㉕前底边斜线：在②线上量取①线与⑳线之间的 $\frac{1}{2}$ 位置定点，此点与㉔线和⑳线的交点直线连接。

㉖省位线：由前胸宽的 $\frac{1}{2}$ 点作前中线的平行线，交于袋位线上。

㉗大袋口线：由㉑线和㉖线的交点沿㉑线向下量 2.5cm 定点，再过此点向上测量袋口大 16cm，袋口线的上端点向右起翘 1cm。

㉘侧省线：在⑲线上由⑰点向上量 5cm 定点，再由袋口线㉗的上端点向下量 3cm 定点，直线连接两点。

㉙分割线：过㉘线的左端点作前中线的平行线，交于②线上。

㉚前袖窿切点：在前袖窿深的 $\frac{1}{4}$ 位置定点，过此点用直线分别与⑫点及㉘线的右端点连接。

㉛后袖窿切点：在后袖窿深的 $\frac{1}{3}$ 位置定点，此点与⑭点直线连接。

㉜袖窿起翘点：由⑲线和⑳线的交点沿⑳线向右量 5cm 定点，过此点垂直向下量 1cm，确定㉜点。

㉝袖窿起翘线：由⑲线和㉘线的交点沿⑲线向上量 1cm 定点，此点与㉜点直线连接。

㉞前胸腰斜线：由⑳线和㉓线的交点沿㉓线向下量 1.5cm 定点，此点与⑳线和⑲线的交点直线连接。

㉟后胸腰斜线：由⑳线和㉒线的交点沿㉒线向上量 2cm 定点，此点与㉜点直线连接。

㊱前臀腰斜线：由⑳线和㉔线的交点沿㉔线向上量 1cm 定点，此点与㉓线和㉞线的交点直线连接。

㊲后臀腰斜线：直线连接前臀腰斜线㊱的左端点与㉒线和㉟线的交点。

㊳背缝直线：在㉔线与㉒线之间作④线的平行线，距离④线 2cm。

㊴背缝斜线：在④线上取后袖窿深的 $\frac{1}{3}$ 位置定点，此点与㊳线的右端点直线连接。

㊵搭门线：左侧平行于①线，右侧平行于撇胸线，距离①线 2cm。

如图 6-2(b) 所示：

㊶线至㊾线分别用弧线划顺：前后袖窿弧线㊶、后领圈线㊷、前领圈线㊸、背缝线㊹、前止口线㊺、底边线㊻、后侧缝线㊼、前侧缝线㊽、侧片分割线㊾、前片分割线㊿。

㊿前省大 1.5cm，上端省尖距离袖窿深线 4cm。

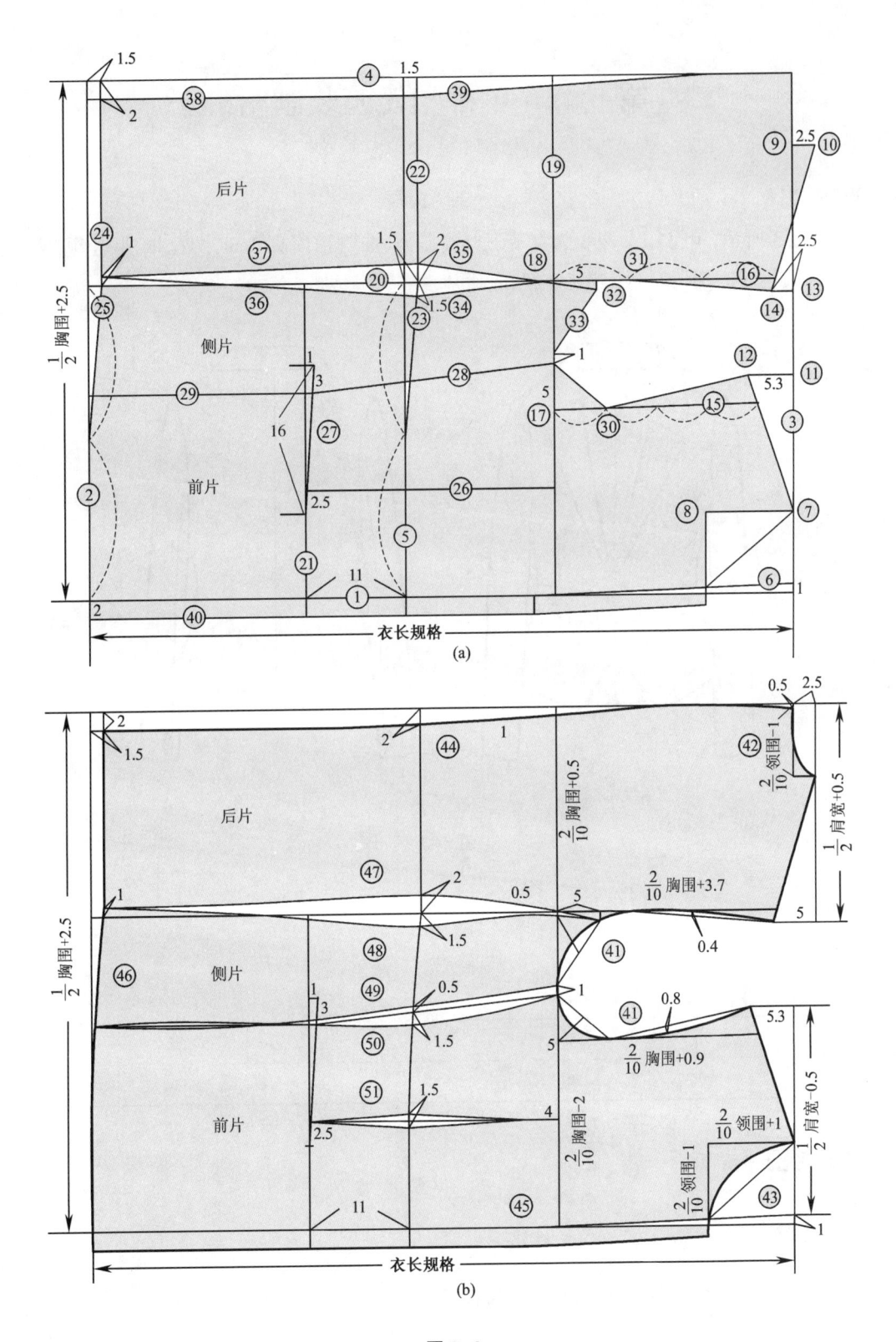

图 6-2

第三节 单排扣女西装制图

一、造型概述

如图6-3所示,单排扣女西装为女装三开身基本款式,搭门宽2cm,两粒扣,平驳领,两个大袋,两片袖结构,袖头开衩钉两粒装饰纽扣,后片设有背缝线。

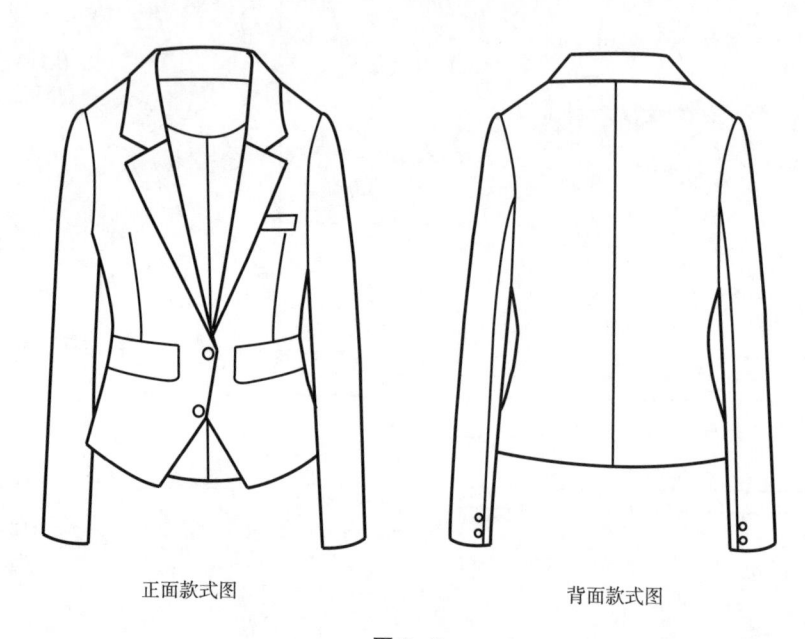

正面款式图　　　　　　背面款式图

图6-3

二、制图规格

单位:cm

制图部位	衣长	腰节长	胸围	肩宽	袖长	袖口
成品规格	66	40	94	40	55	15

三、衣身制图

如图6-4(a)所示:

①前中线:作水平线,长度=衣长规格。

②底边线:垂直于前中线,长度=$\frac{1}{2}$胸围+2.5cm。

③衣长线:垂直于前中线,长度=$\frac{1}{2}$胸围+2.5cm。

④后中线:直线连接②线、③线的上端点,平行于前中线。

⑤腰节线:平行于③线,与③线的距离为腰节长规格。

⑥撇胸线:由①线和③线的交点沿③线向上 2cm 定点,在①线上取⑤线至③线间的 $\frac{1}{3}$ 位置定点,直线连接两点。

⑦前横开领:由⑥线和③线的交点沿③线向上量 $\frac{1}{10}$ 胸围-1cm,确定⑦点。

⑧后横开领:由③线和④线的交点沿③线向下量 $\frac{1}{10}$ 胸围-1cm,确定⑧点。

⑨后直开领:由⑧点作③线的垂直线,长度=2.5cm,后片右端超出③线 0.5cm。

⑩前肩宽:由⑥线和③线的交点沿③线向上量 $\frac{1}{2}$ 肩宽-0.5cm,确定⑩点。

⑪前落肩量:过⑩点作③线的垂直线,长度=5.5cm,直线连接⑪点、⑦点,确定前肩斜线。

⑫后肩宽:由③线和④线的交点沿③线向下量 $\frac{1}{2}$ 肩宽+0.5cm,确定⑫点。

⑬后落肩量:过⑫点作③线的垂直线,长度=4cm,直线连接⑬点、⑨点,确定后肩斜线。

⑭胸宽线:与撇胸线平行,两线相距 $\frac{2}{10}$ 胸围-1.5cm。

⑮背宽线:与后中线平行,两线相距 $\frac{2}{10}$ 胸围-0.5cm。

⑯前袖窿深:由胸宽线与肩斜线的交点沿胸宽线向左量 $\frac{2}{10}$ 胸围+1.5cm,确定⑯点。

⑰后袖窿深: $\frac{2}{10}$ 胸围+3cm(在前后衣片同幅制图中,此点仅作参考点)。

⑱袖窿深线:过⑯点作①线的垂直线,向两端延长分别与①线、④线相交。

⑲侧缝直线:将背宽线向左延长交于底边线。

⑳袋位线:在①线至⑲线之间作⑤线的平行线,距离⑤线 8cm。

㉑后腰节线:由⑲线和⑤线的交点沿⑲线向右 2cm 定点,过此点作④线的垂直线。

㉒腰节斜线:在⑤线上取①线至⑲线之间的 $\frac{1}{2}$ 位置定点,与⑲线和㉑线的交点直线连接。

㉓后底边线:在④线与⑲线之间作②线的平行线,距离②线 2cm。

㉔前底边斜线:在②线上取①线至⑲线之间的 $\frac{1}{2}$ 位置定点,与㉓线和⑲线的交点直线连接。

㉕省位线:过前胸宽的 $\frac{1}{2}$ 点作前中线的平行线,交于袋位线。

㉖大袋口线:过⑳线和㉕线的交点沿⑳线向下 2cm 定点,过此点向上测量袋口大 15cm,袋

口线的上端点向右倾斜1cm。

㉗侧省线:在⑱线上距离⑯点4cm处定点,在袋口斜线上距离上端点3cm处定点,直线连接两点。

㉘分割线:过㉗线的左端点作前中线的平行线,交与②线。

㉙前袖窿切点:在前袖窿深的$\frac{1}{4}$位置定点,过此点用直线分别与⑪点及㉗线的右端点连接。

㉚后袖窿切点:在后袖窿深的$\frac{1}{3}$位置定点,与⑬点直线连接。

㉛袖窿起翘点:由⑱线和⑮线的交点沿⑮线向右4.5cm定点,再过此点向下1cm,确定㉛点。

㉜袖窿起翘线:由⑱线和㉗线的交点沿⑱线向上1cm定点,与㉛点直线连接。

㉝前胸腰斜线:由⑲线和㉒线的交点沿㉒线向下2cm定点,与⑱线和⑲线的交点直线连接。

㉞后胸腰斜线:由⑲线和㉑线的交点沿㉑线向上2cm定点,与㉛点直线连接。

㉟前臀腰斜线:由⑲线和㉓线的交点沿㉓线向上1cm定点,与㉒线和㉝线的交点直线连接。

㊱后臀腰斜线:直线连接㉟线和㉓线的交点与㉑线和㉞线的交点。

㊲背缝直线:在㉓与㉑线之间作④线的平行线,距离④线2cm。

㊳背缝斜线:在④线上取后袖窿深的$\frac{1}{3}$位置定点,与㊲线的右端点直线连接。

㊴搭门线:平行于①线,距离①线2cm,右端点超过⑤线1cm。

㊵驳口线:在肩线的延长线上过⑦点向下2cm定点,与搭门线㊴的右端点直线连接。

㊶领深斜线:过⑦点作㊵线的平行线,长度=4cm,确定㊶点。

㊷串口斜线:过①线和③线的交点沿①线向左7cm定点,与㊶点直线连接,向下延长使其长度等于11cm。

㊸驳领止口线:直线连接串口线㊷的下端点与驳口线㊵的左端点。

㊹前门斜线:由①线和②线的交点沿②线向上3cm定点,与㊴线和⑳线的交点直线连接。

㊺下摆斜线:将㊹线向左延长2cm定点,与㉔线的下端点直线连接。

如图6-4(b)所示:

㊻线至(55)线分别用弧线划顺:前后袖窿线㊻、后领圈线㊼、背缝线㊽、后侧缝线㊾、前侧缝线㊿、侧片分割线(51)、前片分割线(52)、底边线(53)、驳领止口线(54)、下摆圆角线(55)。

(56)绘制前省大2cm,上端省尖距离袖窿深线4cm。

(57)按照标注数据绘制袋盖。

(a)

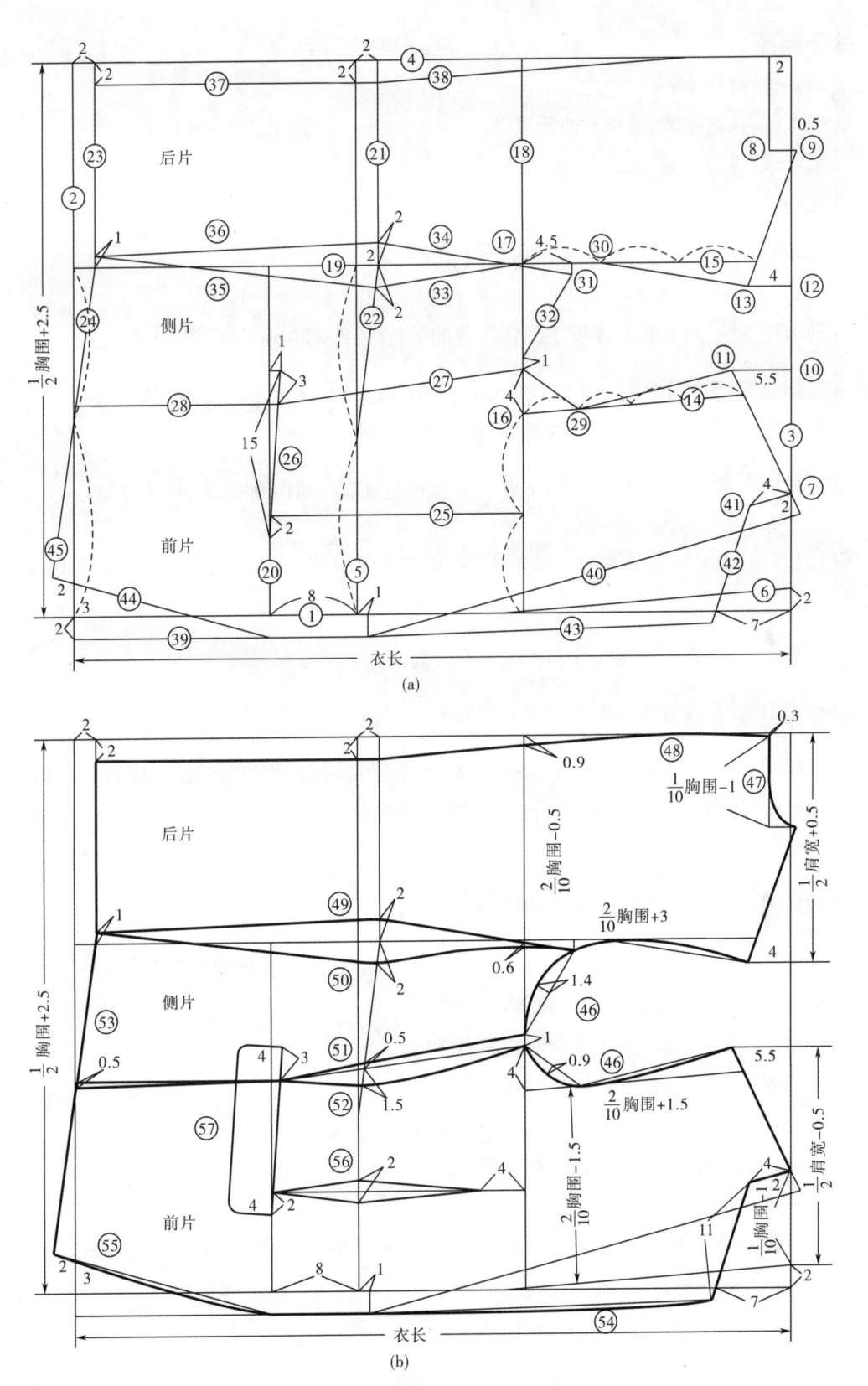

(b)

图 6-4

四、袖子制图

如图 6-5(a)所示：

①基本线：作水平线，长度=袖长规格。

②袖口线：垂直于基本线。

③袖山线：垂直于基本线。

④袖肥线：平行于基本线，距离①线$\frac{1.5}{10}$胸围+3cm。

⑤袖山高基线：在①线与④线之间作③线的平行线，距离③线$\frac{1.5}{10}$胸围+0.5cm。

⑥前偏袖线：平行于①线，距离①线 3cm，两端分别与②线和⑤线的延长线相交。

⑦袖中线：过③线的中点作③线的垂直线，交于⑤线。

⑧后袖山高点：过③线和④线的交点沿④线向左量取$\frac{1}{3}$袖山高+1cm，确定⑧点。

⑨肘位线：在④线上取⑧点与②线和④线的交点间的$\frac{1}{2}$位置定点，过此点作⑥线的垂直线。

⑩后袖山斜线：直线连接③线和⑦线的交点与⑧点。

⑪前袖山斜线：在⑤线上取①线至⑥线间的$\frac{1}{2}$位置定点，与③线的$\frac{1}{4}$位置点直线连接。

⑫后偏袖直线：与④线平行相距 2cm，两端分别与⑨线延长线和⑩线延长线相交。

⑬后袖斜线：由①线和②线的交点沿②线向上量袖口大定点，与④线和⑨线的交点直线连接。

⑭袖口斜线：在②线上取①线至⑬线间的$\frac{1}{2}$位置定点，过此点作⑬线的垂直线交于⑭点。

⑮袖开衩：过⑭点沿⑬线向右 8cm 确定开衩的右端点⑮点，开衩宽 2cm。

⑯后偏袖斜线：直线连接⑮点与⑨线和⑫线的交点。

⑰小袖前直线：以①线为中线作⑥线的对称线。

⑱小袖后直线：以④线为中线作⑫线的对称线。

⑲小袖后斜线：以⑬线为中线作⑯线的对称线。

⑳小袖山斜线：直线连接⑱线的右端点与⑤线和⑦线的交点。

如图 6-5(b)所示：

㉑线至㉗线分别用弧线划顺：大袖袖山线㉑、大袖后偏袖线㉒、大袖前偏袖线㉓、大袖口线㉔、小袖袖山线㉕、小袖前线㉖、小袖后线㉗。

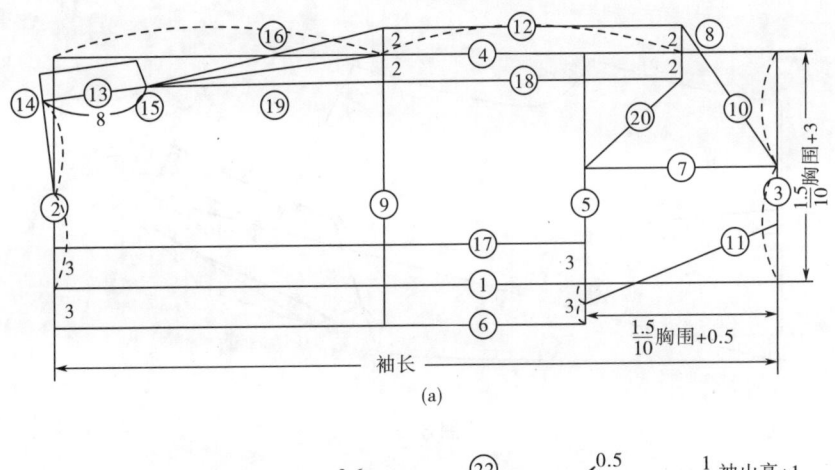

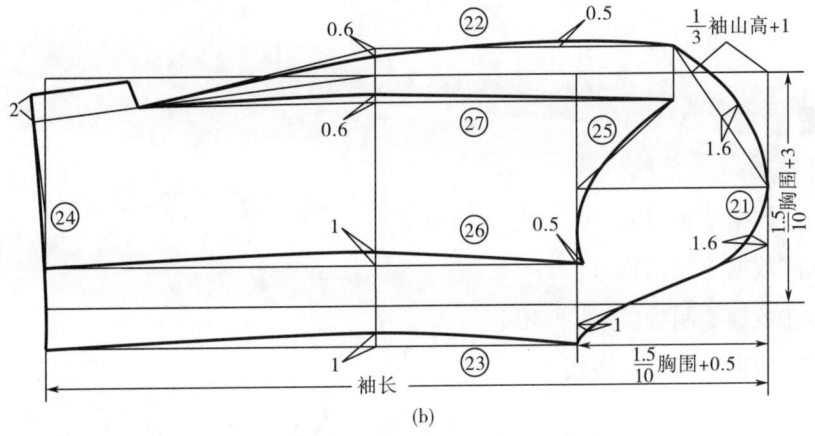

图 6-5

五、驳领制图

如图 6-6 所示：

①在前片肩斜线的延长线上取 $OC=2cm$，确定 C 点。

②在搭门线与第一粒扣位的交点位置确定驳领下限点 A。

③直线连接 AC 确定驳领线，在 AC 的延长线上取 $CD=10cm$。

④作 DE 垂直于 CD，取 $DE=2cm$，直线连接 E 点、C 点。

⑤作 EF 垂直于 CE，取 $EF=$ 领座高 $2.5cm$，确定 F 点。

⑥直线连接 F 点与领口交点 B 点。

⑦弧线划顺 FB，过肩斜线与 FB 线的交点沿弧线量出 $\frac{1}{2}$ 后领圈大，调整 F 点。

⑧过 F 点作 FB 的垂直线 FG，取 $FG=$ 领宽 $6.5cm$，确定 G 点。

⑨过 G 点作 FG 的垂直线 GH，取 $GH=17cm$，确定 H 点。

⑩由 K 点向上 $4cm$ 确定 I 点，直线连接 IH，在 IH 线上取 $IH_1=3cm$，确定 H_1 点。

⑪弧线划顺 GH_1，确定领外口线。

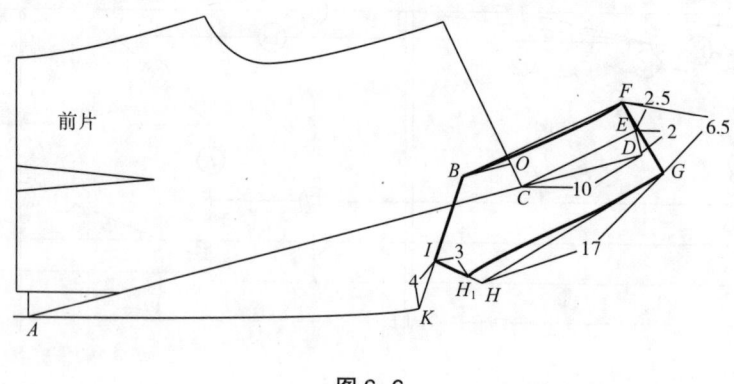

图 6-6

六、部件制图

如图 6-7 所示：

①按照标注数据绘制过面。

②按照标注数据绘制口袋布。

③按照标注数据绘制袋盖。

④按照标注数据绘制袋口嵌线条。

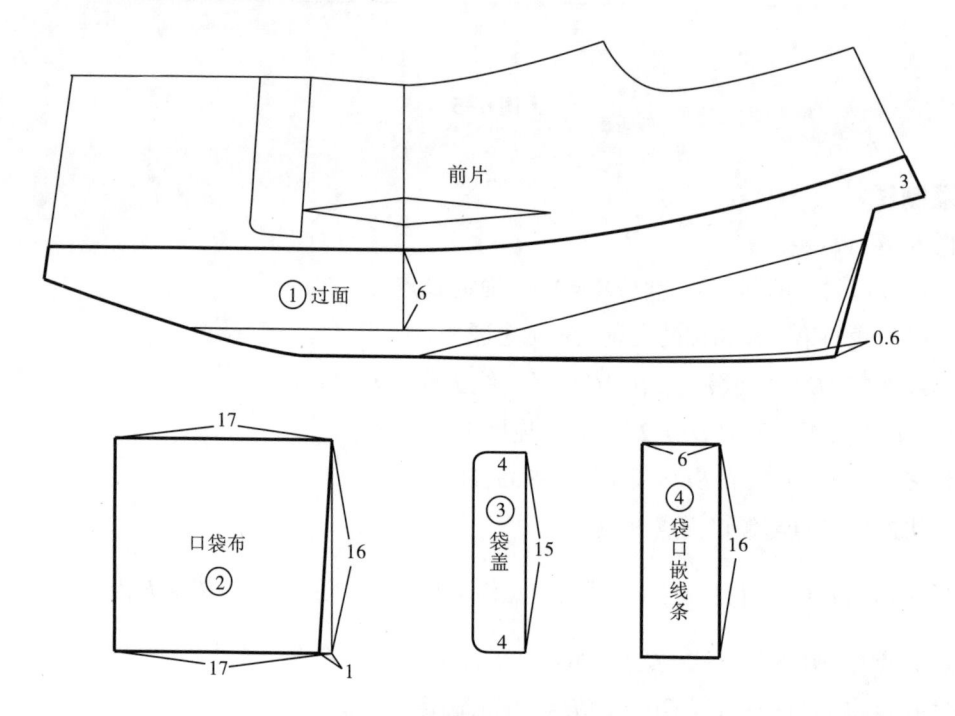

图 6-7

第四节　双排扣女西装制图

一、造型概述

如图6-8所示,双排扣女西装与单排扣女西装相比较,在结构造型方面完全相同,仅在搭门和领子部位有所变化。驳领的制图是在驳领线的基础上确定松量,随着叠门宽度的增加,驳领线的倾斜度增大,领子的松量也相应增大。所以,双排扣驳领与单排扣驳领属于同一种制图。驳领形状、直开领大小、领角的形状等可以根据设计需要作相应的变化。

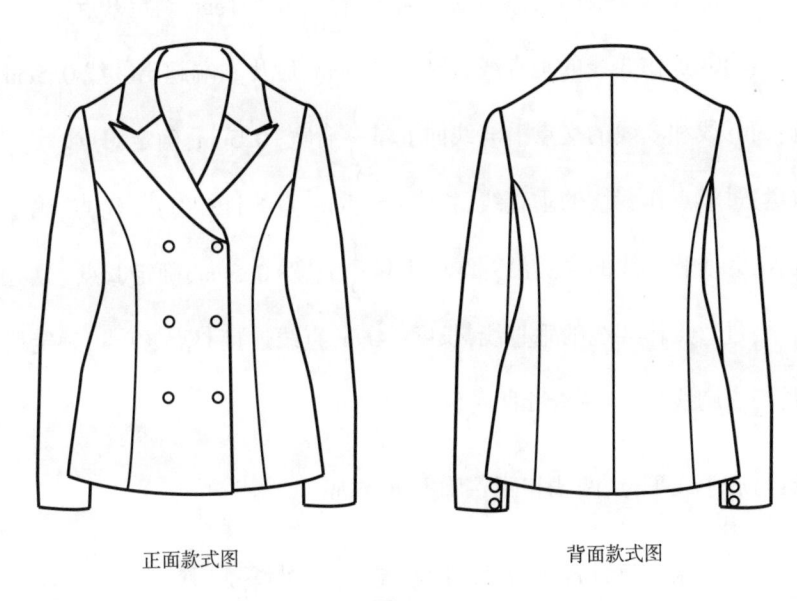

正面款式图　　　　　　　背面款式图

图6-8

二、制图规格

单位:cm

制图部位	衣长	腰节长	胸围	肩宽	袖长	袖口
成品规格	70	42	105	42	56	16

三、衣身制图

如图6-9(a)所示

①前中线:作水平线,长度=衣长规格。

②底边线:垂直于前中线,长度=$\frac{1}{2}$胸围+1.5cm。

③衣长线:垂直于前中线,长度=$\frac{1}{2}$胸围+1.5cm。

④后中线:直线连接②线、③线的上端点,平行于前中线。

⑤腰节线:平行于③线,与③线的距离为腰节长规格。

⑥撇胸线:由①线和③线的交点沿③线向上2cm定点,在①线上取⑤线至③线间的$\frac{1}{3}$位置定点,直线连接两点。

⑦前横开领:由⑥线和③线的交点沿③线向上量$\frac{1}{10}$胸围-1cm,确定⑦点。

⑧后横开领:由③线和④线的交点沿③线向下量$\frac{1}{10}$胸围-1cm,确定⑧点。

⑨后直开领:由⑧点作③线的垂直线,长度=2.5cm,后片右端超出③线0.5cm。

⑩前肩宽:由⑥线和③线的交点沿③线向上量$\frac{1}{2}$肩宽-0.5cm,确定⑩点。

⑪前落肩量:过⑩点作③线的垂直线,长度=5.5cm,直线连接⑪点、⑦点,确定前肩斜线。

⑫后肩宽:由③线和④线的交点沿③线向下量$\frac{1}{2}$肩宽+0.5cm,确定⑫点。

⑬后落肩量:过⑫点作③线的垂直线,长度=4cm,直线连接⑬点、⑨点,确定后肩斜线。

⑭胸宽线:与撇胸线平行,两线相距$\frac{2}{10}$胸围-1.5cm。

⑮背宽线:与后中线平行,两线相距$\frac{2}{10}$胸围-0.5cm。

⑯前袖窿深:由胸宽线与肩斜线的交点沿胸宽线向左量$\frac{2}{10}$胸围+1.5cm,确定⑯点。

⑰后袖窿深:$\frac{2}{10}$胸围+3cm(在前后衣片同幅制图中,此点仅作参考点)。

⑱袖窿深线:过⑯点作①线的垂直线,向两端延长分别与①线、④线相交。

⑲侧缝直线:将背宽线向左延长交于底边线。

⑳后腰节线:由⑲线和⑤线的交点沿⑲线向右2cm定点,过此点作④线的垂直线。

㉑腰节斜线:在⑤线上取①线至⑲线之间的$\frac{1}{2}$位置定点,与⑲线和⑳线的交点直线连接。

㉒后底边线:在④线与⑲线之间作②线的平行线,距离②线2cm。

㉓前底边斜线:在②线上取①线至⑲线之间的$\frac{1}{2}$位置定点,与㉒线和⑲线的交点直线连接。

㉔前分割线:在⑱线上由⑯点向下量5cm定点,此点与⑭线的$\frac{1}{2}$位置点直线连接。

㉕省位线:过㉔线的左端点作前中线的平行线,交于底边线。

㉖前袖窿切线:在前袖窿深的$\frac{1}{4}$位置确定㉖点,在⑱线上由⑯点向上量4cm处定点,此点用直线与㉖点相连,㉖点与⑪点连接。

㉗后袖窿切点:在后袖窿深的$\frac{1}{3}$位置定点,与⑬点直线连接。

㉘袖窿起翘线:由⑱线和⑮线的交点沿⑮线向右取4.5cm定点,再过此点向下1cm确定㉘点,将此点与㉖线左端点直线连接。

㉙前胸腰斜线:由⑲线和㉑线的交点沿㉑线向下2cm定点,与⑱线和⑲线的交点直线连接。

㉚后胸腰斜线:由⑲线和⑳线的交点沿⑳线向上2cm定点,与㉘点直线连接。

㉛前臀腰斜线:由⑲线和㉒线的交点沿㉒线向上1cm定点,与㉑线和㉙线的交点直线连接。

㉜后臀腰斜线:直线连接㉛线和㉒线的交点与⑳线和㉚线的交点。

㉝背缝直线:在㉒与⑳线之间作④线的平行线,距离④线2cm。

㉞背缝斜线:在④线上取后袖窿深的$\frac{1}{3}$位置定点,与㉝线的右端点直线连接。

㉟搭门线:平行于①线,距离①线6cm,右端点距离⑱线2cm。

㊱驳口线:在肩线的延长线上过⑦点向下2cm定点,与搭门线㉟的右端点直线连接。

㊲领深斜线:过⑦点作㊱线的平行线,长度=4cm,确定㊲点。

㊳串口斜线:过①线和③线的交点沿①线向左7cm定点,与㊲点直线连接,向下延长使其长度等于11cm。

㊴驳领止口线:直线连接串口线㊳的下端点与驳口线㊱的左端点,按数据绘制出戗驳头。

如图6-9(b)所示:

㊵线至㊽线分别用弧线划顺:前后袖窿㊵、后领圈㊶、背缝线㊷、后侧缝线㊸、前侧缝线㊹、侧片分割线㊺、前片分割线㊻、前底边线㊼、驳领止口线㊽。

四、袖子制图

如图6-10(a)所示:

①基本线:作水平线,长度=袖长规格。

②袖口线:垂直于基本线。

③袖山线:垂直于基本线。

④袖肥线:平行于基本线,距离①线$\frac{1.5}{10}$胸围+3cm。

⑤袖山高基线:在①线与④线之间作③线的平行线,距离③线$\frac{1.5}{10}$胸围+0.5cm。

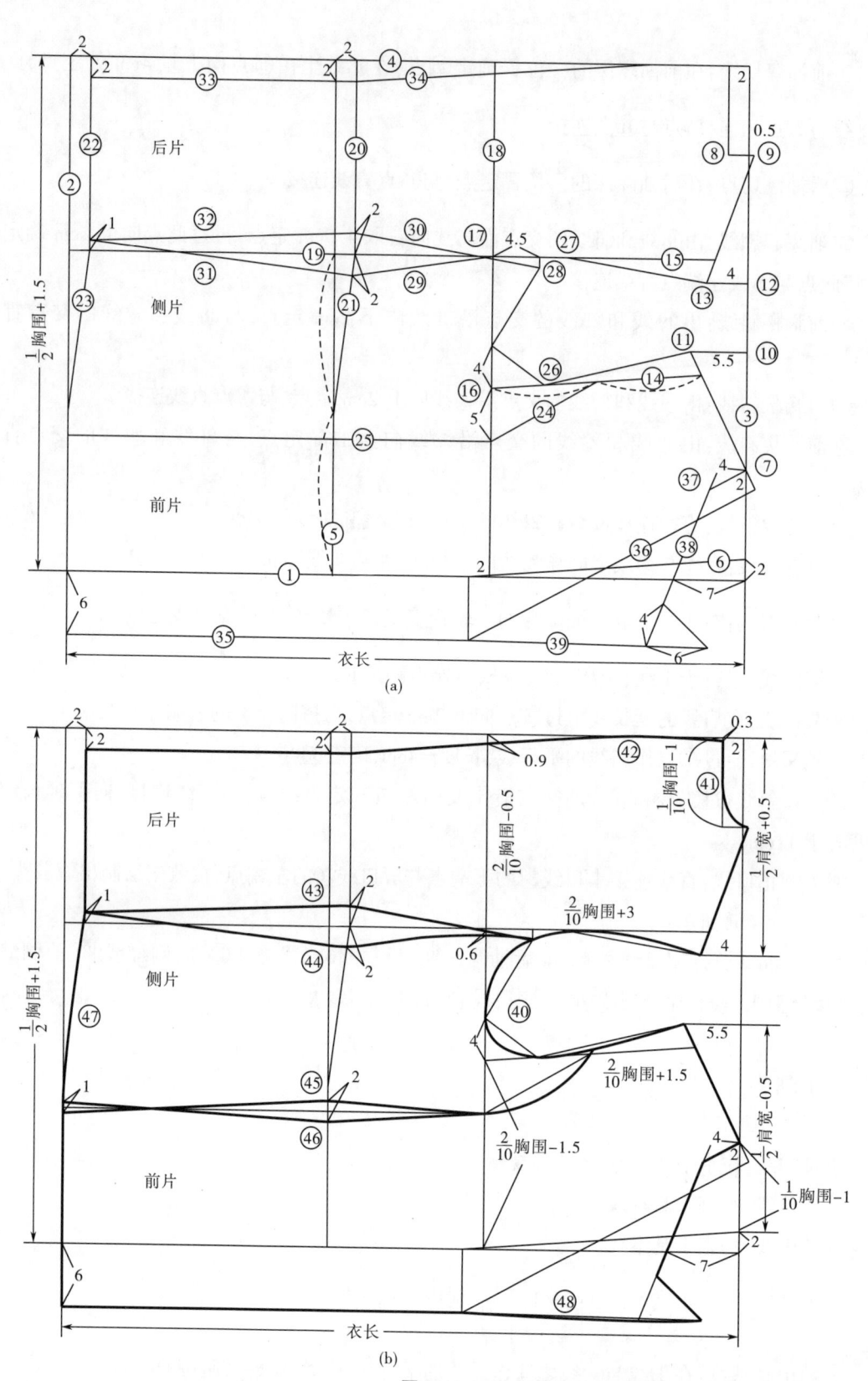

图 6-9

⑥前偏袖线:平行于①线,距离①线 3cm,两端分别与②线和⑤线的延长线相交。

⑦袖中线:过③线的中点作③线的垂直线,交于⑤线。

⑧后袖山高点:过③线和④线的交点沿④线向左量取 $\frac{1}{3}$ 袖山高+1cm,确定⑧点。

⑨肘位线:在④线上取⑧点与②线和④线的交点间的 $\frac{1}{2}$ 位置定点,过此点作⑥线的垂直线。

⑩后袖山斜线:直线连接③线和⑦线的交点与⑧点。

⑪前袖山斜线:在⑤线上取①至⑥线间的 $\frac{1}{2}$ 位置定点,与③线的 $\frac{1}{4}$ 点直线连接。

⑫后偏袖直线:与④线平行相距 2cm,两端分别与⑨线延长线和⑩线延长线相交。

⑬后袖斜线:由①线和②线的交点沿②线向上量袖口大定点,与④线和⑨线的交点直线连接。

⑭袖口斜线:在②线上取①线至⑬线间的 $\frac{1}{2}$ 位置定点,过此点作⑬线的垂直线交于⑭点。

⑮袖开衩:过⑭点沿⑬线向右 8cm 确定开衩的右端点⑮点,开衩宽 2cm。

⑯后偏袖斜线:直线连接⑮点与⑨线和⑫线的交点。

⑰小袖前线:以①线为中线作⑥线的对称线。

⑱小袖后直线:以④线为中线作⑫线的对称线。

⑲小袖后斜线:以⑬线为中线作⑯线的对称线。

⑳小袖山斜线:直线连接⑱线的右端点与⑤线和⑦线的交点。

如图 6-10(b)所示:

㉑线至㉗线分别用弧线划顺:大袖袖山线㉑、大袖后偏袖线㉒、大袖前偏袖线㉓、大袖口线㉔、小袖袖山线㉕、小袖前线㉖、小袖后线㉗。

五、驳领制图

如图 6-11 所示:

① 在前片肩斜线的延长线上取 $OC = 2cm$,确定 C 点。

② 在搭门线与第一粒扣位的交点位置确定驳领下限点 A。

③ 直线连接 AC 确定驳领线,在 AC 的延长线上取 $CD = 10cm$。

④ 作 DE 垂直于 CD,取 $DE = 2cm$,直线连接 E 点、C 点。

⑤ 作 EF 垂直于 CE,取 $EF = $ 领座高 2.5cm,确定 F 点。

⑥ 直线连接 F 点与领口交点 B 点。

⑦ 弧线划顺 FB,过肩斜线与 FB 线的交点沿弧线量出 $\frac{1}{2}$ 后领圈大,调整 F 点。

⑧ 过 F 点作 FB 的垂直线 FG,取 $FG = $ 领宽 6.5cm,确定 G 点。

图 6-10

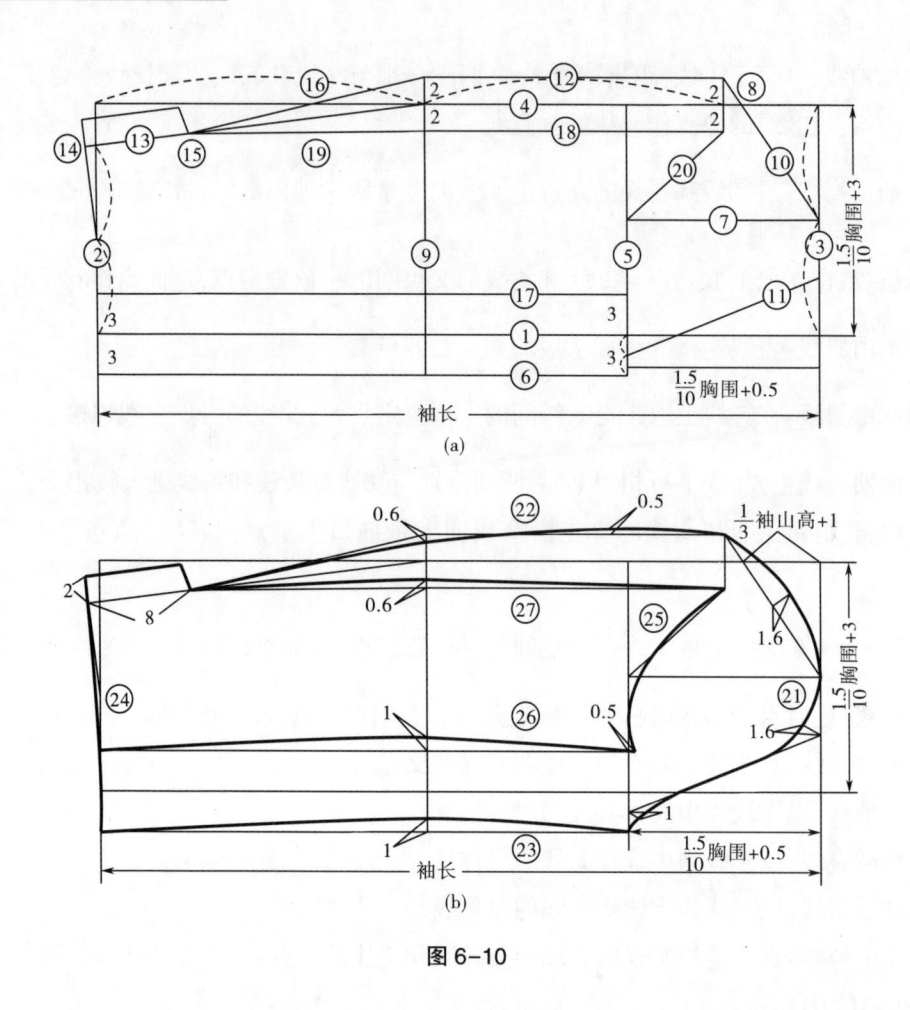

⑨ 过 G 点作 FG 的垂直线 GH，与串口线相交，确定 H 点。

⑩ 在 IH 线上取 $IH_1 = 4.5 \text{cm}$，确定 H_1 点。

⑪ 弧线划顺 GH_1，确定领外口线。

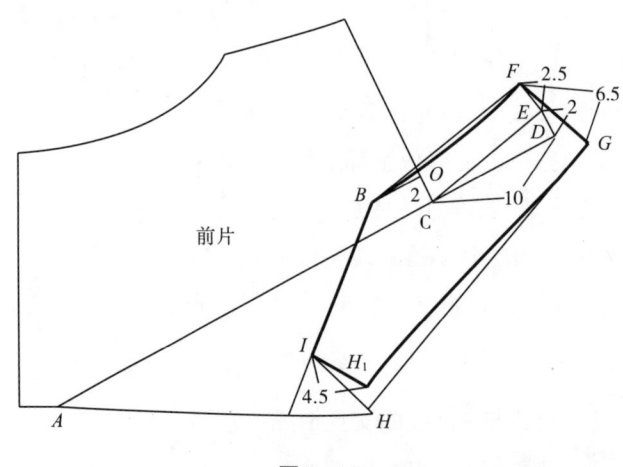

图 6-11

六、部件制图

如图 6-12 所示,按照标注数据绘制过面。

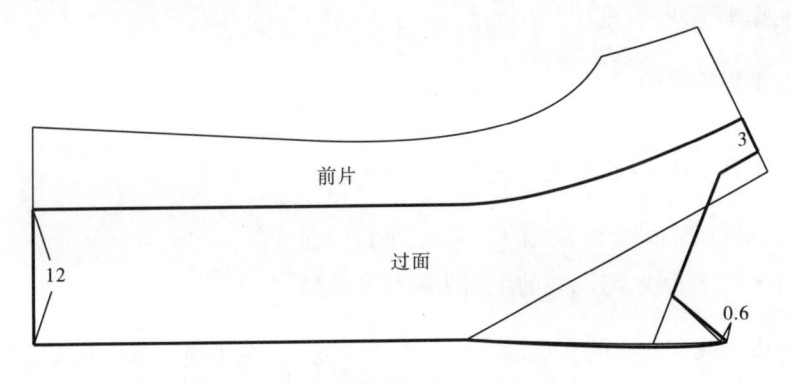

图 6-12

第五节　休闲女西装制图

一、造型概述

如图 6-13 所示,本款女装的制图是在单排扣女西装制图的基础上变化得到的一种款式。单排三粒纽扣,平驳领,两个贴袋,装袖结构,袖头开衩钉三粒装饰纽扣,后片带有背缝。

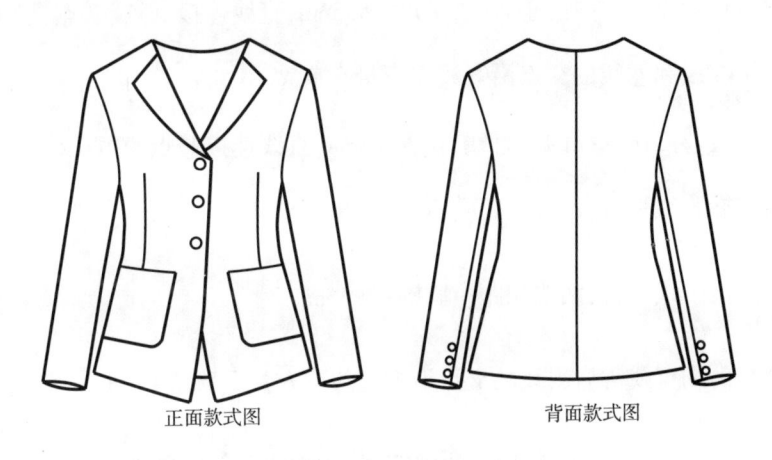

正面款式图　　　　背面款式图

图 6-13

二、制图规格

单位:cm

制图部位	衣长	腰节长	胸围	肩宽	袖长	袖口
成品规格	66	40	100	42	55	15

三、衣身制图

如图6-14(a)所示

①前中线:作水平线,长度=衣长规格。

②底边线:垂直于前中线,长度=$\frac{1}{2}$胸围+2.5cm。

③衣长线:垂直于前中线,长度=$\frac{1}{2}$胸围+2.5cm。

④后中线:直线连接②线和③线的上端点,平行于前中线。

⑤腰节线:平行于③线,与③线的距离为腰节长规格。

⑥撇胸线:由①线和③线的交点沿③线向上2cm定点,在①线上取⑤线至③线间的$\frac{1}{3}$位置定点,直线连接两点。

⑦前横开领:由⑥线和③线的交点沿③线向上量$\frac{1}{10}$胸围−1cm,确定⑦点。

⑧后横开领:由③线和④线的交点沿③线向下量$\frac{1}{10}$胸围−1cm,确定⑧点。

⑨后直开领:由⑧点作③线的垂直线,长度=2.5cm,后片右端超出③线0.5cm。

⑩前肩宽:由⑥线和③线的交点沿③线向上量$\frac{1}{2}$肩宽−0.5cm,确定⑩点。

⑪前落肩量:过⑩点作③线的垂直线,长度=5.5cm,直线连接⑪点、⑦点,确定前肩斜线。

⑫后肩宽:由③线和④线的交点沿③线向下量$\frac{1}{2}$肩宽+0.5cm,确定⑫点。

⑬后落肩量:过⑫点作③线的垂直线,长度=4cm,直线连接⑬点、⑨点,确定后肩斜线。

⑭胸宽线:与撇胸线平行,两线相距$\frac{2}{10}$胸围−1.5cm。

⑮背宽线:与后中线平行,两线相距$\frac{2}{10}$胸围−0.5cm。

⑯前袖窿深:由胸宽线与肩斜线的交点沿胸宽线向左量$\frac{2}{10}$胸围+1.5cm,确定⑯点。

⑰后袖窿深:$\frac{2}{10}$胸围+3cm(在前后衣片同幅制图中,此点仅作参考点)。

⑱袖窿深线:过⑯点作①线的垂直线,向两端延长分别与①线、④线相交。

⑲侧缝直线:将背宽线向左延长交于底边线。

⑳袋位线:在①线至⑲线之间作⑤线的平行线,距离⑤线8cm。

㉑后腰节线:由⑲线和⑤线的交点沿⑲线向右2cm定点,过此点作④线的垂直线。

㉒腰节斜线:在⑤线上取①线至⑲线之间的$\frac{1}{2}$位置定点,与⑲线和㉑线的交点直线连接。

㉓后底边线:在④线与⑲线之间作②线的平行线,距离②线 2cm。

㉔前底边斜线:在②线上取①线至⑲线之间的 $\frac{1}{2}$ 位置定点,与㉓线和⑲线的交点直线连接。

㉕省位线:过前胸宽的 $\frac{1}{2}$ 位置点作前中线的平行线,交于袋位线。

㉖大袋口线:过⑳线和㉕线的交点沿⑳线向下 2cm 定点,过此点向上测量袋口大,袋口线的上端点向右倾斜 1cm。

㉗侧省线:在⑱线上距离⑯点 4cm 处定点,在袋口斜线上距离上端点 3cm 处定点,直线连接两点。

㉘分割线:过㉗线的左端点作前中线的平行线,交与②线。

㉙前袖窿切点:在前袖窿深的 $\frac{1}{4}$ 位置定点,过此点用直线分别与⑪点及㉗线的右端点连接。

㉚后袖窿切点:在后袖窿深的 $\frac{1}{3}$ 位置定点,与⑬点直线连接。

㉛袖窿起翘点:由⑱线和⑮线的交点沿⑮线向右 4.5cm 定点,再过此点向下 1cm,确定㉛点。

㉜袖窿起翘线:由⑱线和㉗线的交点沿⑱线向上 1cm 定点,再与㉛点直线连接。

㉝前胸腰斜线:由⑲线和㉒线的交点沿㉒线向下 2cm 定点,与⑱线和⑲线的交点直线连接。

㉞后胸腰斜线:由⑲线和㉑线的交点沿㉑线向上 2cm 定点,与㉛点直线连接。

㉟前臀腰斜线:由⑲线和㉓线的交点沿㉓线向上 1cm 定点,与㉒线和㉝线的交点直线连接。

㊱后臀腰斜线:直线连接㉟线和㉓线的交点与㉑线和㉞线的交点。

㊲背缝直线:在㉓与㉑线之间作④线的平行线,距离④线 2cm。

㊳背缝斜线:在④线上取后袖窿深的 $\frac{1}{3}$ 位置定点,与㊲线的右端点直线连接。

㊴搭门线:平行于①线,距离①线 2cm,右端点超过⑱线与①线交点 3cm。

㊵驳口线:在肩线的延长线上过⑦点向下 2cm 定点,与搭门线㊴的右端点直线连接。

㊶领深斜线:过⑦点作㊵线的平行线,长度=4cm,确定㊶点。

㊷串口斜线:过①线和③线的交点沿①线向左 6cm 定点,与㊶点直线连接,并向下延长使其长度等于 11cm。

㊸驳领止口线:直线连接串口线㊷的下端点与驳口线㊵的左端点。

如图 6-14(b)所示:

㊹线至㊾线分别用弧线划顺:前后袖窿线㊹、后领圈线㊺、背缝线㊻、后侧缝线㊼、前侧缝线㊽、侧片分割线㊾、前片分割线㊿、底边线㊿、驳领止口线㊿。

㊿绘制前省大 2cm,上端省尖距离袖窿深线 4cm。

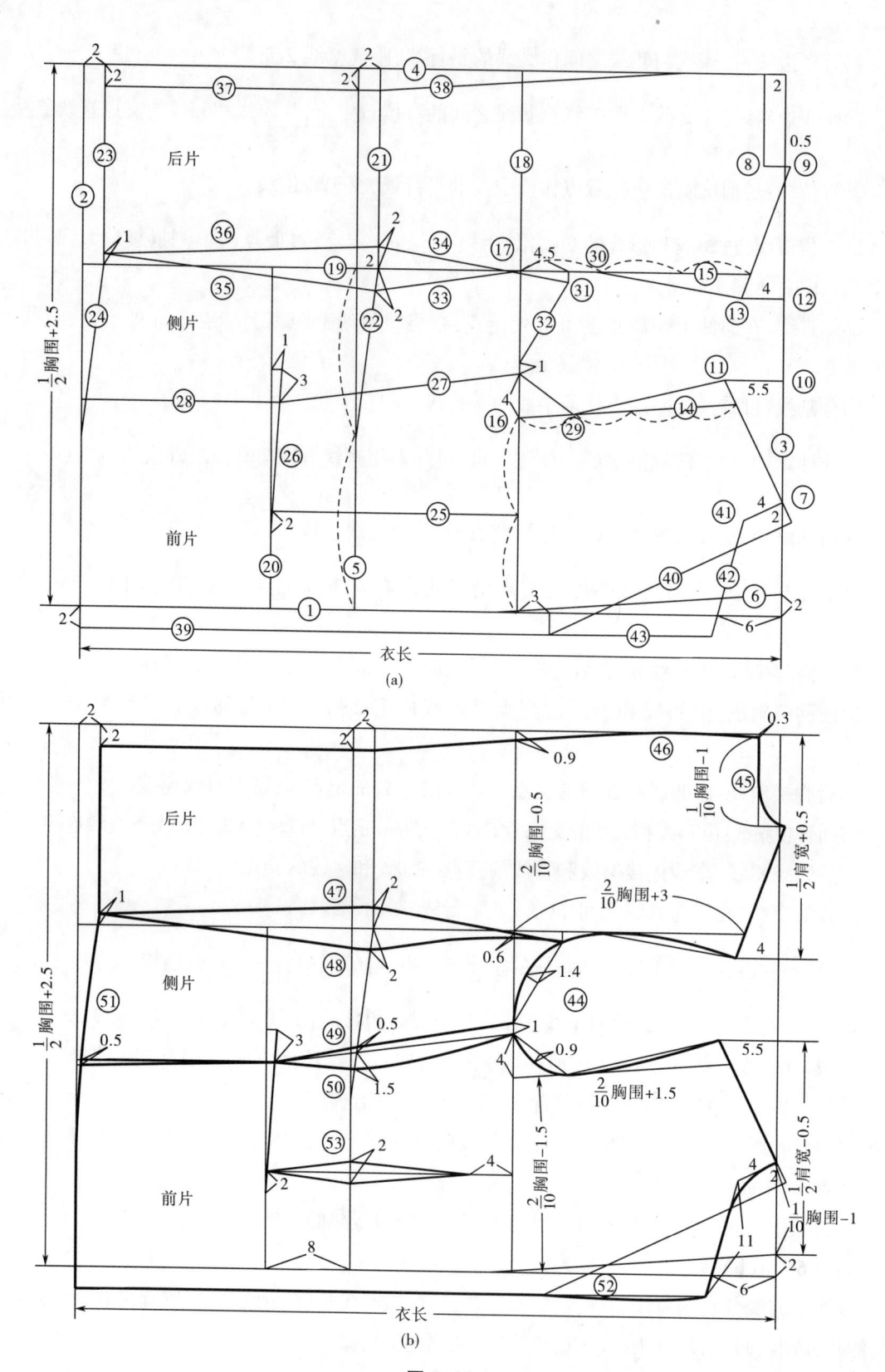

图 6-14

四、袖子制图

如图6-15(a)所示：

①基本线：作水平线，长度=袖长规格。

②袖口线：垂直于基本线。

③袖山线：垂直于基本线。

④袖肥线：平行于基本线，距离①线$\frac{1.5}{10}$胸围+3cm。

⑤袖山高基线：在①线与④线之间作③线的平行线，距离③线$\frac{1.5}{10}$胸围+0.5cm。

⑥前偏袖线：平行于①线，距离①线3cm，两端分别与②线和⑤线的延长线相交。

⑦袖中线：过③线的中点作③线的垂直线，交于⑤线。

⑧后袖山高点：过③线和④线的交点沿④线向左量取$\frac{1}{3}$袖山高+1cm，确定⑧点。

⑨肘位线：在④线上取⑧点与②线和④线的交点间的$\frac{1}{2}$位置定点，过此点作⑥线的垂直线。

⑩后袖山斜线：直线连接③线和⑦线的交点与⑧点。

⑪前袖山斜线：在⑤线上取①至⑥线间的$\frac{1}{2}$位置定点，与③线的$\frac{1}{4}$位置点直线连接。

⑫后偏袖直线：与④线平行相距2cm，两端分别与⑨线延长线和⑩线延长线相交。

⑬后袖斜线：由①线和②线的交点沿②线向上量袖口大定点，与④线和⑨线的交点直线连接。

⑭袖口斜线：在②线上取①线至⑬线间的$\frac{1}{2}$位置定点，过此点作⑬线的垂直线交于⑭点。

⑮袖开衩：过⑭点沿⑬线向右8cm确定开衩的右端点⑮点，开衩宽2cm。

⑯后偏袖斜线：直线连接⑮点与⑨线和⑫线的交点。

⑰小袖前线：以①线为中线作⑥线的对称线。

⑱小袖后直线：以④线为中线作⑫线的对称线。

⑲小袖后斜线：以⑬线为中线作⑯线的对称线。

⑳小袖山斜线：直线连接⑱线的右端点与⑤线和⑦线的交点。

如图6-15(b)所示：

㉑线至㉗线分别用弧线划顺：大袖袖山线㉑、大袖后偏袖线㉒、大袖前偏袖线㉓、大袖口线㉔、小袖袖山线㉕、小袖前线㉖、小袖后线㉗。

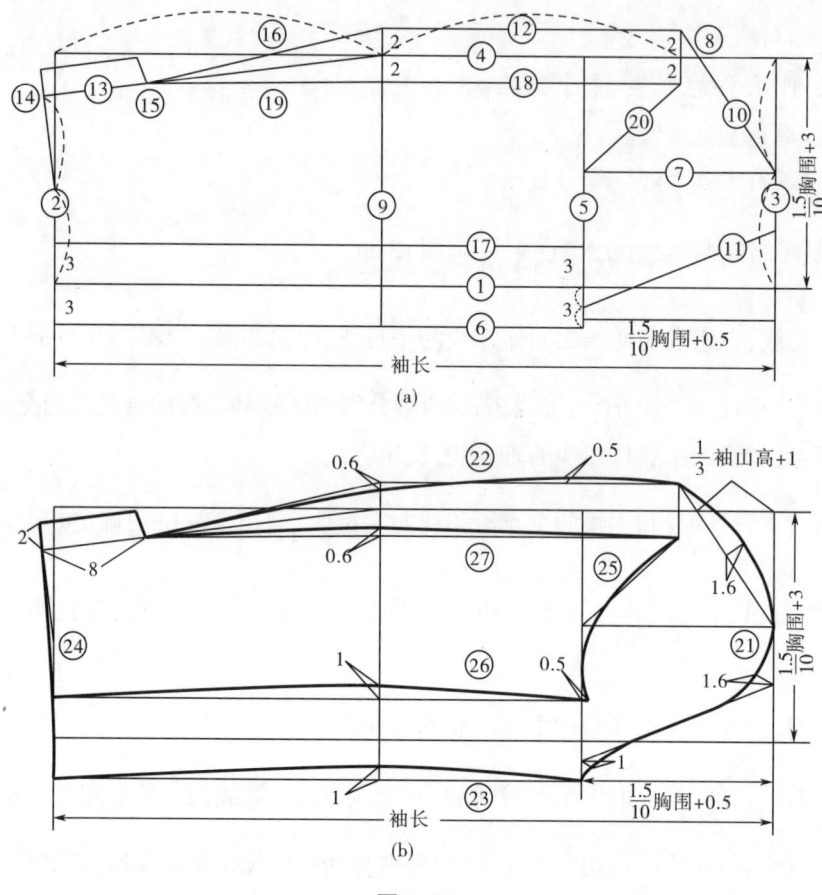

图 6-15

五、部件制图

如图 6-16 所示：

①按照标注数据绘制过面。

②按照标注数据绘制贴袋布。

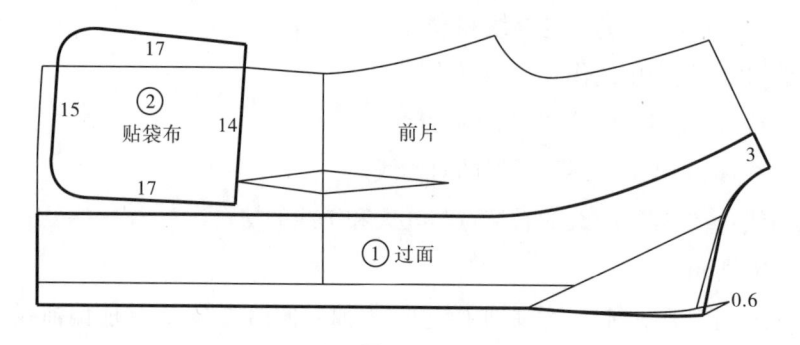

图 6-16

第六节 男青年装制图

一、造型概述

如图 6-17 所示,青年装属于三开身结构,是在男装应用 I 型的基础上生成的。领型为立领结构。在前片左上方设计一个手巾袋,下方设计两个左右对称的贴袋。门襟五粒纽扣,止口、领外口线、袋盖缉明线。袖口钉三粒装饰扣。

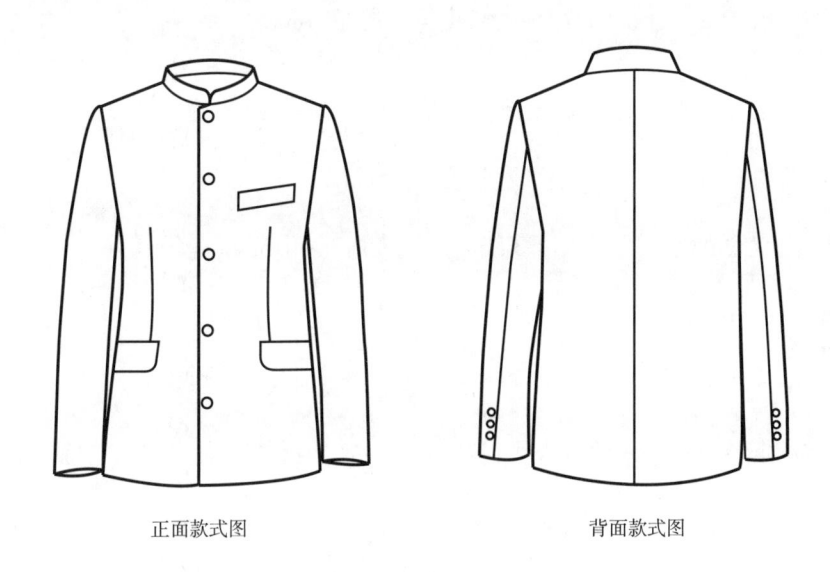

正面款式图   背面款式图

图 6-17

二、制图规格

单位:cm

制图部位	衣长	胸围	肩宽	袖长	领围	袖口
成品规格	77	110	48	62	44	17

三、衣身制图

如图 6-18(a)所示:

①前中线:作水平线,长度=衣长规格。

②底边线:垂直于前中线,长度=$\frac{1}{2}$胸围+2.5cm。

③衣长线:垂直于前中线,长度=$\frac{1}{2}$胸围+2.5cm。

④后中线:直线连接②线、③线的上端点,平行于前中线。

⑤腰节线:平行于③线,与③线的距离为$\frac{1}{2}$衣长+4cm。

⑥撇胸线:由①线和③线的交点沿③线向上1cm定点,在①线上取⑤线至③线间的$\frac{1}{3}$位置定点,直线连接两点。

⑦前横开领:由⑥线和③线的交点沿③线向上量$\frac{2}{10}$领围−1cm,确定⑦点。

⑧前直开领:由⑦点作③线的垂直线,长度=$\frac{2}{10}$领围+1cm。

⑨后横开领:由③线和④线的交点沿③线向下量$\frac{2}{10}$领围−1cm,确定⑨点。

⑩后直开领:由⑨点作③线的垂直线,长度=2.5cm。

⑪前肩宽:由⑥线和③线的交点沿③线向上量$\frac{1}{2}$肩宽−0.5cm,确定⑪点。

⑫前落肩量:由⑪点作③线的垂直线,长度=5.3cm,直线连接⑫点、⑦点,确定前肩斜线。

⑬后肩宽:由③线和④线的交点沿③线向下量$\frac{1}{2}$肩宽+0.5cm,确定⑬点。

⑭后落肩量:由⑬点作③线的垂直线,长度=2.5cm,直线连接⑭点、⑩点,确定后肩斜线。

⑮胸宽线:与撇胸线平行,两线相距$\frac{2}{10}$胸围−2cm。

⑯背宽线:与后中线平行,两线相距$\frac{2}{10}$胸围+0.5cm。

⑰前袖窿深:由胸宽线与肩斜线的交点沿胸宽线向左量$\frac{2}{10}$胸围+0.9cm。

⑱后袖窿深:$\frac{2}{10}$胸围+3.7cm(在前后衣片同幅制图中仅作参考点)。

⑲袖窿深线:过⑰点作①线的垂直线,两端分别与①线、④线相交。

⑳侧缝直线:将背宽线向左延长交于底边线。

㉑袋位线:在①线至⑳线之间作⑤线的平行线,距离⑤线11cm。

㉒后腰节线:由⑳线和⑤线的交点沿⑳线向右1.5cm定点,过此点作④线的垂直线。

㉓腰节斜线:在⑤线上取①线至⑳线之间的$\frac{1}{2}$位置定点,与⑳线和㉒线交点直线连接。

㉔后底边线:在④线与⑳线之间作②线的平行线,距离②线1.5cm。

㉕前底边斜线:在②线上取①线至⑳线之间的$\frac{1}{2}$位置定点,与㉔线和⑳线的交点直线连接。

㉖省位线:过前胸宽的$\frac{1}{2}$位置点作前中线的平行线,交于袋位线。

㉗大袋口线:由㉑线和㉖线的交点沿㉑线向下 2.5cm 定点,过此点向上测量袋口大 16cm,袋口斜线的上端点向右倾斜 1cm。

㉘侧省线:在⑲线上过⑰点向上量 5cm 定点,在袋口斜线上距离上端点 3cm 处定点,直线连接两点。

㉙前袖窿切点:在前袖窿深的$\frac{1}{4}$位置定点,此点用直线分别与⑫点及㉘线的右端点连接。

㉚后袖窿切点:在后袖窿深的$\frac{1}{3}$位置定点,与⑭点直线连接。

㉛袖窿起翘点:由⑲线和⑳线的交点沿⑳线向右 5cm 定点,过此点向下 1cm,确定㉛点。

㉜袖窿起翘线:由⑲线和㉘线的交点沿⑲线向上 1cm 定点,与㉛点直线连接。

㉝前胸腰斜线:由⑳线和㉓线的交点沿㉓线向下 1.5cm 定点,与⑳线和⑲线的交点直线连接。

㉞后胸腰斜线:由⑳线和㉒线的交点沿㉒线向上 2cm 定点,与㉛点直线连接。

㉟前臀腰斜线:由⑳线和㉔线的交点沿㉔线向上 1cm 定点,与㉓线和㉝线的交点直线连接。

㊱后臀腰斜线:直线连接㉟线和㉔线的交点与㉒线和㉞线的交点。

㊲背缝直线:在㉔与㉒线之间作④线的平行线,距离④线 2cm。

㊳背缝斜线:在④线上取后袖窿深的$\frac{1}{3}$位置定点,与㊲线的右端点直线连接。

㊴搭门线:左侧平行于①线,右侧平行于撇胸线,距离①线 2cm。

如图 6-18(b)所示:

㊵以㉖线为中线,按照图中标注数据绘制手巾袋。

㊶线至㊽线分别用弧线划顺:前后袖窿线㊶、后领圈线㊷、前领圈线㊸、背缝线㊹、前止口线㊺、底边线㊻、后侧缝线㊼、前侧缝线㊽。

㊾按照标注数据绘制侧省线。

㊿前省大 1.5cm,右端省尖距离袖窿深线 4cm。

(51)按照标注数据绘制袋盖。

四、袖子制图

如图 6-19(a)所示:

①基本线:作水平线,长度=袖长规格。

②袖口线:垂直于基本线,长度=$\frac{1.5}{10}$胸围+5cm。

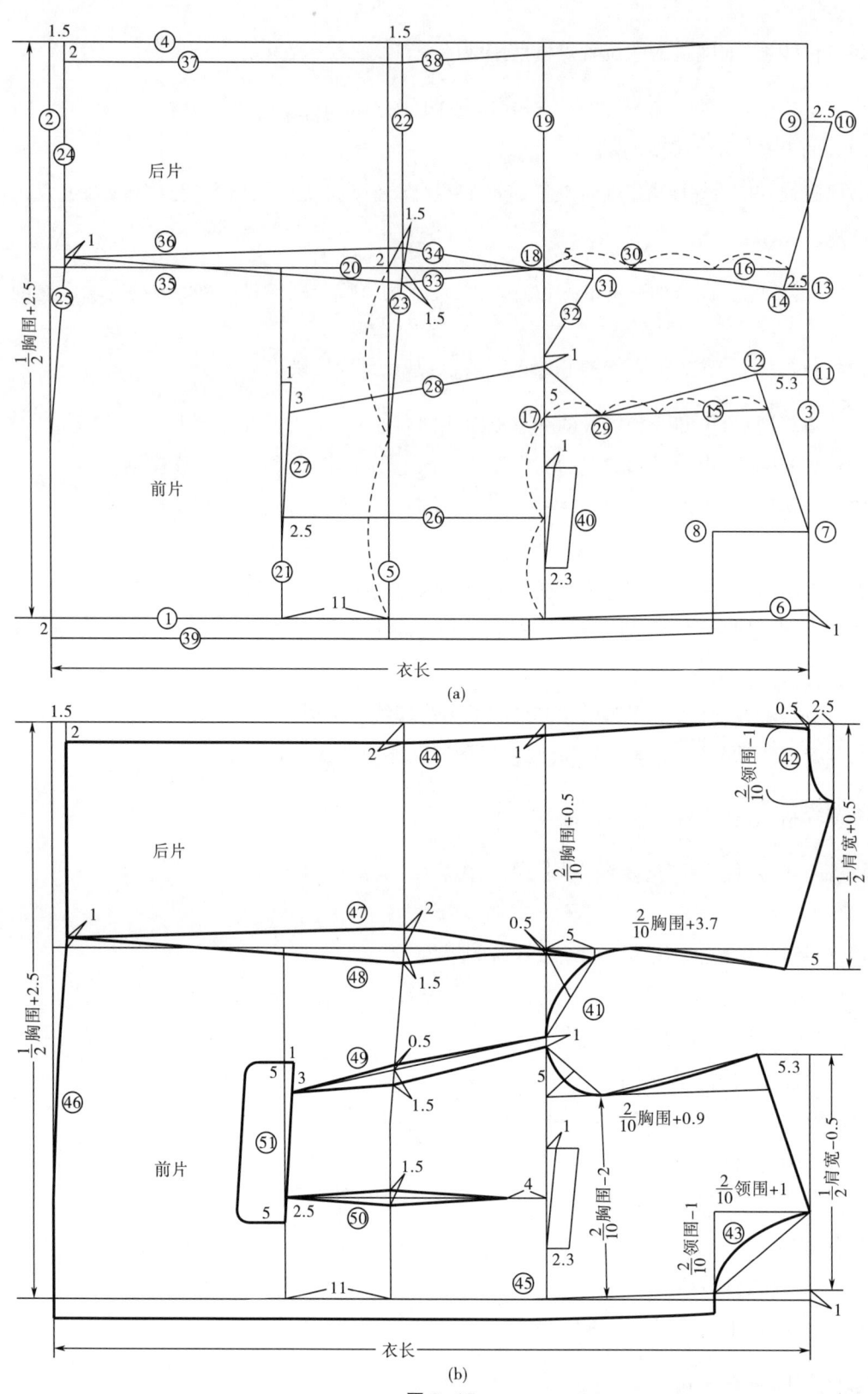

图 6-18

③袖山线:垂直于基本线,长度=$\frac{1.5}{10}$胸围+5cm。

④袖肥线:直线连接②线和③线的上端点,平行于①线。

⑤袖山高基线:在①线与④线之间作③线的平行线,距离③线$\frac{1.5}{10}$胸围-1cm。

⑥前偏袖线:平行于①线,距离①线3cm,两端分别与②线和⑤线的延长线相交。

⑦袖中线:过③线的中点作⑤线的垂直线。

⑧后袖山高点:过③线和④线的交点沿④线向左量取$\frac{1}{3}$袖山高,确定⑧点。

⑨肘位线:在④线上取⑧点与②线和④线的交点间的$\frac{1}{2}$位置定点,过此点作⑥线的垂直线。

⑩后袖山斜线:过③线和⑦线的交点与⑧点直线连接。

⑪前袖山斜线:在⑤线上取①与⑥线间的$\frac{1}{2}$位置定点,与③线的$\frac{1}{4}$位置点直线连接。

⑫后袖斜线:由①线和②线的交点沿②线向上量取袖口大定点,与④线和⑨线的交点直线连接。

⑬袖口斜线:过袖口大的中点作⑫线的垂直线,交点为⑬点。

⑭袖开衩:过⑬点沿⑫线向右10cm确定开衩的右端点,开衩宽2cm。

⑮小袖山斜线:由⑧点作④线的垂直线,长度=1.5cm定点,与⑤线和⑦线的交点直线连接。

⑯小袖内撇线:直线连接④线和⑤线的交点与⑮线的上端点。

⑰小袖前线:以①线为中线作⑥线的对称线。

⑱小袖山起翘线:在⑰线的延长线上距离⑤线0.5cm处,确定⑱点。

如图6-19(b)所示:

⑲线至㉕线分别用弧线划顺:大袖袖山线⑲、大袖后袖线⑳、大袖前偏袖线㉑、大袖口线㉒、小袖袖山线㉓、小袖前线㉔、小袖后线㉕。

五、领子制图

如图6-20(a)所示:

① 作水平线$AB = \frac{1}{2}$领围。

② 分别过A、B两点作AB线的垂直线AC和BD。

③ 取$AC = BD =$领高3.5cm,直线连接CD。

④ 在CD线上取$DE = 1.5$cm,确定E点,直线连接BE,确定前领斜线。

⑤ 在AB线的$\frac{2}{3}$位置确定F点,过F点作BE的垂直线交于G点。

⑥ 延长FG线使$FB_1 = FB$,确定B_1点,过B_1点作BE的平行线B_1D_1,取$B_1D_1 = BE$,确定D_1点。

图 6-19

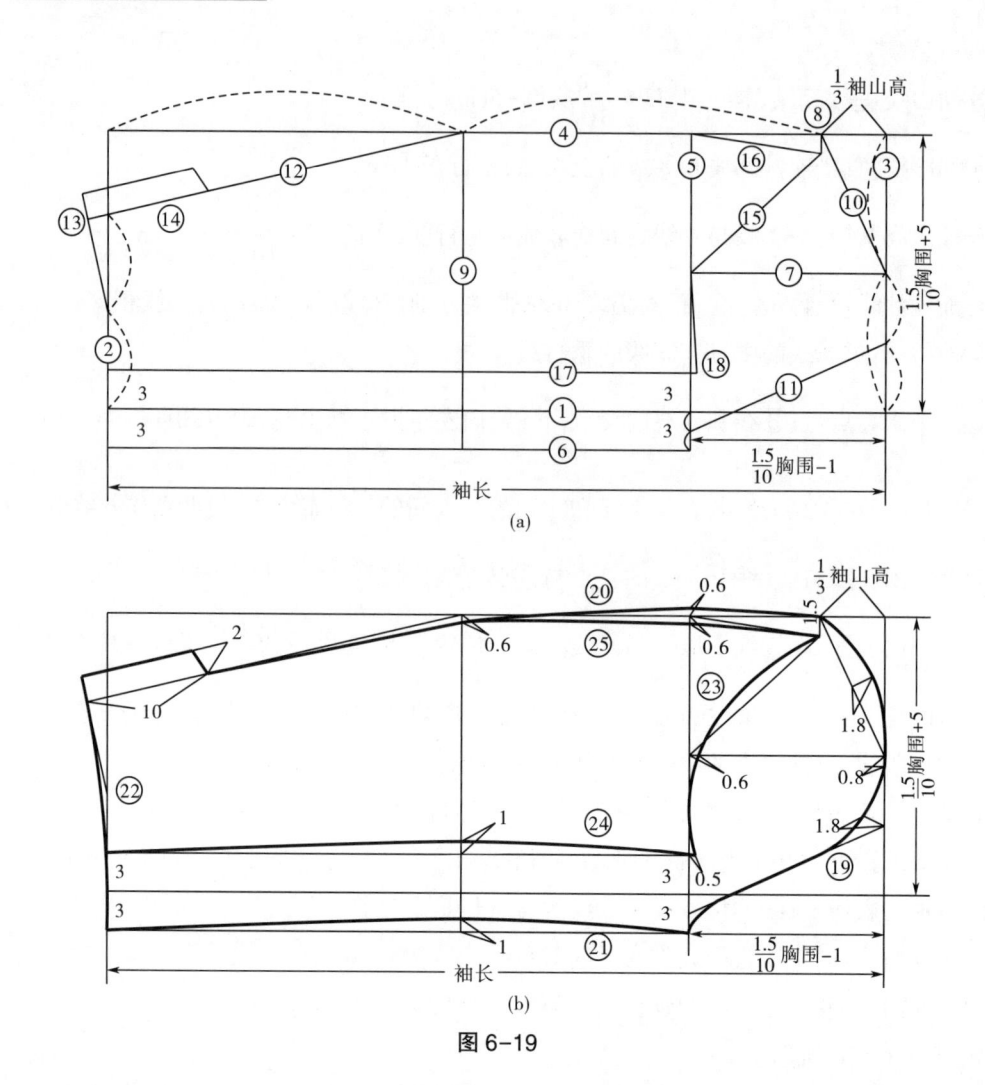

⑦在 CE 的 $\dfrac{1}{3}$ 位置确定 F_1 点,直线连接 F_1D_1。

如图 6-20(b)所示:

⑧用弧线划顺领上口线。

⑨用弧线划顺领下口线。

⑩取 $D_1H=1\mathrm{cm}$ 定点与 B_1 点直线连接成为 HB_1 线。

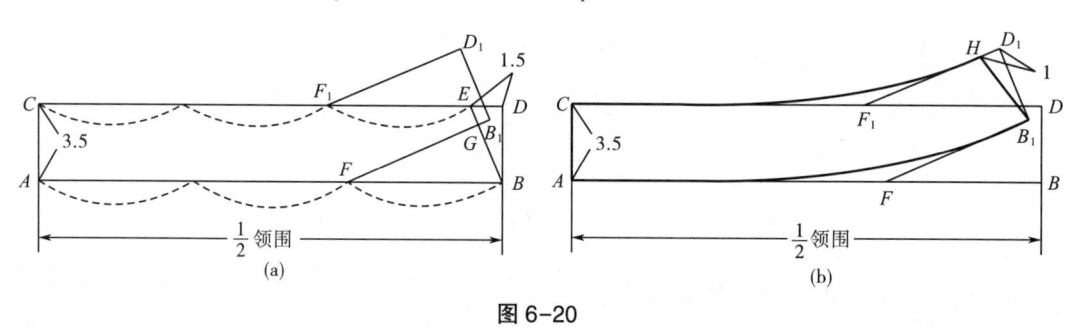

图 6-20

第七节　单排扣男西装制图

一、造型概述

如图 6-21 所示,这是一款单排两粒扣男西装,平驳领,前片设计三个口袋,大袋口双嵌线,装袋盖,手巾袋单嵌线。前侧片分割成独立的衣片,通过分割线的设计提高服装的立体效果。在袋口位置设计一个省,用以塑造腹部的凸出量。

正面款式图　　　　　　背面款式图

图 6-21

二、制图规格

单位:cm

制图部位	衣长	胸围	肩宽	袖长	袖口
成品规格	78	108	46	59	15

三、衣身制图

如图 6-22(a)所示:

①前中线:作水平线,长度=衣长规格。

②底边线:垂直于前中线,长度=$\frac{1}{2}$胸围+2.5cm。

③衣长线:垂直于前中线,长度=$\frac{1}{2}$胸围+2.5cm。

④后中线:直线连接②线、③线的上端点,平行于前中线。

⑤腰节线:平行于③线,与③线的距离为$\frac{1}{2}$衣长+4cm。

⑥撇胸线：由①线和③线的交点沿③线向上1cm定点，在①线上取⑤线至③线间的$\frac{1}{3}$位置定点，直线连接两点。

⑦前横开领：由⑥线和③线的交点沿③线向上量$\frac{1}{10}$胸围-1cm，确定⑦点。

⑧后横开领：由③线和④线的交点沿③线向下量$\frac{1}{10}$胸围-1cm，确定⑧点。

⑨后直开领：由⑧点作③线的垂直线，长度=2.5cm。

⑩前肩宽：由⑥线和③线的交点沿③线向上量$\frac{1}{2}$肩宽-0.5cm，确定⑩点。

⑪前落肩量：由⑩点作③线的垂直线，长度=5.3cm，直线连接⑪点、⑦点，确定前肩斜线。

⑫后肩宽：由③线和④线的交点沿③线向下量$\frac{1}{2}$肩宽+0.5cm，确定⑫点。

⑬后落肩量：过⑫点作③线的垂直线，长度=2.5cm，直线连接⑬点、⑨点，确定后肩斜线。

⑭胸宽线：与撇胸线平行，两线相距$\frac{2}{10}$胸围-2cm。

⑮背宽线：与后中线平行，两线相距$\frac{2}{10}$胸围+0.5cm。

⑯前袖隆深：由胸宽线与肩斜线的交点沿胸宽线向下量$\frac{2}{10}$胸围+0.9cm。

⑰后袖隆深：$\frac{2}{10}$胸围+3.7cm（在此仅作参考点）。

⑱袖隆深线：过⑯点作①线的垂直线，两端分别与①线、④线相交。

⑲侧缝直线：将背宽线向左延长，交于底边线。

⑳袋位线：在①线至⑲线之间作⑤线的平行线，距离⑤线11cm。

㉑后腰节线：由⑲线和⑤线的交点沿⑲线向右1.5cm定点，过此点作④线的垂直线。

㉒腰节斜线：在⑤线上取①线至⑲线之间的$\frac{1}{2}$位置定点，与⑲线和㉑线的交点直线连接。

㉓后底边线：在④线与⑲线之间作②线的平行线，距离②线1.5cm。

㉔前底边斜线：在②线上取①线至⑲线之间的$\frac{1}{2}$位置定点，与㉓线和⑲线的交点直线连接。

㉕手巾袋：过⑯点沿⑱线向下4cm定点，过此点作⑱线的垂直线，长度=4cm，其中袋宽2.3cm、起翘量1.7cm，袋口大9cm，袋口底线的下端与⑱线相交。

㉖省位线：过手巾袋底线的$\frac{1}{2}$点作前中线的平行线，交于大袋位线。

㉗大袋口线：由⑳线和㉖线的交点沿⑳线向下2.5cm定点，过此点向上测量袋口大16cm，

袋口斜线的上端点向右倾斜1cm。

㉘侧省线:在⑱线上过⑯点向上5cm定点,在袋口斜线上距离上端点3cm处定点,直线连接两点。

㉙分割线:过㉘线的左端点作①线的平行线,交与②线。

㉚前袖窿切点:在前袖窿深的$\frac{1}{4}$位置定点,过此点用直线分别与⑪点及㉘线的右端点连接。

㉛后袖窿切点:在后袖窿深的$\frac{1}{3}$位置定点,与⑬点直线连接。

㉜袖窿起翘点:由⑱线和⑲线的交点沿⑲线向右5cm定点,过此点垂直向下1cm,确定㉜点。

㉝袖窿起翘线:由⑱线和㉘线的交点沿⑱线向上1cm定点,与㉜点直线连接。

㉞前胸腰斜线:由⑲线和㉒线的交点沿㉒线向下1.5cm定点,与⑱线和⑲线的交点直线连接。

㉟后胸腰斜线:由⑲线和㉑线的交点沿㉑线向上2cm定点,与㉜点直线连接。

㊱前臀腰斜线:由⑲线和㉓线的交点沿㉓线向上1cm定点,与㉒线和㉞线的交点直线连接。

㊲后臀腰直线:由㉟线和㉑线的交点作④线的平行线,交与㉓线。

㊳背缝直线:在㉓与㉑线之间作④线的平行线,距离④线2cm。

㊴背缝斜线:在④线上取后袖窿深的$\frac{1}{3}$位置定点,与㊳线的右端点直线连接。

㊵搭门线:平行于①线,距离①线2cm,右端点超过⑤线1cm。

㊶驳口线:在肩线的延长线上过⑦点向下2cm定点,与搭门线的右端点直线连接。

㊷领深斜线:过⑦点作㊶线的平行线,长度=5cm,确定㊷点。

㊸串口斜线:过①线和③线的交点沿①线向左7cm定点,与㊷点直线连接,延长该线使其长度等于10cm。

㊹驳领止口线:直线连接串口线㊸的下端点与驳口线㊶的左端点。

㊺前门襟斜线:由①线和②线的交点沿②线向上2cm定点,与㊵线和⑳线的交点直线连接。

㊻下摆斜线:将㊺线向左延长2cm定点,与㉔线的下端点直线连接。

㊼袋盖:袋盖宽5cm,袋盖长16cm,袋盖形状为平行四边形。

如图6-22(b)所示:

㊽线至㊾线分别用弧线划顺:前后袖窿线㊽、后领圈线㊾、背缝线㊿、后侧缝线㊿、前侧缝线㊿、侧片分割线㊿、前片分割线㊿、底边线㊿、驳领止口线㊿、袋盖圆角㊿、下摆圆角线㊿。

㊾前省大在腰节线位置取1.5cm,袋口线位置取1cm,上端省尖距离袖窿深线4cm。

㊿在前片分割线与大袋口交点位置向外放出1cm,弧线画顺分割线。㉗线与⑳线之间的夹

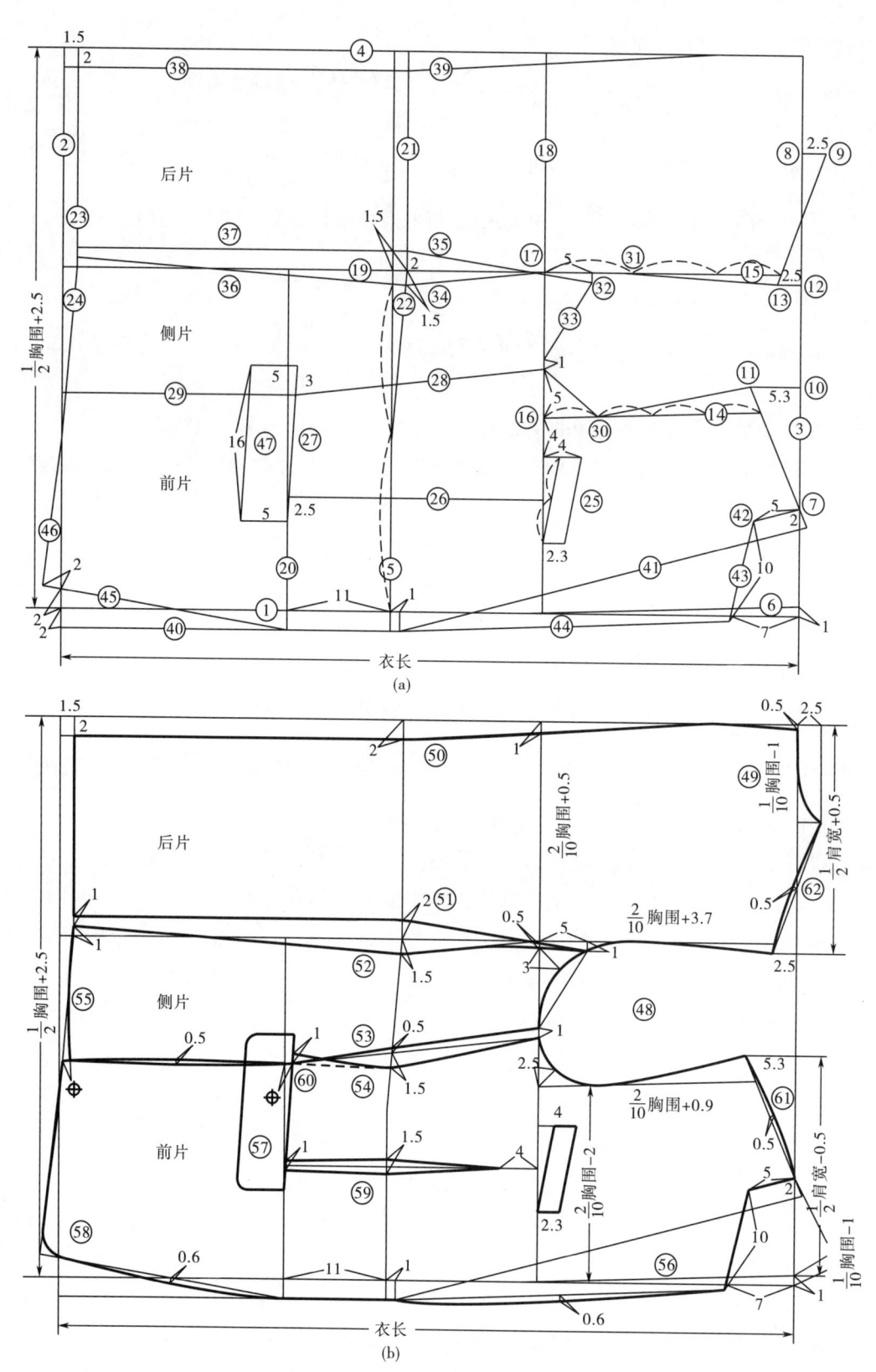

图 6-22

角为袋口省。

㉑用弧线画顺前肩线,中间部位凸出 0.5cm。

㉒用弧线画顺后肩线,中间部位凹进 0.5cm。

四、袖子制图

如图 6-23(a)所示:

①基本线:作水平线,长度=袖长规格。

②袖口线:垂直于基本线,长度=$\frac{1.5}{10}$胸围+5cm。

③袖山线:垂直于基本线,长度=$\frac{1.5}{10}$胸围+5cm。

④袖肥线:直线连接②线和③线的上端点,平行于基本线。

⑤袖山高基线:在①线与④线之间作③线的平行线,距离③线$\frac{1.5}{10}$胸围+0.5cm。

⑥前偏袖线:平行于①线,距离①线 3cm,两端分别与②线和⑤线的延长线相交。

⑦袖中线:过③线的中点作⑤线的垂直线。

⑧后袖山高点:过③线和④线的交点沿④线向左取$\frac{1}{3}$袖山高+1cm 确定⑧点。

⑨肘位线:在④线上取⑧点与②线和④线的交点间的$\frac{1}{2}$位置定点,过此点作⑥线的垂直线。

⑩后袖山斜线:直线连接③线和⑦线的交点与⑧点。

⑪前袖山斜线:在⑤线上取①与⑥线间的$\frac{1}{2}$位置定点,与③线的$\frac{1}{4}$点直线连接。

⑫后袖斜线:由①线和②线的交点沿②线向上量取袖口大定点,与④线和⑨线的交点直线连接。

⑬袖口斜线:过袖口大的中点作⑫线的垂直线,交点为⑬点。

⑭袖开衩:过⑬点沿⑫线向右 10cm,确定开衩的右端点,开衩宽 2cm。

⑮小袖山斜线:过⑧点向下作④线的垂直线,长度=1.5cm 定点,与⑤线和⑦线的交点直线连接。

⑯小袖内撇线:直线连接④线和⑤线的交点与⑮线的右端点。

⑰小袖前线:以①线为中线作⑥线的对称线。

⑱小袖山起翘线:在⑰线的延长线上距离⑤线 0.5cm 处,确定⑱点。

如图 6-23(b)所示:

⑲线至㉕线分别用弧线划顺:大袖袖山线⑲、大袖后袖线⑳、大袖前偏袖线㉑、大袖口线㉒、小袖袖山线㉓、小袖前线㉔、小袖后线㉕。

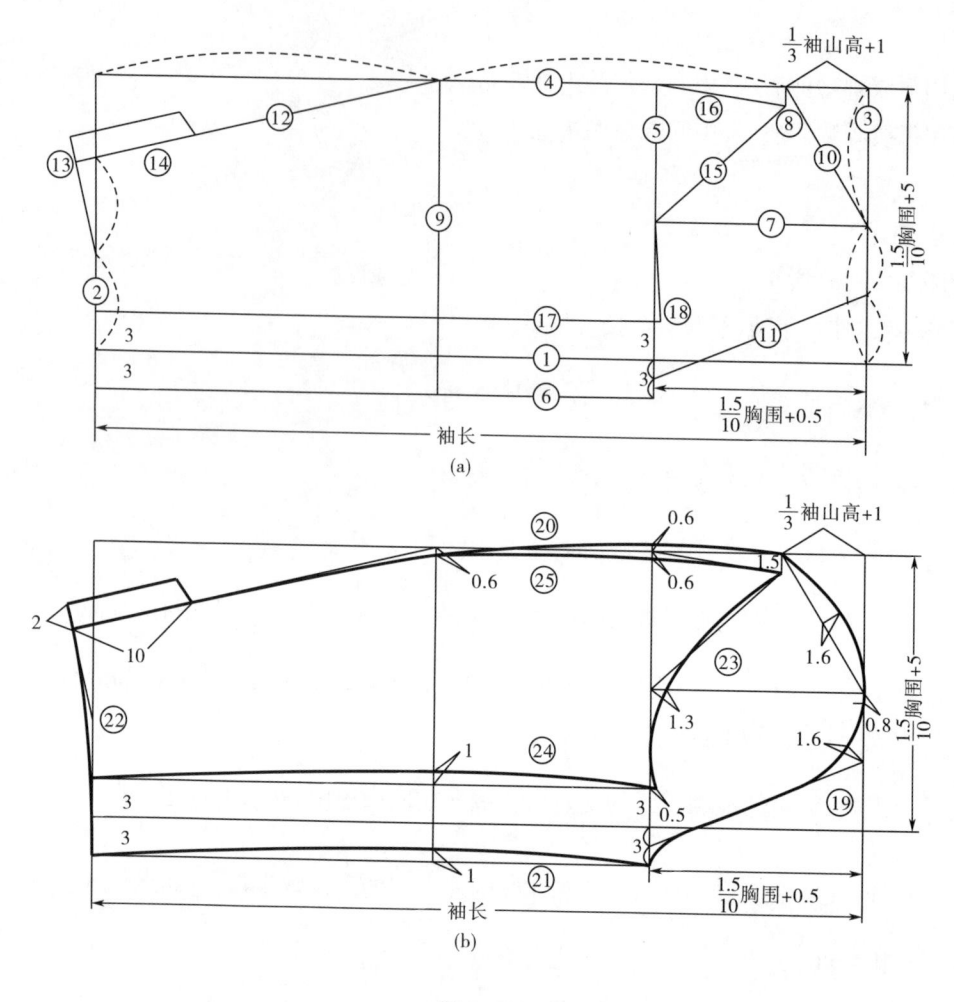

图 6-23

五、领子制图

如图 6-24 所示：

① 在前片肩斜线的延长线上取 $OC = 2cm$，确定 C 点。

② 在搭门线与第一粒扣位的交点位置，确定驳领下限点 A。

③ 直线连接 AC 确定驳领线，在 AC 的延长线上取 $CD = 10cm$。

④ 作 DE 垂直于 CD，取 $DE = 2cm$，直线连接 EC。

⑤ 作 EF 垂直于 CE，取 $EF =$ 领座高 $2.5cm$，确定 F 点。

⑥ 直线连接 F 点与领口交点 B 点。

⑦ 弧线划顺 FB，过肩斜线与 FB 线的交点沿弧线量出 $\frac{1}{2}$ 后领围大，调整 F 点。

⑧ 过 F 点作 FB 弧线的垂直线 FG，取 $FG =$ 领宽 $6.5cm$，确定 G 点。

⑨ 过 G 点作 FG 的垂直线 GH，取 $GH = 16.5cm$，确定 H 点。

⑩ 由 K 向里 4cm，确定 I 点，直线连接 IH，在 IH 线上取 $IH_1 = 3.5$ cm，确定 H_1 点。
⑪ 弧线划顺 GH_1 确定领外口线。

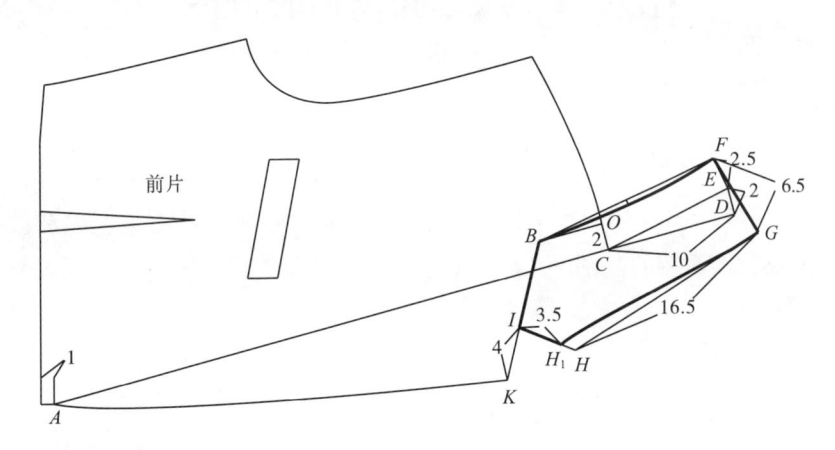

图 6-24

六、部件制图

如图 6-25 所示：
① 按照图示的形状及标注数据绘制过面。
② 按照图示的形状及标注数据绘制袋盖。
③ 按照图示的形状及标注数据绘制口袋布。
④ 按照图示的形状及标注数据绘制手巾袋布。
⑤ 按照图示的形状及标注数据绘制袋口嵌线条。

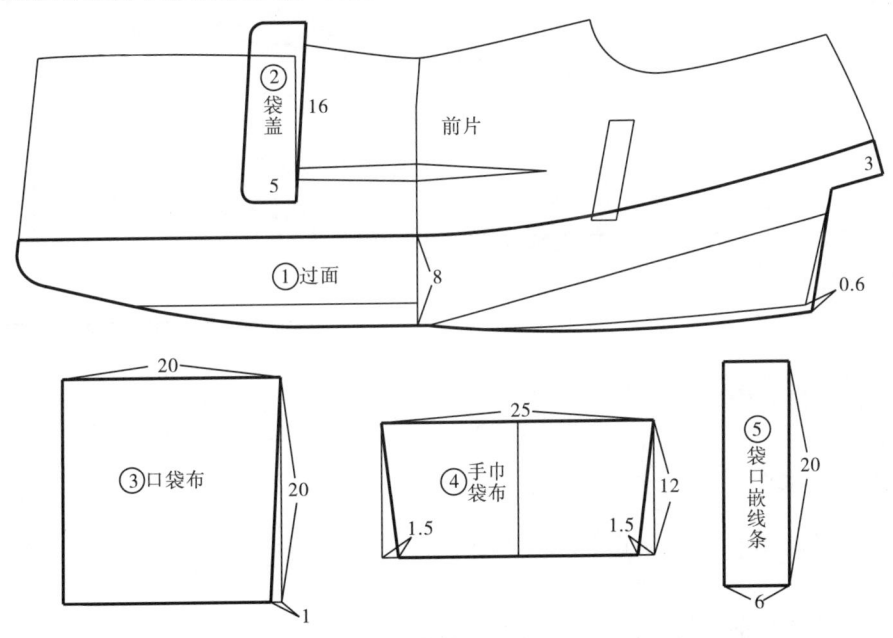

图 6-25

第八节　双排扣男西装制图

一、造型概述

如图 6-26 所示，双排扣男西装与单排扣男西装造型相同，仅在叠门和领子部位有所变化，搭门宽度一般为 10~12cm，直开领比单排扣西装略大一些，驳领形状有平驳领和戗驳领两种，本节所介绍的是戗驳领西装的制图。

正面款式图　　　　　　　背面款式图

图 6-26

二、制图规格

单位:cm

制图部位	衣长	胸围	肩宽	袖长	袖口
成品规格	78	110	46	60	15

三、衣身制图

如图 6-27(a)所示

①前中线:作水平线,长度=衣长规格。

②底边线:垂直于前中线,长度=$\frac{1}{2}$胸围+2.5cm。

③衣长线:垂直于前中线,长度=$\frac{1}{2}$胸围+2.5cm。

④后中线:直线连接②线和③线的上端点,平行于前中线。

⑤腰节线:平行于③线,与③线的距离为$\frac{1}{2}$衣长+4cm。

⑥撇胸线:由①线和③线的交点沿③线向上1cm定点,在①线上取⑤线至③线间的$\frac{1}{3}$位置定点,直线连接两点。

⑦前横开领:由⑥线和③线的交点沿③线向上量$\frac{1}{10}$胸围-1cm,确定⑦点。

⑧后横开领:由③线和④线的交点沿③线向下量$\frac{1}{10}$胸围-1cm,确定⑧点。

⑨后直开领:由⑧点作③线的垂直线,长度=2.5cm,确定⑨点。

⑩前肩宽:由⑥线和③线的交点沿③线向里上$\frac{1}{2}$肩宽-0.5cm,确定⑩点。

⑪前落肩量:由⑩点作③线的垂直线,长度=5.3cm,直线连接⑪点、⑦点,确定前肩斜线。

⑫后肩宽:由③线和④线的交点沿③线向下量$\frac{1}{2}$肩宽+0.5cm,确定⑫点。

⑬后落肩量:由⑫点作③线的垂直线,长度=2.5cm,直线连接⑬点、⑨点,确定后肩斜线。

⑭胸宽线:与撇胸线平行,两线相距$\frac{2}{10}$胸围-2cm。

⑮背宽线:与后中线平行,两线相距$\frac{2}{10}$胸围+0.5cm。

⑯前袖窿深:由胸宽线与肩斜线的交点沿胸宽线向左量$\frac{2}{10}$胸围+0.9cm。

⑰后袖窿深:$\frac{2}{10}$胸围+3.7cm(在此仅作参考点)。

⑱袖窿深线:过⑯点作①线的垂直线,两端分别与①线、④线相交。

⑲侧缝直线:将背宽线向左延长交于底边线。

⑳袋位线:在①线至⑲线之间作⑤线的平行线,距离⑤线11cm。

㉑后腰节线:由⑲线和⑤线的交点沿⑲线向右1.5cm定点,过此点作④线的垂直线。

㉒腰节斜线:在⑤线上取①线至⑲线之间的$\frac{1}{2}$位置定点,与⑲线和㉑线的交点直线连接。

㉓后底边线:在④线与⑲线之间作②线的平行线,距离②线1.5cm。

㉔前底边斜线:在②线上取①线至⑲线之间的$\frac{1}{2}$位置定点,与㉓线和⑲线的交点直线连接。

㉕手巾袋:过⑯点沿⑱线向下4cm定点,过此点作⑱线的垂直线,长度=4cm,其中袋宽2.3cm,起翘量1.7cm,袋口大9cm,袋口布底线的下端与⑱线相交。

㉖ 省位线:过手巾袋底线的 $\frac{1}{2}$ 位置点作前中线的平行线,交于大袋位线。

㉗ 大袋口线:过⑳线和㉖线的交点沿⑳线向下 2.5cm 定点,过此点向上测量袋口大 16cm,袋口斜线的上端点向右倾斜 1cm。

㉘ 侧省线:在⑱线上过⑯点向上 5cm 处点,在袋口斜线上距离上端点 3cm 处定点,直线连接两点。

㉙ 分割线:过㉘线的左端点作前中线的平行线,交于②线。

㉚ 前袖窿切点:在前袖窿深的 $\frac{1}{4}$ 位置定点,过此点用直线分别与⑪点及㉘线的右端点连接。

㉛ 后袖窿切点:在后袖窿深的 $\frac{1}{3}$ 位置定点,过此点与⑬点直线连接。

㉜ 袖窿起翘点:由⑱线和⑲线的交点沿⑲线向右 5cm 定点,过此点垂直向下 1cm,确定㉜点。

㉝ 袖窿起翘线:由⑱线和㉘线的交点沿⑱线向上 1cm 定点,与㉜点直线连接。

㉞ 前胸腰斜线:由⑲线和㉒线的交点沿㉒线向下 1.5cm 定点,与⑱线和⑲线的交点直线连接。

㉟ 后胸腰斜线:由⑲线和㉑线的交点沿㉑线向上 2cm 定点,与㉜点直线连接。

㊱ 前臀腰斜线:由⑲线和㉓线的交点沿㉓线向上 1cm 定点,与㉒线和㉞线的交点直线连接。

㊲ 后臀腰直线:由㉟线和㉑线的交点作④线的平行线,交于㉓线。

㊳ 背缝直线:在㉓与㉑线之间作④线的平行线,距离④线 2cm。

㊴ 背缝斜线:在④线上取后袖窿深的 $\frac{1}{3}$ 位置定点,与㊳线的右端点直线连接。

㊵ 搭门线:平行于①线,距离①线 6cm,右端点与大袋位线齐平。

㊶ 驳口线:在肩线的延长线上过⑦点向下 2cm 定点,与搭门线的右端点直线连接。

㊷ 领深斜线:过⑦点作㊶线的平行线,长度=5cm,确定㊷点。

㊸ 串口斜线:由①线和③线的交点沿①线向左 8cm 定点,与㊷点直线连接,延长该线使其长度等于 14cm。

㊹ 驳领止口线:直线连接串口线㊸的下端点与驳口线㊶的左端点。

㊺ 袋盖:袋盖宽 5cm,袋盖长 16cm,袋盖形状为平行四边形。

如图 6-27(b)所示:

㊻线至㊺线分别用弧线划顺:前后袖窿线㊻、后领圈线㊼、背缝线㊽、后侧缝线㊾、前侧缝线㊿、侧片分割线○51、前片分割线○52、底边线○53、驳领止口线○54、袋盖圆角○55。

○56 前省大在腰节线位置取 1.5cm,袋口线位置取 1cm,上端省尖距离袖窿深线 4cm。

○57 在前片分割线与大袋口交点位置向外放出 1cm,弧线画顺分割线,确定袋口省。

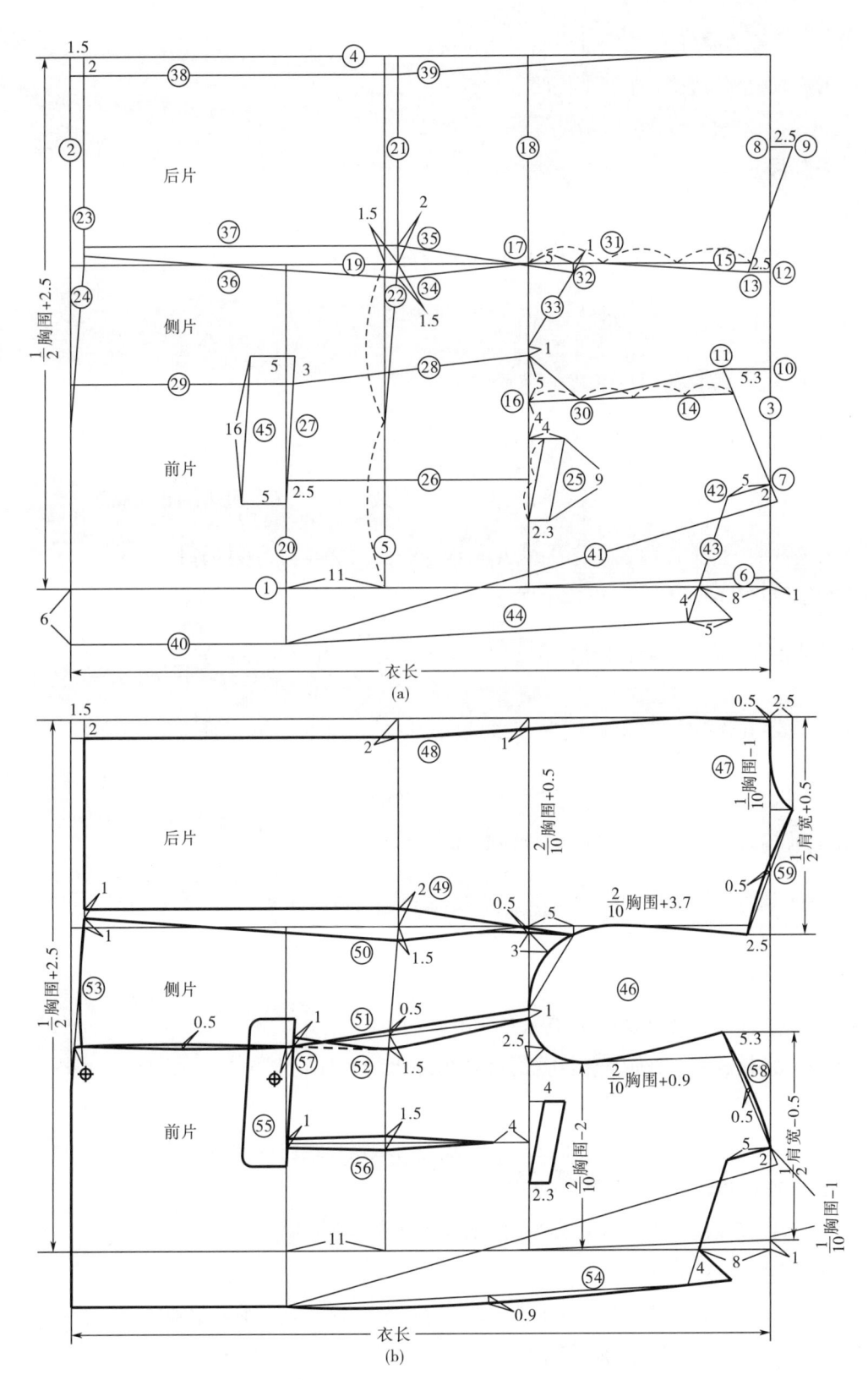

图 6-27

㊽用弧线画顺前肩线,中间部位凸出 0.5cm。

㊾用弧线画顺后肩线,中间部位凹进 0.5cm。

四、袖子制图

如图 6-28(a)所示:

①基本线:作水平线,长度=袖长规格。

②袖口线:垂直于基本线,长度=$\dfrac{1.5}{10}$胸围+5cm。

③袖山线:垂直于基本线,长度=$\dfrac{1.5}{10}$胸围+5cm。

④袖肥线:直线连接②线、③线的上端点,平行于基本线。

⑤袖山高基线:在①线与④线之间作③线的平行线,距离③线$\dfrac{1.5}{10}$胸围+0.5cm。

⑥前偏袖线:平行于①线,距离①线 3cm,两端分别与②线和⑤线的延长线相交。

⑦袖中线:过③线的中点作⑤线的垂直线。

⑧后袖山高点:由③线和④线的交点沿④线向左取$\dfrac{1}{3}$袖山高+1cm,确定⑧点。

⑨肘位线:在④线上取⑧点与②线和④线交点间的$\dfrac{1}{2}$位置定点,过此点作⑥线的垂直线。

⑩后袖山斜线:直线连接③线和⑦线的交点与⑧点。

⑪前袖山斜线:在⑤线上取①线、⑥线间的$\dfrac{1}{2}$位置定点,与③线的$\dfrac{1}{4}$点直线连接。

⑫后袖斜线:由①线和②线的交点沿②线向上量袖口大定点,与④线和⑨线的交点直线连接。

⑬袖口斜线:过袖口大的中点作⑫线的垂直线交于⑬点。

⑭袖开衩:过⑬点沿⑫线向右 10cm 确定开衩的右端点,开衩宽 2cm。

⑮小袖山斜线:过⑧点向下作④线的垂直线,长度=1.5cm 定点,与⑤线和⑦线的交点直线连接。

⑯小袖内撇线:过④线和⑤线的交点与⑮线的右端点直线连接。

⑰小袖前线:以①线为中线作⑥线的对称线。

⑱小袖山起翘线:在⑰线的延长线上距离⑤线 0.5cm 处,确定⑱点。

如图 6-28(b)所示:

⑲线至㉕线分别用弧线划顺:大袖袖山线⑲、大袖后袖线⑳、大袖前偏袖线㉑、大袖袖口线㉒、小袖袖山线㉓、小袖前线㉔、小袖后线㉕。

图 6-28

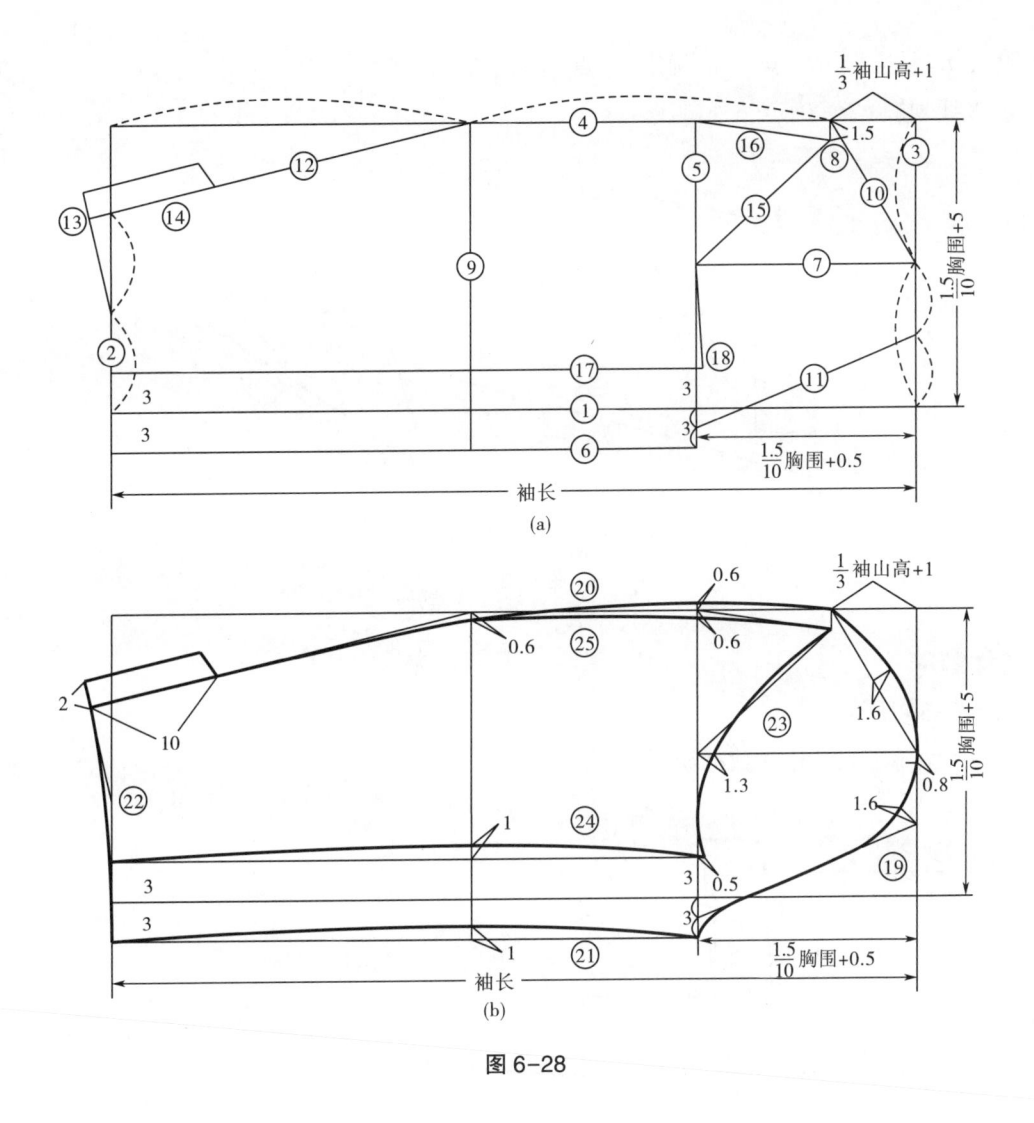

五、领子制图

如图 6-29 所示：

① 在前片肩斜线的延长线上取 $OC = 2\text{cm}$，确定 C 点。

② 在搭门线与第一粒扣位的交点位置，确定驳领下限点 A。

③ 直线连接 AC 确定驳领线，在 AC 的延长线上取 $CD = 10\text{cm}$。

④ 作 DE 垂直于 CD，取 $DE = 2\text{cm}$，直线连接 EC。

⑤ 作 EF 垂直于 CE，取 EF = 领座高 2.5cm，确定 F 点。

⑥ 直线连接 F 点与领口交点 B 点。

⑦ 弧线划顺 FB，过肩斜线与 FB 线的交点沿弧线量出 $\frac{1}{2}$ 后领围大，调整 F 点。

⑧ 过 F 点作 FB 弧线的垂直线 FG，取 FG = 领宽 6.5cm，确定 G 点。

⑨ 过 G 点作 FG 的垂直线 GH，取 $GH = 16.5\text{cm}$，确定 H 点。

⑩ 在 IH 线上取 $HH_1 = 2\text{cm}$，确定 H_1 点。

⑪ 弧线划顺 GH_1，确定领外口线。

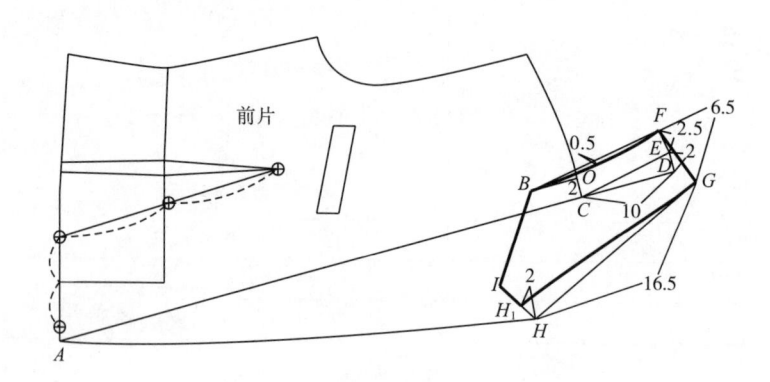

图 6-29

六、部件制图

如图 6-30 所示：

① 按照图示形状及标注数据绘制过面。

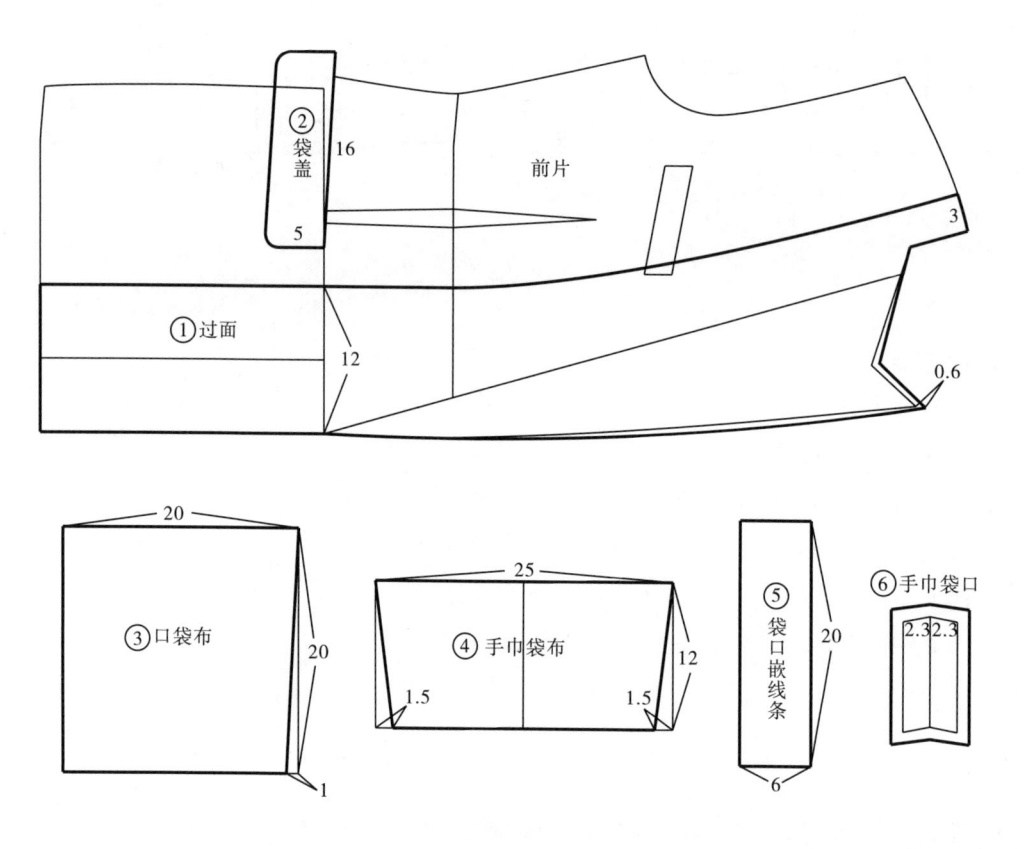

图 6-30

②按照图示形状及标注数据绘制袋盖。
③按照图示形状及标注数据绘制口袋布。
④按照图示形状及标注数据绘制手巾袋布。
⑤按照图示形状及标注数据绘制袋口嵌线条。
⑥按照图示形状及标注数据绘制手巾袋口。

第九节 四粒扣男西装制图

一、造型概述

如图6-31所示,四粒扣男西装与单排扣西装的制图基本相同,只是驳口线的长度变短,领子的造型略有变化。前衣片上设计一个手巾袋和两个大袋。

正面款式图　　　背面款式图

图6-31

二、制图规格

单位:cm

制图部位	衣长	胸围	肩宽	袖长	袖口
成品规格	80	115	50	62	17

三、衣身制图

如图6-32(a)所示:
①前中线:作水平线,长度=衣长规格。

②底边线:垂直于前中线,长度=$\frac{1}{2}$胸围+2.5cm。

③衣长线:垂直于前中线,长度=$\frac{1}{2}$胸围+2.5cm。

④后中线:直线连接②线和③线的上端点,平行于前中线。

⑤腰节线:平行于③线,与③线的距离为$\frac{1}{2}$衣长+4cm。

⑥撇胸线:由①线和③线的交点沿③线向上1cm定点,在①线上取⑤线至③线间的$\frac{1}{3}$位置定点,直线连接两点。

⑦前横开领:由⑥线和③线的交点沿③线向上量$\frac{1}{10}$胸围-1cm,确定⑦点。

⑧后横开领:由③线和④线的交点沿③线向下量$\frac{1}{10}$胸围-1cm,确定⑧点。

⑨后直开领:由⑧点作③线的垂直线,长度=2.5cm。

⑩前肩宽:由⑥线和③线的交点沿③线向上量$\frac{1}{2}$肩宽-0.5cm,确定⑩点。

⑪前落肩量:由⑩点作③线的垂直线,长度=5.3cm,直线连接⑪点、⑦点,确定前肩斜线。

⑫后肩宽:由③线和④线的交点沿③线向下量$\frac{1}{2}$肩宽+0.5cm,确定⑫点。

⑬后落肩量:由⑫点作③线的垂直线,长度=2.5cm,直线连接⑬点、⑨点,确定后肩斜线。

⑭胸宽线:与撇胸线平行,两线相距$\frac{2}{10}$胸围-2cm。

⑮背宽线:与后中线平行,两线相距$\frac{2}{10}$胸围+0.5cm。

⑯前袖窿深:由胸宽线与肩斜线的交点沿胸宽线向左量$\frac{2}{10}$胸围+0.9cm。

⑰后袖窿深:由背宽线与肩斜线的交点沿背宽线向下量$\frac{2}{10}$胸围+3.7cm。

⑱袖窿深线:过⑯点作①线的垂直线,两端分别与①线、④线相交。

⑲侧缝直线:将背宽线向左延长交于底边线。

⑳袋位线:在①线至⑲线之间作⑤线的平行线,距离⑤线11cm。

㉑后腰节线:由⑲线和⑤线的交点沿⑲线向右1.5cm定点,过此点作④线的垂直线。

㉒腰节斜线:在⑤线上取①线至⑲线之间的$\frac{1}{2}$位置定点,与⑲线和㉑线的交点直线连接。

㉓后底边线:在④线与⑲线之间作②线的平行线,距离②线1.5cm。

㉔前底边斜线：在②线上取①线至⑲线之间的$\frac{1}{2}$位置定点，与㉓线和⑲线的交点直线连接。

㉕手巾袋：过⑯点沿⑱线向下 4cm 定点，过此点作⑱线的垂直线，长＝4cm，其中袋宽2.3cm，起翘量1.7cm，袋口大9cm，袋口布底线下端与⑱线相交。

㉖省位线：过手巾袋底线的$\frac{1}{2}$位置点作前中线的平行线，交于大袋位线。

㉗大袋口线：过⑳线和㉖线的交点沿⑳线向下 2.5cm 定点，过此点向上测量袋口大 16cm，袋口斜线的上端点向右倾斜1cm。

㉘侧省线：在⑱线上过⑯点向上 5cm 定点，在袋口斜线上距离上端点 3cm 处定点，直线连接两点。

㉙分割线：过㉘线的左端点作前中线的平行线，交于②线。

㉚前袖窿切点：在前袖窿深的$\frac{1}{4}$位置定点，过此点用直线分别与⑪点及㉘线的右端点连接。

㉛后袖窿切点：在后袖窿深的$\frac{1}{3}$位置定点，与⑬点直线连接。

㉜袖窿起翘点：由⑱线和⑲线的交点沿⑲线向右 5cm 定点，过此点垂直向下 1cm，确定㉜点。

㉝袖窿起翘线：由⑱线和㉘线的交点沿⑱线向上 1cm 定点，与㉜点直线连接。

㉞前胸腰斜线：由⑲线和㉒线的交点沿㉒线向下 1.5cm 定点，与⑱线和⑲线的交点直线连接。

㉟后胸腰斜线：由⑲线和㉑线的交点沿㉑线向上 2cm 定点，与㉜点直线连接。

㊱前臀腰斜线：由⑲线和㉓线的交点沿㉓线向上 1cm 定点，与㉒线和㉞线的交点直线连接。

㊲后臀腰直线：由㉟线和㉑线的交点作④线的平行线，交于㉓线。

㊳背缝直线：在㉓与㉑线之间作④线的平行线，距离④线 2cm。

㊴背缝斜线：在④线上取后袖窿深的$\frac{1}{3}$位置定点，与㊳线的右端点直线连接。

㊵搭门线：平行于①线，距离①线 2cm，右端点与袖窿深线齐平。

㊶驳口线：在肩线的延长线上过⑦点向下 2cm 定点，与搭门线的右端点直线连接。

㊷领深斜线：过⑦点作㊶线的平行线，长度＝5cm，确定㊷点。

㊸串口斜线：过①线和③线的交点沿①线向左 7cm 定点，与㊷点直线连接，延长该线使其长度等于 10cm。

㊹驳领止口线：直线连接串口线㊸的下端点与驳口线㊶的左端点。

㊺袋盖：袋盖宽 5cm，袋盖长 16cm，袋盖形状为平行四边形。

如图 6-32（b）所示：

㊻线至㊿线分别用弧线划顺：前后袖窿线㊻、后领圈线㊼、背缝线㊽、后侧缝线㊾、前侧缝线㊿、侧片分割线51、前片分割线52、底边线53、驳领止口线54、袋盖圆角55。

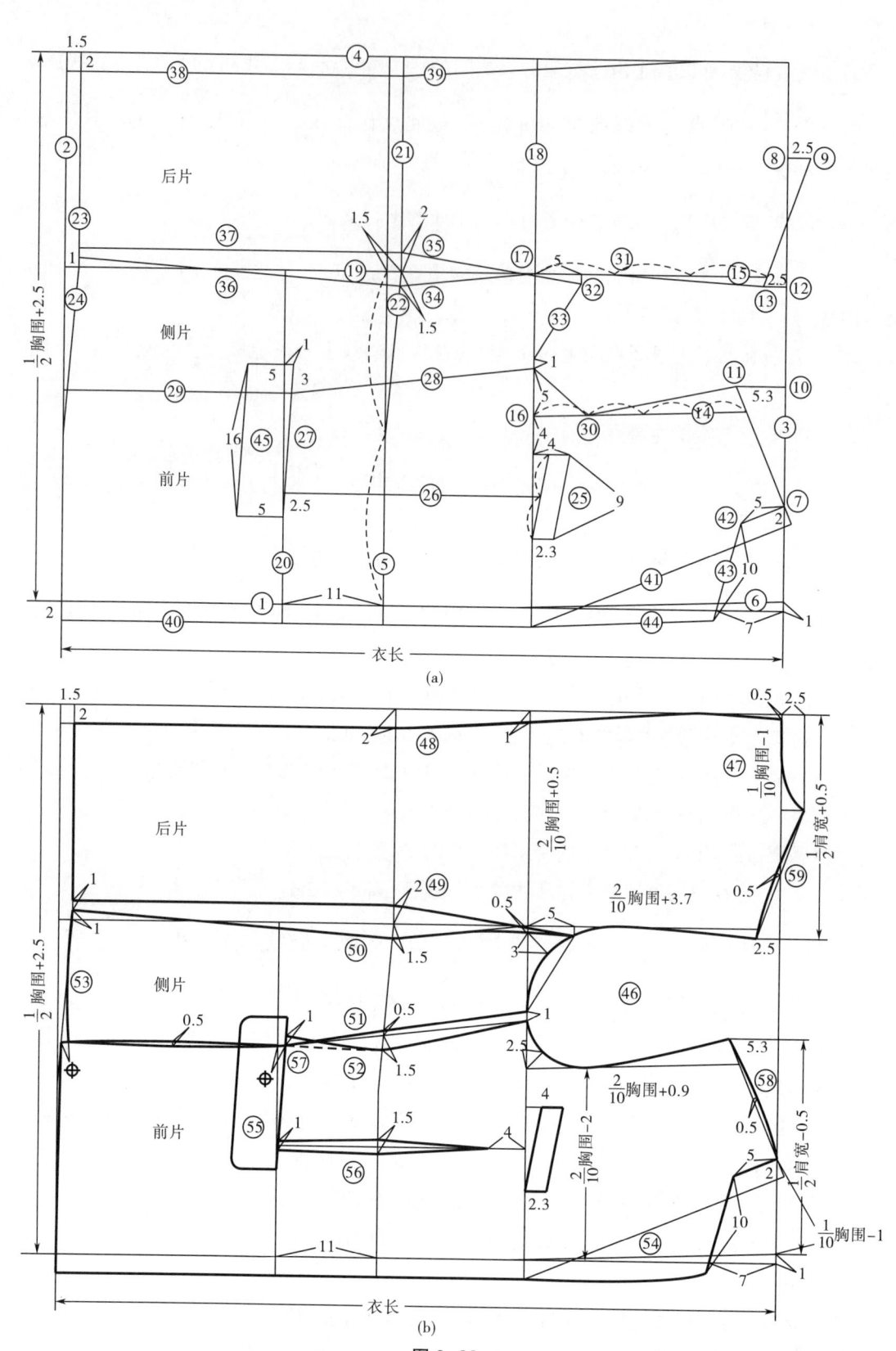

图 6-32

㊻前省大在腰节线位置取 1.5cm,袋口线位置取 1cm,上端省尖距离袖窿深线 4cm。

㊼在前片分割线与大袋口交点位置向外放出 1cm,弧线画顺分割线,确定袋口省。

㊽用弧线画顺前肩线,中间部位凸出 0.5cm。

㊾用弧线画顺后肩线,中间部位凹进 0.5cm。

四、袖子制图

如图 6-33(a)所示:

①基本线:作水平线,长度=袖长规格。

②袖口线:垂直于基本线,长度=$\frac{1.5}{10}$胸围+6cm。

③袖山线:垂直于基本线,长度=$\frac{1.5}{10}$胸围+6cm。

④袖肥线:直线连接②线、③线的上端点,平行于基本线。

⑤袖山高基线:在①线与④线之间作③线的平行线,距离③线$\frac{1.5}{10}$胸围-0.5cm。

⑥前偏袖线:平行于①线,距离①线 3cm,两端分别与②线和⑤线的延长线相交。

⑦袖中线:过③线的中点作⑤线的垂直线。

⑧后袖山高点:由③线和④线的交点沿④线向左取$\frac{1}{3}$袖山高+1cm,确定⑧点。

⑨肘位线:在④线上取⑧点与②线和④线交点间的$\frac{1}{2}$位置定点,过此点作⑥线的垂直线。

⑩后袖山斜线:过③线和⑦线的交点与⑧点直线连接。

⑪前袖山斜线:在⑤线上取①与⑥线间的$\frac{1}{2}$位置定点,与③线的$\frac{1}{4}$点直线连接。

⑫后袖斜线:由①线和②线的交点沿②线向上量袖口大定点,与④线和⑨线的交点直线连接。

⑬袖口斜线:过袖口大中点作⑫线的垂直线,交点为⑬点。

⑭袖开衩:过⑬点沿⑫线向右 10cm 确定开衩的右端点,开衩宽 2cm。

⑮小袖山斜线:过⑧点向下作④线的垂直线,长度=1.5cm 定点,与⑤线和⑦线的交点直线连接。

⑯小袖内撇线:过④线和⑤线的交点与⑮线的右端点直线连接。

⑰小袖前线:以①线为中线作⑥线的对称线。

⑱小袖山起翘线:在⑰线的延长线上距离⑤线 0.5cm 处,确定⑱点。

如图 6-33(b)所示:

⑲线至㉕线分别用弧线划顺:大袖袖山线⑲、大袖后袖线⑳、大袖前偏袖线㉑、大袖袖口线㉒、小袖袖山线㉓、小袖前线㉔、小袖后线㉕。

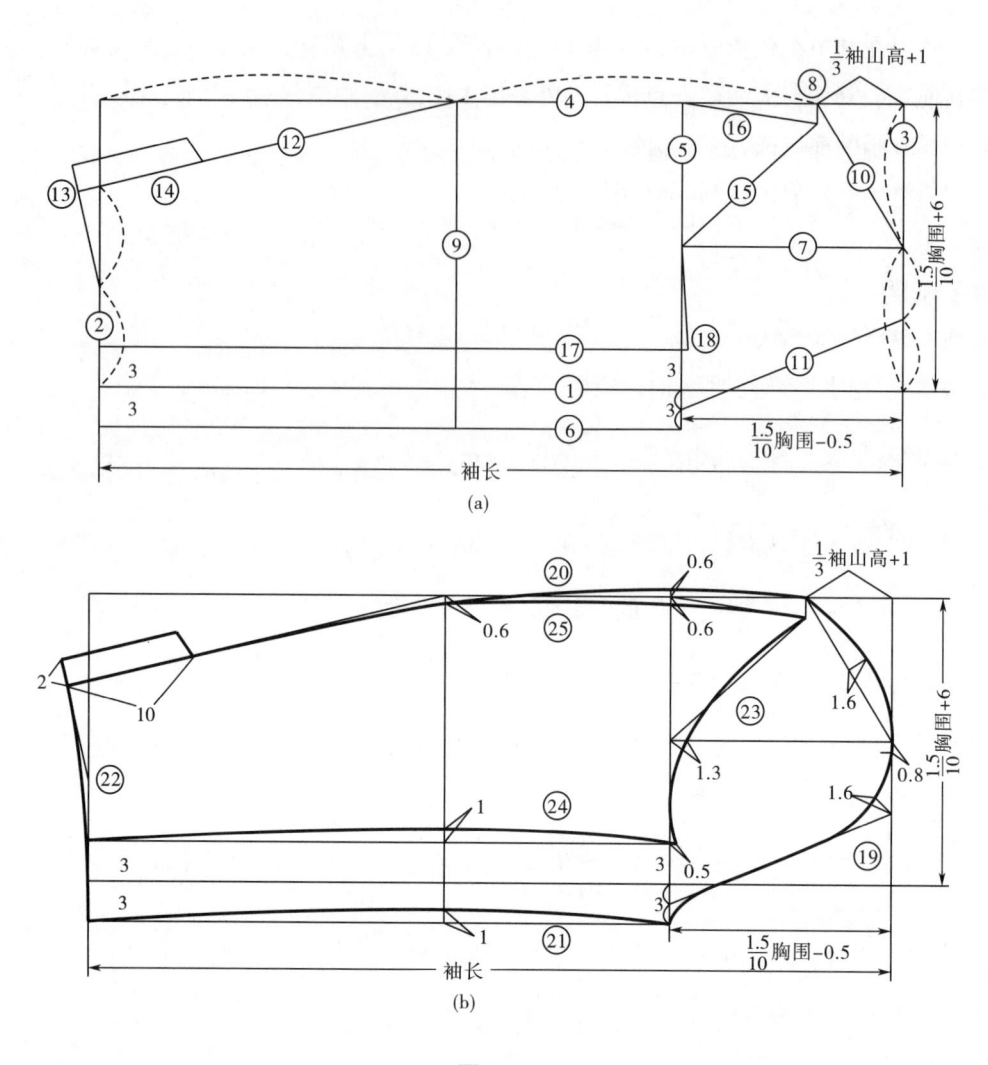

图 6-33

五、领子制图

如图 6-34 所示：

① 在前片肩斜线的延长线上取 $OC = 2\text{cm}$，确定 C 点。

② 在搭门线与第一粒扣位的交点位置，确定驳领下限点 A

③ 直线连接 AC 确定驳领线，在 AC 的延长线上取 $CD = 10\text{cm}$。

④ 作 DE 垂直于 CD，取 $DE = 2\text{cm}$，直线连接 EC。

⑤ 作 EF 垂直于 CE，取 EF = 领座高 2.5cm，确定 F 点。

⑥ 直线连接 F 点与领口交点 B 点。

⑦ 弧线划顺 FB，过肩斜线与 FB 线的交点沿弧线量出 $\frac{1}{2}$ 后领圈大，调整 F 点。

⑧ 过 F 点作 FB 弧线的垂直线 FG，取 FG = 领宽 6.5cm，确定 G 点。

⑨ 过 G 点作 FG 的垂直线 GH，取 GH = 17.5cm，确定 H 点。

⑩ 由 K 向上取 4cm 确定 I 点，直线连接 IH，在 IH 线上取 IH_1 = 3.5cm，确定 H_1 点。

⑪ 弧线划顺 GH_1，确定领外口线。

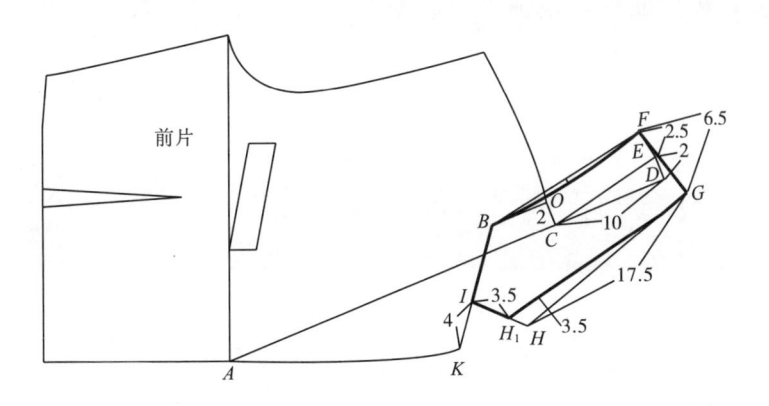

图 6-34

六、部件制图

如图 6-35 所示：

① 按照图示形状及标注数据绘制过面。

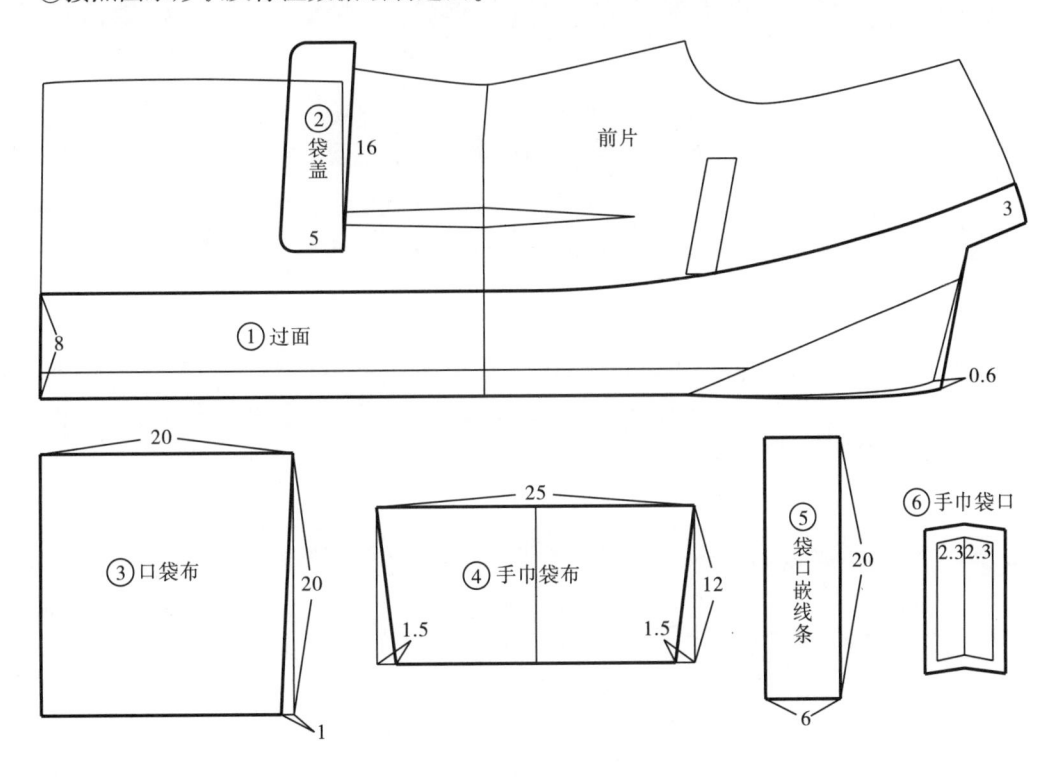

图 6-35

②按照图示形状及标注数据绘制袋盖。
③按照图示形状及标注数据绘制口袋布。
④按照图示形状及标注数据绘制手巾袋布。
⑤按照图示形状及标注数据绘制袋口嵌线条。
⑥按照图示形状及标注数据绘制手巾袋口。

第七章　连身服装结构制图

第一节　分腰式连衣裙制图

一、造型概述

如图 7-1 所示,分腰式连衣裙是女装基础模板与斜裙结构组合而成的连身服装。由于腰线位置设置了分割线,所以腰省量可以取最大胸腰差形成全合体结构。制图中要将裙子上的省线与衣身上的省线对齐,并将前后片胸腰差量分别处理成前后腰省量。本款连衣裙无领、无袖、后背缝装拉链。

正面款式图　　背面款式图

图 7-1

二、制图规格

单位:cm

制图部位	总裙长	腰节长	胸围	腰围	臀围	肩宽	领围
成品规格	100	40	93	73	94	40	40

三、衣身制图

如图7-2(a)所示：

①前中线：作垂直线，长度=腰节长。

②腰节线：垂直于前中线，长度=$\frac{1}{2}$胸围。

③衣长线：垂直于前中线，长度=$\frac{1}{2}$胸围。

④后中线：直线连接②线、③线的左端点，平行于前中线。

⑤前横开领：由①线和③线的交点沿③线向左量$\frac{2}{10}$领围-1cm。

⑥前直开领：由⑤点作③线的垂直线，长度=$\frac{2}{10}$领围+1cm。

⑦后横开领：由③线和④线的交点沿③线向右量$\frac{2}{10}$领围-1cm。

⑧后直开领：由⑦点作③线的垂直线，长度=2.5cm。

⑨前肩宽：由①线和③线的交点沿③线向左量$\frac{1}{2}$肩宽，确定⑨点。

⑩前落肩量：由⑨点作③线的垂直线，长度=5cm，直线连接⑩点、⑤点，确定前肩斜线。

⑪后肩宽：由③线和④线的交点沿③线向右量$\frac{1}{2}$肩宽+0.5cm，确定⑪点。

⑫后落肩量：过⑪点作③线的垂直线，长度=2cm，直线连接⑫点、⑧点，确定后肩斜线。

⑬胸宽线：与前中线平行，两线相距$\frac{2}{10}$胸围-1.5cm。

⑭背宽线：与后中线平行，两线相距$\frac{2}{10}$胸围-0.5cm。

⑮前袖窿深：由胸宽线与肩斜线的交点沿胸宽线向下量$\frac{2}{10}$胸围-1cm。

⑯后袖窿深：由背宽线与肩斜线的交点沿背宽线向下量$\frac{2}{10}$胸围+2cm。

⑰袖窿深线：直线连接⑮点、⑯点，并向两端延长，与①线、④线相交。

⑱侧缝直线：平行于前中线，距离前中线$\frac{1}{4}$胸围+1cm，距离后中线$\frac{1}{4}$胸围-1cm。

⑲省位线：由前胸宽的$\frac{1}{2}$点向左1cm定点，过此点作前中线的平行线。

⑳后腰节线：由②线和⑱线的交点沿⑱线向上量4cm定点，过此点作②线的平行线交于④线。

㉑后侧缝斜线：由⑱线和⑳线的交点沿⑳线向左量2.8cm定点，此点与⑱线和⑰线的交点

直线连接。

㉒腰节斜线：直线连接⑲线的下端点与⑳线和㉑线的交点。

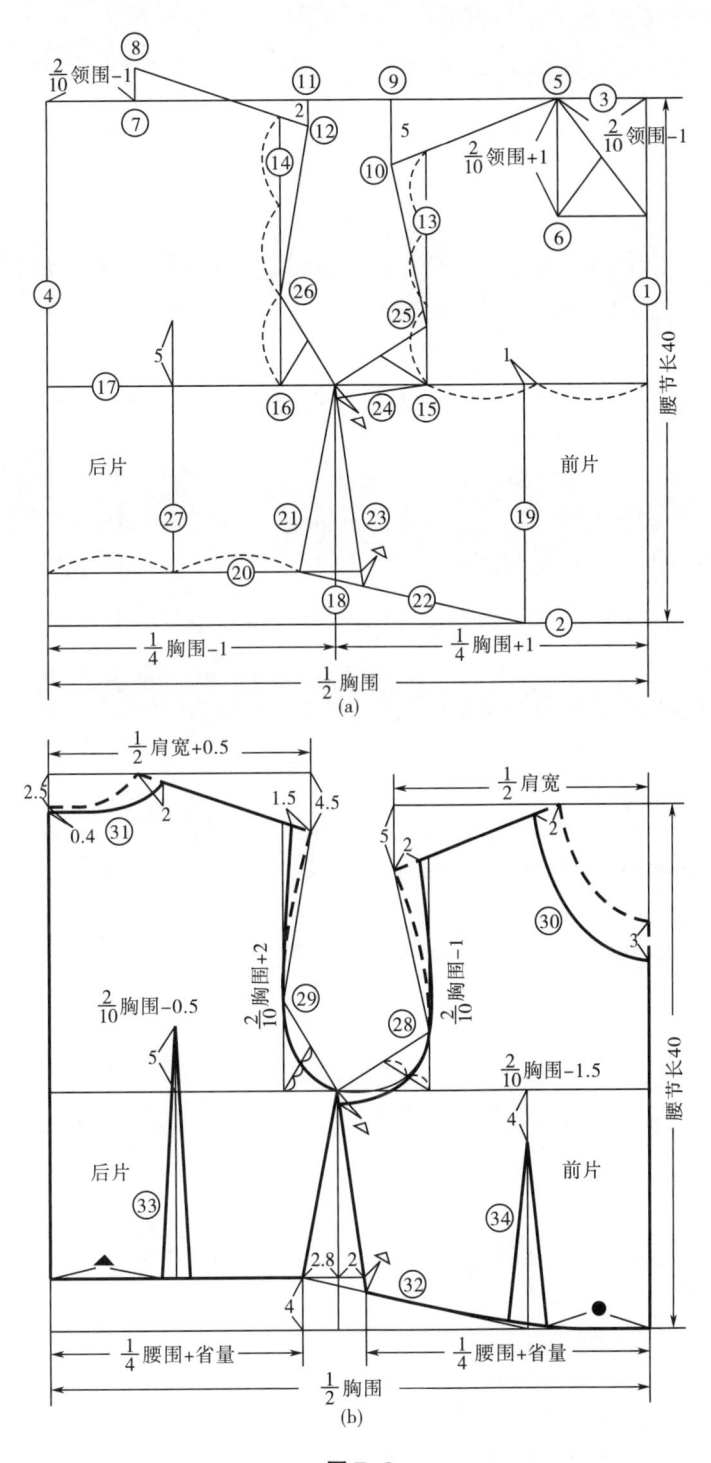

图 7-2

㉓前侧缝斜线:由⑱线和⑳线的交点沿⑳线向右延长 2cm 定点,此点与⑰线和⑱线的交点直线连接,下端与㉒线相交。

㉔袖窿深调整线:由㉒线和㉓线的交点沿㉓线向上量出与㉑线等长距离定点,过此点与⑮点直线连接。

㉕前袖窿切点:在前袖窿深的 $\frac{1}{4}$ 位置定点,此点用直线分别与⑩点及⑰线和⑱线的交点连接。

㉖后袖窿切点:在后袖窿深的 $\frac{1}{3}$ 位置定点,此点用直线分别与⑫点及⑰线和⑱线的交点连接。

㉗后省位线:过腰节线的 $\frac{1}{2}$ 位置点作④线的平行线,上端点超过⑰线 5cm。

如图 7-2(b)所示:

㉘将前片肩端点沿肩斜线向右量 2cm 定点,过该点用弧线划顺前袖窿线。

㉙将后片肩端点沿肩斜线向左量 1.5cm 定点,过该点用弧线划顺后袖窿线。

㉚将前片横开领沿肩斜线向左量 2cm 定点,直开领沿前中线向下 3cm 定点,用弧线连接两点,划顺前领圈线。

㉛将后片横开领沿肩斜线向右量 2cm 定点,直开领沿后中线向下 0.4cm 定点,用弧线连接两点,划顺后领圈线。

㉜用弧线划顺前底边线。

㉝后腰省大:沿后底边线测量 $\frac{1}{4}$ 腰围剩余部分为省量,省尖超过袖窿深线 5cm。

㉞前腰省大:沿前底边弧线测量 $\frac{1}{4}$ 腰围剩余部分为省量,省尖距离袖窿深线 4cm。

四、裙子制图

如图 7-3(a)所示:

①前中线:长度=总长-腰节长。

②底边线:垂直于前中线,长度= $\frac{1}{2}$ 臀围。

③腰围线:垂直于前中线,长度= $\frac{1}{2}$ 臀围。

④后中线:直线连接②线、③线的上端点,平行于①线。

⑤臀围线:在①线、④线之间作③线的平行线,距离③线 17cm。

⑥侧缝直线:直线连接②线与③线的中点,平行于①线。

⑦前臀腰斜线:由③线和⑥线的交点沿③线向下量$\frac{1}{10}$臀腰差定点,此点与⑤线和⑥线的交点直线连接。

⑧后臀腰斜线:由③线和⑥线的交点沿③线向上量$\frac{1}{10}$臀腰差定点,此点与⑤线和⑥线的交点直线连接。

⑨前侧缝斜线:由②线和⑥线的交点沿②线向上量4cm定点,此点与⑤线和⑥线的交点直线连接。

⑩后侧缝斜线:由②线和⑥线的交点沿②线向下量4cm定点,此点与⑤线和⑥线的交点直线连接。

⑪前腰口斜线:在③线上取①线与⑦线间的$\frac{1}{2}$位置定点,过此点作⑦线的垂直线,交点为⑪点。

⑫后腰口斜线:在③线上取④线与⑧线间的$\frac{1}{2}$位置定点,过此点作⑧线的垂直线,交点为⑫点。

⑬前底边起翘:在②线上取①线与⑨线间的$\frac{1}{2}$位置定点,过此点作⑨线的垂直线交点为⑬点。

⑭后底边起翘:在②线上取④线与⑩线间的$\frac{1}{2}$位置定点,再过⑤线和⑥线的交点沿⑩线向左量出与⑨线等长距离确定⑭点,直线连接两点。

如图7-3(b)所示:

⑮线至⑳线用弧线连接划顺:前腰口线⑮、后腰口线⑯、前底边线⑰、后底边线⑱、前侧缝线⑲、后侧缝线⑳。

㉑沿前腰口弧线测量$\frac{1}{4}$腰围,多余部分为省量,前省线距离前中线长度与衣身的腰省距离前中线长度相等,省长13cm。

㉒沿后腰口弧线测量$\frac{1}{4}$腰围,多余部分为省量,后省线距离后中线长度与衣身的腰省距离后中线长度相等,省长15cm。

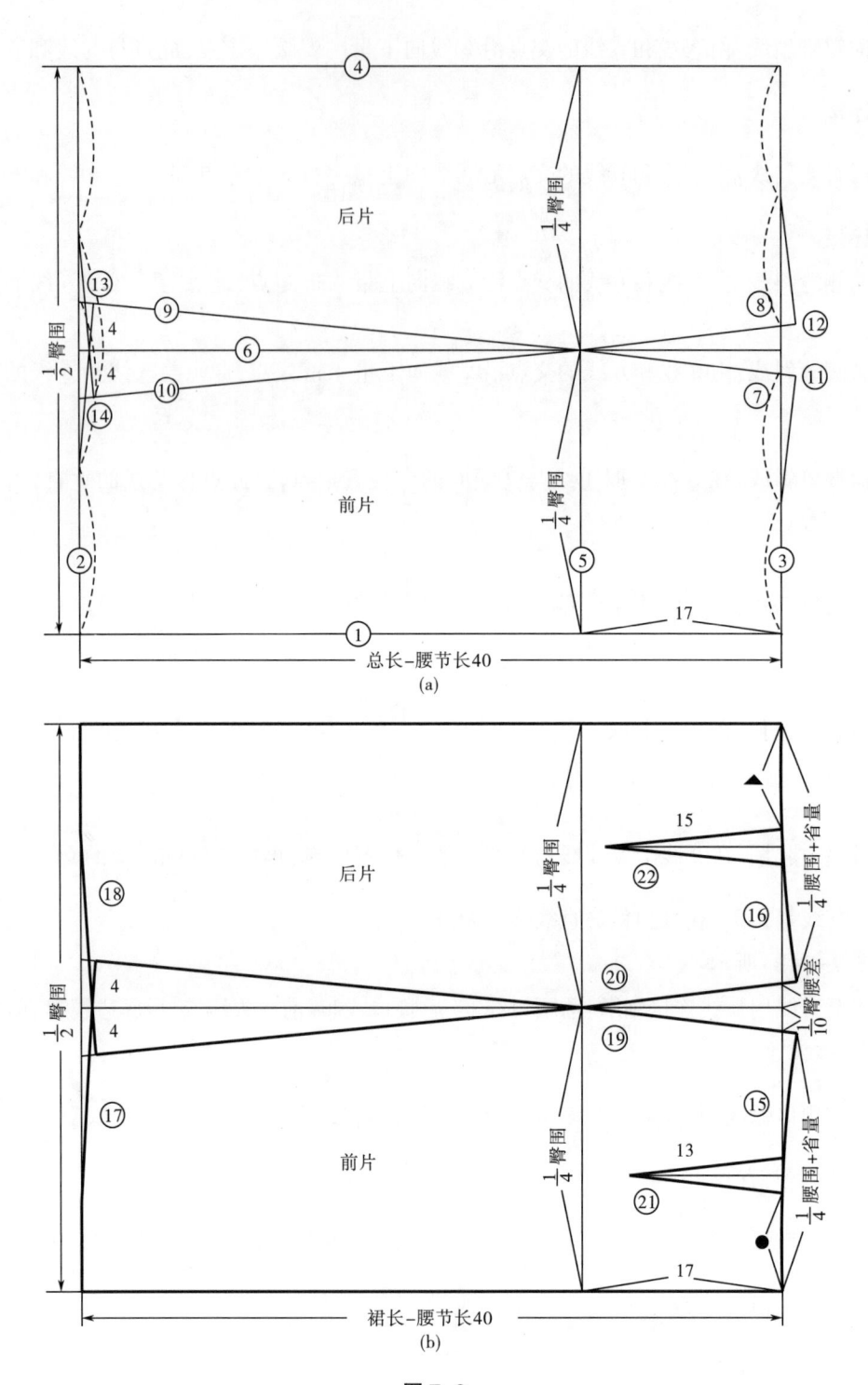

图 7-3

第二节 连腰式连衣裙制图

一、造型概述

如图7-4所示,本款连衣裙是通过纵向分割形成款式造型。前片分割线由袖窿开始,经过乳凸点、腰省至底边线,袖窿位置省量0.7cm,腰节线位置省量3cm,底边线重叠量为3.5cm。后片分割线由袖窿开始,经过后腰省直至底边线。后袖窿位置省量0.8cm,腰节线位置省量3cm,底边重叠量3.5cm。左侧缝线内装拉链。

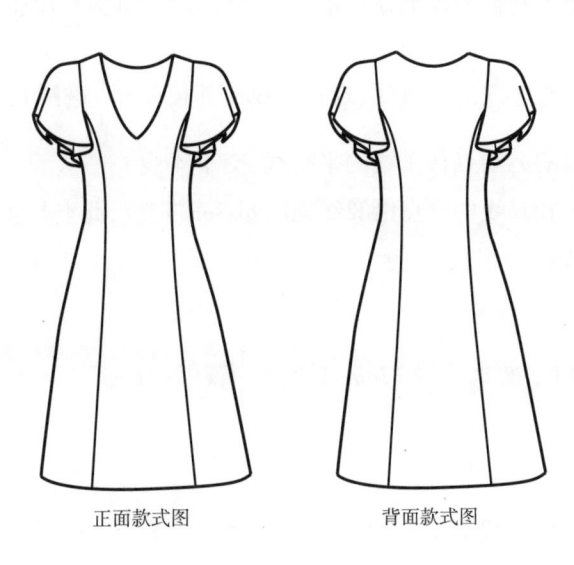

正面款式图　　背面款式图

图7-4

二、制图规格

单位:cm

制图部位	总裙长	腰节长	胸围	腰围	臀围	肩宽	袖长	领围
成品规格	100	39	93	73	94	39	15	40

三、前片制图

如图7-5(a)所示:

①前中线:作水平线,长度=总裙长。

②底边线:垂直于前中线。

③衣长线:垂直于前中线。

④腰节线:平行于③线,与③线的距离为腰节长规格。

⑤前横开领:由①线和③线的交点沿③线向上量$\frac{2}{10}$领围-1cm。

⑥前直开领:由⑤点作③线的垂直线,长度=$\frac{2}{10}$领围+1cm。

⑦前肩宽:由①线和③线的交点沿③线向上量$\frac{1}{2}$肩宽,确定⑦点。

⑧前落肩量:过⑦点作③线的垂直线,长度=5cm,直线连接⑧点、⑤点,确定前肩斜线。

⑨胸宽线:与前中线平行,两线相距$\frac{2}{10}$胸围-1.5cm。

⑩前袖窿深:由胸宽线与肩斜线的交点沿胸宽线向左量$\frac{2}{10}$胸围,确定⑩点。

⑪袖窿深线:过⑩点作①线的垂直线,延长此线使其长度=$\frac{1}{4}$胸围+1cm,定点。

⑫侧缝直线:过⑪线的上端点作①线的平行线,交于④线。

⑬腰节斜线:由④线和⑫线的交点沿⑫线向右量3cm定点,此点与④线的中点直线连接。

⑭胸腰斜线:由⑫线和⑬线的交点沿⑬线向下2cm定点,此点与⑫线和⑪线的交点直线连接。

⑮臀围线:平行于④线,距离④线17cm,长度=$\frac{1}{4}$臀围+1cm。

⑯侧缝直线:平行于①线,距离①线$\frac{1}{4}$臀围+1cm。

⑰臀围斜线:由⑮线和⑯线的交点沿⑯线向右延长3cm定点,过该点与⑮线的中点直线连接。

⑱臀腰斜线:直线连接⑬线和⑭线的交点与⑯线和⑰线的交点。

⑲侧缝斜线:由②线和⑯线的交点沿②线向上5cm定点,与⑰线和⑱线的交点直线连接。

⑳底边斜线:由②线和⑲线的交点沿⑲线向右5cm定点,与②线的中点直线连接。

㉑前片分割线:在⑪线上过前胸宽的$\frac{1}{2}$位置点作①线的平行线,交于底边线上。

㉒前腰省大:在④线上以㉑线为中线取省大3cm,省尖距离⑪线4cm。

㉓前中片裙边线:由②线和㉑线的交点沿②线向上量3.5cm定点,与腰省下端点直线连接。

㉔前侧片裙边线:以㉑线为中线作㉓线的对称线。

㉕前袖窿切点:在前袖窿深的$\frac{1}{4}$位置定点,分别用直线连接⑧点及⑪线和㉑线的交点。

㉖袖窿分割线:直线连接㉕点与㉑线的右端点。

如图7-5(b)所示:

㉗线至㉜线分别用弧线划顺：前袖窿线㉗、前领圈线㉘、侧缝线㉙、前侧片分割线㉚、前中片分割线㉛、底边线㉜。

如图7-5(c)所示：

㉝分别将横开领加大3cm，直开领加大6cm，用弧线画顺领圈线。

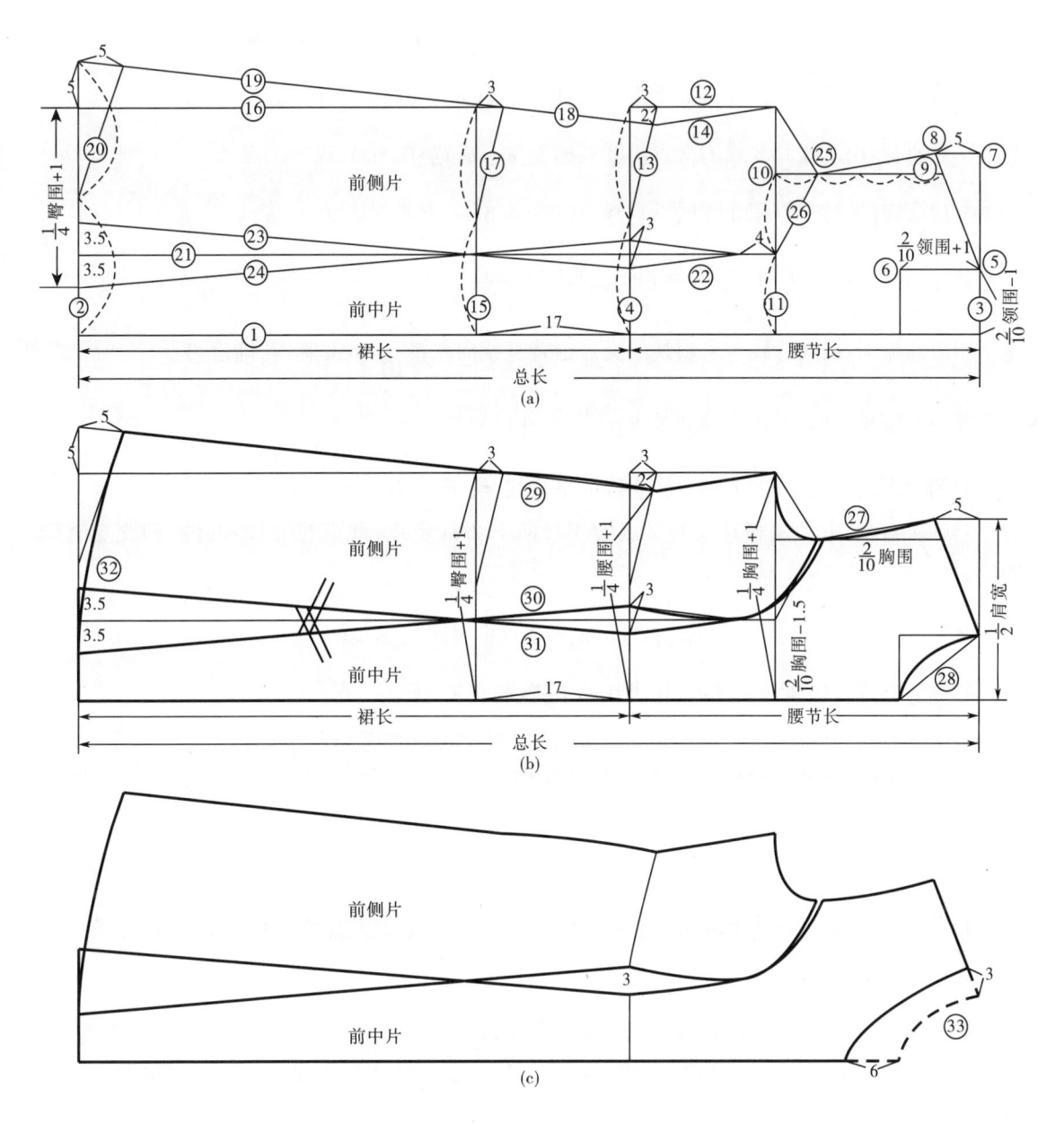

图 7-5

四、后片制图

如图7-6(a)所示：

①后中线:作水平线,长度=总裙长-1.5cm(前后腰节长度差)。

②底边线:垂直于后中线。

③衣长线:垂直于后中线。

④腰节线:平行于③线,与③线的距离为腰节长-1.5cm。

⑤后横开领:由①线和③线的交点沿③线向上量$\frac{2}{10}$领围-1cm,确定⑤点。

⑥后直开领:过⑤点作③线的垂直线,长度=2.5cm。

⑦后肩宽:由①线和③线的交点沿③线向上量$\frac{1}{2}$肩宽+0.5cm,确定⑦点。

⑧后落肩量:过⑦点作③线的垂直线,长度=4.5cm,直线连接⑧点、⑤两点,确定前肩斜线。

⑨背宽线:与后中线平行,两线相距$\frac{2}{10}$胸围-1cm。

⑩后袖窿深:由胸背线与肩斜线的交点沿背宽线向左量$\frac{2}{10}$+2cm 胸围,确定⑩点。

⑪袖窿深线:过⑩点作①线的垂直线,延长此线使其长度=$\frac{1}{4}$胸围-1cm。

⑫侧缝直线:过⑪线的上端点作①线的平行线,交于④线。

⑬胸腰斜线:由④线和⑫线的交点沿④线向下 2cm 定点,此点与⑫线和⑪线的交点直线连接。

⑭臀围线:平行于④线,距离④线 17cm,长度=$\frac{1}{4}$臀围-1cm。

⑮侧缝直线:过⑭线的上端点作①线的平行线,交于②线。

⑯臀腰斜线:直线连接⑮线和⑭线的交点与④线和⑬线的交点。

⑰侧缝斜线:由②线和⑮线的交点沿②线向上 5cm 定点,与⑭线和⑮线的交点直线连接。

⑱底边斜线:过⑭线和⑰线的交点沿⑰线向左量出与前裙片侧缝斜线等长距离定点,与②线的中点直线连接。

⑲后片分割线:在④线上取①线与⑬线间的$\frac{1}{2}$位置定点,过此点作①线的平行线,左端交与底边线,右端超出⑪线 5cm。

⑳后腰省大:在④线上以⑲线为中线取省大 3cm。

㉑后中片裙边线:由②线和⑲线的交点沿②线向上量 3.5cm 定点,与腰省的左端点直线连接。

㉒后侧片裙边线:以⑲线为中线作㉑线的对称线。

㉓后袖窿切点:在后袖窿深的$\frac{1}{3}$位置定点,过此点用直线分别与⑧点及⑪线和⑫线的交点连接。

㉔袖窿分割线:直线连接后腰省的右端点与后袖窿深的$\frac{1}{3}$位置点。

如图7-6(b)所示:

㉕线至㉛线用弧线划顺:后袖窿线㉕、后领圈线㉖、侧缝线㉗、后侧片分割线㉘、后中片分割线㉙、底边线㉚。

如图7-6(c)所示:

㉛分别将横开领加大3cm直开领加大1cm,用弧线画顺领圈线。

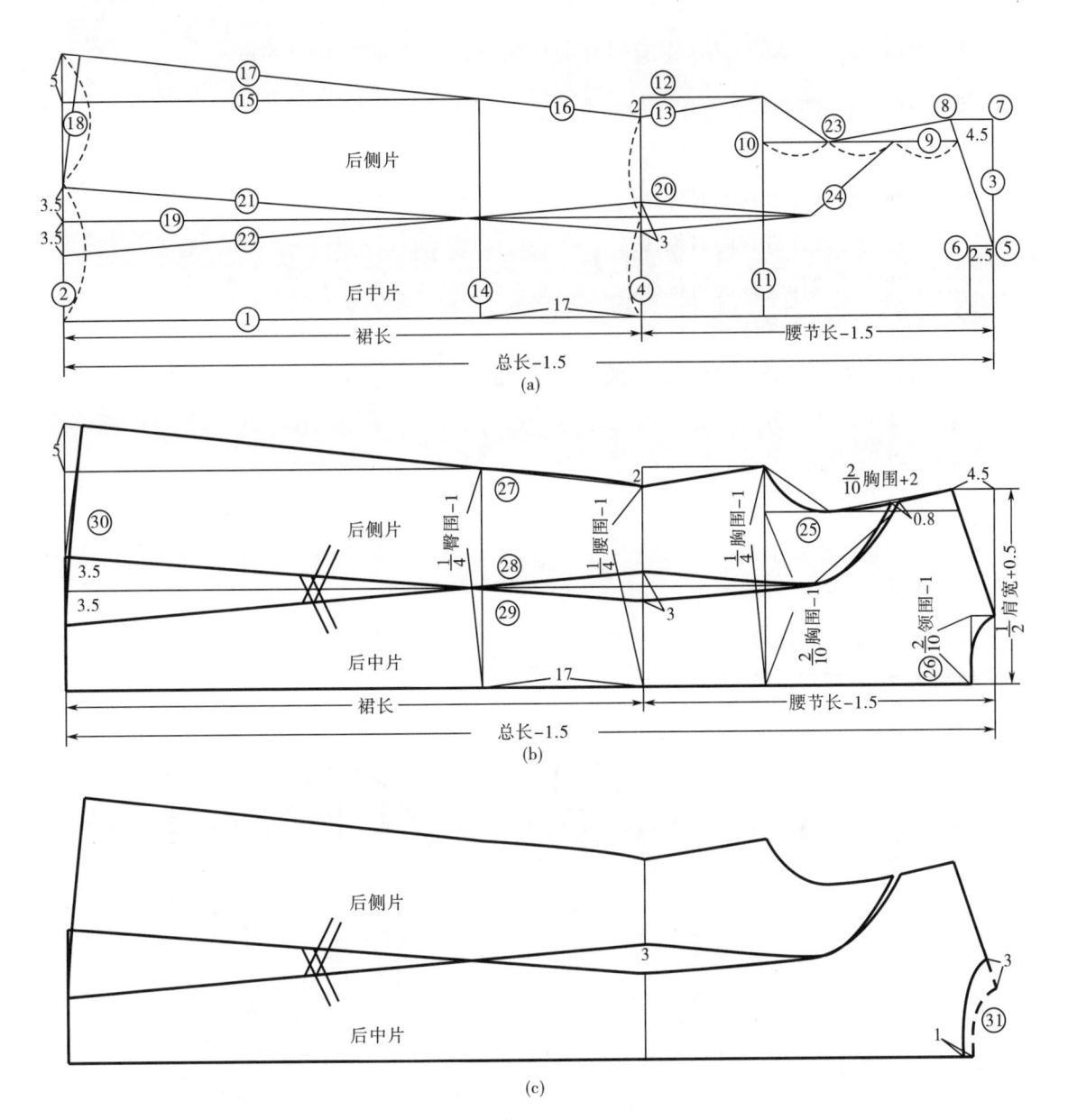

图7-6

五、袖子制图

在绘制袖子图之前,先用软尺在衣身制图上测量袖窿弧线的长度,确定袖窿围,然后按照下面的步骤进行制图。

如图 7-7(a)所示:

①袖中线:作垂直线,长度=袖长规格。

②袖山基线:垂直于袖中线,距离①线的上端点为 $\frac{1.5}{10}$ 胸围。

③袖山斜线:过①线的上端点向②线作斜切线,长度为 $\frac{1}{2}$ 袖窿围+0.5cm。

④袖口线:过①线的下端点作①线的垂直线,长度与②线相等。

⑤袖肥线:直线连接②线与④线的右端点。

⑥以①线为中线作②线的对称线。

⑦以①线为中线作③线的对称线。

⑧以①线为中线作④线的对称线。

⑨以①线为中线作⑤线的对称线。

⑩将前袖山斜线等分为四份,确定四个等分点。

⑪将后袖山斜线等分为三份,确定三个等分点。

如图 7-7(b)所示:

⑫用弧线画顺前袖山弧线。

⑬用弧线画顺后袖山弧线。

如图 7-7(c)所示:

⑭在袖片上绘制出展开线位置。

如图 7-7(d)所示:

⑮在展开线处剪开,旋转展开褶量,并重新划顺外轮廓线。

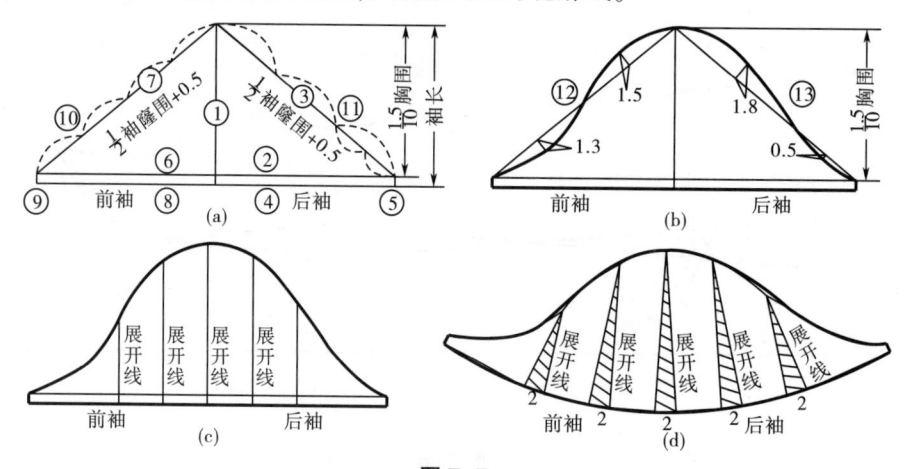

图 7-7

第三节　旗袍制图

一、造型概述

如图7-8所示，旗袍作为我国民族服饰的典型代表，既保持了民族艺术的传统特色与风格，又吸取了西式服装结构的造型特点，结构精巧，适体性强，造型美观大方。随着服装改革，旗袍的式样也产生了许许多多的变化。本节所介绍的是一种比较常见的款式，属于四开身结构，制图方法与四开身连衣裙基本相同。

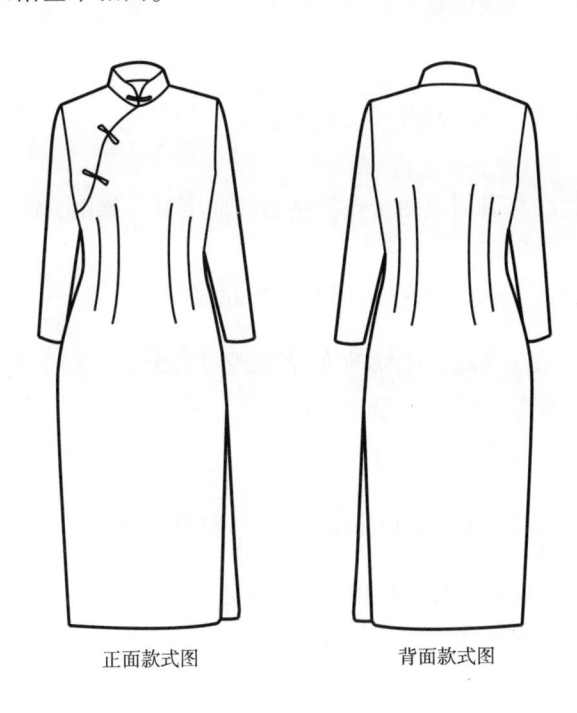

正面款式图　　　背面款式图

图7-8

二、制图规格

单位：cm

制图部位	总长	腰节长	胸围	腰围	臀围	肩宽	袖长	袖口围	领围
成品规格	115	40	93	70	96	41	55	26	40

三、前片制图

如图7-9(a)所示：

①前中线：作垂直线，长度=总长。

②底边线:垂直于前中线。

③衣长线:垂直于前中线。

④腰节线:平行于③线,与③线的距离为腰节长规格。

⑤前横开领:由①线和③线的交点沿③线向左量$\frac{2}{10}$领围,确定⑤点。

⑥前直开领:过⑤点作③线的垂直线,长度=$\frac{2}{10}$领围。

⑦前肩宽:由①线和③线的交点沿③线向左量$\frac{1}{2}$肩宽,确定⑦点。

⑧前落肩量:过⑦点作③线的垂直线,长度=5cm,确定⑧点,直线连接⑧点、⑤点,确定前肩斜线。

⑨胸宽线:与前中线平行,两线相距$\frac{2}{10}$胸围-2cm。

⑩前袖窿深:由胸宽线与肩斜线的交点沿胸宽线向下量$\frac{2}{10}$胸围,确定⑩点。

⑪袖窿深线:过⑩点作①线的垂直线,向左延长此线使其长度=$\frac{1}{4}$胸围+1cm。

⑫侧缝直线:过⑪线的左端点作①线的平行线,交于④线。

⑬腰节斜线:由④线和⑫线的交点沿⑫线向上3cm定点,与④线的中点直线连接。

⑭胸腰斜线:由⑫线和⑬线的交点沿⑬线向右2cm定点,与⑫线和⑩线的交点直线连接。

⑮臀围线:平行于④线,距离④线17cm,长度=$\frac{1}{4}$臀围+1cm。

⑯侧缝直线:过⑮线的左端点作①线的平行线,交于②线。

⑰臀围斜线:由⑮线和⑯线的交点沿⑯线向上延长3cm定点,与⑮线的中点直线连接。

⑱臀腰斜线:直线连接⑬和⑭线的交点与⑯线和⑰线的交点。

⑲侧缝斜线:由②线和⑯线的交点沿②线向右4cm定点,与⑰线和⑱线的交点直线连接。

⑳底边斜线:由②线和⑯线的交点沿⑯线向上3cm定点,与②线的中点直线连接。

㉑前腰省线:在⑪线上过胸宽的$\frac{1}{2}$位置点作①线的平行线,交与⑮线。

㉒侧腰省线:沿胸宽线向下延长与⑮线相交。

㉓前袖窿切点:在前袖窿深的$\frac{1}{4}$位置定点,过此点用直线分别与⑧点及⑪线和⑫线的交点连接。

如图7-9(b)所示:

㉔线至㉗线分别用弧线划顺:前袖窿线㉔、前领圈线㉕、侧缝线㉖、底边线㉗。

㉘用弧线划顺前领襟线,形状可以根据设计需要确定。

㉙前省大 2.5cm，上端距离袖窿深线 4cm，下端距离臀围线 4cm。

㉚侧省大 1.5cm，上端距离袖窿深线 5cm，下端距离臀围线 5cm。

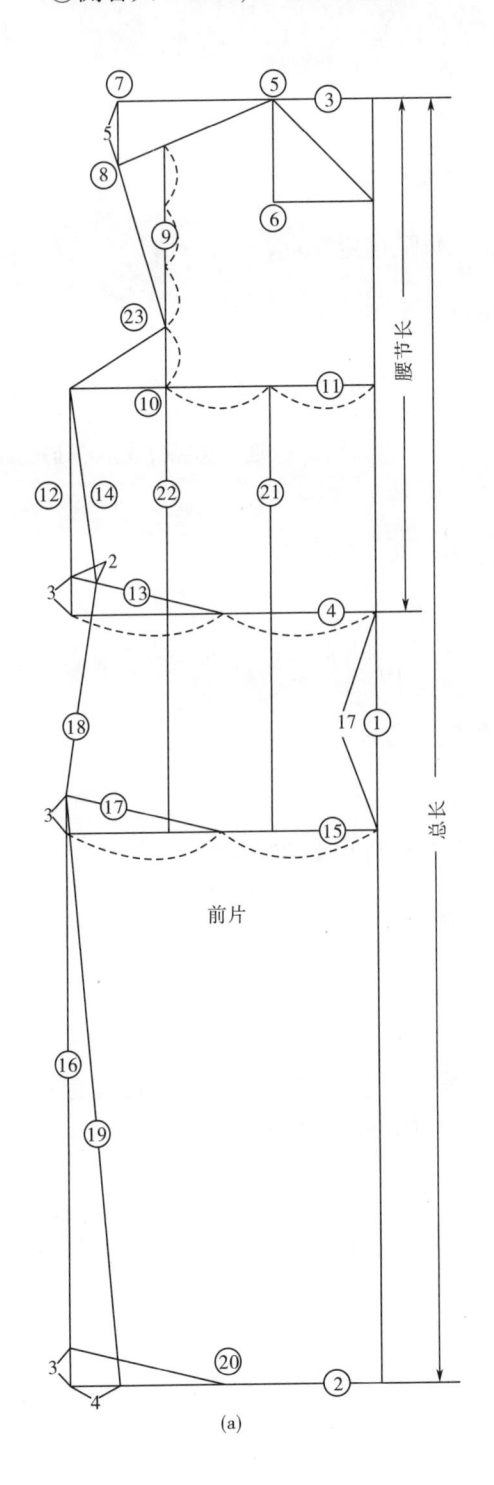

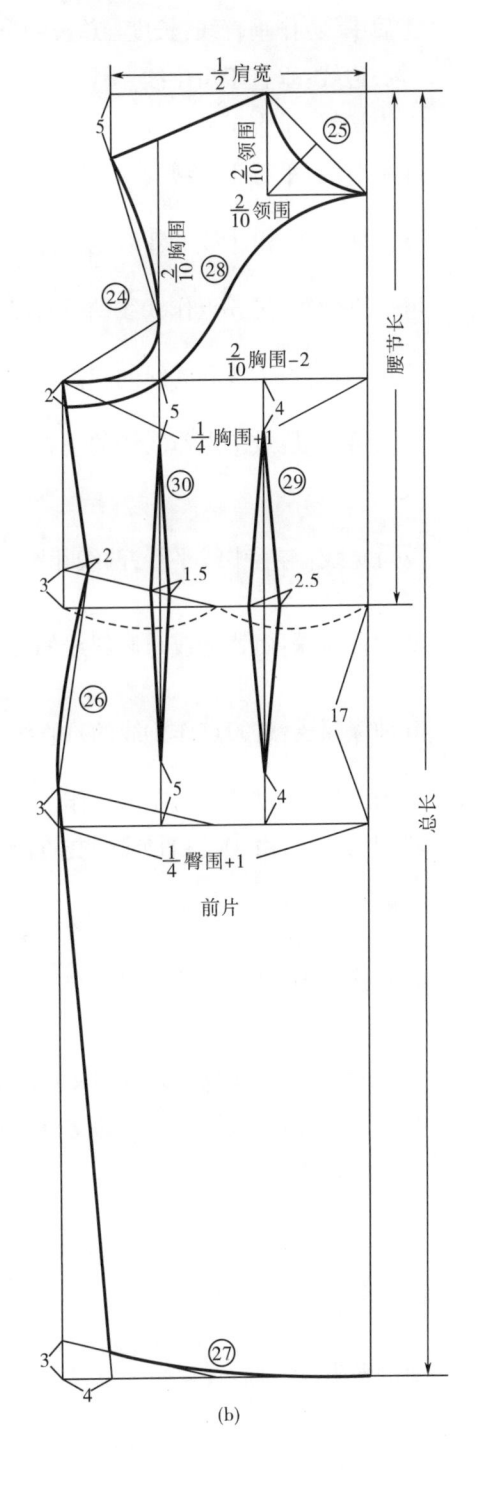

图 7-9

四、后片制图

如图 7-10(a)所示：

①后中线：作垂直线，长度＝总长－1.5cm(前后腰节长度差)。

②底边线：垂直于后中线。

③衣长线：垂直于后中线。

④腰节线：平行于③线，与③线的距离为腰节长－1.5cm。

⑤后横开领：由①线和③线的交点沿③线向左量$\frac{2}{10}$领围，确定⑤点。

⑥后直开领：过⑤点作③线的垂直线，长度＝2.5cm。

⑦后肩宽：由①线和③线的交点沿③线向左量$\frac{1}{2}$肩宽+0.5cm，确定⑦点。

⑧后落肩量：过⑦点作③线的垂直线，长度＝4.5cm，确定⑧点，直线连接⑧点、⑤点，确定后肩斜线。

⑨背宽线：与后中线平行，两线相距$\frac{2}{10}$胸围－0.5cm。

⑩后袖窿深：由背宽线与肩斜线的交点沿背宽线向下量$\frac{2}{10}$胸围+2cm，确定⑩点。

⑪袖窿深线：过⑩点作①线的垂直线，向左延长此线，长度＝$\frac{1}{4}$胸围－1cm。

⑫侧缝直线：过⑪线的左端点作①线的平行线，交于④线。

⑬胸腰斜线：由④线和⑫线的交点沿④线向右2cm定点，与⑫线和⑪线的交点直线连接。

⑭臀围线：平行于④线，距离④线17cm，长度＝$\frac{1}{4}$臀围－1cm。

⑮侧缝直线：过⑭线的左端点作①线的平行线，交于②线。

⑯臀腰斜线：直线连接⑮线和⑭线的交点与④线和⑬线的交点。

⑰侧缝斜线：由②线和⑮线的交点沿②线向右4cm定点，与⑭线和⑮线的交点直线连接。

⑱底边斜线：由⑭线和⑰线的交点沿⑰线向下量出与前片侧缝斜线等长距离定点，与②线的中点直线连接。

⑲后腰省线：过后背宽的$\frac{1}{3}$位置点(右侧)作①线的平行线，上端高出袖窿深线5cm，下端距离臀围线3cm。

⑳侧腰省线：过后背宽的$\frac{1}{3}$位置点(左侧)作①线的平行线，上端超出袖窿深线3cm，下端距离臀围线5cm。

㉑后袖窿切点：在后袖窿深的$\frac{1}{3}$位置定点，过此点分别用直线连接⑧点及⑪线和⑫线的交点。

如图7-10(b)所示：

㉒线至㉕线分别用弧线划顺：后袖窿线㉒、后领圈线㉓、侧缝线㉔、底边线㉕。

㉖绘制后腰省，省大2cm。

㉗绘制侧腰省，省大1.5cm。

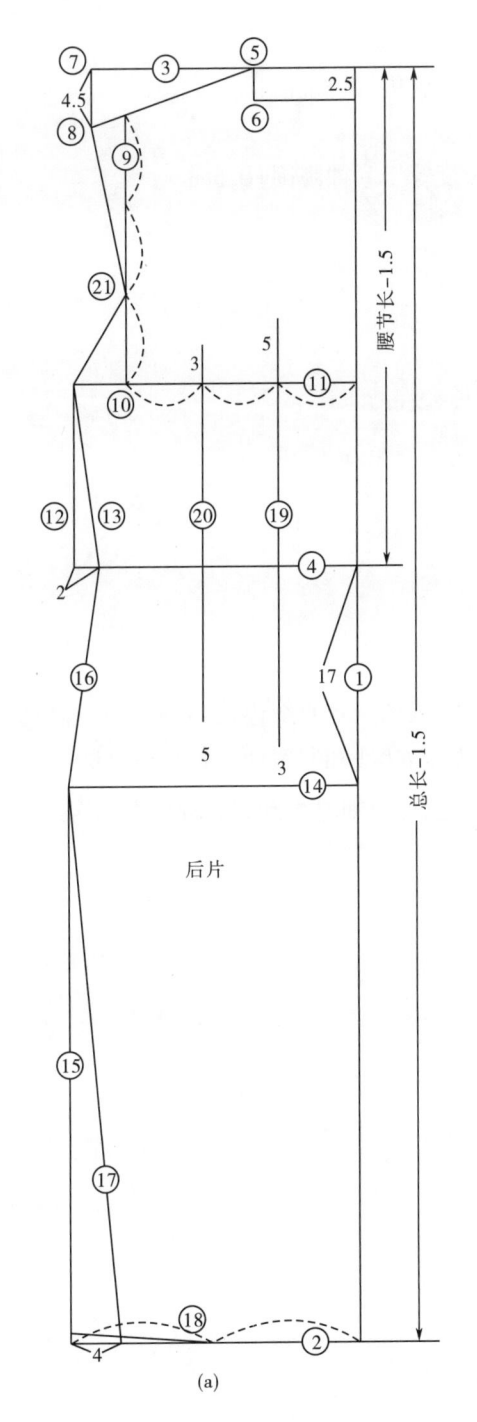

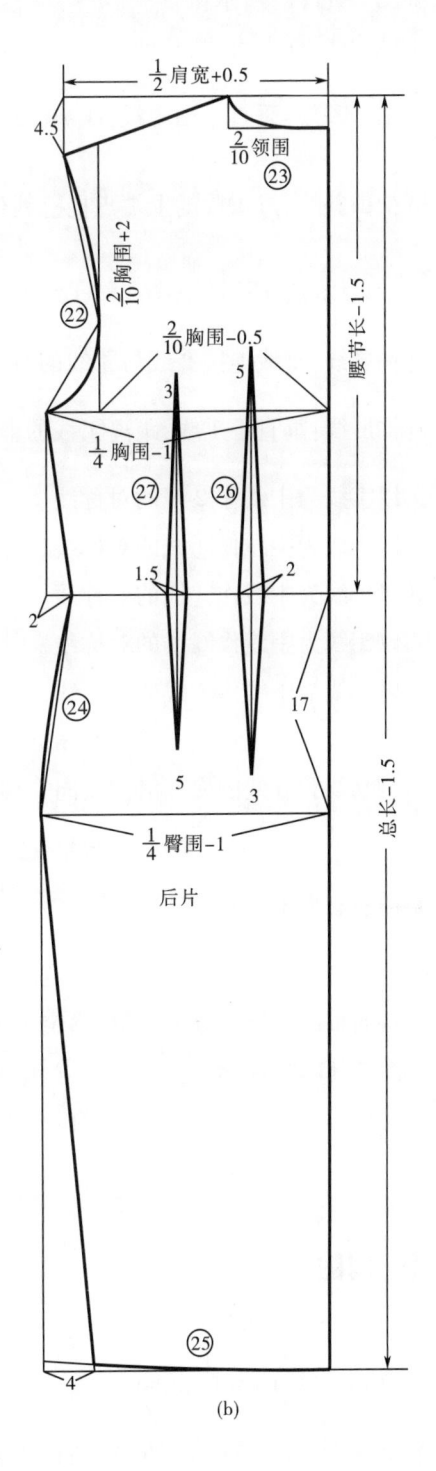

图 7-10

五、袖子制图

在绘制袖子图之前,先用软尺在衣身制图上测量袖窿弧线的长度,确定袖窿围,然后按照下面的步骤进行制图。

如图 7-11(a)所示:

①袖中线:作垂直线,长度=袖长规格。

②袖山基线:垂直于袖中线,距离①线的上端点 $\frac{1.5}{10}$ 胸围-0.5cm。

③袖山斜线:过①线的上端点向②线作斜切线长度等于 $\frac{1}{2}$ 袖窿围+0.5cm。

④袖口线:过①线的下端点作①线的垂直线长度= $\frac{1}{2}$ 袖口围。

⑤袖肥线:直线连接②线与④线的右端点。

⑥袖肘线:垂直于①线,距离①线的上端点 $\frac{1}{2}$ 袖长+2cm。

⑦以①线为中线作②线的对称线。

⑨以①线为中线作④线的对称线。

⑧以①线为中线作③线的对称线。

⑩以①线为中线作⑥线的对称线。

⑪以①线为中线作⑤线的对称线。

⑫将①线的下端点向左移位 2cm 定点,与①线和⑥线的交点直线连接。

⑬过⑨线和⑪线的交点沿⑨线向左移位 2cm 定点,与⑩线和⑪线的交点直线连接。

⑭将后袖口线的右端点向左 2cm,再向下 1.5cm 定点,与袖肘线⑥的右端点直线连接。

⑮袖肘省大 1.5cm,省尖位于⑥线的 $\frac{1}{2}$ 位置。

⑯将前袖山斜线等分为四份,确定四个等分点。

⑰将后袖山斜线等分为三份,确定三个等分点。

如图 7-11(b)所示:

⑱线至⑳线分别用弧线画顺:前袖山弧线⑱、后袖山弧线⑲、后袖肥线⑳、袖口线㉑、前袖缝线㉒。

六、领子制图

如图 7-12(a)所示:

① 作水平线 $AB = \frac{1}{2}$ 领圈。

② 分别过 A、B 两点作 AB 的垂直线 AC 和 BD。

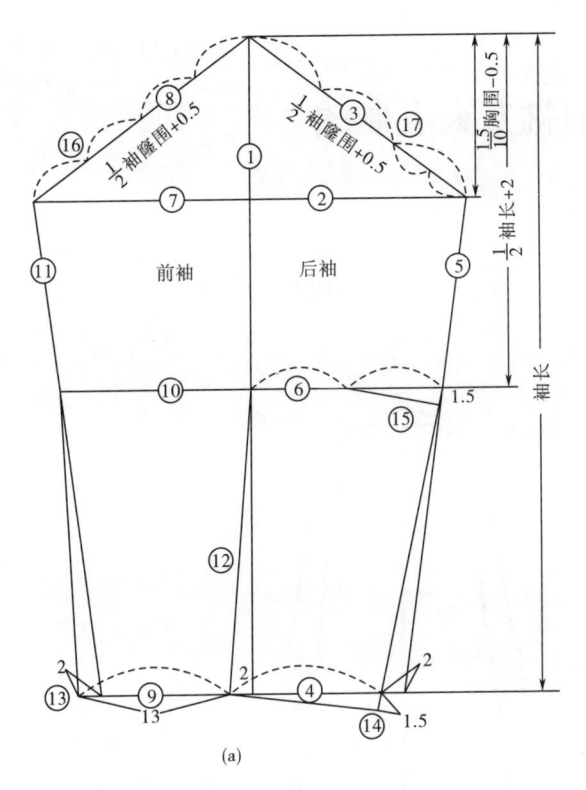

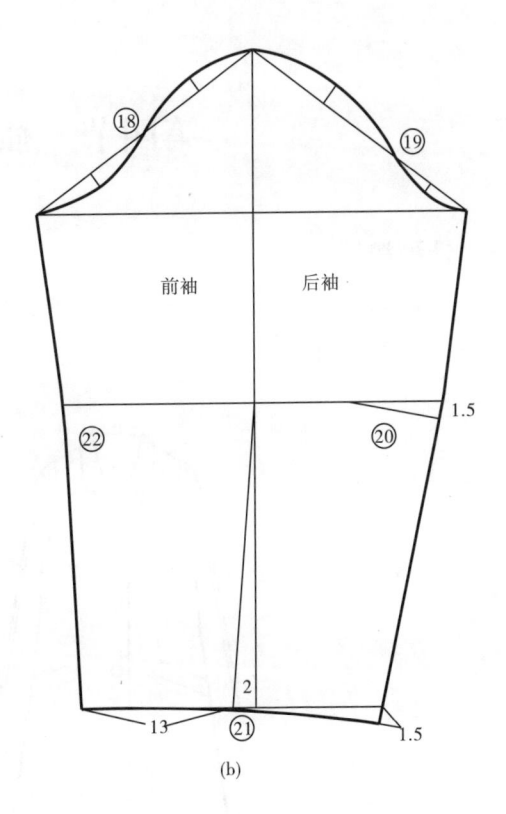

图 7-11

③ 取 $AC=BD=$ 领高 4.5cm，直线连接 C、D 两点。

④ 在 CD 线上取 $DE=1.5$cm 确定 E 点，直线连接 BE 确定前领斜线。

⑤ 在 AB 线的 $\dfrac{2}{3}$ 位置确定 F 点，过 F 点作 BE 的垂直线交于 G 点。

⑥ 延长 FG，使 $FB_1=FB$ 确定 B_1 点，过 B_1 点作 BE 的平行线 B_1D_1，取 $B_1D_1=BE$ 确定 D_1 点。

⑦ 在 CE 的 $\dfrac{2}{3}$ 位置确定 F_1 点，直线连接 F_1D_1。

如图 7-12(b) 所示：

⑧ 用弧线划顺领上口线。

⑨ 用弧线划顺领下口线。

⑩ 取 $D_1H=1.4$cm，直线连接 HB_1，用弧线画顺领角。

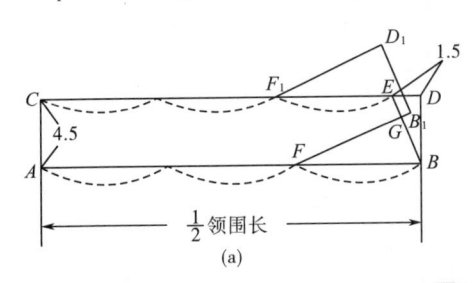

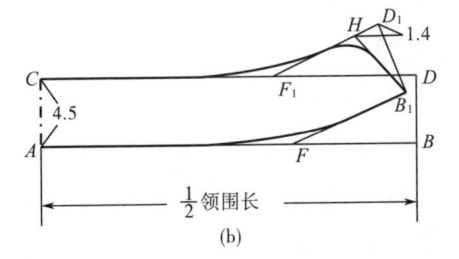

图 7-12

第四节 插肩袖女大衣制图

一、造型概述

如图7-13所示,这是一款半插肩袖驳领女长大衣,采用女装应用Ⅱ型模板,宽松式造型,袖窿深比模板大4cm。

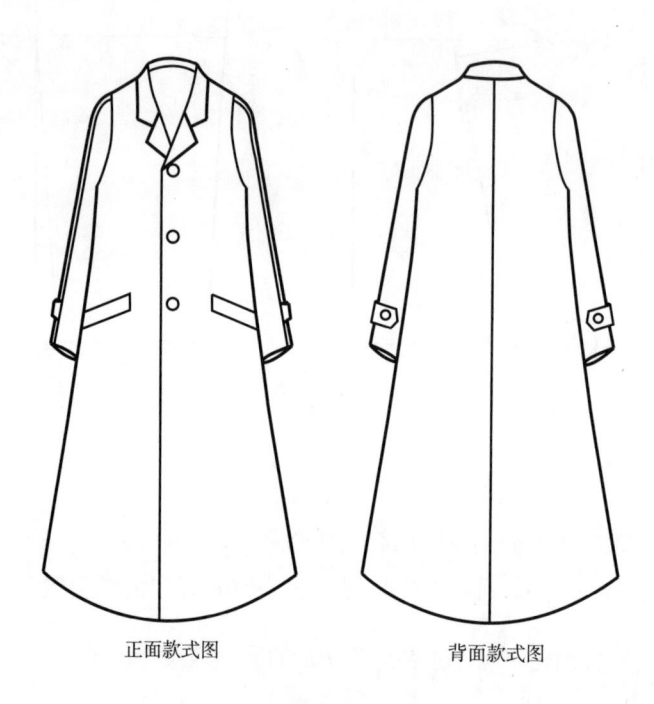

正面款式图　　　　背面款式图

图7-13

二、制图规格

单位:cm

制图部位	衣长	腰节长	胸围	肩宽	袖长	袖口围	领围
成品规格	105	42	105	42	58	30	42

三、前片制图

如图7-14(a)所示:

①前中线:作水平线,长度=衣长规格。

②底边线:垂直于前中线。

③衣长线:垂直于前中线。

④腰节线:平行于③线,距离③线42cm。

⑤撇胸线:在①线和③线的交点沿③线向上2cm定点,在①线上取③线与④线间的$\frac{1}{3}$位置定点,直线连接两点,确定撇胸线。

⑥前横开领:过③线和⑤线的交点沿③线向上量$\frac{2}{10}$领围+1cm,确定⑥点。

⑦前肩宽:过③线和⑤线的交点沿③线向上量$\frac{1}{2}$肩宽,确定⑦点。

⑧前落肩量:由⑦点作③线的垂直线,长度=5.5cm,确定⑧点,直线连接⑥点、⑧点,确定肩斜线。

⑨胸宽线:平行于⑤线,与⑤线相距$\frac{2}{10}$胸围-2cm。

⑩前袖窿深:由胸宽线与肩斜线的交点沿胸宽线向左量$\frac{2}{10}$胸围+4.5cm,确定⑩点。

⑪袖窿深线:由⑩点作①线的垂直线,延长此线,长度=$\frac{1}{4}$胸围。

⑫侧缝直线:由⑪线的上端点作①线的平行线,交于②线。

⑬腰节斜线:由④线和⑫线的交点沿⑫线向右2cm定点,与④线的中点直线连接。

⑭侧缝斜线:由②线和⑫线的交点沿②线向上延长5cm定点,与⑫线和⑬线的交点直线连接。

⑮底边斜线:过②线的中点作⑭线的垂直线,交点为⑮点。

⑯搭门线:在②线与⑪线之间作①线的平行线,与①线相距2.5cm。

⑰驳口线:过⑥点沿肩斜线向下延长2.5cm定点,与⑪线和⑯线的交点直线连接。

⑱领深斜线:过⑥点作⑰线的平行线,长度=8cm,确定⑱点。

⑲串口斜线:由①线和③线的交点沿①线向左12cm定点,与⑱点直线连接,向下延长串口线,使其长度=14cm。

⑳驳领止口线:直线连接⑯线的右端点与⑲线的下端点。

㉑前袖窿切点:在⑨线上取前袖窿深的$\frac{1}{4}$位置定点。

㉒袖窿辅助线:过⑧点沿肩斜线向前横开领方向量5cm定点,与㉑点直线连接。

㉓袖底松量基点:将⑪线的上端点确定为㉓点,直线连接㉓与㉑两点。

㉔袖长线:以肩端点为顶点作等腰直角三角形,两条直角边分别与衣长线和前中线平行,边长=10cm。直线连接三角形的顶点与底边线的中点并向外延长,长度=袖长规格。

㉕袖口线:过袖长线的左端点作袖长线的垂直线,长度=$\frac{1}{2}$袖口围-1cm。

㉖袖底松量线:以㉑点为顶点,以㉑与㉓两点间的距离为边长作等腰三角形,取三角形底边

间距为6cm,确定㉖点,直线连接㉖点与㉑点。

㉗袖底线:过㉖点与袖口大点直线连接。

㉘袖口斜线:过袖口线的中点作㉗线的垂直线,交点为㉘点。

㉙前袖山高:过㉖点作㉔线的垂直线,交点为㉙点,㉙点与⑧点间的距离为袖山高,与㉖点间的距离为袖肥。测量出这两个数据,作为绘制后片袖子的依据。

㉚袋 位 线:在①线和⑫线之间作④线的平行线,距④线3cm。

㉛袋口线:由①线和㉚线的交点沿㉚线向上量$\frac{1}{10}$胸围,确定袋口一侧端点,袋口另一侧端点距㉚线5cm,袋口大16cm,袋口宽3.5cm。

如图7-14(b)所示:

㉜线至㊲线分别用弧线画顺:肩袖线㉜、袖窿线与袖山线㉝、袖底线㉞、袖口线㉟、底边线㊱、驳领止口线㊲。

四、后片制图

如图7-15(a)所示:

①后中线:作水平线,长度=衣长规格-1.5cm。

②底边线:垂直于后中线。

③衣长线:垂直于后中线。

④腰节线:平行于③线,与③线的距离为腰节长-1.5cm。

⑤后横开领:过①线和③线的交点沿③线向上量$\frac{2}{10}$领围+1cm,确定⑤点。

⑥后直开领:过⑤点作③线的垂直线,长度=2.5cm。

⑦后肩宽:由①线和③线的交点沿③线向上量$\frac{1}{2}$肩宽+0.5cm,确定⑦点。

⑧落肩量:由⑦点作③线的垂直线,长度=4.5cm,确定⑧点,直线连接⑤点、⑧点,确定肩斜线。

⑨背宽线:平行于①线,与①线相距$\frac{2}{10}$胸围-0.5cm。

⑩后袖窿深:由背宽线与肩斜线的交点沿背宽线向左量$\frac{2}{10}$胸围+6cm,确定⑩点。

⑪袖窿深线:过⑩点作①线的垂直线,延长此线使其长度=$\frac{1}{4}$胸围。

⑫侧缝直线:过⑪线的上端点作①线的平行线,交于②线。

⑬侧缝斜线:过②线和⑫线的交点沿②线向上延长4cm定点,与④线和⑫线的交点直线连接。

第七章 连身服装结构制图

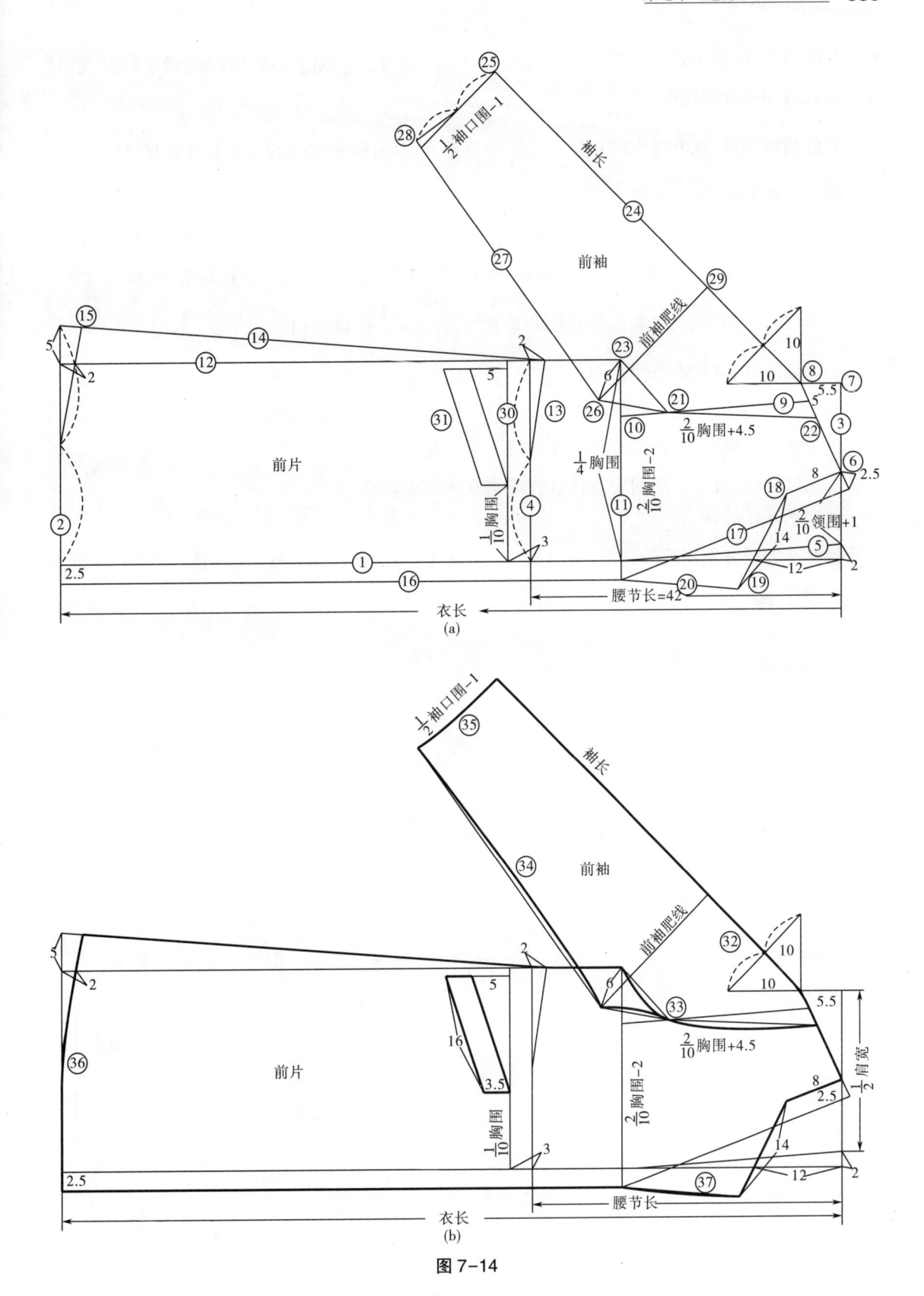

图 7-14

⑭底边斜线：由④线和⑬线的交点沿⑬线向左测量与前片侧缝线等长距离，确定⑭点，过⑭点与②线的中点直线连接。

⑮后袖窿切点：在⑨线上取袖窿深的$\frac{1}{3}$位置定点，与⑪线和⑫线的交点直线连接。

⑯袖窿辅助线：过⑧点沿肩斜线向侧颈点方向量5cm定点，与⑮点直线连接。

⑰袖长线：以肩端点为顶点作等腰直角三角形，两条直角边分别与衣长线和后中线平行，边长=10cm。直线连接三角形的顶点与底边线的中点并向下延长，长度=袖长规格。

⑱袖口线：过⑰线的左端点作⑰线的垂直线，长度=$\frac{1}{2}$袖口围+1cm。

⑲后袖山高：过⑧点沿⑰线向左量出与前袖山高等长距离，确定⑲点。

⑳后袖肥线：过⑲点作⑰线的垂直线，长度=前袖肥+2cm，确定⑳点。

㉑袖底线：过⑳点与袖口大点直线连接并适量延长。

㉒袖口斜线：过袖口线的中点作㉑线的垂直线交于㉒点。

如图7-15(b)所示：

㉓线至㉘线分别用弧线画顺：肩袖线㉓、袖窿线与袖山线㉔、袖底线㉕、袖口线㉖、底边线㉗、后领圈线㉘。

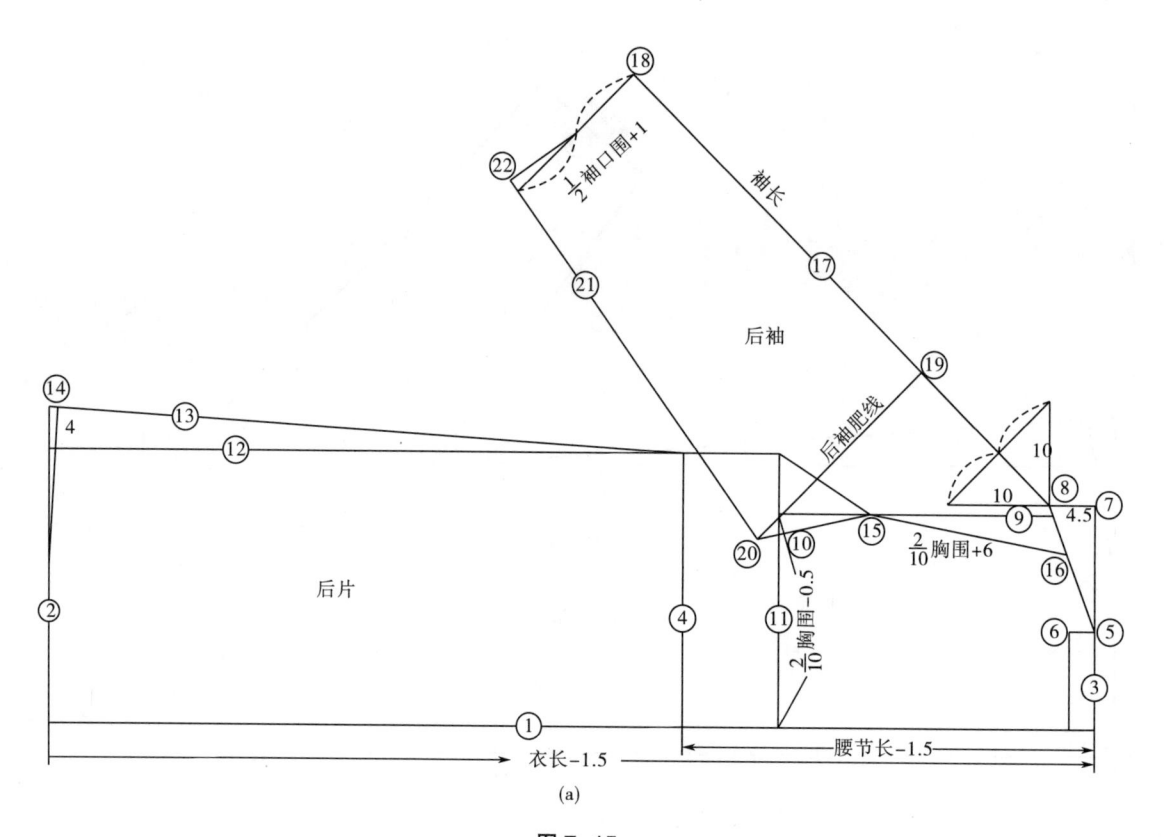

图7-15

图 7-15

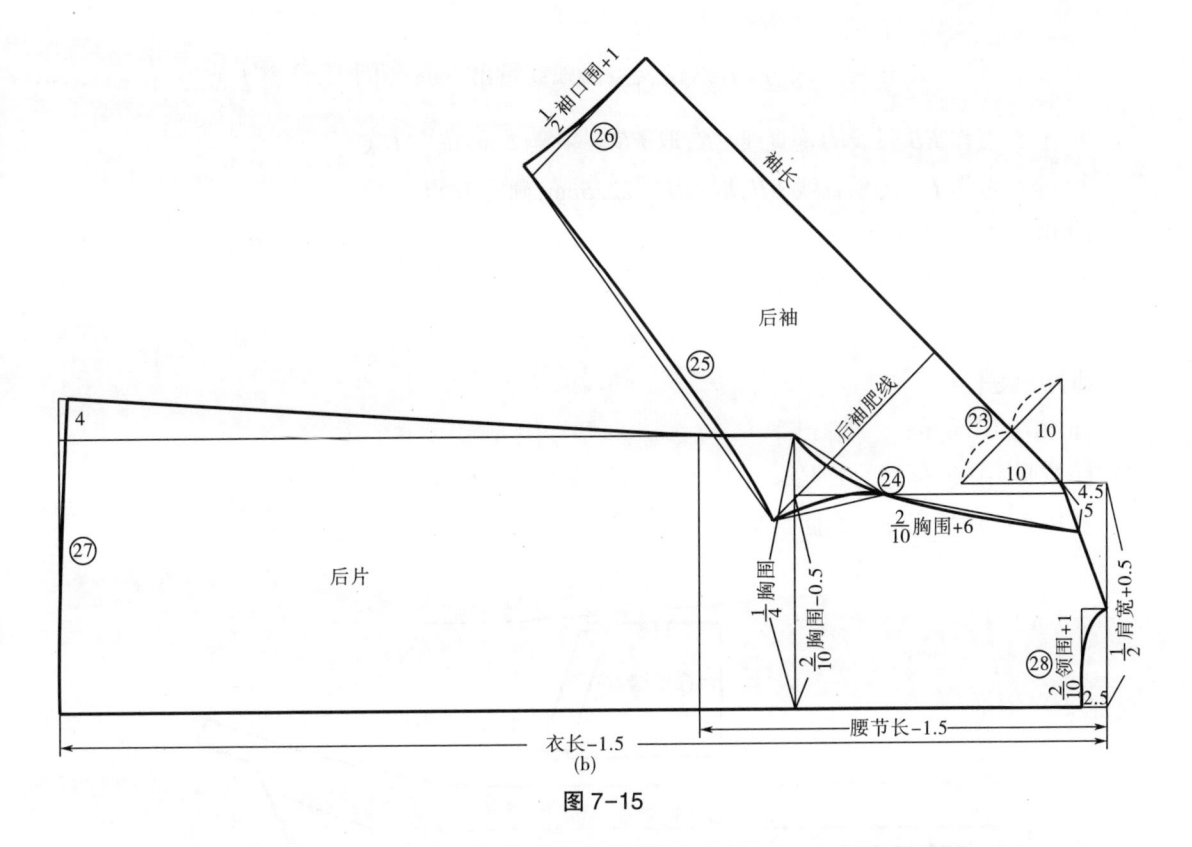

五、领子制图

如图 7-16 所示：

① 在前片肩斜线的延长线上取 $OC = 2.5\text{cm}$，确定 C 点。

② 在搭门线与第一粒纽位的交点位置确定驳领下限点 A。

③ 直线连接 AC 确定驳领线，在 AC 的延长线上取 $CD = 10\text{cm}$。

④ 作 DE 垂直于 CD，取 $DE = 2\text{cm}$，直线连接 EC。

⑤ 作 EF 垂直于 CE，取 $EF = $ 领座高 3cm，确定 F 点。

⑥ 直线连接 F 点与领口交点 B 点。

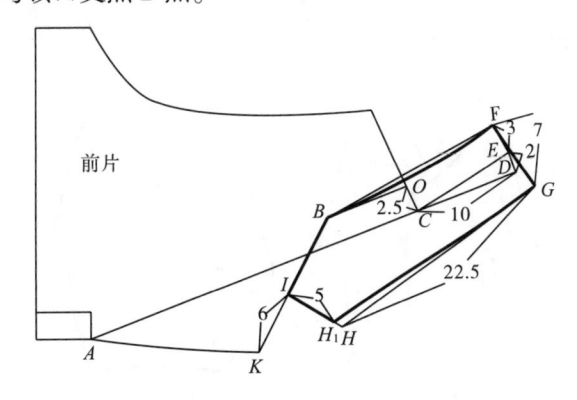

图 7-16

⑦ 弧线划顺 FB，过肩斜线与 FB 线的交点沿弧线量出 $\frac{1}{2}$ 后领圈大，调整 F 点。

⑧ 过 F 点作 FB 弧线的垂直线 FG，取 FG = 领宽 7cm，确定 G 点。

⑨ 过 G 点作 FG 的垂直线 GH，取 GH = 22.5cm，确定 H 点。

⑩ 由 K 向上 6cm 确定 I 点，直线连接 IH，在 IH 线上取 IH_1 = 5cm，确定 H_1 点。

⑪ 弧线划顺 GH_1 确定领外口线。

六、部件制图

如图 7-17 所示：
① 按照图中所标注的数据绘制过面，领角位置加放 0.6cm 的松量。
② 按照图中所标注的数据绘制口袋布。

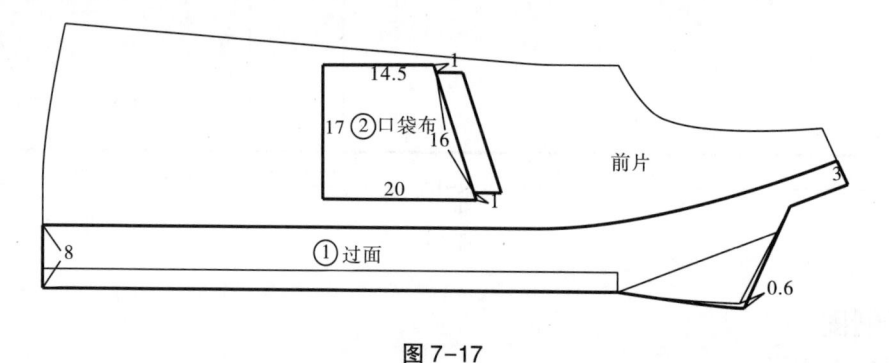

图 7-17

第五节　宽松型女大衣制图

一、造型概述

如图 7-18 所示，这是一款宽松型女大衣，整体造型呈茧型，驳领，落肩袖，袖口有分割，斜插袋，后片臀围线部位设有横向分割线。

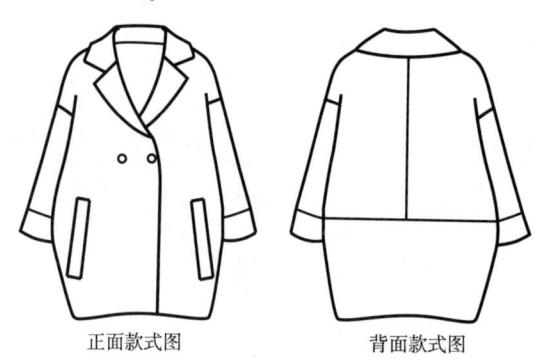

正面款式图　　　背面款式图

图 7-18

二、制图规格

单位:cm

制图部位	衣长	腰节长	胸围	肩宽	袖长	袖口围	领围
成品规格	80	42	114	45	58	30	42

三、前片制图

如图7-19(a)所示：

①前中线:作水平线,长度=衣长规格。

②底边线:垂直于前中线。

③衣长线:垂直于前中线。

④腰节线:平行于③线,距离③线42cm。

⑤撇胸线:过①线和③线的交点沿③线向上2cm定点,在①线上取③线与④线间的$\frac{1}{3}$位置定点,直线连接两点,确定撇胸线。

⑥前横开领:过③线和⑤线的交点沿③线向上量$\frac{2}{10}$领围+1cm,确定⑥点。

⑦前肩宽:过③线和⑤线的交点沿③线向上量$\frac{1}{2}$肩宽,确定⑦点。

⑧前落肩量:由⑦点作③线的垂直线,长度=5.5cm,确定⑧点,直线连接⑥点、⑧点,确定肩斜线。

⑨胸宽线:平行于⑤线,与⑤线相距$\frac{2}{10}$胸围−2cm。

⑩前袖窿深:由胸宽线与肩斜线的交点沿胸宽线向左量$\frac{2}{10}$胸围+4.5cm,确定⑩点。

⑪袖窿深线:由⑩点作①线的垂直线,延长此线使其长度=$\frac{1}{4}$胸围。

⑫侧缝直线:由⑪线的上端点作①线的平行线,交于②线。

⑬腰节斜线:由④线和⑫线的交点沿⑫线向右2cm定点,与④线的中点直线连接。

⑭臀围线:平行于④线,距离④线17cm。

⑮臀围斜线:由⑭线和⑫线的交点沿⑫线向右2cm定点,与⑭线的中点直线连接。

⑯臀腰斜线:由⑫线和⑮线的交点沿⑮线向上4cm定点,与⑪线和⑫线的交点直线连接。

⑰侧缝斜线:由②线和⑫线的交点沿②线向下2cm定点,与⑮线和⑯线的交点直线连接,并向左延长2cm。

⑱底边斜线:⑰线左端点与②线的中点直线连接。

⑲搭门线:平行于①线,距离①线5cm,右端点距离⑪线3cm。

⑳驳口线:过⑥点沿肩斜线向下延长 2.5cm 定点,与⑲线的右端点直线连接。

㉑领深斜线:过⑥点作⑳线的平行线,长度=6cm,确定㉑点。

㉒串口斜线:由①线和③线的交点沿①线向左 9cm 定点,与㉑点直线连接,向下延长串口线,使其长度=16cm。

㉓驳领止口线:直线连接⑲线的右端点与㉒线的下端点。

㉔前袖窿切点:在⑨线上取前袖窿深的 $\frac{1}{4}$ 位置定点。

㉕袖底松量基点:将⑪线的上端点确定为㉕点,直线连接㉕点与㉔点。

㉖袖长线:以肩端点为顶点作等腰直角三角形,两条直角边分别与衣长线和前中线平行,边长=10cm,直线连接三角形的顶点与底边线的中点并向外延长,长度=袖长规格。

㉗袖口线:过袖长线的左端点作袖长线的垂直线,长度= $\frac{1}{2}$ 袖口围-1cm。

㉘袖底松量线:以㉔点为顶点,以㉔点与㉕点间的距离为边长作等腰三角形,取三角形底边㉘点至㉕点间距为 6cm,确定㉘点,直线连接㉘点与㉔点。

㉙袖窿辅助线:过㉔线作㉖线的垂直线,测量出垂直点到肩端点的长度,作为绘制后片袖窿辅助线的依据。

㉚袖底线:过㉘点与袖口大点直线连接。

㉛袖口斜线:过袖口线的中点作㉚线的垂直线,交点为㉛点。

㉜前袖山高:过㉘点作㉖线的垂直线,交点为㉜点。㉜点与⑧点间的距离为袖山高度,与㉘点间的距离为袖肥。测量出这两个数据,作为绘制后片袖子的依据。

如图 7-19(b)所示:

㉝线至㊳线分别用弧线画顺:肩袖线㉝、袖窿线与袖山线㉞、袖底线㉟、袖口线㊱、侧缝线㊲、底边线㊳、驳领止口线㊴。

㊵按照图中所标注的数据绘制袖口分割线。

㊶按照图中所标注的数据绘制口袋。

四、后片制图

如图 7-20(a)所示:

①后中线:作水平线,长度=衣长规格-1.5cm。

②底边线:垂直于后中线。

③衣长线:垂直于后中线。

④腰节线:平行于③线,与③线的距离为腰节长-1.5cm。

⑤后横开领:过①线和③线的交点沿③线向上量 $\frac{2}{10}$ 领围+1cm,确定⑤点。

⑥后直开领:过⑤点作③线的垂直线,长度=2.5cm。

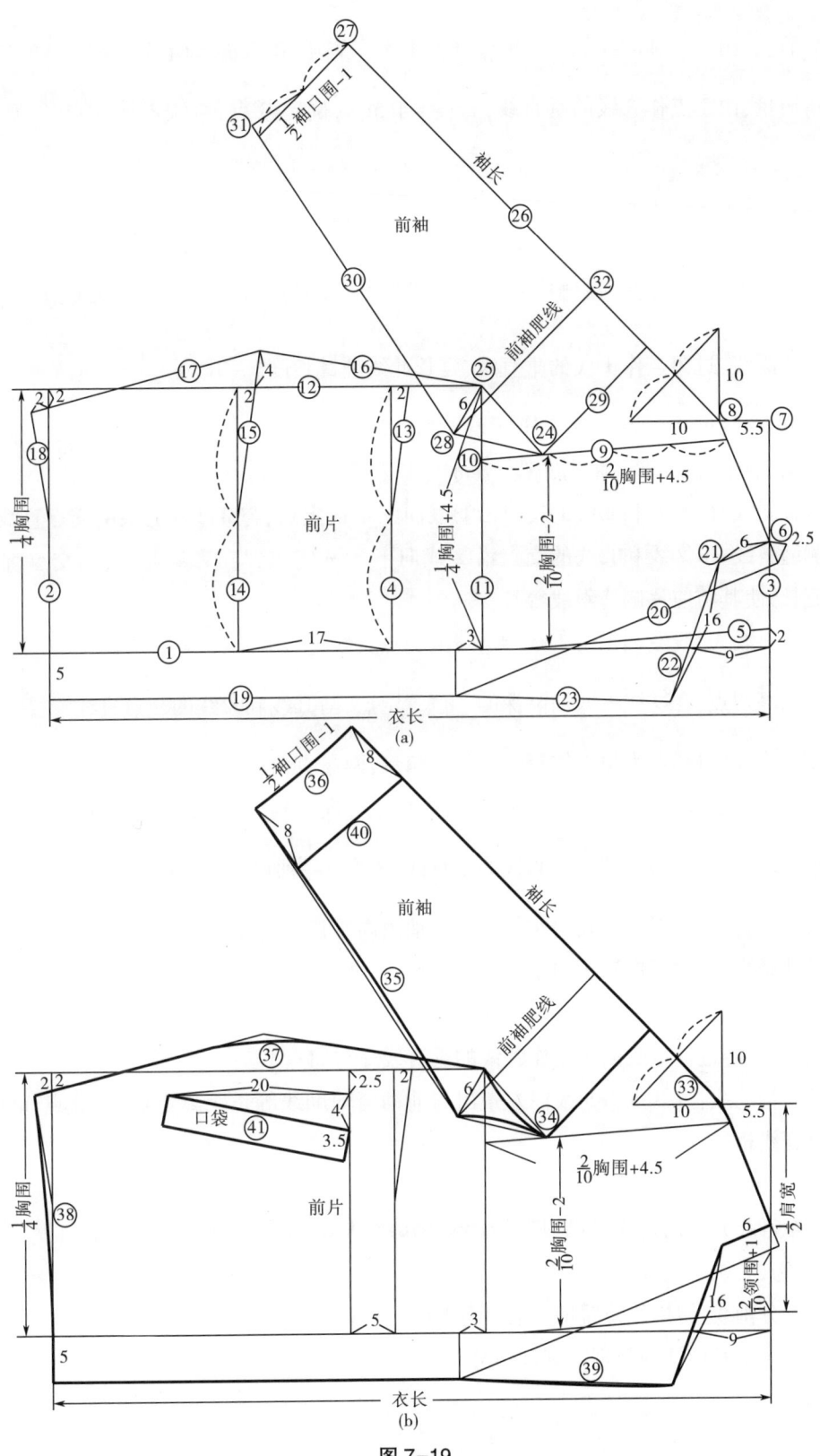

图 7-19

⑦后肩宽：由①线和③线的交点沿③线向上量$\frac{1}{2}$肩宽+0.5cm，确定⑦点。

⑧落肩量：由⑦点作③线的垂直线，长度=4.5cm，确定⑧点，直线连接⑤点、⑧点，确定肩斜线。

⑨背宽线：平行于①线，与①线相距$\frac{2}{10}$胸围-0.5cm。

⑩后袖窿深：由背宽线与肩斜线的交点沿背宽线向左量$\frac{2}{10}$胸围+6cm，确定⑩点。

⑪袖窿深线：过⑩点作①线的垂直线，延长此线使其长度=$\frac{1}{4}$胸围。

⑫侧缝直线：过⑪线的上端点作①线的平行线，交于②线。

⑬臀围线：平行于④线，距离④线17cm。

⑭臀腰斜线：由⑫线和⑬线的交点沿⑬线向上4cm定点，与⑪线和⑫线的交点直线连接。

⑮侧缝斜线：由②线和⑫线的交点沿②线向下2cm定点，与⑬线和⑭线的交点直线连接，并向左延长，使其与前片侧缝斜线等长。

⑯底边斜线：⑮线左端点与①线和②线的交点直线连接。

⑰后袖窿切点：在⑨线上取袖窿深的$\frac{1}{3}$位置定点，与⑪线和⑫线的交点直线连接。

⑱袖长线：以肩端点为顶点作等腰直角三角形，两条直角边分别与衣长线和后中线平行，边长=10cm。直线连接三角形的顶点与底边线的中点并向下延长，长度=袖长规格。

⑲袖口线：过⑱线的左端点作⑱线的垂直线，长度=$\frac{1}{2}$袖口围+1cm。

⑳后袖山高：过⑧点沿⑱线向左量出与前袖山高等长距离，确定⑳点。

㉑后袖肥线：过⑳点作⑱线的垂直线，长度=前袖肥+2cm，确定㉑点。

㉒袖底线：过㉑点与袖口大点直线连接并适量延长。

㉓袖口斜线：过袖口线的中点作㉒线的垂直线交与㉓点。

㉔袖窿辅助线：过⑧点沿⑱线向左量出与前袖窿辅助线等长距离定点，过此点作⑱线的垂直线与背宽线相交。

如图7-20(b)所示：

㉕线至㉛线分别用弧线画顺：肩袖线㉕、袖窿线与袖山线㉖、袖底线㉗、袖口线㉘、侧缝线㉙、底边线㉚、后领圈线㉛。

㉜后片分割线：臀围线位置即为后片分割线。

㉝按照图中所标注的数据绘制袖口分割线。

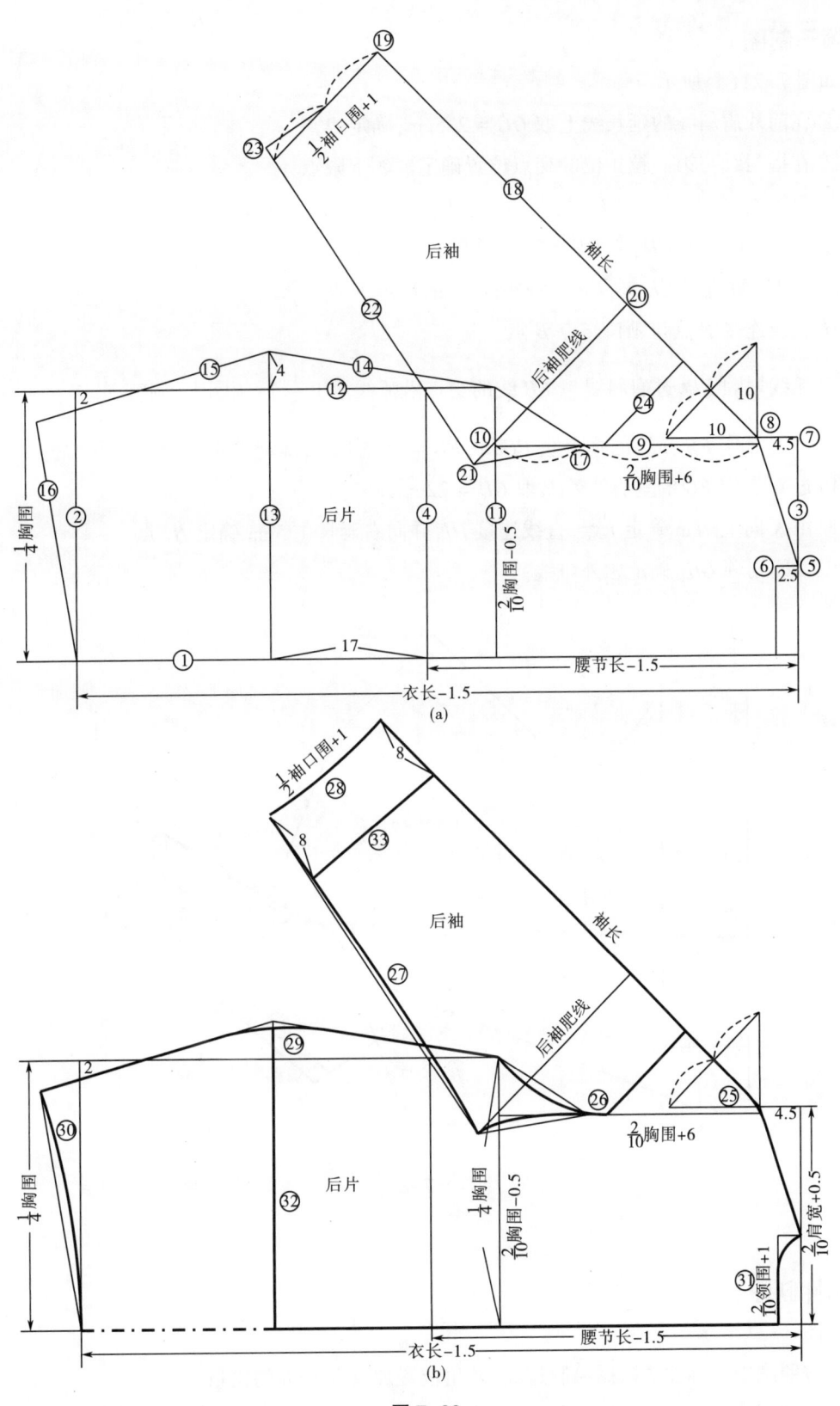

图 7-20

五、领子制图

如图 7-21(a)所示：

① 在前片肩斜线的延长线上取 $OC = 2.5\text{cm}$，确定 C 点。

② 在搭门线与第一粒扣位的交点位置确定驳领下限点 A。

③ 直线连接 AC 确定驳领线，在 AC 的延长线上取 $CD = 10\text{cm}$。

④ 作 DE 垂直于 CD，取 $DE = 2\text{cm}$，直线连接 EC。

⑤ 作 EF 垂直于 CE，取 $EF =$ 领座高 3cm，确定 F 点。

⑥ 直线连接 F 点与领口交点 B 点。

⑦ 弧线划顺 FB，过肩斜线与 FB 线的交点沿弧线量出 $\frac{1}{2}$ 后领圈大，调整 F 点。

⑧ 过 F 点作 FB 弧线的垂直线 FG，取 $FG =$ 领宽 8cm，确定 G 点。

⑨ 过 G 点作 FG 的垂直线 GH，取 $GH = 22\text{cm}$，确定 H 点。

⑩ 由 K 向上 7cm 确定 I 点，直线连接 IH，并向右延长 1.5cm 确定 H_1 点。

⑪ 弧线划顺 GH_1 确定领外口线。

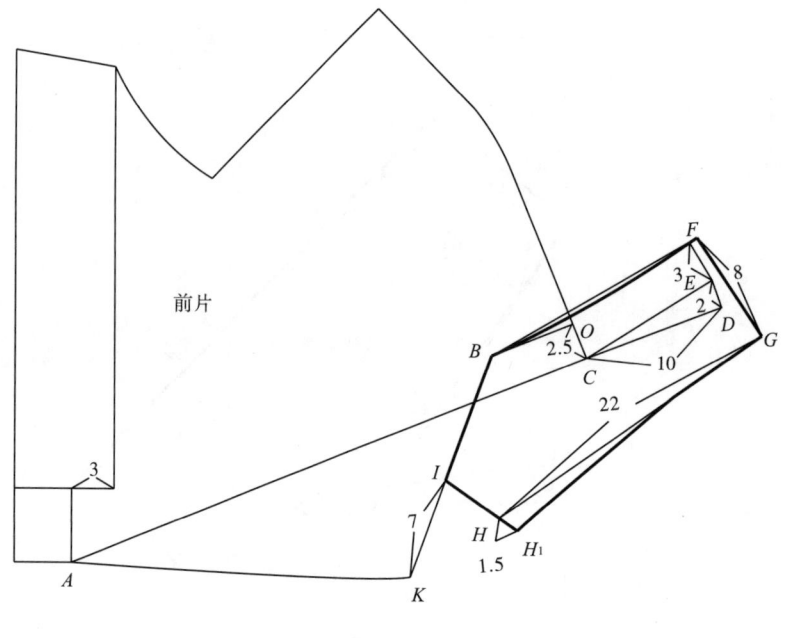

图 7-21

六、部件制图

如图 7-22 所示：

① 按照图中所标注的数据绘制过面，领角位置加放 0.6cm 的松量。

② 按照图中所标注的数据绘制口袋布。

图 7-22

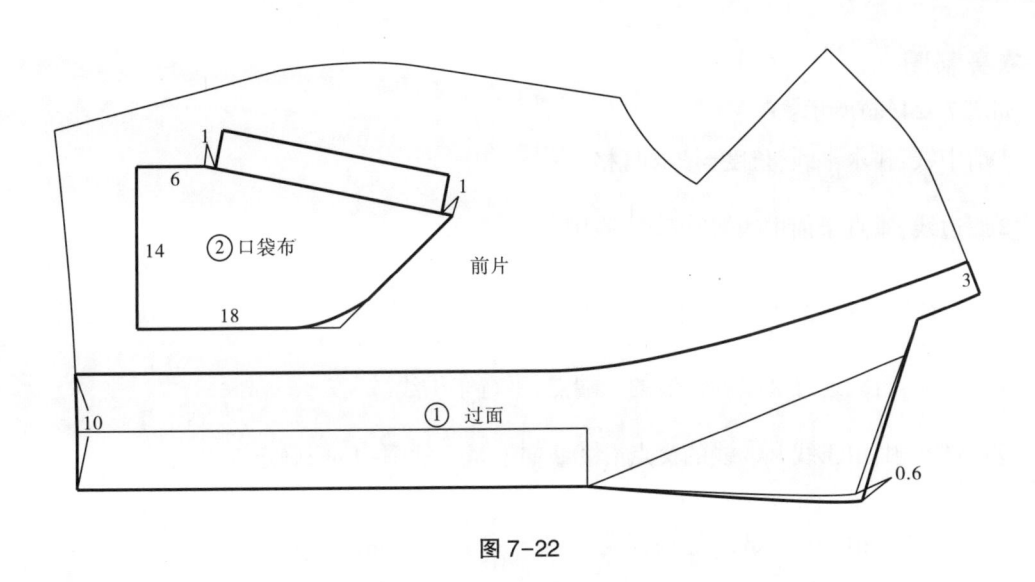

第六节　连帽女大衣制图

一、造型概述

如图 7-23 所示,这是一款连帽女大衣,宽松结构,底边围度略大于胸围,单片袖,前片侧缝位置设两个弧形插袋。

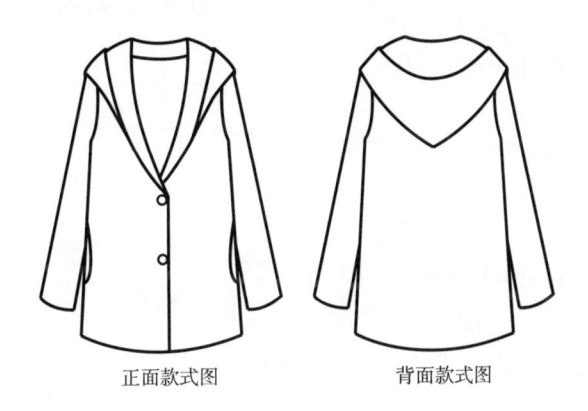

正面款式图　　　背面款式图

图 7-23

二、制图规格

单位:cm

制图部位	衣长	胸围	肩宽	袖长	袖口	领围
成品规格	80	104	42	60	30	42

三、衣身制图

如图7-24(a)所示：

①前中线：作水平线，长度=衣长规格。

②底边线：垂直于前中线，长度=$\frac{1}{2}$胸围。

③衣长线：垂直于前中线，长度=$\frac{1}{2}$胸围。

④后中线：直线连接②线和③线的上端点，平行于①线。

⑤前横开领：由①线和③线的交点沿③线向上量$\frac{2}{10}$领围-1cm，确定⑤点。

⑥前直开领：由⑤点作③线的垂直线，长度=$\frac{2}{10}$领围+1cm。

⑦后横开领：由③线和④线的交点沿③线向下量$\frac{2}{10}$领围-1cm，确定⑦点。

⑧后直开领：由⑦点作③线的垂直线，长度=2.5cm，右端超出③线1.5cm。

⑨前肩宽：由①线和③线的交点沿③线向上量$\frac{1}{2}$肩宽，确定⑨点。

⑩前落肩量：由⑨点作③线的垂直线，长度=5cm，确定⑩点，直线连接⑩点、⑤点，确定前肩斜线。

⑪后肩宽：由③线和④线的交点沿③线向下量$\frac{1}{2}$肩宽+0.5cm，确定⑪点。

⑫后落肩量：由⑪点作③线的垂直线，长度=3cm，确定⑫点，直线连接⑫点、⑧点，确定后肩斜线。

⑬胸宽线：与①线平行，两线相距$\frac{2}{10}$胸围-2cm。

⑭背宽线：与④线平行，两线相距$\frac{2}{10}$胸围-0.5cm。

⑮前袖窿深：由胸宽线与肩斜线的交点沿胸宽线向左量$\frac{2}{10}$胸围+4.5cm，确定⑮点。

⑯后袖窿深：由背宽线与肩斜线的交点沿背宽线向左量$\frac{2}{10}$胸围+6cm，确定⑯点，⑯点在前后片同幅制图中仅做参考点。

⑰袖窿深线：直线连接⑮点、⑯点并向两端延长，分别交于①线、④线。

⑱侧缝直线：平行于前中线，距离前中线$\frac{1}{4}$胸围，距离后中线$\frac{1}{4}$胸围。

⑲搭门线：在②线与⑥线之间作①线的平行线，两线相距2.5cm。

⑳后底边线:在⑱线与④线之间作②线的平行线,两线相距 2cm。

㉑前底边斜线:直线连接⑳线和⑱线的交点与前片底边线的中点。

㉒前袖窿切点:在前袖窿深的 $\frac{1}{4}$ 位置定点,过此点用直线分别与⑩点及⑰线和⑱线的交点连接。

㉓后袖窿切点:在后袖窿深的 $\frac{1}{3}$ 位置定点,过此点用直线分别与⑫点及⑰线和⑱线的交点连接。

㉔前侧缝斜线:过⑱线和⑳线的交点,沿⑳线向上 3cm 定点,此点与⑰线和⑱线的交点直线连接。

㉕后侧缝斜线:过⑱线和⑳线的交点,沿⑳线向下 2cm 定点,此点与⑰线和⑱线的交点直线连接。

如图 7-24(b)所示:

㉖线至㉛线用弧线画顺:前袖窿线㉖、后袖窿线㉗、前领圈线㉘、后领圈线㉙、前底边线㉚、后底边线㉛。

四、袖子制图

如图 7-25(a)所示:

①袖中线:作垂直线,长度=袖长规格。

②袖山高基线:过①线的上端点向下量 $\frac{1.5}{10}$ 胸围-0.5cm 定点,过此点作①线的垂直线。

③袖山斜线:过①线上端点向②线作斜线,长度为 $\frac{1}{2}$ 袖窿围+0.5cm。

④袖口线:过①线下端点作①线的垂直线,长度为 $\frac{1}{2}$ 袖口围。

⑤袖缝线:直线连接②线与④线的右端点。

⑥以①线为中线作②线的对称线。

⑦以①线为中线作③线的对称线。

⑧以①线为中线作④线的对称线。

⑨以①线为中线作⑤线的对称线。

⑩将前袖山斜线等分为四份,确定四个等分点。

⑪将后袖山斜线等分为三份,确定三个等分点。

如图 7-25(b)所示:

⑫线至⑭线分别用弧线划顺:前袖山弧线⑫、后袖山弧线⑬、袖口线⑭。

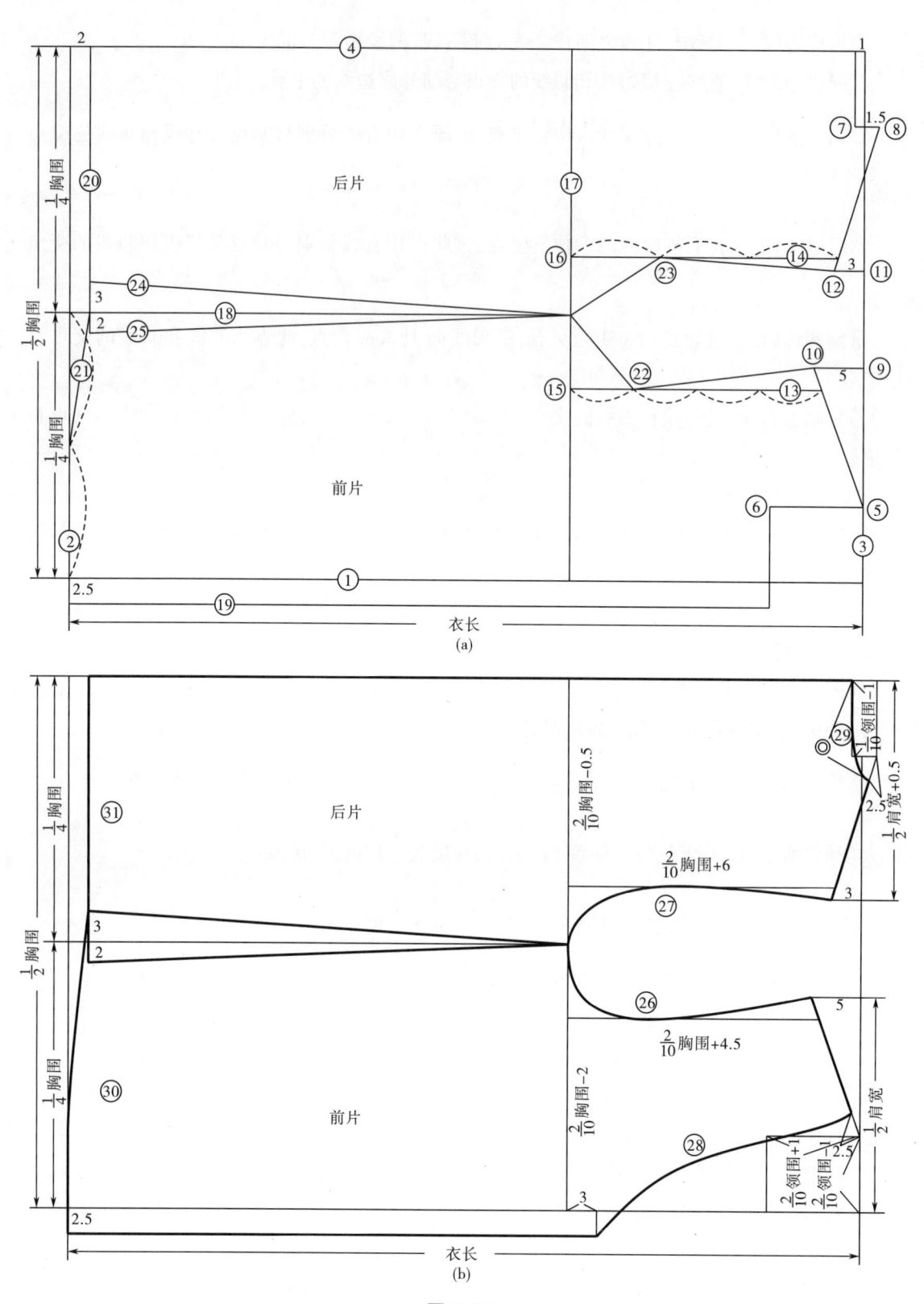

图 7-24

图 7-25

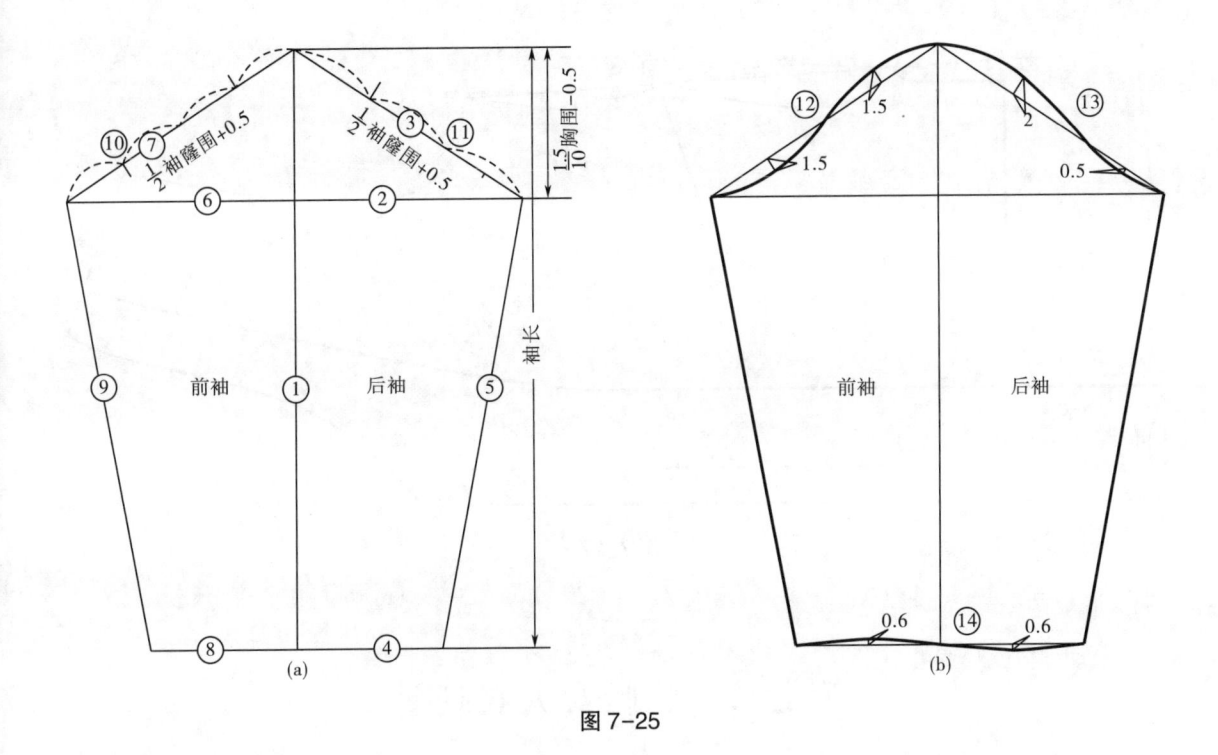

五、帽子制图

如图 7-26 所示,将后片肩线与前片肩线延长线反向重合,按照图中标注数据绘制帽子。

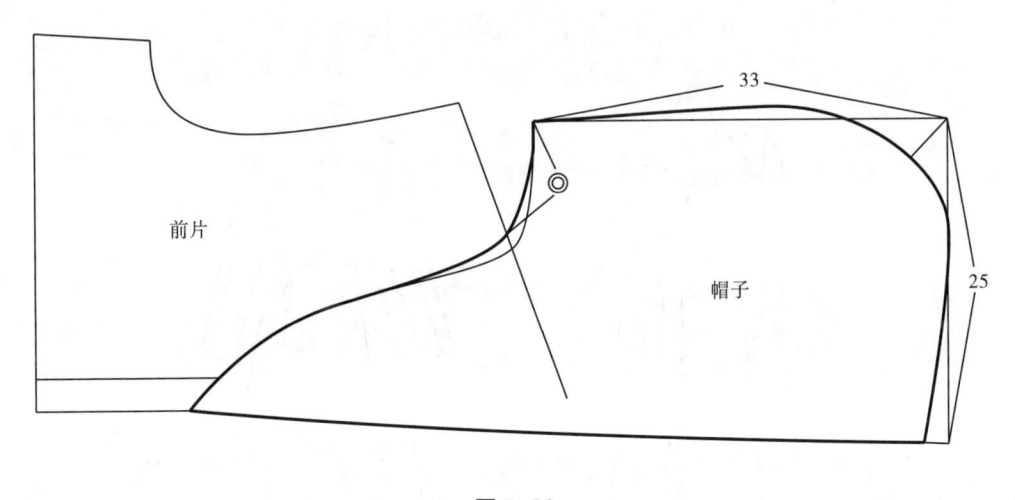

图 7-26

六、部件制图

如图 7-27 所示:
①按照标注数据绘制过面。
②按照标注数据绘制口袋布。

图 7-27

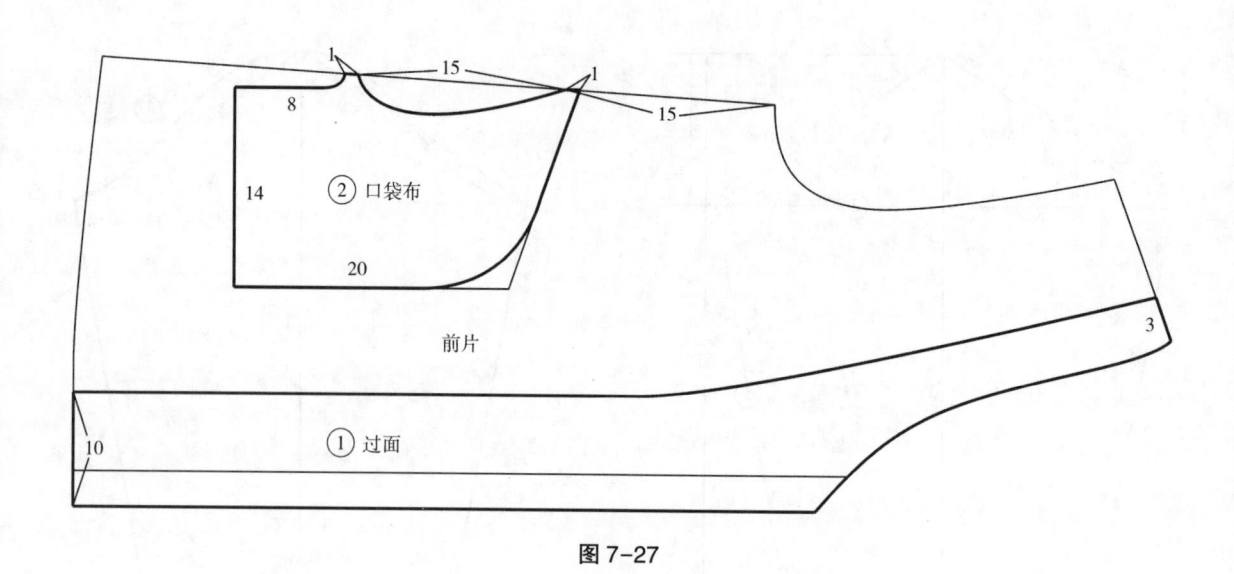

第七节　收腰女大衣制图

一、造型概述

如图 7-28 所示，这是一款收腰型女大衣，腰围线处设分割线，腰围线以上为较合体结构，腰围线一下前后片各设有两个褶裥，底摆围度较大，两片袖，驳领。

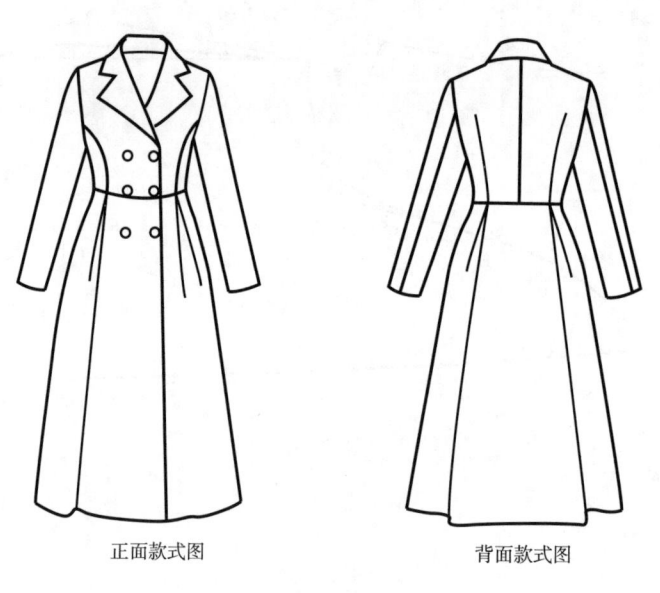

正面款式图　　背面款式图

图 7-28

二、制图规格

单位:cm

制图部位	衣长	腰节长	胸围	肩宽	袖长	领围	袖口
成品规格	106	40	102	40	56	42	14

三、前片制图

如图7-29(a)所示:

①前中线:作水平线,长度=衣长规格。

②底边线:垂直于前中线。

③衣长线:垂直于前中线。

④腰节线:平行于③线,与③线的距离为腰节长规格。

⑤撇胸线:过①线和③线的交点沿③线向上2cm定点,在①线上取③线与④线间的$\frac{1}{3}$位置定点,直线连接两点,确定撇胸线。

⑥前横开领:由①线和③线的交点沿③线向上量$\frac{2}{10}$领围+1cm,确定⑥点。

⑦前肩宽:由③线和⑤线的交点沿③线向上量$\frac{1}{2}$肩宽,确定⑦点。

⑧前落肩量:由⑦点作③线的垂直线,长度=5.5cm,确定⑧点,直线连接⑥点、⑧点,确定肩斜线。

⑨胸宽线:平行于⑤线,与⑤线相距$\frac{2}{10}$胸围-1.5cm。

⑩前袖窿深:由胸宽线与肩斜线的交点沿胸宽线向左量$\frac{2}{10}$胸围+2cm,确定⑩点。

⑪袖窿深线:过⑩点作①线的垂直线,延长此线,使其长度=$\frac{1}{4}$胸围+1cm。

⑫侧缝直线:过⑪线的上端点作①线的平行线,交于②线。

⑬腰节斜线:由④线和⑫线的交点沿⑫线向右量2cm定点,此点与④线的中点直线连接。

⑭胸腰斜线:由⑫线和⑬线的交点沿⑬线向下1.5cm定点,此点与⑫线和⑪线的交点直线连接。

⑮臀围线:平行于④线,距离④线17cm。

⑯臀围斜线:由⑫线和⑮线的交点沿⑫线向右延长2cm定点,与⑮线的中点直线连接。

⑰臀腰斜线:直线连接⑬线和⑭线的交点与⑫线和⑯线的交点。

⑱侧缝斜线:由②线和⑫线的交点沿②线向上5cm定点,与⑯线和⑰线的交点直线连接。

⑲底边斜线:由②线和⑱线的交点沿⑱线向右 5cm 定点,与②线的中点直线连接。

⑳前片分割线:在⑪线上过前胸宽的 $\frac{1}{2}$ 位置点作①线的平行线,交于底边线上。

㉑前腰省大:在④线上以⑳为中线取省大 2cm,省尖距离⑪线 4cm。

㉒前中片底摆线:由②线和⑳线的交点沿②线向上量 3cm 定点,与腰省下端点直线连接。

㉓前侧片底摆线:以⑳线为中线作㉒线的对称线。

㉔前袖窿切点:在前袖窿深的 $\frac{1}{4}$ 位置定点,此点分别用直线连接⑧点及⑪线和⑫线的交点。

㉕袖窿分割线:直线连接㉔点与⑳线的右端点。

㉖搭门线:平行于①线,左端点距离①线 6cm,右端点距离⑪线 3cm。

㉗驳口线:过⑥点沿肩斜线向下延长 2cm 定点,与㉖线的右端点直线连接。

㉘领深斜线:过⑥点作㉗线的平行线,长度=7cm,确定过㉘点。

㉙串口斜线:由①线和③线的交点沿①线向左 9cm 定点,与㉘点直线连接,向下延长串口线,使其长度=12cm。

㉚驳领止口线:直线连接㉖线的右端点与㉙线的下端点。

如图 7-29(b)所示:

㉛线至㊱线分别用弧线划顺:前袖窿线㉛、前侧片分割线㉜、前中片分割线㉝、腰节分割线㉞、底边线㉟、驳领止口线㊱。

如图 7-29(c)所示:

㊲将前中底摆片和前侧底摆片加入褶量,画顺上口线和底边线。

四、后片制图

如图 7-30(a)所示:

①后中线:作水平线,长度=衣长-1.5cm(前后腰节长度差)。

②底边线:垂直于后中线。

③衣长线:垂直于后中线。

④腰节线:平行于③线,与③线的距离为腰节长-1.5cm。

⑤后横开领:由①线和③线的交点沿③线向上量 $\frac{2}{10}$ 领围+1cm,确定⑤点。

⑥后直开领:过⑤点作③线的垂直线,长度=2.5cm。

⑦后肩宽:由①线和③线的交点沿③线向上量 $\frac{1}{2}$ 肩宽+0.5cm,确定⑦点。

⑧后落肩量:过⑦点作③线的垂直线,长度=4.5cm,直线连接⑧点、⑤点,确定前肩斜线。

⑨背宽线:与后中线平行,两线相距 $\frac{2}{10}$ 胸围-0.5cm。

第七章　连身服装结构制图

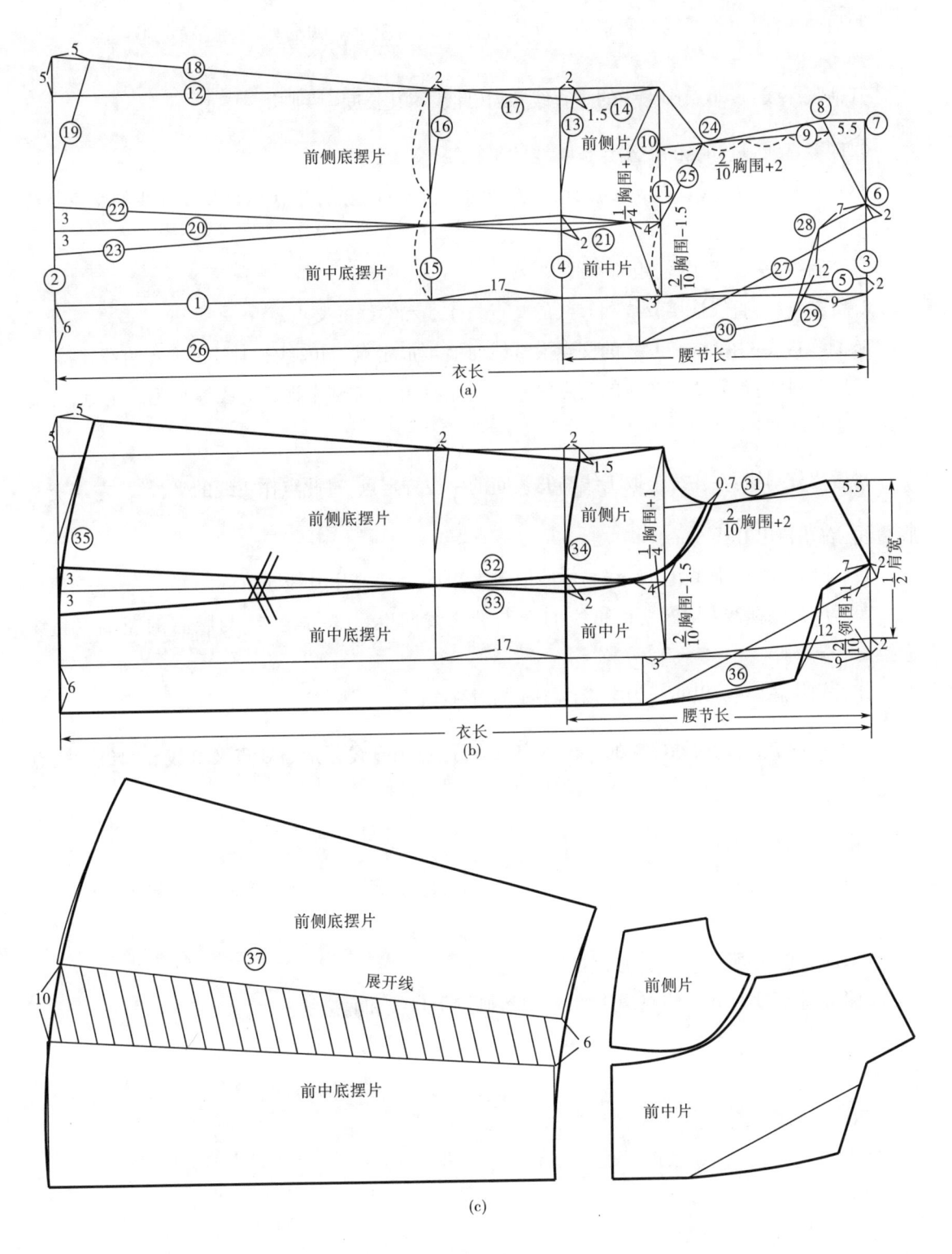

图7-29

⑩后袖窿深:由胸背线与肩斜线的交点沿背宽线向左量$\frac{2}{10}$胸围+3.5cm,确定⑩点。

⑪袖窿深线:过⑩点作①线的垂直线,延长此线使其长度=$\frac{1}{4}$胸围−1cm。

⑫侧缝直线:过⑪线的上端点作①线的平行线,交于②线。

⑬胸腰斜线:由④线和⑫线的交点沿④线向下1.5cm定点,此点与⑫线和⑪线的交点直线连接。

⑭臀围线:平行于④线,距离④线17cm。

⑮臀腰斜线:直线连接⑫线和⑭线的交点与④线和⑬线的交点。

⑯侧缝斜线:由②线和⑫线的交点沿②线向上4cm定点,与⑫线和⑭线的交点直线连接。

⑰底边斜线:过⑭线和⑯线的交点沿⑯线向左量出与前裙片侧缝斜线等长距离定点,与②线的中点直线连接。

⑱后片分割线:在④线上取①线与⑬线间的$\frac{1}{2}$位置定点,过此点作①线的平行线,左端交与底边线,右端超出⑪线5cm。

⑲后腰省大:在④线上以⑱线为中线取省大2cm,省尖高出⑪线5cm。

⑳后中片底摆线:由②线和⑱线的交点沿②线向上量3cm定点,与腰省的左端点直线连接。

㉑后侧片底摆线:以⑱线为中线作⑳线的对称线。

㉒后袖窿切点:在后袖窿深的$\frac{1}{3}$位置定点,过此点用直线分别与⑧点及⑪线和⑫线的交点连接。

如图7-30(b)所示:

㉓线至㉛线用弧线划顺:后袖窿线㉓、后领圈线㉔、后侧片分割线㉕、后中片分割线㉖、腰节线㉗、底边线㉘。

如图7-30(c)所示:

㉙将后中底摆片和后侧底摆片加入褶量,画顺上口线和底边线。

五、袖子制图

如图7-31(a)所示

①基本线:作水平线,长度=袖长规格。

②袖口线:垂直于基本线。

③袖山线:垂直于基本线。

④袖肥线:平行于基本线,距离①线$\frac{1.5}{10}$胸围+3cm。

图 7-30

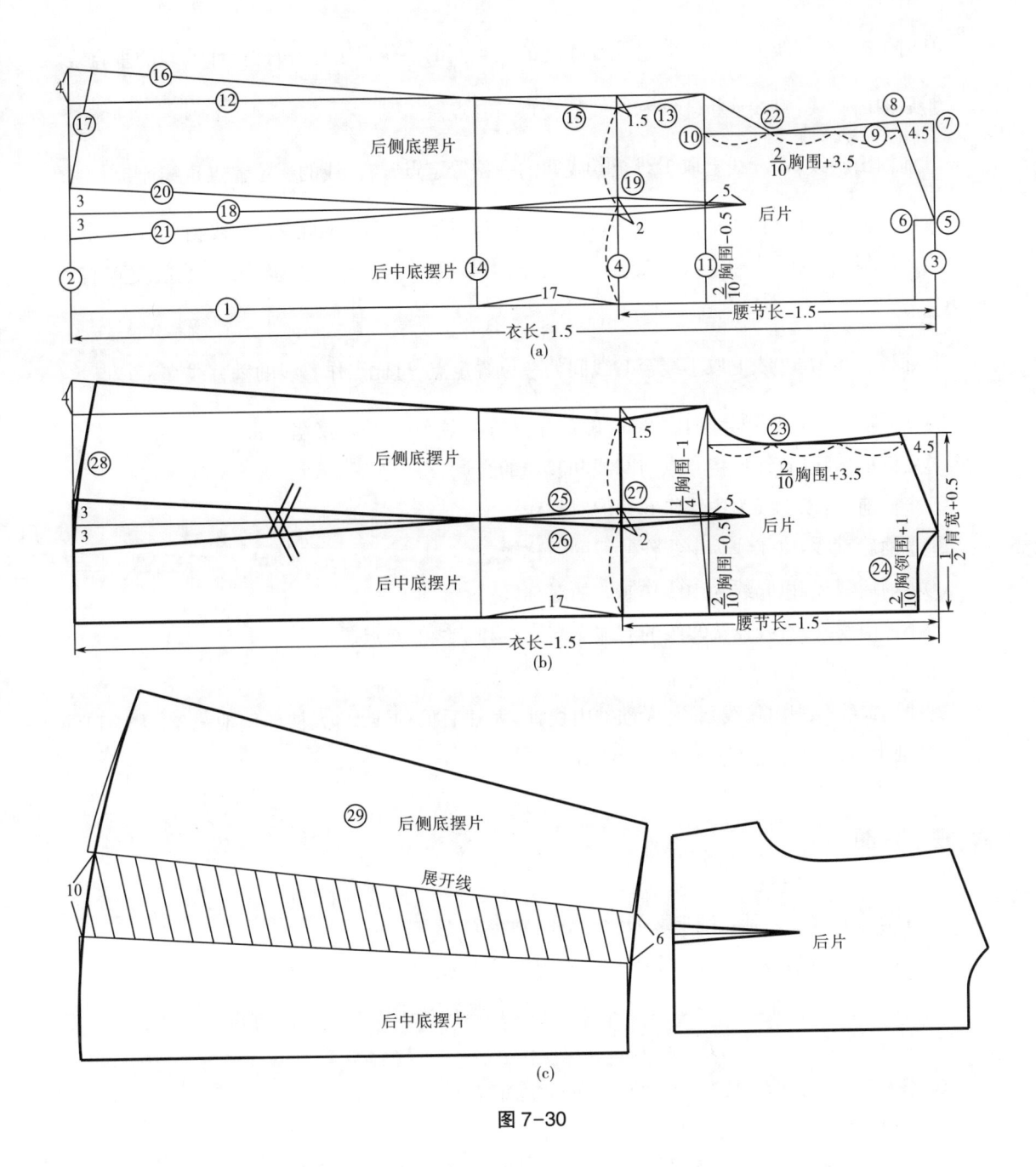

⑤袖山高基线：在①线与④线之间作③线的平行线，距离③线 $\frac{1.5}{10}$ 胸围+0.5cm。

⑥前偏袖线：平行于①线，距离①线 3cm，两端分别与②线和⑤线的延长线相交。

⑦袖中线：过③线的中点作③线的垂直线，交于⑤线。

⑧后袖山高点：过③线和④线的交点沿④线向左量取 $\frac{1}{3}$ 袖山高+1cm，确定⑧点。

⑨肘位线:在④线上取⑧点与②线和④线的交点间的$\frac{1}{2}$位置定点,过此点作⑥线的垂直线。

⑩后袖山斜线:直线连接③线和⑦线的交点与⑧点。

⑪前袖山斜线:在⑤线上取①线至⑥线间的$\frac{1}{2}$位置定点,与③线的$\frac{1}{4}$位置点直线连接。

⑫后偏袖直线:与④线平行相距 2cm,两端分别与⑨线延长线和⑩线延长线相交。

⑬后袖斜线:由①线和②线的交点沿②线向上量袖口大定点,与④线和⑨线的交点直线连接。

⑭袖口斜线:在②线上取①线至⑬线间的$\frac{1}{2}$位置定点,过此点作⑬线的垂直线交于⑭点。

⑮袖开衩:过⑭点沿⑬线向右 8cm,确定开衩的右端点⑮点,开衩宽 2cm。

⑯后偏袖斜线:直线连接⑮点与⑨线和⑫线的交点。

⑰小袖前线:以①线为中线作⑥线的对称线。

⑱小袖后直线:以④线为中线作⑫线的对称线。

⑲小袖后斜线:以⑬线为中线作⑯线的对称线。

⑳小袖山斜线:直线连接⑱线的右端点与⑤线和⑦线的交点。

如图 7-31(b)所示:

㉑线至㉗线分别用弧线划顺:大袖袖山线㉑、大袖后偏袖线㉒、大袖前偏袖线㉓、大袖袖口线㉔、小袖袖山线㉕、小袖前线㉖、小袖后线㉗。

六、领子制图

如图 7-32(a)所示:

① 在前片肩斜线的延长线上取 $OC = 2cm$,确定 C 点。

② 在搭门线与第一粒扣位的交点位置确定驳领下限点 A。

③ 直线连接 AC 确定驳领线,在 AC 的延长线上取 $CD = 10cm$。

④ 作 DE 垂直于 CD,取 $DE = 2cm$,直线连接 EC。

⑤ 作 EF 垂直于 CE,取 EF = 领座高 3cm,确定 F 点。

⑥ 直线连接 F 点与领口交点 B。

⑦ 弧线划顺 FB,过肩斜线与 FB 线的交点沿弧线量出$\frac{1}{2}$后领圈大,调整 F 点。

⑧ 过 F 点作 FB 弧线的垂直线 FG,取 FG = 领宽 7cm,确定 G 点。

⑨ 过 G 点作 FG 的垂直线 GH,取 $GH = 21cm$,确定 H 点。

⑩ 由 K 向上 6cm 确定 I 点,直线连接 IH,在 IH 线上取 $IH_1 = 5cm$,确定 H_1 点。

⑪ 弧线划顺 GH_1,确定领外口线。

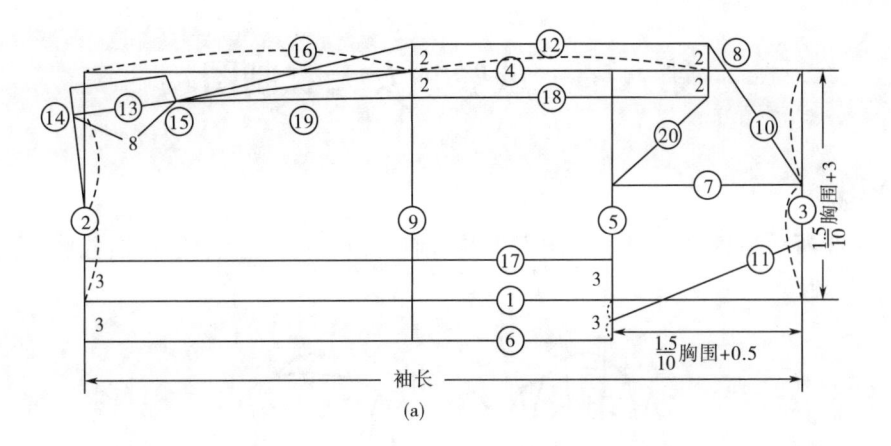

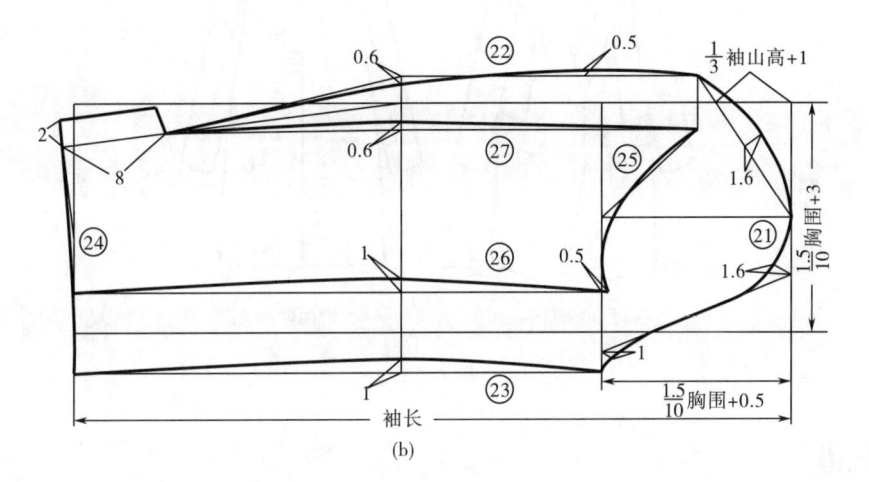

图 7-31

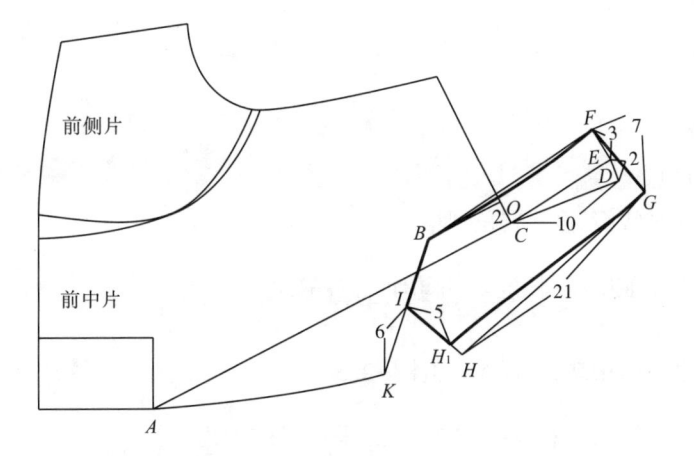

图 7-32

第八节　戗驳领女大衣制图

一、造型概述

如图 7-33 所示，此款女大衣为三开身结构，前后片设有分割线，两片袖，戗驳领，驳头过面部分设计有分割线。

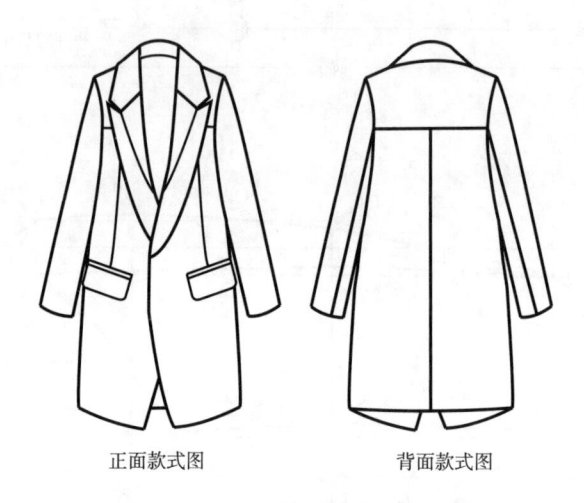

正面款式图　　　背面款式图

图 7-33

二、制图规格

单位：cm

制图部位	衣长	腰节长	胸围	肩宽	袖长	袖口
成品规格	80	40	104	42	56	14

三、衣身制图

如图 7-34(a)所示：

①前中线：作水平线，长度=衣长规格。

②底边线：垂直于前中线，长度=$\frac{1}{2}$胸围+2.5cm。

③衣长线：垂直于前中线，长度=$\frac{1}{2}$胸围+2.5cm。

④后中线：直线连接②线和③线的上端点，平行于前中线。

⑤腰节线：平行于③线，与③线的距离为腰节长规格。

⑥撇胸线：由①线和③线的交点沿③线向上 2cm 定点，在①线上取⑤至③线间的$\frac{1}{3}$位置

定点,直线连接两点。

⑦前横开领:由⑥线和③线的交点沿③线向上量$\frac{1}{10}$胸围-1cm,确定⑦点。

⑧后横开领:由③线和④线的交点沿③线向下量$\frac{1}{10}$胸围-1cm,确定⑧点。

⑨后直开领:由⑧点作③线的垂直线,长度=2.5cm,确定⑨点,后片右端超出③线0.5cm。

⑩前肩宽:由⑥线和③线的交点沿③线向上量$\frac{1}{2}$肩宽-0.5cm,确定⑩点。

⑪前落肩量:过⑩点作③线的垂直线,长度=5.5cm,确定⑪点,直线连接⑪点、⑦点,确定前肩斜线。

⑫后肩宽:由③线和④线的交点沿③线向下量$\frac{1}{2}$肩宽+0.5cm,确定⑫点。

⑬后落肩量:过⑫点作③线的垂直线,长度=4cm,确定⑬点,直线连接⑬点、⑨点,确定后肩斜线。

⑭胸宽线:与撇胸线平行,两线相距$\frac{2}{10}$胸围-1.5cm。

⑮背宽线:与后中线平行,两线相距$\frac{2}{10}$胸围-0.5cm。

⑯前袖窿深:由胸宽线与肩斜线的交点沿胸宽线向左量$\frac{2}{10}$胸围+2cm,确定⑯点。

⑰后袖窿深:$\frac{2}{10}$胸围+3.5cm(在前后衣片同幅制图中,此点仅作参考点)。

⑱袖窿深线:过⑯点作①线的垂直线,向两端延长分别与①线、④线相交。

⑲侧缝直线:将背宽线向左延长交于底边线。

⑳袋位线:在①线至⑲线之间作⑤线的平行线,距离⑤线8cm。

㉑后腰节线:由⑲线和⑤线的交点沿⑲线向右2cm定点,过此点作④线的垂直线。

㉒腰节斜线:在⑤线上取①线至⑲线之间的$\frac{1}{2}$位置定点,与⑲线和㉑线的交点直线连接。

㉓后底边线:在④线与⑲线之间作②线的平行线,距离②线2cm。

㉔省位线:过前胸宽的$\frac{1}{2}$位置点作前中线的平行线,交于袋位线。

㉕大袋口线:过⑳线和㉔线的交点沿⑳线向下2cm定点,过此点向上测量袋口大,袋口线的上端点向右倾斜1cm。

㉖侧省线:在⑱线上距离⑯点4cm处定点,在袋口斜线上距离上端点3cm处定点,直线连接两点。

㉗分割线:过㉖线的左端点作前中线的平行线,交与②线。

㉘前袖窿切点:在前袖窿深的$\frac{1}{4}$位置定点,过此点用直线分别与⑪点及㉖线的右端点连接。

㉙后袖窿切点:在后袖窿深的$\frac{1}{3}$位置定点,与⑬点直线连接。

㉚袖窿起翘点:由⑱线和⑮线的交点沿⑮线向右4.5cm定点,过此点向下1cm,确定㉚点。

㉛袖窿起翘线:由⑱线和㉖线的交点沿⑱线向上1cm定点,与㉚点直线连接。

㉜前胸腰斜线:由⑲线和㉒线的交点沿㉒线向下2cm定点,与⑱线和⑲线的交点直线连接。

㉝后胸腰斜线:由⑲线和㉑线的交点沿㉑线向上2cm定点,与㉚点直线连接。

㉞前臀腰斜线:由⑲线和㉓线的交点沿㉓线向上1cm定点,与㉒线和㉜线的交点直线连接。

㉟后臀腰斜线:直线连接㉞线和㉓线的交点与㉑线和㉝线的交点。

㊱背缝直线:在㉓与㉑线之间作④线的平行线,距离④线2cm。

㊲背缝斜线:在④线上取后袖窿深的$\frac{1}{3}$位置定点,与㊱线的右端点直线连接。

㊳后背分割线:在④线上取后袖窿深的$\frac{1}{3}$位置定点,作④线垂直线与㉙线相交。

㊴搭门线:平行于①线,距离①线2.5cm,右端点距离⑤线3cm。

㊵驳口线:在肩线的延长线上过⑦点向下2cm定点,与㊴线的右端点直线连接。

㊶领深斜线:过⑦点作㊵线的平行线,长度=6cm,确定㊶点。

㊷串口斜线:过①线和③线的交点沿①线向左9cm定点,与㊶点直线连接,向下延长,使其长度等于15cm。

㊸驳领止口线:直线连接串口线㊷的下端点与驳口线㊵的左端点。

㊹前门斜线:由①线和②线的交点沿②线向上3cm定点,由①线和⑳线的交点沿①线向左4cm定点,过该点作①线的垂线交于㊴线定点,两定点直线连接。

㊺前底边斜线:将㊹线向左延长4cm定点,与㉞线的左端点直线连接。

㊻前片分割线:过前袖窿深$\frac{1}{2}$点作①线垂直线,使其与㊸线相交,同时向右延长㉔线使其与该线相交。

如图7-34(b)所示:

㊼线至(56)线分别用弧线划:顺前后袖窿线㊼、后领圈线㊽、背缝线㊾、后片与侧片分割线㊿、(51)、侧片与前片分割线(52)、(53)、驳领止口线(54)、下摆线(55)、(56)底边线。

(57)前片分割线:绘制前省大1.5cm,按照图中所示绘制前片分割线,大口袋线为前片分割线的下边线。

(58)按照标注数据绘制袋盖。

戗驳领女大衣衣身结构关系如图7-34(c)所示。

第七章 连身服装结构制图 365

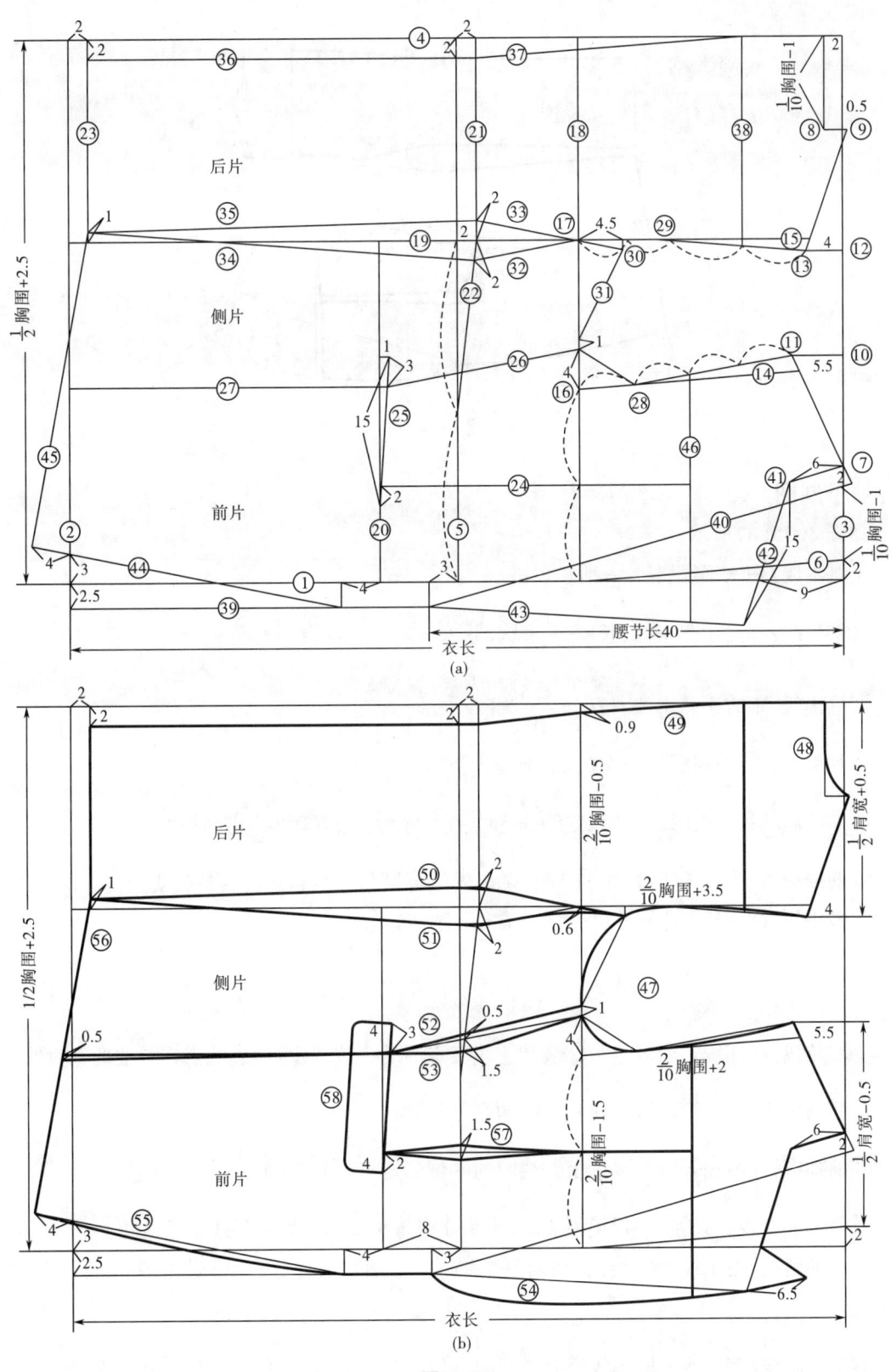

图 7-34

图 7-34

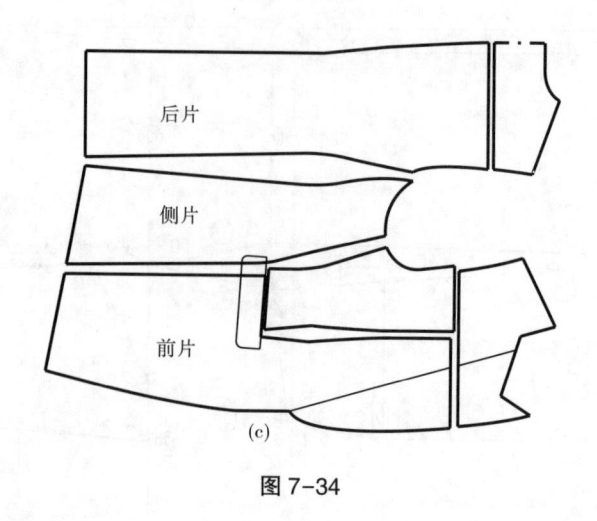

四、袖子制图

如图 7-35(a)所示：

①基本线：作水平线，长度=袖长规格。

②袖口线：垂直于基本线，长度=$\frac{1.5}{10}$胸围+3cm。

③袖山线：垂直于基本线，长度=$\frac{1.5}{10}$胸围+3cm。

④袖肥线：直线连接②线和③线的上端点，平行于基本线。

⑤袖山高基线：在①线与④线之间作③线的平行线，距离③线$\frac{1.5}{10}$胸围+0.5cm。

⑥前偏袖线：平行于①线，距离①线3cm，两端分别与②线和⑤线的延长线相交。

⑦袖中线：过③线的中点作③线的垂直线，交于⑤线。

⑧后袖山高点：过③线和④线的交点沿④线向左量取$\frac{1}{3}$袖山高+1cm，确定⑧点。

⑨肘位线：在④线上取⑧点与②线和④线交点间的$\frac{1}{2}$位置定点，过此点作⑥线的垂直线。

⑩后袖山斜线：直线连接③线和⑦线的交点与⑧点。

⑪前袖山斜线：在⑤线上取①至⑥线间的$\frac{1}{2}$位置定点，与③线的$\frac{1}{4}$点直线连接。

⑫后偏袖直线：与④线平行相距2cm，两端分别与⑨线延长线和⑩线延长线相交。

⑬后袖斜线：由①线和②线的交点沿②线向上量袖口大定点，与④线和⑨线的交点直线连接。

⑭袖口斜线：在②线上取①线至⑬线间的$\frac{1}{2}$位置定点，过此点作⑬线的垂直线交于⑭点。

⑮袖开衩：过⑭点沿⑬线向右 8cm 确定开衩的右端点⑮点，开衩宽 2cm。

⑯后偏袖斜线：直线连接⑮点与⑨线和⑫线的交点。

⑰小袖前线：以①线为中线作⑥线的对称线。

⑱小袖后直线：以④线为中线作⑫线的对称线。

⑲小袖后斜线：以⑬线为中线作⑯线的对称线。

⑳小袖山斜线：直线连接⑱线的右端点与⑤线和⑦线的交点。

如图 7-35（b）所示：

㉑线至㉗线分别用弧线划顺：大袖袖山线㉑、大袖后偏袖线㉒、大袖前偏袖线㉓、大袖口线㉔、小袖袖山线㉕、小袖前线㉖、小袖后线㉗。

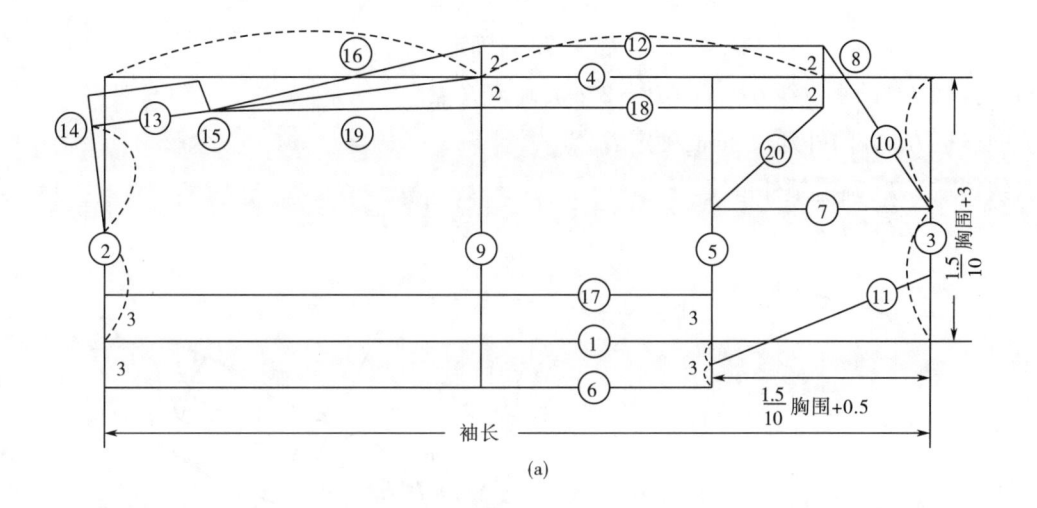

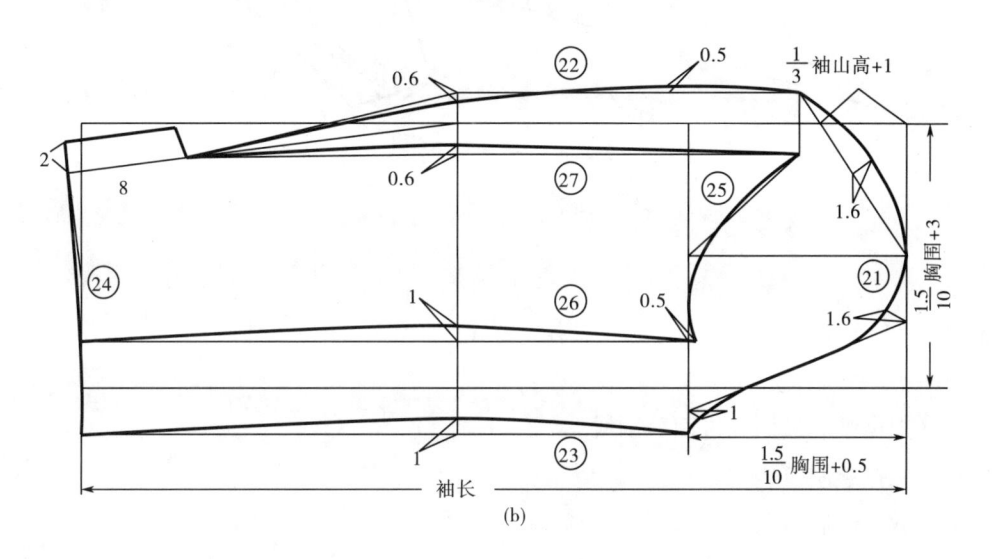

图 7-35

五、领子制图

如图 7-36 所示：

① 在前片肩斜线的延长线上取 $OC = 2\text{cm}$，确定 C 点。

② 在搭门线与第一粒扣位的交点位置确定驳领下限点 A。

③ 直线连接 AC 确定驳领线，在 AC 的延长线上取 $CD = 10\text{cm}$。

④ 作 DE 垂直于 CD，取 $DE = 2\text{cm}$，直线连接 E 点、C 点。

⑤ 作 EF 垂直于 CE，取 $EF =$ 领座高 3cm，确定 F 点。

⑥ 直线连接 F 点与领口交点 B 点。

⑦ 弧线划顺 FB，过肩斜线与 FB 线的交点沿弧线量出 $\frac{1}{2}$ 后领圈大，调整 F 点。

⑧ 过 F 点作 FB 的垂直线 FG，取 $FG =$ 领宽 7cm，确定 G 点。

⑨ 过 G 点作 FG 的垂直线 GH，取 $GH = 22\text{cm}$，确定 H 点。

⑩ 直线连接 IH，并向外延长 3cm，确定 H_1 点。

⑪ 弧线划顺 GH_1，确定领外口线。

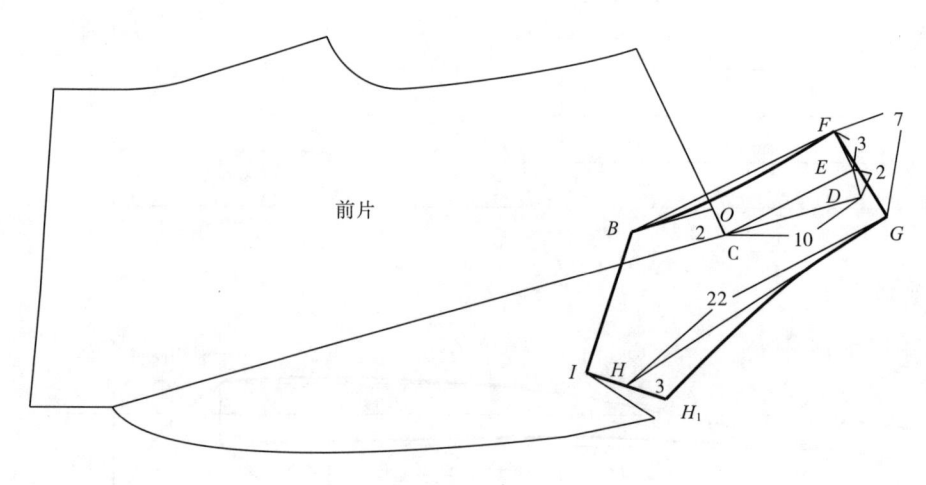

图 7-36

六、部件制图

如图 7-37 所示：

① 按照标注数据绘制过面和过面分割线。

② 按照标注数据绘制口袋布。

③ 按照标注数据绘制袋盖。

④ 按照标注数据绘制袋口嵌线条。

图 7-37

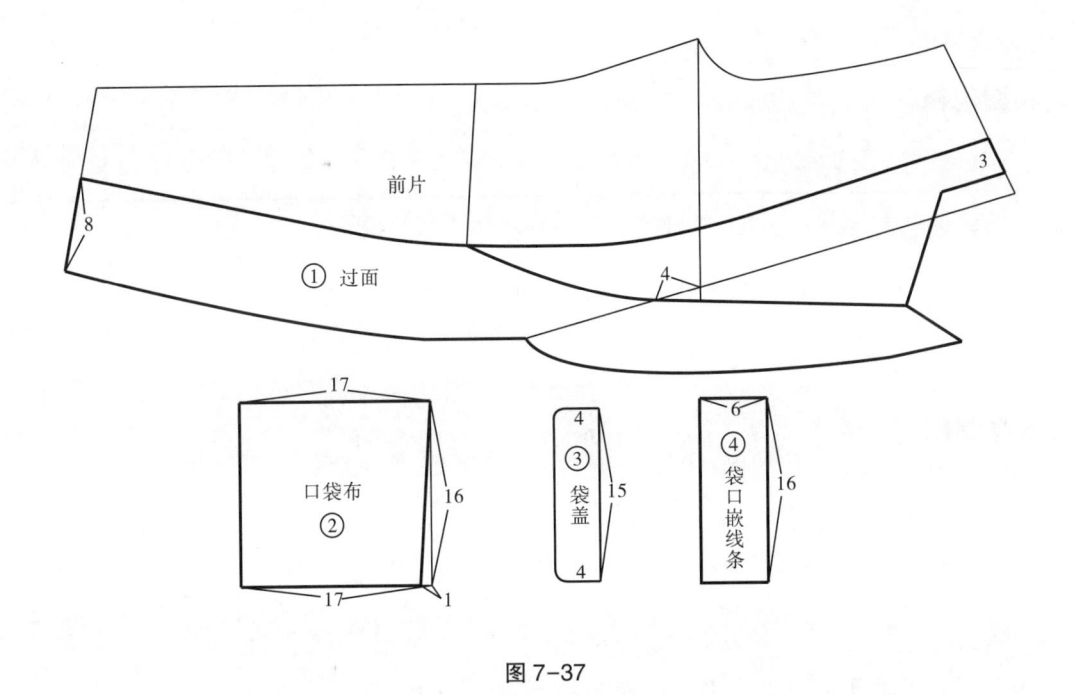

第九节 双排扣男大衣制图

一、造型概述

如图 7-38 所示，此款大衣是在男装四开身应用Ⅱ型的基础上变化而成的，侧缝线向后移位 3cm，戗驳领，双排扣，后片腰节线以下设计褶裥。

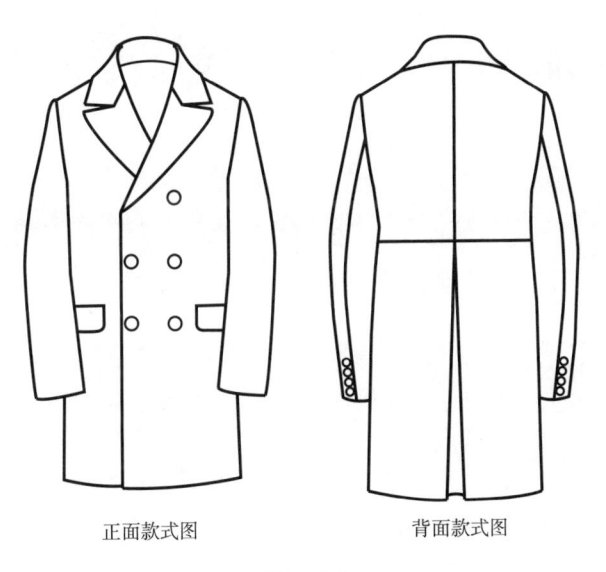

正面款式图　　背面款式图

图 7-38

二、制图规格

单位:cm

制图部位	衣长	腰节长	胸围	肩宽	袖长	袖口
成品规格	90	45	120	50	62	20

三、衣身制图

如图 7-39(a)所示:

①前中线:作水平线,长度=衣长规格。

②底边线:垂直于前中线,长度=$\frac{1}{2}$胸围+2.5cm。

③衣长线:垂直于前中线,长度=$\frac{1}{2}$胸围+2.5cm。

④后中线:直线连接②线、③线的上端点,平行于前中线。

⑤腰节线:平行于③线,与③线的距离为45cm。

⑥撇胸线:由①线和③线的交点沿③线向上 1cm 定点,在①线上取⑤线至③线间的 $\frac{1}{3}$ 位置定点,直线连接两点。

⑦前横开领:由⑥线和③线的交点沿③线向上量$\frac{1}{10}$胸围-1cm,确定⑦点。

⑧后横开领:由③线和④线的交点沿③线向下量$\frac{1}{10}$胸围-1cm,确定⑧点。

⑨后直开领:由⑧点作③线的垂直线,长度=2.5cm,确定⑨点。

⑩前肩宽:由⑥线和③线的交点沿③线向上量$\frac{1}{2}$肩宽-0.5cm,确定⑩点。

⑪前落肩量:过⑩点作③线的垂直线,长度=5.3cm,确定⑪点,直线连接⑪点、⑦点,确定前肩斜线。

⑫后肩宽:由③线和④线的交点沿③线向下量$\frac{1}{2}$肩宽+0.5cm,确定⑫点。

⑬后落肩量:过⑫点作③线的垂直线,长度=2.5cm,确定⑬点,直线连接⑬点、⑨点,确定后肩斜线。

⑭胸宽线:与撇胸线平行,两线相距$\frac{2}{10}$胸围-2cm。

⑮背宽线:与后中线平行,两线相距$\frac{2}{10}$胸围+0.5cm。

⑯前袖窿深:由胸宽线与肩斜线的交点沿胸宽线向左量$\frac{2}{10}$胸围+0.9cm,确定⑯点。

⑰后袖窿深:$\frac{2}{10}$胸围+3.7cm(在此仅作参考点)。

⑱袖窿深线:过⑯点作①线的垂直线,两端延长分别与①线、④线相交。

⑲侧缝直线:在②线与⑱线之间作①线的平行线,距离①线$\frac{1}{4}$胸围+3cm。

⑳后底边线:在④线与⑲线之间作②线的平行线,距离②线2cm。

㉑前胸腰斜线:由⑤线和⑲线的交点沿⑤线向下1.5cm定点,与⑱线和⑲线的交点直线连接。

㉒后胸腰斜线:由⑤线和⑲线的交点沿⑤线向上1.5cm定点,与⑱线和⑲线的交点直线连接。

㉓前侧缝斜线:由⑲线和⑳线的交点沿⑳线向上量1cm定点,与⑤线和㉑线的交点直线连接。

㉔后侧缝斜线:由⑲线和⑳线的交点沿⑳线向上量1cm定点,与⑤线和㉒线的交点直线连接。

㉕前底边斜线:在②线上取①线至⑲线之间的$\frac{1}{2}$位置定点,与㉓线左端点直线连接。

㉖后背直线:在⑳线与⑤线之间作④线的平行线,距离④线2cm。

㉗后背斜线:在④线上取后袖窿深的$\frac{1}{3}$位置定点,与㉖线的右端点直线连接。

㉘前袖窿切点:在前袖窿深的$\frac{1}{4}$位置定点,与⑪点直线连接。

㉙后袖窿切点:在后袖窿深的$\frac{1}{3}$位置定点,与⑬点直线连接。

㉚袋位线:在①线至⑲线之间作⑤线的平行线,距离⑤线11cm。

㉛省位线:过前胸宽的$\frac{1}{2}$位置点作前中线的平行线,交于大袋位线。

㉜大袋口线:过㉚线和㉛线的交点沿㉚线向下2.5cm定点,过此点向上测量袋口大16cm,袋口斜线的上端点向右倾斜1cm。

㉝袖窿省位点:过⑯点沿⑱线向上量5cm确定㉝点。

㉞袖窿省中线:由㉜线上端点向下量取3cm定点,此点与㉝点直线连接。

㉟搭门线:平行于①线,距离①线7cm,右端超出胸围线3cm。

㊱驳口线:在肩线的延长线上过⑦点向下2cm定点,与搭门线的右端点直线连接。

㊲领深斜线:过⑦点作㊱线的平行线,长度=6cm,确定㊲点。

㊳串口斜线:由①线和③线的交点沿①线向左8cm定点,与㊲点直线连接,延长该线使其长度等于16cm。

㊴驳领止口线:直线连接串口线㊳的下端点与驳口线㊱的左端点,并向右延长7.5cm,画出戗驳头。

如图7-39(b)所示:

㊵线至㊼线分别用弧线划顺:前袖窿线㊵、后袖窿线㊶、后领圈线㊷、前侧缝线㊸、后侧缝线㊹、前后底边线㊺、背缝线㊻、驳领口止线㊼。

㊽按照标注数据绘制袖窿省。

㊾按照标注数据绘制袋盖。

如图7-39(c)所示:

㊿后片腰节线为分割线,在后腰中线位置加入12cm褶量。

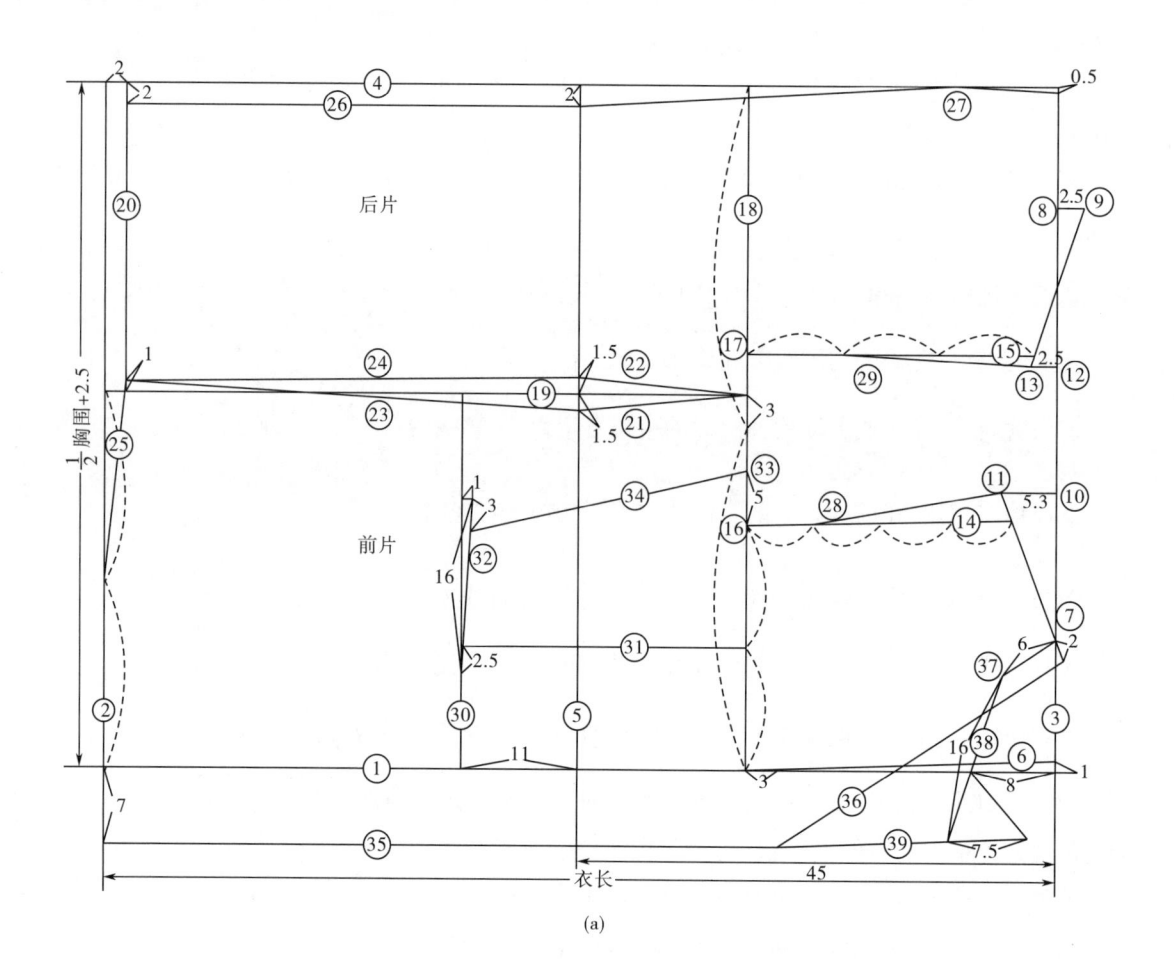

(a)

图7-39

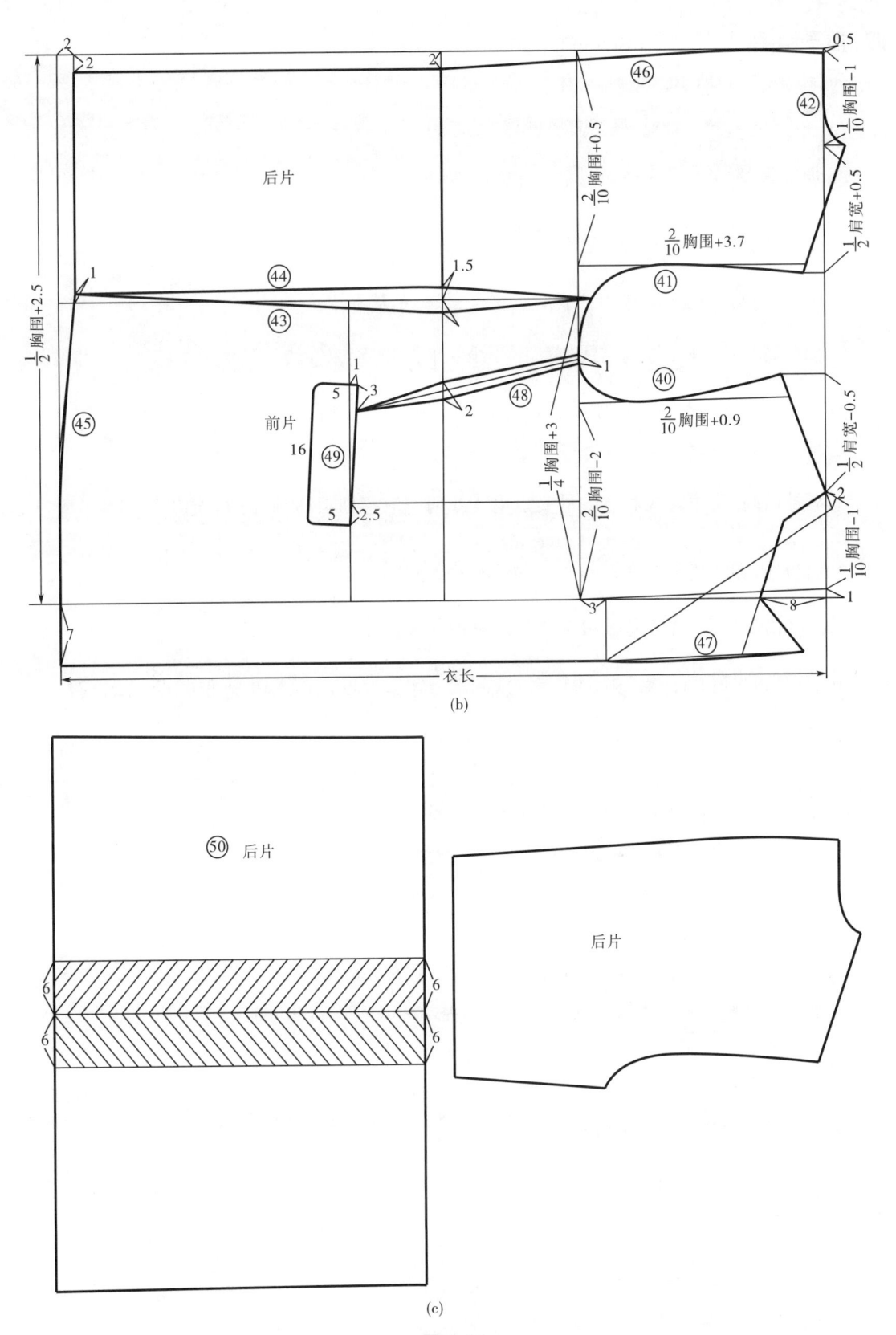

图 7-39

四、袖子制图

如图 7-40(a)所示：

①基本线：作水平线，长度=袖长规格。

②袖口线：垂直于基本线，长度=$\frac{1.5}{10}$胸围+5cm。

③袖山线：垂直于基本线，长度=$\frac{1.5}{10}$胸围+5cm。

④袖肥线：直线连接②线和③线的上端点，平行于基本线。

⑤袖山高基线：在①线与④线之间作③线的平行线，距离③线$\frac{1.5}{10}$胸围−1cm。

⑥前偏袖线：平行于①线，距离①线 3cm，两端分别与②线和⑤线的延长线相交。

⑦袖中线：过③线的中点作⑤线的垂直线。

⑧后袖山高点：由③线和④线的交点沿④线向左取$\frac{1}{3}$袖山高+1cm，确定⑧点。

⑨肘位线：在④线上取⑧点与②线和④线交点间的$\frac{1}{2}$位置定点，过此点作⑥线的垂直线。

⑩后袖山斜线：直线连接③线和⑦线的交点与⑧点。

⑪前袖山斜线：在⑤线上取①线与⑥线间的$\frac{1}{2}$位置定点，与③线的$\frac{1}{4}$位置点直线连接。

⑫后袖斜线：由①线和②线的交点沿②线向上量袖口大定点，与④线和⑨线的交点直线连接。

⑬袖口斜线：过袖口大中点作⑫线的垂直线交于⑬点。

⑭袖开衩：过⑬点沿⑫线向右 10cm 确定开衩的右端点，开衩宽 2cm。

⑮小袖山斜线：过⑧点作④线的垂直线 1.5cm 定点，与⑤线和⑦线的交点直线连接。

⑯小袖内撇线：直线连接④线和⑤线的交点与⑮线的右端点。

⑰小袖前线：以①线为中线作⑥线的对称线。

⑱小袖山起翘线：在⑰线的延长线上距离⑤线 0.5cm 处，确定⑱点。

如图 7-40(b)所示：

⑲线至㉕线分别用弧线划顺：大袖袖山线⑲、大袖后袖线⑳、大袖前偏袖线㉑、大袖口线㉒、小袖袖山线㉓、小袖前线㉔、小袖后线㉕。

五、领子制图

如图 7-41 所示：

① 在前片肩斜线的延长线上取 OC = 2cm，确定 C 点。

② 在搭门线与第一粒纽位的交点位置，确定驳领下限点 A。

图 7-40

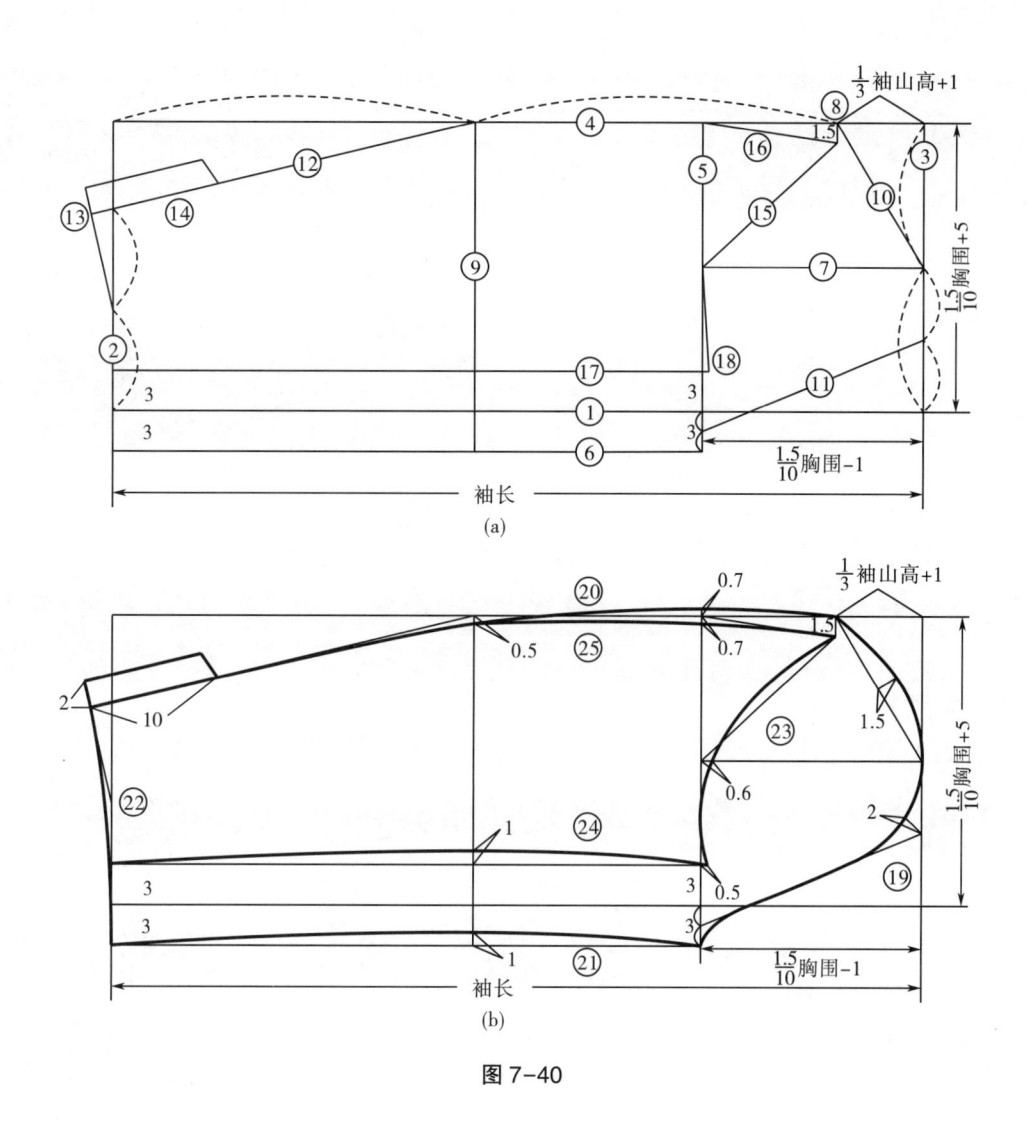

③ 直线连接 AC 确定驳领线,在 AC 的延长线上取 $CD = 10$cm。

④ 作 DE 垂直于 CD,取 $DE = 2$cm,直线连接 EC。

⑤ 作 EF 垂直于 CE,取 $EF =$ 领座高 2.5cm,确定 F 点。

⑥ 直线连接 F 点与领口交点 B。

⑦ 弧线划顺 FB,过肩斜线与 FB 线的交点沿弧线量出 $\frac{1}{2}$ 后领圈大,调整 F 点。

⑧ 过 F 点作 FB 弧线的垂直线 FG,取 $FG =$ 领宽 7cm,确定 G 点。

⑨ 过 G 点作 FG 的垂直线 GH,取 $GH = 24$cm,确定 H 点。

⑩ 在 IH 延长线上取 $HH_1 = 2$cm,确定 H_1 点。

⑪ 弧线划顺 GH_1,确定领外口线。

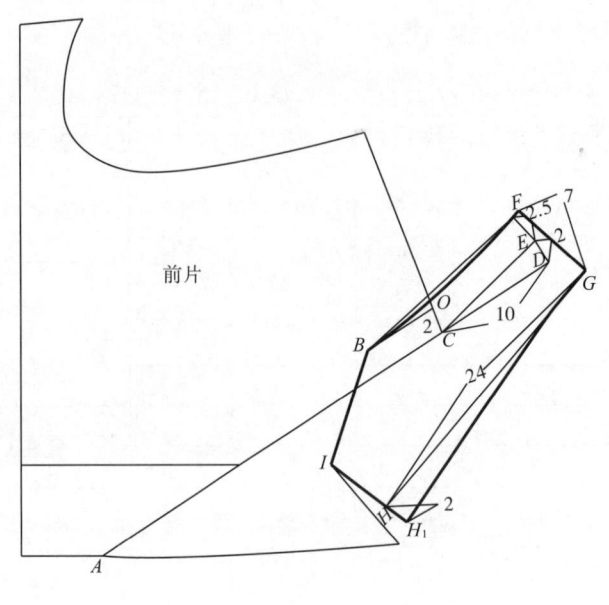

图 7-41

六、部件制图

如图 7-42 所示:

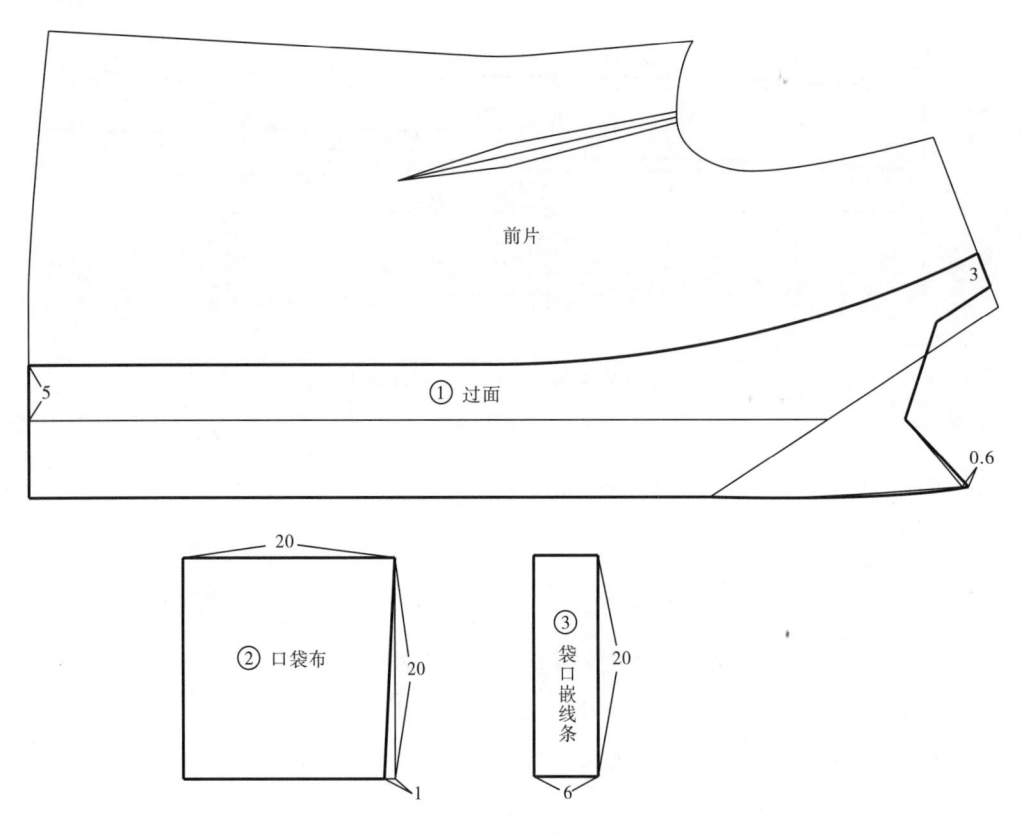

图 7-42

①按照图示形状及标注数据绘制过面。
②按照图示形状及标注数据绘制口袋布。
③按照图示形状及标注数据绘制袋口嵌线条。

第十节　连帽男大衣制图

一、造型概述

如图7-43所示,此款连帽男大衣,直身型,两片袖,袋位线为上下衣身分割线。

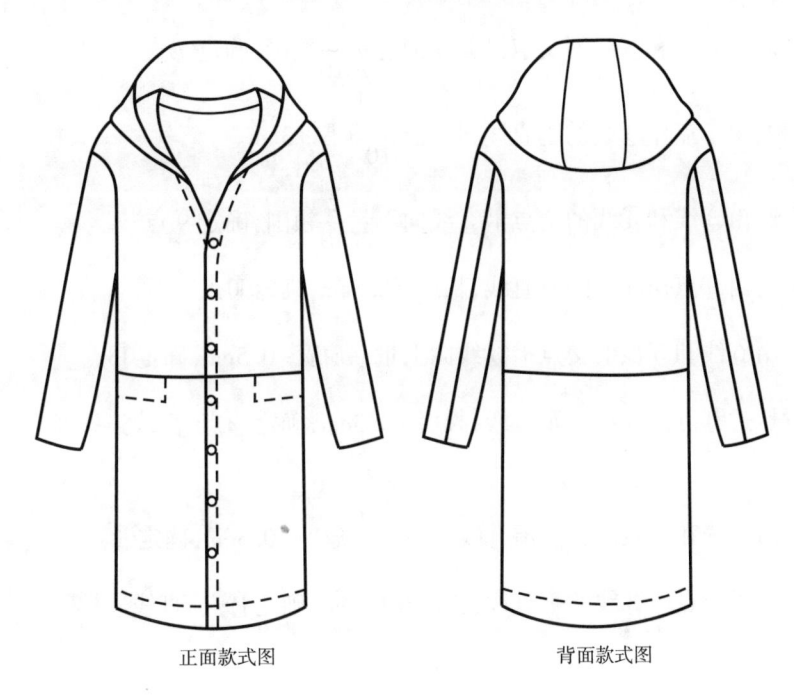

正面款式图　　　　背面款式图

图7-43

二、制图规格

单位:cm

制图部位	衣长	胸围	肩宽	袖长	袖口	领围
成品规格	100	120	50	60	20	45

三、衣身制图

如图7-44(a)所示:

① 前中线：作水平线，长度=衣长规格。

② 底边线：垂直于前中线，长度=$\frac{1}{2}$胸围。

③ 衣长线：垂直于前中线，长度=$\frac{1}{2}$胸围。

④ 后中线：直线连接②线、③线的上端点，平行于前中线。

⑤ 腰节线：平行于③线，与③线的距离为45cm。

⑥ 撇胸线：由①线和③线的交点沿③线向上1cm定点，在①线上取⑤线至③线间的$\frac{1}{3}$位置定点，直线连接两点。

⑦ 前横开领：由⑥线和③线的交点沿③线向上量$\frac{2}{10}$领围，确定⑦点。

⑧ 前直开领：由⑦点作③线的垂直线，长度=$\frac{2}{10}$领围+3cm。

⑨ 后横开领：由③线和④线的交点沿③线向下量$\frac{2}{10}$领围，确定⑨点。

⑩ 后直开领：由⑨点作③线的垂直线，长度=2.5cm，确定⑩点。

⑪ 前肩宽：由⑥线和③线的交点沿③线向上量$\frac{1}{2}$肩宽-0.5cm，确定⑪点。

⑫ 前落肩量：过⑪点作③线的垂直线，长度=5.3cm，确定⑫点，直线连接⑫点、⑦点，确定前肩斜线。

⑬ 后肩宽：由③线和④线的交点沿③线向下量$\frac{1}{2}$肩宽+0.5cm，确定⑬点。

⑭ 后落肩量：过⑬点作③线的垂直线，长度=2.5cm，确定⑭点，直线连接⑭点、⑩点，确定后肩斜线。

⑮ 胸宽线：与撇胸线平行，两线相距$\frac{2}{10}$胸围-2cm。

⑯ 背宽线：与后中线平行，两线相距$\frac{2}{10}$胸围+0.5cm。

⑰ 前袖窿深：由胸宽线与肩斜线的交点沿胸宽线向左量$\frac{2}{10}$胸围+0.9cm，确定⑰点。

⑱ 后袖窿深：$\frac{2}{10}$胸围+3.7cm（在此仅作参考点）。

⑲ 袖窿深线：过⑰点作①线的垂直线，两端延长分别与①线、④线相交。

⑳ 侧缝直线：在②线与⑲线之间作①线的平行线，距离①线$\frac{1}{4}$胸围+3cm。

㉑ 后底边线：在④线与⑳线之间作②线的平行线，距离②线1.5cm。

㉒前底边斜线:在②线上取①线至⑳线之间的$\frac{1}{2}$位置定点,与⑳线和㉑线的交点直线连接。

㉓搭门线:平行于①线,距离①线3cm,搭门线右侧与撇胸线平行。

㉔分割线:平行于⑤线,距离⑤线11cm,分别与④线、㉓线相交。

如图7-44(b)所示:

㉕线至㉚线分别用弧线划顺:前袖窿线㉕、后袖窿线㉖、前领圈线㉗、后领圈线㉘、前后底边线㉙、前后片分割线㉚。

四、袖子制图

如图7-45(a)所示:

①基本线:作水平线,长度=袖长规格。

②袖口线:垂直于基本线,长度=$\frac{1.5}{10}$胸围+5cm。

③袖山线:垂直于基本线,长度=$\frac{1.5}{10}$胸围+5cm。

④袖肥线:直线连接②线和③线的上端点,平行于基本线。

⑤袖山高基线:在①线与④线之间作③线的平行线,距离③线$\frac{1.5}{10}$胸围-1cm。

⑥前偏袖线:平行于①线,距离①线3cm,两端分别与②线和⑤线的延长线相交。

⑦袖中线:过③线的中点作⑤线的垂直线。

⑧后袖山高点:由③线和④线的交点沿④线向左取$\frac{1}{3}$袖山高+1cm,确定⑧点。

⑨肘位线:在④线上取⑧点与②线和④线的交点间的$\frac{1}{2}$位置定点,过此点作⑥线的垂直线。

⑩后袖山斜线:直线连接③~⑦线交点与⑧点。

⑪前袖山斜线:在⑤线上取①线与⑥线间的$\frac{1}{2}$位置定点,与③线的$\frac{1}{4}$位置点直线连接。

⑫后袖斜线:由①线和②线的交点沿②线向上量袖口大定点,与④线和⑨线的交点直线连接。

⑬袖口斜线:过袖口大中点作⑫线的垂直线交于⑬点。

⑭袖开衩:过⑬点沿⑫线向右10cm确定开衩的右端点,开衩宽2cm。

⑮小袖山斜线:过⑧点作④线的垂直线,长度=1.5cm定点,与⑤线和⑦线的交点直线连接。

⑯小袖内撇线:直线连接④线和⑤线的交点与⑮线的右端点。

⑰小袖前线:以①线为中线作⑥线的对称线。

⑱小袖山起翘线:在⑰线的延长线上距离⑤线0.5cm处,确定⑱点。

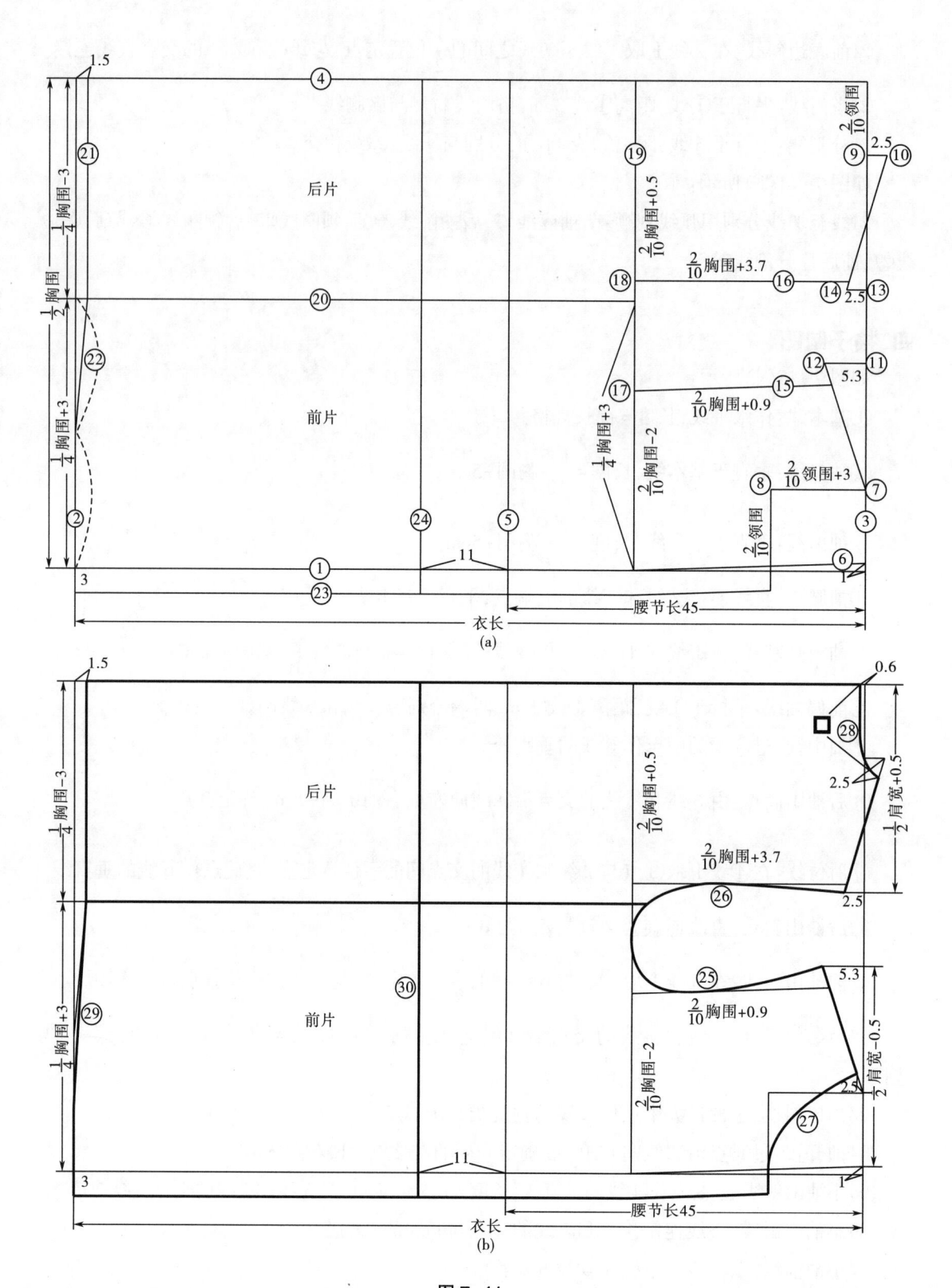

图 7-44

如图7-45(b)所示：

⑲线至㉕线分别用弧线划顺：大袖袖山线⑲、大袖后袖线⑳、大袖前偏袖线㉑、大袖口线㉒、小袖袖山线㉓、小袖前线㉔、小袖后线㉕。

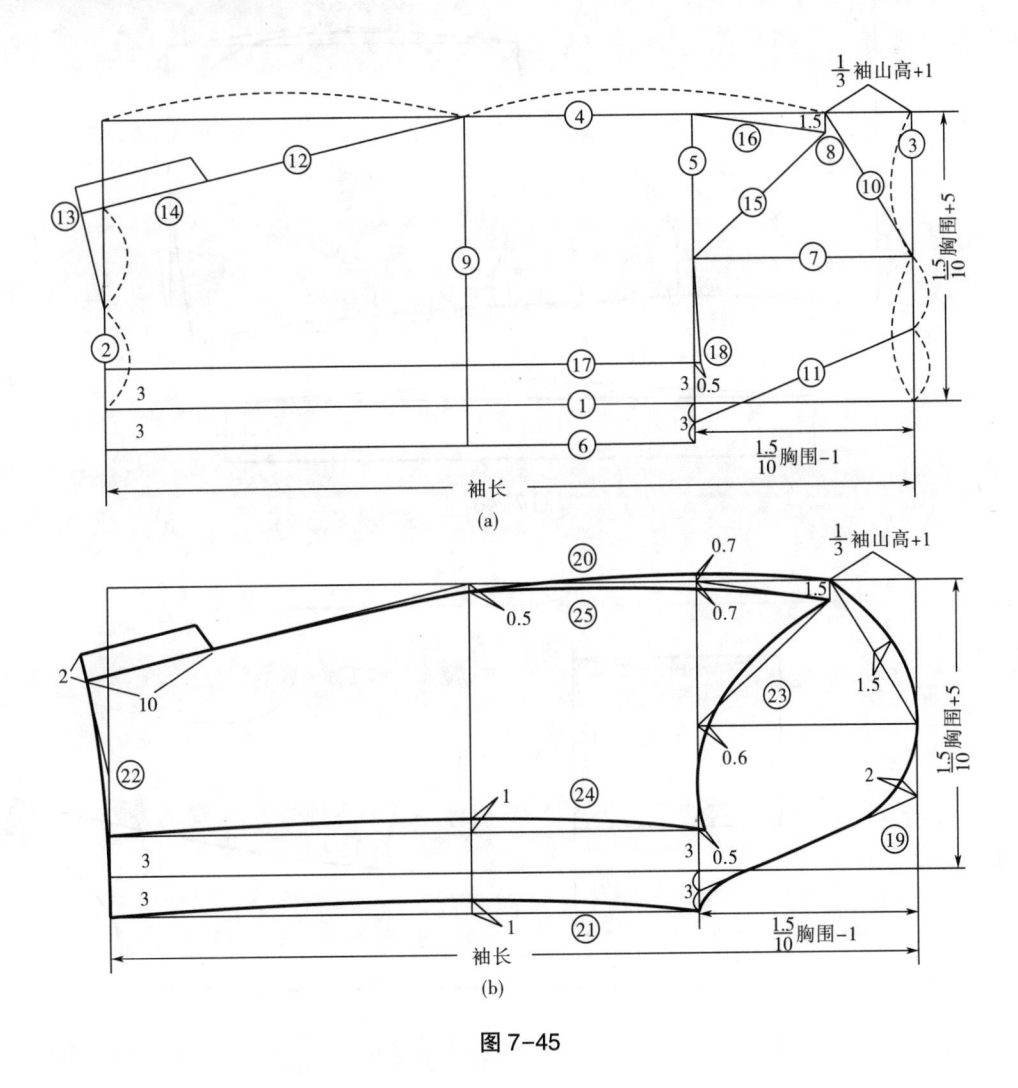

图7-45

五、帽子制图

如图7-46所示，将后片肩线与前片肩线延长线反向重合，按照标注数据绘制帽子。

六、部件制图

如图7-47所示：

①按照图示形状及标注数据绘制过面。

②按照图示形状及标注数据绘制口袋布。

图 7-46

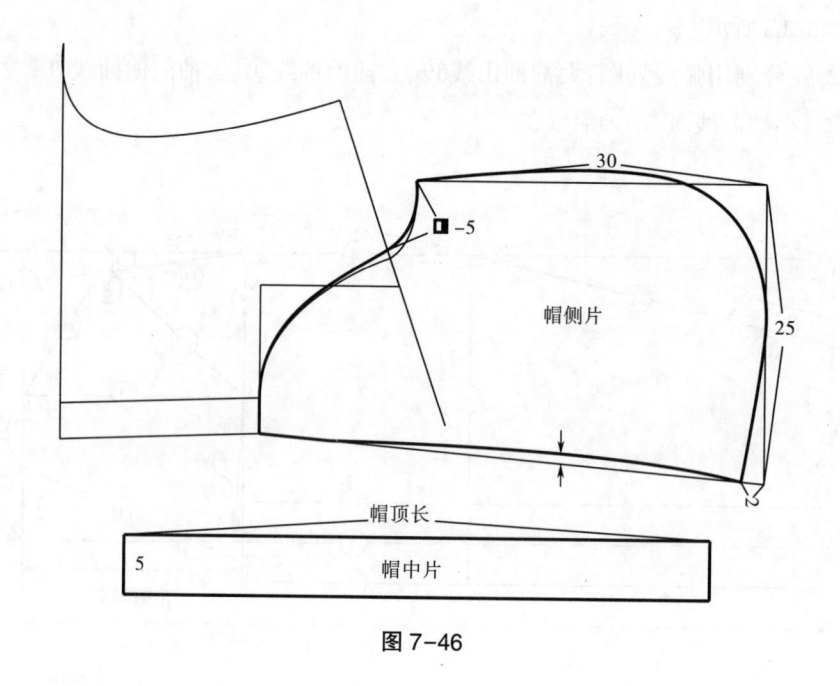

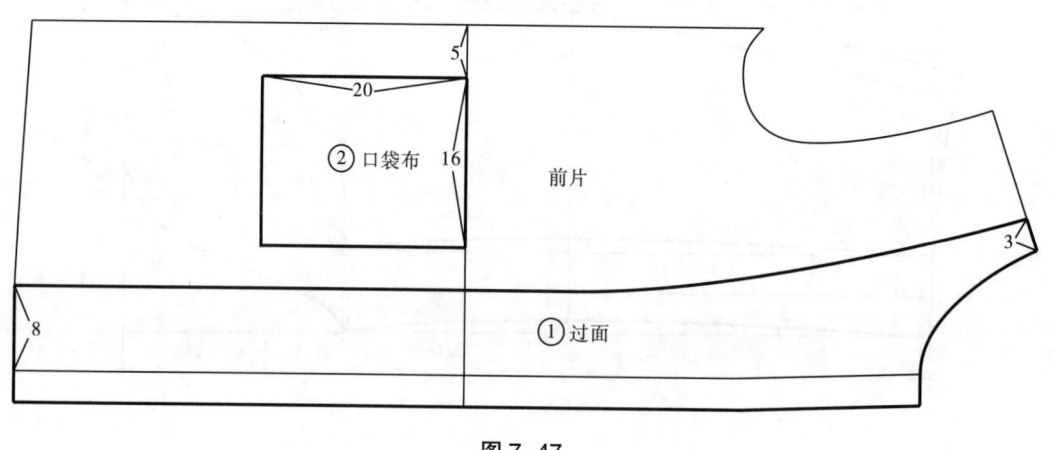

图 7-47

第十一节　男式长大衣制图

一、造型概述

如图 7-48 所示,男式长大衣是在男装四开身应用Ⅱ型的基础上变化而成的,侧缝线向后移位 3cm,驳领,装袖结构,暗门襟单排扣,后背缝设计开衩,前衣片上设计袖窿省。

正面款式图　　　　　背面款式图

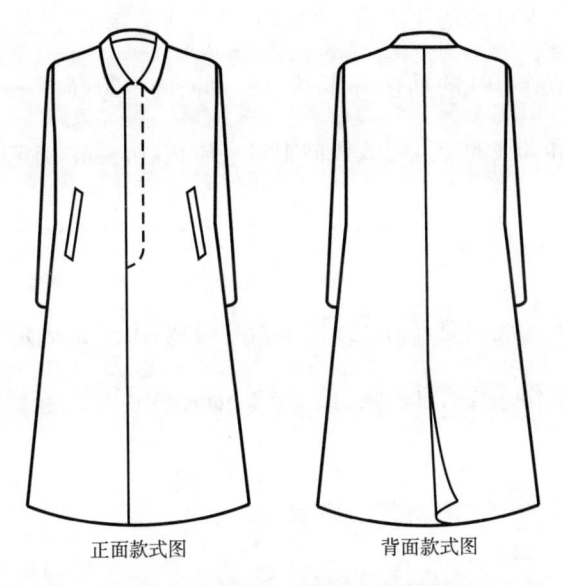

图 7-48

二、制图规格

单位:cm

制图部位	衣长	腰节长	胸围	肩宽	袖长	袖口	领围
成品规格	110	45	120	50	62	20	45

三、衣身制图

如图 7-49(a)所示：

①前中线：作水平线，长度＝衣长规格。

②底边线：垂直于前中线，长度＝$\frac{1}{2}$胸围+2.5cm。

③衣长线：垂直于前中线，长度＝$\frac{1}{2}$胸围+2.5cm。

④后中线：直线连接②线、③线的上端点，平行于前中线。

⑤腰节线：平行于③线，与③线的距离为 45cm。

⑥撇胸线：由①线和③线的交点沿③线向上 1cm 定点，在①线上取⑤线至③线间的$\frac{1}{3}$位置定点，直线连接两点。

⑦前横开领：由⑥线和③线的交点沿③线向上量$\frac{2}{10}$领围，确定⑦点。

⑧前直开领：由⑦点作③线的垂直线，长度＝$\frac{2}{10}$领围+3cm，确定⑧点。

⑨后横开领:由③线和④线的交点沿③线向下量$\frac{2}{10}$领围,确定⑨点。

⑩后直开领:由⑨点作③线的垂直线,长度=2.5cm,确定⑩点。

⑪前肩宽:由⑥线和③线的交点沿③线向上量$\frac{1}{2}$肩宽-0.5cm,确定⑪点。

⑫前落肩量:过⑪点作③线的垂直线,长度=5.3cm,确定⑫点,直线连接⑫点、⑦点,确定前肩斜线。

⑬后肩宽:由③线和④线的交点沿③线向下量$\frac{1}{2}$肩宽+0.5cm,确定⑬点。

⑭后落肩量:过⑬点作③线的垂直线,长度=2.5cm,确定⑭点,直线连接⑭点、⑩点,确定后肩斜线。

⑮胸宽线:与撇胸线平行,两线相距$\frac{2}{10}$胸围-2cm。

⑯背宽线:与后中线平行,两线相距$\frac{2}{10}$胸围+0.5cm。

⑰前袖窿深:由胸宽线与肩斜线的交点沿胸宽线向左量$\frac{2}{10}$胸围+0.9cm,确定⑰点。

⑱后袖窿深:$\frac{2}{10}$胸围+3.7cm(在此仅作参考点)。

⑲袖窿深线:过⑰点作①线的垂直线,两端延长分别与①线、④线相交。

⑳侧缝直线:在②线与⑲线之间作①线的平行线,距离①线$\frac{1}{4}$胸围+3cm。

㉑前胸腰斜线:由⑤线和⑳线的交点沿⑤线向下1.5cm定点,与⑳线和⑲线的交点直线连接。

㉒后胸腰斜线:由⑤线和⑳线的交点沿⑤线向上1.5cm定点,与⑳线和⑲线的交点直线连接。

㉓前侧缝斜线:由②线和⑳线的交点沿②线向上量5cm定点,与⑤线和㉑线的交点直线连接。

㉔后侧缝斜线:由②线和⑳线的交点沿②线向下量3cm定点,与⑤线和㉒线的交点直线连接。

㉕后底边线:在④线与⑳线之间作②线的平行线,距离②线2cm。

㉖前底边起翘:在②线上取①线至⑳线之间的$\frac{1}{2}$位置定点,过此点作㉓线的垂直线,交点为㉖点。

㉗后底边起翘:由⑤线和㉔线的交点沿㉔线向左测量与前侧缝斜线等长距离,确定㉗点,直线连接㉗点与㉕线的中点。

㉘后背直线:在②线与⑤线之间作④线的平行线,距离④线1.5cm。

㉙后背斜线:在④线上取后袖窿深的$\frac{1}{3}$位置定点,与㉘线的右端点直线连接。

㉚前袖窿切点:在前袖窿深的$\frac{1}{4}$位置定点,与⑫点直线连接。

㉛后袖窿切点:在后袖窿深的$\frac{1}{3}$位置定点,与⑭点直线连接。

㉜袖窿省位点:过⑰点沿⑲线向上量5cm,确定㉜点。

㉝斜插袋:在胸宽线的延长线上过⑤线向左17cm定点,再过⑤线和⑰线的交点沿⑤线向下5cm定点,直线连接两点确定袋口斜线,袋口大18cm,袋口宽3cm。

㉞袖窿省中线:直线连接㉜点与袋口底线的中点。

㉟搭门线:平行于①线,距离①线3cm,搭门线右侧与撇胸线平行。

如图7-49(b)所示:

㊱线至㊹线分别用弧线划顺:前袖窿线㊱、后袖窿线㊲、前领圈线㊳、后领圈线㊴、前侧缝线㊵、后侧缝线㊶、前底边线㊷、后底边线㊸、背缝线㊹。

㊺绘制后开衩,长度=40cm,宽度=4cm。

㊻按照标注数据绘制侧省线。

㊼用弧线划顺前止口线。

四、袖子制图

如图7-50(a)所示:

①基本线:作水平线,长度=袖长规格。

②袖口线:垂直于基本线,长度=$\frac{1.5}{10}$胸围+5cm。

③袖山线:垂直于基本线,长度=$\frac{1.5}{10}$胸围+5cm。

④袖肥线:直线连接②线和③线的上端点,平行于基本线。

⑤袖山高基线:在①线与④线之间作③线的平行线,距离③线$\frac{1.5}{10}$胸围-1cm。

⑥前偏袖线:平行于①线,距离①线3cm,两端分别与②线和⑤线的延长线相交。

⑦袖中线:过③线的中点作⑤线的垂直线。

⑧后袖山高点:由③线和④线的交点沿④线向左取$\frac{1}{3}$袖山高+1cm,确定⑧点。

⑨肘位线:在④线上取⑧点与②线和④线的交点间$\frac{1}{2}$位置定点,过此点作⑥线的垂直线。

⑩后袖山斜线:直线连接③线和⑦线的交点与⑧点。

⑪前袖山斜线:在⑤线上取①与⑥线间$\frac{1}{2}$位置定点,与③线的$\frac{1}{4}$位置点直线连接。

⑫后袖斜线:由①线和②线的交点沿②线向上量袖口大定点,与④线和⑨线的交点直线连接。

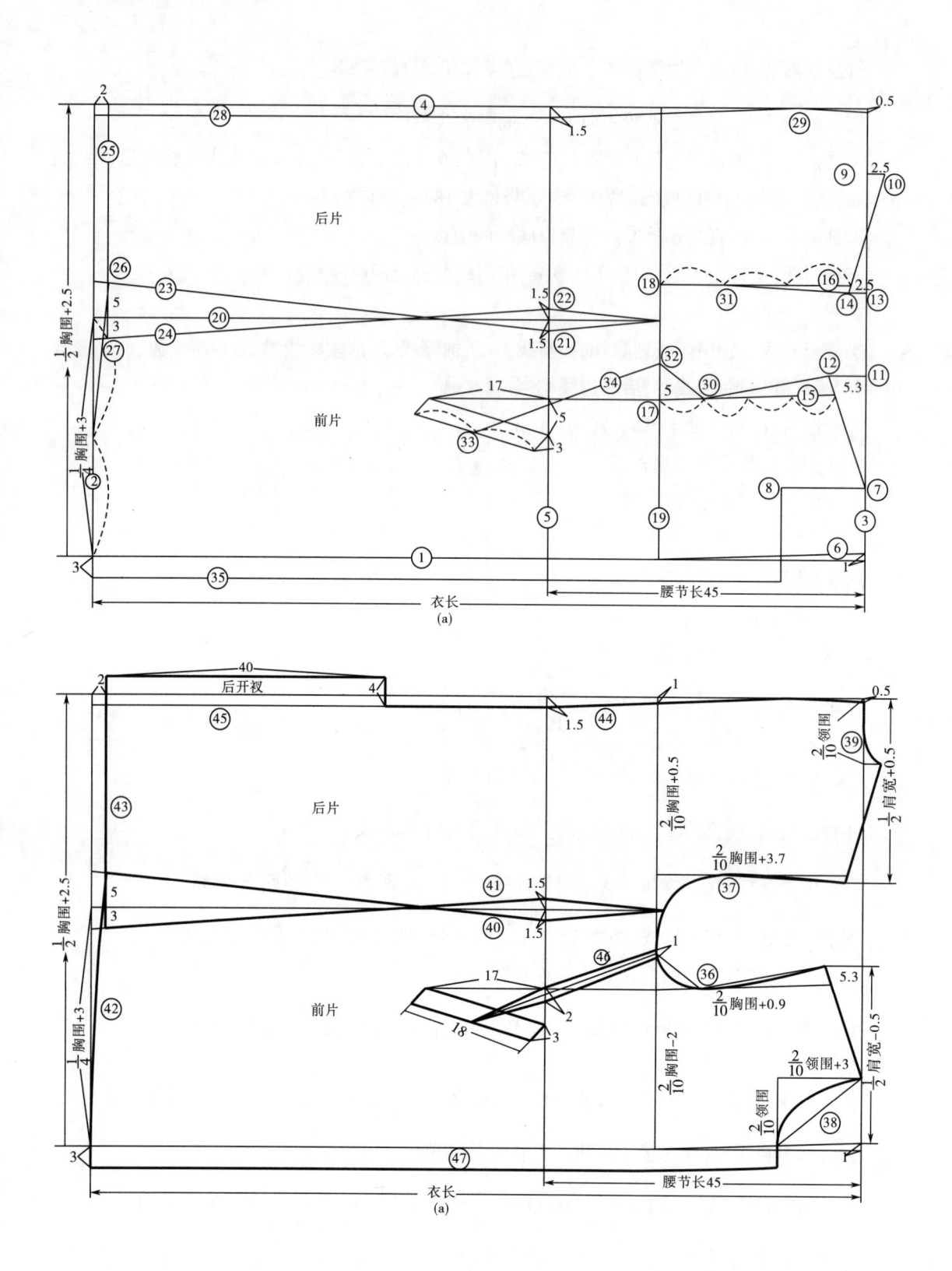

图 7-49

⑬袖口斜线:过袖口大中点作⑫线的垂直线交于⑬点。

⑭袖开衩:过⑬点沿⑫线向右 10cm 确定开衩的右端点,开衩宽 2cm。

⑮小袖山斜线:过⑧点作④线的垂直线,长度=1.5cm 定点,与⑤线和⑦线的交点直线连接。

⑯小袖内撇线:直线连接④线和⑤线的交点与⑮线的右端点。

⑰小袖前线:以①线为中线作⑥线的对称线。

⑱小袖山起翘线:在⑰线的延长线上距离⑤线 0.5cm 处,确定⑱点。

如图 7-50(b)所示:

⑲线至㉕线分别用弧线划顺:大袖袖山线⑲、大袖后袖线⑳、大袖前偏袖线㉑、大袖口线㉒、小袖袖山线㉓、小袖前线㉔、小袖后线㉕。

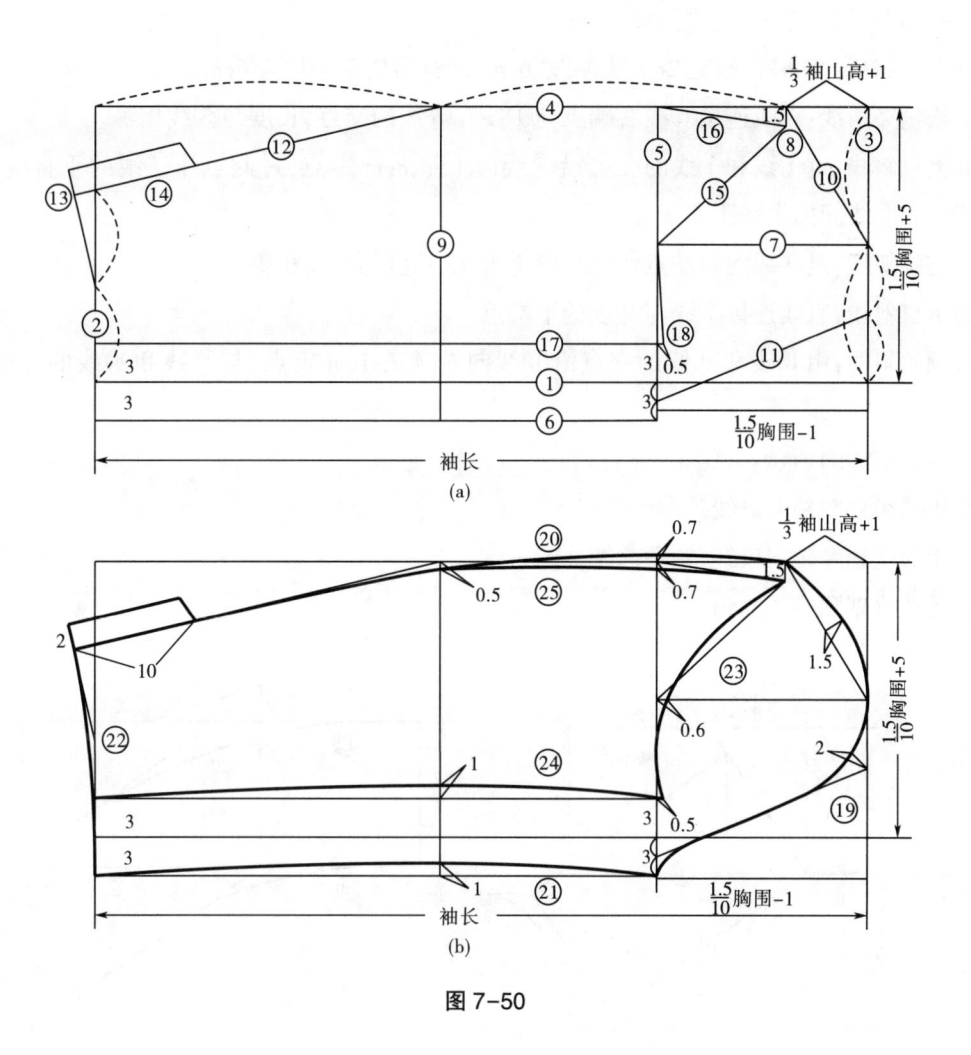

图 7-50

五、领子制图

①领下口线:作水平线,长度=$\frac{1}{2}$领围。

②后领中线:过①线的左端点作①线的垂直线,长度=8cm。

③前领中线:过①线的右端点作①线的垂直线,长度=8cm。

④领上口线:直线连接②线、③线的上端点,平行于①线。

⑤松量基线:由①线和②线的交点沿①线向右量$\frac{1}{2}$后领圈定点,过此点作①线的垂直线,长度=10cm(定数)。

⑥变动松量:由⑥线的上端点向右斜量,公式:

(翻领宽-领座宽)÷领总宽×12

其中,领总宽8cm,领座宽2cm,翻领宽6cm,计算出变动松量为6cm。

⑦松量夹角线:直线连接⑥线右端点与①线和⑤线的交点,长度与⑤线相等。

⑧上口斜线:过①线和⑦线的交点沿⑦线向上量8cm定点,过此点作⑦线的垂直线,长度等于⑤线和③线间的水平距离。

⑨前领斜线:过⑧线的右端点作⑧线的垂直线,长度与③线相等。

⑩下口斜线:直线连接⑦线与⑨线的下端点。

⑪领角斜线:由⑧线和⑨线的交点沿⑧线向右延长1cm定点,与⑨线和⑩线的交点直线连接。

如图7-51(b)所示:

⑫用弧线划顺领上口线。

⑬用弧线划顺领下口线,领角起翘0.6cm。

⑭用弧线划顺领子圆角。

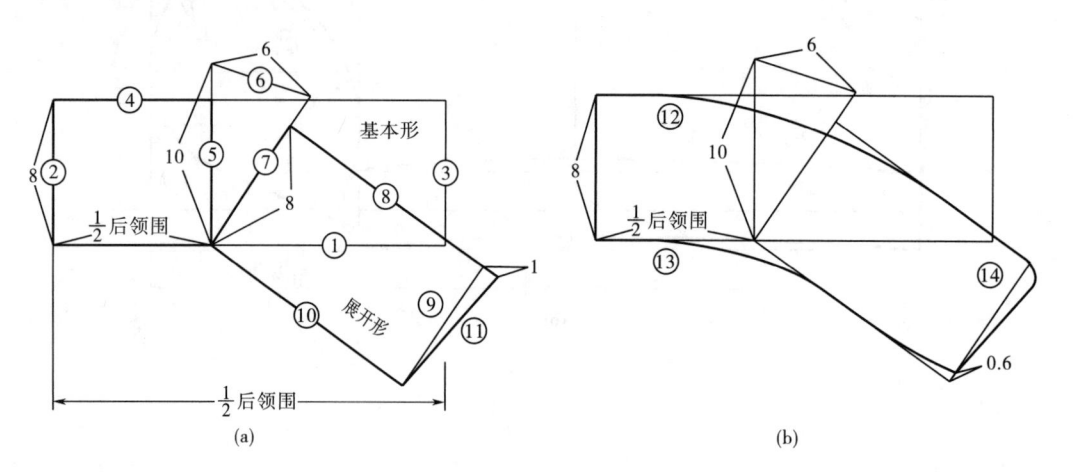

图7-51

六、部件制图

如图 7-52 所示：

①按照标注数据绘制过面。

②按照标注数据绘制口袋布。

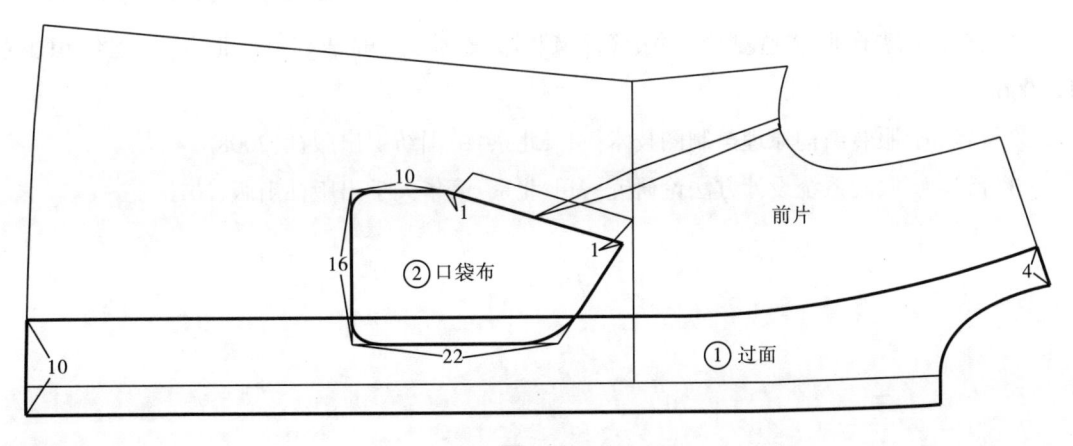

图 7-52

参考文献

[1] 三吉满智子. 服装造型学:理论篇[M]. 郑嵘,张洁,韩洁羽,译. 北京:中国纺织出版社,2006.

[2] 吕学海. 服装结构原理与制图技术[M]. 北京:中国纺织出版社,2008.

[3] 吕学海. 服装系统设计方法论研究[M]. 北京:清华大学出版社出版,2016.